U0137925

前环衬图片：袁隆平观察杂交水稻禾苗长势

Volume 3

袁隆平全集

Yuan Longping Collection

耐盐碱水稻育种技术
盐碱地稻作改良

第三卷 学术著作

Volume 3
Academic Monograph
Salt-tolerant Rice Breeding Technology
Rice Crop Improvement in Saline-alkali Land

主　编——柏连阳
执行主编——袁定阳
辛业芸

『十四五』国家重点图书出版规划

CTS K
湖南科学技术出版社·长沙

上篇《耐盐碱水稻育种技术》编委会

主　编　袁隆平

编　委（按姓氏笔画排序）

丁锦燕　万吉丽　王　晶　刘鹏飞　孙佳丽　李继明
杨通洲　邹丹丹　张　明　张书良　张国东　张继雨
邵晓宇　罗　碧　单　贞　殷会德　栾一方　郭海鹏
彭玉林　魏晓曦

下篇《盐碱地稻作改良》编委会

主　编　张国栋　刘　林　米铁柱　张　霞

编　委（按姓氏笔画排序）

丁锦燕　王　琦　王　惠　王　晶　孙骊珠　苏全晓
李永祥　张玲玉　孟兆良　栾一方　高峻岭　董桂秀
鲁延付　裴凡龙

出版说明

袁隆平先生是我国研究与发展杂交水稻的开创者，也是世界上第一个成功利用水稻杂种优势的科学家，被誉为“杂交水稻之父”。他一生致力于杂交水稻技术的研究、应用与推广，发明“三系法”籼型杂交水稻，成功研究出“两系法”杂交水稻，创建了超级杂交稻技术体系，为我国粮食安全、农业科学发展和世界粮食供给做出杰出贡献。2019 年，袁隆平荣获“共和国勋章”荣誉称号。中共中央总书记、国家主席、中央军委主席习近平高度肯定袁隆平同志为我国粮食安全、农业科技创新、世界粮食发展做出的重大贡献，并要求广大党员、干部和科技工作者向袁隆平同志学习。

为了弘扬袁隆平先生的科学思想、崇高品德和高尚情操，为了传播袁隆平的科学家精神、积累我国现代科学史的珍贵史料，我社策划、组织出版《袁隆平全集》（以下简称《全集》）。《全集》是袁隆平先生留给我们的巨大科学成果和宝贵精神财富，是他为祖国和世界人民的粮食安全不懈奋斗的历史见证。《全集》出版，有助于读者学习、传承一代科学家胸怀人民、献身科学的精神，具有重要的科学价值和史料价值。

《全集》收录了 20 世纪 60 年代初期至 2021 年 5 月逝世前袁隆平院士出版或发表的学术著作、学术论文，以及许多首次公开整理出版的教案、书信、科研日记等，共分 12 卷。第一卷至第六卷为学术著作，第七卷、第八卷为学术论文，第九卷、第十卷为教案手稿，第十一卷为书信手稿，第十二卷为科研日记手稿（附大事年表）。学术著作按出版时间的先后为序分卷，学术论文在分类编入各卷之后均按发表时间先后编排；教案手稿按照内容分育种讲稿和作物栽培学讲稿两卷，书信手稿和科研日记手稿分别按写信日期和记录日期先后编排（日记手稿中没有注明记录日期的统一排在末尾）。教案手稿、书信手稿、科研日记手稿三部分，实行原件扫描与电脑录入图文对照并列排版，逐一对应，方便阅读。因时间紧迫、任务繁重，《全集》收入的资料可能不完全，如有遗漏，我们将在机会成熟之时出版续集。

《全集》时间跨度大，各时期的文章在写作形式、编辑出版规范、行政事业机构名称、社会流行语言、学术名词术语以及外文译法等方面都存在差异和变迁，这些都真实反映了不同时代的文化背景和变化轨迹，具有重要史料价值。我们编辑时以保持文稿原貌为基本原则，对作者文章中的观点、表达方式一般都不做改动，只在必要时加注说明。

《全集》第九卷至第十二卷为袁隆平先生珍贵手稿，其中绝大部分是首次与读者见面。第七卷至第八卷为袁隆平先生发表于各期刊的学术论文。第一卷至第六卷收录的学术著作在编入前均已公开出版，第一卷收入的《杂交水稻简明教程（中英对照）》《杂交水稻育种栽培学》由湖南科学技术出版社分别于1985年、1988年出版，第二卷收入的《杂交水稻学》由中国农业出版社于2002年出版，第三卷收入的《耐盐碱水稻育种技术》《盐碱地稻作改良》、第四卷收入的《第三代杂交水稻育种技术》《稻米食味品质研究》由山东科学技术出版社于2019年出版，第五卷收入的《中国杂交水稻发展简史》由天津科学技术出版社于2020年出版，第六卷收入的《超级杂交水稻育种栽培学》由湖南科学技术出版社于2020年出版。谨对兄弟单位在《全集》编写、出版过程中给予的大力支持表示衷心的感谢。湖南杂交水稻研究中心和袁隆平先生的家属，出版前辈熊穆葛、彭少富等对《全集》的编写给予了指导和帮助，在此一并向他们表示诚挚的谢意。

湖南科学技术出版社

总　序

一粒种子，改变世界

一粒种子让“世无饥馑、岁晏余粮”。这是世人对杂交水稻最朴素也是最崇高的褒奖，袁隆平先生领衔培育的杂交水稻不仅填补了中国水稻产量的巨大缺口，也为世界各国提供了重要的粮食支持，使数以亿计的人摆脱了饥饿的威胁，由此，袁隆平被授予“共和国勋章”，他在国际上还被誉为“杂交水稻之父”。

从杂交水稻三系配套成功，到两系法杂交水稻，再到第三代杂交水稻、耐盐碱水稻，袁隆平先生及其团队不断改良“这粒种子”，直至改变世界。走过 91 年光辉岁月的袁隆平先生虽然已经离开了我们，但他留下的学术著作、学术论文、科研日记和教案、书信都是宝贵的财富。1988 年 4 月，袁隆平先生第一本学术著作《杂交水稻育种栽培学》由湖南科学技术出版社出版，近几十年来，先生在湖南科学技术出版社陆续出版了多部学术专著。这次该社将袁隆平先生的毕生累累硕果分门别类，结集出版十二卷本《袁隆平全集》，完整归纳与总结袁隆平先生的科研成果，为我们展现出一位院士立体的、丰富的科研人生，同时，这套书也能为杂交水稻科研道路上的后来者们提供不竭动力源泉，激励青年一代奋发有为，为实现中华民族伟大复兴的中国梦不懈奋斗。

袁隆平先生的人生故事见证时代沧桑巨变。先生出生于20世纪30年代。青少年时期，历经战乱，颠沛流离。在很长一段时期，饥饿像乌云一样笼罩在这片土地上，他胸怀“国之大者”，毅然投身农业，立志与饥饿做斗争，通过农业科技创新，提高粮食产量，让人们吃饱饭。

在改革开放刚刚开始的1978年，我国粮食总产量为3.04亿吨，到1990年就达4.46亿吨，增长率高达46.7%。如此惊人的增长率，杂交水稻功莫大焉。袁隆平先生曾说:“我是搞育种的，我觉得人就像一粒种子。要做一粒好的种子，身体、精神、情感都要健康。种子健康了，事业才能够根深叶茂，枝粗果硕。”每一粒种子的成长，都承载着时代的力量，也见证着时代的变迁。袁隆平先生凭借卓越的智慧和毅力，带领团队成功培育出世界上第一代杂交水稻，并将杂交水稻科研水平推向一个又一个不可逾越的高度。1950年我国水稻平均亩产只有141千克，2000年我国超级杂交稻攻关第一期亩产达到700千克，2018年突破1 100千克，大幅增长的数据是我们国家年复一年粮食丰收的产量，让中国人的“饭碗”牢牢端在自己手中，“神农”袁隆平也在人们心中矗立成新时代的中国脊梁。

袁隆平先生的科研精神激励我们勇攀高峰。马克思有句名言:“在科学的道路上没有平坦的大道，只有不畏劳苦沿着陡峭山路攀登的人，才有希望达到光辉的顶点。”袁隆平先生的杂交水稻研究同样历经波折、千难万难。我国种植水稻的历史已经持续了六千多年，水稻的育种和种植都已经相对成熟和固化，想要突破谈何容易。在经历了无数的失败与挫折、争议与不解、彷徨与等待之后，终于一步一步育种成功，一次一次突破新的记录，面对排山倒海的赞誉和掌声，他却把成功看得云淡风轻。“有人问我，你成功的秘诀是什么？我想我没有什么秘诀，我的体会是在禾田道路上，我有八个字:知识、汗水、灵感、机遇。”

“书本上种不出水稻，电脑上面也种不出水稻”，实践出真知，将论文写在大地上，袁隆平先生的杰出成就不仅仅是科技领域的突破，更是一种精神的象征。他的坚持和毅力，以及对科学事业的无私奉献，都激励着我们每个人追求卓越、追求梦想。他的精神也激励我们每个人继续努力奋斗，为实现中国梦、实现中华民族伟大复兴贡献自己的力量。

袁隆平先生的伟大贡献解决世界粮食危机。世界粮食基金会曾于2004年授予袁隆平先生年度“世界粮食奖”，这是他所获得的众多国际荣誉中的一项。2021年5月

22 日，先生去世的消息牵动着全世界无数人的心，许多国际机构和外国媒体纷纷赞颂袁隆平先生对世界粮食安全的卓越贡献，赞扬他的壮举“成功养活了世界近五分之一人口”。这也是他生前两大梦想“禾下乘凉梦”“杂交水稻覆盖全球梦”其中的一个。

一粒种子，改变世界。袁隆平先生和他的科研团队自 1979 年起，在亚洲、非洲、美洲、大洋洲近 70 个国家研究和推广杂交水稻技术，种子出口 50 多个国家和地区，累计为 80 多个发展中国家培训 1.4 万多名专业人才，帮助贫困国家提高粮食产量，改善当地人民的生活条件。目前，杂交水稻已在印度、越南、菲律宾、孟加拉国、巴基斯坦、美国、印度尼西亚、缅甸、巴西、马达加斯加等国家大面积推广，种植超 800 万公顷，年增产粮食 1 600 万吨，可以多养活 4 000 万至 5 000 万人，杂交水稻为世界农业科学发展、为全球粮食供给、为人类解决粮食安全问题做出了杰出贡献，袁隆平先生的壮举，让世界各国看到了中国人的智慧与担当。

喜看稻菽千重浪，遍地英雄下夕烟。2023 年是中国攻克杂交水稻难关五十周年。五十年来，以袁隆平先生为代表的中国科学家群体用他们的集体智慧、个人才华为中国也为世界科技发展做出了卓越贡献。在这一年，我们出版《袁隆平全集》，这套书呈现了中国杂交水稻的求索与发展之路，记录了中国杂交水稻的成长与进步之途，是中国科学家探索创新的一座丰碑，也是中国科研成果的巨大收获，更是中国科学家精神的伟大结晶，总结了中国经验，回顾了中国道路，彰显了中国力量。我们相信，这套书必将给中国读者带来心灵震撼和精神洗礼，也能够给世界读者带去中国文化和情感共鸣。

预祝《袁隆平全集》在全球一纸风行。

刘旭

刘旭，著名作物种质资源学家，主要从事作物种质资源研究。2009 年当选中国工程院院士，十三届全国政协常务委员，曾任中国工程院党组成员、副院长，中国农业科学院党组成员、副院长。

凡　例

1.《袁隆平全集》收录袁隆平20世纪60年代初到2021年5月出版或发表的学术著作、学术论文，以及首次公开整理出版的教案、书信、科研日记等，共分12卷。本书具有文献价值，文字内容尽量照原样录入。

2. 学术著作按出版时间先后顺序分卷；学术论文按发表时间先后编排；书信按落款时间先后编排；科研日记按记录日期先后编排，不能确定记录日期的4篇日记排在末尾。

3. 第七卷、第八卷收录的论文，发表时间跨度大，发表的期刊不同，当时编辑处理体例也不统一，编入本《全集》时体例、层次、图表及参考文献等均遵照论文发表的原刊排录，不作改动。

4. 第十一卷目录，由编者按照“×年×月×日写给××的信”的格式编写；第十二卷目录，由编者根据日记内容概括其要点编写。

5. 文稿中原有注释均照旧排印。编者对文稿某处作说明，一般采用页下注形式。作者原有页下注以“※”形式标注，编者所加页下注以带圈数字形式标注。

7. 第七卷、第八卷收录的学术论文，作者名上标有“#”者表示该作者对该论文有同等贡献，标有“*”者表示该作者为该论文的通讯作者。对于已经废止的非法定计量单位如亩、平方寸、寸、厘、斤等，在每卷第一次出现时以页下注的形式标注。

8. 第一卷至第八卷中的数字用法一般按中华人民共和国国家标准《出版物上数字

用法的规定》执行，第九卷至第十二卷为手稿，数字用法按手稿原样照录。第九卷至第十二卷手稿中个别标题序号的错误，按手稿原样照录，不做修改。日期统一修改为“×××× 年 ×× 月 ×× 日”格式，如“85—88 年”改为“1985—1988 年”“12.26”改为“12 月 26 日”。

9. 第九卷至第十二卷的教案、书信、科研日记均有手稿，编者将手稿扫描处理为图片排入，并对应录入文字，对手稿中一些不规范的文字和符号，酌情修改或保留。如“弗”在表示费用时直接修改为“费”；如“∴”表示“所以”，予以保留。

10. 原稿错别字用〔 〕在相应文字后标出正解，如“付信件”改为“付〔附〕信件”；同一错别字多次出现，第一次之后直接修改，不一一注明，避免影响阅读。

11. 有的教案或日记有残缺，编者加注说明。有缺字漏字，在相应位置使用〔 〕补充，如“无融生殖”修改为“无融〔合〕生殖”；无法识别的文字以“□”代替。

12. 某些病句，某些不规范的文字使用，只要不影响阅读，均照原稿排录。如“其它”“机率”“2 百 90”“三～四年内”“过 P 酸 Ca”及“做”“作”的使用，等等。

13. 第十一卷中，英文书信翻译成中文，以便阅读。部分书信手稿为袁隆平所拟初稿，并非最终寄出的书信。

14. 第十二卷中，手稿上有许多下划线。标题下划线在录入时删除，其余下划线均照录，有利于版式悦目。

序

众所周知，粮食增产有两个主要途径：第一，依靠科学技术提高单位面积产量；第二，增加耕地面积。世界上大约有 10 亿 hm^2 盐碱地，亚洲约占 1/3，中国的盐碱地面积也在 1 亿 hm^2 左右。有效利用这些盐碱地，增加可耕地面积是提高粮食总产量最直接和有效的途径，这也成为农业领域的重要发展方向。

2012 年以来，为了有效地推进盐碱地稻作利用产业化，我带领青岛海水稻研究发展中心团队，联合国内外相关机构与研究者，从杂交水稻技术研发应用、耐盐碱水稻选育推广、优质稻米生产加工到智慧农业等多个领域进行了广泛深入的探索，搭建了跨学科融合创新的盐碱地稻作改良与可持续发展的新技术与新模式。

我带领青岛海水稻研究发展中心团队以“解决饥饿问题，保障世界粮食安全”为使命，联合各方面力量，实现改良 666 万 hm^2 盐碱地的目标，推动现代农业产业发展，助力乡村振兴，同时进行国际推广，加快“一带一路”建设步伐，共建人类命运共同体。

2019 年 7 月

目录

上篇　耐盐碱水稻育种技术

下篇　盐碱地稻作改良

上篇

耐盐碱水稻育种技术

第一章

栽培稻的进化历程

第一节　栽培稻的起源

一、栽培稻的祖先种

世界上共有两个栽培稻种，分别是亚洲栽培稻（*Oryza sativa* L.）和非洲栽培稻（*Oryza glaberrima* Steud.）。研究表明，这两个栽培稻种均为二倍体，染色体 $2n$=24，其中，亚洲栽培稻种为AA 染色体组，非洲栽培稻种为 A^gA^g 染色体组，两者杂交第一代高度不育。亚洲栽培稻栽培历史悠久，变异广泛、多样，产量高，目前已遍布全球的热带、亚热带、温带、寒温带稻区。非洲栽培稻仅分布于西非尼日尔河上游的低湿地带，因其高秆、少蘖、低产，种植面积日趋缩小。两个栽培稻种的主要农艺性状的比较见表 1-1。

表 1-1　亚洲栽培稻与非洲栽培稻农艺性状的比较

性状	亚洲栽培稻	非洲栽培稻
叶片	有茸毛	无茸毛
叶舌	长、前端尖、分裂	短、前端圆、不分裂
穗形	松散	紧凑
二次枝梗	多	甚少或无
柱头色	白色-紫色	紫色
谷粒稃毛	有（少数光亮）	无，光壳
谷粒色泽	秆黄色	黑褐及黄褐色
糙米色泽	白色，少数赤红、紫色	赤色
休眠性	弱-中	强
再生性	有	无

注：引自闵绍楷，《水稻育种学》，1996。

二、亚洲栽培稻的起源

近一个世纪以来，关于亚洲栽培稻起源地的研究，观点纷呈，存在着多种解释。其中，主要的起源地学说有印度起源说、喜马拉雅山东南麓起源中心说和中国起源说。

（一）印度起源说

20 世纪 70 年代前，多数国外学者支持亚洲栽培稻起源于印度的学说。Vavilov（1951）根据作物起源的显性基因中心理论，认为亚洲栽培稻起源于印度北部。其论据是喜马拉雅山南麓印度北部为高纬度地区，该地区地形复杂，稻种变异多，野生稻与栽培稻具有密切的生态相关性。加藤茂苞（Katô，1928）曾将亚洲栽培稻分为印度型（Indica）和日本型（Japonica）；松尾孝岭（Matsuo，1952）则进一步将栽培稻划分为 A、B、C 3 个类型，其中 A 代表日本型，B 代表爪哇型，C 代表印度型。他们推断，中国的籼稻（即 Indica）由印度传入，最初由南亚及东南亚边境经中国的云贵高原，或是由中南半岛进入珠江流域和长江中下游。但中国栽培稻来源于印度这一学说缺乏考古学、民族学和驯化栽培学方面的证据，不符合稻种起源和栽培历史的真实性。

（二）喜马拉雅山东南麓起源中心说

20 世纪 80 年代，国际上多数学者倾向于亚洲栽培稻起源于喜马拉雅山东南麓的印度东北部、不丹、尼泊尔、缅甸北部、中国的西南部绵延长达 3 200 km 的狭长地区，称之为“亚洲栽培稻的起源中心”。由于多年生普通野生稻，一年生尼瓦拉野生稻和杂草型稻从喜马拉雅山麓直到湄公河流域呈带状连续分布，且地方稻种类型复杂，形成了栽培品种的多样化区域，为驯化中心提供了依据。再结合语言学、古气候学和人种学的资料，张德慈（Chang，1976）推断，栽培驯化的最原始中心位于包括印度东北部的阿萨姆地区、孟加拉国北部连接缅甸的三角区，到泰国、老挝和越南北部及中国西南部的区域，驯化可能在该中心的内部或边界多点地、独立地同时发生。渡部忠世（1977）通过多年的实地考察，详细分析了亚洲各地古庙宇、宫殿等不同年代遗址残存土基中的稻谷形状及历史变迁，提出了“阿萨姆—云南”起源说，推断亚洲栽培稻起源于印度的阿萨姆丘陵和中国的云南高原。

（三）中国起源说

1. 中国栽培稻的起源地

主张栽培稻起源于中国的早期学者如 Roschevicz（1931）等指出，中国的神农氏早在公元前2800—前2700年就已经知道种植“五谷”（麦、稷、黍、菽、稻），河南仰韶发现的稻谷痕迹也有4 000多年，认为中国的稻作历史至少早于印度1 000年，并认为印度的水稻来自中国。关于中国栽培稻究竟起源于何处，有各种不同的意见，目前有代表性的意见主要有以下几种。

（1）起源于华南。这一假说最早由丁颖（1949，1957，1961）提出。他根据中国5 000年来稻作文化创建过程、稻作民族地理上的接壤关系、各栽培稻类型的生长发育特性与华南气候特点以及华南现存野生稻特性的关系等，认为中国栽培稻种起源于华南地区的普通野生稻。在研究了中国野生稻的分布和早期新石器时代出土的农具后，李润权（1985）认为，在中国范围内追溯栽培稻的起源，中心应该在江西、广东和广西三省（自治区），其中西江流域是最值得重视的。华南确实是普通野生稻种的分布区，南起海南崖县（今三亚市崖州区）羊栏乡（N 18°15′），北至江西东乡（N 28°14′），东起我国台湾桃园（E 121°15′），西达云南景洪（E 100°47′），这一带温暖湿润，河塘湖沼分布广泛，适合稻类作物生长，并且发现有万年以前的新石器时代早期文化遗存，但缺乏早期稻作遗存材料的支持，目前支持者渐少。

（2）起源于云贵高原。柳子明（1975）认为，中国云贵高原海拔变化大，形成了包括热带、亚热带和温带的各种气候条件，植物资源丰富，栽培稻变异丰富，这无疑有利于稻种的演变分化；云贵高原背靠青藏高原和喜马拉雅山脉，长江、西江、元江、澜沧江、怒江均发源于此，分别贯穿中国的华中、华南、西南地区及印度等。源生于云贵高原的稻种沿着这些河流分布到各流域地区，其中一支可能通过缅甸或马来西亚传播到印度东部恒河流域。

菲律宾张德慈（1978）认为，中国栽培稻可能起源于尼泊尔—阿萨姆—云南地区，经由云南引入黄河流域，并由越南经海路引入长江流域。不过，王象坤（1993）的研究认为，云南是亚洲栽培稻的一个重要的多样化中心和变异中心，但从总体看，云南称为栽培稻的次生起源中心较为适宜。

（3）起源于长江下游。20世纪80年代，长江下游说逐步成为中国稻种起源的主流学说之一。安志敏（1984）认为，中国的稻作农耕以长江流域为最早，稻类农作物的发现也最集中，从考古学上可以证明长江流域是稻作农耕的起源地，而长江中、下游可能是稻作农耕起源的中心。杨式挺（1982）根据河姆渡遗址大量稻谷发现、长江流域古今野生稻的存在、栽培稻生长的自然条件、考古发现的稻谷遗迹，以及中国古籍的有关记载，认定长江流域特别是长江下游的东南沿海地区，是中国栽培稻的一个起源区，并认为中国史前栽培稻的分布是以长江下游为中心逐级扩大的。汤圣祥（1993）等通过电镜扫描对河姆渡出土的碳化稻谷进行亚显微结构研究，发现河姆渡古稻谷中存在少量普通野生稻，加上江西东乡现有大片自生自长普通野生稻的事实，该发现为中国栽培稻起源于长江下游提供了直接证据。

（4）起源于长江中游—淮河上游。张居中（1994）在综合研究确定栽培稻起源地的4个前提条件与淮河流域稻作遗存资料后，提出栽培稻起源地应包括长江、淮河两大流域和整个华南地区。他认为确定栽培稻最初起源地的4个前提条件为：① 该地必须发现我国最早的栽培稻谷遗存；② 该地当时还必须有栽培稻的野生祖先种普通野生稻；③ 该地当时要具备适于栽培稻及其野生祖先种生长发育的气候与环境条件；④ 当时该地或附近要有以栽培稻为主要食品并具有将野生稻驯化为栽培稻的能力的古人类群体，以及相应的稻作农业工具。王象坤（1995）在分析湖南彭头山和河南贾湖稻作遗存材料后，结合确定栽培稻起源地的4个前提条件，将中国栽培稻起源中心缩小到长江中游—淮河上游，排除了起源于华南的可能。

2. 中国起源说的理论依据

中国不仅是栽培稻的最早起源地之一，而且也是稻作栽培历史最悠久的国家之一。其依据是：

（1）普通野生稻的分布。普通野生稻在中国南方分布广泛，东起我国台湾桃园（E 121°15′E），西至云南景洪（E 100°47′），南起海南岛三亚（N 18°09′），北至江西东乡（N 28°14′），海拔30～600 m的河流两岸沼泽地、草塘和山坑低湿处均有发现。已收集到的中国3 733份普通野生稻材料（中国农业科学院品资所，1991）可分为直立、半直立、倾斜和匍匐4种株型，绝大多数是多年生类型。此外，在耕作栽培较粗放的地区，稻田中常混生着和栽培稻十分相似的杂草。实际上，杂草稻是野生稻与原始栽培稻“渐渗杂交”（introgression）的后代，是自然选择压力下出现的特殊适应型，其出现时间距今十分久远。杂草稻对基因的交流、稻种的演变具有不可忽视的作用。上述研究证实，中国具有栽培稻的祖先——普通野生稻的生存和演化的基础。

（2）古气象学的研究。新石器时代，长江流域的气候较现在更为温暖潮湿，温度高3℃～4℃，降水量多约800 mm，普通野生稻的生长范围在远古时期可能到达长江流域，北限可达苏、鲁交界处（游修龄，1986）。野生稻在中国古代文献里有多种记载，泛称“秜”“稆”“离”“穞”“旅”等，含有落地自生的意思。古籍中有关野生稻的记载达16处之多，西起长江上游的四川，中经湖北襄阳、江陵，下达浙北、苏南，折向苏中、苏北和淮北，直达渤海湾的沧州，是一条弧线。直到公元4世纪时，长江中、下游一些地方还可能分布有多年生普通野生稻（游修龄，1987）。诚然，对这些古籍中记载的落地自生的“野稻”，是否属于现代概念的普通野生稻尚有不同的看法，但近期研究证明，7 000年前的太湖地区确实曾生长和繁衍过普通野生稻（Sato，1991）。

（3）考古挖掘。迄今，中国已发掘出大量新石器时代遗址，其中含有稻的遗存（碳化稻谷，米粒及茎叶）就有 109 处之多（汤圣祥，1994），遍布于中国长江流域、华南和西南。已知 7 个年代最古老的稻谷遗存，长江下游占 3 个（浙江桐乡罗家角，距今 6 890～7 190 年；余姚河姆渡，距今 6 815～7 075 年；慈溪童家岙，距今约 7 000 年），长江中游占 3 个（湖北城背溪，距今约 7 000 年；陕西李家村，距今约 7 000 年；湖南彭头山，距今约 7 800 年），加上江苏二涧村（距今约 7 000 年）。河姆渡出土的稻谷，堆积成层，刚出土时呈金黄色，颖壳上的稃毛及谷芒清晰可见，籼粳并存，还存在很少量的普通野生稻谷粒，反映了原始栽培稻种的杂合性。鉴于种植栽培稻之前必定有相当长时期的野生稻驯化过程，因此有理由相信，中国原始稻作至少已有 8 500 年以上的历史，中国是稻作栽培历史最悠久的国家。中国发现的大量新石器时期稻作遗迹，有力地证实了中国稻作起源的独立性，否定了中国籼稻原始于印度的见解。

三、非洲栽培稻的起源

非洲栽培稻（*O. glaberrima*）起源于热带西非，约有 3 500 年的历史（Chang，1976），其原始多样化中心（初级起源中心）位于马里境内的尼日尔河沼泽地带，次级多样化中心在塞内加尔、冈比亚和几内亚。大多数非洲栽培稻对短光周期敏感，虽然品种间在粒型的宽狭、长短上出现变异，但无籼、粳之别，只有深水、浅水和陆稻类型上的差异。籽粒的果皮通常为红色。非洲栽培稻具有对干旱气候的特殊适应性和热带非洲病虫的良好抗性，但由于高秆和低产，并未在整个非洲大陆传播和种植。近年来，由于亚洲栽培稻的引入，非洲栽培稻的种植面积日趋缩小，有的地区将非洲栽培稻与亚洲栽培稻以一定比例混合种植，以求在中等产量水平上的稳产。

近源野生稻种长雄蕊野生稻（*O. longistaminata*）和巴蒂野生稻（*O. barthii*）被认为是非洲栽培稻的祖先种，这些野生种分布在非洲栽培稻生长的地区甚至以外的地区。

Sampath 和 Rao（1951）提出，长雄蕊野生稻是人类从展颖野生稻（*O. glumaepatula*）中通过选择得到的。其理由是在稻属所有种中，展颖野生稻分布最为广泛，并且在亚洲产生了普通野生稻。这一观点得到了 Richaria（1960）、Seetharaman（1962）、Gopalakrishnan（1964）等多位学者的认可。其中，一些学者认为，巴蒂野生稻起源于非洲栽培稻与长雄蕊野生稻之间的杂种，这和多年生的野生稻（*O. rufipogon*）情况相似。

提出非洲栽培稻起源问题是在 Chatterjec（1948）对稻属校订后不久。在稻属校订中，Chatterjec 将所有美洲、非洲和部分亚洲的多年生野生稻都归于展颖野生稻。虽然长雄蕊野生稻与近缘稻种之间很难产生杂种，但当人们逐渐认识到长雄蕊野生稻具有很强的生殖隔离的特点后，多数学者就不再认为非洲栽培稻起源于巴蒂野生稻了。Sampath 等随后提出，长雄蕊野生稻可能衍生出长雄蕊野生稻和巴蒂野生稻的中间类型，这些类型通过相互杂交产生巴蒂野生稻，再由巴蒂野生稻产生非洲栽培稻。

多数学者认为，巴蒂野生稻是非洲栽培稻起源的野生种祖先。巴蒂野生稻的分布范围虽不及长雄蕊野生稻，但比非洲栽培稻要广得多。巴蒂野生稻不像长雄蕊野生稻长得那么密集，它是一年生野生稻，靠种子繁殖，主要生长在沟溪、沼泽地带，稻田、沟渠、老稻田也经常出现。这种野生稻无浮生习性，不能耐洪水，其生长地濒临长雄蕊野生稻的栖生地。Porteres（1950，1956，1959）认为，虽然巴蒂野生稻产生了非洲栽培稻，但其某些变异可能来自长雄蕊野生稻。其他学者则确认非洲栽培稻是从巴蒂野生稻单一起源的。

尽管巴蒂野生稻具备作为非洲栽培稻祖先种的若干特性，如广泛、重叠地分布，遗传关系密切，具有一定的变异性等，但由此就认定其为非洲栽培稻的起源祖先种仍有欠缺。因为既然亚洲稻和非洲稻都是为着籽粒产量而被驯化的，就很难想象在非洲栽培稻的驯化过程中，人类却朝向小粒、少分蘖、无二次枝梗的产量构成因素去选择，虽然在穗粒数上有了一定的改进，但这未必能够补偿其他产量组分的损失；另外非洲栽培稻每穗枝梗数也较多。总的来说，巴蒂野生稻是否确实具有作为栽培种所需要的变异范围和潜力，还是一个问题。如果假定非洲栽培稻的起源是亚洲栽培稻，则以上所涉及的困难就会得以解决。

四、亚洲栽培稻是非洲栽培稻的祖先种

（1）形态学。典型的非洲栽培稻穗小无毛，而亚洲栽培稻穗小有毛。然而，目前普遍认为，很难找到这两个种所特有的性状，而非洲栽培稻的叶舌较短，属于例外。当亚洲和非洲栽培稻混合生长在田间时，种植者往往无法对其加以区分，以致曾有人提议把这两个种合并起来。守岛对这两个种的 17 种性状做了比较研究，将每种性状的差异分为 11 个级别，以此对大批品种进行分类。除叶舌长度外，两个种的其余性状的变异范围都互相重叠。非洲栽培稻通常比亚洲栽培稻变幅小，但对氯酸钾的抗性和落粒性除外。其他如抗旱性、种子休眠性也有些差异，非洲栽培稻抗旱性较差，休眠性较强，而亚洲栽培稻的某些品种在这些性状上却有极端表现。这一研究表明，这两个种在许多性状上都很相似。

（2）可交配性的杂种的育性。一些研究者对亚洲与非洲栽培稻之间的杂交做过研究，要得到它们的杂种并不困难。杂交成功率比亚洲栽培稻品种间杂交成功率略低。亚洲栽培稻品种间杂交成功率为 51%，非洲栽培稻品种间杂交成功率为 62%，巴蒂野生稻种内杂交成功率为

58%，亚洲栽培稻与非洲栽培稻杂交成功率为39%～42%，亚洲栽培稻与巴蒂野生稻杂交成功率为32%～38%，非洲栽培稻与巴蒂野生稻杂交成功率为59%～62%。

两个栽培种的杂交种子发芽率正常，一般超过90%。F_1杂种正常生长，并表现出杂种优势。但杂种通常表现不育，偶尔轻度可育。正是这一特性涉及种的分类地位，说明这两个种间存在一种"似近而远"的关系。但也表明，它们的杂种的不育性具有同亚洲栽培稻品种间杂交相同的性质，只是不同程度高些而已。冈彦一（1968）推断，这种不育性属配子体不育，主要受一种互补基因支配。

Ramanujam（1938）报道，亚洲栽培稻与非洲栽培稻杂交表现高度可育，但这种高度可育的情况没能得到其他研究者的验证。盛永和粟山（1957）研究了13个杂种，百分率不到1%。Bouharmont（1962）在同样的研究中所得的数值为2.4%～14.0%。守岛等（1962）曾将21～39个非洲栽培稻与5个亚洲栽培稻杂交，得到的最高染色花粉百分率为10%，多数不能结实。

（3）杂种细胞学。有报道说，亚洲栽培稻、非洲栽培稻和巴蒂野生稻之间的杂种，其减数分裂正常进行。这类杂种偶尔会出现2个单价染色体或落后染色体等少量不正常现象。但是，在Nayar（1958）研究的杂种细胞中，有大约20%单个的四价体和多达8个单价体的现象。Yeh和Henderson（1962）看到单价体出现频率很高。某些杂交组合的单价体出现频率很高可能由脱联会所引起，且受遗传控制。许多独立的研究表明，亚洲栽培稻、非洲栽培稻与巴蒂野生稻之间的杂种出现的异常现象的频率和范围并未超过亚洲栽培稻类型间杂交的异常程度。

两个栽培种单倍染色体的形态学和减数分裂配对的比较研究，进一步证明了其紧密关系。胡兆华（1960）认为其核型相似，单倍体减数分裂的配对情况也无任何差异；但Bouharmont（1962）观察到其在染色体长度上有差异。多年生野生稻（*O. rufipogon*）单倍体体细胞染色体组的长度为（16.7±0.3）μm，亚洲栽培稻为（17.0±0.4）μm，非洲栽培稻为（13.8±0.3）μm。终变期二价体交叉数的估计数值，亚洲栽培稻为1.98±0.65，亚洲栽培稻与多年生野生稻的杂种为1.70±0.50，非洲栽培稻与亚洲栽培稻的杂种为1.83±0.59，亚洲栽培稻与巴蒂野生稻的杂种为1.23±0.69。这些资料再次证明，两个栽培稻种间有密切关系。

第二节　栽培稻的演进与分化

一、亚洲栽培稻的演进与分化

亚洲栽培稻历经了漫长的驯化过程，在人为选择和自然选择的强大压力下，发生了一系列系统而深刻的遗传分化，在农艺形态和生理特性上都发生了显著的变化。此外，在向不同纬度和高度的传播过程中，在不同温度、降水量、种植季节、营养元素和土壤等多方面的影响与竞争下也扩大了其遗传分化的深度，从而导致了感光性、感温性、需水量、胚乳淀粉性质等一系列分化，最终形成了丰富多样的栽培稻种，反过来又加速了栽培稻的传播。

在中国，对栽培稻有以下 3 种分类系统：一种是 5 级分类系统，即籼、粳亚种，早、中、晚季稻群，水、陆稻型，黏、糯变种，栽培品种（丁颖，1949），5 级分类系统即按种、亚种、生态群、生态型、品种分类的 5 级体系（程侃声，1994）；另外两种为生态地理分类系统和全球栽培稻生态分类系统（Chang，1976）。按照栽培稻的生态地理类型将其分成籼稻（*indica*）、粳稻（*japonica*）和爪哇稻（*javanica*）三大类型。这些丰富的类型和多样性不仅为人类提供了很多赖以生存和用途不同的栽培稻品种，也为栽培稻的不断改良提供了丰富的遗传资源。

（一）籼、粳的分化

籼、粳分化在中国至少有 7 000 年的历史。浙江省罗家角和河姆渡出土的稻谷表明当时的太湖流域已出现了籼、粳稻种。东汉以前的文献称籼稻为“稴”稻，称粳稻为“秔”稻，并记述了它们不黏与黏的差别（《说文解字》，公元 121 年）。丁颖（1957）曾将加藤茂苞（1928）划分的印度型（indica）和日本型（japonica）分别定为籼亚种和粳亚种。Chang（1976）根据日本的粳稻是从中国传入的历史事实，建议将日本型改名为中国型（sinica），即粳稻。

籼稻和粳稻在农艺性状和生理特性上有较大的差异。籼稻品种茎秆柔软，耐湿、耐热和耐强光，粒型细长，颖毛短少，叶片淡绿粗糙，米质黏性弱等，都与普通野生稻相似。而粳稻品种茎秆坚韧，耐旱、耐寒和耐弱光，粒型短圆，颖毛长密，叶片浓绿少毛。籼粳杂交一代的结实率低于双亲，通常在 30% 以下，反映了一定的生殖隔离。关于中国粳稻的起源以及粳稻与籼稻在起源与演化上的关系，目前主要有 3 种说法：

（1）“粳源于籼”。该说法认为普通野生稻首先在华南演化为籼稻，而后籼稻在不同的环境条件下（主要是低温）再演化为粳稻。这一论断的出发点在于籼稻特别是晚籼的生态习性与普通野生稻相似（丁颖，1949，1957；梁光商，1980）。

（2）由陆稻演化。俞履圻等（1962，1991）进一步认为粳稻起源于云贵山地的陆稻，首先是籼稻或普通野生稻的个别植株向山区旱地发展，演化为陆稻，然后由陆稻演化为粳稻。云南省遍布高山峡谷，籼、粳的垂直分布十分规律，一般在海拔 1 400 m 以下为籼稻地带，1 750 m 以上为粳稻地带，1 400 ~ 1 750 m 为籼粳交错地带。籼粳交错地带的品种类型复杂，一些类型的株型、穗型和粒型介于籼、粳之间，很难从形态上或酚反应上加以明确区分。这种中间型的出现，是籼稻向粳稻过渡的证明。

（3）平行（单源）演化。Second（1982，1985）以众多亚洲栽培稻与普通野生稻为材料，分析了多种同工酶的电泳图谱，得出籼、粳是从不同祖先分别进化而来，中国的南方大陆是世界粳稻的起源中心的结论。

（二）早、晚稻的分化

水稻是多型性植物，早、中、晚稻品种间差异很小，但对日照长度反应的差异非常明显。早稻的感光性极弱，中稻的感光性弱，晚稻的感光性强。中国华南及华中的早稻对日照的长短反应不敏感，甚至无反应；华北、东北和西北的高纬度粳稻品种对日照长短的反应也相当迟钝，只要温度满足生长发育的要求，即可孕穗扬花。华南和华中一带原有的单季晚稻或连作晚稻的地方品种与华南的普通野生稻一样，对日照长度极为敏感，无论早播或迟播，一直要到 9 月中旬日常 12 h 的条件下，幼穗才开始分化，到 10 月中旬抽穗。因此，晚稻被认为是从野生稻驯化而来的基本型，而早稻及中稻则是从基本型的晚稻分化出来的变异类型。

（三）水、陆稻的分化

普通野生稻生长在淹水的沼泽地区，从普通野生稻驯化而成的栽培稻应当是水稻。因此，水稻是栽培稻的基本型，而陆稻则是适应于缺乏淹水条件下的生态变异类型。陆稻叶色较淡，叶片较宽，谷壳较厚。与水稻相比，陆稻种子吸水力强，在低于 15℃的低温下发芽较快，幼苗对氯酸钾的抗毒力较强；根系发达，根粗而均匀，分布较深；维管束和导管较大，表皮较厚，气孔数较少；根的渗透压和茎叶组织的汁液浓度也较高。由于陆稻吸水力较强而蒸腾量较小，故而有良好的耐旱能力。陆稻与水稻一样，从茎叶到根部也有相连的裂生通气组织，因此不仅能在旱地生长，也适于多雨地带，甚至可种于水田。但当陆稻与水稻同时在水田栽培时，上述形态、生理、生态的差异就不明显了。

（四）黏、糯的分化

籼稻和粳稻的胚乳都有糯性与非糯性的不同，即有籼黏、籼糯，粳黏、粳糯之分。黏稻和糯稻的主要区别在于饭粒黏性的强弱，黏稻黏性弱，糯稻黏性强，其中粳糯的黏性又强于籼糯。化学成分分析表明，糯稻胚乳只含支链淀粉而不含直链淀粉，或直链淀粉很少（不超过2%）。一般粳稻直链淀粉含量为12%～20%，而籼稻为14%～30%。由于糯稻直链淀粉极少，胶稠度软，糊化温度低，因而煮出的饭湿润并黏结成团，胀性小。糯稻胚乳和花粉中的淀粉绝大多数为支链淀粉，因此吸碘量小，遇1%的碘－碘化钾溶液仅呈红褐色反应，而籼稻由于直链淀粉含量高，吸碘量大，则呈蓝紫色反应。从外观看，糯稻米粒未干时呈半透明，干燥后呈乳白色，这是胚乳细胞失水所产生的微气泡在细胞壁表面形成光散射而引起的。

野生稻都是黏性的，所以由普通野生稻驯化而成的栽培稻应为黏稻，亦即黏稻为基本型，糯稻是由黏稻演变出来的变异型。遗传分析表明，黏、糯由一对基因控制，糯为隐性。因此，早期的原始氏族人因注意到稻田中糯性植株的出现，刻意加以选择留种，代代相传，糯稻就成为某些氏族人民偏爱的日常饭食。在中国云南和广西的部分地区、老挝、泰国北部和东北部、印度阿萨姆邦的东部等地区形成了一个糯稻栽培圈，其栽培年代极其悠久。

（五）其他

我国云南水稻资源中的光壳稻是一大特色，数量可观，水、陆稻都有。其主要分布在滇西南低海拔（海拔400～1 800 m）山坡地的光壳陆稻占多数，1 800 m以上为光壳水稻，但品种数量较少。从全球看，东南亚山区的陆稻多数是光壳稻品种，现代改良品种IRTA（International Research of Africa Tropies）系列中，光壳稻占绝大多数，主要在非洲、中南美洲种植。

云南的光壳稻与非洲栽培稻不同，粒形、壳色比一般籼、粳稻复杂，多数类似于粳稻带谱。光壳稻与粳稻的杂交一代（F_1）结实率表明两者的亲和性相当正常，而与籼稻的杂交种亲和性偏低，说明光壳稻与粳稻的亲缘关系近，而与籼稻的亲缘关系远些。俞履圻（1962，1991）据此推断，云南光壳陆稻在中国稻种演进过程中可能是由籼稻演化成粳稻的一个阶梯。王象坤等（1984）则认为，光壳稻是原始的、还未分化到位的粳型稻。大量的光壳稻种质资源中极有可能存在着广亲和种质，近代在美国种植的光壳稻改良品种是为适应机械化脱粒和清选需要而选育的，籽粒较大，颖壳光滑，直链淀粉含量中等或偏低，米饭柔软，其中，一些品种具有广亲和性。

综上所述，籼、粳稻主要是因栽培地带温度高低不同而分化形成的气候生态型，水、陆稻是由于稻田土水分多少不同而形成的土地生态型，早、晚稻是因栽培季节的日长不同而形成的季节生态型，黏、糯稻是直链淀粉含量多少的不同而形成的栽培种。

二、非洲栽培稻的演进

非洲栽培稻的演进方式可能属于量子式物种形成的性质，但其确切的途径还有待研究确定。量子式物种形成的定义是，“异交生物体从一个古老物种半隔离状态的边缘群体中，出芽式离体形成一个极不相同的姊妹种”。这一概念是早期研究者提出的几种平行概念的混合，包括：它是含有半隔离群体的物种中的不定种系变异，遗传漂变，周缘群体的异常特性和遗传变异，跳跃式变异，量子式进化和灾难性选择。这种方式的物种形成较地理上的物种形成快得多。当这种概念引入植物界后，近亲繁殖的作用更容易且经常借助于自体受精而实现，这种近亲繁殖则是离体姊妹种的隔离所必需的。许多研究者在植物中已观察到这种现象。

非洲栽培稻在分布、主要形态性状和杂种不育性方面，与亚洲栽培稻像是“姊妹种”。在分布地区较为局限，变异范围较窄，适应性较差，一些器官变小如短花药、短叶舌、穗上无二次枝梗等方面，非洲栽培稻表现出像是从亚洲栽培稻衍生出来的姊妹种的特征。所谓姊妹种，是指“形态上相似或相同而有生殖隔离的同生群体（sympatric population）”，它们是真实的种。

目前，对非洲栽培稻的分化过程和变异了解不多，已知有 3 个品种变异中心。品种演化的第一个中心是尼日尔河三角洲的上游，第二个演化中心是刚比亚河两岸的尼奥罗（Niorodu Rip），第三个中心在圭亚那山区。现已收集到大约 1 500 份非洲栽培稻品种，根据其形态特征已被划分为 13 个植物学变种，种内并不存在育性障碍。

在非洲稻的栽培上，即使在非洲稻的起源地热带西非，栽培亚洲栽培稻比非洲稻更受欢迎，这是因为亚洲稻的产量更高，适应性更强，品质更好。然而，冈彦一和 Chang（1964）认为，非洲栽培稻并非像一般认为的那么差。在非洲苏丹地区，水稻栽培的一大特点是将亚洲稻与非洲稻混种，混合比例各地区不一样。在这些混种的稻田里，变异很多，农民们无法区分这两个栽培种，而非洲稻的短叶舌是可以分开的，其他的一些性状，如非洲稻的光稃、穗轴和小穗轴坚硬等均能在亚洲稻上找到。同样，与亚洲稻相联系的性状在非洲稻上也可找到。Porters（1963）曾反复提到，非洲稻和亚洲稻之间密切地存在着变异的平行性。

第三节 栽培稻的传播和遗传多样性

一、传播途径

普通栽培稻的传播途径并不是一条连续不断的单向道路，而是多向的、转折的、时而重叠交叉的道路。它从起源中心有时顺流而下沿河两岸扩展；有时随耕种者的迁徙翻山越岭；有时随商人和渔民漂洋过海；有时因环境不适，稻种不能生长，传播的道路中断了；有时因为得到了适宜生长的自然环境而迅速繁衍开来。

一些学者认为，起源于中国喜马拉雅山麓云贵高原的栽培稻，顺流南下，经印度、马来半岛、加里曼丹传入菲律宾；向东进入中国南部，成为广为栽培的籼稻；北路进入黄河流域，演化为粳稻。但严文明等（1982）对此持有异议，认为中国栽培稻起源于长江下游（或统称长江中下游），并以长江下游为中心波浪式逐级扩大传播：前5000—前4000年，史前栽培稻分布于长江下游到杭州湾一带，长江中游也有个别分布地点；前4000—前3000年，分布于整个长江中下游平原和江苏北部；前2000—前1000年，进一步传播到福建、台湾、广东，向西到四川、云南，向北达山东、河南和陕西。从新石器时代出土的各地稻谷遗迹年代判断，长江流域的水稻栽培比黄河流域早而普遍。中国的稻种传入日本的途径可能有3条（游修龄，1986）：① 北路，经华北，过朝鲜，于公元前3世纪传入日本九州；② 南路，经中国台湾到达日本九州；③ 中路，由中国长江口太湖流域渡海到达日本。具体是3条途径都有或是仅为其中的1条，尚在研究之中。

渡部忠世（1977）在《稻米之路》一书中描绘了稻米传播的3条途径。① 长江系列，源于云南高原的亚洲栽培稻通过长江和西江传入整个长江流域和华南，然后北上到达中国黄河流域、朝鲜和日本。籼稻在11—14世纪曾传入日本，但终究没有成为日本稻作的主流而消失。② 湄公河系列，源于云南的稻种南下到达印度尼西亚。国际水稻研究所曾追溯15个IR品种的最初母本，发现都具有印尼品种Cina的血缘，而Cina即指中国，可见印度尼西亚稻种由中国经印度而传入的可能性极大，并至少已有2 000年的历史。③ 孟加拉系列，起源于印度阿萨姆地区的稻种沿孟加拉湾海岸线东进，或乘季风随船横穿孟加拉湾到达印度。印度北部的籼稻在公元前10世纪南下传入恒河流域，向西经伊朗入巴比伦再传入欧洲，600—700年传入非洲。新大陆被发现后传入美洲，美国在17世纪才第一次播种了由马尔加什（今马达加斯加）引入的水稻。欧洲南部、俄罗斯一带和南美种植水稻只是近几世纪的事。至于高秆、大粒的爪哇稻，由阿萨姆起源中心经海路穿过孟加拉湾传入苏门答腊和印度尼西亚（约3 000

年前），然后向菲律宾、中国台湾等地传布，向西曾到达非洲的马达加斯加岛。非洲栽培稻的种植区域仅限于热带西非，只是在16世纪奴隶贩卖时期曾传入美洲的圭那亚和萨尔瓦多。

二、遗传的多样性

普通野生稻在演变进化为栽培稻的过程中发生了一系列农艺形态和生理特性的改变。叶片增宽，茎秆增粗，穗形变大，二次枝梗增多，生长姿态从匍匐而松散变为直立而紧凑；幼苗生长加快，叶片数目增加，发育速度加快，净光合速率略有提高，分蘖力增强，分蘖和穗的发育同步化，籽粒灌浆期延长，谷粒增重。同时，色泽、芒的长短、落粒性、籽实休眠期、根茎形成等有所变化，对光周期反应及对低温的敏感性减退，异交频率减少，成为自花授粉。多年生变为一年生。

近2 000年来，由于亚洲栽培稻在新的生态环境中的迅速传播，出现了众多的生态型。盛永（Morinaga，1968）曾把亚洲栽培稻划分为4个生态种（ecospecies）：① Aman生态群，即籼稻；② Aus生态群；③ Boro生态群；④ 日本稻生态群，其下又分为日本生态型即粳稻和Nuda生态群。程侃声等（1986）根据杂交亲和力的高低、生态分布、形态特征及栽培利用上的特点，建议将亚洲栽培稻按种—亚种—生态群—生态型—品种分为5级，粳亚种以下为爪哇群（热带粳稻，Javanica）、光壳群（Nuda）及普通粳群（Communis），籼亚种以下为早中稻群（Aus）、冬稻群（Bulu）及晚稻群（Aman）。

栽培稻向亚热带及温带的传播、杂交和选择，进一步发生了歧化。自然和人为的综合力量，气候、土壤、水分和季节的变化，栽培技术的多样性，社会、宗教传统的影响，使栽培稻在广阔的地域里发生了许多定向变化。20世纪50年代末期以来，世界主要产稻国家进行了良种矮秆化变革。矮秆品种耐肥、抗倒，分蘖能力强，叶挺，收获指数高，产量高，很快取代了传统高秆农家品种。此外，人类的选择加上杂稻型稻种系的贡献，也导致了水稻品种产生大量变异，各自适应于不同的气候因素（温度和光照）、水分状况（深水、浅水、旱地和灌溉）、土壤条件（盐土、碱土、酸土、冷性土、铁毒土和潮汐土等）、生物压力（病、虫）、民族的喜爱（黏糯，形状，谷壳色泽、芒的有无）和种植方式（直播、穴播和移栽），形成了丰富多彩的遗传多样性。初步估计，中国农家地方品种达4万个之多，全世界达12万个之多。

同工酶酶谱的分析技术，为稻种起源及其变异提供了新的研究途径。Makagahra（1978）对亚洲各国1 317个水稻品种进行分析，发现叶片中的酯酶同工酶出现5条主要酶带，根据酶带的迁移率可将亚洲品种分成11个不同基因型，并认为喜马拉雅山东南麓是稻种的变异中心，保存最丰富的品种变异谱和生态专化谱。林健一（1975）利用酯酶同工酶的电泳分析法分析了世界不同地区的776个水稻品种的遗传变异，发现有27种酯酶酶谱；Glaszmann（1986）调查了15种同工酶基因，对1 688份各种类型栽培稻的同工酶基因型进行了分析，证实不同类型的稻之间，同工酶基因型有明显的差异。Second（1982）以众多亚洲栽培稻品种和野生稻种为材料，详细调查了许多同工酶的遗传型，并参考杂种不育性等资料，认为阿萨姆—云南地区的变异多样性只是籼粳两亚种在那里产生自然杂交的结果，这一地区不是瓦维洛夫所说的多样性一次中心，只不过是二次中心而已。数量众多、性状各异的栽培品种及其近缘野生种是人类的宝贵遗产和珍贵财富，为水稻的品种改良提供了不可替代的物质基础。

第四节　水稻分类

一、稻属的分类

稻属（*Oryza* L.）属于禾本科稻族（*Oryzeae* Dumort.），由Linnaeus于1953年命名，模式种为*Oryza sativa* L.。对稻属的分类，不同的研究者有不同的划分。Prodoehl（1922）首先对稻属进行分类，列举了317个种；此后，Roschevicz（1931）进行了详细的分类研究，列举出19个种；Chatteree（1948）、Sampath（1962）和Tateoka（1963）分别列举了23个、23个和22个种；Vaughan（1989）提出了最新的稻种检索表，包括22个种；截至1994年，由Vaughan修改后的22个种成为目前较公认的稻属分类，包括4个相似群和2个独立的种，即栽培稻相似群、药用野生稻相似群、马来野生稻相似群、疣粒野生稻相似群以及短花药野生稻和极短粒野生稻。至1997年，稻属22个种的全部染色体数目，除极短粒野生稻外，21个种的基因组已全部清楚。

研究表明，稻属种的染色体可分为A、B、C、D、E、F共6组，各组的染色体又可分为亚组，如A组又可以分为A、A^{g}、A^{gp}、A^{l}共4个亚组。稻属的染色体组分类是研究稻属进化的重要依据，也是远缘杂交难易程度的重要指标，具体染色体组分类见表1-2。

表1-2　稻属分类——相似群、种的基因组及地域分布

相似群、种的名称	染色体数目	基因组	地理分布
极短粒野生稻（*O.schlechteri*）	48	HHKK	新几内亚（已绝种或极罕见）
短花药野生稻（*O.brachyantha*）	24	FF	非洲
O.sativa 相似群			
亚洲栽培稻（*O.sativa* L.）	24	AA	全球

续表

相似群、种的名称	染色体数目	基因组	地理分布
非洲栽培稻（*O.glaberrima*）	24	A^gA^g	西非
多年生野生稻（*O.rufipogon*）	24	AA	热带亚洲、中国南部
尼瓦拉野生稻（*O.nivara*）	24	AA	热带亚洲
长雄蕊野生稻（*O.longistaminata*）	24	A^lA^l	非洲
展颖野生稻（*O.glumaepatula*）	24	$A^{gp}A^{gp}$	南美
巴蒂野生稻（*O.barthii*）	24	A^gA^g	非洲
南方野生稻（*O.meridionalis*）	24	A^mA^m	热带大洋洲
O.officinalis 相似群			
药用野生稻（*O.officinalis*）	24	CC	热带亚洲到新几内亚、中国南部
阔叶野生稻（*O.latifolia*）	48	CCDD	拉丁美洲
高秆野生稻（*O.alta*）	48	CCDD	拉丁美洲
重颖野生稻（*O.grandiglumis*）	48	CCDD	南美
斑点野生稻（*O.punctata*）	48 24	BBCC BB	非洲
紧穗野生稻（*O.eichingeri*）	24	CC	东非和西非
小粒野生稻（*O.minata*）	48	BBCC	菲律宾、巴布亚新几内亚
澳洲野生稻（*O.australiensis*）	24	EE	澳洲
O.meyeniana 相似群			
颗粒野生稻（*O.granulata*）	24	GG	南亚、东南亚、中国南部
疣粒野生稻（*O.meyeriana*）	24	GG	东南亚、中国南部
O.ridleyi 相似群			
长护颖野生稻（*O.longiglumis*）	48	HHJJ	新几内亚
马来野生稻（*O.ridleyi*）	48	HHJJ	东南亚

（一）亚洲栽培稻（*O.sativa*）相似群（区组）

属于该群的稻种有 8 个，其中 2 个是栽培稻种［一个是林奈于 1753 年命名的亚洲栽培稻（*O. sativa* L.），另一个是 Steudel 于 1954 年命名的非洲栽培稻（*O. glaberrima* Steudel）］，其他 6 个为野生稻种［多年生野生稻（*O. rufipogon*）、尼瓦拉野生稻（*O. nivara*）、长雄蕊野生稻（*O. longistaminata*）、展颖野生稻（*O. glumaepatula*）、巴蒂野生稻（*O. barthii*）和澳洲野生稻（*O. australiensis*）]。与亚洲栽培稻亲缘最密切的野生稻有多年生的 *O. rufipogon* 和一年生的 *O. nivara*。起初，曾以 *O. perennis* Moench 这个种名泛指在亚洲、非洲、拉丁美洲的多年生野生稻。之后，Tateoka（1963）用 *O. rufipogon* Griff 命名，这一种名用来专指亚洲和美洲发现的野生类型。而 Sharma 和 Shastry（1965a）则进而把 *O. rufipogon* 种名用来专指亚洲的多年生野生稻，把一年生野生稻作为一个新种名定为 *O. nivara* Sharma & Shastry。多年生野生稻（*O. rufipogon*）多生长在江河湖泊沿岸、沼泽地以及深水环境下，塌地生长或浮生，具有不定根和高节位分支，光周期敏感，产种量少；而一年生野生稻（*O. nivara*）则生长在季节性干旱的生态环境里，穗伸出度差，产种量多，光周期不敏感，无根茎。以前，我国对普通野生稻一直沿用 *O. sativa f. spontanea* 的学名，包括原始类型以及许多性状稍接近栽培稻的中间类型。潘熙淦等（1982）建议把原始类型改称为 *O. rufipogon*，其分布的北限为 N 28°04′~28°10′，即江西省东乡县，这可能是全球普通野生稻分布的最北端。

亚洲栽培稻、多年生和一年生野生稻之间互相杂交有不同程度的可孕，其杂交后代分化变异甚广，其幅度从种子产量低的多年生类型到产种量高的一年生类型，从各种不同的杂草型（*O. sativa f. spontanea*）到栽培类型。群体变异复杂的杂草型稻可能是与野生稻栽培化伴随产生的，由于表现了野生稻与栽培稻的中间类型特征，因而被认为是来自野生稻与栽培稻的天然杂交后代。在今天已无野生稻的区域也可能有杂草稻的分布，如中国的粳型䅟稻，还有在尼泊尔、韩国和日本也曾有关于杂草稻的报道。在普通野生稻中，现今尚难完全肯定已产生籼、粳的分化，但在杂草稻中这一分化是明显的。

与非洲栽培稻亲缘密切相关的野生稻包括多年生的长雄蕊野生稻（*O. longistaminata*）和一年生的巴蒂野生稻（*O. barthii*）。前者的分布最为广泛，是一种难除的杂草，具强根茎，花药特长。在非洲栽培稻、长雄蕊和巴蒂野生稻之间能进行天然杂交，其后代分化形成杂草型种系，被称作 *O. stapfii Roschev*。

此前，该相似群各种间在命名和相互关系上曾存在极其混淆的情况，如 *O. nivara* 曾被命名为 *O. fatua*、*O. sativa f. spontanea*，*O. rufipogon* 曾被命名为 *O. perennis*、*O. fatuo*、*O. perennis subsp. balunga*，*O. barthii* 曾被命名为 *O. breuiligulata*，*O. longistaminata* 曾被命名为 *O. barthii*，*O. glumaepatula* 曾被命名为 *O. perennis subsp. cubensis*。该群全部 8 个种的染色体组为 AA，但也有一定程度的差别，特别是来自不同洲之间的样本，因此，在 AA 字母的右上角标上记号以示区别。*O. glaberrima* 与 *O. sativa* 的明显区别在于短而圆的叶舌，穗二次枝梗无或极少，以及几乎光滑无毛的内、外

颖及叶片。*O. glaberrima* 的变异类型不如 *O. sativa* 那么丰富，也没有类似籼和粳的分化，仅有水稻、陆稻的区别，其栽培地域仅限于西非而且还在逐渐缩减。非洲栽培稻之所以能继续在热带西非存在，是由于其米质食味受到当地居民的喜爱，而且，比从外面引进的品种更能适应某些深水或旱地栽培。

在亚洲栽培稻相似群里有另外 2 个种。一个分布在热带大洋洲，它可能是从一年生和多年生野生种衍生而来的，也可能是这两者来自共同的祖先，因地理隔离而独立形成。它从未被驯化过，在大洋洲经常与 *O. australiensis* 共生。通过数量分类学方法检测，认为应命名为新种 *O. meridionalis* Ng（Ng et al.，1981）。此种一般为一年生植物，偶尔有多年生的，许多性状与 *O. nivara* 相似，但芒较长，小穗较窄，穗子较为紧密。另一个种与 *O. rufipogon* 密切相关，分布于拉丁美洲的野生稻称为 *O. glumaepatula*，以前曾命名为 *O. cubensis* Ekman 或 *O. perennis* ssp. *cubensis* Tateoka 等，具有半直立生长习性，无另外叶鞘分支。

（二）药用野生稻（*O.officinalis*）相似群

属于该相似群的野生稻有 8 个种，在亚洲分布最为广泛的是药用野生稻（*O. officinalis* Wallex Wati），一般有根茎，多年生，无芒或不足 2 cm，适应于湿生寡照的生境。Knshnaswamg 等（1957）报道，在印度南部发现了其性状与 *O. officinalis* 相近，认为这仅是 *O. officinalis* 的一个亚种。与 *O. officinalis* 有关的四倍体植物是小粒野生稻（*O. minata*），一般生长在荫蔽或部分荫蔽的河溪两旁，两者之间的性状差别并不很明显，但后者倾向于具有较小的植株、穗和籽粒。

在美洲，有 3 个多年生野生种属于该相似群，即阔叶野生稻（*O. latifolia* Desv.）、高秆野生稻（*O. alta* Swallen）和重颖野生稻［*O. grandiglumis*（Doell）Prod］。其中，*O. latifolia* 分布较为广泛，而另外 2 个种仅分布于南美洲。3 个种均是异源多倍体，具有相同的染色体组，而在性状上却有很明显的差别：*O. latifolia* 的叶片窄、不足 5 cm，小穗短、不足 7 mm；而 *O. alta* 的叶宽超过 5 cm，小穗长超过 7 mm；*O. grandiglumis* 的特征则是护颖长度大致与内、外颖的长度相当。Brucher（1977）报道，在 Pasagrayan Chaco 发现 *O. latifolia* 的二倍体植株，引发水稻专家的极大兴趣，因为这有可能出现染色体组为 DD 的二倍体代表类型。有些研究者把在热带大洋洲发现的多年生二倍体种澳洲野生稻（*O. australiensis* Domin）列入该群，它的性状与其他野生稻种有明显区别，表现是根茎强、穗轴由基部向顶部的粗硬毛逐渐增加，以及在一次枝梗基部有轻微的羊毛状茸毛。

在非洲，有 2 个种属于该相似群，即斑点野生稻（*O. punctata* Kotschy ex Steud）和紧穗野生稻（*O. eichingeri* Peter）。Tateoka（1965b）、Hu（1970）曾报道这两个种均有二倍体和四倍体类型，但是 *O. eichingeri* 的四倍体类型可能是不确切的（Vaughan，1989）。

对二倍体 *O. punctata* 的真实性也曾发生争议，但最终被大多数学者所认可。以前，曾有一个来自斯里兰卡的样本被命名为 *O. collina*（Trimen）Sharma & Shastry（Sharma 等，1965b），虽然后来被确认属于 *O. eichingeri* 的变异范围而不列为新种，但由于该样本生长于斯里兰卡的荫凉或开放的生态环境里，而 *O. eichingeri* 则生长于非洲森林的荫凉之处，故还应进一步探讨。*O. punctata* 和 *O. eichingeri* 二倍体类型间的性状很难明确区别，但前者为一年生，后者为多年生，染色体组也不相同。四倍体的 *O. punctata* 通常为多年生，比二倍体的剑叶稍宽，花药较长，且抽穗较晚。

（三）疣粒野生稻（*O.meyeniana*）相似群

迄今为止，较为公认的属于该群的有 2 个种，即颗粒野生稻（*O. granulata* Nees et Ar. exwat）和疣粒野生稻［*O. meyeriana*（Zoll et morrill ex steud）Baill］。这 2 个种的共同特征是颖壳表面上有瘤状突起。而两者间的区分标准主要是根据小穗的长度，即颗粒野生稻在 6.4 mm 以上，疣粒野生稻在 6.4 mm 以下。由此，对两者应为“种”还是“亚种”的分类，或者只是不同变型，存有争议，也造成学名的混乱。实际上，如果有充足的样本数量，小穗长度是数量性状，其变异很可能是连续的。在中国收集到的该相似群野生稻样本，其小穗长度为 4.5~7.0 mm（广东农林学院，1975）。如果按照国际通用的分类标准，则以前一直沿用 *meyeriana* 这一名称显然不妥，因为大部分采集的样本应属于 *granulata* 的范围。

吴万春等（1990）通过对稻谷外颖表面电镜扫描的形态分析，发现中国的 7 份该相似群野生稻样本（粒长 5.4~6.0 mm）与 3 份国外引入的疣粒野生稻（粒长 7.0~8.0 mm）以及 8 份颗粒野生稻（粒长 5.6~6.5 mm）材料间，在瘤状突起的密度分布，或在钩毛、突起的形态上存在着较大差异，因而建议另行定名为瘤粒野生稻（*tuberculata*）。该相似群野生稻的植株均较矮小，叶片短宽，穗短粒少，均生长于山坡衰落的初生林或次生林的树荫或部分荫凉处，具有耐荫蔽、耐干旱的能力。该群野生稻分布的海拔高于其他野生稻，甚至可达海拔 1 000 m 处。由于对这些野生稻种的研究不够深入，至今未明确本群种间或与其他种间的染色体组关系。

（四）马来野生稻（*O.ridleyi*）相似群

属于该群的有 2 个野生稻种，即长护颖野生稻（*O. longiglumis* Jansen）和马来野生稻（*O. ridlcyi* Hook F.），通常分布于河流、小溪、池塘边的荫凉生态环境中，均是多年生的四倍体植物。两者的主要区别在于护颖和小穗长度间的相对比例大小，前者的护颖长度是小穗长度的 0.8～1.3 倍，而后者为 0.3～0.8 倍。

（五）极短粒野生稻（*O.schlechteri*）和短花药野生稻（*O.brachyantha*）

这两个稻种与其他稻种的关系至今不明确。极短粒野生稻是 1907 年在新几内亚发现的，是一种矮小而丛生的多年生野生稻，小穗长度为 1.75～2.15 mm，护颖长度约 1 mm 或没有，无芒。这是稻属中研究最少的一个种，在世界种质库里已无活样本存在，自然界中可能也已灭绝，其染色体组不明确。短花药野生稻分布于非洲易干枯的水里，是稻属中与李氏禾属关系最为密切的一个稻种。该种一年生，茎秆细，小穗细小且狭长，护颖长约 2 mm，有长芒。

二、亚洲栽培稻的分类

关于亚洲栽培稻的分类，不同学者根据不同的标准进行分类，有形态分类、生态分类、生化分类、数值分类以及杂种结实性、血清反应分类等。虽然中外学者依据各自的研究结果提出了相应的分类体系，但迄今尚未形成一个国际公认的亚洲栽培稻分类系统。

（一）中国对亚洲栽培稻的分类

1. 丁颖的中国栽培稻五级分类系统

丁颖对我国栽培稻种的起源和演变进行了研究，将我国栽培稻种按五级分类法分为：籼、粳亚种，晚季和早、中季稻群，水、陆稻型，黏、糯变种，栽培品种。

（1）第一级：籼亚种和粳亚种。这两个亚种主要是由于栽培地域温度的高、低而形成的气候生态型。在我国的分布是南籼北粳，低海拔籼、高海拔粳，这种地理分布主要是由温度条件的不同所决定的。低纬度的高海拔及高纬度地区，在水稻生育期间的温度一般较低，以种植粳稻为主。低纬度和低海拔的温热地区，以栽培籼稻为主。

从全国范围看，籼稻主要分布在华南热带和淮河以南亚热带、热带平地，粳稻分布则较广泛，包括南部热带、亚热带的高地，华东太湖流域及东北、华北、西北等高纬度地区。

（2）第二级：早、中、晚稻。早、中、晚稻是因为栽培季节日照的长短不同而形成的气候生态型，在分类上应区分为两个不同的稻群。根据栽培品种的熟期和季节分布，在籼稻、粳稻中再分为早、中稻和晚稻。造成早、中稻和晚稻分化的主要生态因子是季节和纬度不同和日照长度差异，这是籼、粳稻在光照发育阶段受日照长短的影响而分化形成的第二次气候生态型。早、中稻和晚稻在植物学性状上差异微小，而在生理上或生物学上的光照阶段发育特性则差异显著：晚稻感光性强，是典型的短日照作物，发育特性与普通野生稻相似，故认为是基本型；早、中稻光周期不敏感，属变异型。

（3）第三级：水稻和陆稻。水稻和陆稻是对栽培土地中的水分条件不同而产生反应的土壤生态型，两者在植物学和生物学上都没有显著差异，其区别仅在于耐旱性的不同，陆稻耐旱性极强。水稻和生长在沼泽地的普通野生稻一样，具有特殊的裂生通气组织，能将空气从植株上部输送到根部，使根部有足够的氧气，不会在淹水的情况下因缺氧而枯死。因此，水稻是基本型，陆稻则是由水稻产生的变异型。

（4）第四级：非糯稻和糯稻。两者在淀粉性质上有区别，主要是米粒中支链、直链淀粉含量不同，非糯稻直链淀粉含量高，而糯稻几乎全是支链淀粉。非糯稻为基本型，糯稻为变异型。

（5）第五级：栽培品种。栽培品种根据不同的特性又分为不同的生态型。例如，气候生态型反映品种的耐寒性、耐热性，土壤生态型反映品种的耐旱性、耐涝性、耐盐性、耐酸性等，生物生态型反映品种的抗病性、抗虫性、抗杂草性等，这些生态型与实际栽培有密切关系。

2. 张德慈的亚洲栽培稻生态地理分类系统

人工选择和自然选择的双重作用，造成亚洲栽培稻品种的生态多样性。张德慈（1985）根据遗传和生态栽培标准对亚洲栽培稻品种进化按生态地理类型进行分类。该分类系统将亚洲栽培稻分为印度型、中国型（日本型）和爪哇型 3 个生态地理类型，在此基础上再按水分、土壤、栽培方式和种植季节进行分类。

亚洲栽培稻广泛分布于亚洲、非洲、美洲、大洋洲和欧洲。由于地理分隔和生态环境的多样性，亚洲栽培稻形成了 3 个生态地理亚种：籼亚种主要分布在湿热的热带、亚热带；粳亚种分布于温带、亚热带和热带的高海拔地区；爪哇亚种主要分布在印度尼西亚以及后来被引入非洲的马达加斯加岛等地，与籼亚种共同种植。通常认为，爪哇亚种是籼、粳亚种的中间类型。3 个亚种在形态学、生物学性状上有一定的差异。

从稻谷粒看，籼稻有短粒、长粒、细长粒，粳稻只有短圆粒，爪哇稻有长粒、宽粒和厚粒；从分蘖性看，籼稻分蘖多，粳稻中等，爪哇稻少；从株高看，籼稻高至中等，粳稻矮至中等，爪哇稻为高；其他性状也有差异。

3. 程侃声的亚洲栽培稻五级分类系统

程侃声等对来自世界各地的稻种资源特别是云南的稻种资源进行了系统研究，并吸取了前人的亚洲栽培稻的分类研究成果，提出了亚洲栽培稻的种　亚种　生态群—生态型—品种的5级分类系统。在亚种一级尽可能同植物学的分类保持一致，在亲和性、形态和地理分布上都有较大区别，同意丁颖（1957）将亚洲栽培稻分为籼稻和粳稻2个亚种。亚种以下力求满足农学上的需要，分为生态群、生态型和品种3级。

（1）籼亚种（*O. sativa* L. *subsp. hsien* Ting）。生态群：① 晚稻群 Aman（雨季稻，感光性强）；② 冬稻群 Boro（不感光）；③ 早中稻群 Aus（春稻，不感光）。

（2）粳亚种（*O. sativa* L. *subsp. keng* Ting）。生态群：① 普通粳稻 Communis；② 光壳稻 Nuda；③ 爪哇稻 Javanica。

在生态群以下分不同的生态型和品种，生态型包括一些生态特性、分布地域和栽培措施大体相同的品种，不同生态群下生态划分不一致。由于研究样本的限制，在该分类系统中，对粳亚种的分类比较详细，对籼亚种的不同生态群以下的生态型的划分则比较有限。

（二）印度对亚洲栽培稻的分类

印度以籼稻为主，按照栽培季节将栽培稻分为Aus、Aman和Bulu。

1.Aus

Aus为夏稻，即夏收稻（相当于中国的早、中稻），在季风雨季来临之前的3—6月播种，7—10月收获，种植面积较少。

2.Aman

Aman为晚稻（冬收稻），又称雨季稻（kharif，monsoon crop），适合于西南季风雨季栽培，5—6月播种，9—12月收获，生育期5～6个月。Aman是印度最主要的稻作，种植面积大。

3.Bulu

Bulu（春收稻）种植面积仅次于晚稻，主要种植在北纬24°以南的有灌溉设施的稻区，故而称为灌溉冬稻（irrigated winter rice），每年在11—12月至翌年1月间播种，3—4月收获。该水稻整个生育期间处于旱季，因此又称旱季稻（rabi，dry season rice）。

（三）印度尼西亚对亚洲栽培稻的分类

印度尼西亚的栽培稻通常称为爪哇稻（Javanica）。它的主要特点是感光性弱，生育期

90～140 d，叶茸毛多且长，秆高穗大，但较抗倒伏，稃毛姿态介于籼、粳之间。栽培品种有两个类型：Bulu 和 Gundil。

1.Bulu

Bulu 是有芒的意思，故又称芒稻，具长芒，粒形长近似籼稻，也有粳稻粒形的，种植面积较少。

2.Gundil

Gundil 为无芒稻，粒大而宽，但也有长粒形的无芒种，代表性品种有 Tjereh，以抗灾力强而闻名。

（四）孟加拉国对亚洲栽培稻的分类

由于地处南亚季风地带，有明显的雨季和旱季之分，孟加拉国根据稻田地势的高低，以及一年里洪水水位的变化情况，将栽培稻分为 5 级，并形成了相应的品种类型，即 Aus 稻品种群、育苗移栽 Aman 稻品种群、撒播 Aman 深水稻品种群以及 Boro 稻品种群。

1.Aus 稻

Aus 稻为早稻，是主季 Aman 稻的前作，必须在 8 月中旬前收获，采用极早熟或早熟品种，属非感光性的品种。

2. 育苗移栽 Aman 稻

该稻多数为感光性强的品种，必须在 7 月 15 日前后播种，12 月收获。早熟品种生育期在 130～145 d，晚熟品种在 150～160 d。

3. 撒播 Aman 深水稻

该稻具有很强的感光性，生育期的长短随播种期而异，为 200～260 d，并受栽培地区发生洪水的迟早和洪水深度的影响。这种类型的品种具有茎秆随洪水深度的增加而伸长的特性，属深水稻。在一般稻田栽培时能有 11～13 个节间，最多有 16 个节间，但在深水条件下能长出 20～26 个节间。分蘖力随栽培条件而异，在肥沃的缓流河川稻田分蘖多，水流快速的稻田或涨水急剧的稻田则分蘖少，而在静水稻田里反而生育不良。孟加拉国在雨季期间，约有 17% 的耕地易受洪水淹没，因而撒播 Aman 深水稻成为重要的稻作品种类型。

4.Boro 稻品种群

该群大多数 Boro 稻品种属非感光性的，生育期在 145～160 d。从出苗期到分蘖期处于持续的低温期，因而营养生长期较长，易于保证单株穗数。主要品种均属高产品种。

（五）美国对亚洲栽培稻的分类

美国水稻按品种的粒型分为长粒型、中粒型和短粒型 3 类。在美国，由于长粒型品种外形像籼稻，所以，以前认为属于籼稻，但经现代生物技术测定与品质鉴定，认定为属于长粒型粳稻。又因该类品种茎叶、谷壳光滑无毛，又称为美国光壳稻。长粒型品种种植面积占水稻总面积的 75% 以上。中粒型品种也偏粳稻，短粒型品种为粳稻。水稻品种的生育期分为 4 级：极早熟类型，生育期 100～115 d；早熟类型，生育期 116～130 d；中熟类型，生育期 131～151 d；晚熟类型，生育期 156 d 以上。

（六）日本对亚洲栽培稻的分类

诗尾和水岛（1939）提出 3 个主群 Ⅰ、Ⅱ和Ⅲ的分类。在第Ⅰ主群下可进一步分为 3 个亚群，亚群Ⅰa 的品种与第Ⅱ主群和第Ⅲ主群杂交不能正常结实，亚群Ⅰb 的品种与第Ⅱ主群杂交可育，亚群Ⅰc 的品种与第Ⅱ主群、第Ⅲ主群品种杂交均可育。松尾（1952）用 1 409 个品种做了详细的研究。他根据 22 种形态学和生态学性状，将其划分为 43 个类型，再归入 3 个植物型 A、B 和 C，粒型是用来区分各型的主要性状。

A 型：短粒，粒长 7 mm，粒宽 3.37 mm。来自日本、朝鲜、中国东北、中国北部、非洲。

B 型：粒长 8.30 mm，粒宽 3.39 mm。来自印度尼西亚（爪哇）、菲律宾、欧洲和美国。

C 型：粒长 7.93 mm，粒宽 2.97 mm。来自印度、印度尼西亚、中国南部和西部的品种。

冈彦一（1958）力图阐明亚洲栽培稻系统发育上的分化情况和本质。他从亚洲各地选用了 120 个品种，对 12 种性状进行了研究，其中，包括对某些化学物质反应的特性，如对石碳酸苯酚的反应、对氯酸钾的抗性、胚乳对碱的耐受力等。

目前，世界水稻研究者通常认可的亚洲栽培稻有 3 个分类单位，即：*O. indica*，日本称为印度型，中国称为籼稻；*O. japonica*，日本称为日本型，中国称为粳稻；*O. javanica*，一般称为爪哇稻。它们的分类目前称为亚种。

References

参考文献

[1] 安志敏. 长江下游史前文化对海东的影响 [J]. 考古, 1984(5): 439-448.

[2] 程侃声，才宏伟. 亚洲稻的起源与分化活物的考古 [M]. 南京：南京大学出版社, 1993.

[3] 程侃声，王象坤，周秀维，等. 云南稻种资源的综合研究与利用 [J]. 作物学报, 1984(10): 333-343.

[4] 丁颖. 中国栽培稻种起源及其演变 [J]. 农业学报, 1957, 8(3): 243-260.

[5] 渡部忠世. 稻米之路（中译本）[M]. 伊绍亭，等译. 昆明：云南人民出版社, 1982.

[6] 李润权. 试论我国稻作的起源 [J]. 农史研究, 1985(5): 161-169.

[7] 林健一. 利用酯酶同工酶的电泳分析研究作物品种的遗传变异及其地理分布 [J]. 国外农业科技资料, 1975(3): 29-32.

[8] 柳子明. 中国栽培稻的起源与发展 [J]. 遗传学报, 1975, 2(1): 23-30.

[9] 汤圣祥，闵绍楷，佐藤洋一郎. 中国粳稻起源的探讨 [J]. 中国水稻科学, 1993, 7(3): 129-136.

[10] 王象坤. 中国栽培稻的起源、演化与分类 [M]// 应存山. 中国稻种资源. 北京：中国农业科技出版社, 1993: 1-16.

[11] 王象坤，陈一午，程侃声，等. 云南稻种资源的综合研究与利用 [J]. 北京农业大学学报, 1984, 10(4): 333-343.

[12] 严文明. 再论中国稻作农业的起源 [J]. 农业考古, 1989(2): 96-103.

[13] 严文明. 中国稻作农业的起源 [J]. 农业考古, 1982(1): 19-23.

[14] 游修龄. 中国古书中记载的野生稻探讨 [J]. 古今农业, 1937(1): 1-6.

[15] 游修龄. 太湖地区起源及其传播和发展问题 [J]. 中国农史, 1986(1): 71-83.

[16] 俞履圻，林权. 中国栽培稻种亲缘的研究 [J]. 作物学报, 1962, 2(1): 233-253.

[17] 佐藤洋一郎，藤原宏志. 水稻起源于何处 [J]. 农业考古, 1992(1): 44-46.

[18] CHANG T T. The origin, evolution, cultivation, dissemination and diversification of Asian and African rices[J]. Euphytica, 1976, 25: 425-441.

[19] CHANG T T, YONG B P, QIREN C, et al. Cytogenetic, electrophoretic, and root studies of javanica rices[J]. In Rice Genetics, 1991: 21-31.

[20] CHATTERIJEE D. Note on the origin and distribution of wild and cultivated rices[J]. Ind J Genet Plant Breed, 1951, 11: 18-22.

[21] KATO S, KOSAKA H, HARA S, et al. On the affinity of rice varieties as shown by fertility of hybrid plants[J]. Rep Bull Sci Fac Agrkyushu Univ, 1928, 3: 132-147.

[22] MATSUO T. Genecological studiea on cultivated rice[J]. Bull Natl Inst Agr Sci, 1952, 3: 1-111.

[23] MORINAGA. Origin and geographical distribution of Japanese rice[J]. Jpn Agri Res, 1968, 3: 1-5.

[24] MORISHIMA H, GADRINAB L U. Are the Asian common wild rices differentiated into the indica and

japonica types? [J].In: Proceedings of International Symposium "Crop Exploration and Utilization of Genetic Resources", 1987(2): 11-20.

[25] NAKAGAHRA M. The differentiation, classification and center of geneticdiversity of cultivated rice by isozyme analysis[J]. Trop Agri Res Ser, 1978, 11: 77-82.

[26] NAYER N M. Origin and cytogenetics of rice[J]. Advances in Genetics, 1973, 17: 153-292.

[27] OKA H I. Experimental studies on the origin of cultivated rice[J]. Genetics, 1974, 78: 475-486.

[28] OKA H I, Morrishima H. Potentiality of wild progenitors to evolve the indica and japonica types of rice cultivars[J]. Euphytica, 1982, 31: 41-50.

[29] OKA H I. Origin of cultivated rice[M]. Tokyo: Japan Scientific Societies Press, 1988.

[30] RAMIAH K, GHASER L M. Origin and distribution of cultivated plants of South Asia rice[J]. Indian Journal of Genetics And Plant Breeding, 1951, 11: 7-13.

[31] SANO R, MORISHIMA H. Indica-japonica differentiation of rice cultivars viewed from variations in key characters and isozymes, with special reference to landraces from the Himalayan hilly areas[J]. TAG, 1992, 84: 266-274.

[32] SANOY H, MORISHIMA H, OKA H I, et al. Intermediate perennial annual populations of *Oryzaperennis* found in Thailand and their evolutionary significance[J]. BotMag Tokyo, 1980, 93: 291.

[33] SATO Y, TANG S X, YANG L U, et al. Wild-rice seeds found in an oldest rice remains[J]. Rice Genetic Newsletter, 1991, 8: 76-78.

[34] SECOND G. Evolutionary relationships in the Sativa group of *Oryza* based on isozyme data[J]. Genet Sel Evol, 1985, 17(1): 89-114.

[35] SECOND G. Origin of the genic diversity of cultivated rice(*Oryza*spp): Study of the polymorphism scored at 40 isozyme loci[J]. Jan JGenet, 1982, 57: 25-57.

[36] ZHU Y Y, CHEN H R, FAN J H, et al. Genetic diverisity and disease control in ric[J]. Nature, 2000, 406: 718-722.

第二章

水稻育种技术的变革

第一节　水稻的常规育种

常规水稻是指遗传性状特性稳定、当代和后代性状一致的品种，正常情况下可以留种，生产上不需要每年制种的水稻。水稻常规育种是一种传统的育种方式，从水稻的矮化育种，到水稻杂种优势利用的杂交育种，水稻育种的转变是革命性的。

常规育种是基于育种方法和手段的新颖性而言的，狭义的常规育种通常指的是利用系统育种、杂交育种来选育水稻新品种的方法。用系统选育和杂交育种选育成的新品种，都是常规稻。

一、系统选育

我国水稻种植面积占粮食播种面积的 1/4，而产量约接近全国粮食总产量的 1/2（浙江农业大学，1981）。系统选育是我国行之有效的育种方法之一，在作物育种史上，通过其培育了大量的良种。在科学技术发达的今天，先进的育种方法很多。我国水稻矮化育种和杂种优势利用已誉满中外，而系统选育仍展现出积极的增产作用。

系统选育是在现有的品种群体内，根据当地的育种目标，从品种原始群体中选择优异单株或单穗，并进而对后代株系或穗系进行鉴定比较，而后择优繁殖推广的方法。具体方法是：从田间选择优良单株，然后进行田间种植后再从中选择表现良好的单株再次进行种植选择，直到选育出优质稳定的品系；稳定品系之后进行区域试验、生产试验，最后审定推广完成所有育种程序。在品种群体中产生性状有变异的单株，一种可能是产生了遗传突变，另一种可能是与其他品种自然传粉杂交，也可能是机械混杂。

（一）系统选育的优势

1. 系统选育的品种，种植年代久

系统选育是根据育种目标，利用自然变异材料进行单株或单穗选择的优良个体，多属同质结合体，遗传性相对稳定，种植年代久。

2. 系统选育的品种是矮化育种、杂种优势利用以及 IR 系统的主体亲源

我国水稻育种在世界上占领先地位的矮化育种和杂种优势利用，以及菲律宾国际水稻研究所培育的 IR 系统的亲缘，都是系统选育的品种。

3. 优中选优，周期性短，简便有效，适宜于群众性的育种

系统育种利用自然变异的材料，省出了人工创造变异、分离、重组的环节。同时，由于在原品种的基础上优中选优，所选的优系一般只在个别性状上改良，其他性状常保持原品种的优点，一般不需要进行几代的分离、重组和选择的过程。因此，试验年限可以缩短，一般只需要两三年的选择就可以进行产量比较试验。试验证明，系统选育的品种较原品种优异，能参加品种区域试验，也不需要复杂的仪器设备，适于开展群众性的选育工作。不少系统选育的品种是农民育种家育成的，如陈永康培育的“老来青”（图 2-1），洪春利培育的“矮脚南特”，潘富荣培育的“水源 300 粒”（图 2-2）。

图 2-1　老来青

图 2-2　水源 300 粒

（二）系统选育存在的问题

1. 局限性和可能性

有人认为，系统选育只是从自然变异中选出优良个体，只能从现有的品种群体中分离出最好的基因型，以改良原有品种，而不能有目的创新，产生新的基因型，对选育新品种有它的局限性。

2. 遗传基础问题

纯系是指自花授粉作物的一个纯合体自交产生的后代，属同一基因型组成的个体群。一些学者认为，系统选育是从同一纯系内继续选择，是无效的，因为同一纯系的不同个体的基因是相同的；另外一些学者认为，系统选育的遗传物质的变异，主要是由于自然变异所引起的基因重组，出现新的性状；其次是基因突变，可能在某些基因位点上发生一系列的变异。

3. 系统选育的程序问题

在选穗（或株）品系鉴定过程中，因各地具体情况不同，系统选育（又称穗系选种或系统育种或纯系育种）的方法可以多样。选择材料少时，通常按照农民育种家穗传或株传的方法，选择材料多时，且需要进一步观察选择，则应按照西方国家和我国台湾地区推行的五图试验，即穗行试验、二行试验、五行试验、十行试验、高级试验，再进行区域试验；此两种系统选育的方法都要付出极大的辛勤劳动。

二、杂交育种

根据育种目标，将两个或多个品种的优良性状通过有性杂交集中在一起，再经过选择和培育，以获得符合要求的新品种的育种方法，称为杂交育种。杂交可以使双亲的基因重新组合，形成各种不同的类型，为选择提供丰富的材料，再在杂种后代中一代一代地进行选择培育，以育成新品种。杂交育种可以将双亲控制不同性状的优良基因结合于一体，或将双亲中控制同一性状的不同微效基因积累起来，产生在该性状上超过亲本的类型。

（一）亲本选择原则

正确选择亲本并予以合理组配是杂交育种成功的关键。根据育种的目标要求，一般应按照以下原则进行：

（1）亲本的选择应该多优点少缺点，亲本间优缺点力求达到互补；

（2）亲本中至少有一个是适应当地条件的优良品种，在条件严苛的地区，亲本最好都是适应环境的品种；

（3）亲本之一的目标性状应有足够的遗传强度，并无难以克服的不良性状；

（4）生态类型、亲缘关系上存在一定差异，或在地理上相距较远；

（5）亲本的一般配合力较好，主要表现在加性效应的配合力高。

（二）杂交技术过程

杂交技术因不同作物的特点而异，其共同要点为：调节开花期，通过分期播种、调节温度、光照及施肥管理等措施，使父母本花期相遇；控制授粉，在母本雌蕊成熟前进行人工去雄，并套袋隔离，避免自交和天然异交，然后适期授以纯净新鲜花粉，做好标志并套袋隔离和保护。用于杂交的父本和母本分别用 P_1 和 P_2 表示，其代表符号分别为♂和♀，× 表示杂交。杂交所得种子种植而成的个体群称杂种一代（子一代），用 F_1 表示。F_1 群体内个体间交配或自交所得的子代为 F_2，F_3、F_4 等表示随后各世代。水稻杂交技术具体包含以下过程：

1. 亲本栽培

每个亲本的种植群体一般为 1～2 行，每行 8～10 株（丛）。根据所需要的杂交种子量，按 40% 左右的结实率估算应杂交的花数和穗数。父、母本生育期不同时，要采取分期播种，使花期相遇。如双亲生育期长度不清楚，可将父本播种 2～3 期，每隔 10～15 d 播一期，早稻与晚稻杂交时，应将晚稻亲本于 5 叶期左右时进行短日照处理，促进开花。每天光照为 10～12 h，处理 30 d 左右。也可把较早亲本推迟播种，使花期相遇。加强亲本田间管理，使父母本均长势良好。

2. 花粉生活力鉴定

保证父本花粉的生活力是杂交成功的关键，必要时应对父本的花粉生活力进行鉴定。水稻花粉生活力测定分别采用花粉萌发法和 I-KI 染色法（华东师范大学生物系，1980）两种方法。① 花粉萌发法：选用 20% 蔗糖 ＋ 10%PEG 4 000 ＋ 40 mg/L 硼酸 ＋ 3 mmol/L 硝酸钙 ＋ 10 mL/L VBI 的液体培养基。将花粉粒接到该培养基中并置于 27℃～28℃培养箱中培养 1 h，在光学显微镜下观察花粉萌发情况并计数，花粉萌发率 =（花粉管伸长的花粉粒数 / 总花粉粒数）× 100%。② I-KI 染色法：加入 I-KI 时，发育良好的花粉因为淀粉大量累积而染色较深，而败育的花粉不能正常积累淀粉，染色极浅或无色，花粉生活力 =（染色较深花粉粒数 / 观察的花粉粒数总和）× 100%。

3. 杂交

（1）选株：选择具有典型目标性状的优良单株作杂交种（作母本或父本），生长健壮，无病虫害。用于去雄的母本植株应是稻穗刚伸出剑叶叶鞘 3/4 或全部，已在前一天开过少量花的植株。对选好的母本植株可移栽到一个盆栽钵中，进行去雄。

（2）去雄：有温汤杀雄法和剪颖去雄法。温汤杀雄一般在授粉当天早晨进行，先修剪掉已开过花的稻穗和未抽穗的分蘖穗，选留已经开颖 1/3 ~ 2/3 的稻穗，修剪掉已经开颖和过嫩的颖花，剩余的颖花直接剪掉 1/3 ~ 1/2 颖壳，在花粉散粉之前，将已经剪颖的穗头插入 42℃ ~ 45℃的温水中浸泡稻穗 5 ~ 10 min，即可达到杀雄的目的。剪颖去雄可在杂交前一天下午 3 时后进行，或在杂交当天开花前 1 ~ 2 h 进行。用剪刀将选好的母本穗子先进行整穗，然后将已开花和 2 ~ 3 d 不会开花的颖花用小剪刀去掉，仅留成熟的且尚未开放的颖花，再将其颖壳上端 1/3 ~ 1/2 剪掉，然后去雄，去雄时用镊子夹除雄蕊。

（3）母本套袋：套上去雄完的母本植株，等待授粉。

（4）授粉：水稻授粉时间在晴天 25℃ ~ 30℃，上午 11：30 至下午 1：00 进行，可在田间直接采集父本，然后进行捻穗授粉，一般选取 2 ~ 3 穗父本对一穗母本进行授粉。

（5）填挂纸牌、编号：授粉完毕后进行套袋封口，袋口顶端和挂牌上写上杂交组合、日期。

（6）授粉后管理：取袋观察结实情况，7 ~ 10 d 去除套袋，成熟后收获杂交种。

4. 杂交种的后期鉴定与筛选

安排亲本或杂种成对使之交配的杂交方式有：

（1）单杂交：即两个品种间的杂交（单交）用甲 × 乙表示，其杂种后代称为单交种。由于该方式简单易行、经济，所以生产上应用最广，一般主要是利用杂种第一代。

（2）复合杂交：即用两个以上的品种、经两次以上杂交的育种方法。如果单交不能达到育种所期待的性状要求时，往往采用复合杂交，其目的在于创造一些具有丰富遗传基础的杂种原始群体，才可能从中选出更优秀的个体。复合杂交可分为三交、双交等。三交是一个单交种与另一品种的再杂交，可表示为（甲 × 乙）× 丙。双交是两个不同的单交种的杂交，可表示为（甲 × 乙）×（丙 × 丁）或（甲 × 丙）×（乙 × 丁）。

（3）回交：即杂交后代继续与其亲本之一再杂交，以加强杂种世代某一亲本性状的育种方法。当育种目的是把某一群体乙的一个或几个经济性状引入另一群体甲中时，则可采用回交育种。

杂交创造的变异材料要进一步加以培育选择，才能选育出符合育种目标的新品种。培育选择的方法主要有系谱法和混合法。系谱法是自杂种分离世代开始连续进行个体选择，并予以编号记载，直至选获性状表现一致且符合要求的单株后裔（系统），按系统混合收获，进而育成品种。这种方法要求对历代材料所属杂交组合、单株、系统、系统群等均有按亲缘关系的编号和性状记录，使各代育种材料都有家谱可查，故称系谱法。典型的混合法是从杂种分离世

代 F_2 开始，各代都按组合取样混合种植，不予选择，直至一定世代才进行一次个体选择，进而选拔优良系统以育成品种。在典型的系谱法和混合法之间又有各种变通方法，主要有：改良系谱法、混合系谱法、改良混合法、衍生系统法、一粒传法。不同性状的遗传力高低不同。在杂种早期世代，往往又针对遗传力高的性状进行选择，而对遗传力中等或较低的性状则留待较晚世代进行。选择的可靠性以个体选择最低，系统选择略高，F_3 或 F_4 衍生系统以及系统群选择为最高，选择的注意力也最高。因此随杂种世代的进展，选择的注意力也从单株进而扩大到系统以至系统群和衍生系统的评定。试验条件一致性对提高选择效果十分重要，为此须设对照区，并采取科学和客观的方法进行鉴定，包括直接鉴定、间接鉴定、自然鉴定或田间鉴定、诱发鉴定或异地鉴定。杂种早代材料多，晚代材料少，一般采取感官鉴定，再做精确的全面鉴定。水稻杂交育种一般需 5～6 年时间才可能育成优良品种。

杂交育种的优点是可以将两个或多个优良性状集中在一起。缺点是不会产生新基因，且杂交后代会出现性状分离，育种过程缓慢且复杂。

三、常规育种面临的挑战

从选育过程来看，从分离世代中筛选优良单株是必不可少的技术手段，这一选育环节对品种育成起着关键作用。目前，育种家们在单株选择的生育阶段安排上，都放在水稻生长发育中后期，因为此时个体的生育期、农艺性状、抗病虫特性和抗逆性已经得到充分的表达，可根据育种目标做出科学有效的判断和选择。因此，要实现选种目标，必须按照播种、育秧、移栽和栽培管理等步骤实施，再经过几个月的大田生长发育期直至上述性状完全稳定。而且，为了满足单株选择的要求，必须相应地采用单株插秧的方式。由于水稻分离世代群体中各群体受不同基因型的控制而在综合性状表现上千差万别，良莠不齐，这就为人们按照育种目标进行单株选择创造了条件。然而，育种实践表明：水稻生长发育后期，在分离世代，特别是低世代分离群体中，符合育种目标的个体出现比例一般都很低，仅为千分之几，可择优录取的单株只占极少数。因此，这种犹如大海捞针的筛选方法带有很大的被动性和滞后性，不仅选育新品种的成效低下，而且从种到收的整个过程伴随着大量劳动力、土地资源和生产资料的浪费，最终事倍功半。以杂交育种为例，每组合 F_2 单株种植规模为 1 000～2 000 株，在杂交组合数以千计的情况下，需要 50～100 亩* 的选种圃才能容纳，而最终入选的单株仅为 1%～3%。对于绝大多数育种单位来说，这是一项庞大的系统工程，需要投入大量的人力和财力。

---

* 亩为常用计量单位，但非法定计量单位，1 亩≈ 666.7m²。——编者注

第二节　杂交水稻育种技术

作物育种的实践表明，突破性成就依赖于特异种质的发现及育种材料的构建，杂交水稻育种的发展亦然，且推广杂交水稻是增加粮食产量的最有效途径。杂交水稻育种是发展杂交水稻的技术核心，杂交水稻育种方法是决定其选育成效的关键，好的育种方法能省工、省时、省力，收到事半功倍的效果。1964 年，我国育种科技人员开始杂交水稻的研究工作。1970 年发现野败型雄性不育材料，两年后育成野败型不育系、保持系，3 年间实现三系配套，6 年后开始大面积推广，创造了作物育种史上的奇迹。随后，水稻育种家又相继发现了红莲型、冈型、D 型、印水型、K 型不育系，并很快实现了三系配套，培育出了一大批优良杂交籼稻组合。与此同时，育种家们还发现了滇型粳稻不育系，从国外引进的包台型雄性不育系，成功培育出杂交粳稻。1973 年，湖北光敏核不育水稻的发现及其后的温敏核不育水稻的系列研究，为两系杂交稻的培育提供了前景。1989 年，首个两系杂交稻培育成功。自此，在我国杂交稻的育种和生产中呈现出多种“雄性不育-育性恢复”体系并存，籼杂与粳杂共荣，三系与两系争辉的景象。自 20 世纪 80 年代后期以来，杂交稻的常年种植面积已稳居我国水稻总面积的 50% 以上，很多年份超过 60%，大幅度地提高了水稻产量，为我国种业的发展、粮食安全、农民增收做出了巨大贡献。20 世纪 90 年代以来，杂交稻在品质改良方面取得了巨大的进步，高产优质的品种不断涌现。超级杂交稻（图 2-3、图 2-4）的培育，使产量潜力不断攀上新台阶。绿色超级稻的理念，又为杂交稻昭示了建设“资源节约型、环境友好型农业生产体系”的新前景。进入 21 世纪，随着水稻功能基因组研究的迅猛发展，我国科学家在杂交水稻遗传与分子基础方面研究成果丰硕。细胞质雄性不育和育性恢复、光-温敏雄性不育、籼粳杂种不育及广亲和性、杂交稻产量和优势相关基因的克隆和功能研究捷报频传，杂种优势的遗传与基因组学基础相关研究进展不断。杂交水稻的另一个巨大成功是作为中国的原创技术走出国门，为世界水稻生产做出了重要的贡献。自 20 世纪 80 年代以来，杂交稻育种技术和种子陆续被推广到印度、孟加拉国、印度尼西亚、菲律宾、越南、缅甸、巴基斯坦等国家，杂交水稻种植面积逐年增加。

图 2-3　超优千号

图 2-4　Y 两优 305

一、杂交育种技术和原理

（一）杂交育种技术

杂交水稻育种技术的形成经历了一个漫长的过程，从野败的发现、南繁的成功、三系法育种技术的研究，再到两系法、超级稻育种技术的形成，其间经历了许多波折。

在我国杂交水稻事业的发展中，以袁隆平为首的科研团队对杂交水稻育种技术历经了半个多世纪的漫长研究过程，在研究过程中攻克了无数技术难关，突破了育种和制种两大关键阻碍因素，从最初的尝试到每一次跨越式的发展主要经历了 3 个过程：① 1964—1977 年“三系法”育种技术研究。在最初的水稻研究中，首先运用“三系法”制种。由于水稻雌雄同花，花器小，人工去雄难度很大，而水稻种植面积大，因此，用人工去雄的方法生产杂交稻种子，远远满足不了大田的需要。在此情况下，采用三系配套工程，即可解决大田生产所需的种子量问题。配套工程分为 3 个步骤：首先，找到雄性不育植株（即母本），这是实现配套工程的前提；其次，找到一种具有特殊功能的水稻品种作父本，即雄性不育保持系，父本 + 母本杂交，其后代保持雄性不育的特性，称保持系；最后，选择一个稻种与不育系杂交，使其后代恢复生育能力，称恢复系。② 1987—1996 年“两系法”育种技术研究。利用亚种间杂种优势发展新的技术。③ 1997 年至今“超级稻”育种技术研究。目前已成功实现第五期目标，达到亩产 1 100 kg。

在杂交水稻技术不断成熟的过程中，袁隆平形成了系统的科学思想，其创新点主要体现在以下 4 个方面：

（1）打破了水稻等自花授粉作物无杂种优势的传统观念，极大地丰富了农作物遗传育种的理论和技术。

（2）利用野生稻远缘杂交寻找不育系，从而育成了第一个可用于生产的不育系，成功地实现了“三系配套”；通过“不育系”“保持系”“恢复系”三系配套的办法，提出了利用水稻杂交优势的设想。

（3）提出“三系→二系→一系”的战略设想。杂交水稻的发展由品种间杂交的三系法向亚种间杂交的两系法进而向固定杂种优势的一系法发展，这一设想被一致誉为“袁隆平思路”。

（4）提出超高产育种与超级稻的培育。此理论最先是日本和菲律宾国际水稻研究所提出来的，后经中国农业科学院的专家们把理想株型与杂种优势相结合创新，而后袁隆平团队及时并迅速吸纳新的方法，做好超高产育种与超级稻培育的具体实施工作。

（二）杂交水稻育种的遗传原理

1. 基因重组

这是杂交育种取得巨大成功的主要原因。通过杂交，使分散在不同亲本中控制不同有利性状的基因重新组合在一起，形成具有不同亲本优点的后代，达到优点互补的目的。

2. 基因累加

通过基因效应的累加，从后代中选出受微效多基因控制的某些数量性状超过亲本的个体，如生育期长短、分蘖多少、穗型大小、千粒重高低、稻米品质优劣等也可以起调和或互补的作用。

3. 基因互补

主要通过非等位基因之间的互补产生不同于双亲的新的优良性状。目前，生产上推广应用的籼型杂交水稻组合，都具有父母本多种优良性状的互补作用，而表现出明显的杂种优势。

二、“三系”育种

我国是世界上第一个推广杂交水稻的国家。1964 年袁隆平开始水稻雄性不育的研究（Yuan L.P.，1966），1971 年全国开展杂交水稻研究大协作，1973 年实现水稻雄性不育系、保持系和恢复系“三系配套”，1974 年育成强优势组合，1975 年建立了较完善的制种技术体系，1976 年杂交水稻开始推广应用（Yuan L.P.，1986）。三系杂交水稻突破了自花授粉作物杂种优势利用的技术瓶颈，开辟了大幅度提高水稻产量的新途径。这一开创性成果，不仅是育种上的重大技术突破，而且促进了栽培技术的创新和水稻产业的发展（Yuan L. P.，1986; Ren G.J.，2010）。

（一）我国三系杂交稻育种的几个阶段

1970 年 10 月，湖南安江农业学校李必湖和三亚农业局冯克珊在海南省三亚市南红农场发现 1 株普通野生稻花粉败育，后定名为野败。1971 年，杂交水稻课题被列为全国协作项目，野败材料被分发到国内水稻科研单位，并组织开展大量杂交和回交，以培育野败型不育系和保持系。1973 年，袁隆平育成了二九南 1 号 A，颜龙安育成了二九矮 4 号 A 和珍汕 97A，周坤炉育成了 V20A，福建农业科学院育成了 V41A 等一批不育系。同年，我国杂交水稻研究协作组从来自东南亚和国际水稻所的品种中测交筛选出优良恢复系泰引 1 号、IR24、IR665、古 154、桂选 7 号、IR26 和 IR36，分别命名为 1、2、3、4、5、6、7 号恢复系，并配制出南优 2 号、汕优 2 号、威优 6 号等强优势组合（Yan L. A.，2016）。以上利用野败株育成的第一批野败细胞质不育系及恢复系，标志着我国三系杂交水稻配套成功，配制出的强优势组合也是我国选配的第一批杂交稻组合。

我国杂交水稻发展的第二阶段以三明市农科所育成的明恢 63 恢复系及其所配组合为代表。明恢 63 参加全国 1982—1983 年的中、晚熟区试，产量突出，平均比汕优 6 号增产 1 112 kg/hm^2，中抗病虫，适应性广，1984 年试种，1985 年达 39 万 hm^2，1986 年增加到 257 万 hm^2，增加将近 6 倍，1990 年前后达到年种植 666 万 hm^2，占据杂交籼稻的半壁江山。此外还有测 64-7 和桂 33 等恢复系也应用于水稻杂交配组。

但自 20 世纪 80 年代明恢 63 恢复系选育成功，到 90 年代初，我国恢复系育种处于徘徊局面，难以有恢复系突破明恢 63。90 年代初期以后，我国在恢复系选育上进行了一些新的探索。一是籼粳亚种间杂交选育中间偏籼或中间偏粳型恢复系。四川农业大学水稻研究所采用这种途径育成的恢复系蜀恢 162，配组出强优组合Ⅱ优 162。二是将广亲和基因导入恢复系，扩大双亲遗传差异，提升杂种优势水平。中国水稻研究所通过广亲和品种与恢复系的复合杂交（WL1312/ 轮回 422/ 明恢 63），育成了偏籼型广亲和恢复系 T2070，配制的组合Ⅱ优 2070 抗性好，米质优，产量高。三是复合杂交和聚合杂交选育不含或少含明恢 63 血缘的高配合力恢复系。四川农业大学水稻研究所育成的高配合力恢复系蜀恢 527，与明恢 63 等恢复系的亲缘关系较远，是一个有突破性的优良恢复系。配组出重穗型超高产杂交稻新组合冈优 527 和 D 优 527。四是将远缘有利基因转入恢复系中。如国家杂交水稻工程技术研究中心通过转入增产效果明显的主效高产 QTL 到优良恢复系测 64-7 和明恢 63 中（邓启云，2004），育成了 Q611 等携带野生稻高产 QTL 的强恢复系，进而选配出一批具有超高产潜力的杂交稻新组合。这是我国三系杂交水稻育种发展的第三阶段。

我国杂交稻发展的第四阶段是国家提出的中国超级稻发展计划。1996 年，农业部决定组织实施为期 10 年的“中国超级稻育种与栽培体系研究”和“超级杂交稻育种”项目，我国超级稻在技术路线上突出了理想株型的构建与籼粳亚种间强杂种优势利用相结合。目前，超级稻已进入大面积推广阶段（杜士云，2006）。同时，我国的不育系在这个阶段也有了长足的进展：一是不育系新胞质源种类不断出现，如 Miz. 21 胞质的不育系 KalashreeA 和 PadminiA、具有耐冷性的 Kalinga-1 胞质的不育系 Kdshna-A、红梅早胞质的不育系红矮 A、K 型胞质的不育系 KI8A 等。二是通过杂交，进行基因重组，综合优良性状，将优良目标性状进行有效整合，选育出新的保持系，再与不育系进行测交和连续回交，定向转育成新不育系。如浙 94B、T98B、宜香 1B、H28B、T78B 等保持系都是此方法育成的。三是充分利用国内外优良资源，包括野生稻、远亲缘或地理远缘的材料，在细胞核中掺入特异的新种质，扩大遗传变异。如利用光身稻 Lemont 育成的光身不育系光香 A，利用印度 P. 21 育成的优质不育系中浙 A（许旭明，2007）。四是不育系品质改良取得了显著进步，已育成数十个 10 项以上米质指标达到或超过农业部部颁二级以上标准的不育系，如武金 2A、绵 5A 等。五是在抗病方面取得了一定的进展。如福建省农科院水稻研究所育成的系列抗稻瘟病不育系地谷 A、福伊 A、长丰 A、安丰 A、全丰 A、乐丰 A 和富丰 A，其抗稻瘟病性有很强的显性效应。

（二）三系法杂交水稻育种现状

随着我国经济的快速发展，人们的生活水平有很大提高，膳食结构也发生了很大改变，传统的主食稻米消费量显著减少，市场迫切需要良好食味的稻米。我国水稻自 1995 年以来调整了水稻雄性不育系的研究方向，以中等直链淀粉含量、软胶稠度、低垩白粒率为重点，创制优质保持系，进而培育优质不育系及优质、高产并重的杂交水稻。如广东省农业科学院水稻研究所利用优质野败型不育系五丰 A、泰丰 A 和广 8A 组配出天优华占、五优 308、五优华占、泰优 39、广 8 优 169 等优质高产组合，其稻米主要指标都达到国标 1 级或 2 级标准。中国水稻研究所培育出株叶型优良、稻米品质好的野败型不育系中浙 A，组配出优质高产品种中浙优 1 号、中浙优 8 号等新品种。宜宾市农业科学院育成早熟、大粒、优质保持系宜香 1B 及其 D 型不育胞质宜香 1A。原绵阳市农业科学研究所先后育成米质达国标 2 级标准以上的优质高产杂交水稻新品种宜香优 3724、宜优 673 和宜香优 2115 等。四川省农业科学院作物研究所育成了超长粒型保持系川 106B 及 D 型不育胞质川 106A，主要米质指标达到国标 1 级标准。

根据农业部农业技术推广中心的统计资料，2015 年三系杂交水稻推广面积在 9.0 万 hm^2 以上的品种有 11 个，其中五优 308 和天优华占的种植面积都达到了 23.7 万 hm^2，川优 6203 和冈优 188 都超过 14.0 万 hm^2。在这 11 个三系杂交稻品种中，除冈优 188 的米质较差以外，其余 10 个品种都实现了米质和产量的协同改良目标。这些品种的主要米质性状测定值和种植面积见表 2-1。这些品种通过遗传改良大幅度提高了杂交水稻的整精米率，如欣荣优华占达到 72.7%，超过一般的粳稻品种；有的品种的垩白粒率低于 10%，如五优 308 和天优华占；多数品种的直链淀粉含量在 18% 以下，胶稠度在 70 mm 以上，食味品质符合市场需要。今后，要进一步优化保持系和恢复系的米质性状组配，育成米质综合性状优良的籼型杂交水稻（图 2-5）。

表 2-1　2015 年全国三系杂交水稻主推品种的稻米品质和种植面积

品种	米质性状					种植面积 / 万 hm^2
	整精米率 /%	长 / 宽	垩白粒率 /%	直链淀粉含量 /%	胶稠度 /mm	
五优 308	59.1	2.9	6.0	20.6	58.0	23.7
天优华占	68.5	2.9	9.0	21.8	76.0	23.7
川优 6203	54.4	3.6	28.0	17.5	75.0	14.3
五优华占	66.9	2.8	10.0	13.4	81.0	11.2
香优 2115	56.7	2.9	16.0	16.6	74.0	10.9
中浙优 8 号	56.6	3.2	16.3	14.3	69.5	10.7
中浙优 1 号	66.7	3.2	12.0	13.9	75.0	9.8
欣荣优华占	72.7	3.0	16.0	15.1	90.0	9.6
岳优 9113	59.8	3.6	20.0	22.4	48.0	9.3
荣优 225	63.6	3.2	19.0	22.5	60.0	9.0

注：表中米质性状来自品种审定公告。

南优 2 号

汕优 63

五优 308

图 2-5　三系杂交水稻

（三）三系法杂交稻存在的主要问题及建议

杂交水稻在我国粮食生产中发挥了巨大的作用，并且取得了举世瞩目的成就，受到广大农民群众的普遍欢迎，且理论研究也在不断深化，有利用价值的新组合不断产生，但目前还存在以下主要问题：

1. 细胞质源有限

杂交稻不育系和恢复系多，但细胞质源有限。单一质源应用不仅影响杂交稻抗性，还影响米质和制种产量等性状的进一步提高，还可能有毁灭性病虫害大发生的可能，所配组合育成的杂交稻米质普遍较差。建议相关部门尽快组织全国各个科研单位协作攻关，将现有的水稻种质资源进行鉴定并且进行相关生理生化分析，从全国各地的种质资源中大力发掘新的抗病 / 抗虫 / 抗倒 / 抗旱及其他抗逆基因、增产基因、高光效基因、优质基因、早熟基因、化学标记基因、广亲和基因、雄性不育及其恢复基因等有益基因。

2. 杂交水稻栽培技术落后

我国的三系杂交水稻组合已经更新了好几代，新品种不断出现，但是地方农民使用的还是二三十年以前的技术，严重影响了杂交水稻产量的提高。为了适应杂交水稻生产发展的需要，要继续提倡和发扬杂交水稻研究初期那种大协作精神，部门之间、单位之间、科技人员之间要相互支持，诚心协作，讲风格，讲奉献，树立责任感，开展多学科、多领域联合攻关。

3. 理论研究与实践脱节

虽然三系杂交水稻育种理论已经发展了几十年，但是真正对水稻育种实践有指导意义的不多。尽管我国许多水稻育种人员进行了大量组合测配，但由于缺少理论指导，消耗了大量的人力、物力、财力，成效却不明显。研究基础理论和田间育种完全脱节，基础理论研究人员只顾在实验室里做实验，然后发表几篇文章，并没有将其理论应用在田间，以检验其真伪；而搞田间育种的科技人员只顾埋头育种，理论缺乏，知识更新慢。建议相关部门加强对基层农业科技工作者的培训，将诸如田间设计和生物统计、数量遗传学等对基层工作者比较有用的知识、技能传授给基层工作者。

4. 水稻遗传研究与转基因技术尚存不足之处

转基因技术应用于杂交水稻研究越来越多，但是这些高技术并没有给杂交水稻品种选育带来多大的突破。其主要原因是对水稻遗传机制研究不全面、不深入，转基因的一些技术不是很成熟。水稻的许多农艺性状是受微效多基因控制的，是个很复杂的遗传体系。将外源基因转入水稻的多为单基因，这些单基因所起到的作用很小，而且对其在水稻体内的遗传、表达以及调控等方面的研究不深入。如何协调好外源基因与内源基因的关系，控制好基因表达时间和表达量，避免对水稻产生消极影响（例如结实率）等问题也还有待进一步研究。另外，转基因水稻中的外源基因能否稳定遗传给后代以及遗传率等问题，也都有待于深入研究。

三、“两系”育种

两系法杂交水稻育种是中国杂交水稻育种的重要组成部分，是继三系法杂交水稻成功后又一个水稻杂种优势利用的有效途径，是基于水稻光-温敏型核不育系的发现而建立起来的，光-温敏型核雄性不育系是一种生育能力随着光和温度的变化而变化的水稻系。这类水稻在光照长、温度高时雄性水稻不育，其他正常的水稻均可与雄性生育产生杂交种子；光照短、温度低时生育能力与正常水稻相同，可自己繁殖，自己接种（张岚，2014）。水稻光-温敏型核不育系的雄性育性转换是受到幼穗分化期环境光-温调控的孢子体阴性核基因控制的，用于水稻杂种优势利用的有利条件是：配组自由，容易选配到强优势组合，育种程序简化、育种周期缩短、可以快速育成新的杂交水稻新品种，不育系类型丰富，易于培育多样化的杂交水稻类型。

以湖北光敏型核不育水稻农垦 58S 发现为起点而发展起来的两系法杂交水稻，已经历了 30 多年的研究历史。从最初的形态观察、育性的光-温反应特性、不育系选育、组合选育、生理生化特性、遗传分析和基因定位，到近几年的基因克隆和分子机制研究等，中国许多科学家都进行了深入的研究，尤其是在新组合的选育、基因克隆和分子机制研究等方面处于国际领先水平。1996—2014 年，中国有 900 多个两系法杂交水稻品种通过审定，累计推广面积 5 000 万 hm^2，目前年推广面积 550 万 hm^2 左右，占全国杂交水稻播种面积的 35% 左右，已经成为水稻杂种优势利用的主要途径。两系法杂交水稻的发展为我国的粮食安全起到了关键性的作用。

（一）两系不育系和恢复系遗传和选育

两系杂交水稻的遗传工具是水稻光-温敏核雄性不育系。国内外发现的光-温敏型核雄性不育材料很多，其中最为重要的光-温敏型核雄性不育材料为农垦 58S 和安农 S-1。其中农垦 58S 和安农 S-1 不育性均属于隐性核基因遗传，但农垦 58S 的遗传模式比较复杂，包括以下几种：① 单基因遗传模式；② 双基因遗传模式；③ 三位点模型；④ 质量-数量性状遗传模式；⑤ 不完全显性与剂量模式；⑥ 非典型性的遗传模式。农垦 58S 衍生系的遗传模式有隐性双基因控制的，如培矮 64S 等，也有隐性单基因控制的，如广占 63S。安农 S-1 遗传模式简单，受一对隐性核基因控制，并与农垦 58S 核雄性不育基因不等位。安农 S-1 衍生系也为一对隐性核基因遗传，如 360S。

自 1973 年发现农垦 58S 以来，我国育种家以农垦 58S 为亲本，进行杂交选育，育成了以培矮 64S 为代表的第一代温敏型核不育系，1994 年育成了我国第一个通过省级审定的两系杂交水稻品种“培两优特青”，实现了两系法杂交水稻的突破（袁隆平，2002）。2000 年以来，我国又育成了广占 S 为代表的第二代温敏型核不育系，以及以 Y58S 为代表的第三代温敏型核不育系。目前，我国育成并应用的两系不育系主要是光-温互作型，如培矮 64S；温敏感型，如安湘 S、广占 S、Y58S 等；没有光敏感型核不育系。

两系恢复系的选育研究也经历了筛选、改良和提高等过程，培育出强优两系恢复系。其中，一个行之有效的简单方法就是用两系不育系与生产上推广种植的优良常规稻或者三系恢复系杂交配组，从中筛选配合力强、杂种优势显著的优良恢复系，代表性常规稻所配组合有：扬稻 6 号所配组合两优培九、特青所配组合两优培特和五山丝苗所配组合丰两优 4 号（图 2-6）和晶两优 534（图 2-7）等。

图 2-6　丰两优 4 号

图 2-7　晶两优 534

（二）两系法杂交水稻制种技术

通过 20 多年的生产实践，两系法杂交水稻制种技术已经基本成熟。首先是掌握了水稻光-温敏型核不育系的育性转换特性，在制种技术中称为制种育性安全期，这是两系法杂交水稻制种的核心技术。目前生产上应用的水稻光-温敏型核不育系的育性转换临界温度（也称不育起点温度）多在日均温 23℃左右，育性对温度的敏感期一般在幼穗分化的二次枝梗原基分化期（Ⅱ期）至花粉母细胞减数分裂期（Ⅳ期），也就是抽穗前的 5～20 d，群体内不同分蘖之间的发育差异 5～7 d。如果以抽穗期（50 % 的分蘖见穗）为观察指标，那么抽穗前 2～25 d 都是育性的敏感期，在此期间不能连续 3d 低于日均温 23℃。所以，在两系法杂交水稻制种时，最重要的是把不育系的幼穗分化期安排在不出现连续 3 d 日均温低于 23℃的环境条件下，这是两系法杂交水稻制种的核心技术。一般在安排制种计划时，要非常明确所用不育系的幼穗分化期的具体时间，再检索该区域 30 年的气温数据，在保证过去 30 年不出现连续 3 d 日均温低于 23℃的条件下，才可以安排制种。如果在抽穗扬花期遇到连续 3 d 以上日最高温度高于 35℃或连续 3 d 低温阴雨，制种产量会明显降低，在种子收获期出现连续 3d 以上的阴雨天气，种子质量就会降低。

（三）两系法杂交水稻展望

1. 进一步改良水稻光-温敏型核不育系是加速发展两系杂交水稻的关键

不育系是任何作物杂种优势利用的基础，野败不育系的发现突破了籼型三系杂交稻的瓶颈（浙江农业大学，1981），而培矮 64S、广占 63S、株 1S、Y58S 等光-温敏型核不育系的育成使两系法杂交水稻得到迅速大面积推广。与三系不育系相比，两系不育系的最大改进是稻米品质提高和类型多样化。但是，病虫害抗性、生育期、抗倒性、制种产量等方面并没有大的改进。大面积应用的光-温敏型核不育系都不抗稻瘟病，导致大多数组合也不抗稻瘟病，例如大面积推广的扬两优 6 号、丰两优 4 号、丰两优香 1 号、Y 两优 1 号等都高感稻瘟病，近几年推广面积大幅度下降。因而，改良和培育抗稻瘟病的光-温敏型核不育系成为近期的主攻目标。光-温敏型核不育系在高温、长光照条件下雄性不育，用于杂交制种，但是当日最高温度达到 35℃时，现有不育系闭颖严重、制种产量降低，因此需要培育在高温条件下开花正常的不育系。

2. 籼粳亚种间杂种优势利用是进一步提高两系法杂交稻产量的发展方向

研究表明，籼粳亚种间杂交稻比品种间杂交稻具有更强的杂种优势，可以比现有的杂交稻增产 15%～20%，而两系法杂交稻由于不受恢保关系制约，更有利于进行籼粳亚种间杂种优势的利用（袁隆平，2002）。在过去近 30 年的两系法杂交水稻育种中，曾经把籼粳亚种间杂种优势利用列入重要的研究内容，但由于籼粳交 F_1 代结实率低、生育期偏长、植株偏高的问题至今没有完全克服，从而导致两系法籼粳亚种间杂种优势并没有得到很好的利用。将理想株型和亚种杂种优势相结合进一步提高两系法杂交水稻的产量将是今后的发展方向。

3. 建立安全、稳定的种子生产基地是保持和扩大两系法杂交水稻的技术保障

两系法杂交稻制种的最大特点是制种受到时空条件的限制，制种需要在夏季长光照时间和相对高温（高于不育系育性转换临界温度）的地区（空间）进行。过去 15 年，江苏省盐城市是两系法杂交水稻制种的重要基地（占全国 60%），但是在 2009—2015 年期间，有 4 年因

为温度偏低造成大面积两系法杂交稻制种失败、损失严重。近几年，两系杂交稻的制种基地逐步南移到湖南中南部、福建西北部、四川南部、广西西北部和广东西南部。两系法杂交水稻配组自由、育种周期短、类型多样化已经得到实践的证明，发展两系法杂交水稻将是我国今后水稻育种和生产的方向，也是保障我国粮食安全的战略措施。因此，建立安全、稳定的两系法杂交稻种子生产基地，将是继续保持和扩大两系法杂交水稻的技术保障。

第三节　水稻遗传转化技术育种

20 世纪 70 年代初诞生的基因工程技术为改良植物性状，培育新品种提供了广阔的空间，基因工程技术打破了物种间的界限，增加了水稻外源基因导入的途径和范围，对水稻育种有着深远的意义。第一批转基因水稻植株诞生于 1988 年，Toriyama 等、Zhang 等相继报道了用原生质体为受体获得完整的粳稻转基因植株。1992 年，Datta 等首次报道获得了籼稻转基因植株。经过近 30 年的发展，水稻遗传转化体系已比较完善，且在水稻育种中发挥了巨大的作用，为传统育种创造了丰富的优质资源，使育种能力大大提高。

一、水稻遗传转化的主要方法

在水稻遗传转化方面获得成功的方法大体上可以归纳为两大类：直接转化法和间接转化法。直接转化法是通过物理或化学方法将外源基因导入植物细胞或原生质体，由此获得转基因植株的方法，包括 PEG 介导法、电击法、花粉管通道法、基因枪法等。间接转化法是通过生物体（如农杆菌病毒、细菌球）介导，将外源基因导入植物细胞。这些方法各有优缺点，但应用最早的是 PEG 法，最广泛和最成功的是基因枪法，而最有发展前途的是农杆菌介导法。

（一）PEG 介导法

PEG 介导法转化的原理是：将水稻原生质体悬于含质粒 DNA 的 PEG 溶液中，由于渗透压的作用，质粒 DNA 透过原生质体膜进入细胞内，随机地结合到水稻的基因组中，转化后的原生质体再生成完整植株。PEG 即聚乙二醇，是一种细胞融合剂，可使细胞膜之间或 DNA 与膜之间形成分子桥，促使相互间的接触和粘连。PEG 介导法最先是 Davey 和 Krens 等建立的，Zhang 等采用此方法将来源于细菌的 *GUS* 基因导入水稻原生质体并首次再生成转基因植株，Data 等用该法转化籼稻品种并首次获得转基因籼稻植株。PEG 介导法利用生物生理功能来实现外源基因的导入，因而对细胞伤害小，转化顺利，而且，该法具有易于筛选转化体，受体植物不受种类的限制等优点。但此法存在转化效率低、依赖原生质体再生系统的建立等缺点，因而阻碍了它的应用。

（二）基因枪法

基因枪法又称微弹轰击法，最早由美国康奈尔大学的 Sanford 提出，原理是通过高压气流的作用，金属微粒将附着在其表面上的 DNA 带入受体细胞中，并随机整合到受体基因组中得到表达，从而实现基因的转化。基因枪的出现极大地拓展了受体的范围。Christou 等最先采用此法获得转基因籼稻和粳稻植株，并发现转化性能传递到子代并符合孟德尔遗传分离规律。基因枪法的优点在于不受受体材料的限制，转化容量大，一次能导入 12～14 个不同的质粒，转化效率高，可控度高，操作简便快速。但仍然存在一些缺陷，如外源 DNA 整合机制不清楚，基因插入易为多拷贝，有时目标基因与标记基因非共价整合，发生有益基因丢失现象，难以实现 DNA 大片段转移，需进一步地改进和完善。

（三）农杆菌介导法

目前应用于植物转化的农杆菌有根癌农杆菌（Agrobacterium tumefaciens）和发根农杆菌（Agrobacterium rhizogenes）。根癌农杆菌携带的根癌农杆菌质粒可诱发植物产生冠瘿瘤（Crown gall），因而称之为 Ti 质粒（Tumor inducing plasmid），发根农杆菌携带发根农杆菌质粒可侵染植物产生毛状根瘤（Hairy roots tumors），故称之为 Ri 质粒（Root inducing plasmid），它们都是侵染性非常强的土壤菌，能侵染几乎所有的双子叶植物和少数单子叶植物。由于它们具有天然的转移 DNA 属性，因此被广泛应用于植物基因工程中。根癌农杆菌的 Ti 质粒系统是目前研究最多、理论基础最清楚、技术方法最成熟的基因转化途径。

1990 年，李宝健等和 Raineri 等先后尝试用农杆菌感染水稻组织，获得转化愈伤组织；1993 年，Chan 等用农杆菌介导法获得了转基因植株，并取得了分子生物学证据。但是，直到 1994 年，Hiei 等用改进的农杆菌介导转化法获得大量水稻转基因植株并提供了详细的分子生物学证据和遗传分析后，农杆菌介导转化水稻才获得广泛的应用。

农杆菌介导法转化受体时，基因转移是自然发生的行为，具有转化效率高、整合拷贝数少、对质粒大小要求相对不严格、重排程度低、转基因性状在后代遗传较稳定等特点。另外，该法操作简便、转化效率高，是一种应用前景很好的转化手段。

二、水稻遗传转化中应用的外植体

外植体的选择是水稻基因转化成功的主要因素之一。目前，应用较多的外植体是水稻幼胚和来源于幼胚、成熟胚、幼穗的胚性愈伤组织。一些分生组织如根尖、芽尖、幼嫩叶片也用于水稻基因转化的受体。从实际情况看，水稻幼穗转化率和成苗率较高，其幼胚的转化率也较高，转化效率比成熟胚愈伤组织的转化频率高 1～2 倍，是目前公认的较为理想的基因转化受体，但受取材季节和环境的限制，剥离费时且易受细菌污染。

三、水稻基因转化中常用的培养基

目前，水稻组织培养常用的培养基为 N6 和 MS 或经改良的 NB 培养基。一般 N6 培养基诱导的组织质量较好，分化时 MS 培养基效果较好。近年来，NB 培养基应用较广，外源激素对水稻转基因植株的分化影响很大。

四、水稻转化的报告基因和选择基因及选择剂

GUS 是最常用的报告基因。*GFP*、萤火虫荧光素酶基因也被用作报告基因，在基因的瞬时表达研究中广泛应用；新霉素磷酸转移酶、潮霉素磷酸转移酶、磷酸甘露糖转移酶和 *bar* 基因是较常用的选择标记基因。

五、有益农艺性状基因在水稻改良方面的应用

在抗虫方面，苏云金杆菌毒蛋白基因（*Bt* 基因家族）、植物蛋白酶抑制剂基因、雪莲凝集素基因等导入水稻，使水稻产生对二化螟、三化螟、稻纵卷叶螟等鳞翅目害虫、蝗虫、褐飞虱及线虫的抗性；在抗病方面，几丁质酶基因、*Xa21* 以及来自葡萄的植物抗毒素茂类合成酶基因、玉米花青素基因、水稻条纹病毒外壳蛋白基因、矮缩病毒外壳蛋白基因、齿裂矮缩病毒蛋白的 cDNA 导入水稻；在抗逆性和品质改良方面，拟南芥菜的 3-磷酸甘油酯转移酶基因、*Waxy* 基因转入水稻；高光效基因、根瘤菌固氮基因、不育基因及耐盐的甜菜碱醛脱氢酶也都导入水稻。

六、水稻遗传转化值得研究的问题

如何提高转化效率，降低成本，寻找新的外植体，缩短组织培养时间，减少转化体变异；培育无选择标记或环保型无害标记基因的转基因水稻；多个目的基因导入同一受体，使受体产

生多种抗性；分离出在水稻组织中高强表达的启动子，发现新的有益性状基因；加强外源基因在转基因水稻染色体的定位、时空表达和后代遗传规律的探讨等，都是水稻遗传转化值得研究的问题。今后水稻转基因技术将同水稻形态育种、杂交稻技术一道成为水稻品种改良的重要手段，而三者的有机结合是水稻高产育种的必然途径。

第四节　水稻细胞工程育种

植物细胞工程是建立在植物细胞全能性学说基础上的细胞工程，是生物技术的重要分支，它采用器官、组织、细胞和原生质体为外植体进行离体培养并使之成株。细胞工程与作物遗传育种相结合，可直接为新品种选育服务；与品种资源相结合，可作为利用和保存种质资源的重要手段；与 DNA 重组技术相结合，可开展基因层面的研究，探索高等植物的遗传原理、导入外源有利基因；而用染色体技术、生化标记和分子探针等各项现代技术，鉴定和开发细胞工程创造的各类变异体和常规育种的中间材料，可大幅度地提高作物育种和遗传学研究水平。我国水稻细胞工程起步比较晚，但近年来发展很快，不论在水稻细胞生物学基础理论研究方面还是在生产实际应用方面均取得了重大的研究成果。

水稻细胞工程的深入研究将使育种家们能在更大范围内选用植物的优良基因资源，由此将会扩大水稻杂种后代的变异类型和变异幅度，使综合性状优良的单株在后代群体中的出现概率大大增加。水稻细胞工程技术的应用将打破物种间和属间甚至科间的遗传障碍，使得普通栽培稻有可能从近缘的异种植物获得具有特殊价值的异源优良基因，因而将进一步丰富水稻的种质资源，为优良新品种的选育奠定基础。通过细胞工程培育出胞质杂种将使水稻的遗传体系发生根本性变化。

一、多倍体育种

我国水稻多倍体育种研究始于 20 世纪 50 年代，应用秋水仙碱处理萌发种子、分蘖秧苗和组织培养的水稻愈伤组织等材料，先后诱导形成了多个同源四倍体品种，给出了四倍体水稻的主要农艺性状表现，推动了多倍体水稻育种的研究与发展。然而，四倍体水稻每株穗数和每穗粒数减少、结实率低致使其产量偏低，其中，如何解决结实率低的问题是关键。四倍体水稻的研究还处于试验研究阶段，异源多倍体化、广亲和基因等多种可提高四倍体水稻育性的技术已在水稻四倍体育种中广泛应用，但还没有应用于生产实践中的先例。

同源四倍体水稻是经过二倍体水稻的染色体组加倍，同源四倍体水稻在农艺性状上表现出生长势强、籽粒增大、抗逆性强等特点。其对生产有利的性状是叶片增厚、植株变矮、千粒重增加、茎秆增粗、蛋白质和氨基酸含量增加、直链淀粉含量下降，适口性更好；对生产不利的变化是，每株穗数减少、每穗粒数减少、结实率大幅降低。

在水稻多倍体的诱导方面，黄群策等利用氮离子为诱变源诱导过同源多倍体水稻。但总体来说，此方法诱导频率很低且很容易形成嵌合体，所以应用不是十分广泛。人工诱导多倍体一直是利用化学试剂诱导植物多倍体的形成。诱导剂有秋水仙碱、除草剂、麻醉剂、生长素等，但最常用的诱导剂仍然是秋水仙碱。对于利用秋水仙碱处理的具体组织也存在多种选择，可在活体条件下对正在生长的幼苗、种子等进行浸泡、注射等。还可利用植物细胞的全能性，在离体环境下，培养单细胞进行加倍，最常用的是愈伤组织。

多倍体水稻相比二倍体最明显的特点就是有性生殖能力大幅度下降而导致结实率大幅降低。如何解决四倍体水稻自交结实率低的问题，将是应用四倍体水稻育种首先要解决的问题。同源四倍体水稻低结实率的原因是多方面的，其主要表现为，花药内正常花粉粒数比较少，败育花粉粒数比较多；正常蓼型胚囊数少，而退化型胚囊数和变异型胚囊数多；花粉管在花柱内的伸长速度明显变慢，双受精频率下降而单受精频率增加；进一步研究发现，同源四倍体水稻减数分裂异常，其同源染色体非正常配对比率高，配对产生非正常二价体、四价体，在同源染色体分配到子细胞时，出现染色体桥、染色体拖曳、落后染色体等，导致遗传物质分配不均，进一步导致花粉败育，影响正常配子的形成和结合，从遗传原理上注定了它的低结实率。

解决水稻多倍体问题的策略是无融合生殖、广亲和、异源多倍体化等的利用，即采用拉大亲缘关系距离、减少多价体形成、应用广亲和基因和无融合生殖基因等措施，从遗传机制上提高多倍体水稻的结实率，防止水稻异源多倍体的基因组间部分同源性配对形成多价体、染色体桥、落后染色体等现象。蔡得田等提出了利用远缘杂交和多倍体双重优势选育超级稻的三步走战略：① 选用极端籼稻（*O. sativa.* subsp. *indica*）、粳稻（*O. sativa.* subsp. *japonica*）、爪哇稻（*O. javanica*）杂交，诱导亚种间杂种多倍体。② 诱导亚洲稻（*O. sativa* L.）与非洲栽培稻（*O. glaberrima*）和野生稻（A 基因组）种间杂种多倍体。③ 诱导 A 基因组的栽培稻与其他不同基因组野生稻的基因组间杂种多倍体。远缘杂交表现出杂交不亲和、杂交后杂种胚败育等。研究表明，水稻多倍体化后，其遗传可塑性增强，所以，可以通过四倍体水稻的桥梁作用，转移种间优良基因，扩大栽培稻基因池。

高育性四倍体水稻的筛选可以直接利用四倍体水稻用于生产。目前，华南农业大学筛选出的华多 1 号和华多 2 号两个高结实率四倍体水稻已获得国家植物新品种权。2016 年在武汉举办的多倍体生物育种学术研究会公布：多倍体水稻研究已取得突破性进展，突破了结实率低的瓶颈制约，大而优的“胖”米有望3～5年端上餐桌（图2-8）。

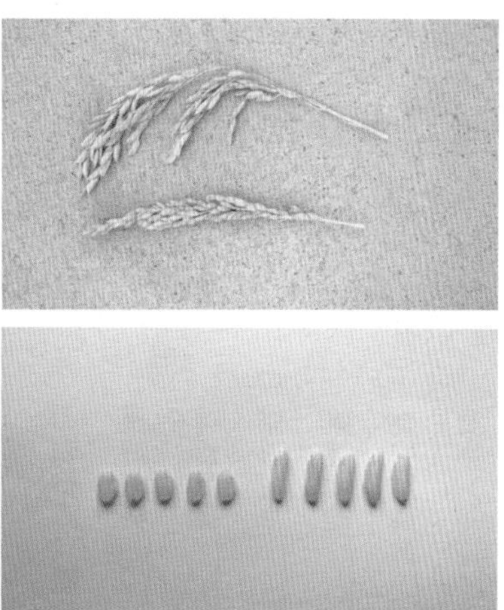

图2-8　同源四倍体与二倍体

二、单倍体育种

单倍体育种（Haploid breeding）是植物育种手段之一。即利用植物组织培养技术（如花药离体培养等）诱导产生单倍体植株，再通过某种手段使染色体组加倍（如用秋水仙碱处理），使植物恢复正常染色体数，选育出新的品种。1964年，Guha首次报道毛叶曼陀罗花培养成功。1968年，新关和大野获得了粳稻花培小植株，从而在整个禾谷类花药培养研究中首先取得突破。随着技术的改进，籼稻花药培养和游离花粉培养也相继成功。水稻花药培养过程中，单倍体的染色体会自然加倍形成纯合二倍体，这使育种家得以利用花药培养提高选择效率，从而缩短育种周期。

单倍体的产生大体有以下两条途径：

（一）体内发生

即从胚囊内产生单倍体。这包括：① 自发产生：与多胚现象常有联系，可能是由温度骤变或异种、异属花粉的刺激引起。② 假受精：即雌配子或雌性细胞经花粉或雄核刺激后未受精而产生的单倍体植株。③ 半受精：雌雄配子都参加胚胎发生，但不发生核融合，因而产生具父母本来源的嵌合植株。④ 雄核发育或孤雄生殖：卵细胞不受精，卵核消失，或卵细胞受精前失活，由精核在卵细胞内单独发育成单倍体，因此只含有一套雄配子染色体。这类单倍体的发生频率很低。⑤ 雌核发育或孤雌生殖：精核进入卵细胞后未与卵核融合而退化，卵核未经受精而单独发育成单倍体。

（二）离体诱导

植物细胞具有潜在的再生性和全能性，能发育为完整植株，故应用组织培养技术对特定组织进行离体培养，可诱导产生单倍体。方法是将一定发育阶段的花药、子房或幼胚，通过无菌操作接种在培养基上，使单倍体细胞分裂形成胚状体或愈伤组织，然后由胚状体发育成小苗或诱导愈伤组织发育为植株。

水稻单倍体育种是采用花药进行离体培养，花药培养大致包括田间取样、低温预处理、接种花药、诱导愈伤组织、分化绿苗和试管苗移植等步骤。① 田间取样和低温预处理：通常选择处于单核中－晚期的花粉最为适合，这是花培的第一个关键因素。通常的形态指标是剑叶与下一叶的叶枕距为 5～10 cm，苞大而不破，稻穗中部的小花颖壳黄绿色，花药达到颖壳长度的 1/2 左右（籼稻为 2/3 左右），花药淡黄色。取样以晴天早晨为宜，剪下保留 2 张叶的稻穗并置于盛水的桶中带回整理。稻穗经表面灭菌后用湿布包好，外面再套以塑料袋，在 5℃～10℃条件下低温预处理 7～10 d。② 接种花药：在无菌条件下，用无菌水冲洗经过修剪的稻穗 3 次，然后斜剪去颖花的基部，用镊子夹住稃尖，在培养皿上方轻轻敲击，使花药散落在培养基上。③ 愈伤组织诱导和绿苗分化：接种后在 28℃条件下暗培养，30 d 左右形成无定形细胞团，即愈伤组织，把 10 日龄的愈伤组织（1～2 mm 大小）挑出来转到分化培养基上，并移到一定光周期的恒温室中继续培养。约 20 d 后可有绿色小苗长出。④ 试管苗的移植：当试管苗高 5～8 cm 时，取出洗净根部琼脂，炼苗 3～5 d，整丛移植于土中，注意保持湿度。成活后分株种植。

单倍体育种的优点：单倍体植株经染色体加倍后，在一个世代中即可出现纯合的二倍体，从中选出的优良纯合系后代不分离，表现整齐一致，可缩短育种年限。单倍体植株中由隐性基因控制的性状，虽经染色体加倍，但由于没有显性基因的掩盖而容易显现。这对诱变育种和突变遗传研究很有好处。在诱导频率较高时，单倍体能在植株上较充分地显现重组的配子类型，可提供新的遗传资源和选择材料。

三、原生质体培养

植物细胞去掉壁，称为原生质体。原生质体包含全套遗传信息，仍具有细胞的全能性，因此在一定的条件下能重新生成小植株。植物原生质体培养是将除去细胞壁裸露的原生质体，于无菌条件、合适的培养基条件下，在合适的培养基中进行培养的一种技术，是开展转基因技术和体细胞杂交技术的基础。另外，原生质体作为一个单细胞系统，是研究细胞分裂与分化、细胞壁再生、信号转导机制、离子转运、细胞器摄入、病毒侵染机理等基础理论的优良实验体系（刘庆昌，2003）。植物原生质体培养是植物细胞和组织培养的组成部分，是随着组织培养的不断发展而发展起来的。植物原生质体的研究始于 1960 年，直到 1985 年日本学者 Fujimura 等培养水稻原生质体才获得了再生植株。随后，一批重要禾谷类作物（水稻、玉米、小麦、大麦、高粱等）的原生质体培养获得了再生植株，在基因遗传转化及细胞融合方面的研究也有一些成功的报道。

（一）原生质体培养的基本技术

1986 年，英国诺丁汉大学 Cocking 实验室提出了水稻原生质体培养的完整实验体系，该体系的特点是把热激、用琼脂糖包埋原生质体和原生质体诱导的愈伤组织，经体细胞胚胎发生途径再生成株三者结合在一起。

1. 胚性悬浮细胞系的建立

以成熟胚或未成熟胚为外植体，在 NMB 诱导培养基上诱导愈伤组织，挑选呈白色并具有致密结构的胚性愈伤组织，转移到 AA 液体培养基中进行悬浮培养。培养液应经常更新，开始每次 3 d，后期可以一周一次，经过半年左右继代培养，即可获得细胞大小较均匀、细胞质浓、液泡小、分散性好、生长旺盛的胚性悬浮细胞系。

2. 原生质体的分离和培养

原生质体的分离纯化多采用酶解—过滤—离心—洗涤的方法。以 20 g/L 纤维素酶、1 g/L 果胶酶分离水稻悬浮细胞原生质体时，发现酶解 5 h 原生质体产量最高，同时在分离时还加入有 pH 稳定剂的 MES。将处理好的原生质体包埋在琼脂糖培养基中，之后开始长出细胞壁并开始细胞分裂，约 1 个月后，在培养基中可见许多小细胞团，进一步形成愈伤组织或胚状体，最后分化成完整的植株。

3. 再生植株

当小细胞团长到 1～2 mm 时，转移到无激素的培养基上生长。原生质体的再生途径有以下 3 种：一是细胞团增殖形成愈伤组织，再由愈伤组织再生植株；二是细胞团直接发育成胚状体，再形成完整植株；三是细胞团增殖形成愈伤组织，再由愈伤组织发育形成胚状体，最后再形成完整植株。

（二）原生质体的应用

植物原生质体不仅在基因遗传转化、无性系变异、细胞融合等应用研究中有广泛的应用前景，而且可以为研究植物生长、代谢调节、细胞壁再生、基因瞬时表达等基础研究提供优良的试验材料。禾谷类作物原生质体的应用涉及基因遗传转化、无性系变异、细胞融合、基因瞬时表达、亚细胞定位、细胞壁再生及离子转运等多方面。植物原生质体是遗传转化的优良受体材料，通过 PEG 转化法、电击法等，目前已得到水稻、玉米、大麦、小麦等的转化植株。由原生质体培养获得再生植株的过程中，会产生大量的变异，进行适当的筛选可产生有价值的无性系变异系。原生质体融合能够克服有性细胞的不亲和障碍，进行细胞的远缘杂交，这就为作物新品种的培育提供了一种新途径，有可能培育出自然界不存在的、有价值的作物新品种。除了上述应用方面的研究外，原生质体在许多基础理论研究中也有很多应用，原生质体瞬时表达体系在启动子的功能、内含子的效应以及谷类植物基因的结构、功能、调节等方面的研究有很多应用。另外，近年来利用原生质体进行离子转运、细胞壁再生、亚细胞定位的研究也有很多报道。

四、远缘杂交技术

充分利用种间或属间远缘物种的杂种优势或有利基因，是维持栽培稻遗传多样性的重要手段，是实现水稻高产、优质、多抗育种的有效途径之一。早在 1987 年，袁隆平院士就提出水稻发展战略的 3 个阶段，即品种间、亚种间和远缘杂种优势的利用。目前，我国的水稻产业主要以三系稻和两系稻为主，稻米产量一直处于稳产、高产水平，可以说，水稻品种间和亚种间杂种优势的利用为解决世界粮食危机做出了巨大的贡献。由于野生稻和其他种属的物种与栽培稻之间的巨大差异，远缘杂种优势的利用将成为解决栽培稻遗传基础狭窄问题、创造新种质资源的有效途径。水稻远缘杂种优势的利用主要有物种间直接的有性杂交、外源 DNA 导入、基因工程等手段。

水稻远缘杂交具有广阔的利用前景，但由于遗传距离远，种属间杂交交配力很弱，主要表现为远缘杂交不亲和或杂交结实率很低，杂种不育或育性差，杂种后代性状分离杂乱，分离世代长（伏军，1999）。尽管远缘杂交后代性状表现复杂，但有些远缘杂种依然表现出很强的杂种优势，如分蘖旺盛、茎秆粗壮、稻米品质与抗性增强等。因此，远缘杂交育种研究历来受到科研人员的重视，远缘优势基因的利用对改良水稻品种和培育新的水稻种质资源具有重要作用。

（一）远缘杂交在水稻育种中的应用

远缘杂交可以打破物种间原本存在的生殖隔离，使两个物种间的基因重新组合，从而培育出具有新性状的优质植物新类型甚至新物种。栽培稻和野生稻、栽培稻和属间远缘物种的杂交是常见的远缘基因利用方式，而具体的技术手段主要有有性杂交、外源 DNA 导入技术、利用基因工程的 DNA 重组技术和细胞融合技术等。一般而言，水稻同 AA 基因组野生稻杂交相对较易，尤其是亲缘关系最近的普通野生稻和尼瓦拉野生稻，其杂合二倍体有相对较高的育性和结实率，但亲缘关系稍远的非洲栽培稻也存在交配力低的问题（李金泉，2007）；而水稻同非 AA 基因组野生稻和属间远缘物种的杂交要困难得多，其杂合后代很难维持基因组的二倍性，必须通过不断的回交或复交来固定有利性状，育种周期很长，所以在栽培稻远缘杂交父本的选择上要有针对性。而对于远缘杂交结实率低的问题，可以采取胚挽救等相对成熟的技术手段来增加可供选择的子代群体数量。

除了采用远缘杂交和连续回交等常规育种手段之外，还可以利用多倍体技术。黄群策等研究认为，水稻多倍体化后，其遗传保守性降低，遗传可塑性增强。所以，可以通过四倍体水稻的桥梁作用，转移远缘物种的优良基因，扩大栽培稻基因池。但由于多倍体减数分裂不稳定，同源染色体配对和后期分离紊乱，导致水稻多倍体化后结实率显著降低，在育种上的利用难度增大。虽然高结实率同源四倍体水稻材料已经通过一些诱变技术获得，但其综合性状如产量、抗性等与常见栽培稻相比并没有表现出优势，所以还需要进一步研究利用。但通过多倍体途径利用远缘有利基因，不失为一种有效的手段。

在远缘基因资源的利用上，体细胞杂交技术也是一种潜在的有效手段。体细胞杂交技术可以有效克服有性生殖障碍，在远缘物种中转移核基因与胞质基因等，促进异源种间遗传物质交流，从而丰富种质资源库，增加遗传多样性，甚至得到有性杂交无法得到的优良种质资源。体细胞杂交技术作为一种相对成熟的技术，已经在多种植物细胞融合中得到应用，并且获得了再生植株，但在水稻与野生资源间的基因转移上，还存在植株再生率低、植株不育或育性极差等现象，而再生植株细胞染色体丢失也是一种普遍现象。如果将水稻多倍体育种技术与细胞融合技术相结合，在远缘基因的利用上或许能开辟出一条新途径，即在水稻多倍体育种普遍作为一种目的的背景下，将多倍体途径作为一种中间育种手段，结合细胞融合技术，利用植株在生长发育过程中的自我筛选过程来培育新的材料，或许能为水稻育种提供一种新的思路。

（二）远缘杂交展望

远缘杂交是克服物种间存在的生殖隔离的重要手段之一，它将两个长期进化的稳定的远缘物种中的有益基因重新组合，跨越有性杂交不亲和的障碍，有可能组合出具有品质好、抗性强、产量高的新材料或新种质。因此，远缘杂交在具有应用价值的新种质资源的选育上是一种重要的技术手段，在作物新品种的培育上历来受到重视。水稻含 2 个栽培种和 21 个野生种，种质资源丰富，而禾本科属间远缘物种资源也极为丰富，具有抗病、耐盐、高光效等多种有利性状，为栽培稻遗传改良和育种提供了极为宝贵的种质资源库，但在资源利用上还亟待开发新的育种模式和策略。随着水稻功能基因和调控机制研究的深入、野生稻遗传图谱的全面构建与研究、水稻远缘杂交机理的研究解析和新的技术手段的出现，远缘基因资源在水稻遗传改良上的应用必然将更加全面深入，为水稻抗逆性增强、稻米品质提高和超高产育种展现更美好的前景。

第五节 诱变育种

诱变育种是指人为地利用物理、化学因素诱发作物发生遗传性的变异，然后根据育种目标进行选择、培育，以育成优良品种的一种育种方法。水稻诱变育种是利用各种物理和化学诱变剂诱导遗传变异，在较短时间内获得有利用价值的突变体，育成新的品种或创造新的种质资源。广义的水稻诱变育种，还应包括利用自然突变体育成新的品种。

我国水稻诱变育种始于 1957 年，1966 年后相继育成了许多诱变品种，并创造出大量新的种质资源，为水稻高产稳产做出了很大贡献，同时也使我国跃入了世界诱变育种的先进行列。据估计，至 2009 年 9 月，以辐射诱变为主，与其他育种方法相结合，已累计育成新品种约 802 个，种植面积在 333 万 hm^2 以上，约占全国水稻面积的 10%，诱变品种的数量、种植面积和经济效益，位居世界之首（刘路祥，2009）。从诱变源来看，γ 射线应用最广，育成品种数占诱变品种总数的 81.6%，其次为中子，占 6.1%，利用激光和复合处理等方法也育成了一些推广面积较大的水稻品种。另外，利用 γ 射线育成诱变品种的剂量范围较广（1.5 k ~ 60 kR），但以 30 kR 育成的品种数较多，占总数的 44.9%，其次为 20 kR 和 35 kR，分别占 8.2% 和 10.2%。

一、诱变育种的特点

（一）提高突变频率，扩大变异范围

自然界突变发生的频率是极低的，人工诱变的突变频率比自然突变提高 100 ~ 1 000 倍。

人工诱变不仅可以提高突变频率，而且后代的变异范围广，变异类型多，甚至可能产生自然界罕见的新类型。

（二）能在较短的时期内有效地改变品种个别的不良性状

品种中有些性状是符合人类需要的，有些性状是不符合人类需要的。在育种工作中，总是希望能够将符合需要的性状保留下来，而把不需要的性状排除。用杂交育种方法固然可以把优良性状导入，但亲本的不良性状往往也随同引进，要获得理想的个体，需要让它分离或者进行多代的回交，这样不仅工作量大，而且所需时间也较长。诱变育种可以有效地改变品种的某一单个性状，同时又能保留原品种的基本优点，因此，在短期内就有可能获得具有原品种优良性状且去掉某一缺点的新品种。近年来的实践证明：通过对水稻品种的诱变处理，最容易改变的性状是茎秆矮化和提早熟期。

（三）缩短育种年限

杂交育种一般需在杂种 4～5 代以后才能稳定，而辐射诱变育种一般在第三代就可以稳定下来，因而育种年限较短。

（四）促使远缘杂交的成功

诱变处理可以诱发雄性不育植株，也可以改变作物的孕性，促使远缘杂交的成功。

诱变育种由于具有上述优点，在实践中可充分利用。但也要看到，由于目前对其育种原理尚未完全研究清楚，因而应用上还存在如下问题：一是育种效应在很大程度上依靠概率；二是突变体的变异方向难以控制，产生的多为负突变（即人类所不需要的不利突变）；三是在一个个体上同时产生几个有益性状的突变的可能性较少（除非这些性状是由多效基因控制）。因而在应用这一方法时也有一定的局限性。

针对上述存在的问题，要使诱变育种获得成功，可采取下列相应措施：诱变后代的群体一定要大，这样才有可能选择到合乎需要的后代，诱变育种要同时改变多个性状比较困难，因此最好与其他育种方法结合运用，特别是与杂交育种方法结合起来选育成效较大。此外，还应不断改进鉴别方法，以提高识别突变体的灵敏度。

辐射诱变具有诱发植物遗传基因突变、染色体变异、促进基因重新组合、提高重组率等特点，是改良作物的有效手段。辐射诱变技术的改进，对提高育种效率和水平、遗传资源的创新、优良品种的育成具有重要的理论和实践意义。为了提高辐射诱变改良作物的效率和水平，以提高诱变效率和选择效率为中心，以水稻为主要研究对象，对作物的辐射敏感性、辐照亲本的选择、诱变因素适宜诱变剂量和处理方法的确定及新诱变源的开拓等方面进行了较为系统的研究，为提高辐射诱变育种效率提供了技术和方法。

二、诱变育种的机理分析

诱变育种常用的物理因素有各种射线（如X射线、γ射线、中子）、微波和激光等；化学诱变常用的化学药剂有甲基硝酸乙酯（EMS）、硫酸二乙酯（DES）、乙烯亚胺（EI）等。通常把应用射线诱变进行育种的，称为辐射诱变育种；把应用化学药剂诱变进行育种的，称为化学诱变育种。在这两种诱变育种方法中，过去以辐射诱变育种的应用较为广泛，而近年来对化学诱变的兴趣却越来越大。

（一）点突变

这类突变是在射线等因素通过时，引起了联结嘌呤与嘧啶（如A-T、C-G等）的氢链的断裂，或引起DNA分子的单链或双链的磷酸二酯链的断裂，或在一个链上相邻的嘧啶碱基之间形成TT、CC或TC的二聚物，或引起核酸分子线间的交联，甚至引起分子内部碱基的缺失或插入，等等。从而改变了DNA分子的结构，导致遗传性的变异。这是由于分子水平上的改组而实现的变异，这种基因变异称为点突变。点突变必须通过对后代观察或用系谱分析及分子生物学的分析方法才能发现和加以确定。

（二）染色体畸变

染色体畸变是在细胞显微结构的水平上发生的一种较前者大的改变。这种变异可借助显微镜，并辅之以遗传分析方法进行追踪、发现、鉴定和研究。射线引起染色体显微水平的改变可分为3类：① 生理影响：生理影响包括染色体黏着（中期）、染色线团聚现象（间期）、延迟分裂，以及我们曾经观察到的有丝分裂被无丝分裂所代替、减数分裂被连续二次的无丝分裂取代，以及可能在DNA合成期以前射线处理破坏了DNA分子的复制的正常历程等。② 数目的变化：数目的变化包括形成单体生物（$2n-1$）、三体生物（$2n+1$）、缺体生物（$2n-2$）等，也有形成多倍体的。③ 染色体结构的改变：染色体结构的改变包括染色体的易位、倒位、缺失、重复等。它们起源于染色体的断裂。易位指的是一个核内的两条非同源染色体同时发生断裂，断裂的染色体再以新的方式重新联结起来。易位有单易位和相互易位。单易位仅实现一次交换，而且染色体上的一部分（一个断片）丢失；相互易位的染色体物质并不丢失。倒位是在一条染色体上两处同时断裂，断裂片段倒位180°，然后再重组而形成。缺失是指染色体上失去了包括一个或几个基因的节段。重复是指染色体个别节段的增加，可通过染色体断裂，随后出现一个节段的转位等方式形成。

根据射线诱变处理的染色体所处的状态的不同，可将较常见的染色体结构改组分为 3 个基本类型，即：① 染色体改组（在间期的 G1 期处理）；② 染色单体改组（在 S 期、G2 期和分裂期的前、中期）；③ 多线染色体的改组（特殊情况的改组）。由于染色线数目的不同，在不同物种上似有其特殊的表现，故近来以细胞周期的 S 期为分界线，在此以前，染色体的结构可视为单一的，在这以后完成了 DNA 分子及染色体的复制，故此时的染色体由 2 个染色单体组成，其结构是双重性质。射线可作用于一个细胞、一个染色体或一条染色单体。

三、航天育种技术

植物航天育种是利用航天搭载工具（返回式卫星、宇宙飞船、高空气球等）所能达到的空间环境（高真空、微重力、强辐射等）对植物种子诱导产生遗传变异，诱变后代通过地面筛选，选育出新种质、新材料，培育新品种的育种方法。

与传统育种方法相比，航天育种具有独特优势：变异频率高，变异幅度大，有益变异多；能够诱导和创建罕见的具有突破性的优异新种质；拥有安全、自主知识产权的基因源；是创造新种质、产生新基因和培育新品种的有效新途径。

2001—2016 年，水稻航天育种成效显著，共育成 36 个水稻新品种（组合）通过国家及省级审定（图 2-9）。其中，华航 1 号于 2001 年通过广东省品种审定，2003 年通过国家级品种审定，是我国第一个国家级品种审定的航天育种作物新品种，其一般亩产可达 450～500 kg，高产超过 600 kg，最高产量达到 702 kg。

优航 1 号

优航 2 号

图 2-9　航天水稻育种新品种展示

诱变育种技术的经济效益在核农技术领域最为显著。但是，随着科技体制的改革，核农技术正面临着滑坡，国家投入资金正在逐渐减少。因此，应鼓励、引导和支持企业对辐射诱变技术创新的资金投入，保证农业核技术的持续发展。同时，组织全国核农有关单位从事战略性和国际前沿课题的研究，承担我国核农学知识创新和关键技术产业化的任务。在具体诱变方向上，要结合全球气候变化及自然灾害的特点，重点提高农作物对病虫害和环境胁迫的抗（耐）性，通过辐射诱变技术与生物技术、现代仪器分析技术和信息技术有效结合，创制和建立水稻饱和突变体库，发掘和克隆水稻重要农艺性状的基因，逐步实现定向选育农作物高产、优质、高效、环境友好型新种质、新品系和新品种。

References

参考文献

[1] 邓启云，袁隆平，梁凤山，等. 野生稻高产基因及其分子标记辅助育种研究 [J]. 杂交水稻，2004，19(1)：6-10.

[2] 杜士云，王守海，李成荃，等. 超级稻育种进展及存在的问题 [J]. 中国农学通报，2006，22(8)：195-197.

[3] 伏军. 水稻育种中的稻属种间远缘杂交 [J]. 作物研究，1999(2)：1-3.

[4] 李金泉，卢永根，冯九焕，等. 亚洲栽培稻与 AA 染色体组稻种的可交配性及 F_1 杂种育性分析 [J]. 植物遗传资源学报，2007，8(1)：1-6.

[5] 刘路祥，郭会军，赵林姝，等. 植物诱发突变技术育种研究现状与展望 [J]. 核农学报，2009，23(6)：1001-1007.

[6] 刘庆昌，吴国良. 植物细胞组织培养 [M]. 北京：中国农业大学出版社，2003.

[7] 任光俊，陆贤军. 1986—2005 三系杂交籼稻及其亲本系谱. 中国水稻遗传育种与品种系谱 [M]. 北京：中国农业出版社，2010.

[8] 许旭明，张受刚，梁康迳. 中国水稻籼型三系不育系选育的进展与讨论 [J]. 中国农学通报，2007，23(3)：176-180.

[9] 颜龙. 杂交水稻发展战略研究 [M]. 武汉：湖北科学技术出版社，2016.

[10] 袁隆平. 杂交水稻学 [M]. 北京：中国农业出版社，2002.

[11] 张岚. 两系杂交稻组合 C 两优 608 优质高产制种技术 [J]. 杂交水稻，2014，29(05)：27-28.

[12] 浙江农业大学. 实用水稻栽培学 [M]. 上海：上海科学技术出版社，1981.

[13] YUAN L P. Hybrid rice in China (in Chinese)[J]. Chin J Rice Sci，1986，1：8-18.

[14] YUAN L P. Male sterility in rice[J]. Chin Sci Bull，1966，17：185-188.

第三章

耐盐碱水稻的遗传改良

第一节　国内外盐碱地现状

土壤盐碱化是世界范围内限制农作物生产发展的重要逆境因子。根据联合国教科文组织和粮农组织的不完全统计，全世界盐碱地的面积为143.157亿亩，其中我国盐碱地面积14.87亿亩。除去滨海滩涂部分，盐渍土面积为5.2亿亩，其中盐土2.4亿亩，碱土1 299.91万亩，各类盐化、碱化土壤为2.7亿亩。已开垦种植的有1亿亩左右（约667万 hm^2）。据估计，我国尚有2.6亿亩左右潜在盐渍化土壤，这类土壤若采用灌溉、耕作等措施不当，极易发生次生盐渍化。

盐碱土是土壤经过盐化和碱化过程形成的盐化土和碱化土，因其含有较多的盐碱成分，导致土壤的物理化学性质发生显著改变，表现为土壤板结、结构差、土壤pH增高和有效养分缺乏等现象。土壤盐碱化过程严重影响了土壤质量、土壤生态过程以及动植物的生长（牛世全，2011；李新，2014）。随着全球环境的不断恶化，土壤盐碱化已成为全球性的环境问题，日益威胁着人类赖以生存的有限土地资源。目前，国际上对盐碱土的划分有不同的标准。中国土壤学会于1978年将我国的盐碱土划分为盐土和碱土两大类。也有根据盐碱土所处的地理位置和生态环境条件将我国盐碱土分为滨海滩涂盐土、内陆盐土、黄淮海平原盐土、松嫩平原盐碱土和青新漠境盐土等五大类（俞仁培，1999）。1954年，美国研究人员根据土壤电导率、土壤pH和交换性钠饱和度（ESP），将盐碱土分为非盐土、盐土、碱土和盐碱土（表 3-1）（Lauchli A.，2002）。

表 3-1　盐碱土分类

土壤类型	电导率 /（dS/m）	pH	ESP/%
非盐土	<4	<8.5	<15
盐土	>4	<8.5	<15
碱土	<4	>8.5	>15
盐碱土	>4	<8.5	>15

以上各类盐碱土中，产生危害的主要是 Na^+、Cl^-、CO_3^{2-} 和 HCO_3^-，其中 Na^+ 是危害最严重、最直接的离子。虽然 Na^+ 是植物所必需的微量元素，但 Na^+ 过量对植物产生很大危害（Tanji K K，1990）。以上 4 种离子除了对植物造成直接危害外，还可通过复杂的交互作用共同产生危害。盐碱土所含离子成分往往比较复杂，盐分中以 Na^+ 和 Cl^- 为主的称为中性盐，以 Na^+、CO_3^{2-} 和 HCO_3^- 为主的称为碱性盐。中性盐对植物施加的胁迫为盐胁迫，而碱性盐对植物施加的胁迫为碱胁迫，既包含中性盐又包含碱性盐的胁迫称为盐碱混合胁迫或混合盐碱胁迫（杨春武，2010）。大多数盐碱地同时含有 Na^+、Cl^-、CO_3^{2-} 和 HCO_3^- ，既含中性盐又含碱性盐，只是不同地区的盐碱土中中性盐和碱性盐的比重可能不同。

据联合国教科文组织（UNESCO）和粮农组织（FAO）不完全统计，全世界盐碱地面积为 9.54 亿 hm^2（王福友，2015）并逐渐增加，全世界大约有 20% 的农业用地的盐碱化程度在不断加重，预计到 2050 年，将有超过 50% 的耕地会逐渐盐碱化（许卉，2007），土壤盐碱化已经成为备受瞩目的世界性问题。我国是受土壤盐碱化危害最严重的国家之一，大约有 9 913 万 hm^2（王月海，2015）的土地面积为盐碱地，约占国土面积的 10.3%，全国各省份均有分布，主要分布在西北、华北、东北以及沿海地区（王遵亲，1993；杨真，2015）。

盐碱危害妨碍作物的正常生长，严重限制作物产量潜力的正常发挥。大力研发耐盐（碱）水稻品种，在我国广阔的盐碱地、滩涂地上种植水稻，提高盐碱地农业生产力，是提升我国粮食总量、保障粮食安全、改善生态环境的最新最重要的措施，也是实现习近平总书记“藏粮于地、藏粮于技”的主要途径。盐碱地农业高效利用对提升我国耕地农业生产能力，增加耕地数量，保障国家粮食安全，坚守 18 亿亩耕地红线，具有重要的现实意义和长远战略意义。

我国盐渍土面积之大，分布之广是世界罕见。从太平洋沿岸的东海之滨至西陲的塔里木、准噶尔盆地。南从海南岛到最北的内蒙古呼伦贝尔高原，从海拔 152 m 的艾丁湖畔到海拔 4 500 m 的西藏羌塘高原，到处都有盐渍土分布。由于盐渍土分布地区生物气候等环境因素的差异，各地盐渍土面积、盐化程度和盐分组成有明显不同，主要分布在以下五大区域：

一、新疆干旱半干旱地区

气候特点：该地区属于暖温带大陆性干旱气候，四季分明，气候干燥。日照时间长，少雨水，蒸发量大。灌溉农业主要靠河水、高山冰雪融水灌溉，湖泊较多，但多为咸水湖。年温差较大，土壤主要是在荒漠植被和草原植被下发育的土壤，有机质含量较低，可溶性盐分含量较高。

二、东北苏打冻土盐碱地

气候特点：该地区属于北温带大陆性气候，四季分明，光照条件好，冬季寒冷干燥，温差悬殊，少病虫害。年均降水量在 600 mm 左右，水源丰沛，表土盐分含量约为 0.3%，pH、$NaHCO_3$ 含量均较高，对作物毒性大。

三、黄河三角洲地区

气候特点：该地区属于大陆性季风气候，冬季干冷，夏季湿热，四季分明，全年气温偏高，降水时间分布不均，多集中在夏季，易形成旱、涝灾害。该区域土壤是在三角洲演变成陆地的过程中形成的，加之近年来工业大力发展，导致盐碱地面积高达 70% 以上。此地区多为中度盐碱地，土壤盐度在 0.3%～0.5%。

四、东部沿海小流域滨海盐碱地

气候特点：该地区属于北温带季风型大陆性气候，空气湿润，温度适中，四季分明，易发季节性盐渍化，土壤盐度高。

五、南泥湾次生盐碱化盐碱地等类型

气候特点：该区域受不合理灌溉所致，土壤盐渍化面积逐年增加，土壤次生盐渍化已造成该区域土地生产能力减退，盐碱地区粮食产量大幅度降低，随着盐渍化程度的加剧，伴生的土壤沙化和荒漠化等生态问题也日益突出，农业生态环境急剧恶化。年均降水量在 300 mm 左右，蒸发量却在 1 000 mm 以上，气候干燥，常年干旱。

在农业生产中，土壤盐碱化直接影响植物生长与产量，而盐碱地多为地势平坦且土层深厚，是一种可开发利用且潜力巨大的土地资源（闫成业，2013）。据《2016 年国土资源公报》的数据显示，我国耕地面积日益减少，2015 年净减少 5.94 万 hm^2，所以，如何改良和利用盐碱地迫在眉睫。

盐碱地的改良方案，一般是建造排灌工程，通过灌水排水洗盐，但这种方法浪费水资源、经济投入大，效果不显著。水稻是世界上最重要的粮食作物之一，是全世界 1/3 以上人口的主食，也是我国 65% 以上人口的主食，90% 的水稻都在亚洲种植（李彬，2005；Vinocur Bet al.，2005），并且在常见农作物中，水稻本身有一定的耐盐碱作用，是改良盐碱地的先锋作物。因此，相比之下，种植耐盐碱的水稻不仅可以修复盐碱化土地，更可以改善板结土壤生态，相较排管工程更加直接、有效，同时具备投资小、见效快和推动农业经济可持续发展等优点。因此，盐碱地种稻是治理、改良和利用盐碱化土壤的有效途径。

第二节　水稻对盐、碱的生理反应

土壤盐碱胁迫是一种复杂的环境胁迫，大多数植物在含盐量超过 0.3% 的土壤中都要受到不同程度的伤害。盐碱本身的胁迫作用和盐碱土中矿质营养分布的不均衡特性，以及土壤理化特性差异，导致了在盐碱条件下水稻的生长发育受到全方位的影响。它们在盐碱胁迫下的表现主要是植物组织和器官生长受抑制，植物的鲜重、干重显著降低，叶片变小转黄萎蔫，根系生长受阻，严重时植物早衰甚至死亡（张淑红，2005）。

一、盐碱胁迫的伤害机制

（一）盐胁迫的伤害机制

盐胁迫对植物的影响主要是由于过高浓度的中性盐所引起的离子毒害和渗透胁迫。盐胁迫是个两相过程，短期胁迫是非 NaCl 特异性的渗透胁迫，在这种胁迫下，耐盐植物与盐敏感植物的响应十分相似；但是，在长期胁迫下，它们的响应却存在很大差别，是一种 NaCl 特异性伤害（Allakhverdiev S.I.，et al.，2000）。进一步的研究指出，盐胁迫对植物伤害的机制主要是渗透胁迫、离子毒害和营养不平衡。

1. 渗透胁迫

渗透胁迫是指土壤中高浓度的盐分降低了土壤水势，造成植物的吸水困难，甚至引起植物体内水分的外渗，从而造成植物的水分亏缺，产生渗透胁迫（图 3-1）。这不利于植物正常代谢和生理功能的发挥，严重时能导致细胞死亡；另外，植物在盐胁迫下，缺水信号将快速地从根部传递到植物的其他部位，导致细胞内渗透压降低并阻碍细胞增大。

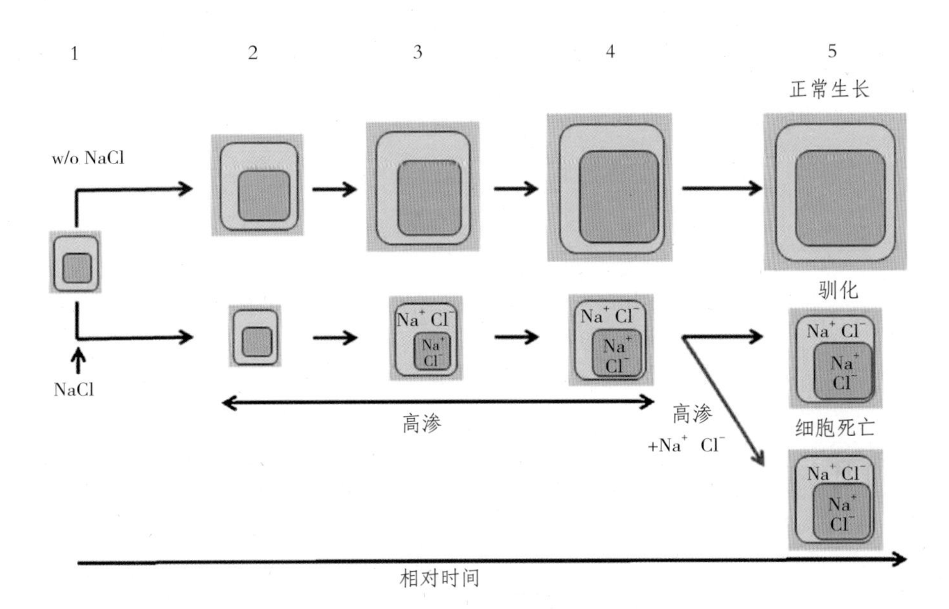

图 3-1　NaCl 引起的细胞失水及 Na^+ 和 Cl^- 的毒害作用
（Hasegawa P.M.，2013）

高盐环境引起细胞缺水，进而限制细胞扩增。随后 Na^+ 和 $C1^-$ 积累到细胞毒害水平，导致细胞死亡，或者通过将 Na^+ 和 $C1^-$ 转运到液泡或内含体中，从而降低胞质中有毒离子的含量，使细胞正常生长。

2. 离子毒害

离子毒害是指土壤中盐分过多时，往往以一两种离子为主，形成不平衡的土壤溶液而导致特殊离子的毒害作用。例如植物在盐胁迫下过量的 Na^+ 浓度抑制了植物对其他离子的吸收，从而产生了毒害作用。离子毒害土壤中含盐量高时，植物吸收盐分并在体内积累。由于 Na^+ 的离子半径与 Ca^{2+} 的离子半径非常相似，细胞质和质外体中 Na^+ 增加，把质膜、液泡膜、叶绿体膜等细胞膜上的 Ca^{2+} 置换下来，膜结构破坏，膜选择性丧失，产生膜上的渗漏现象，而 Na^+、Cl^- 又大量进入细胞，使细胞失去平衡，代谢紊乱，植物不能正常生长。

3. 营养不平衡

盐胁迫下，植物在吸收矿物元素的过程中盐离子与各种营养元素相互竞争而造成矿质营养胁迫，打破植物体内的离子平衡，影响正常生长。因 Na^+ 和 Cl^- 的浓度过高，诱导营养元素 K^+、HPO_4^{2-}（$H_2PO_4^-$）、NO_3^- 等的缺乏。钾和磷都是植物生长所必需的元素，磷酸是线粒体进行氧化磷酸化和叶绿体进行光合磷酸化所必需的原料，磷酸化反应受阻，会引起植物细胞能量不足，能荷降低，影响植物生长。

（二）盐碱胁迫的伤害机制

盐碱胁迫对植物的胁迫因素除了离子毒害、渗透胁迫、离子不平衡之外，还有高 pH 的胁迫。高 pH 环境不仅直接损伤植物本身，如抑制根活力、破坏根细胞质膜的跨膜电位、降低吸收能力，还将导致土壤中某些矿质元素的溶解度下降甚至形成沉淀，或使其离子活性和游离度下降，根吸收能力及其周围矿质营养供应能力均下降，很可能使植物营养亏缺或营养失衡。

二、盐碱胁迫对水稻的影响

盐碱胁迫抑制水稻的生长，降低生物量、株高等生长指标，影响光合作用，干扰水稻自身的代谢过程，从而降低产量。

（一）盐碱胁迫对水稻生长发育的影响

盐碱胁迫对水稻的生长发育有较大影响，国内外诸多专家对此已经做了很多研究。通常，重度盐胁迫条件会抑制植物的生长甚至引起植物死亡（Parida A.K., et al., 2005），盐碱胁迫甚至会导致根系失活。王志欣等（2012）研究发现，随着盐碱处理浓度的增加，不同水稻品种的发芽率、芽长、根数和根长呈下降趋势。程海涛等（2010）研究发现，高盐碱胁迫对水稻苗期生长发育的抑制作用显著。潘晓飚等（2015）研究发现，盐胁迫处理下水稻不育系种子萌发、幼苗及根的生长均受到抑制，且高盐浓度下抑制作用更为显著。张丽丽等（2015）研究发现，水稻的苗高和生物量随着胁迫浓度的增加，降低幅度加大，且不同品种之间存在差异，其主要原因是生理干旱和离子毒害。姜秀娟等（2009）研究发现，盐浓度增高，单株平均总根长缩短，甚至完全抑制，品种间的变化值也变小，水稻根长对盐浓度的忍耐存在极限值。梁正伟等（2004）研究发现，在盐碱胁迫下，分蘖高峰明显推迟或不出现分蘖高峰，抽穗期延长，不耐盐碱的早熟品种比耐盐碱的中熟品种抽穗晚。

（二）盐碱胁迫对水稻产量的影响

盐碱胁迫显著抑制水稻的分蘖、抽穗等生长过程；同时，在盐碱胁迫下植物产量也受到抑制。Lee 等（2002）认为，在盐胁迫下，水稻分蘖期的叶片生长受到严重伤害，同时盐碱胁迫抑制了孕穗期水稻花序的发育；水稻秧苗有效穗数、千粒重和分蘖数等指标也显著降低。水稻的产量主要由穗重、穗数、穗粒数、结实率和千粒重等产量构成因素决定。步金宝等（2012）研究表明，盐碱胁迫通过降低水稻穗数、成穗率和千粒重从而使水稻减产。高显颖（2014）研究发现，盐碱胁迫会抑制水稻的穗数、穗粒数和千粒重从而导致产量降低。李红宇等（2015）发现，穗重小是造成水稻产量下降的主要原因，而与穗粒数相关的一次、二次枝梗数和一次、二次枝梗粒数的下降是造成穗重下降的主要原因。杨福等（2007）认为，盐碱胁迫下水稻产量降低主要是每穗水稻的实粒数减少，导致千粒重下降。Ali 等（2004）发现，水稻苗期遭受盐碱胁迫会直接导致成熟后水稻产量下降，产量构成因素等指标受到严重影响。李咏梅等（2013）研究发现，随着盐碱胁迫的增强，主茎和单株平均穗长、穗粒数逐渐下降，而结实率、千粒重有上升趋势。盐胁迫下，水稻的生物量呈下降趋势（徐晨，2013）。朱明霞（2014）研究认为，同一生育期，随着盐碱浓度的增加呈现逐渐降低的趋势，叶面积减小，千粒重、有效穗数、穗粒数、结实率受到影响，下降显著，导致水稻的产量下降显著。张瑞珍（2003）研究发现，水稻产量随着盐碱胁迫增强而下降。

（三）盐碱胁迫对水稻稻米品质的影响

盐碱胁迫对稻米品质方面也有一定的影响，肖文斐等（2013）研究表明，稻米品质性状和水稻耐盐性存在一定关联性，其中稻米蛋白质含量、直链淀粉含量与水稻耐盐性呈正相关。余为仆等（2014）研究发现，盐碱胁迫降低水稻直链淀粉含量及胶稠度，同时提高了稻米的蛋白质含量，从而导致其食味品质下降。步金宝（2012）研究表明，稻米的垩白粒率随土壤盐碱程度的升高而增大，从而造成外观品质下降。

（四）盐碱胁迫对光合作用的影响

光合作用是植物生长的根本保障和基础，而盐碱胁迫对光合作用过程会造成不利影响（Allakhverdiev S.I.，et al.，2002）。李海波等（2006）发现，盐碱胁迫下水稻光合作用下降是由于气孔的关闭。王仁雷等（2002）研究表明，较短时间之内盐胁迫下水稻净光合速率下降是由于气孔限制的原因，而长时间则主要是非气孔限制因素的影响。徐晨等（2013）研究认为，盐胁迫条件下，水稻叶片的净光合速率、蒸腾作用、气孔导度等指标均呈不同程度的下降趋势，其中耐盐水稻品种的下降幅度均低于盐敏感型水稻品种，研究结果推测，盐胁迫下净光合速率的下降可能与 RuBP 酶活性的下降有关。杨福等（2007）研究结果表明，光强对盐碱胁迫、水稻的净光合速率影响最大。叶绿素是植物进行光合作用的基础，叶绿素 a、叶绿素 b 含量随盐浓度的升高均显著降低，表明盐胁迫抑制了光系统Ⅱ的部分功能，导致光合作用的能量及电子传递过程受到抑制。叶绿素的含量与净光合速率之间呈正相关，叶绿素含量越高，净光合速率越强（Monma E.et al.，1979）。盐碱胁迫抑制了水稻光合作用并且降低了叶绿素含量，减少了光合产物的积累，从而影响水稻生长发育及产量。

（五）盐碱胁迫对水稻体内离子含量的影响

盐胁迫下植物体内会通过离子区域化缓解离子毒害的发生。研究表明，植物茎置换一部分 K^+ 到新叶，而新叶中可置换出 Na^+ 从而维持新叶中的离子平衡，降低盐胁迫对植物的伤害（Chenet al.，2007）。Hussan 等（2003）的研究结果表明，盐胁迫下幼苗根部和茎中的 Na^+/K^+ 比下降。王志春等（2008）进一步分析，苏打盐碱胁迫下引起水稻体内 Na^+、K^+ 含量变化，结果表明，在分蘖期，Na^+ 在根、叶和叶鞘中的浓度依次降低。水稻分蘖期叶片的 Na^+/K^+ 与土壤 ESP 相关性更好，可作为水稻对盐碱胁迫响应的指标。

（六）盐碱胁迫对水稻主要生理生化指标的影响

盐碱胁迫下水稻不同生长发育阶段渗透调节发生变化，随着盐碱胁迫强度的增加，电解质外渗率、可溶性糖含量和游离脯氨酸累积量上升。

1. 盐碱胁迫对水稻脯氨酸含量的影响

脯氨酸被认为是植物应对环境胁迫时重要的渗透调节物质，植物在受到外界胁迫时通常会积累各类渗透调节物质，通过渗透调节来应对胁迫（Serrano，1996）。研究表明，在盐碱逆境中，水稻体内游离脯氨酸（Pro）明显积累，含量显著增大，而正常生长的水稻体内脯氨酸含量始终保持稳定。薛庚林等（1991）以耐盐水稻品种 IR80-85 和盐敏感品种 IR26（均为籼稻）为材料，经 NaCl 处理以后，水稻幼苗地上部大量积累脯氨酸，并随 NaCl 浓度的提高和处理时间的延长，脯氨酸积累量不断增加。尤其是 NaCl 浓度的提高，使水稻幼苗的地上部脯氨酸在第一天急剧上升。但在脯氨酸积累的量和速度上，耐盐品种 IR80-85 大于盐敏感品种 IR26。吕晓波（1995）研究发现，经盐碱筛选后株系间脯氨酸含量有增加也有减少，加盐碱胁迫后含量均增加，增加幅度不同。

2. 盐碱胁迫下水稻体内可溶性糖的变化

可溶性糖是调节渗透胁迫的小分子物质，是植物对盐胁迫的适应性调节中增加渗透性溶质的重要组成成分（Yokoi et al.，2002）。齐春艳等（2009）的研究表明，随着盐碱胁迫的增加，水稻体内可溶性糖有增加的趋势，并且耐盐碱的品种比不耐盐碱的品种体内积累更多的可溶性糖。

3. 盐胁迫对植物体内活性氧代谢及抗氧化防护系统的影响

抗氧化酶类如超氧化物歧化酶（SOD）、过氧化物酶（POD）、过氧化氢酶（CAT）、抗坏血酸过氧化物酶（APX）等，是植物细胞中清除活性氧的重要组分，其活性增加是植物提高耐盐能力的重要因素。符秀梅等（2010）研究表明，水稻叶片中的 SOD 活性、POD 活性随着盐胁迫强度的增加呈现前升后降趋势，在一定的范围内呈正相关。华春等（2004）研究表明，在盐胁迫下，水稻叶绿体内总活性下降，SOD 活性是呈先升后降的趋势。严建民等（2000）的研究发现，在盐渍条件下，联合固氮工程菌能减轻水稻植株的盐害，增强水稻叶片 SOD 活性，减少 MDA 的生成，能有效提高水稻叶片的光合效率和水稻产量；刘晓忠等（1997）研究发现，低盐刺激叶片 SOD 和 CAT 酶活性升高，低盐锻炼时 K^+ 含量有所下降，结果表明，幼苗期采用低盐锻炼的方法可增强水稻的耐盐能力，这与低盐锻炼可在一定程度上增强地上部组织内清除活性氧的防护系统能力，使其在随后的盐胁迫过程中由活性氧诱导脂质过氧化作用产生的盐渍伤害减轻有关。王振英等（2000）对耐盐、一般耐盐和盐敏感 3 种水稻材料进行了 RAPD 和同工酶 POD 的检测。结果发现，3 种对盐具有不同耐性水稻在基因组分子水平上具有差异，认为 POD 的变化与水稻的耐盐性具有一定的相关性。

三、水稻耐盐碱的分子机制

盐害实质上就是植物生理干旱的现象，在高盐环境胁迫下，植物体内被迫吸收大量的盐离子，过量的盐离子破坏了活性氧代谢系统的动态平衡，损伤了膜脂或膜蛋白，导致膜透性增加，细胞内水溶质外渗。在盐胁迫下，土壤中含有的大量可溶性盐会对植物根部造成渗透胁迫，导致根部不能正常吸水或根本不能吸水，更甚者会产生脱水，引起水分缺乏，从而抑制其正常生长。所以，在盐碱地区，即使土壤的含水量很大，但由于植物根部盐离子水平过高，致使植物根本无法吸收土壤中的水分，很容易导致生理干旱（Munns R. et al.，2008）。植物为了能适应高盐碱的生存环境，自身进化出了多种耐盐碱信号通路。

近年来，科研工作者利用分子育种技术、定点突变技术等研究方法深入了解植物耐盐碱的分子机制。利用运行信号的感知、转导和下游调控因子（Sreenivasulua N，et al.，2007）作用模式，为了解植物非生物胁迫应答机制的细胞通路提供了可能，并由此提出了很多假说。这些基础性探索工作为人们利用转基因手段，培育农作物耐盐碱新品种提供了很多有用的信息。土壤高盐浓度对植物本身造成损害的分子机制目前还不完全清楚，有待进一步深入研究。实际上，植物的耐盐碱分子机制是相当复杂的，本文主要介绍以下 5 个假说。

（一）渗透压调节机制

盐碱地由于含有过多的盐碱成分，造成植物根系部位的细胞外渗透压高于胞内渗透压，最终致使大量细胞失水，引起植物的干枯，甚至死亡（图 3-1）。而耐盐碱植物的渗透压调节机制会使植物体细胞内一些小分子物质增加，从而能提高细胞的内渗透压，防止细胞内大量失水对植物造成的伤害，维持细胞内外渗透压的平衡。参与渗透压调节的物质有很多，主要分为两大类：一类是细胞从外界吸收的无机离子，如 Na^+、K^+、Ca^{2+}、Cl^- 等；另一类是细胞内自身合成的相容性物质，如脯氨酸、甜菜碱、胆碱、甘露醇及蔗糖等（任伟等，2010）。这些相容性物质不仅可以调节渗透压，而且并不进入蛋白质的水化膜内从而破坏蛋白质的结构。这些物质被排斥在膜的外表而有益于保护和稳定细胞蛋白质结构，使蛋白质正常行使功能。

（二）盐的区隔化机制

盐碱地的高盐碱环境会使植物根系细胞造成盐胁迫，不仅破坏了细胞内 Na^+ 和 Cl^- 的平衡，Na^+ 还会与细胞膜上的 Ca^{2+} 发生竞争，破坏细胞膜的结构与功能，从而最终影响细胞的正常生理代谢。植物为了消除 Na^+ 对细胞造成的危害，可通过降低细胞离子吸收、离子外排或离子区隔化等机制进行。然而，Na^+ 的外排并不能从根本上解除植物的盐胁迫，所以要降低细胞内离子浓度，Na^+ 的离子区隔化就显得尤为重要。

离子区隔化是指细胞内过高的 Na^+ 会通过细胞膜或液泡膜上的 Na^+/H^+ 逆向转运蛋白进入液泡内，从而降低了细胞质内 Na^+ 的浓度。因此，Na^+/H^+ 逆向转运蛋白也成为目前许多科研工作者关注的对象。

1.SOS 信号途径

目前，人们推测，离子的区隔化是由 SOS 信号途径调控（秘彩莉等，2007），主要通过以下步骤：① SOS3 基因编码一个 Ca^{2+} 结合蛋白，与细胞内游离的 Ca^{2+} 结合；② 刺激 SOS2 编码 Ser/Thr 蛋白激酶，活化 SOS2-SOS3 蛋白复合体磷酸化活性；③ 启动 SOS1 基因编码的 Na^+/H^+ 逆向转运蛋白将 Na^+ 泵到细胞外或液泡内，降低细胞质内 Na^+ 浓度，解除盐胁迫（图 3-2）。

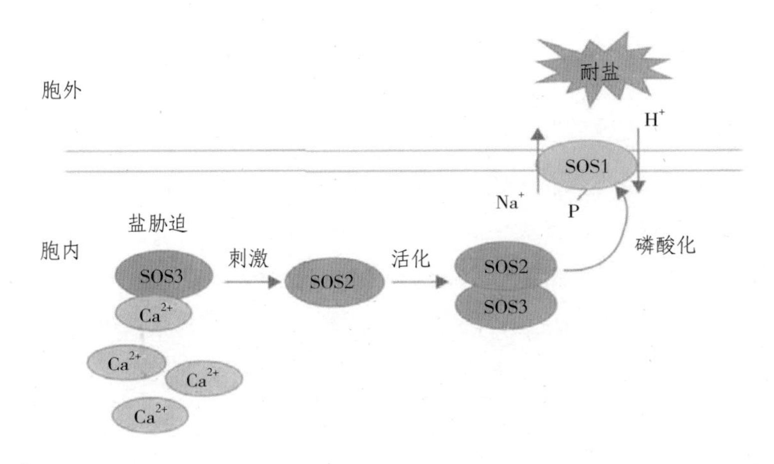

图 3-2　盐胁迫条件下 SOS 调控途径

离子调节主要是指通过调节细胞内外无机离子的相对浓度（主要是 K^+ 和 Na^+）来调节细胞内膨压、细胞体积、胞内 pH 和离子强度等许多重要的生理参数，从而维持细胞质内微环境的稳定。其整个生理过程表现：正常情况下，多数植物细胞内积累 K^+ 而将 Na^+ 排出胞外，使细胞内维持高 K^+/Na^+，有利于 K^+ 行使 Na^+ 无法替代的重要功能。那么，如何在盐胁迫条件下维持植物细胞内高 K^+/Na^+ 呢？研究证实，植物细胞膜上存在两种不同的钾离子吸收系统——低亲和 K^+ 吸收系统和高亲和 K^+ 吸收系统。低亲和 K^+ 吸收系统是一个 K^+ 通道，能顺浓度梯度由高向低运输 K^+；高亲和 K^+ 吸收系统含有一个 K^+ – H^+ 同向运输装置，由于在此系统中能产生质子电化学梯度获得能量，因此可以逆浓度梯度运输 K^+。因此，当植物受到盐胁迫时，K^+ 的吸收由低亲和 K^+ 吸收系统向高亲和 K^+ 吸收系统转变，从而增强植物对 K^+ 的吸收，并减少对 Na^+ 的吸收，提高植物在盐胁迫下的生存时间或植物的耐盐性（祁栋灵等，2007；邴雷等，2008；程艳松等，2008）。

2. 胞内 Na^+ 平衡

植物在盐胁迫时主要受高渗影响，从而造成植物缺水和离子失衡（Lexer C. et al.，2003；Hasegawa P. M. et al.，2000；Flowers T. J. et al.，2010），不利于植物正常代谢和生理功能的发挥，严重时能导致细胞死亡（Debat V. et al.，2001；Mittler R. et al.，2002），详见图 3-1。植物在盐胁迫下，缺水信号将快速地从根部传递到植物的其他部位，导致细胞内渗透压降低并阻碍细胞增大（Taji T. et al.，2004；Matthews M. A. et al.，1984；Hasegawa P. M. et al.，2013）。

低渗透压能诱导脱落酸（ABA）合成，并通过 ABA 信号途径导致保卫细胞去极化和降低气孔开度及传导性（Schroeder J. I. et al.，2001；Yoo C. Y. et al.，2009；Kim T. H. et al.，2010）。失水和离子毒害阻碍有氧代谢，导致活性氧积累量超出细胞通过解毒机制维持氧化还原平衡的能力（Greenway H. et al.，1980；Flowers T. J. et al.，2008；Mittler R. et al.，2002）。缺水将加速细胞衰老（Rivero R. M. et al.，2007；Flowers T. J. et al.，1977；Greenway H. et al.，1980），高浓度 Na^+ 具有毒害作用，它使细胞膜和一些蛋白质不稳定（Munns R. et al.，2008；Xu G. et al.，1999），在细胞生理活动中能够负调控细胞分裂和生长、初级和次级代谢及矿质营养元素的动态平衡（White P. J. et al.，2001；Teakle N. L. et al.，2010）。AKT1 和 AtHAK5 是拟南芥根中 2 个主要的 K^+ 吸收蛋白，Na^+ 能够降低 AKT1 通道中的 K^+ 流通量（Alemán F. et al.，2011；Qi Z. et al.，2004），并且抑制 AtHAK5 的表达（Pardo J. M. et al.，2011；Peleg Z. et al.，2011；Nieves-Cordones M. et al.，2008）。因此，即使在

高亲和力 K^+ 运输系统下，Na^+ 也能和 K^+ 竞争（Epstein E. et al.，1961；Epstein E. et al.，1963），使细胞内的 K^+ 流失，从而导致 Na^+/K^+ 失衡。

总体上，Na^+ 持续地被植物从土壤溶液中运输到根外表皮细胞，再经根木质部导管从根部向地上部分运输，最后到达叶片细胞膜，转运蛋白和其他蛋白能抵抗或限制 Na^+ 吸收进入细胞。尽管有这些抵抗 Na^+ 摄取的系统存在，但由于离子梯度差和蒸腾作用，仍会导致 Na^+ 在叶片积累（图 3-3）。高盐诱导的失水降低叶片细胞扩增，由于细胞体积变小，最终导致叶片细胞中 Na^+ 浓度快速升高。

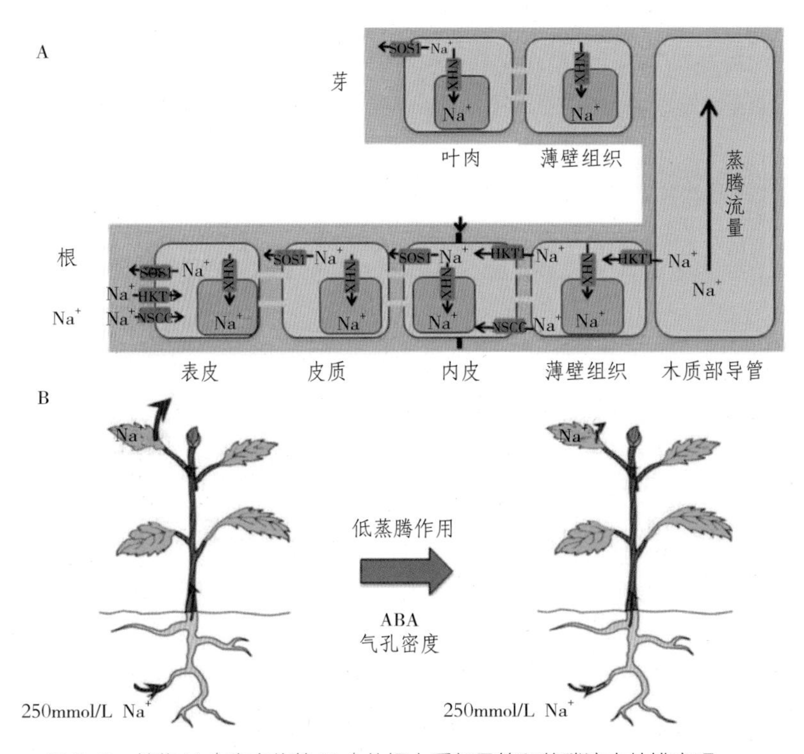

图 3-3　植物 Na^+ 稳态依赖 Na^+ 从根木质部导管和蒸腾流中外排实现

3. 植物减轻 Na^+ 作用的机制

目前，对盐土植物和甜土植物有关盐的基础代谢（如酶活性）和胞内关键进程已经非常明确。主要表现如图 3-4 所示：① 植物可以通过转运蛋白协同将胞外 Na^+ 和 Cl^- 转运到细胞质中，或者将过多的 Na^+ 转运到液泡、内含体进行区隔化，这样就能降低细胞质内 Na^+ 的积累。② 植物液泡离子的积累也会促进渗透调节（Hasegawa et al.，2000）。一些相容性渗透调节物质在细胞质和细胞器中的积累有利于植物进行渗透调节（Flowers and Colmer，2008）。③ 植物也可以通过转运蛋白将胞质中过多的 Na^+ 排到胞外。有证据表明，植物为了离子区隔化和渗透调节，盐土植物和甜土植物会共享一些基本的转运系统和渗透调节物质的生物合成途径。

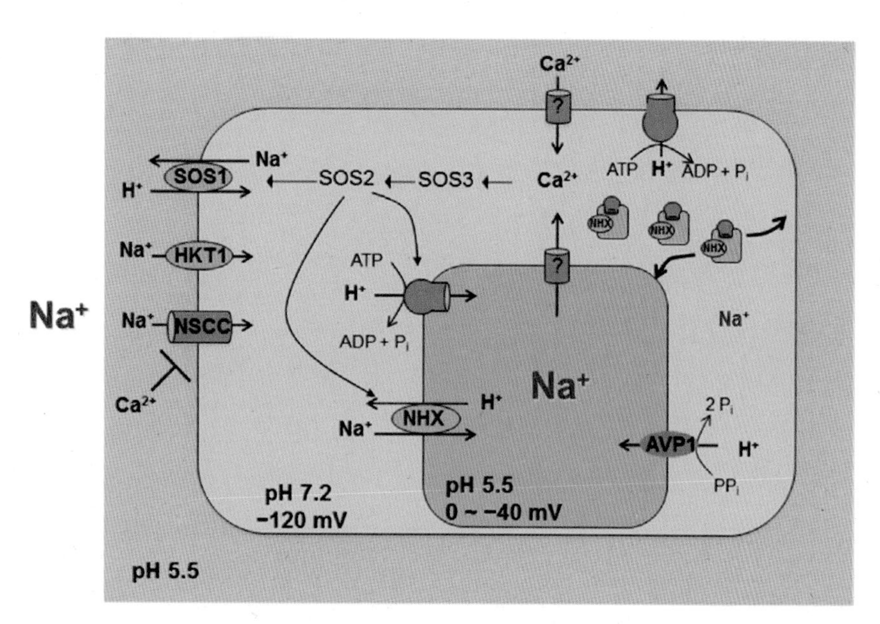

图 3-4　高盐环境下转运蛋白维持胞内 Na^+ 平衡

（Hasegawa，2013）

图 3-4 表明，Na^+ 跨膜运输（主动或被动运输）主要是由位于质膜、液泡膜、内含体膜上的 H^+ 电化学势驱动的。质膜 H^+-ATP 酶（H^+-ATPase）在细胞内侧具有催化和调节的结构域，它利用 ATP 水解产生的能量将 H^+ 排到胞外形成跨膜 H^+ 梯度（Duby and Boutry，2009；Piette et al.，2011），使胞外 pH 从 5.5 降到 1.5～2.0，而相对于胞质 pH 将升到约 7.2，并且形成 -150～-120 mV 跨膜电势差。这种电势差和胞外高浓度 Na^+ 会形成热力学势，因此，Na^+ 将通过被动运输的方式运到胞内，而胞内 Na^+ 外流是通过主动运输完成的。但是 Cl^- 内流是主动运输，而外排是被动运输（Teakle and Tyerman，2010）。

植物可以通过不同的转运系统将 Na^+ 转运到胞内，如 NSCC（Nonselective cation channel）、高亲和 K^+ 的 HAK/KUP/KT、低亲和阳离子转运蛋白、阳离子 -Cl^- 共转运蛋白、HKT（High-affinity K^+ transporter）。虽然这些通道和转运蛋白对 Na^+ 吸收的相对贡献率我们并不清楚，但目前研究已表明，NSCC 和 HKT1 转运蛋白起到主要作用。HKT1（HKT class1）对 Na^+ 具有较高的亲和力，而 HKT2（HKT class2）对 K^+ 具有较高的亲和力或者对 K^+、Na^+ 非选择性转运（Horie et al.，2009；Mian et al.，2011）。而最近研究表明，盐芥（*Thellungiella* sp.）的 HKT1 转运蛋白对 K^+ 也具有较高的选择性（Ali，et al.，2012）。

（三）活性氧的清除

土壤的高盐浓度会对植物细胞膜的完整性、各种蛋白酶的活性、植物体的营养吸收以及光合反应的功能等产生破坏作用（付寅生等，2012）。破坏这些功能的一个重要原因是植物体的盐胁迫使细胞内，尤其是线粒体和叶绿体，产生多种形式的活性氧（ROS）：氧自由基（O^{2-}）、过氧化氢（H_2O_2）和羟基自由基（OH^-）等，这些成分通过破坏细胞膜及细胞内膜系统，使细胞内酶失活，核酸降解，进而对细胞造成氧化胁迫（Noreen S. et al.，2009）。植物在盐胁迫下会产生复杂的分子反应，包括应激蛋白以及渗透压物质的产生（程继东等，2006）。通过清除活性氧，解除 ROS 对细胞结构造成的损害而对植物达到解毒的作用。目前，Sudhakar 等（2014）研究发现，非生物胁迫下，植物体细胞内首先会通过产生小分子 CO 提高自身抗氧化酶含量，其次可以作为信号分子与其他激素协同作用应答环境压力。Ozfidan-Konakci 等（2015）发现，使用 GLA 能提高水稻抗氧化酶（SOD、POX 和 APX）的活性，缓解盐胁迫下 ROS 产生的毒害作用。非生物胁迫下植物自身的解毒作用十分复杂，抗氧化机制还有待进一步研究。

（四）植物自身生长调节机制

盐胁迫与其他非生物胁迫一样，主要通过关闭植物叶片气孔限制 CO_2 进入体内，降低植物光合作用速率，抑制细胞分裂与生长，从而达到减缓植物生长的目的（Zhu J. K. et al.，2001）。反过来说，植物放慢生长也是解除自身胁迫的一种重要方式，它主要是利用本身的多种物质减缓生长来应答这些非生物胁迫。在自然界中，植物抗盐或耐旱的程度往往与生长率呈负相关，甚至也会造成植物生长缓慢、农作物产量降低，但其相关的作用机制还有待进一步研究。细胞增殖依赖于细胞周期依赖性蛋白激酶（Cyclin-Dependent Kinase，CDK），细胞周期蛋白依赖性激酶抑制（Cyclin-Dependent-Kinase Inhibitor，ICK1）作为 CDK 的抑制因子，与 CDK 结合抑制其蛋白酶活性，降低细胞增殖速度，减缓植物生长速率（Wang H. et al.，2008）。逆境胁迫时，植物体内 ICK1 含量增加，CDK 活性降低，生长缓慢。

（五）转录调控机制

植物体内基因的表达会受到很多因子的调控，其中转录前转录因子对基因表达调控是主要的途径。它作用于基因中的顺式作用元件，启动或调节基因的表达（江香梅等，2001）。抗逆机制研究中，转录调控作为目前研究较热的方向之一，通过调控以上几种耐盐碱机制中相关物质含量来应答胁迫。虽然转录因子起步较晚，但越来越多的实验室克隆出调控耐盐碱相关基因的转录因子基因，然后使其在目标植物中表达，并获得了一些相关抗逆植株（王奕等，2012）。其中干旱应答元件结合蛋白（Dehydration-Responsive Element Binding protein，DREB）类转录因子是逆境胁迫中研究最广泛的相关转录因子之一，在植物耐受非生物胁迫中具有十分重要的作用（Gupta K. et al.，2014）。DREB 依赖逆境胁迫下两个独立的信号转导通路分为 DREB1、DREB2，都属于乙烯效应元件结合因子（Ethylene Responsive Element Binding Factors，ERF）家族成员。ERF 家族具有与两个 cis 元件和 GCC 框结合的 58～59 氨基酸的保守结构域，DREB1、DREB2 根据不同植物在不同位置均具有保守的结构域（Agarwal P. K. et al.，2006）。

在盐胁迫的早期感应机制下游，转录因子发挥着重要作用。有多组核心转录因子的基因表达呈现出盐胁迫响应，包括基本亮氨酸拉链 *bZIP*（basic leucine zipper）、*WRKY*、*AP2*（Apetala2）、*NAC* 家族、*bHLH*（basic helix-loop-lelix）、*MYB* 和 *C2H2* 锌指基因（Deinlein et al.，2014；Gupta B. et al.，2014）。这些转录因子进一步调控下游各种基因的表达，最终影响了植物的耐盐性（图 3-5）。

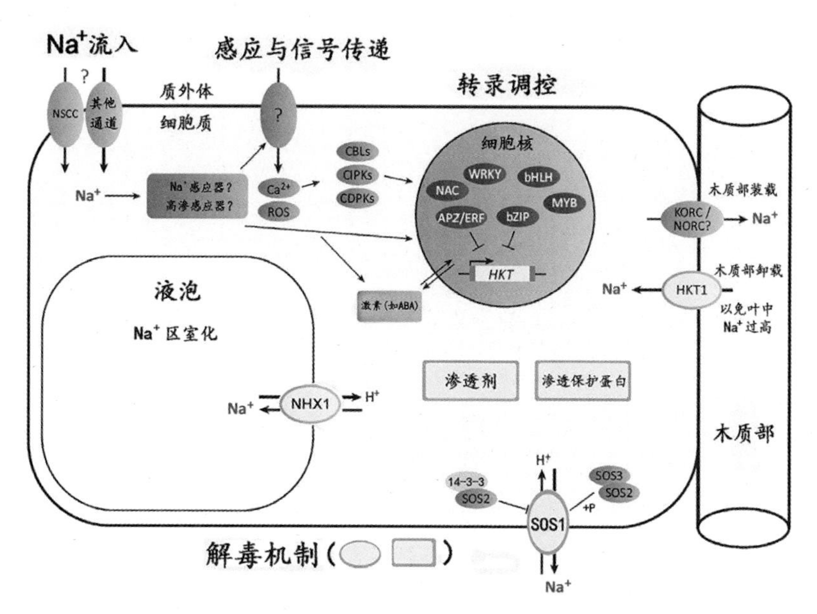

图 3-5　植物根细胞中 Na^+ 运输与盐胁迫响应信号网络

［根据 Deinlein 等（2014）文献修改］

Na^+ 流入通道包括 NSCCs 与其他未知的通道，Na^+ 流入分子机制尚不清楚。盐胁迫的感应与信号传递中，首先细胞内的 Na^+ 被未知感应器所检测到，下一步 Ca^{2+}、ROS 和激素信号级联相继被激活。CBLs、CIPKs 和 CDPKs 是 Ca^{2+} 信号途径的一部分。这些信号调控着整个转录组的表达，激活了细胞内与解毒有关的各项基因的表达。带灰边框的浅底色图标代表细胞内解除 Na^+ 毒害的机制，包括 NHX、SOSNa^+ 运输机制、渗透保护策略和组织特异性分布的 HKT1 用于卸载木质部中的 Na^+。

四、植物的耐盐碱基因的克隆及研究进展

近年来，随着分子生物学与转基因技术的迅速发展，植物耐盐碱转基因的研究已成为目前耐盐碱植物研究的最主要途径。科研工作者利用基因沉默、定点突变技术从多种耐盐碱微生物与植物中研究发现了多种耐盐碱基因，并通过分子克隆技术克隆出相关基因（孙兰菊等，2001）。与此同时，通过研究调控耐盐碱基因转录表达的转录因子来提高表达量，增强转基因植物的耐盐碱度。目前，科研工作者利用转基因技术将耐盐碱基因导入许多种农作物，以改善其耐盐碱性，并取得了丰富的研究成果（表 3-2）。

表 3-2　耐盐碱相关基因

作用机制	基因	相关物质	转化受体
渗透机制	*P5CS*	脯氨酸	烟草、水稻
	BADH	甜菜碱	小麦、水稻
	CM0	甜菜碱	烟草
	mtlD	甘露醇	水稻、小麦
	gutD	山梨醇	水稻
	0TSBA	海藻糖	烟草、马铃薯
	Imtl	肌醇	烟草
离子区隔	*NHX*	Na^+/H^+ 逆向转运蛋白基因	玉米、水稻
	CAX	Ca^{2+}/H^+ 反向转运蛋白基因	拟南芥
	HKT	Na^+/K^+ 转运蛋白基因	拟南芥
	AVP	焦磷酸酶	棉花
	SOS	SOS 蛋白	烟草

续表

作用机制	基因	相关物质	转化受体
解毒作用	*APX*	抗坏血酸过氧化物酶	烟草
	ERF	抗坏血酸	拟南芥
	DHAR	脱氢抗坏血酸还原酶	水稻
	Fer	铁蛋白	
	SOD	超氧化物歧化酶	拟南芥
	PST1	突变体	拟南芥
	PPR40	线粒体电子转移	拟南芥
生长调节	*VHA*	质子泵	水稻
	ICK	蛋白激酶抑制剂	—
转录因子	*bZIP*	亮氨酸拉链	拟南芥
	SPL	鞘氨醇-1-磷酸裂解酶	水稻
	MYB	苯丙烷类次生代谢途径	拟南芥、水稻
	ABRE	ABA	
	DREB	转录因子蛋白	拟南芥、棉花
抗逆蛋白	*LEA*	晚期胚胎富集蛋白	拟南芥、烟草
	Hsp	热激蛋白	水稻

（一）渗透调节基因研究进展

渗透调节是目前研究较清楚的植物耐盐碱机制，其基因调控机制研究也较为成熟，已利用此机制获得了多种转基因耐盐碱植物。董云洲等（2000）构建了*Imt1*基因的植物高效表达载体，然后利用农杆菌介导法转化烟草，并检测 F_1 代植株在1.5% NaCl条件下较为粗壮结实。王慧中等（2000）将*mtlD*和*gutD*双价基因转入水稻并获得阳性植株，检测 F_1 代在0.75% NaCl的盐胁迫下比对照生长明显良好。而科学家将*BADH*、*P5CS*这两个研究最为深入的植物耐盐碱相关基因从各种盐生植物中克隆获得，并利用转基因技术在目的农作物中过表达，获得了多种抗盐性品质资源。

（二）离子区隔转基因研究进展

离子区隔化是目前研究较成熟的耐盐碱机制，已经研究获得了多种转基因高表达植物。与此同时，对此机制的研究越来越成熟，从多个角度获得多种多样的耐盐碱基因，其在植物中的表达也相当高效，是提高植物耐盐碱性的主要机制。Lv 和 Zhang 等（Lv S. et al.，2008）将花椰菜花叶病毒（CaMV）的 35S 作为启动子的 *TsVP* 基因（编码的焦磷酸酶位于液泡膜上，具有质子泵的作用）转入棉花，经试验证明转基因植株的液泡高表达 H^+-ATPase，比野生型植株耐 NaCl 高 250 mol/L。Li 等（Li B. et al.，2010）利用 FLP/FRT 特定位点的重组系统将 *AtNHX1* 基因导入玉米中获得不带筛选标记的耐盐性转基因玉米。另外，Pasapula 等（Pasapula V. et al.，2011）将拟南芥液泡的 *AVP1* 基因（焦磷酸酶基因）转入棉花中，在大田里具有抗旱耐盐碱功能，提高了纤维产量。此外，Yang 等（2011）获得 *AtNHX1*、*SOS3*、*AtNHX1+SOS3*、*SOS1*、*SOS2+SOS3* 及 *SOS1+SOS2+SOS3* 六种不同转基因拟南芥植株，利用 Northern blot 分析表明转基因植株中存在高表达的相关基因转录体。

（三）抗氧化基因研究进展

细胞内的高离子浓度引起的氧化胁迫，而编码抗氧化酶的基因会诱导产生各种抗氧化酶的编码，通过减少细胞内活性氧缓解其造成的氧化胁迫，改善植物的耐盐性。根据目前研究报道，大多数转基因植物已经实现了通过解毒作用机制改善其耐盐碱性。Zsigmond 等（2012）将线粒体上与电子转移相关基因 *PRP40* 导入拟南芥并使其高效表达。Zhang 等（2012）利用基因敲出与基因沉默研究出拟南芥 *AtERF98* 基因与合成抗坏血酸（AsA）相关，又因抗坏血酸是植物体内重要的抗氧化剂，可解除由盐碱胁迫对植物体造成的氧化胁迫，故对提高植物耐盐碱性具有重要作用。Sultana 等（2012）从红树林 cDNA 文库中克隆单脱氢抗坏血酸还原酶（MDHAR）基因导入水稻并检测耐盐碱性，在体外利用潮霉素、PCR、定量 PCR 和酶活力测定技术筛选出 3 个高表达转基因株系。

（四）生长调节相关基因研究进展

植物耐盐碱与自身生长调节机制的相关性是近年来刚刚开始研究的一种途径，还处于浅显阶段，许多与生长调节机制相关的耐盐碱基因还有待人们去发现。但目前已克隆出相关基因并得以表达。Baisakh 等（2012）通过表达盐生植物互花米草液泡上 H^+-ATPase 的亚基 c1 基因（*SaVHAc1*）来提高水稻的耐盐碱性，*SaVHAc1* 表达的植物通过叶片气孔早期的关闭和气孔密度的降低来维持盐胁迫下自身相对较高的含水量。同时 ICK1 作为植物耐胁迫与自身生长调节之间一种重要的蛋白，将是研究植物耐盐碱的一个重要方向。而与细胞生长增殖相关的一些植物激素（如生长激素、细胞分裂素和赤霉素等）也都是研究植物耐盐碱新的创新点

（Wang H，et al.，2008）。

（五）转录调控作用研究进展

Zhou 等（2012）将从杨树中克隆的转录因子 DREB 转入拟南芥中获得了高表达植株。Gao 和 Chen 等（2009）克隆棉花的绑定转录因子的 DRE 基因（*GhDREB*）在转基因小麦中表现出高的耐盐碱性。水稻编码鞘氨醇 -1- 磷酸裂解酶（Sphingosine-1-Phoshpate Lyase）的 *OsSPL1* 基因在转基因烟草中能解除盐渍化土地对其造成的盐胁迫和氧化胁迫。Ying 等（2012）从玉米中克隆 *ZmbZIP72* 基因和 bZIP 转录因子（在玉米基因组中仅有一个拷贝隐藏在 3 个内含子内），并鉴定其在拟南芥表达可提高耐盐碱性和抗旱能力。目前科学家发现越来越多耐盐碱相关转录因子，通过调控植物体内复杂的耐胁迫系统达到耐受的能力，转录因子更是研究植物体内看似独立实则相互作用复杂的耐盐碱机制的重点之一。

除了上述几种耐盐碱机制研究植物耐盐碱新品种，许多科研工作者还从许多其他相关机制寻找耐盐碱基因，以期获得更好的耐盐碱植物品种。如 Zhang 等（2012）将先前从构建的盐芥 cDNA 文库中克隆出 *TsLEA1* 基因，将其转化到酵母和拟南芥中，并研究证实其表达可在盐胁迫条件下保护自身细胞。Zou 和 Liu（2012）将 *OsHsp17.0* 和 *OsHsp23.7* 基因导入水稻中，证实在盐碱条件下转基因植株种子要比野生型的发芽率高，而盐胁迫下植物萌芽率是一项判定其耐盐碱最主要的指标之一。

目前，国内外研究人员已经克隆一批耐盐碱基因，并转入水稻，获得耐盐碱转基因水稻新材料，为进一步培育转基因水稻新品种奠定了坚实的基础。

第三节　耐盐碱水稻育种现状

培育耐盐碱水稻品种是盐碱地的粮食作物增产和对盐碱地改良的重要途径之一。水稻耐盐碱新品种选育研究是水稻育种的一个重要研究方向。目前，水稻耐盐碱育种仍然以常规育种为主，主要是以筛选鉴定的耐盐碱种质为亲本，利用传统的人工杂交或辅之以回（复）交等方法将耐盐碱基因导入优良水稻品种中，再通过多年多代的盐胁迫筛选鉴定，选育综合性状优良的耐盐品种，并在生产上大面积推广应用。

世界范围内的水稻耐盐品种培育已有 70 多年的历史，筛选和培育抗盐水稻最早开始于 1939 年，随后耐盐育种得到了广泛的开展，我国的耐盐育种起步比较晚，1966 年开始水稻耐盐鉴定，但 1980 年以后才正式开展杂交育种工作。

一、国际耐盐碱水稻育种现状

世界范围内的水稻耐盐品种培育已有 70 多年的历史，传统的育种方法，如地方品种的引进和选择、系谱法、改良混合系谱法、诱变和穿梭育种方法在印度、菲律宾等地区大量开展，培育出了 CSR1、CSR10、CSR27 和 PSBRc88 等耐盐水稻品种。1939 年，斯里兰卡育成世界第一个强耐（抗）盐水稻品种 Pokkali，1945 年获得推广。1943 年，印度相继育成并推广耐盐水稻品种 Kala Rata 1~24、NonaBokra、Bhura Rata（4~10）、M114（80~85）。孟加拉国育成了耐盐水稻品种 BRI、BR203-26-2、Sail 等。1970 年以来，国际水稻研究所相继育成了 IR46、IR4422-28-5、IR4630-22-2-5-1-3、CSR23 等耐盐水稻品种，其中 CSR23 已在菲律宾地区开展了多年的田间试验，2004 年被印度官方引种，该品种可在 pH2~10、盐度（电导率）8dS/m 的条件下生长（SINGHRK et al.，2006）。泰国育成了耐盐水稻品种 FL530，美国育成了耐盐水稻品种美国稻，日本育成了耐盐水稻品种万太郎米、关东 51、滨稔、筑紫晴、兰胜（胡时开，2010），韩国育成了 Dongjinbyeo（东津稻）、Ganchukbyeo（开拓稻）、Gyehwabyeo（界火稻）、Ilpumbyeo（一品稻）、Seomjimbyeo（蟾津稻）、Nonganbyeo（农安稻）（郭望模，2004）。俄罗斯育成了 VNIIR8207、Fontan 等 16 个耐盐水稻品种（吴其褒，2008）。

另外，随着组织培养和转基因等现代生物技术的进步，育种专家逐渐将这些先进技术应用到耐盐水稻育种中，并取得了显著的成效。Bimpong 等采用分子标记辅助选择法，选育出 16 个含耐盐基因的水稻新品系，并在西非地区进行了大面积的田间试验。Bimpongik 等（2016）和 Punyawaew 等（2016）采用分子标记辅助回交法，将 *FL530* 耐盐基因导入水稻，获得 50 多个水稻新品系，并已在泰国北部高盐地区对携带基因的杂交系 BC2F7 进行耐盐性试验。

二、国内耐盐碱水稻育种历史及现状

我国耐盐碱水稻育种起步于 1960 年左右，我国东部沿海地区的相关农业科研单位利用独特的地理位置以及土壤含盐量相对较高的优势，采用常规育种手段，在盐胁迫条件下进行耐盐种质筛选和品种选育，成效显著。如江苏省农业科学院与国际水稻研究所协作筛选的高抗盐碱籼稻品种“RIS80-85”（程广有，1995）；江苏沿海地区农业科学研究所亦从 20 世纪 70 年代从事耐盐水稻育种研究，于 1987 年育成并通过江苏品种审定的耐盐中籼稻盐城 156，此后又相继育成盐稻 10 号、盐稻 12 号等耐盐中粳稻品种。江苏沿江地区农业科学研究所育成了通粳 981。江苏省连云港市农科院育成了连粳 2 号等耐盐水稻品种；辽宁省盐碱地利用研究所从 20 世纪 70 年代开展滨海中、重度盐碱地耐盐水稻育种研究，从 3 366 份品种中筛选出 100 份左右抗盐品种，以耐盐亲本杂交的抗盐选系近 300 份，优良抗盐材料已先后转为“三系”材料；山东海洋学院等单位初步筛选出耐 0.5% 盐水的兰胜、424 等；吉林农业大学等单位 1985—1987 年通过 58 个品种（系）在苏打盐碱土上的适应性鉴定，筛选出耐盐碱性强、高产的 An153、藤系 38、早锦、藤系 135 品种（梁正伟，2004）。黑龙江农业科学院土壤肥料研究所通过 1984—1987 年试验证明，松粳 1 号、东农 78-24 比较耐盐碱，可在松嫩平原盐碱地上大面积种植（郭望模，2003）。

另外，运用现代生物科技，陈香兰等（1992）以水稻成熟胚为外植体，通过盐胁迫条件下组织培养与盐碱池筛选等方法，选育出 7 份耐盐性较强的水稻新品系，其中 647-4 表现出耐盐碱、抗病、高产等特点。中国水稻研究所（2004）采用基因枪法和农杆菌法将 *CMO*、*BADH*、*mtld*、*gutD* 和 *SAMDC* 基因导入水稻并获得转基因植株及其后代，得到同时转入以上 5 个基因的高度耐盐品系，并获得米质好、农艺性状优、产量较对照提高 10% 以上、能耐 1.0%NaCl 的株系 5 个。李自超等（2004）将源于大肠杆菌 *mtlD*（1- 磷酸甘露醇脱氢酶）的基因导入旱稻，在含 1% NaCl 的 MS 培养基上，转基因植株生长速率明显大于对照；在含 0.75% NaCl 的盆中，转基因植株能够正常生长。

但水稻耐盐性是多种耐盐生理生化反应的综合表现，是由多个基因控制的数量性状，遗传基础复杂，采用传统育种方法改良水稻耐盐性的难度较大，进展缓慢。分子标记是一种新类型的遗传标记，发展于 20 世纪 80 年代，其快速发展与应用对水稻分子生物学和生物技术的发展起着巨大的推动作用。利用分子标记辅助选择（Marker Assisted Selection，MAS）技术可以加快水稻耐盐品种培育的进程，为加速水稻耐盐遗传改良提供了新途径。在世界范围内的水稻耐盐性遗传改良中，MAS 已显示出巨大的应用价值和潜力，越来越受到育种家的青睐。目前，在 MAS 育种中，被广泛应用的水稻耐盐 QTL 主要是位于第 1 染色体上的 Saltol，另有位于第 8 染色体上的两个耐盐 QTL 正逐渐受到关注。在印度、菲律宾、泰国、越南、孟加拉国和塞内加尔等众多水稻种植国家，均有利用标记辅助回交（Marker Assisted Backcrossing，MABC）技术，筛选出 *Saltol* 供体等位基因被固定且耐盐性增强的水稻品种。印度利用 MABC 技术将 *Saltol* 转育到 ADT45、CR1009、Sarjoo52 等品种中；越南利用 MABC 法，将 *Saltol* 转育到优质高产水稻品种 BT7 中。2009—2013 年，IRRI 在印度和孟加拉国逐渐推广了 NDRK 5088、BINA dhan 8、CR dhan 405 等 10 个耐盐水稻品种，且田间试验表明，MAS 育种至少可以将种质改良时间缩短 4～7 年。与菲律宾、印度等国家相比，我国的水稻耐盐性遗传改良工作还比较落后，尤其是耐盐性 MAS 育种工作才刚刚起步。因此，解析并明确水稻耐盐分子机制，利用分子标记辅助选育耐盐性水稻对于提高我国水稻产量，加大对盐碱地的开发与利用起着至关重要的作用。

第四节　耐盐碱水稻种质资源的筛选利用

很多研究人员研究发现，水稻不同品种耐盐性有显著差异，方先文等（2004）利用 0.8%NaCl 溶液鉴定筛选出 6 份苗期极端耐盐品种。孙公臣等（2011）选用不同类型和地区水稻品种，在人工加盐的大田条件下进行品种耐盐性试验，表明不同品种耐盐能力有较大差异。曾华（2011）发现 6 个品种的苗期耐盐能力较强。周汝伦等（1983）对 2 730 份水稻种质进行耐盐性筛选、鉴定，得到 9 个耐盐资源。殷延勃等（2007）对宁夏地区 40 份水稻种质资源进行鉴定和筛选，发现不同材料间的耐盐能力差异较大。从现有的国内外水稻种质资源尤其是丰富的野生稻和地方品种资源中鉴定筛选出具有耐（抗）盐水稻种质，加快分子育种与传统育种的融合，将耐盐基因转入各地主推水稻品种或定型的水稻新品系中，再结合盐胁迫筛选鉴定，创制耐盐性较高、综合性状优良的水稻核心种质，为水稻耐盐育种提供种质支持，在此基础上将定型的耐盐性较高、综合性状优良的水稻核心种质或新品系通过省级以上中间试验，进一步筛选、选育能够通过审定并推广应用的综合性状优良的耐盐水稻新品种（组合）。

因此，对现有的优良水稻种质资源进行耐盐性鉴定筛选，为水稻耐盐育种提供亲本材料或直接应用于生产，是有效利用盐碱地的途径之一。如何迅速而准确地将耐盐碱性强、农艺性状优良、产量高的水稻种质材料鉴定筛选出来，关系着盐碱地资源能否有效利用和潜力优势发挥。作物种质资源耐盐碱性鉴定指标与评价方法是首先要解决的技术问题，同时也是选育耐盐碱品种开展其他相关基础理论研究的重要保证（李霞，2008）。

一、耐盐碱水稻种质资源的鉴定

水稻不同发育时期的耐盐碱性存在明显差异，水稻在芽期是耐盐碱的，而幼苗期又十分敏感，分蘖后的营养生长期耐盐碱性又增强，到开花授粉期又变敏感，成熟期耐盐碱性又增强。目前，关于水稻耐盐碱性的筛选方法和鉴定标准还不十分准确，针对性不强，中国在水稻耐盐碱鉴定评价方法方面还缺乏统一的标准化浓度。

（一）耐盐碱水稻鉴定方法

水稻耐碱性鉴定方法可分为 3 类，即实验室鉴定、温室鉴定和田间鉴定。

1. 实验室鉴定法

通常是对水稻发芽期和苗期的耐碱性进行鉴定，适用于对大量的材料进行初级筛选，具有操作性强、周期短、效率高等优点。由于胁迫溶剂比较单一，多数采用 NaCl 和 Na_2CO_3 或 Na_2CO_3 和 $NaHCO_3$ 等溶液的混合液（王为，2009；程海涛，2010），而在大田实际应用中，由于盐碱地多为复盐分布，鉴定结果可能与实际存在一定差异。祁栋灵等（2006）采用室内发芽期和幼苗前期耐碱性鉴定评价方法，以发芽势和发芽率的相对碱害率来评价水稻发芽期的耐碱性，以根数、根长和苗高的相对碱害率来评价水稻幼苗前期耐碱性，较客观地反映水稻品种间的发芽期和幼苗前期耐碱性差异。贾宝艳等（2013）利用不同浓度的 NaCl 单盐溶液对 51 份耐盐能力有差异的水稻品种（系）的发芽特性进行耐盐性鉴定，以发芽指数作为评价指标进行聚类分析，筛选出 7 个耐盐性较高的品种。

2. 温室鉴定法

温室鉴定法与其他鉴定方法相比较为准确，设置不同盐碱鉴定梯度，对水稻生物耐盐力和水稻农业的耐盐力进行鉴定，同时对水稻全生育期进行鉴定。但由于鉴定数量有限，所以存在一定局限性。

3. 田间鉴定法

田间鉴定法是对室内和温室鉴定结果进行进一步的验证，可鉴定比较水稻品系（种）耐盐碱性，同时能够进行大量种质资源的耐碱性鉴定。但由于田间鉴定法受外界环境的影响较大，盐碱胁迫条件不易达到一致，可影响实验的准确性。

（二）耐盐碱水稻鉴定指标

水稻的耐盐性评价指标很多，由于不同品种、不同生育阶段的抗盐能力不同，所以水稻耐盐性的表现不同，如发芽率变化、形态及产量等，目前尚未出现统一的鉴定指标。例如，杨庆利等（2004）只针对水稻根系 Na^+/K^+ 和盐害级别的遗传变异来研究 7 个水稻品种苗期的耐盐性，研究种质少，并不确定是否能用于大量水稻品种的苗期鉴定。贾宝艳等（2013）以发芽率和发芽指数作为评价指标对 51 份水稻材料进行耐盐性鉴定，筛选得到耐盐性较好的种质资源。因此，对于水稻耐盐性选择合适指标是关键，这样可大规模地对水稻近缘种属进行耐盐筛选，为抗盐新品种的选育奠定一定的理论基础。目前水稻耐盐碱性鉴定中常用的评价指标主要有 3 类，即表型指标、形态指标和生理生化指标。

1. 表型指标

耐盐碱表型指标鉴定是以叶片盐碱害指数、分蘖期的分蘖数、成熟期的株高等形态指标为依据的鉴定评价方法，本文总结了现有水稻耐盐碱各生育期表型鉴定指标及鉴定方法（表 3-3），表型鉴定存在周期较长、占用面积较多、人主观性强、受环境影响大等弊端。

表 3-3　水稻耐盐碱各生育期表型鉴定指标及鉴定方法

鉴定时期	鉴定指标	鉴定方法
芽期	发芽势	3 d 内发芽种子粒数 / 供试种子总粒数
	发芽率	7 d 内发芽种子粒数 / 供试种子总粒数
	胚芽长、胚根长	处理至第 7 天时，测量单株的胚根长、芽长，取平均值
幼苗期	苗干重	处理至第 7 天时，置于烘箱中烘干至恒重，置于天平中称量苗干重，取平均值
	幼苗鲜重	处理至第 7 天时，取单株，置于滤纸吸干表面水分，称量，取平均值
	SDS	胁迫后，统计记录幼苗的存活天数
	秧苗存活率	统计秧苗总数，插秧后两周调查秧苗存活数
	苗高	测量植株根部至主茎最高叶片的高度
	鲜重	取单株，置于滤纸吸干表面水分，称量，取平均值
	干重	置于烘箱中烘干至恒重，置于天平中称量苗干重，取平均值
	死叶率	供试植株总死叶率 / 供试植株总叶片数
营养生长期	株高	分蘖期开始用直尺测量植株根部至主茎最高叶片的高度
	叶长、叶宽、绿叶面积	分蘖期开始利用便携式叶面积测定仪测量植株顶部叶片的叶长及叶宽，利用公式计算叶面积
	绿叶数、黄叶及死叶数	分蘖期开始进行叶片调查，调查植株绿叶数、黄叶及死叶数
	分蘖数	分蘖末期调查植株的分蘖数
生殖生长期	始穗期、抽穗期、齐穗期	水稻材料有 10% 的稻抽穗时，记为始穗期；水稻材料有 50% 的稻抽穗时，记为抽穗期；水稻材料有 80% 的稻抽穗时，记为齐穗期
	有效穗数	在黄熟期选取有代表性的植株 5 株，调查其有效穗数。凡抽穗，穗粒数在 5 粒以上者均为有效穗
	株高	灌浆期选取植株，测量主茎茎秆自地面至最高的穗顶部（不包括芒）之间的距离，取平均值
	主穗长	在灌浆期选取植株，测量主茎稻穗的穗长，取平均值

续表

鉴定时期	鉴定指标	鉴定方法
生殖生长期	穗粒数、结实率	在黄熟期随机选取主茎稻穗，考种总穗粒数和实粒数（总穗粒数 - 空瘪粒数），并计算实粒数占总穗粒数的百分比
	单株产量	在成熟期取生长正常的水稻植株的稻谷。烘干称单株稻谷重量和每份材料的千粒重
	千粒重	收获晾晒后，测定水分含量，选取 1 000 粒，准确称取，并转化为标准水分时的重量，计算平均值

注：SDS—幼苗在盐胁迫后的存活天数。

2. 形态指标

形态伤害评价法是在水稻生长的不同时期，用盐 / 碱胁迫溶液处理后，目测法观察记载植株、叶片和分蘖的盐 / 碱害症状（顾兴友，2000）。目前，用于形态伤害评价的主要有两种调查评价方法：一是国际水稻研究所（IRRI）于 1979 年提出的鉴定标准，二是我国于 1982 年提出的水稻耐盐鉴定标准——水稻单茎（株）评定分级法。

IRRI 于 1975 年实施了“国际水稻耐盐观察圃计划”，取得了显著的进展，并于 1979 年提出了水稻耐盐鉴定标准和方法（杨福，2011）。该方法是在盐 / 碱胁迫后，通过观察记载植株叶片分蘖的盐 / 碱害症状，并计算平均死叶率，作为耐盐 / 碱分级评价指标，把水稻耐盐分为 1、2、3、5、7、9 共 6 个等级（表 3-4）。

表 3-4　盐害症状目测法分级标准与平均死叶百分比分级标准

等级	受害症状	死叶率*/%	耐盐等级
1	生长分蘖近正常，无叶片症状	0 ~ 20	抗
2	生长分蘖近正常，但叶尖或上部叶片 1/2 发白或卷曲	21 ~ 35	抗
3	生长分蘖受抑制，并有一些叶片卷曲	36 ~ 50	抗
5	生长分蘖严重受抑制，多数叶片卷曲，仅少数叶片伸长	51 ~ 70	中抗
7	生长分蘖停止，多数叶片干枯，部分植株死亡	71 ~ 90	中感
9	几乎所有植株都死亡或接近死亡	91 ~ 100	感

注：* 死叶率 =（供试植株总死叶率 / 供试植株总叶片数）× 100%。

我国 1982 年发布的“全国水稻耐盐鉴定协作方案”提出了水稻耐盐鉴定标准——水稻单茎（株）评定分级法（祁栋灵，2005），以单茎或单株为单位，观察记载盐 / 碱害症状并计

算盐 / 碱危害指数，以此作为评价指标，以单茎（株）为单位的盐 / 碱受害情况分为 0～5 级（表 3-5）。

表 3-5　盐害症状鉴定标准与按照盐害指数评定的耐盐级别

等级	盐害症状（每茎上绿叶片数）	相对盐害指数 /%
0	生长发育正常，不表现任何盐害症状	0～15.0
1	生长发育基本正常，有 4 片以上绿叶	15.0～30.0
2	生长发育接近正常，有 3 片以上绿叶	30.0～60.0
3	生长发育受阻，有 2 片以上绿叶	60.0～85.0
4	生长发育受阻，仅有 1 片绿叶	85.0～100.0
5	植株死亡或临近死亡	

注：2/3 面积绿色为 1 片绿叶。

盐害指数 = Σ [（各级记载的受害植株数 × 相应级数值）/（调查总株数 × 最高盐害级数值）] × 100%

基于现有的耐盐碱鉴定方法都是以此两种方法为参照标准，但两者均属于目测法，调查过程以人为定性观察为主，即使为同一材料，不同调查者的判断往往存在差异。潘晓飚等（2012）在筛选水稻耐盐恢复系的工作中就提到了常规考种，以胁迫后植株存活株率、穗结实率和单株产量为选择指标，进行了大田全生育期耐盐性鉴定，指出此法用于大量育种材料全生育期耐盐性鉴定的可靠性较高。孙公臣等（2011）根据盐胁迫下不同品种的苗存活率调查显示：盐浓度越高秧苗存活率越低，品种间秧苗存活时间及存活率的差异可反映品种耐盐性的不同。前人研究认为，分蘖作为耐盐碱性的鉴定标准较好，其次是株高和单茎绿叶数。

3. 生理生化指标

水稻耐盐碱生理生化指标鉴定是以脯氨酸含量、根茎部盐碱离子含量、过氧化物酶等生理生化指标为依据鉴定评价方法。本文总结了现有水稻耐盐碱各生育期鉴定指标及鉴定方法（表 3-6）。

多数植物在盐胁迫条件下会发生 Na^+/HTK$^+$ 运输的改变，细胞对水的通透性增加；许多具有渗透保护作用的有机小分子物质如糖类、脯氨酸等积累逐渐增加；脱落酸 ABA 的浓度逐渐升高等一系列复杂的生理生化反应（张耕耘，1994）。严小龙等（1992）研究认为，株植地上部 Na^+、$C1^-$ 含量可以作为水稻苗期耐盐性的一个生理指标。薛庚林等（1991）研究发现，经 NaCl 处理以后，水稻幼苗地上部大量积累脯氨酸，并随 NaCl 浓度的提高和处理时间的延长，脯氨酸积累量不断增加。王仁雷等（2008）通过研究不同耐盐性水稻幼苗叶绿素荧光参数的差异，发现盐胁迫能够抑制水稻品种叶片 PSII 化学效率和电子传递速率。

表 3-6 耐盐碱生理指标的鉴定时期及鉴定方法

鉴定时期	鉴定指标	鉴定方法
幼苗期	SNC	前处理后，用离子色谱仪测定
	SKC	前处理后，用离子色谱仪测定
	RNC	前处理后，用离子色谱仪测定
	RKC	前处理后，用离子色谱仪测定
	SOD	参照生理生化实验书测定
	POD	参照生理生化实验书测定
	脯氨酸	参照生理生化实验书测定
	可溶性糖	参照生理生化实验书测定
	叶绿素含量	用叶绿素测定仪测定叶绿素含量
营养生长期	SNC	前处理后，用离子色谱仪测定
	SKC	前处理后，用离子色谱仪测定
	RNC	前处理后，用离子色谱仪测定
	RKC	前处理后，用离子色谱仪测定
	叶绿素含量	用叶绿素测定仪测定叶绿素含量
生殖生长期	旗叶中的 Na^+	前处理后，用离子色谱仪测定
	旗叶中的 K^+	前处理后，用离子色谱仪测定

注：SNC—地上部 Na^+ 含量；SKC—地上部 K^+ 含量；RNC—地下部 Na^+ 含量；RKC—地下部 K^+ 含量；SOD—超氧化物歧化酶；POD—过氧化物酶。

目前，仅根据表型和生理生化评价指标的值的大小比较不同品种的耐盐碱能力，并未提出和设定具体的分级评价标准，一些地区做出自己区域的鉴定标准，但全国统一评价的标准暂未出现。

（三）耐盐碱水稻鉴定标准

青岛海水稻研发中心在大量实验及数据分析的基础上，撰写了水稻芽期抗盐性筛选鉴定流程，见附录 A。

（四）耐盐碱水稻筛选

优良的耐盐核心种质是选育耐盐水稻新品种的基因资源。国内外科研单位和水稻育种工作者先后筛选了一批耐盐性较好的水稻种质，为水稻耐盐性品种选育提供了良好的种质资源。

20 世纪 30 年代以来，国外就开始耐盐水稻种质筛选研究工作。1970 年以来，国际水稻研究所（IRRI）从 9 000 份水稻品种和家系中，鉴定出 10 份耐盐水稻品种，包括 Pokkali、Getu Annapuma、Nona Bokra、Irs8085、PSBRc50、Xiancho V（爪哇稻）等（胡时开，2010）。中国于 1976 年开展水稻的耐盐性研究工作，虽略迟于国外，但进展较快。1985 年，江苏省农业科学院赵守仁等与国际水稻研究所合作，在国际水稻研究所提供的 500 多份耐盐水稻材料中筛选出水稻耐盐品种 80-85；此后，江苏省农业科学院又先后鉴定筛选出一批有应用价值的耐盐水稻种质材料 114 份，如筑紫晴、红芒香粳糯、白谷子、竹系 26、乌咀子和盐丰 47 等。中国农业科学院从 2 808 份外引水稻中筛选出 103 个耐盐品种（籼稻 27 份、粳稻 76 份，有的耐盐性高于 Pokkali），其中 81-210、农林 72、美国稻这 3 个品种可在江苏滨海地区大面积种植。张启星筛选出的水稻耐盐种质有兰胜、中作 180、中作 284、中系 772-1、中作 19、D10 选 744B、藤系 138、藤系 135、早锦 An153、松粳 1 号、东农 78-24、台南 6 号、IRS80-85、75-106、B83-43、IR9582-19-2、IRm6、204、424、321、322 等（张启星，1989）。胡时开等（2010）系统介绍了我国现有的耐盐水稻种质有：长白 7 号、辽盐 2 号、高粱稻、老黄稻、大芒稻、咸占、深水莲、晚慢种、细谷、迎阳 1 号、大洋谷、黄粳糯、大红谷、龙江红、没芒鬼、红壳糯、二早白谷、红芒香粳糯、毛稻、麻线谷、韭菜青、矮脚老来青、太湖早、竹广 29、竹广 23、毫安谢、南粳 570、镇籼 139、苏糯 1 号、竹系 26、80-85、淳安冷水白、小粳稻、百日早、临沂塘稻、京糯 8 号。吴荣生等（1989）从太湖流域粳稻地方品种中，发现了韭菜青、老黄稻、黄粳糯和红芒香粳糯等耐盐种质。蒋荷等（1995）从中国农科院提供的 2 057 份国内外稻种资源中，鉴定筛选出 1~5 级耐盐品种 204 份（籼稻 67 份、粳稻 137 份，与中国农科院筛选的耐盐种质有相同和重复），如香粳糯、龙粳 34、金虹糯、鸭血糯、武 8301、苏籼 1 号、矮秆苏御糯、镇籼 139、迎阳1号、86-8、连 8412、武香 86-18、苏御糯、广陵香糯、早香糯、黑壳香粳等。陈志德等（2004）自 2000—2002 年江苏省新育成的水稻种质（粳稻 74 份、籼稻 34 份）中筛选出“盐籼 156”和“64608”2 份耐盐性强的籼稻种质资源。王建飞等研究发现：韭菜青、农林 72、80-85、洞庭晚籼和丁旭稻为强耐盐品种；Pokkali、IR26、小白芒、勐旺谷、明恢 63 为耐盐或中度耐盐品种（王建飞，2004）。郭望模等（2004）研究发现：咸占、兰胜、窄叶青 8 号、80-85、红芒香粳糯、芒尖、一品稻、蟾津稻、开拓稻、竹广 29、东津稻等为耐盐种质。张国新等（2007）发现垦稻 95-4 芽期耐盐能力高，为强耐盐品种。方先文等（2004）用 0.8%NaCl 溶液和国际水稻所水稻耐盐性9级评价方法筛选获得苗期极端耐盐品种6份。杨福等（2007）研究筛选了延317、九02GA2、长52-8、吉2003G19、吉农大30、吉生202等耐盐种质，而且具有国优米质。吴其褒等（2008）对从俄罗斯引进的104份水稻种质资源，利用国际水稻研究所水稻耐盐性9级分级方法进行苗期耐盐性评价，从中筛选出VNIIR 8207和Fontan 2份1级耐盐材料，14份3级耐盐材料。胡婷婷等（2009）报道相关单位筛选了耐盐性较好的延317、吉农大30、垦稻2012、抗盐100、特三矮、窄叶青8号、东津稻、盐丰47等品种。吕学莲等（2013）鉴定出长白10号、D-10、节10号、D-13、天井4号、D-14、D-11、D-2、D10和D-8属于苗期耐盐性较强的材料。贾宝艳等（2013）对51份水稻材料进行耐盐鉴定和筛选，以发芽率为评价指标，发现沈稻4号、辽选180、珍优1号、珍优2号4个品种具有较强耐盐能力；以发芽指数作为评价指标，发现辽盐166、奥羽316、珍优2号、珍优1号、辽盐188、沈农9209、四丰43共7个品种具有较高的耐盐性。孙焱（2014）以黑龙江寒地粳稻65份水稻种质连续2年进行耐盐性鉴定，明确吉粳88、长白10号、长白17、空育131、龙稻5号、吉粳106等15个品种为耐盐品种。2014年，广东湛江陈日胜发现一种可以在沿海滩涂盐碱地上生长的半野生稻品种海稻86，该品种在广东湛江平均单产为每亩75~150 kg，是一个较好的耐盐种质，但海稻86感光性较强。周毅等（2016）研究发现，籼型恢复系辐恢838具有较强的耐盐性。刘洪伟以中国黑龙江、太湖及越南的462个水稻品种为试验材料，筛选出6个耐盐水稻品种，分别是龙粳20、早野稻、越5号、皖垦糯、龙粳18、越16。

（五）耐盐碱水稻鉴定展望

1. 不断完善水稻耐盐碱鉴定方法的确立、建立规范的鉴定技术体系

当前水稻耐盐碱鉴定评价方法的开展是建立在表型与生理的基础上，但鉴定体系却并不完善，不同的实验者依据不同的试验材料采用不同的鉴定评价标准，从而降低了试验结果的可比性。当前采用的实验室鉴定、温室鉴定和田间鉴定等方法，虽然各有优缺点，但可互为补充，互为验证，能更准确地鉴定品种耐盐碱性。因此，要获得强耐盐碱的水稻种质资源，提高鉴定效果，增强耐盐碱种质资源的可靠性，寻找能批量筛选、可操作性强，简便而快速，既适宜大批量初筛，又便于复检的方法依然十分重要。

2. 耐盐碱鉴定标准品种的确定

耐盐碱对照品种的选择非常重要，选择的准确与否直接关系到能否准确判断鉴定材料的耐盐碱性强弱，而现有的鉴定方法中，尚未有标准的耐盐碱对照品种，设置标准的耐盐碱对照品

种对正确鉴定和评价作物耐盐碱性是非常有必要的。将鉴定结果与标准品种相比较，可以判断鉴定材料耐盐碱能力强弱。标准品种鉴定结果可作为鉴定试验本身准确性的参考依据。为了更准确地鉴定品种耐盐碱性，应针对作物不同生育时期、供试群体大小来分别设定相应的标准品种。

3. 耐盐碱鉴定胁迫溶液的确定

在现有的鉴定方法中，为了试验的精准性，一般有关水稻耐盐碱性研究所用的胁迫剂大多为 NaCl 溶液和 Na_2CO_3 溶液，而生产上的盐碱稻区的土壤多为盐、碱并重的土壤类型，用单一盐液或碱液处理表现耐盐碱性状好的材料，在大田盐、碱并重的稻作区未必表现较强的耐盐碱能力和适应性。因此，在开展耐盐碱试验时，应多利用复盐或盐碱并存等进行鉴定评价，确定试验结果和大田生产结果一致，以保证试验的实用价值。

4. 提高水稻耐盐措施

培育水稻耐盐碱品种是提高水稻耐盐最有效的措施，分子生物的快速发展，加速了耐盐品种的选育进程。借助分子生物学和生物化学等方法，分析不同水稻耐盐碱合成相关酶基因在基因组及转录组水平的遗传表达差异中的功能，阐明水稻耐盐碱的分子机制，并利用已有和新的耐盐碱相关重要功能基因开展水稻耐性的分子标记辅助和设计育种。另外，以耐盐碱水稻为材料，利用系统生物学、分子生物学等手段，研究盐碱信号诱导表达的基因，探索它们与水稻耐盐碱适应性形成间的关系，通过分子标记、转基因技术和 EMS 化学诱变等方法培育水稻耐盐碱新品系，最终达到可利用现代作物育种新技术手段，培育出更优质的耐盐碱水稻新品种。

二、耐盐碱水稻种质资源的创造

（一）利用传统育种技术创造新的耐盐种质

传统的育种技术如杂交、理化诱变、组织培养和远缘杂交等，已被广泛用于水稻耐盐性的改良。国际水稻研究所在这些方面做了大量工作：① 将已筛选确定的耐盐种质作为耐盐亲本与一些具有良好农艺性状的水稻品种杂交，在盐碱地上进行传代筛选；② 化学诱变（N- 甲基 -N 亚硝基脲）处理感盐品种（台中 65），在后代中筛选耐盐突变株；③ 组织（种子、花药、远缘杂种胚）培养与高盐选择相结合，筛选耐盐变异株。此外，Dubouzet 等（2003）利用远缘杂交、胚培养和生物技术等方法，将密穗野生稻的耐盐基因转入栽培稻中，获得了耐盐性较强的杂交后代。

国内方面，周汝伦等以筛选得到的耐盐资源为亲本，进行杂交、诱变处理和盐水筛选，获得耐盐性较好的 4 个水稻品系 204、424、321、322。田少华等（1987）以 $^{60}Co\gamma$ 射线和叠氮化钠单独或复合处理水稻成熟种子，进行组织培养，将诱导出的愈伤组织在含 0.5%~2.0%NaCl 的培养基中筛选 2 次，以 750 伦琴 γ 射线照射后再进行耐盐性筛选，从感盐品种 IR28 中获得了 2 株耐盐突变株。陈启康等（2010）利用耐盐的大米草与水稻进行远缘杂交，获得了耐盐水稻种质，经 RAPD 分析，耐盐种质携带有大米草的遗传成分。

（二）利用花粉管通道技术创造新的耐盐种质

花粉管通道法是将异源生物的基因组总 DNA 借助授粉后产生的花粉管通道导入受体植物的胚囊中，通过转化受精卵，以期获得整合了异源生物的某些 DNA 片段的变异种质。由于该技术具有变异频率高、范围广、操作简单、变异性状稳定遗传等特点，已在多种作物上得到了成功的应用。但利用该技术改良水稻耐盐性的研究报道并不多。吕学莲等（2012）利用花粉管通道技术将普通野生稻 DNA 导入宁夏栽培水稻宁粳 23，获得 4 份苗期较耐盐材料。

我国耐盐碱植物种类大约有 500 种，将这些植物的耐盐基因转移到水稻中，是提高水稻耐盐性的有效途径之一。目前，已有两家研究机构对此做了尝试，并取得了良好成果。辽宁省农业科学院微生物工程中心应用花粉管通道法，将拒盐植物芦苇的基因组 DNA 导入水稻品种辽星 1 号中，后代植株性状发生分离，经过连续 2 代海水浇灌的田间耐盐筛选，已获得了耐盐转化品系。王丽萍等（2012）对该转化品系 H5 和 H6 的耐盐性进行研究，结果表明耐盐水稻品系 H5 和 H6 的耐盐性强于对照受体辽星 1 号。湖南省农业科学院水稻研究所与海南大学合作，于 2007 年冬在海南三亚市应用花粉管通道技术，将耐高盐野生植物芦苇的 DNA 导入 3 个水稻品系中，经过 5 年 10 季的选育鉴定，获得 18 个水稻耐盐品系。2012 年，将这 18 个耐盐品系在盐分含量分别为 0.1%、0.3%、0.5% 的土壤中种植，筛选出了 3 份表现突出的品系（组合），分别是海湘 030、海湘 119 和海湘 121。这些品系在盐土中的成功试种引发了国内多家媒体甚至国外媒体的关注。

（三）化学诱变创造新的耐盐碱种质

自 20 世纪 70 年代以来，γ 射线和 EMS 理化诱变创制的人工突变在遗传育种中开始应用。陈受宜（1991）从粳稻品系 77-170 经 EMS 诱变的后代中筛选到多个耐盐突变系（包括 M-20 株系），这些突变系在含盐 0.5% 的土壤中能抽穗结实，而其野生型则基本不能抽穗结实。Huang（2009）从 9 000 多个 EMS 诱变的粳稻品种中花 $11M_2$ 株系中筛选到 10 余个耐盐突变体株系，其中一个株系（*dst*）的耐旱性和耐盐性均显著提高。Ashokkumar（2013）从

EMS 诱变的耐旱品种 Nagina22 的 M_2 株系中鉴定到 3 个耐盐突变体（N22-SPS-5、N22-334-3、N22-293-1），其中 N22-334-3 的耐盐性极强，在 250 mmol/L 的 NaCl 胁迫下仍然能够萌发。Takagi（2015）筛选了 6 000 份 EMS 诱变的粳稻品种 Hitomebore 的 M_4 株系，鉴定到一个耐盐突变体 *hst1*。Lee（2003）等在 ^{60}Co γ 射线诱变的水稻品种 Dongjinbyeo 后代中筛选到 2 个耐盐株系和 1 个盐敏感株系。与野生型相比，这 2 个耐盐株系在海边盐渍土生长条件下，株高、穗长、分蘖数、小穗数和产量均有所提高。Nakhoda（2012）经过多轮多代筛选，从约 5 000 份由双环氧丁烷、快中子和 γ 射线诱变的籼稻品种 IR64 的后代中，鉴定到多个耐盐性发生改变的株系，包括耐盐突变体 167-1-3 和盐敏感突变体 S-730-1。Lin（2016）从 460 个叠氮化钠诱变的 Tainung 67 M_{10} 代株系中筛选到 8 个盐敏感突变体，并对其中一个盐超敏感突变体（*shs1*）进行了生理和生化分析。汪斌（2013）在籼稻品种 R401 辐射诱变的 M_2 群体中筛选到一个苗期耐盐突变体 *sst*。

理化诱变通常需要经过复杂的基因定位和精细定位工作（井文，2017），难度较大，随后出现的 T-DNA 插入和转座子标签等插入突变筛选突变体的应用，可以大大节省后期的突变基因分离时间，大大加快了突变体的创制步伐，成为目前构建水稻突变体库的主要方法。将某些元件插入水稻基因组后，相应位点的基因的表达就可能受到抑制，插入元件同时又可用作标签，从基因组中分离出相应的基因并鉴定其功能（叶俊，2006）。2002 年，中国水稻研究所构建了我国第一个水稻 T-DNA 插入突变体库，为我国水稻功能基因组学研究奠定了良好的技术和材料基础。Kumar（2017）筛选到 T-DNA 插入基因 *Ossta2*，结果表明，*Ossta2* 在提升水稻产量和耐盐方面有重要作用。Ogawa（2011）和 Toda（2013）以盐胁迫下根的生长受抑情况为指标，从日本晴 *Tos17* 突变体库内约 2 500 个株系中筛选到 2 个盐敏感突变体 *rss1* 和 *rss3*。

（四）应用分子生物学技术创造新的耐盐碱种质

分子生物学技术能定向改造植物的遗传性状，异源物种基因的导入可以打破物种之间的生殖障碍，丰富稻种的基因资源，弥补常规育种方法的不足。科研工作者已经鉴定和克隆出一批耐盐碱相关基因，譬如源自水稻自身的 *OsMAPK5* 和 *HAL2* 基因（*RHL*），源于小麦的 *PMA80* 和 *PMA1959* 基因，源于大麦的水通道蛋白编码基因和 *HVA1* 基因，源于大肠杆菌的海藻糖合成基因和 *TPSP* 基因，源于海榄雌的 *Sod1* 基因，源于水稻及拟南芥的转录因子 *OsDREB1A*、*DREB1A*、*DREB1B*、*DREB1C*、*OsDREB1F*、*ZFP252*、*OsbZIP23*、*CBF3* 等基因，以及一些其他基因（*mtlD*、*gutD*、*SOS1*、*OsNHX1*、*BADH*、*SKC1*、

OsCOIN、*OsiSAP8*、*OsSKIPa* 等），这些基因的功能大多与糖醇、甜菜碱、脯氨酸、多胺物质、海藻糖、甘油、LEA 蛋白等物质合成有关。这些基因的利用已成为耐盐水稻种质创新的重要途径。通过耐盐相关基因的转化，已经获得了一些耐盐性较强的转基因植株。但这些转基因植株的耐盐性鉴定结果大多是相对于对照植株而言，并没有在大田生产中得到实际验证（杨闯等，2010）。

目前，借助于分子生物学技术获得的耐盐性水稻新品系有水稻越秀 T22-77、越光 -SKC1/BADH-12 和秀水 11-SKC1/BADH-23 等。赵阳等（2012）获得了 2 份转 *OsCDPK7*、*OsMAPK4* 基因的耐盐水稻株系。杭州市农业科学院 2009 年开始实施国家转基因重大专项"转 *OsCYP2* 基因耐盐水稻新品种培育"项目，截至 2013 年已获得了 11 个耐盐性较强的转基因水稻株系，在盐度 1.2%～1.6% 的海水全程灌溉下，部分转 *OsCYP2* 基因的水稻株系的结实率达到 35% 以上。

不可否认，分子生物学技术在水稻耐盐种质的创造中有非常重要的作用，但要想充分发挥这一技术在生产上的价值，必须首先排除安全隐患，与传统育种技术有机结合，将创新的耐盐种质纳入耐盐水稻新品种的培育计划之中，才有可能取得较好的效果。

三、耐盐碱水稻种质资源的利用

水稻耐盐新品种选育研究是水稻育种的一个重要研究方向。

（一）直接利用及作为育种亲本在耐盐水稻新品种选育上的利用

通过水稻耐盐种质资源耐盐筛选和鉴定，已经筛选出了一些具有耐盐性的种质资源。利用杂交和回交选育方法将这些种质资源的耐盐相关基因导入生产上大面积推广的水稻品种中，育成了一系列耐盐性不同的水稻品种，并在生产上得到应用，如窄叶青 8 号、辽盐 2 号、东农 363、长白 6 号、长白 7 号、特三矮 2 号、长白 10 号、绥粳 S 等耐盐品种，为扩大水稻的适应性和提高水稻产量做出了巨大的贡献。

2013 年，辽宁盘锦北方农业技术开发有限公司育成耐盐碱水稻品种"锦稻 201"，区试时表现出质优、高产、中抗稻瘟病、耐旱、耐寒、抗倒、耐肥及活秆成熟不早衰等特点，适宜在辽宁、华北及西北中晚熟及晚熟稻区种植。2013 年，国际水稻研究所推出 44 个水稻新品种，其中包括 9 个耐盐碱品种。目前，这些品种仍在进行测试，希望能在 4～5 年将新品种广泛推广。2014 年 3 月 2 日的《参考消息》报道，美国阿卡迪亚生物科技公司研发出可同时兼具 3 种优势（耐盐、耐旱、氮高效）的转基因水稻，其中耐盐碱基因来自拟南芥（水芹）；在非洲不同盐碱环境下的测试发现，耐盐水稻的产量比不耐盐对照增加了 42%。

1. 常规育种

常规育种仍然是水稻新品种选育的主要方法。主要是以筛选鉴定的耐盐种质为亲本，利用传统的人工杂交，或辅之以回（复）交等方法将耐盐基因导入优良水稻品种中，再通过多年多代的盐胁迫筛选鉴定，选育综合性状优良的耐盐品种，并在生产上大面积推广应用。筛选和培育抗盐水稻最早开始于 1939 年，随后耐盐育种得到了广泛的开展。我国的耐盐育种起步比较晚，1966 年开始水稻耐盐鉴定，但 1980 年以后才正式开展杂交育种工作。国内外学者积极开展耐盐材料的筛选，先后选育出 Pokkali、Nana、Irs8085、中作 180、藤系 138 和台南 6 号等耐盐性强的品种（系），以及通过诱变育种及组织培养等方法培育耐盐品种（系）。辽宁盐碱地利用研究所许雷（1990，1995）通过系统选育，先后育成辽盐 2 号、辽盐 3 号、辽盐 241、辽盐 16、辽盐 28、辽盐 282、辽盐糯等水稻新品种，这些品种均具有耐寒、耐旱、抗倒等特性，尤其具有高度的耐盐碱能力。许文会和高熙宗原（1992）将耐盐性遗传资源 Pokkali 和具有光滑叶子的半矮秆糯稻系统 Wx817-1-65-2-1 杂交，在其 F_5 系统中选择了耐盐性强的 6 个品系。研究人员先后培育出延 317、九 02GA2、吉农大 30、垦稻 2012 等优良水稻新品种（品系），这些品系（种）不仅具有良好的抗盐性，而且具有国优米质。系统选育始终是水稻耐盐品种选育的基础，许多耐盐品种（系）的培育主要依靠系统选育而成。筛选、鉴定耐盐材料，杂交育种聚合耐盐基因，选育抗盐水稻品种是当前及今后新品种选育的主要方向；选育的新品种不仅具有优异抗性，而且具有较高产量、品质。耐盐品种幼叶中 Na^+ 含量较低，叶片与叶鞘的 Na^+ 含量比值较小，幼叶生长速率较快，可以把叶片与叶鞘 Na^+ 含量比值之大小作为度量苗期品种耐盐性的生理指标（晏斌和汪宗立，1994），把盐胁迫条件下超氧化物歧化酶和过氧化氢酶活性的变化水平作为耐盐品种选育的指标（汪宗立和李建坤，1990）。水稻在幼苗阶段的耐盐性在某种程度上可代表整个植株全生育期的耐盐性水平，因此在早期世代加强幼苗选择可提高育种效率。将传统优良育种方法同先进生理、生化指标相结合是新品种选育的新的发展方向。

2. 常规育种技术与生物技术高效结合

由于水稻耐盐性是多种耐盐生理生化反应的综合表现，是由多个基因控制的数量性状，遗传基础复杂，采用传统育种方法改良水稻耐盐性的难度较大，进展缓慢。利用分子标记辅助选择（Marker-Assisted Selection，MAS）结合常规育种技术，可以加快水稻耐盐品种培育的进程，获得能够在大田生产中利用的耐盐品种。近些年，随着水稻功能基因组研究的不断深入和水稻重测序技术的快速发展，人们检测到一大批控制水稻各耐盐指标的 QTL，并克隆和鉴定了一些耐盐碱相关性基因，众多耐盐基因 /QTL 的定位和克隆推动了水稻耐盐性分子标记辅助选择育种工作的快速进行，现已有一批耐盐品种育成并推广应用。

组织培养技术和转基因技术的应用，极大地促进了常规育种的发展。顾红艳等（2007）选用津原 101 幼穗为接种材料，在 NaCl 的胁迫下，通过组织培养获得耐盐株系，经过进一步的鉴定，育成国审耐盐抗旱新品种津原 85。利用幼穗为材料通过组培获得体细胞无性系后代，经过筛选、鉴定，育成耐盐、优质水稻品种长白 13。陈香兰等（1992）利用成熟胚为外植体，通过胁迫条件下组织培养，盐碱池筛选，最终筛选出 7 个耐盐性较强的水稻新品系，其中一份表现为耐盐碱、高产、抗病。杨晓华等（2008）通过 RT-PCR 技术从盐敏感水稻品种 Nipponbare 中获得 *OsRab7* 基因全长序列，成功构建了原核表达载体 pET-32a-OsRab7，在 IPTG 诱导下该蛋白高效表达，明显缓解了高盐环境（4.5%~8.5%NaCl）对大肠埃希菌的生长胁迫，为进一步利用该序列构建载体、转化水稻、提高水稻品种的耐盐性奠定了基础。张耕耘等（1994）选用 6 个可能与水稻耐盐性有关的 DNA 探针对来自两个品系的 5 个耐盐突变株系、3 个耐盐突变体及 1 个弱耐盐突变体进行 RFLP 分析，表明 *RG4*、*RG711* 及 *Rab16* 三个位点有可能与耐盐性突变相关；多态性图谱中 70.8% 为 2 个以上的酶切图谱同时显示多态性，说明多数耐盐突变是由缺失、插入或重复造成的。

李洪建（1990）通过盐胁迫培养愈伤组织，获得耐盐变异体愈伤组织，对该愈伤组织再生的植株鉴定表明，其具有较高的抗盐能力，说明抗盐性在再生植株中是可以保持的，但通过有性繁殖遗传需进一步研究。Zhu 等（2000）通过组织培养筛选抗盐株系，结合传统育种与耐盐水稻育种，极大地改良了传统耐盐育种选育程序。Penna 等（2003）的研究表明，将两种不同的 TPSP 融合胁迫诱导超量表达基因通过转基因导入水稻，极大地增强了水稻对环境胁迫的抵抗力。Mohanty 等（2002）通过转基因将维生素 B 复合体氧化酶基因 *cod*A 导入优良水稻品种 Pusa Basmati 1，通过 Southern / Northern / Western blotting 证明目的基因已整合到 Pusa Basmati 1 基因组，并且得到表达及遗传，在 0.15 mol/L NaCl 胁迫鉴定下，50% 转基因 R_1 代植株能够成活，而非转基因植株则全部死亡。在盐胁迫处理 90 d 后，水稻体内的 K^+/Na^+ 比例同耐盐性呈显著正相关，因此可作为水稻耐盐育种材料选择的最佳参数之一（Zhu et al.，2001）。目前，已有许多研究人员通过转基因或组织培养技术获得了一批抗盐品系材料。国内外已育成及筛选的水稻耐盐品种（品系）见表 3-7。可见，通过盐胁迫组织培养诱导耐盐体细胞无性系变异材料，结合常规筛选、鉴定，是耐盐新品种（系）选育的一个好方法。转基因水稻耐盐育种主要是将一些脯氨酸合成基因、糖醇类合成基因等，以及从水稻克隆的磷酸酶基因等导入水稻品种，结合常规育种选育耐盐品种（系），通过此方法已获得一批抗盐材料。胁迫培养筛选抗盐株系结合传统杂交育种极大地改进了耐盐品种的选育程序。

表 3-7　国内外部分耐盐水稻品种

品种（系）名称	来源	主要特性
万太郎米	日本	耐盐、耐寒、蛋白质含量高
关东 51	日本	耐盐、丰产、优质
滨稔	日本	耐盐、优质、丰产、适应性广
筑紫晴	日本	耐盐、中粳
兰胜	日本	耐盐、优质、适应性广
藤系 138	日本	耐盐
美国稻	美国	耐盐、优质、食味品质好
IR46	菲律宾	耐盐、优质、晚籼
IR4422-28-5	菲律宾	耐盐、优质
Pokkali	斯里兰卡	耐盐性强、适应性广
Kala Rata1-24	印度	耐盐
Bhura Rata4-10	印度	耐盐
BRI	孟加拉国	耐盐
BR 203-26-2	孟加拉国	耐盐
Sail	孟加拉国	耐盐
京糯 8 号	中国	耐盐、耐寒、株型好、高产、优质
临沂塘稻	中国	耐盐性中等、耐旱、优质
百日早	中国	耐盐、综合农艺性状较差、中籼
小粳稻	中国	耐盐、晚粳
淳安冷水白	中国	耐盐性强、中籼
80-85	中国	耐盐、丰产、中抗白叶枯病、中籼
竹系 26	中国	耐盐、丰产、早籼
苏糯 1 号	中国	耐盐、中籼、农艺性状较优
镇籼 139	中国	耐盐、中籼
南粳 570	中国	耐盐、中粳、经济性状较优
毫安谢	中国	耐盐性强、籼型
竹广 23	中国	耐盐、产量高、适应性广、早籼

续表 1

品种（系）名称	来源	主要特性
竹广 29	中国	耐盐、产量高、适应性广
太湖早	中国	耐盐性强、综合农艺性状较差、早籼
矮脚老来青	中国	耐盐、晚粳
韭菜青	中国	耐盐、米质优、易倒伏
麻线谷	中国	耐盐性强、籼型
毛稻	中国	耐盐、丰产
红芒香粳糯	中国	耐盐、米质优、易倒伏
二早白谷	中国	耐盐性强、籼型
红壳糯	中国	耐盐、农艺性状较差
没芒鬼	中国	耐盐、农艺性状较差
龙江红	中国	耐盐性强、籼型
大红谷	中国	耐盐性强、籼型
黄粳糯	中国	耐盐、易倒伏
大洋谷	中国	耐盐性强、籼型
迎阳 1 号	中国	耐盐性强、优质、中粳
细谷	中国	耐盐性强、籼型
晚慢种	中国	耐盐、综合农艺性状较差
深水莲	中国	耐盐、耐涝（深水）、抗病虫害性较强、晚籼
咸占	中国	耐盐、耐涝（深水）、抗病虫害性较强、晚籼
大芒稻	中国	耐盐、丰产
老黄稻	中国	耐盐、米质优、易倒伏
高粱稻	中国	耐盐、丰产
辽盐 2 号	中国	耐盐性极强、高产、适应性广
长白 7 号	中国	耐盐、优质
中作 180	中国	耐盐
中作 284	中国	耐盐
中系 7720-1	中国	耐盐
中作 19	中国	耐盐
早锦 An153	中国	耐盐

续表 2

品种（系）名称	来源	主要特性
松粳 1 号	中国	耐盐
东农 78-24	中国	耐盐
台南 6 号	中国	耐盐
辽盐 241	中国	耐盐
辽盐 16	中国	耐盐
辽盐 3 号	中国	耐盐
辽盐 28	中国	耐盐
辽盐 282	中国	耐盐
辽盐糯	中国	耐盐
津稻 1229	中国	耐盐
津糯 6 号	中国	耐盐
津源 101	中国	耐盐
绥粳 5 号	中国	耐盐
津粳杂 2 号	中国	耐盐
吉粳 84	中国	耐盐
延 317	中国	耐盐
九 02GA2	中国	耐盐
长 52-8	中国	耐盐
吉 2003G19	中国	耐盐
吉农大 30	中国	耐盐
吉生 202	中国	耐盐
津源 85	中国	耐盐
东农 363	中国	耐盐
长白 6 号	中国	耐盐
长白 9 号	中国	耐盐
长白 10 号	中国	耐盐
长白 13	中国	耐盐
窄叶青 8 号	中国	耐盐
特三矮 2 号	中国	耐盐

（二）育成的耐盐新品种在生产上的利用

耐盐水稻品种在生产上推广利用的首例是1945年在斯里兰卡应用的水稻品种Pokkali；第二例是选自印度农家品种M114的80-85在我国的引种试验，80-85属感光型籼稻品种，于20世纪80年代在我国北纬35°以南的沿海重盐土地区推广种植（赵守仁等，1985）。中国科学院东北地理与农业生态研究所的科技人员于2002年在吉林省大安市进行了以耐盐碱优质米水稻品种选育与高抗盐碱高效栽培技术为核心的水稻高产栽培技术的试验推广，示范面积0.97万hm^2，平均增产837 kg/hm^2。2013年，吉林省在西部盐碱地实施耐盐碱优质高产水稻新品种选育及配套技术研究项目，两处“万亩片”的产量达7 500 kg/hm^2。2013年，浙江省慈溪市在2 000 hm^2盐碱地上种植耐盐碱的粳稻品种秀水134、秀水321、浙粳88等，平均产量达6 750 kg/hm^2。2013年，在山东省滨州市无棣县两处重度和中度盐碱荒地种植耐盐碱的水稻品种盐丰47，单位面积收益达75 000元/hm^2。2014年，湖南省水稻研究所与海南大学合作培育的海湘030在江苏省盐城沿海滩涂地进行了6.7 hm^2中试试验，成效显著。

在世界范围内的水稻耐盐性遗传改良中，分子标记辅助选择育种已显示出巨大的应用价值和潜力，越来越受到育种家的青睐。但是，已有工作大多是围绕*Saltol*一个耐盐QTL的转育开展的，这使得育成的品种耐盐性遗传基础单一，难以适应不同类型的盐渍地环境，大面积推广受到限制。精细定位更多耐盐QTL、开发相关紧密连锁分子标记，并同时考虑将控制不同生育期耐盐性的QTL进行分子标记辅助选择聚合育种，是今后水稻耐盐遗传改良工作的重点。与菲律宾、印度等国家相比，中国的水稻耐盐性遗传改良工作还比较落后，尤其是耐盐性分子标记辅助选择育种工作才刚刚起步。最近启动的国家科技支撑计划“耐盐水稻新品种选育及配套栽培技术研究”项目，可能会加速该方面研究的进行。

第五节　国内主要耐盐碱品种简介

一、东稻4号

（一）品种来源

东稻4号是中国科学院东北地理与农业生态研究所1994年以农大10号为母本、秋田小町为父本，经有性杂交选育而成的水稻新品种，2010年1月通过吉林省农作物品种审定委员会审定命名。

（二）特征与特性

东稻 4 号的生育期 131 d 左右，需≥ 10℃活动积温 2 600℃～2 700℃，属中早熟常规粳稻品种。株型紧凑，叶片上举，株高 99.5 cm，茎叶深绿色，分蘖力中等偏上，公顷有效穗数 360.0 万穗。穗长 18.6 cm，弯曲穗型，平均每穗粒数 100.1 粒，着粒密度适中，1 次枝梗多，2 次枝梗少，结实率 92.2% 以上。谷粒椭圆形，颖及颖尖均黄色，无芒，千粒重 28.6 g。具有多抗等特点，其中耐盐碱性强，经室内温室设施和田间自然耐盐碱鉴定，东稻 4 号的耐盐碱性明显优于长白 9 号。2010—2011 年连续 2 年在温室和田间对东稻 4 号进行耐盐碱性鉴定，对照品种选用吉林省西部盐碱地主推水稻品种长白 9 号。温室设施盐碱鉴定土壤性质：盐碱土 1：pH9.03，ESP43.56%；盐碱土 2：pH9.42，ESP53.97%。田间土壤化学性质 pH9.10，ESP27.9%。

以 1982 年我国在“全国水稻耐盐鉴定协作方案”中制定的水稻耐盐鉴定标准——盐害指数法为评价标准，鉴定结果见表 3-8，东稻 4 号的盐害指数都比长白 9 号低，说明东稻 4 号的耐盐碱性强于长白 9 号。

表 3-8　设施（水泥池）耐盐碱鉴定结果

品种	移栽后 4 周（级别）		移栽后 8 周（级别）		移栽后 12 周（级别）	
	盐碱 1	盐碱 2	盐碱 1	盐碱 2	盐碱 1	盐碱 2
长白 9 号（CK）	1	3	3	5	5	5
东稻 4 号	0	1	2	3	3	4

注：1 级盐碱害指数（%）为 0～15，2 级盐碱害指数（%）为 15.1～30.0，3 级盐碱害指数（%）为 30.1～60.0，4 级盐碱害指数（%）为 60.1～85.0，5 级盐碱害指数（%）为 85.1～100。

依据农业部 NY/T593—2002《食用稻品种品质》标准，糙米率 83.5%，精米率 75.3%，整精米率 70.3%，粒长 5.1 mm，长宽比 1.7，垩白粒率 48.0%，垩白度 9.5%，透明度 1 级，碱消值 7.0 级，胶稠度 83 mm，直链淀粉含量 18.0%，蛋白质含量 7.90%。米质符合四等食用粳稻品种品质规定要求。

二、长白 9 号

（一）品种来源

长白 9 号系吉林省农科院水稻研究所以吉粳 60 为母本，东北 125 为父本杂交，通过系谱法于 1989 年育成，1994 年 1 月经吉林省农作物品种审定委员会审定通过（原代号吉 89-45）。

（二）特征与特性

中早熟品种。生育期 130 d 左右，需≥ 10℃，积温 2 600℃左右。株高 95 cm 左右，株型紧凑。分蘖力中等，单本插秧分蘖 12～15 个。叶片直立，叶鞘、叶缘、叶枕均为绿色。大随行，着粒密度适中，穗粒数 90～120，结实率 90% 以上。谷粒大，千粒重 29 g 左右。谷粒椭圆形，颖及颖尖均黄色，无芒（偶有间短芒）。糙米率 83.98%，精米率 76.69%，整精米率 67.92%，直链淀粉含量 19.18%，蛋白质含量 8.63%。

具有多抗性特点，尤其耐盐碱性强，在 pH8.5、土壤含盐量 0.3% 条件下秧苗仍能正常生长，在 pH10 的土壤环境下仍能保持生长；抗稻瘟病性和抗纹枯病性均较强，耐肥不倒伏。

三、长白 10 号

（一）品种来源

1994 年以长白 9 号为母本，秋田小町为父本杂交系选育而成。原代号吉丰 8 号。

（二）特征与特性

中早熟品种。生育期 130 d，需≥ 10℃积温 2 600℃。株高 95～100 cm，株型紧凑，分蘖力中等，出穗成熟后，穗部在剑叶下面。穗较大，每穗粒数 100 左右，着粒密度适中，结实率 90% 以上。谷粒椭圆形，籽粒饱满，颖及颖尖均黄色，有间短黄芒，千粒重 27.5 g。据农业部稻米及制品质量监督检测测试中心检验报告，糙米率、精米率、整精米率、粒长、长宽比、碱消值、胶稠度、直链淀粉含量等 8 项指标达优质米 1 级标准；垩白度、透明度 2 项指标达优质米 2 级标准。人工接种和多点异地田间自然诱发鉴定，中抗苗瘟，中抗叶瘟，感穗瘟，耐盐碱性强。

四、长白 13 号

（一）品种来源

1993 年从“91ZB14”幼穗体细胞无性系变异后代中选育而成的新品种。原代号生 42。

（二）特征与特性

中早熟品种。生育期 132 d，需≥ 10℃，积温 2 650℃。株高 96 cm 左右，株型紧凑，分蘖力强，秆较粗，每穗有效分蘖 25 个左右，活秆成熟，抗倒伏性较强。穗长 21～25 cm，弯曲穗型，主蘖穗整齐，主穗粒数 150 左右，着粒密度适中，结实率 93%。谷粒呈椭圆形，无芒，千粒重约 27 g。糙米率、精米率、长宽比、透明度、碱消值、胶稠度、直链淀粉含量、蛋白质含量 8 项指标达优质米 1 级标准；垩白度 1 项指标达优质米 2 级标准。人工接种和多点异地田间鉴定，中抗苗瘟，中感叶瘟，病穗瘟，耐盐碱。

五、辽盐 2 号

（一）品种来源

辽盐 2 号水稻新品种是辽宁省盐碱地利用研究所常规育种研究室运用系统选育方法，配合应用形态相关法和耐盐筛选法，于 1988 年育成的高产、多抗、质优、适应性广的优良粳稻新品种。1989 年获辽宁省人民政府科技进步二等奖，1990 年获国家科技发明三等奖。

（二）特征与特性

秧苗健壮、叶色较浓、根系发达，缓秧快。株型紧凑，株高 80~90 cm，主茎 16 片叶，叶下禾。分蘖力强，成穗率高，亩有效穗 28 万~32 万。穗长 19~21 cm，穗粒数 90~100，结实率高（90%~95%），着粒较疏，千粒重 25~26 g。全生育期 145~150 d，属粳型中熟品种。

辽盐 2 号耐肥抗倒，高度耐盐碱，以抗盐为突出特点。在苗期至缓苗期，分蘖期及成熟期耐盐力可比一般栽培品种提高 70%~100%。

六、辽盐 9 号

（一）品种来源

辽盐 9 号是辽宁省盐碱地利用研究所选育，1999 年通过国家农作物品种审定委员会审定。

（二）特征与特性

该品种在辽宁全生育期 157 d 左右，与中丹 2 号同熟期。分蘖力强，成穗率高，有效穗 70% 左右；株型紧凑，分蘖期叶片半直立，拔节后叶片上举，成熟后叶里藏花。株高 85~90 cm，茎秆粗壮坚韧；长散穗型，穗长 21~24 cm，每穗实粒数 90~110，谷粒长椭圆形，种皮黄色无芒，结实率 95% 左右，千粒重 26 g 左右。糙米率 84.08%，精米率 74.89%，整精米率 73.66%，垩白米率 3.5%，糊化温度 7 级，胶稠度 100 mm，直链淀粉含量 17.7%，透明度 1 级，长宽比值 1.98，蛋白质 12.45%，米质主要指标均达到部颁优质粳米一级标准。对稻瘟病、稻曲病、纹枯病均为中抗以上。并具有耐肥、抗倒、耐盐碱、耐旱、耐寒及活秆成熟、不早衰等特性。

七、辽盐 12 号

（一）品种来源

盘锦北方农业技术开发有限公司 1998 年育成。该品种是从 M146 变异株中选出的粳型中晚熟优质稻，2000 年通过北京市农作物品种审定委员会审定。

（二）特征与特性

在北京地区 6 月 21 日插秧，8 月 13 日抽穗，全生育期 146 d 左右，与金珠 1 号同熟期。在辽宁生育期为 157 d 左右，属中晚熟品种。种子发芽势较强，秧苗较壮，叶片半挺立、绿色，根系发达；耐盐碱，耐旱，抗病，抗低温能力强。分蘖力强，成穗率高，亩有效穗在北京 25 万穗左右，在辽宁 30 万～35 万穗。株高 100 cm 左右，株型紧凑，茎秆坚韧，抗倒伏。生育前期叶片窄长，半挺立，成熟后叶片上举，为叶上穗。长散穗型，穗长 20 cm 左右，着粒疏密适中，每穗 100 粒左右，结实率 90% 左右，千粒重 25 g 左右，谷粒黄色长椭圆形，颖尖黄色无芒。抗病性：抗苗瘟、穗颈瘟，较抗纹枯病和条纹叶枯病，中感白叶枯病。品质分析：糙米率 83.2%，精米率 76.0%，整精米率 74%，蛋白质含量 7.9%，直链淀粉含量 18.4%，垩白度 0.7%，垩白米率 7.0%，胶稠度 100 mm，糊化温度（碱消值）7 级，透明度 1 级，粒长 5.2 mm，籽粒长宽比 1.9。全部测试指标除垩白米率、直链淀粉含量 2 级外，其余 10 项指标均达到或超过国家部颁优质粳米 1 级标准。该品种于 1999 年获“中国国际农业博览会优质米水稻品种国际名牌产品奖”。

八、盐丰 47

（一）品种来源

盐丰 47 是以光敏型核不育系 AB005 为母本转育的各类型不育系为母系亲本，以多品种混合种为父本利用光敏型核不育系的生态不育特性，构建杂交群体，按照水稻群体育种方案，对其后代进行不育和可育的双向选择，从不育株中选育光-温敏型不育系，从可育株中选育常规水稻品种。盐丰 47 是利用群体育种技术选育的第一个常规品种。

（二）特征与特性

盐丰 47 标准株高 98 cm，平均 16 片叶，播种至成熟全生育期 160 d 左右，分蘖力较强，每亩成穗 30 万，平均每穗粒数 116，结实率 85.1%，千粒重 27.5 g，叶片肥厚浓绿，半紧穗，平均穗长 16.5 cm，着粒密度为 7.8 粒 /cm，谷粒橙黄色，谷粒长宽比为 1.6。对水稻常规病虫害有中等以上抗性、高度抗盐碱、耐干旱。

九、津源 101

（一）品种来源

津源 101 亲本组合为中作 321/ 辽盐 2 号。

（二）特征与特性

耐盐碱、分蘖力强、高度抗病、米质优，尤适于水源紧张情况下在盐碱地种植。全生育期 160 d 左右；株高 100 cm 左右，散穗型，每穗粒数 110 左右，千粒重 28 g 左右，亩产 600 ~ 650 kg。该品种稳产高产、较抗倒（即使遇大风也只是上弯而下不倒）、高抗稻瘟病和条纹叶枯病等病虫害，米粒无垩白，适口性好。

十、津源 85

（一）品种来源

来源于津源 101 的组培后代，是天津市原种场通过组织培养方法，在培养基和选种田采用耐盐选择育种技术育成的新品种，具有耐盐碱、耐旱、多抗、适应范围广等特点。

（二）特征与特性

该品种属粳型常规旱稻。在黄淮海地区作麦茬旱稻种植全生育期 118 d 左右，比对照旱稻 277 晚熟 6 d 左右。株高 80.1 cm，穗长 18.8 cm，每亩有效穗数 19.8 万，每穗粒数 84.7，结实率 86.6%，千粒重 25.2 g。抗性：中抗叶瘟和穗颈瘟，抗旱性 5 级。主要品质指标：整精米率 66.1%，垩白米率 10.5%，垩白度 1.0%，直链淀粉含量 14.4%，胶稠度 84 mm。

十一、盐稻 12 号

（一）品种来源

盐稻 12 号，原名“盐稻 815”，由江苏沿海地区农业科学研究所以盐稻 8 号 / 盐稻 9 号杂交，于 2007 年育成。属迟熟中粳稻品种。

（二）特征与特性

株型较紧凑，长势较旺，穗型较大，分蘖力较强，叶色绿色，群体整齐度好，后期熟色较好，抗倒性较强；省区试平均结果：每亩有效穗 20.8 万，每穗实粒数 128.6，结实率 89.0%，千粒重 26.0 g 左右，株高 103.4 cm，全生育期 156 d 左右，较对照淮稻 9 号迟熟 4 d 左右；接种鉴定：中感穗颈瘟，中感白叶枯病，中感纹枯病、条纹叶枯病；米质理化指标根据农业部食品质量检测中心 2011 年检测：整精米率 66.8%，垩白率 14%，垩白度 0.8%，胶稠度 84 mm，直链淀粉含量 15.5%，达到国标 2 级优质稻谷标准。

十二、藤系 138

（一）品种来源

母本秋光（♀），父本藤系 117（♂），日本选育。

（二）特征与特性

中熟品种。生育期 132 d 左右，需≥ 10℃积温 2 700℃左右。株高 93 cm 左右，茎秆粗壮，株型紧凑，叶片较宽，长而直立，叶色翠绿，穗在剑叶的中下部。穗较大，穗粒数 80 左右，结实率 95% 左右。谷粒长宽适中、椭圆形，颖及颖尖黄白色，稀短芒（有无芒型），稻谷千粒重 25 g 左右。糙米率 82%，蛋白质含量 7.78%，直链淀粉含量 22.9%，赖氨酸含量 0.273%，大米营养价值高，米质优良。耐肥抗倒伏性强，耐冷、耐盐碱。抗稻瘟病性强，在密植栽培下易感染纹枯病。

十三、绥粳 1 号

（一）品种来源

黑龙江省农业科学院绥化农业科学研究所以合江 21 中穗系选育而成，原代号绥 86-201。

（二）特征与特性

粳稻。株高 85 cm 左右，株型收敛。每穗 90~100 粒，结实率 83%。籽粒短粗，颖尖褐色，千粒重 27 g 左右。生育期 130 d 左右，需活动积温 2 450℃。耐盐碱，抗寒，秆强不倒，适应性强。

十四、绥粳 5 号

（一）品种来源

黑龙江省农业科学院绥化农科所以藤系 137 为母本、绥粳 1 号为父本，杂交育成。原代号：绥 94-5071。

（二）特征与特性

粳稻，生育期 134 d 左右，需活动积温 2 500℃，株高 86.5 cm，穗长 16.5 cm，每穗粒数 92.8，千粒重 26.6 g。分蘖力较强，秆强，耐寒性强，抗盐碱，1999 年人工接种苗瘟 7 级、叶瘟 5 级、穗颈瘟 9 级，自然感病苗瘟 5 级、叶瘟 5 级、穗颈瘟 9 级，抗性强于对照。品质分析结果：糙米率 83.2%，精米率 74.9%，整精米率 68.9%，垩白大小 9.4%，垩白米率 4.75%，垩白度 0.5%，胶稠度 67.3 mm，碱消值 7.0 级，直链淀粉含量 17.24%，粗蛋白含量 8%。米质优于合江 19，食口性好。

十五、吉农大 30

（一）品种来源

1997 年以五优 1 号为母本，松粳 3 号为父本进行有性杂交，经系谱法选育而成。

（二）特征与特性

1. 植株性状

平均株高 96.1 cm，株型紧凑，穗较大，每亩有效穗数 22.6 万株。

2. 穗部性状

弯穗型，半紧凑，平均穗长 17.0 cm，主蘖穗整齐，平均穗粒数 118.5，着粒密度适中，结实率 89.1%。

3. 籽粒性状

籽粒椭圆形，颖及颖尖均黄色，无芒或稀短芒，千粒重 25.2 g。

4. 品质分析

依据农业部 NY/T593—2002《食用稻品种品质》标准，糙米率 85.4%、精米率 77.0%、整精米率 71.3%、粒长 4.8 mm、长宽比 1.7、垩白粒率 20%、垩白度 1.4%、透明度 1 级、碱消值 7.0 级、胶稠度 72 mm、直链淀粉含量 17.6%、蛋白质含量 8.0%。米质符合二等食用粳稻品种品质规定要求。

5. 抗逆性

2006—2008 年连续 3 年采用苗期分菌系人工接种、成株期病区多点异地自然诱发鉴定，苗瘟表现中感，叶瘟表现中抗，穗瘟表现感病。3 年间，在 25 个田间自然诱发有效鉴定点中，出现 1 个穗瘟重病点，即 2007 年在通化市农科院鉴定点，穗瘟率为 98%。2006—2008 年，在 23 个抗纹枯病田间自然诱发有效鉴定点中，表现中抗。耐盐碱。

6. 生育期

中晚熟品种。生育期 141 d 左右，需≥ 10℃积温 2 800℃。

References

参考文献

[1] 步金宝，赵宏伟，刘化龙，等. 盐碱胁迫对寒地粳稻产量形成机理的研究 [J]. 农业现代化研究，2012，33(4)：485-488.

[2] 步金宝. 盐碱胁迫下寒地粳稻产质量形成机理的研究 [D]. 哈尔滨：东北农业大学，2012.

[3] 陈启康，田曾元，沙文锋，等. 海涂米草与水稻远缘杂交种质资源发掘与创新（Ⅱ）[J]. 江苏农业科学，2010(5)：311-315.

[4] 陈受宜，朱立煌，洪建，等. 水稻抗盐突变体的分子生物学鉴定 [J]. 植物学报，1991，33(8)：569-573.

[5] 陈香兰，王春艳，吕晓波，等. 应用组织培养方法选育耐盐碱水稻新品种 [J]. 生物技术，1992(05)：26-28.

[6] 陈志德，仲维功，杨杰，等. 水稻新种质资源的耐盐性鉴定评价 [J]. 植物遗传资源学报，2004，5(4)：351-355.

[7] 程广有，许文会，黄永秀，等. 水稻品种耐盐/碱性的研究 [J]. 延边农学院学报，1995，17(4)：195-201.

[8] 程海涛，苏展，曹萍，等. NaCl 和 Na_2CO_3 胁迫对水稻籼粳杂交后代群体发芽与幼苗生育的影响[J]. 沈阳农业大学学报，2010，41(1)：73-77.

[9] 程继东，安玉麟，孙瑞芬，等. 抗旱、耐盐基因类型及其机理的研究进展[J]. 华北农学报，2006，21(专辑)：116-120.

[10] 董云洲，王雪艳. 转肌醇甲基转移酶基因烟草的耐盐性及其遗传分析[J]. 农业生物技术学报，2000，8(1)：53-55.

[11] 方先文，汤陵华，王艳平，等. 耐盐水稻种质资源的筛选[J]. 植物遗传资源学报，2004，5(3)：295-298.

[12] 符秀梅，朱红林，李小靖，等. 盐胁迫对水稻幼苗生长及生理生化的影响[J]. 广东农业科学，2010，37(4)：19-21.

[13] 付寅生，崔继哲，陈广东，等. 盐碱胁迫下碱地肤 Na^+/H^+ 逆向转运蛋白基因 *KsNHX*1 表达分析[J]. 应用生态学报，2012，23(6)：1629-1634.

[14] 高显颖. 不同浓度盐碱胁迫对水稻生长及生理生态特性影响[D]. 长春：吉林农业大学，2014.

[15] 顾红艳，于福安，魏天权，等. 耐盐碱水稻新品种津原 85 选育及栽培技术[J]. 农业科技通讯，2007(1)：20-21.

[16] 顾兴友，梅曼彤，严小龙，等. 水稻耐盐性数量性状位点的初步检测[J]. 中国水稻科学，2000(2)：2-7.

[17] 郭望模，傅亚萍，孙宗修，等. 盐胁迫下不同水稻种质形态指标与耐盐性的相关分析[J]. 植物资源遗传学报，2003，4(3)：245-251.

[18] 郭望模，傅亚萍，孙宗修. 水稻芽期和苗期耐盐指标的选择研究[J]. 浙江农业科学，2004(1)：30-33.

[19] 胡时开，陶红剑，钱前，等. 水稻耐盐性的遗传和分子育种的研究进展[J]. 分子植物育种，2010，8(4)：629-640.

[20] 胡婷婷，刘超，王健康，等. 水稻耐盐基因遗传及耐盐育种研究[J]. 分子植物育种，2009，7(1)：110-116.

[21] 华春，王仁雷. 水稻幼苗叶绿体保护系统对盐胁迫的反应[J]. 西北植物学报，2004(1)：136-140.

[22] 贾宝艳，周婵婵，孙晓雪，等. 辽宁省水稻种质资源的耐盐性鉴定评价[J]. 作物杂志，2013(4)：57-62.

[23] 江香梅，黄敏仁，王明庥. 植物抗盐碱、耐干旱基因工程研究进展[J]. 南京林业大学学报（自然科学版），2001，25(5)：57-62.

[24] 姜秀娟，张素红，苗立新，等. 盐胁迫对水稻幼苗的影响研究[J]. 北方水稻，2009，1(40)：21-24.

[25] 蒋荷，孙加祥，汤陵华. 水稻种质资源耐盐性鉴定与评价[J]. 江苏农业科学，1995，4：15-16.

[26] 井文，章文华. 水稻耐盐基因定位与克隆及品种耐盐性分子标记辅助选择改良研究进展[J]. 中国水稻科学，2017，31(02)：111-123.

[27] 李彬，王志春，孙志高，等. 中国盐碱地资源与可持续利用研究[J]. 干旱地区农业研究，2005(2)：154-158.

[28] 李海波，陈温福，李全英. 盐胁迫下水稻叶片光合参数对光强的响应[J]. 应用生态学报，2006，17(9)：1588-1592.

[29] 李红宇，潘世驹，钱永德，等. 混合盐碱胁迫对寒地水稻产量和品质的影响[J]. 南方农业学报，2015，46(12)：2100-2105.

[30] 李洪建. 水稻耐盐变异体筛选的研究[J]. 沈阳农业大学学报，1990(1)：53-59.

[31] 李霞，曹昆，阎丽娜，等. 盐碱胁迫对不同水稻材料苗期生长特性的影响[J]. 中国农学通报，2008，4(8)：252-255.

[32] 李新，焦燕，杨铭德. 用磷脂脂肪酸（PLFA）谱图技术分析内蒙古河套灌区不同盐碱程度土壤微生物群落多样性[J]. 生态科学，2014，33(3)：488-494.

[33] 李咏梅，齐春艳，侯立刚，等. 水稻生长发育对苏打盐碱胁迫的阈值反应[J]. 吉林农业科学，2013，38(6)：6-10.

[34] 李自超，张新春，张丽，等. 转基因旱稻的耐盐性研究[J]. 中国农业大学学报，2004(6)：38-43.

[35] 梁正伟，杨富，王志春，等. 盐/碱胁迫对水稻主要生育性状的影响[J]. 生态环境，2004，13(1)：43-46.

[36] 刘晓忠，王志霞，李建坤. 低盐锻炼提高水稻幼苗耐盐性及其与活性氧毒害的关系[J]. 中国水稻科学，1997，11(1)：33-38.

[37] 吕晓波. 水稻耐盐碱突变体再生后代遗传变异的研究[J]. 盐碱地利用，1995(4)：1-3.

[38] 吕学莲，白海波，李树华，等. 导入普通野生稻DNA的水稻变异种质的耐盐性鉴定[J]. 中国农学通报，2012，28(36)：41-45.

[39] 吕学莲，白海波，李树华，等. 水稻耐盐种质的鉴定评价[J]. 中国农学通报，2013，29(33)：50-55.

[40] 秘彩莉，郭光艳，齐志广，等. 植物盐胁迫的信号传导途径[J]. 河北师范大学学报：自然科学版，2007，31(3)：375-379.

[41] 牛世全，杨婷婷，李君锋，等. 盐碱土微生物功能群季节动态与土壤理化因子的关系[J]. 干旱区研究，2011，28(2)：328-334.

[42] 潘晓飚，黄善军，陈凯，等. 大田全生育期盐水灌溉胁迫筛选水稻耐盐恢复系[J]. 中国水稻科学，2012，26(01)：49-54.

[43] 潘晓飚，段敏，谢留杰，等. 水稻籼型不育系萌发期和幼苗期的耐盐性评价[J]. 中国农学通报，2015，31(30)：1-9.

[44] 齐春艳，梁正伟，杨福，等. 水稻耐盐碱突变体ACR78在苏打盐碱胁迫下的生理响应[J]. 华北农学报，2009(24)：20-25.

[45] 祁栋灵，韩龙植，张三元. 水稻耐盐/碱性鉴定评价方法[J]. 植物遗传资源学报，2005，6(2)：226-230.

[46] 祁栋灵，张三元，曹桂兰，等. 水稻发芽期和幼苗前期耐碱性的鉴定方法研究[J]. 植物遗传资源学报，2006，7(1)：74-80.

[47] 任伟，王志峰，徐安凯. 碱茅耐盐碱基因克隆研究进展[J]. 草业学报，2010，19(5)：260-266.

[48] 孙公臣，赵庆雷，陈峰，等. 几个水稻品种的耐盐性鉴定试验[J]. 山东农业科学，2011(6)：24-25，29.

[49] 孙兰菊，岳国峰，王金霞，等. 植物耐盐机制的研究进展[J]. 海洋科学，2001，25(4)：28-31.

[50] 孙焱. 寒地粳稻种质资源耐盐性筛选鉴定研究[D]. 哈尔滨：东北农业大学，2014.

[51] 田少华，高明尉. 水稻耐盐育种研究进展[J]. 核农学通报，1987(4)：5-9.

[52] 汪宗立，李建坤，王志霞. 水稻耐盐性的生理研究IV. 盐渍对超氧物歧化酶和过氧化氢酶活性的影响[J]. 江苏农业学报，1990，6(2)：1-6.

[53] 王福友，王冲，刘全清，等. 腐植酸、蚯蚓粪及蚯蚓蛋白肥料对滨海盐碱土壤的改良效应[J]. 中国农业大学学报，2015，20(05)：89-94.

[54] 王慧中，黄大年，鲁瑞芳，等. 转mtlD和gutD双价基因水稻的耐盐性[J]. 科学通报，2000，45(7)：724-729.

[55] 王建飞，陈宏友，杨庆利，等. 盐胁迫浓度和胁迫时的温度对水稻耐盐性的影响[J]. 中国水稻科学，2004，18(5)：449-454.

[56] 王丽萍，刘丹丹，闫小凤，等. 耐盐水稻品系H5和H6的耐盐性研究[J]. 沈阳农业大学学报，2012，43(5)：586-590.

[57] 王仁雷，华春，刘友良. 盐胁迫对水稻光合特性的影响 [J]. 南京农业大学学报，2002，25(4)：11-14.

[58] 王仁雷，华春，周峰，等. 盐胁迫下不同耐盐性水稻幼苗叶绿素荧光差异性研究 [J]. 江苏农业科学，2008(4)：34-37.

[59] 王为，潘宗瑾，潘群斌. 作物耐盐性状研究进展 [J]. 江西农业学报，2009，21(2)：30-33.

[60] 王奕，任贤，于志晶，等. 玉米耐盐碱转基因研究进展 [J]. 安徽农业科学，2012，40(7)：3908-3911.

[61] 王月海，姜福成，佀庆柱，等. 黄河三角洲盐碱地造林绿化关键技术 [J]. 水土保持通报，2015，35(3)：203-206.

[62] 王振英，郑坚瑜. 盐胁迫下耐盐与盐敏感水稻的 RAPD 和 POD 同工酶检测 [J]. 应用与环境生物学报，2000，6(2)：106-111.

[63] 王志春，杨福，陈渊，等. 苏打盐碱胁迫下水稻体内的 Na^+、K^+ 响应 [J]. 生态环境，2008(3)：1198-1203.

[64] 王志欣，邹德堂，刘华龙，等. 东北粳稻芽期耐盐碱性差异研究 [J]. 黑龙江农业科学，2012(8)：6-11.

[65] 王遵亲. 中国盐渍土 [M]. 北京：科学出版社，1993.

[66] 吴其褒，胡国成，柯登寿，等. 俄罗斯水稻种质资源的苗期耐盐鉴定 [J]. 植物遗传资源学报，2008，9(1)：32-35.

[67] 吴荣生，王志霞，蒋荷，等. 太湖流域稻种种质资源耐盐性鉴定 [J]. 江苏农业科学，1989(4)：4.

[68] 肖文斐，马华升，陈文岳，等. 籼稻耐盐性与稻米品质性状的关联分析 [J]. 核农学报，2013，27(12)：1938-1947.

[69] 徐晨，凌风楼，徐克章，等. 盐胁迫对不同水稻品种光合特性和生理生化特性的影响 [J]. 中国水稻科学，2013，27(3)：280-286.

[70] 许卉. 黄河三角洲盐渍土园林绿化植物筛选及改土措施研究 [D]. 济南：山东师范大学，2007.

[71] 许雷. 水稻新品种辽盐 2 号的选育及其高产栽培 [J]. 盐碱地利用，1990(4)：5-9.

[72] 许雷. 辽盐系列水稻新品种效益显著 [J]. 农业科技通讯，1995(1)：9-10.

[73] 许文会，高熙宗，李范洙. 水稻耐盐性品系的选育 [J]. 延边农学院学报，1992(2)：128-131.

[74] 薛庆林，李广敏. 不同品种水稻幼苗对盐胁迫的反应 [J]. 河北农业大学学报，1991(4)：110-112.

[75] 闫成业，刘艳，牟同敏. 分子标记辅助选择改良杂交水稻金优 207 的白叶枯病抗性 [J]. 中国水稻科学，2013，27(04)：365-372.

[76] 严建民，林敏. 联合固氮工程苗诱导水稻耐盐性效应研究 [J]. 核农学报，2000，14(4)：246-250.

[77] 严小龙，郑少玲. 水稻耐盐机理的研究：不同基因型植株水平耐盐性初步比较 [J]. 华南农业大学学报，1992(4)：6-11.

[78] 晏斌，汪宗立. 水稻苗期体内 Na^+ 的分配与品种耐盐性 [J]. 江苏农业学报，1994(1)：1-6.

[79] 杨闯，尚丽霞，李淑芳，等. 水稻耐盐转基因研究进展 [J]. 吉林农业科学，2010，35(3)：21-26.

[80] 杨春武. 虎尾草和水稻抗碱机制研究 [D]. 沈阳：东北师范大学，2010.

[81] 杨福，梁正伟，王志春，等. 水稻耐盐碱品种(系)筛选实验与省区域实验产量性状的比较 [J]. 吉林农业大学学报，2007，29(6)：596-600.

[82] 杨福，梁正伟. 关于吉林省西部盐碱地水稻发展的战略思考 [J]. 北方水稻，2007(6)：7-12.

[83] 杨福，梁正伟，王志春. 水稻耐盐碱鉴定标准评价及建议与展望 [J]. 植物遗传资源学报，2011，12

(04): 625-628, 633.

[84] 杨庆利，王建飞，丁俊杰，等. 7 个水稻品种苗期耐盐性的遗传分析 [J]. 南京农业大学学报，2004 (4): 6-10.

[85] 杨晓华，彭晓珏，杨国华，等. 水稻 *OsRab7* 耐盐功能的初步鉴定及其表达载体的构建 [J]. 武汉植物学研究，2008 (1): 1-6.

[86] 杨真，王宝山. 中国盐渍土资源现状及改良利用对策 [J]. 山东农业科学，2015，47 (4): 125-130.

[87] 殷延勃，马洪文. 宁夏耐盐水稻种质资源的筛选 [J]. 宁夏农林科技，2007 (4): 1-2.

[88] 余为仆. 秸秆还田条件下盐胁迫对水稻产量与品质形成的影响 [D]. 扬州：扬州大学，2014.

[89] 俞仁培. 我国盐渍土资源及其开发利用 [J]. 土壤通报，1999，30 (4): 158-159.

[90] 曾华. 辽宁省水稻品种苗期耐盐能力评价 [J]. 北方水稻，2011，41 (2): 10-13.

[91] 张耕耘，郭岩，刘凤华，等. 九个水稻耐盐突变体的 RFLP 分析 [J]. 植物学报，1994 (5): 345-350.

[92] 张国新，张晓东，张亚丽. 盐胁迫下水稻种子发芽特性及耐盐性评价 [J]. 现代农业科技，2007 (14): 108-111.

[93] 张丽丽，马殿荣，张战，等. 碱性盐胁迫对水稻苗期生长及离子吸收和转运的影响 [J]. 湖北农业科学，2015，54 (12): 2874-2877.

[94] 张启星. 国内外水稻耐盐育种研究概况 [J]. 河北农垦科技，1989 (1): 17-22.

[95] 张瑞珍. 盐碱胁迫对水稻生理及产量的影响 [D]. 长春：吉林农业大学，2003.

[96] 张淑红，张恩平，庞金安，等. 植物耐盐性研究进展 [J]. 北方园艺，2000 (5): 19-20.

[97] 赵阳，才华，柏锡，等. 转耐盐基因 *OsCDPK7OsM APK4* 的水稻农艺性状调查与分析 [J]. 作物杂志，2012 (5): 22-25.

[98] 周汝伦，侯家龙，方宗熙，等. 耐盐水稻品种选育初报 [J]. 中国农业科学，1983 (5): 7-13.

[99] 周毅，崔丰磊，杨萍，等. 盐胁迫对不同品种水稻幼苗生理生化特性的影响 [J]. 江苏农业科学，2016，44 (1): 90-93.

[100] 朱明霞，高显颖，邵玺文，等. 不同浓度盐碱胁迫对水稻生长发育及产量的影响 [J]. 吉林农业科学，2014，39 (6): 12-16.

[101] AGARWALPK, AGARWALP, REDDYMK, et al.Role of DREB transcription factors in abiotic and biotic stress tolerance in plants[J]. Plant Cell Rep, 2006, 25 (12): 1263-1274.

[102] ALEMAN F, NIEVES-CORDONES M, MARTINEZ V, et al. Root K^+ acquisition in plants: the Arabidopsis thaliana model[J]. Plant and Cell Physiology, 2011,52 (9): 1603-1612.

[103] ALI Y, ASLAM Z, AWAN A R, et al.Screening Rice (Oryza sativa L.) Lines/Cultivars Against Salinity in Relation to Morphological and Physiological Traits and Yield Components[J]. International Journal of Agriculture & Biology, 2004, 3: 572-575.

[104] ALI Z, PARK H C, ALI A, et al.TsHKT1; 2, a HKT1 homolog from the extremophile Arabidopsis relative Thellungiella salsuginea, shows K^+ specificity in the presence of NaCi[J]. Plant Physiology 2012 , 158 (3): 1463-1474.

[105] ALLAKHVERDIEV S I, SAKAMOTO A, NISHIYAMA Y, et al.Ionic and osmotic effects of NaCl induced inactivation of photosystems I and II in Synechococcus sp[J]. Plant Physiol, 2000, 123 (3): 1047-1056.

[106] ALLAKHVERDIEV S I, YOSHITAKA N, SACHIO M, et al.Salt Stress Inhibits the Repair of Photodamaged Photosystem II by Suppressing

the Transcription and Translation of PsbAGenes in Synechocystis[J]. Plant Physiology, 2002, 130(3): 1443-1453.

[107] ASHOKKUMAR K, RAVEENDRAN M, SENTHIL N, et al.Isolation and characterization of altered root growth behavior and salinity tolerant mutants in rice[J]. Afr J Biotechnol, 2013, 12(40): 5852-5859.

[108] BAISAKH N, RAMANARAO M V, RAJASEKARAN K, et al.Enhanced salt stress tolerance of rice plants expressing a vacuolar H^+ -ATPase subunit Cl(SaVHAc1) gene from the halophyte grass Spartina alterniflora L? [J]. Plant Biotechnology journal, 2012, 10(4): 453-464.

[109] BIMPONG I K, MANNEH B, SOCK M, et al.Improving salt tolerance of lowland rice cultivar 'Rassi' through marker-aided backcross breeding in West Africa [J]. Plant Science, 2016, 242: 288-299.

[110] BLUMWALD E, AHARON G S, APSE M P, et al.Sodium transport in plant cells[J]. Biochimica et Biophysica Acta(BBA)-Biomembranes, 2000, 1465(1-2): 140-151.

[111] CHEN C W, YANG Y W, HUR H S, et al.A Novel Function of Abscisic Acid in the Regulation of Rice (*Oryza sativa* L.) Root Growth and Development[J]. Plant & Cell Physiology, 2006, 47(1): 1-13.

[112] DEBATV, DAVIDP.Mapping phenotypes: Canalization, plasticity and developmental stability[J]. Trends in Ecology & Evolution, 2001, 16(10): 555-561.

[113] DEINLEIN U, STEPHAN A B, HORIE T, et al.Plant salt-tolerance mechanisms[J]. Trends in Plant Science, 2014, 19(6): 371-379.

[114] DUBOUZET J G, SAKUMA Y, ITO Y, et al. OsDREB genes in rice, *Oryza sativa* L. encode transcription activators that function in drought-high-salt- and cold-responsive gene expression[J]. Plant Journal, 2003, 33(4): 751-763.

[115] DUBY G, BOUTRY M. The plant plasma membrane proton pump ATPase: a highly regulated P-type ATPase with multiple physiological roles[J]. Pf ü gers Archiv-European Journal of Physiology, 2009, 457(3): 645-655.

[116] EPSTEIN E. The essential role of calcium in selective cation transport by plant cells[J]. Plant Physiology, 1961, 36(4): 437-444.

[117] EPSTEIN E, RAINS D W, ELZAM O E, Resolution of dual mechanisms of potassium absorption by barley roots[J]. Proc Natl Acad Sci USA, 1963, 49(5): 684-692.

[118] FLOWERS T J, TROKE P F, YEO A R.The mechanism of salt tolerance in halophytes[J]. Annual Review of Plant Physiology, 1977, 28(1): 89-121.

[119] FLOWERS T J, COLMER T D.Salinity tolerance in halophytes[J]. New Phytologist, 2008, 179(4): 945-963.

[120] FLOWERS T J, GALAL H K, Bromham L. Evolution of halophytes: Multiple origins of salt tolerance in land plants[J]. Functional Plant Biology, 2010, 37(7): 604-612.

[121] GAO S Q, CHEN M, XIA L Q, et al.A cotton (Gossypium hirsutum) DRE-binding transcription factor gene, GhDREB, confers enhanced tolerance to drought, high salt, and freezing stresses in transgenic wheat[J]. Plant Cell Rep, 2009, 28(2): 301-311.

[122] GREENWAY H, MUNNS R. Mechanisms of salt tolerance in nonhalophytes[J]. Annual Review of Plant Physiology, 1980, 31(1): 149-190.

[123] GUPTA B, HUANG B.Mechanism of salinity tolerance in plants: physiological, biochemical, and molecular characterization[J]. International journal genomics, 2014(2): 151-153.

[124] GUPTA K, JHA B, AGARWAL P K. A dehydration-responsive element ent binding (DREB) transcription factor from the succulent halophyte Salicornia brachiata enhances abiotic stress tolerance in transgenic tobacco[J]. Marine biotechology, 2014, 16(6): 657-673.

[125] HASEGAWA P M, BRESSAN R A, ZHU J K, et al.Plant cellular and molecular responses to high salinity[J]. Annual Review of Plant Biology, 2000, 51(1): 463-499.

[126] HASEGAWA P M. Sodium (Na^+) homeostasis and salt tolerance of plants[J]. Environmental and Experimental Botany, 2013, 92(8): 19-31.

[127] HE H, HE L. The role of carbon monoxide signaling in the responses of plants to abiotic stresses[J]. Nitric Oxide, 2014, 42: 40-43.

[128] HORIE T, HAUSER F, SCHROEDER J I. HKT transporter-mediated salinity resistance mechanisms in Arabidopsis and monocot crop plants[J]. Trends in Plant Science, 2009, 14(12): 660-668.

[129] HUANG X, CHAO D, GAO J, et al.A previously unknown zinc finger protein, DST, regulates drought and salt tolerance in rice via stomatal aperture control[J]. Genes Dev, 2009, 23(15): 1805-1817.

[130] HUSSAN N, ALI A, SARWAR G, et al., Mechanism of salt tolerance in rice[J]. Pedosphere, 2003, 13(3): 233-238.

[131] KIM T H, BHMER M, HU H, et al.Guard cell signal transduction network: Advances in understanding abscisic acid, CO_2, and Ca^{2+}signaling[J]. Annual Review of Plant Biology, 2010, 61(4): 561-591.

[132] KREBS M, BEYHL D, GRLICH E, et al.Arabidopsis V ATPase activity at the tonoplast is required for efficient nutrient storage but not for sodium accumulation[J]. Proceedings of the National Academy of Sciences, 2010, 107(7): 3251-3256.

[133] KRONZUCKER H J, BRITTO D T. Sodium transport in plants: a critical review[J]. New Phytologist, 2011, 189(1): 54-81.

[134] LEE C K, YOON Y H, SHIN J C, et al.Growth and Yield of Rice as Affected by Saline Water Treatment at Different Growth Stages[J]. Korean Journal of Crop Science, 2002, 47(6): 402-408.

[135] LEE I S, KIM D S, LEE S J, et al. Selection and characterizations of radiation-induced salinity-tolerant lines in rice[J]. Breed Sci, 2003, 53(4): 313-318.

[136] LEHMAN W F, RUTGER J N, ROBINSON F E, et al.Value of Rice Characteristics in Selection for Resistance to Salinity in an Arid Environment[J]. Agronomy Journal, 1984, 76(3): 366-370.

[137] LEXER C, WELCH M E, DURPHY J L, et al. Natural selection for salt tolerance quantitative trait loci (QTLs) in wild sunflower hybrids: Implications for the origin of Helianthus paradoxus, a diploid hybrid species[J]. Molecular Ecology, 2003, 12(5): 1225-1235.

[138] LIB, LIN, DUANXG, et al. Generation of marker-free transgenic maize with improved salt tolerance using the FLP/FRT recombination system[J]. Journal of biotechnology, 2010, 145(2): 206-213.

[139] LIN K C, JWO W S, CHANDRIKA N N P, et al. A rice mutant defective in antioxidant-defense system and sodium homeostasis possesses increased sensitivity to salt stress[J]. Biologia Plantarum, 2015, 60(1): 86-94.

[140] LUCHLI A, LUTTGE U. Salinity: Environment-Plants-Molecules[M]. Boston: Kluwer Academic Publishers, 2002: 21-23.

[141] LV S, ZHANG K W, GAO Q, et al.Overexpression of an H^+ -PPase genefrom Thellungiella halophila in cotton enhances salt tolerance and improves growth and photosynthetic performance[J]. Plant and Cell physiology, 2008, 49(8): 1150-1164.

[142] MATTHEWS M A, VAN VOLKENBURGH E, BOYER J S. Acclimation of leaf growth to low water potentials in sunflower[J]. Plant, Cell & Environment, 1984, 7(3): 199-206.

[143] MIAN A, OOMEN R J F J, ISAYENKOV S, et al. Over-expression of an Na^+-and K^+-permeable HKT transporter in barley improves salt tolerance[J]. The Plant Journal, 2011, 68(3): 468-479.

[144] MITTLER R. Oxidative stress, antioxidants and stress tolerance[J]. Trends in Plant Science, 2002, 7(9): 405-410.

[145] MOHANTY A, KATHURIA H, FERJANI A, et al.Transgenics of an elite in-dica rice variety Pusa Basmati 1 harbouring the codA gene are highly tolerant to salt stress[J]. Theor Appl Genet., 2002, 106(1): 51-57

[146] MONMA E, TSUNODA S. Photosynthetic Heterosis in Maize[J]. Japanese Journal of Breeding, 1979, 29(2): 159-165.

[147] MUNNS R, TESTER M. Mechanisms of salinity tolerance[J]. Annu Rev Plant Biol, 2008, 59: 651-681.

[148] NAKHODA B, LEUNG H, MENDIORO M S, et al. Isolation, characterization, and field evaluation of rice(*Oryza sativa* L. Var. IR64)mutants with altered responses to salt stress[J]. Field Crops Research, 2012, 127(4): 191-202.

[149] NIEVES-CORDONES M, MILLER A J, ALEMAN F, et al. A putative role for the plasma membrane potential in the control of the expression of the gene encoding the tomato high-affinity potassium transporter HAK5[J]. Plant Molecular Biology, 2008, 68(6): 521-532.

[150] NOREEN S, ASHRAF M, HUSSAIN M, et al. Exogenous application of salicylic acid enhances antioxidative capacity in salt stressed sunflower (*Helianthus annuus* L .) plants[J]. Pakistan Journal of Botany, 2009, 41(1): 473-479.

[151] OGAWA D, ABE K, MIYAO A, et al. RSS1 regulates the cell cycle and maintains meristematic activity under stress conditions in rice[J]. Nat Commun, 2011, 2(1): 121-132.

[152] OZFIDAN-KONAKCIC, YILDIZTUGAYE, KUCUKODUK M, et al.Upregulation of antioxidant enzym es by exogenous gallic acid contributes to the amelioration in Oryza sativa roots exposed to salt and osmotic stress[J]. Environmental Science and Pollution Research, 2015, 22 (2): 1487-1497.

[153] PARDO J M, RUBIO F.Na^+ and K^+ transporters in plant signaling[M]. In Transporters and Pumps in Plant Signaling, Berlin, Heidelberg: 2011, 65-98.

[154] PARIDA A K, DAS A B. Salt to Lerance and Salinity Effects on Plants: A Review[J]. Ecotoxicology & Environmental Safety, 2005, 60(3): 324-349.

[155] PASAPULA V, SHEN G, KUPPU S, et al.Expression of an Arabidopsis vacuolar H^+ -pyrophosphatase gene(AVP1)in cotton improves drought- and salt tolerance and increases fibre yield in the field conditions[J]. Plant Biotechnology Journal, 2011, 9 (1): 88-99.

[156] PELEG Z, APSE M P, BLUMWALD E. Engineering salinity and water-stress tolerance in crop plants: Getting closer to the field[M]. Advances in Botanical Research. Academic Press, 2011, 57: 405-443.

[157] PENNA S. Building stress tolerance through over-producing trehalose in transgenic plants[J]. Trends in Plant Science, 2003, 8(8): 355-357.

[158] PITTE A S, DERUA R, WAELKENS E, et al.A phosphorylation Lin the C-terminal auto-inhibitory domain of the plant plasma membrane H^+-ATPase activates the enzyme with no requirement for regulatory 14-3-3 proteins[J]. Journal of Biological Chemistry , 2011, 286(21): 18474-18482.

[159] PUNYAWAEW K, SURIYA-ARUNROJ

D, SIANGLIW M, et al. Thai jasmine rice cultivar KDML105 carrying Saltol QTL exhibiting salinity tolerance at seedling stage [J]. Molecular Breeding, 2016, 36(11): 150.

[160] QI Z, SPALDING E P. Protection of plasma membrane K^+ transport by the salt overly sensitive1 Na^+ $-H^+$ antiporter during salinity stress[J]. Plant Physiology, 2004, 136(1): 2548-2555.

[161] RENGEL Z. The role of calcium in salt toxicity[J]. Plant, Cell & Environment, 1992, 15(6): 625-632.

[162] RIVERO R M, KOJIMA M, GEPSTEIN A, et al.Delayed leaf senescence induces extreme drought tolerance in a flowering plant[J]. Proc Natl Acad Sci USA, 2007, 104(49): 19631-19636.

[163] SCHROEDER J I, ALLEN G J, HUGOUVIEUX V, et al. Guard cell signal transduction[J]. Annual Review of Plant Biology, 2001, 52(1): 627-658.

[164] SERRANO R. Salt tolerance in plants and microorganisms: toxicity targets and defense responses [J]. Int Rev Cytol, 1996, 165: 1-52.

[165] SINGH R K, MISHRA B, GREGORIO G B. CSR 23: a new salt-tolerance rice variety for India[J]. International Rice Research Institute Repository, 2006, 31(1): 16-18.

[166] SREENIVASULUA N, SOPORYB S K, KISHOR PBK, et al. Deciphering the regulatory mechanisms of abiotic stress tolerance in plants by genomic approaches[J]. Gene, 2007, 388(1-2): 1-13.

[167] SULTANA S, KHEW C Y, MORSHED M M, et al. Overexpression of monodehydroascorbate reductase from a mangrove plant (AeMDHAR) confers salt tolerance on rice[J]. Journal of Plant Physiology, 2012, 169(3): 311-318.

[168] TAJI T, SEKI M, SATOU M, et al.Comparative genomics in salt tolerance between Arabidopsis and Arabidopsis related halophyte salt cress using Arabidopsis microarray[J]. Plant Physiology, 2004, 135(3): 1697-1709.

[169] TAKAGI H, TAMIRU M, ABE A, et al.MutMap accelerates breeding of a salt-tolerant rice cultivar[J]. Nature Biotechnology, 2015, 33(5): 445-449.

[170] TANJI K K. Agricultural salinity assessment and management[M]. New York: American Society of Civil Engineers, 1990: 1-112.

[171] TEAKLE N L, TYERMAN S D. Mechanisms of Cl^- transport contributing to salt tolerance[J]. Plant, Cell&Environment, 2010, 33(4): 566-589.

[172] TODA Y, TANAKA M, OGAWA D, et al.RICE SALT SENSITIVE3 forms a ternary complex with JAZ and class-C bHLH factors and regulates jasmonate-induced gene expression and root cell elongation[J]. Plant Cell, 2013, 25(5): 1709-1725.

[173] VINOCUR B, ALTMAN A. Recent advances in engineering plant tolerance to a biotic stress: achievements and limitations[J]. Current Opinion in Biotechnology, 2005, 16: 123-132.

[174] WANG H, ZHOU Y, BIRD D A, et al. Functions, regulation and cellular localization of plant cyclin-dependent kinase inhibitors[J]. Journal of Microscopy, 2008, 231(2): 234-246.

[175] WHITE P J, BROADLEY M R. Chloride in soils and its uptake and movement within the plant: A review[J]. Annals of Botany, 2001, 88(6): 967-988.

[176] XU G, MAGEN H, TARCHITZKY J, et al. Advances in chloride nutrition of plants[J]. Advances in Agronomy, 1999, 68: 97-150.

[177] YANG A, DAI X, ZHANG W H, et al.A R2R3-type MYB gene, OsMYB2, is involved in salt, cold, and dehydration tolerance in rice[J]. Journal of experimental botany, 2012, 63(7): 2541-2556.

[178] YING S, ZHANG D F, FU J, et al., Cloning and characterization of a maize bZIP transcription factor, ZmbZIP72, confers drought and salt tolerance in transgenic Arabidopsis [J]. Planta, 2012, 235(2): 53-266.

[179] YOKOI S, BRESSAN R A, HASEGAWA P M et al. Salt stress tolerance of plants[J]. JIRCAS Working Report, 2002, 12: 25-33.

[180] YOO C Y, PENCE H E, HASEGAWA P M, et al.Regulation of transpiration to improve crop water use[J]. Critical Reviews in Plant Science, 2009, 28(6): 410-431.

[181] ZHANG Y, LI Y, LAI J, et al.Ectopic expression of a LEA protein gene TsLEA1 from Thellungiella salsuginea confers salt-tolerance in yeast and Arabidopsis[J]. Molecular biology reports, 2012, 39(4): 4627-4633.

[182] ZHANG Z, WANG J, ZHANG R, et al.The ethylene response factor AtERF98 enhances tolerance to salt through the transcriptional activation of ascorbic acid synthesis in Arabidopsis[J]. The Plant Journal, 2012, 71(2): 273-287.

[183] ZHOU M L, MA J T, ZHAO Y M, et al. Improvement of drought and salt tolerance in Arabidopsis and Lotus corniculatus by overexpression of a novel DREB transcription factor from Populus euphratica[J]. Gene, 2012, 506(1): 10-17.

[184] ZHU G Y, KINET J M, LUTTS S. Characterization of rice (*Oryza sativa* L.) F_3 populations selected for salt resistance. I. Physiological behaviour during vegetative growth[J]. Euphyti-ca, 2001, 121: 251-260.

[185] ZHU G Y, KINET J M, BERTIN P, et al., Crosses between cultivars and tissue culture-selected plants for salt resistance improvement in rice, Oryza sativa[J]. Plant Breeding, 2000, 119: 497-504.

[186] ZHU J K, LIU J, XIONG L. Genetic analysis of salt tolerance in Arabidopsis: evidence for a critical role of potassium nutrition[J]. The Plant Cell, 1998, 10(7): 1181-1191.

[187] ZHU J K. Plant salt tolerance[J]. TRENDS in Plant Science, 2001, 6(2): 66-71.

[188] ZOU J, LIU C, LIU A, et al.Overexpression of OsHsp17. 0 and OsHsp23. 7 enhances drought and salt tolerance in rice[J]. Journal of physiology, 2012, 169(6): 628-635.

[189] ZSIGMOND L, SZEPESI , TARI I, et al. Overexpression of the mitochondrial PPR40 gene im proves salt tolerance in Arabidopsis[J]. Plant Science, 2012, 182: 87-93.

第四章

分子育种技术在耐盐碱水稻育种中的应用

第一节　耐盐碱基因的研究现状

一、耐盐碱基因的发掘和利用

水稻是一种对盐浓度中度敏感的作物。水稻耐盐性属于数量性状遗传，受多基因控制。遗传学家利用有耐盐性差异亲本构建的 RIL 和 DH 等遗传群体，定位了与存活天数、盐害级别和 Na^+/K^+ 等 70 多个耐盐性相关的数量性状基因座（Quantitative Trait Locus，QTL）。以染色体的重组与交换为理论基础的分子遗传图谱的构建，广泛应用于基因定位、基因克隆及其基因组功能与结构的研究当中，从而对复杂的数量性状的遗传剖析具有一定的可行性。

水稻种质资源中存在丰富的耐盐碱基因，深入挖掘这些耐盐碱基因并加以利用是加速耐盐碱水稻品种培育的有效途径（Gregorio G.B.et al.，1997）。研究表明，在水稻的不同发育时期，耐盐碱机制不同，对盐碱胁迫的反应也不尽相同（秦忠彬，1989；方先文，2004）。水稻的耐盐碱性属于多基因控制的数量性状，20 世纪 90 年代以来，国内外的研究人员对不同发育时期的水稻耐盐碱 QTL 进行了研究，利用不同作图群体和不同方法定位了一些耐盐 QTL（表 4-1），水稻耐盐碱的分子育种取得了一定的进展。

表 4-1　不同群体定位到的水稻耐盐相关 QTL

性状	亲本	群体类型	QTL 数量
幼苗存活天数	特三矮 2 号 ×CB	RIL	1
秧苗存活天数	窄叶青 8 号 × 京系 17	DH	8
分蘖数、抽穗期、千粒重、每穗粒数、株高	窄叶青 8 号 × 京系 17	DH	9
盐害级别、地上部鲜重干重比，Na^+ 含量、株高、分蘖数、结实率、粒重等	Peta × Pokkali	BC_1	17
种子发芽率，幼苗根长、茎长，干重、幼苗存活能力	IR64 × Azucena	DH	7
干物重，K^+、Na^+ 的含量与吸收及 K^+/Na^+	IR15324 × IR4630	NILs	25
幼苗茎长、茎鲜重、分蘖数	Kasalath × Nipponbare	RIL	27
苗期幼苗存活天数，茎 Na^+、K^+ 浓度，茎 Na^+、K^+ 总含量，根 Na^+、K^+ 浓度，根 Na^+、K^+ 总含量	Nona Bokra × Koshihikari	$F_{2:3}$	11
盐害分级、茎干物重、根 K^+/Na^+	韭菜青 ×IR36	$F_{2:3}$	13
性状盐敏感指数	日本晴 × 珍籼 97	NILs	17
苗期盐害级别	Gihobyeo × Milyang	NILs	2
秧苗盐害级别、存活天数、根部与地上部 K^+、Na^+ 浓度	IR64 × Tafom	BC_2Fs	23
苗期地上部 Na^+ 含量	H359 × Acc8558	RIL	13
苗期幼苗存活天数、盐害级别和地上部 Na^+ 和 K^+ 含量；分蘖期株高、分蘖数、地上部鲜重	IR64 × Binam	BC_2Fs	35
苗期株高、根长、根干重、相对含水量	珍汕 97B × 密阳 46	RIL	12
苗期幼苗存活天数、叶片盐害级别、地上部 Na^+ 和 K^+ 浓度	Lemont × 特青	BC_3F_4、BC_2F_5	36
苗期耐盐等级、存活天数	蜀恢 527、明恢 86，ZDZ057、特青	BC_2F_3	43
苗高、叶干重、叶鲜重、叶面积	Ilpumbyeo × Moroberekan	BC_3F_5	8
苗期耐盐等级、苗干重、Na^+ 含量、K^+ 含量、Na^+/K^+	Tarommahali × Khazar	$F_{2:3}$	14
苗期苗高、地上部 Na^+ 含量、地上部 K^+ 含量、地上部 Na^+/K^+、根部 K^+ 含量、根部 Na^+/K^+、初始盐害级别、最终盐害级别、幼苗存活率	IR29 × Pokkali	NILs	27

续表

性状	亲本	群体类型	QTL 数量
成株期叶片、茎和稻草的 Na^+、K^+、Cl^- 含量，花粉育性盐敏感指数、谷粒重盐敏感指数、产量盐敏感指数	CSR27×MI48	RIL	9
苗高、地上部干重、根干重、K^+/Na^+	Jiucaiqing×IR26	RIL	12
种子吸水率、种子发芽率	Jiucaiqing×IR26	RIL	17

Takehisa 等（2004）以日本晴和 Kasalath 为亲本构建的 BIL 群体为试验材料，共检测到 27 个控制茎长、茎鲜重和分蘖数的 QTL。孙勇等（2007）以 IR64 和 Tarom Molaii 为亲本培育的回交导入系为试验材料，在 NaCl 胁迫下，对水稻苗期的耐盐性进行 QTL 定位，共检测出控制幼苗存活天数、叶片盐害级别、根部 Na^+ 含量、根部 K^+ 含量、地上部 Na^+ 含量和地上部 K^+ 含量的 23 个 QTL。汪斌等（2007）用 H359 和 Acc8558 为亲本构建的重组自交系，在 NaCl 溶液的胁迫下，对水稻苗期地上部 Na^+ 含量进行 QTL 定位，共检测到 13 个 QTL，*qSC1b* 的贡献率最大，可解释 45% 的表型变异。藏金萍等（2008）以 Binam 和 IR64 为亲本构建 BC_2F_8 回交导入系为试验材料，用 NaCl 溶液对水稻幼苗进行盐胁迫，共检测出控制幼苗存活天数、盐害级别和地上部 Na^+ 含量和地上部 K^+ 含量的 13 个 QTL；并对水稻苗期和分蘖期的耐盐性进行了比较研究，用浓度为 0.8% 的 NaCl 溶液对分蘖期的水稻进行盐胁迫，共检测到控制株高、单株分蘖数和地上部鲜重的 22 个 QTL，证明了苗期和分蘖期的耐盐性存在部分遗传重叠。蒋靓等（2008）用 NaCl 溶液对珍汕 97B× 密阳 46 的重组自交系进行苗期盐胁迫，共检测到包括苗高、根长、根干重和相对含水量的 12 个 QTL。

Kim 等（2009）以 Ilpumbyeo 和 Moroberekan 为亲本构建的 117 个 BC_3F_5 回交导入系为试验材料，共检测到控制苗干重、苗鲜重、叶面积和苗高的 8 个 QTL，Sabouri 等（2009）用耐盐品种 Tarommahali 和盐敏感品种 Khazar 为亲本构建的 $F_{2:3}$ 群体定位了控制苗期耐盐等级、苗干重、Na^+ 含量、K^+ 含量和 Na^+/K^+ 的 14 个 QTL。

Thomson 等（2010）以 IR29×Pokkali 的近等基因系共检测到苗期控制苗高、地上部 Na^+ 含量、地上部 K^+ 含量、地上部 Na^+/K^+、根部 K^+ 含量、根部 Na^+/K^+、初始盐害级别、最终盐害级别和存活率的 27 个 QTL。Pandit 等（2010）用 CSR27 和 MI48 为亲本构建的重组自交系对成株期水稻叶片、茎和稻草的 Na^+、K^+ 和 Cl^- 含量，以及花粉育性盐敏感指数、谷粒重盐敏感指数、产量盐敏感指数等性状进行 QTL 分析，共检测到上述性状的 9 个 QTL。

Wang 等（2012）用耐盐品种韭菜青和盐敏感品种 IR26 为亲本构建的重组自交系，共检测到 12 个控制苗高、地上部干重、根干重和 Na^+/K^+ 的 QTL。

Ren 等（2005）将 *qSKC-1* 精细定位在 CAPS 标记 K036 与 Pr 之间 7.4kb 的范围内，并利用图位克隆法克隆了 *SKC1*，这是克隆的第一个耐盐相关 QTL。*SKC1* 是第 1 染色体上控制地上部 K^+ 浓度的主效 QTL，编码一个 HKT 家族的离子转运蛋白（554 个氨基酸），*SKC1* 只参与 Na^+ 的运输，不参与其他阳离子的运输。盐胁迫时，Na^+ 大量涌入水稻根系，并不断被运输到地上部，造成地上部 Na^+ 毒害。*SKC1* 通过与其他钠离子转运蛋白的相互作用，将地上部 Na^+ 运回到根部，将大量 Na^+ 囤积在根部而减小对地上部的毒害。地上部 Na^+ 含量增多时，K^+ 的吸收会受到排斥，当地上部 Na^+ 通过 *SKC1* 运出时，K^+ 含量会升高，正常的代谢功能就会恢复（高继平，2005）。

目前，在 MAS 育种中被广泛应用的水稻耐盐 QTL 主要是位于第 1 染色体上的 *Saltol*，在印度、菲律宾、泰国、越南、孟加拉国和塞内加尔等众多水稻种植国家，均开展了 *Saltol* 的 MAS 育种工作（Vinod K.K.et al.，2013；Bimpong I.K.et al.，2016）。相关工作大多是采用标记辅助回交（Marker Assisted Back Crossing，MABC）技术完成的，其过程大致如下：将 *Saltol* 供体亲本与受体亲本杂交；进行 3 次回交，在每个回交世代，利用 *Saltol* 紧密连锁标记进行前景选择，利用其他标记进行背景选择；最后，筛选出 *Saltol* 供体等位基因被固定且耐盐性增强的重组个体。在这些 MABC 育种实践中，常会结合表型选择，加速背景恢复；还常用逐步转育、同时转育、同时逐步转育的方法进行 QTL 聚合。

在印度，Singh 等（2011）和 Babu 等（2012）以 *Saltol* 紧密连锁标记 RM8094、RM3412 和 RM493 为前景选择标记，利用 MABC 技术，将供体亲本 FL478（来源于 Pokkali/IR29 杂交组合的一个重组自交系）中的 *Saltol* 转育到轮回亲本 Pusa Basmati 1121 和 PusaBasmati 6 中；之后，多个育种单位又继续以 FL478 为供体亲本，陆续将 *Saltol* 转育到其他一些水稻品种中，如 ADT45、CR1009、Sarjoo52、Pusa44、PR114、Gayatri、Savithri、MTU1010、White Ponni 和 ADT45 等（2016）。在越南，Linh 等（2012）利用 MABC 法，将供体亲本 FL478 中的 *Saltol* 转育到优质高产水稻品种 BT7 中。在菲律宾，IRRI 与 STRASA（Stress-Tolerant Rice for Africa and South Asia）合作，将 *Saltol* 转育到 BRRIdhan28、IR64、BR11 和 Swarna 等品种中。在塞内加尔，Bimpong 等（2016）利用 MABC 法，将 FL478 中的 *Saltol* 转育到主栽品种 Rassi 中。

各国对 *Saltol* 的 MAS 育种大大推动了水稻耐盐新品种的培育。目前，利用 MAS 培育的一些 *Saltol* 的渐渗系如 BR11-SalTol 和 BRRI dhan28-SalTol，已经在菲律宾、孟加拉国、印度和越南受盐害影响的海滨地区进行了田间试验（Gregorio G.B.et al.，2013；Bimpong et al.，2016），IRRI 培育出的携带 *Saltol* 的耐盐水稻品种 IR63307-4B-4-3（在孟加拉国改名为 BRRI dhan47）在菲律宾和孟加拉国推广种植（Salam M.A.et al.，2008）。2009—2013 年，IRRI 在印度和孟加拉国逐渐推广了 NDRK5088、BINA dhan8、BRRI dhan53、BRRI dhan54、BRRI dhan55、CSR43、BINA dhan10、CR dhan405、CR dhan406、BRRI dhan61 等 10 个耐盐水稻品种（STRASA，2018）。最近，Bimpong 等（2016）通过 4 个季节的田间试验，鉴定到 16 个盐胁迫下产量损失相对较小（3%~26%）的 *Saltol* 渐渗系，并将这些材料的种子提交给非洲的水稻育种工作组。已有 6 个西非国家（冈比亚、几内亚比绍、几内亚、尼日利亚、塞内加尔、塞拉利昂）在 2014 年和 2015 年雨季，对这些材料进行了田间试验。根据育种实践，Bimpong 等（2016）还发现，与传统育种相比，MAS 育种至少可以将种质改良时间缩短 4~7 年。

尽管人们已经鉴定到了数百个耐盐相关 QTL，但后续的基因精细定位和图位克隆工作进展缓慢。这可能主要是由于多数定位群体的亲本组合中缺乏耐盐性强的水稻品种，且两亲本间耐盐性差异较小，导致鉴定到的 QTL 的表型贡献率较小，而进一步的精细定位容易受到遗传背景的干扰。另一方面，在大多数耐盐性 QTL 定位研究中，仅进行了单次或单年单点的表型鉴定工作，缺少对 QTL 稳定性的检测。鉴定到的一些表型贡献率较大（20% 以上）的耐盐 QTL，可能由于遗传稳定性较差，而难以被精细定位和克隆。因此，不仅要选择强耐盐水稻品种来进行耐盐 QTL 定位，还要通过多次或多年多点试验来检测耐盐 QTL 的稳定性，从中鉴定到遗传效应较大且能够稳定表达的耐盐 QTL，用于耐盐基因克隆和耐盐育种实践。

二、耐盐碱基因的克隆和利用

水稻耐盐性十分复杂，目前大部分都处于 QTL 定位阶段，克隆的基因很少。

由于检测到的大多数水稻耐盐 QTL 的表型贡献率较小，精细定位和克隆难度较大，所以相关研究一直进展较慢。目前报道的精细定位或图位克隆的 QTL 主要有位于水稻第 1 染色体上的 *qSKC-1* 和 *Saltol* 两个位点。

qSKC-1 是在耐盐品种 Nona Bokra 与盐敏感品种 Koshihikari 构建的 F_2 群体中检测到的一个控制地上部 K^+ 含量的主效 QTL，解释总表型变异的 40.1%（Lin H.et al.，2004）。Ren 等（2005）利用图位克隆方法，经 BC_2F_2 群体精细定位和 BC_3F_2 群体高精度连锁分析，将 *qSKC-1* 限定在 7.4 kb 的染色体区间内，并最终将 *qSKC-1* 基因分离。该基因编码一个 HKT（High-affinity K^+transporter）家族的离子转运蛋白（$OsHKT_{1.5}$），主

要存在于水稻根的木质部薄壁细胞中，具有专一性运输 Na^+ 的功能。该转运蛋白可能主动将 Na^+ 运出木质部，经过其他 Na^+ 转运体的作用将 Na^+ 从韧皮部运回至根部并排出体外，从而降低地上部 Na^+ 含量，调节地上部 K^+/Na^+ 平衡，提高水稻耐盐性。

Gregorio（1997）利用 AFLP 标记对 Pokkali/IR29 组合的 F_8 重组自交系群体进行耐盐 QTL 分析，在水稻第 1 染色体上检测到一个同时控制水稻植株 Na^+、K^+ 含量和 Na^+/K^+ 的主效 QTL，命名为 *Saltol*。在该群体中，*Saltol* 位点的 LOD 值大于 14.5，表型贡献率为 64.3%~80.2%。随后，Bonilla 等（2002）利用同一作图群体，将 *Saltol* 定位到 SSR 标记 RM23 和 RM140 之间的染色体区段，并发现 *Saltol* 位点对 Na^+、K^+ 含量和 Na^+/K^+ 的表型贡献率分别为 39.2%、43.9% 和 43.2%。Niones（2004）和 Thomson 等（2010）分别利用以 IR29 为背景、Pokkali 为供体的 BC_3F_4 和 BC_3F_5 代近等基因系进一步确认了 *Saltol* 位点在染色体上的位置。目前，*Saltol* 的精细定位工作尚未取得突破性进展，候选基因还没有被分离。

水稻中利用自然变异克隆的唯一 1 个耐盐基因是 *SKC1*。*SKC1* 基因的克隆是我国水稻耐盐功能基因研究取得的突出成果，为水稻耐盐遗传育种提供了有利基因。*SKC1* 对表型变异的贡献率达到 40.1%，位于水稻 1 号染色体，是一个主效 QTL（Lin et al.，2004）。通过分子标记辅助育种，将 *SKC1* 导入优良水稻栽培品种，培育耐盐性好的水稻新品种，具有一定的应用前景。*SKC1* 编码一个运输 Na^+ 的 HKT 家族的离子转运蛋白，在木质部周围的薄壁细胞中表达，其作用机理是：当水稻受到盐胁迫时，大量 Na^+ 通过木质部流液从根部向地上部运送，积累在地上部，*SKC1* 将 Na^+ 运出木质部，通过其他钠离子转运蛋白将 Na^+ 从韧皮部运回到根部并排出体外，从而降低地上部的 Na^+ 含量，当木质部的 Na^+ 浓度降低时，K^+ 的运输增加，使因盐胁迫而降低的 K^+ 浓度部分恢复。因此，在盐胁迫下 *SKC1* 通过调节水稻地上部的 K^+/Na^+ 平衡，维持高钾、低钠状态，从而增加水稻的耐盐性。

近年来，随着分子生物学与转基因技术的迅速发展，植物耐盐碱转基因的研究已成为目前耐盐碱植物研究的最主要途径。科研工作者利用基因沉默、定点突变等技术对多种耐盐碱微生物与植物进行研究，发现了多种耐盐碱基因，并通过分子克隆技术克隆出相关基因。与此同时，还通过提高调控耐盐碱基因转录表达的转录因子表达量，增强转基因植物的耐盐碱度。目前，科研工作者利用转基因技术将耐盐碱基因导入多种农作物中，能改善其耐盐碱性，并取得了丰富的研究成果。

另有一些较为深入的研究则是对耐盐 / 盐敏感突变体开展了精细定位和克隆工作。Lan 等（2015）将幼苗耐盐突变体基因 *SST* 精细定位到水稻第 6 染色体 BAC 克隆 B1047G05

上的 17 kb 区间内，在此区间仅存在一个预测基因，编码 OsSPL10（SQUAMOSA promoter-binding-like protein 10）蛋白，可能为 *SST* 的候选基因。与野生型相比，*sst* 突变体中该基因 ORF 第 232 位碱基发生了缺失，造成移码突变，导致蛋白翻译提前终止。Huang 等（2009）将控制 *dst* 突变体耐盐性的突变体位点定位到水稻第 3 染色体分子标记 H2423 和 H2437 之间 14 kb 的染色体区间，分离到一个控制水稻耐盐性的新型锌指转录因子 DST。DST 具有转录激活活性，可以与活性氧动态平衡相关基因启动子上的 DBS 元件直接结合，调节这些基因的表达，影响活性氧的积累，从而调节气孔开度，影响水稻的耐旱和耐盐性。Ogawa 等（2011）和 Toda 等（2013）分别利用盐敏感突变体 *rss1* 和 *rss3* 克隆到耐盐相关基因 *RSS1* 和 *RSS3*。*RSS1* 参与细胞周期的调控，是维持盐胁迫下分生细胞活性和活力的一个重要因子；*RSS3* 调控茉莉酸响应基因的表达，在盐胁迫环境下维持根细胞以适宜速率伸长方面起到重要作用。Takagi 等（2015）利用新兴的 MutMap 基因定位技术，快速鉴定控制 *hst1* 突变体耐盐性增强的基因位点（OsRR22），该基因编码一个 B 型响应调节子蛋白。这些研究利用水稻耐盐 / 盐敏感突变体，顺利克隆到了多个耐盐重要基因，充分表明利用突变体来分离水稻耐盐相关基因是一条可行途径。随着 MutMap 技术的快速发展与应用，相关研究工作会更高效。

目前，国内外研究人员已经克隆一批耐盐碱基因转入水稻，并获得耐盐碱转基因水稻新材料，进而为培育出转基因水稻新品种奠定了理论基础。

Alagarsamy 等（Alagarsamy et al.，2011；Su J. et al.，2004；Anoop N. et al.，2003）将控制合成脯氨酸的关键酶（*PSCS*）基因转入水稻，转基因植株的耐盐性显著提高。Supaporn 等（Supaporn H. et al.，2011；林秀峰，2005）将甜菜碱醛脱氢酶（*BADH*）基因转入水稻，盐碱胁迫的耐受性增强。王慧中等（2000）将调控糖醇类相关基因 1- 磷酸甘露醇脱氢酶（*mt1D*）基因和 6- 磷酸山梨醇脱氢酶（gutD）导入水稻，大大提高了转基因植株的抗盐能力。Mark 等（Mark C. F. R. et al.，2012；Fang I. C. et al.，2003；Garg Ajay K. et al.，2002）将海藻糖合成酶基因转入水稻中，从而提高了转基因水稻对干旱胁迫和盐胁迫的耐受性。Chen 等（2013）将嗜盐古菌 *MnSOD* 基因转入水稻，提高了水稻盐碱胁迫的耐受能力。Shahanaz 等（2014）将 *AeNCED* 基因转入水稻中，能显著提高转基因水稻的耐盐能力。李道恒等（2013）将基因 OsCYP2 分别转入烟草和水稻，过表达能够提高烟草和水稻对盐碱胁迫的耐受性。Li 等（Meiru Li et al.，2011；Fukuda A. et al.，2004）分别使水稻过表达 *AtNHXS*、*OsNHX1* 基因，提高了转基因水稻盐碱胁迫的耐受能力。Ohta 等（张莹，2012；Ohta M. et al.，2000）将 *SOSI* 基因转入水稻，转基因水稻盐碱胁迫的耐受能力显著提高。李荣田等（李荣田，2002；于志晶，2014）分别将调节细胞 K^+/Na^+ 的基因 *HALL* 导入水稻，表明转基因水稻对盐碱胁迫的耐受性。Dubouzet 等（Dubouzet J.G.et al.，2003；Qiu yun Wang et al.，2008；吴慧敏，2011；Tania S.，2013）分别将 AP2/EREBP 转录因子相关基因 *OsDREB1A*、*OsDREBIF*、*OsASIE1*、*OsEREBP2* 转入水稻，在转基因水稻中过表达，提高了转基因水稻耐盐碱胁迫的能力。Liu 等（2014）将 bZIP 转录因子相关基因 *OsbZIP71* 转入水稻，能显著提高转基因水稻对干旱和盐的耐受性。Hironori 等（2010）将 NAC 家族转录因子相关基因 *OsNACS* 转入水稻中，在转基因水稻中过表达 *OsNAC* 基因能够改善盐胁迫。Vannini 等（李敏，2012；Vannini C.et al.，2004）分别将 *OsMYB4*、*AtMYB44* 转入水稻中，能显著提高转基因水稻对干旱、高盐的耐受性。Zeng 等（2014）将 RING-H2 锌指蛋白相关基因 *OsRHP1* 转入水稻中，在转基因水稻中过表达 *OsRHP1* 基因，进而提高了转基因水稻的抗旱能力和耐盐碱能力。Cheng 等（Cheng Z.Q.et al.，2002）将 *PMA80*、*PMA1959* 和 *OsLEA3* 基因转入水稻，提高了转基因水稻耐水分亏缺和盐胁迫的能力。Takayuki 等（2011）将蛋白激酶（CDPK）相关基因 *OsCPK21* 转入水稻中，结果表明 *OsCPK21* 基因参与调控 ABA 信号通路及盐胁迫的响应。陈天龙等（2015）将 CBI 家族蛋白相关基因 *HsCBL8* 分别转入拟南芥和水稻中，显著提高了转基因植株的耐盐性。刘金燕等（2013）将水稻 HAK 转运体 OsHAKa 和 shaker 家族的 *OSKβ* 基因转入水稻中，结果表明这两个基因调节水稻耐盐能力。金英浩等（2012）通过将细胞凋亡抑制基因 *Bcl-2*、*Ced-9*、*PpBI-1* 转入水稻中，在转基因水稻中过表达 *Bcl-2*、*Ced-9*、*PpBI-1* 基因，转基因水稻通过诱导 PCD（抑制细胞程序性死亡）的产生，从而提高了耐盐胁迫的能力。以上是近十几年来提高转基因水稻耐盐性的研究，从整体上看，转基因水稻的研究取得了突破性的进步，进一步为利用基因工程技术培育转基因耐盐水稻新品种奠定了基础。

转基因水稻耐盐碱机制的研究已开展了 20 多年，在此期间，研究者不仅建立了成熟的遗传转化体系，而且鉴定和克隆了一大批具有耐盐碱功能的基因，为水稻耐盐碱分子育种的研究丰富了可利用的基因资源。随着科技的发展，研究发现在通过基因工程技术培育水稻耐盐碱新品种的过程中仍存在一些问题。首先，虽然目前已经克隆了许多水稻耐盐碱相关基因，但仅有少量基因可用于遗传转化，且转入的均是单一基因，极少有相关的多个基因；其次，目前利用基因工程提高水稻的耐盐特性，外源基因导入水稻效率受水稻基因型的限制，转化效率低也是外源基因导入的主要限制因素；再者，目前已获得一些转基因水稻植株，只是相对于对照植株耐盐性尚不稳定，且外源基因的表达水平不稳定，所以极少能用于大田育种。因此，不断深入研究水稻耐盐碱机理是目前育种工作急需解决的问题，随着分子生物学和现代分子生物技术的快速发展，为了丰富水稻耐盐碱的种质资源，培育有价值的新品种，我们需要将多个基因转入水稻中，最终使耐盐碱基因整合到优良的水稻中并稳定遗传，实现基因工程技术和常规育种的结合。在不久的将来，水稻耐盐碱的研究也会取得更大的成就，培育出具有实用价值的水稻新品种。

第二节 分子标记辅助育种技术在耐盐碱水稻育种中的应用

一、分子标记的开发

分子标记辅助育种（Molecular Assisted Breeding，MAB）是利用与目标性状紧密连锁的DNA分子标记（Molecular Marker）或功能标记（Functional Marker，FM）对目标性状进行间接选择，再结合常规育种手段培育出新品种的现代育种技术，是分子标记辅助选择（Molecular Assisted Selection，MAS）和常规育种的有机结合（Singh，2001；Zhou，2003；向殉朝，2003；曹立勇，2003；陈学伟，2004；范吉星，2008）。

（一）分子标记的发展

广义的分子标记是指可遗传并能检测的DNA序列或蛋白质，狭义的分子标记是指能反映生物个体或种群间基因组中某种差异的特异性DNA片段。目前，遗传标记包括分子标记、形态标记（Morphological Marker）、细胞学标记（Cytological Marker）、生化标记（Biochemical Marker）4种类型。后3种遗传标记均以基因表达的结果（表现型）为基础，是对基因的间接反映，而DNA分子标记则是DNA水平遗传变异的直接反映。

生命的遗传信息存储于DNA序列之中，高等生物每一个细胞的全部DNA构成了该生物体的基因组，而基因组DNA序列的变异是物种遗传多样性的基础。尽管在生命信息的传递过程中DNA能够精确地自我复制，但是许多因素也能引起DNA序列的变化，造成个体之间的遗传差异，如单个碱基的替换、DNA片段的插入、缺失、易位和倒位等都能引起DNA序列的变异。

DNA分子标记在分子生物学的发展过程中诞生和发展。1974年，Grozdicker等人在鉴定温度敏感表型的腺病毒DNA突变体时，利用经限制性内切酶酶解后得到的DNA片段差异，首创了DNA分子标记，即第一代DNA分子标记——限制性片段长度多态性标记（Restriction Fragment Length Polymorphism，RFLP）。

DNA 分子标记是 DNA 水平上遗传多态性的直接反映。DNA 水平的遗传多态性表现为单个核苷酸的变异，即核苷酸序列的任何差异，因此，DNA 标记在数量上几乎是无限的。与以往的遗传标记相比，DNA 标记还有许多特殊的优点，如无表型效应、不受环境限制和影响等。目前，DNA 标记已广泛地应用于种质资源研究、遗传图谱构建、目的基因定位和分子标记辅助选择等各个方面。理想的 DNA 标记应具备以下特点：① 遗传多态性高；② 共显性遗传，信息完整；③ 在基因组中大量存在且分布均匀；④ 选择中性；⑤ 稳定性、重现性好；⑥ 信息量大，分析效率高；⑦ 检测手段简单快捷，易于实现自动化；⑧ 开发成本和使用成本低。目前已发展出十几种 DNA 标记技术，它们各具特色，并为不同的研究目标提供了丰富的技术手段，但还没有一种 DNA 标记能完全具备上述理想特性。

利用现代分子生物学技术揭示 DNA 序列的变异（遗传多态性），可以建立 DNA 水平上的遗传标记。从 1980 年人类遗传学家 J. G. K. Botstein 等首次提出 DNA 限制性片段长度多态性作为遗传标记的思想及 1985 年 PCR 技术的诞生至今，已经发展了十多种基于 DNA 多态性的分子标记技术，包括以 DNA 杂交为基础、以 PCR 为基础、PCR 技术和限制性酶切技术相结合的几种类型。检测 DNA 水平上的遗传变异最精确的方法是直接测定 DNA 序列，通过对测定的 DNA 序列进行分析比较，即可揭示生物体间在单个核苷酸水平上的遗传多态性。

遗传标记原用于遗传作图，确定染色体上基因顺序。1913 年，Alfred H. Sturtevant 使用 6 个形态标记构建了第一个果蝇遗传图谱。1923 年，Karl Sax 发现菜豆数量性状（种子颜色和大小）和数量性状位点之间的遗传连锁。从此，遗传标记由形态标记发展到同工酶又到 DNA 分子标记，它能够直接反映基因组 DNA 间的差异。

1980 年，Botstein 等人发现 RFLP 标记技术是构建遗传连锁图的好方法。1983 年，Soller 和 Beckman 最先把 RFLP 应用于品种鉴别和品系纯度的测定以后，RFLP 标记技术用于许多植物完整遗传图的构建，DNA 分子标记也随之迅速发展。1982 年，Hamade 发现了第二代 DNA 分子标记——简单序列重复标记（Simple Sequence Repeat，SSR）。1990 年，Williams 和 Welsh 等发明了随机扩增多态性 DNA 标记（Randomly Amplified Polymorphic DNA，RAPD）和任意引物 PCR（Arbitrary Primer PCR，AP-PCR）。1991 年，Adams 等人建立了一种相对简便和快速鉴定大批基因表达的技术——表达序列标签（Expressed Sequence Tag，EST）标记技术。1993 年，Zabeau 和 Vos 发明了扩展片段长度多态性标记（Amplified Fragment Length Polymorphism，AFLP）。1994 年，Zietkiewicz 等发明了简单重复间序列标记（Inter-simple Sequence Repeat，ISSR）。1995 年，Velculescu 等发明了基因表达系列分析技术（Serial

Analysis of Gene Expression，SAGE）。1998 年，在人类基因组计划的实施过程中，第三代分子标记——单核苷酸多态性（Single Nuleotide Polymorphism，SNP）标记诞生了。2001 年，美国加州大学蔬菜系的 Li 和 Quiros 博士提出了基丁聚合酶链反应（Polymerase Chain Reaction，PCR）的相关序列扩增多态性（Sequence Related Amplified Polymorphism，SRAP）标记。2003 年，美国农业部北方作物科学实验室的 Hu 和 Vick 又提出了基于 PCR 的靶位区域扩增多态性（Target Region Amplified Polymorphism，TRAP）。目前，DNA 分子标记已经发展到几十种。

（二）分子标记的分类及原理

依据对 DNA 多态性的检测手段，DNA 标记可分为四大类：

1. 基于 DNA-DNA 杂交的 DNA 标记

该标记技术是利用限制性内切酶酶解及凝胶电泳分离不同生物体的 DNA 分子，然后用经标记的特异 DNA 探针与之进行杂交，通过放射自显影或非同位素显色技术来揭示 DNA 的多态性。其中最具代表性的是发现最早和应用广泛的 RFLP 标记。

2. 基于 PCR 的 DNA 标记

PCR 技术问世不久，便以其简便、快速和高效等特点迅速成为分子生物学研究的有力工具，尤其是在 DNA 标记技术的发展上更是起到了巨大作用。根据所用引物的特点，这类 DNA 标记可分为随机引物 PCR 标记和特异引物 PCR 标记。随机引物 PCR 标记包括 RAPD 标记、ISSR 标记等，其中 RAPD 标记使用较为广泛。随机引物 PCR 所扩增的 DNA 区段是事先未知的，具有随机性和任意性，因此随机引物 PCR 标记技术可用于对任何未知基因组的研究。特异引物 PCR 标记包括 SSR 标记、STS 标记等，其中 SSR 标记已广泛地应用于遗传图谱构建、基因定位等领域。特异引物 PCR 所扩增的 DNA 区段是事先已知的明确的，具有特异性，因此，特异引物 PCR 标记技术依赖于对各个物种基因组信息的了解。

3. 基于 PCR 与限制性酶切技术结合的 DNA 标记

这类 DNA 标记可分为两种类型，一种是通过对限制性酶切片段的选择性扩增来显示限制性片段长度的多态性，如 AFLP 标记。另一种是通过对 PCR 扩增片段的限制性酶切来揭示被扩增区段的多态性，如 CAPS 标记。

4. 基于单核苷酸多态性的 DNA 标记

它是由 DNA 序列中因单个碱基的变异而引起的遗传多态性，如 SNP 标记。目前 SNP 标记一般通过 DNA 芯片技术进行分析。

以上四大类DNA标记，都是基于基因组DNA水平上的多态性和相应的检测技术发展而来的，这些标记技术都各有特点。任何DNA变异能否成为遗传标记都有赖于DNA多态性检测技术的发展，DNA的变异是客观的，而技术的进步则是人为的。随着现代分子生物学技术的迅速发展，随时可能诞生新的标记技术。DNA标记的拓展和广泛应用，最终必然会促进作物遗传与育种研究的深入发展。

二、基因定位

（一）连锁分析

随着现代分子生物学的发展和分子标记技术的成熟，已经可以构建各种作物的分子标记连锁图谱。基于作物的分子标记连锁图谱，采用近年来发展的数量性状基因位点（QTL）的定位分析方法，可以估算数量性状的基因位点数目、位置和遗传效应。以下内容介绍了数量性状基因定位的原理、分析方法及其优缺点。

1. 数量性状基因定位的原理

孟德尔遗传学分析非等位基因间连锁关系的基本方法是，首先根据个体表现型进行分组，然后根据各组间的比例，检验非等位基因间是否存在连锁，并估计重组率。QTL定位实质上就是分析分子标记与QTL之间的连锁关系，其基本原理仍然是对个体进行分组，但这种分组是不完全的。

2. 数量性状基因定位的方法

自然界存在的生物个体的性状、品质等多为数量性状，它们受多基因的控制，也易受环境影响。多基因及环境的共同作用结果使得数量性状表现为连续变异，基因型与表现型间的对应关系也难以确定。因此，长期以来，科学工作者只是借助数理统计方法，将复杂的多基因系统作为一个整体，用平均值和方差来表示数量性状的遗传特征，而对单个基因的效应及位置、基因间的相互作用等无法深入了解，从而限制了育种中数量性状的遗传操作能力。20世纪80年代以来发展的分子标记技术，为深入研究数量性状的遗传规律及其操作创造了条件，提高了植物育种中目标数量性状优良基因型选择的可能性、准确性及预见性。下面主要介绍几种定位方法。

（1）QTL定位方法：连锁是QTL定位的遗传基础。QTL定位是通过数量性状观察值与标记间的关联分析，即当标记与特定性状连锁时，不同标记基因型个体的表型值存在显著差异，来确定各个数量性状位点在染色体上的位置、效应，甚至各个QTL间的相关作用。因此，QTL 定位实质上也就是基于一个特定模型的遗传假设，是统计学上的一个概念，有可信度（如 99%、95% 等），与数量性状基因有本质区别。

（2）区间作图法（Interval Mapping，IM）：Lander 和 Botstein（1989）等提出，建立在个体数量性状观测值与双侧标记基因型变量的线性模型的基础上，利用最大似然法对相邻标记构成的区间内任意一点可能存在的 QTL 进行似然比检测，进而获得其效应的极大似然估计。其遗传假设是，数量性状遗传变异只受一对基因控制，表型变异受遗传效应（固定效应）和剩余误差（随机效应）控制，不存在基因型与环境的互作。区间作图法可以估算 QTL 加性和显性效应值。与单标记分析法相比，区间作图法具有以下特点：① 能从支撑区间推断 QTL 的可能位置。② 可利用标记连锁图在全染色体组系统地搜索 QTL，如果一条染色体上只有一个 QTL，则 QTL 的位置和效应估计趋于渐进无偏。③ QTL 检测所需的个体数大大减少。但 IM 也存在不足。a. 回归效应为固定效应；b. 无法估算基因型与环境间的互作（QE），无法检测复杂的遗传效应（如上位效应等）。③ 当相邻 QTLs 相距较近时，由于其作图精度不高，QTLs 间相互干扰导致出现 GhostQTL。④ 一次只应用两个标记进行检查，效率很低。

（3）复合区间作图法（Composite Interval Mapping，CIM）：CIM 是 Zeng（1994）提出的结合了区间作图和多元回归特点的一种 QTL 作图方法，其遗传假定是数量性状受多基因控制。该方法中拟合了其他遗传标记，即在对某一特定标记区间进行检测时，将与其他 QTL 连锁的标记也拟合在模型中以控制背景遗传效应。CIM 的主要优点是：① 采用 QTL 似然图来显示 QTL 的可能位置及显著程度，从而保证了 IM 的优点。② 假如不存在上位性和 QTL 与环境互作，QTL 的位置和效应的估计是渐进无偏的。③ 以所选择的多个标记为条件（即进行的是区间检测），在较大程度上控制了背景遗传效应，提高了作图的精度和效率。CIM 存在的不足是：① 由于将两侧标记用作区间作图，对相邻标记区间的 QTL 估计会引起偏离；② 同 IM 一样，将回归效应视为固定效应，不能分析基因型与环境的互作及复杂的遗传效应（如上位效应等）；③ 当标记密度过大时，很难选择标记的条件因子。

（4）基于混合线性模型的复合区间作图法（Mixed Composite Interval Mapping，MCIM）：朱军（1998）提出了用随机效应的预测方法获得基因型效应及基因型与环境互作效应，然后再用区间作图法或复合区间作图法进行遗传主效应及基因型与环境互作效应的 QTL 定位分析。该方法的遗传假定是数量性状受多基因控制，它将群体均值及 QTL 的各项遗传效应看作固定效应，而将环境、QTL 与环境、分子标记等效应看作随机效应。由于 MCIM 将效应值估计和定位分析相结合，既可无偏地分析 QTL 与环境的互作效应，又提高了作图的精度和效率。利用这些效应值的估计，可预测基于 QTL 主效应的普通杂种优势和基于 QTL 与环境互作效应的互作杂种优势，因此其具有广阔的应用前景。

（5）其他 QTL 定位方法：主要有 Bayesian 作图法、双侧标记回归法（Flanking Marker Regression Analysis，FMRA）、轮回选择回交定位法（Recurrent Selection and Backcrossing，RSB）、多亲本作图法等。Bayesian 作图法（Satagopan et al.，1996）亦是基于线性模型作图方法，其过程是先推测 QTL 个数，再依据 Bayes 因子决定最可能的 QTL 个数。它不仅可以用于普通数量性状的 QTL 定位，亦可定位复杂的二元性状（binary trait）（Yi et al.，2000）。FMRA（Haley and Knott，1992）是应用回归方法，搜索在全染色体组上任何两个标记间是否存在 QTL 并确定其最可能的位置和效应。这一方法最大的优点是计算简单，所得结果与 IM 法的结果基本相同。轮回选择在植物遗传改良中具有十分重要的作用。RSB 定位法就是利用轮回选择构建群体，充分发挥高密度分子标记连锁图及 QTL 与其附近标记不断重组的优势，分解数量性状遗传结构，将 QTL 定位在 1 cM 之内。因此，其 QTL 定位效率及精度比 IM 及其衍生方法更高（Luo et al.，2002）。多亲本作图法（Xu et al.，1998）是 IM 法在多亲本杂交群体中 QTL 定位分析的推广，它克服了其他作图方法中仅限于利用在一个或几个性状上存在较大遗传差异的两个亲本的缺点，充分利用了自然基因资源，并且对其他性状亦可进行有效检测。但利用这一模型必须解决以下两个问题：一是不同杂交组合的多态性位点的可能不一致性，二是同样的两个标记在不同的组合间遗传距离可能也不相同。

3. *群体构建*

要构建 DNA 标记连锁图谱，必须建立作图群体。建立作图群体需要考虑的重要因素包括亲本的选配、分离群体类型的选择及群体大小的确定等。

（1）亲本的选配：亲本的选择直接影响到构建连锁图谱的难易程度及所建图谱的适用范围。一般应从 4 个方面对亲本进行选择。第一，要考虑亲本间的 DNA 多态性。亲本之间的 DNA 多态性与其亲缘关系有着密切关系，这种亲缘关系可用地理的、形态的或同工酶多态性作为选择标准。一般而言，异交作物的多态性高，自交作物的多态性低。例如，玉米的多态性极好，一般自交系间配制的群体就可成为理想的 RFLP 作图群体；番茄的多态性较差，因而只能选用不同种间的后代构建作图群体；水稻的多态性居中，美国康奈尔大学 S. D. Tanksley 实验室 1988 年发表的 RFLP 连锁图谱是以籼稻和爪哇稻之间的杂交组合为基础构建的（McCouch et al.，1988）。在作物育种实践中，育种家常将野生种的优良性状转育到栽培种中，这种亲缘关系较远的杂交转育，DNA 多态性非常丰富。第二，选择亲本时应尽量选用纯度高的材料，并进一步通过自交进行纯化。第三，要考虑杂交后代的可育性。亲本间的差异过大，杂种染色体之间的配对和重组会受到抑制，导致连锁座位间的重组率偏低，并导致严重的偏分离现象，降低所建图谱的可信度和适用范围；严重的还会降低杂种后代的结实率，甚至导致不育，从而影响分离群体的构建。仅用一对亲本的分离群体建立的遗传图谱往往不能完全满足基因组研究和各种育种目标的要求，应选用几个不同的亲本组合，分别进行连锁作图，以达到相互弥补的目的。第四，选配亲本时还应对亲本及其 F_1 杂种进行细胞学鉴定。若双亲间存在相互易位，或多倍体材料（如小麦）存在单体或部分染色体缺失等问题，那么其后代就不宜用来构建连锁图谱。

（2）分离群体类型的选择：根据其遗传稳定性可将分离群体分成两大类：一类称为暂时性分离群体，如 F_2、F_3、F_4、BC、三交群体等，这类群体中分离单位是个体，经过自交或近交，其遗传组成就会发生变化，无法永久使用。另一类称为永久性分离群体，如 RI、DH 群体等，这类群体中分离单位是株系，不同株系之间存在基因型的差异，而株系内个体间的基因型是相同且纯合的，是自交不分离的。这类群体可通过自交或近交繁殖后代，而不会改变群体的遗传组成，可以永久使用。

构建 DNA 连锁图谱可以选用不同类型的分离群体，它们各有其优缺点，因此应结合具体情况选用。

1）F_2 群体：F_2 群体是常用的作图群体，迄今大多数植物的 DNA 标记连锁图谱都是用 F_2 群体构建的。不论是自花授粉植物，还是异花授粉植物，建立 F_2 群体都是容易的，这是使用 F_2 群体进行遗传作图的最大优点。但 F_2 群体也存在不足之处，其一是存在杂合基因型。对于显性标记，将无法识别显性纯合基因型和杂合基因型。由于这种基因型信息简并现象的存在，会降低作图的精度，而为了提高精度，减小误差，则必须使用较大的群体，从而会增加 DNA 标记分析的费用。

F_2 群体的另一个缺点是不易长期保存。群体有性繁殖一代后，其遗传结构就会发生变化。为了延长 F_2 群体的使用时间，一种方法是对其进行无性繁殖，如进行组织培养扩繁。但这种方法不是所有的植物都适用，且耗资费工。另一种方法是使用 F_2 单株的衍生系（F_3 株系或 F_4 家系）。将衍生系内多个单株混合提取 DNA，则能代表原 F_2 单株的 DNA 组成。为了保证这种代表性的真实可靠，衍生系中选取的单株必须是随机的，且数量要足够多。这种方法对于那些繁殖系数较大的自花授粉植物（如水稻、小麦等）特别适用。

2）BC_1 群体：BC_1（回交一代）也是一种常用的作图群体。BC_1 群体中每一分离的基因座只有两种基因型，它直接反映了 F_1 代配子的分离比例，因而 BC_1 群体的作图效率最高，这是它优于 F_2 群体的地方。BC_1 群体还有一个用途，就是可以用来检验雌、雄配子在基因间的重组率上是否存在差异。其方法是比较正、反回交群体中基因的重组率是否不同。例如正回交群体为（A×B）×A，反回交群体为A×（A×B），前者反映的是雌配子中的重组率，后者反映的是雄配子中的重组率。

虽然 BC_1 群体是一种很好的作图群体，但它也与 F_2 群体一样，存在不能长期保存的问题。但是可以用 F_2 中使用的类似方法来延长 BC_1 群体的使用时间。另外，对于一些人工杂交比较困难的植物，BC_1 群体也不太合适，一是难以建立较大的 BC_1 群体，二是容易出现假杂种，造成作图的误差。

对于一些自交不亲和的材料，则可以使用三交群体，即（A×B）×C。因为其存在自交不亲和性，所以这样的三交群体中不存在假杂种现象。

3）RI群体：RI（重组自交系）群体是杂种后代经过多代自交而产生的一种作图群体，通常从 F_2 代开始，采用单粒传的方法来建立。由于自交的作用是使基因型纯合化，因此，RI群体中每个株系都是纯合的，因而RI群体是一种可以长期使用的永久性分离群体。理论上，建立一个无限大的RI群体，必须自交无穷多代才能达到完全纯合；建立一个有限大小的RI群体则只需自交有限代。然而，即使是建立一个通常使用的包含100~200个株系的RI群体，要达到完全纯合，所需的自交代数也是相当多的。据吴为人（1997）从理论上推算，对一个拥有10条染色体的植物种，要建立完全纯合的RI作图群体，至少需要自交15代。可见，建立RI群体是非常费时的。在实际研究中，人们往往无法花费那么多时间来建立一个真正的RI群体，所以常常使用自交6~7代的“准”RI群体。从理论上推算，自交6代后，单个基因座的杂合率只有大约3%，已基本接近纯合。然而，由于构建连锁图谱时涉及大量的DNA标记座位，因而虽然多数标记座位已达到或接近完全纯合，但仍有一些标记座位存在较高的杂合率，有的高达20%以上（李维明，2000）。尽管如此，实践证明，利用这样的“准”RI群体来构建分子标记连锁图谱仍是可行的。

在RI群体中，每一分离座位上只存在两种基因型，且比例为1∶1。从这点看，RI群体的遗传结构与 BC_1 相似，也反映了 F_1 配子的分离比例。但值得注意的是，当分析RI群体中两个标记座位之间的连锁关系时，算得的重组率比例并不等于 F_1 配子中的重组率，这是因为在建立RI群体的过程中，两个标记座位间每一代都会发生重组，所以RI群体中得到的重组率比例是多代重组率的积累。不过，从理论上可以推算出，RI群体中的重组比例（R）与 F_1 配子中的重组率（r）之间的关系为：$R = 2r/(1+2r)$。因此，用RI群体仍然可以估计重组率，亦即RI群体仍然可以用于遗传作图。

RI群体的优点是可以长期使用，并且进行重复试验。因此，它除了可用于构建分子标记连锁图外，还适合于数量性状基因座（QTL）的定位研究。但是，考虑到构建 RI 群体要花费很长时间，如果仅是为了构建分子标记连锁图的话，选用 RI 群体是不明智的。另外，异花授粉植物由于存在自交衰退和不结实现象，建立 RI 群体也比较困难。

4）DH 群体：高等植物的单倍体（Haploid）是含有配子染色体数的个体。单倍体经过染色体加倍形成的二倍体称为加倍单倍体或双单倍体（DH）。DH 群体产生的途径很多，亦因物种不同而异，最常见的方法是通过花药培养，即取 F_1 植株的花药进行离体培养，诱导产生单倍体植株，然后对染色体进行加倍产生 DH 植株。DH 植株是纯合的，自交后即产生纯系，因此 DH 群体可以稳定繁殖，长期使用，是一种永久性群体。DH 群体的遗传结构直接反映了 F_1 配子中基因的分离和重组，因此 DH 群体与 BC_1 群体一样，作图效率是最高的。另外，由于 DH 群体跟 RI 群体一样，可以反复使用，重复试验，因此也特别适合于 QTL 定位的研究。

DH 群体直接利用 F_1 花粉经培养产生，因而建立 DH 群体所需时间不多。但是，产生 DH 植株有赖于花培技术。有些植物的花药培养非常困难，就无法通过花培来建立 DH 群体。另外，植物的花培能力跟基因型关系较大，因而花培过程会对不同基因型的花粉产生选择效应，从而破坏 DH 群体的遗传结构，造成较严重的偏分离现象，这会影响遗传作图的准确性。因此，如果是以构建分子标记连锁图为主要目的的话，DH 群体不是一种理想的作图群体。

（3）群体大小的确定：遗传图谱的分辨率和精度，在很大程度上取决于群体的大小。群体越大，则作图精度越高。但群体太大，不仅增大实验工作量，而且增加费用，因此，需确定合适的群体大小，而合适群体大小的确定常常与作图的内容有关。大量的作图实践表明，构建 DNA 标记连锁图谱所需的群体远比构建形态性状特别是数量性状的遗传图谱要小，大部分已发表的分子标记连锁图谱所用的分离群体一般都不足 100 个单株或家系。而如果用这样大小的群体去定位那些控制农艺性状尤其是数量性状的基因，就会产生很大的试验误差。从作图效率考虑，作图群体所需样本容量的大小取决于以下两个方面：一是从随机分离结果可以辨别的最大图距，二是两个标记间可以检测到重组的最小图距。因此，作图群体的大小可根据研究的目标来确定。作图群体越大，则可以分辨的最小图距就越小，而可以确定的最大图距就越大。如果建图的目的是用于基因组的序列分析或基因分离等工作，则需用较大的群体，以保证所建连锁图谱的精确性。在实际工作中，构建分子标记骨架连锁图可基于大群体中的一个随机小群体（如 150 个单株或家系），当需要精细地研究某个连锁区域时，再有针对性地在骨架连锁图的基础上扩大群体。这种大小群体相结合的方法，既可达到研究的目的，又可减少工作量。

作图群体大小还取决于所用群体的类型。如常用的 F_2 和 BC_1 两种群体，前者所需的群体就必须大些。这是因为 F_2 群体中存在更多种类的基因型，为了保证每种基因型都有可能出现，就必须有较大的群体。一般而言，F_2 群体的大小必须比 BC_1 群体约大 1 倍，才能达到与 BC_1 相当的作图精度。所以说，BC_1 的作图效率比 F_2 高得多。在分子标记连锁图的构建中，DH 群体的作图效率在统计上与 BC_1 相当，而 RI 群体则稍差些。总的说来，在分子标记连锁图的构建方面，为了达到彼此相当的作图精度，所需的群体大小的顺序为 F_2>RI>BC_1 和 DH。

4. 图谱构建

遗传图谱（Genetic Map）又称遗传连锁图谱（genetic link-age map），是指以染色体重组交换率为相对长度的单位，是以遗传标记为主体的染色体线状连锁图谱。其主要包含两种类型，即经典遗传图谱（Classical Genetic Map，CGM）和分子遗传图谱（Molecular Genetic Map，MGM）。经典遗传图谱是以形态、细胞学和生化标记构建的，因经典遗传图谱可利用的遗传标记较少，构建的图谱饱和度低，所以其发展较为缓慢；分子遗传图谱则是以 DNA 分子标记构建的，具有数量丰富、遗传稳定和操作简单等特性，大大促进了遗传图谱的发展。构建高密度的分子遗传图谱，对其比较基因组研究、基因图位克隆、分子标记辅助选择（Marker Assisted Selection，MAS）、数量性状位点定位（Quantitative Trait Loci，QTL）等研究领域都具有重要的理论和实践意义。

传统的 QTL 定位通常是利用各类标记对由双亲杂交 F_1 衍生的后代分离群体进行连锁分析。利用这种连锁分析方法进行 QTL 检测，需要构建作图群体，周期较长，而且作图精度有限，可检测的等位基因数量也少。而连锁不平衡的关联分析可以很好地克服这些局限性，被越来越广泛地应用于解析植物的各类数量性状。

（二）关联分析

关联分析是一种以定位数量性状位点来鉴定不同基因引起的遗传变异，发掘有效等位基因的分析方法（谭贤杰，2011）。关联分析，亦称连锁不平衡作图或关联作图，是一种以连锁不平衡（Linkage Disequilibrium，LD）为基础，鉴定某一群体内目标性状与遗传标记或候选基因关系的分析方法，主要有基于候选基因（Candidate Gene）的关联分析和基于全基因组的关联分析。与传统的连锁作图相比，关联分析具有无需构建专门的作图群体、节省时间、可同时检测同一座位上的多个等位基因、解析精度高和可实现 QTL 精细定位等优点。最初由于分子标记数量和基因型鉴定技术的限制，多数研究仅采用候选基因法关联分析。例如，Tian（2009）就是利用 18 个淀粉合成相关的候选基因序列与稻米食用蒸煮品质性状（直链淀粉含量、糊化温度、胶稠度）进行关联分析，发现 *Wx* 是控制稻米直链淀粉含量和胶稠度的主效基因，SS Ⅱ -3（*SS Ⅱ a*）是控制稻米糊化温度的主效基因，而其他微效基因又与主效基因相互作用共同构成食用蒸煮品质的调控网络。候选基因关联分析需要预先了解哪些基因的功能可能与目标性状有关，全基因组关联分析是以不同群体的 LD 和基因组中数以百万计的 SNP 为基础，进行表型与基因型关联分析以定位与目标性状相关的基因组区域，也可能定位在主效基因上。近年来，随着高通量测序和基因芯片等生物技术的发展，GWAS 方法在水稻遗传学研究中得到了广泛应用，为进一步了解控制水稻复杂数量性状发生的遗传基础和挖掘育种潜在功能基因提供了无限可能（Tung et al.，2010）。

1. 水稻全基因组 SNP 的检测方法

在植物育种和遗传研究中，SNP 标记以其数量丰富、遗传稳定性高、富有代表性、易于实现自动化分析以及性价比高等特点迅速替代简单重复序列（Simple Sequence Repeats，SSRs）成为新一代分子标记（McCouch et al.，2010）。在不同个体中，同一染色体或同一位点的核苷酸序列只有某一个碱基存在变异的现象称为单核苷酸多态性（SNP），它可能是决定特定性状或表型的功能性位点，也可能是同义变异。例如，Bao（2006）发现 *GC/TT* SNP 与糊化温度显著相关，只要是 *GC* 等位基因，基本都是高或中糊化温度，若是 *TT* 等位基因则是低糊化温度，正确率可达到 90% 以上。Bryan（2000）发现 Pita 基因座的 *T/G* SNP 决定水稻的稻瘟病抗性等。目前，常用的检测 SNP 的技术有基因芯片和高通量直接重测序两种。

（1）基因芯片技术检测 SNP：利用基因芯片检测全基因组 SNP 分两步进行。首先，从高通量测序发掘的 SNP 池中，如 OMAP 数据库（Ammiraju et al.，2006）、OryzaSNP 数据库（McNally et al.，2009）等筛选覆盖全基因组的 SNP，根据特定群体和研究目的可以选择不同的 SNP 设计芯片，然后将待测的基因组与芯片进行杂交，由于 SNP 只有两种等位型，因此很容易检测到相应个体的 SNP。目前，在水稻中已经设计出了不同分辨率的 SNP 芯片用于不同研究目的、不同群体的基因型测定（McCouch et al.，2010）。低分辨率的基因芯片，如 384-SNP，是从特定群体鉴定的 SNP 中筛选而出，能够快速将不同个体区分开来（Thomson et al.，2011）。Sate（2010）利用 77 个 SNP 区分 218 个水稻品种，结果表明 6 个 SNP 标记组合可以将其中 205 个区分开来。Zhao（2010）利用 McNally 重测序的 20 份水稻品种材料所提供的 SNP 数据设计了 1536-SNP 基因芯片，对 395 份水稻进行基因分型。Ebana（2010）以日本晴序列设计的引物，对 140 个水稻品种进行扩增得到 1 578 个扩增序列，平均长度达 567 bp，通过序列的比对总共得到 4 357 个 SNP，并将这些 SNP 及其邻近序列编入 OryzaSNP 数据库。此外，Yamamoto（2010）通过日本优质水稻品种越光重测序数据和日本晴的序列比对得到大量 SNP 数据，并开发了 1917-SNP 基因芯片用于151份日本水稻材料的基因型鉴定。最近，在水稻中也制作了高分辨率的基因芯片（McCouch et al.，2010），共包括44 000个SNP（44K基因芯片），大约每10 kb基因组长度就有1个SNP，如此高密度的基因芯片能快速、准确地获得不同水稻品种的大量SNP数据，完全能满足全基因组关联分析作图的需要。另外，更高分辨率的芯片正处于研发中，如960 K芯片，水稻全基因组中1 kb长度估计有1个SNP，而且每个注释单拷贝的基因至少有1个SNP，可以真正达到定位到基因的目的（Tung et al.，2010）。虽然基因芯片操作比较复杂，并且受限于前期SNP鉴定池的构建等，但是芯片的造价远比直接重测序便宜，性价比较高，因此能得到较广泛的应用（McCouch et al.，2010）。

（2）高通量直接重测序检测：SNP直接重测序是最容易实施的SNP检测方法，不仅能够直接检测到群体中常见的SNP和稀有的SNP，还能检测未知变异位点中新的SNP（McCouch et al.，2010）。水稻重测序群体首先经过一到两代的自交纯化，然后提取高质量的DNA进行直接测序，所得序列与对照基因组序列比对以检测SNP（Metzker et al.，2005；Schuster et al.，2008）。与第一代Sanger测序法及化学降解法相比，第二代直接测序产生的是许多短序列的片段，一般测序长度为25～400 bp，多个品种的基因组可同时进行测序（Eid et al.，2009）。Huang（2009）利用条码多通道测序方法对517份水稻进行重测序，得到2.7亿多个平均73bp的序列片段，将得到的序列片段与日本晴的进行比对，筛选得到360多万个SNP。直接重测序检测方法的局限主要在于同参考基因组序列的比对上面，存在重复序列和与对照基因组高度不同的区段的SNP将会被排除，如水稻中的新基因、基因重复、转座元件、染色体重排或有几个碱基引起的染色体结构变化（McCouch et al.，2010）。

2. 全基因组关联分析研究程序

全基因组关联分析需要选择一定数量覆盖全基因组的SNP对研究的群体进行全基因组扫描，然后将得到的分子数据与表型数据进行关联分析。类似于基于候选基因的关联分析，若某个SNP与表型性状显著关联，则此SNP与表型数据存在协同变异的关系。GWAS是一种综合系统的分析方法，除了检测基因组SNP之外，还需要考虑种质材料的代表性、材料的群体结构和LD分析、表型的选择与鉴定以及表型与基因型的关联分析模型的选择等因素。

（1）水稻种质材料的选择：水稻有着丰富的品种资源，如国际水稻研究所（IRRI）保存着超过102 547份亚洲栽培稻，1 652份非洲稻，4 508份野生稻；中国、日本、韩国、印度等国家也保存有大量的水稻品种资源（McNally et al.，2006）。对如此众多的水稻品种，需要选择一些具有某些特性的品种进行研究，一般具有地域和遗传变异多样性的种质材料为全基因组关联分析首要考虑因素。McNally（2009）选择的20份水稻材料具有表型多样性的特点，其中包括遗传多样性高和适应环境性强的地方品种。Huang（2010）对源于中国的517份地方品种进行全基因组分析，随后他们又将种质材料扩充到全球范围的950种；Zhao（2010）选择395份亚洲栽培稻；Tung（2010）则选取来自79个国家的400份亚洲栽培稻材料和100份非洲栽培稻进行了研究；Jin（2010）选择的416份水稻则主要是中国的地方品种（Landrace）、栽培品种和育种系。同时，尽可能地选择能代表水稻全部表型和遗传变异的材料，这可以提高关联分析的分辨率（Flint-Garcia et al.，2003）。例如，采用核心种质是较好的选择，日本的两个微小核心种质（Ebana，2008；Kojima et al.，2005），虽然只有为数不多的品种，却覆盖了90%以上的表型和遗传变异。

（2）水稻群体结构和群体连锁不平衡（LD）的分析：群体结构即群体中亚群体的情况，所有的群体分析研究中都可以将水稻分为两个亚群，即籼稻和粳稻。Chen（2011）用一组372个SNP标记对广泛收集的300份代表性重组自交系进行亚群分析，结果表明籼/粳亚群分层（Stratification）非常明显。Garris（2005）利用SSR标记将水稻分为温带粳稻（Temperate Japonica）、热带粳稻（Tropical Japonica）、香稻（Aromatic）、Aus及籼稻（Indica）等5个亚群。群体结构会增加染色体之间的LD，使目的性状与不相关的基因座间发生关联，群体结构被认为是引起假阳性的最主要因素（Flint-Garcia et al.，2003）。群体结构的分析是利用群体标记检测以校正种质材料的遗传结构，目前群体结构分析用贝叶斯聚群算法来计算，普遍采用STRUCTURE、INSTRUCTURE等软件（Gore et al.，2008）。此外，群体结构还可以用主成分分析（Pincipal Component Analysis，PCA）等方法来计算。McNally（2009）使用INSTRUCTURE软件将20份水稻分为籼稻、粳稻、Aus 3个亚群；Zhao（2010）对395份水稻材料STRUCTURE软件分析结果表明有5个亚群体的存在，同时采用邻接树（Neighbor-joining Tree）的分析结果与聚类分析亚群相同；随后，该团队又对413份水稻材料PCA种群结构进行了分析，结果也证实5个亚群体的存在（Zhao et al.，2011）。

连锁不平衡，是指群体内不同座位等位基因的非随机关联，一般以r2（Squared Allele Frequency Correlations）半长度的遗传距离表示（Flint-Garcia et al.，2003）。样本量少、遗传隔离、群体分层、重组率低、群体混杂、遗传漂变及上位作用等会导致LD衰减距离增加，而高重组率、高突变率以及基因转换（Gene conversion）等则会降低LD衰减距离，因此自花授粉的物种比异花授粉的物种具有更高的LD衰减距离（Tung et al.，2011）。全基因组关联分析分辨率取决于LD水平和等位基因或单倍型频率，群体的LD水平决定全基因组关联分析所需要的标记数量和密度。如果LD衰减距离较小，则关联作图需要大量的SNP标记，分辨率会较高；反之，需要的SNP标记较少，其分辨率也会较低。Huang（2010）的材料中373份籼稻和131份粳稻的LD衰减水平分别是123 kb和167 kb，与估计的栽培稻LD范围在100～200 kb相吻合，但整个群体不同染色体区域LD衰减差异较大，可能会影响关联分析的精度。因此，该研究只对籼稻群体进行了分析，在一定程度上证明了整个群体与每个亚群分别进行关联分析的必要性。

（3）水稻目标性状的选择及其表型的鉴定：关联分析既要充分利用基因型数据，还要注意有效合理的田间试验设计（Myles et al.，2009）。所需材料不仅要在多年多点且有多个重复随机区组设计的条件下进行，要尽量考虑到环境与基因型的互作效应，还要尽可能减少表型测定过程中的误差（Flint-Garcia et al.，2003）。Jin（2010）测定研究品种两年间在粒型、生育期和株高等性状方面的差异，其中抽穗期、株高、粒长宽比、穗长和千粒重的广义遗传率都超过0.90，而粒长、粒宽却相对偏低，表明有些性状受环境影响较大。Ordonez（2010）测定了4个不同地区水稻抽穗期、整精米率及表观直链淀粉含量的差异，方差分析结果表明环境、基因型及基因环境互作都是性状变异的重要因素，这与这些性状遗传率低结果一致。研究发现不同年份间稻谷形态和蒸煮品质性状存在明显差异，而抽穗期和抗病性等性状受环境影响较大。水稻品种间的生育期往往差异很大，而生育期不一致与一些非生物抗性，如抗旱性、耐盐性、耐碱性和整个群体中能检测到的性状有显著关联SNP（Zhao et al.，2010）。研究也发现在粳稻和籼稻中颜色性状检测到3个相同的关联基因，而粳稻品质性状检测到的基因与籼稻群体中完全不同，这可能是不同亚群间性状的遗传机制存在差异之故（Huang et al.，2011）。尽管每个亚群检测到的显著SNP大都能在整个群体中被检测到，但是整个群体的GWAS并不能取代每个亚群的分析，因为亚群间种群结构统计也会带来许多假关联。

3. 全基因组关联分析的局限性

GWAS最早应用于人类的疾病研究，在植物中特别是水稻中应用还是最近才开始的。涂欣（2010）指出了GWAS在人类疾病研究中存在的局限性和不足，例如，很多常见SNP对阐明大多数性状的作用似乎微乎其微，究其原因既有遗传统计分析中种群结构和多重假设检验导致的假阳性或假阴性问题，也有GWAS难以检测罕见变异以及检测基因与基因之间、基因与环境之间的互作的统计效能有限等。因此，GWAS不能仅凭*P*值判断某个SNP是否与性状真正关联，多群体、大样本的重复验证研究才是提高检验效能、确保发现真正性状关联SNP的关键，这些也有助于我们了解GWAS在水稻中应注意的问题。对于在水稻中应用

GWAS，涂欣提出应首先鉴于群体结构引起的假关联问题，研究者通过设计更加准确的群体结构分析模型，增加分析群体容量等方法有效地减少假关联。其次，目前 GWAS 能够有效检测共同变异基因而低等位基因频率位点往往难以检测，导致很大比例遗传可能性未被检测到，而连锁作图对于检测罕见变异非常有效，因此综合连锁作图和关联分析作图的巢式关联作图分析（Nested Association Mapping，NAM）群体和 MAGIC（Multiparent Advanced Generation Intercross）群体（Cavanagh et al.，2008），受到研究者的重视，这些群体对降低种群结构影响及解决稀有等位基因难以检测有帮助。第三，性状鉴定的准确性至关重要，即便是 NAM 和 MAGIC 群体，不同个体或株系间的生育期及株高的差异很大，高秆个体对矮秆个体的生长发育有不利影响。如前所述，生育期不一致对非生物抗性的测定影响较大，这些都直接影响关联分析结果的可靠性。第四，水稻复杂性状的关联定位，目前水稻中关联分析报道的大多数是简单性状的定位，其结果大多是对以往采用连锁分析定位到的结果进行重复验证，几乎很少涉及产量、抗逆性等复杂性状，对这些复杂性状的关联定位能否像简单性状一样找到关键基因很值得研究。第五，目前全基因组关联分析已经进入后关联分析时代（post-GWAS）（Nuzhdin et al.，2012），基因间互作分析、基因型与环境互作分析及其调控网络的解析是目前关联分析的难点和热点所在，因此要改进全基因组关联分析的数理统计方法，尽可能减少实验的误差，同时研发更好更强大的统计软件来提高分析的精确度和有效性（Yu et al.，2006）。最后，未来的研究应该将关联分析与育种联系起来，特别是 NAM 和 MAGIC 群体构建时应从育种角度选择亲本，这样可在这些群体中直接选择到优异株系。

三、耐盐碱水稻基因定位

（一）耐盐基因定位

随着分子生物技术的发展，人们发明了一些高效的 DNA 标记技术（Jia et al.，1996），使数量性状的研究取得了突破性进展，利用高密度的遗传连锁图可使人们用研究质量性状的方法来研究数量性状（Paterson et al.，1998）。自从 Lander 和 Botstein 发表利用区间作图法进行 QTL 分析的标志性文章以来（Lander et al.，1989），逐渐出现了一股研究 QTL 的热潮。关于水稻 QTL 定位的研究，始于 Wang 等利用 RFLP 连锁图谱定位了水稻对稻瘟病有部分抗性的 14 个 QTL 的研究报道（Wang et al.，1994）。

幼苗期和生殖生长期是水稻的两个盐敏感时期，而种子萌发期和营养生长期植株耐盐性相对较强（Negrao et al.，2011），水稻耐盐性状相关的 QTL 研究主要以幼苗期和生殖生长期为主，种子萌发期和营养生长期研究较少。Kim（2009）定位有关苗高、叶干重、叶鲜重和叶面积等 8 个 QTL。Sabouri（2009）定位了苗高、耐盐等级和苗干重等 6 个 QTL。Zhao（2011）利用 F_2 分离群体检测到 3 个苗期耐盐主效 QTL。Lin（2004）应用 RIL 群体定位到盐胁迫下 3 个苗存活天数的 QTL。龚继明（1998）定位到耐盐主效基因 *Std*。顾兴友（2000）利用耐盐品种 Pokkali 和 Peta 回交群体检测到苗期的 5 个 QTL。钱益亮（2009）以 4 个 BC_2F_3 群体定位出与水稻幼苗耐盐性有关的 43 个 QTL。Tian（2011）以水稻 Teqing（特青）与野生稻的 87 个杂交系为材料，分离鉴定水稻苗期耐盐性相关的数量性状位点，检测到 15 个与耐盐值（STS）、相对根干质量（RRW）、相对茎干质量（RSW）和相对总干质量（RTW）等性状相关的 QTLs 位点，其中从野生水稻分离到的 13 个 QTLs 的等位基因能显著提高杂交水稻的耐盐性，分别位于第 6、第 7、第 9 和第 10 染色体的 4 个 QTLs 影响 RRW、RSW 和 RTW 这 3 个性状，其中 qRRW10、qRSW10、qRTW10 邻近 RM27 标记。

在盐胁迫逆境下，植物地上部积累高浓度的 Na^+ 或者有较高 Na^+/K^+ 比值，使得植物受到高浓度的 Na^+ 伤害，一方面置换质膜的钙，另一方面破坏了质膜上的膜保护系统，致使膜脂过氧化作用加剧，膜通透性增加，K^+、Ca^{2+} 离子外渗造成离子不平衡及矿质营养的失调（赵可夫等，1999），所以植物体内 Na^+、K^+ 浓度及 Na^+/K^+ 也是植物耐盐的重要指标。Lin（2004）在耐盐品种 Nona Bokra 与盐敏感品种 Koshihikari 构建的 F_2 群体中检测到的一个控制苗期地上部 K^+ 含量的主效 QTL，解释总表型变异的 40.1%，命名为 SKC-1。Gregorio（1997）利用 AFLP 标记对 Pokkali/IR29 组合的 F_8 重组自交系群体进行耐盐 QTL 分析，在水稻 1 号染色体上检测到一个同时控制水稻植株 Na^+、K^+ 含量和 Na^+/K^+ 的主效 QTL，命名为 Saltol。Wang（2012）以耐盐品种韭菜青和不耐盐品种 IR26 杂交后的自交系为材料，分析苗期耐盐指数株高、茎干质量、根干质量以及根部 Na^+/K^+ 的遗传机制，检测到 11 个主效 QTLs（M-QTLs）和 11 个上位 QTLs（E-QTLs），其中有 6 个 M-QTLs 和 2 个 E-QTLs 与株高相关，3 个 M-QTLs 和 5 个 E-QTLs 与茎干质量相关，2 个 M-QTLs 和 1 个 E-QTLs 与根干质量相关，3 个 E-QTLs 与 Na^+/K^+ 相关。邢军（2015）在盐胁迫下检测到 5 个 QTL，位于第 3 号染色体上 *qSNRC3-1* 贡献率最大，与苗期根部 Na^+ 浓度有关。Koyama（2001）在第 1 号、4 号、6 号、9 号染色体上定位到与 Na^+、K^+ 有关的 11 个 QTL。Ronald（2012）从不同地区收集到的 49 份耐盐程度不同的水稻品种中检测到苗期 *OsHKT2*，1 基因的自然变异，并在一个高度耐盐的品种 Nona Bokra 中检测到一个不含 *No-OsHKT2*，2/1 片段的 HKT 新亚型，这可能与 6 号染色体的缺失相关，从而形成了嵌合基因型；*No-OsHKT2*，2/1 是水稻根部的重要基因，其表达水平与高浓度的 Na^+ 显著相关；

在盐胁迫环境下，可能通过促进根部吸收 K^+ 而提高水稻的耐盐性。

研究表明，水稻苗期和成熟期耐盐性存在共同的遗传基础（胡时开，2010），但苗期与生殖生长期相关性低，两个时期的调控过程与基因不同（Moradi ct al.，2003）。Hossain（2003）利用耐盐材料 Cheriviruppu 和敏盐材料 PusaBasmati 构建 F_2 群体，在 1 号、7 号、8 号、10 号染色体上共检测到 16 个与生殖生长期耐盐性状相关的 QTL，结果表明，花粉育性、Na^+ 浓度、旗叶的 Na^+/K^+ 是控制生殖生长期耐盐的重要指标。

为了提高 QTL 定位的精确性，一些学者通过构建近等基因系（Near-Isogenic Lines，NIL）、回交近交系群体（Backcross Inbred Lines，BILs）、重组自交系群体（Recombinant Inbred Lines，RILs）等永久群体，消除群体内背景遗传因子的干扰（Wu et al.，2000）。Thomson（2010）利用 NILs 群体定位苗期耐盐相关性状的 27 个 QTL。Lee（2007）利用 NILs 群体定位苗期盐害级别的 2 个 QTL。Chai（2014）运用回交育种策略寻找籼稻中耐盐基因，检测到产量相关性状的 47 个加性主效 QTL 和 40 个上位性 QTL。Sun（2014）利用 RIL 群体在盐胁迫下检测到 6 个控制苗高和 3 个控制分蘖数的 QTL。

也有一些科研工作者在研究水稻萌芽期相关的耐盐 QTL，Mardani（2014）等以耐盐品种 Gharib 和不耐盐品种 indica 杂交后代群体为材料，检测到 17 个与水稻萌芽期耐盐性状相关的 QTLs。Wang（2011）利用 RIL 群体，Prasad（2000）利用 DH 群体检测到有关发芽率的 QTL。

（二）耐碱基因定位

关于水稻耐碱 QTL 分析及基因挖掘等工作则进行得很少。祁栋灵（2009）等以粳稻高产 106 为母本，以粳稻长白 9 号为父本，杂交衍生出的 200 个 $F_{2:3}$ 株系为定位材料，在水稻发芽期采用 0.15% Na_2CO_3 溶液进行碱胁迫试验，对水稻发芽率及发芽率相对碱害进行测定，借助 SSR 标记在碱处理条件下共得到 7 个控制水稻发芽率的 QTL，6 个影响发芽率相对碱害率的 QTL。同时，祁栋灵（2009）也在水稻幼苗前期进行 0.15% Na_2CO_3 溶液的碱处理，对水稻幼苗前期根数等性状也进行了 QTL 检测，共得到控制碱胁迫下幼苗前期根数等耐碱相关性状的 QTL 共计 26 个。曲英萍（2007）利用耐碱性籼稻“宜矮 1 号”与籼稻品种“丽水糯”为亲本，杂交而衍生的重组自交系（RILs）为试验材料，结合 107 个 SSR 标记构建的分子连锁图谱，在 pH 为 9.5 的碱性土壤中对亲本及 RILs 群体的死叶率和死苗率以及成熟期的主要农艺性状进行 QTL 定位，定位到影响死叶率和死苗率的 QTL 共 18 个，均为贡献率较小的微效基因，定位到影响株高等性状的 QTL 共 13 个。Qi（2008）等以碱敏感的粳稻“高产106”和耐碱粳稻“长白9号”为杂交组合所衍生的$F_{2:3}$群体作为作图群体，在苗期碱溶液处理20~60 d时间，共得到了13个与死叶率相关的QTL和6个影响死苗率的QTL。程海涛（2008）等利用籼稻品种“窄叶青1号”和粳稻品种“京系17”为亲本，杂交衍生了一个加倍单倍体群体（DH-1）；以粳稻“春江06”和籼稻“台中本地1号”为亲本，构建了第二个DH群体（DH-2）。利用上述两个DH群体，在发芽期和幼苗前期进行浓度为0.15%的Na_2CO_3碱溶液胁迫，对发芽势、发芽率等耐碱相关性状的碱害相对值进行测定。其中在DH-1群体中定位到了10个控制上述性状的主效QTL；在DH-2群体中定位到了14个控制上述性状的主效QTL，将两个群体的定位结果对比发现，两个群体均将影响相对根长的*qRRL3-1*定位在第3号染色体上相同的区域中。梁晶龙（2013）以具有强耐碱性的籼稻品种“宜矮1号”为母本与碱敏感的籼稻品种“丽水糯”为父本构建RIL群体为作图群体，在发芽期和幼苗前期以及苗期这3个时期进行耐碱性鉴定，分别定位到了4个、17个、18个QTL。邹德堂（2013）等以优质粳稻品种“东农425”为母本，以粳稻“长白10号”为父本，衍生共180个株系的$F_{2:3}$群体作为定位群体，借助SSR标记构建的分子标记遗传连锁图谱，在浓度为25 mmol/L $NaHCO_3$碱溶液处理条件下，共定位到在碱处理条件下控制水稻幼苗前期根数等性状的QTL共16个，其中第8号染色体上RM1384-RM1235之间与根长相关的q RL8贡献率为21.84%，是1个主效QTL。杨迪（2014）以“吉粳88”和杂草稻“ZCD13”为亲本杂交所构建的$F_{2:3}$群体为定位群体，在芽期及幼苗前期对水稻进行60 mmol/L的Na_2CO_3和$NaHCO_3$混合溶液的碱处理，对发芽势、苗高和根长的相对值进行检测，共得到14个QTL，贡献率变化范围为4.36%~15.58%。邢军（2015）等以粳粳交，“东农425/长白10号”杂交衍生的重组自交系为定位群体，利用SSR标记构建遗传连锁图谱，对水稻苗期进行0.15% Na_2CO_3碱胁迫处理，地上部和地下部的Na^+、K^+浓度及Na^+/K^+性状进行耐碱性鉴定，共得到10个与之相关的QTL，贡献率范围是3.71%~14.41%。Liang（2015）等以“宜矮1号”与“丽水糯”为父本杂交构建的F_8代200个家系为群体材料，在pH8.7~8.9的碱处理条件下对亲本及RILs群体的死叶率及死苗率进行检测，共得到6个QTL，其中在碱处理45 d得到的位于第5号染色体上与死叶率相关的QTL q DLRa5-2的贡献率最大为33.25%，位于标记RM289-RM413间是一个主效QTL。李宁（2016）以碱敏感的粳稻品种“彩稻”为母本，以强耐碱性的籼稻品种“WD20342”为父本，构建了2个近等基因群体并进行精细定位，发现控制地下部Na^+浓度的q SNC3和控制苗高性状的qSH7贡献率较大，分别为21.24%和20.09%。关于水稻耐碱QTL的定位研究，主要是集中在水稻发芽期与幼苗前期的耐碱性鉴定方面，尤其是在苗期死叶率与死苗率这两个性状上进行研究，而苗期其他性状的 QTL 分析鲜有报道。

利用 QTL 连锁分析方法进行 QTL 检测，需要构建作图群体，周期较长，而且作图精度有限，可检测的等位基因数量也少。基于连锁不平衡的关联分析不需要构建作图群体，大大缩短了周期，利用数以亿计的单核苷酸多态性（Single Nucleotide Polymorphisms，SNP）作为分子遗传标记，提高作图精度，被越来越广泛地应用于解析植物的各类数量性状（Huang et al.，2009）。

Kumar（2015）利用 GWAS 技术来鉴定水稻耐盐性基因位点。该研究利用包含 6 000 个 SNP 的芯片，对 220 份水稻材料的基因型进行分析，并对与生殖生长期耐盐性相关的 12 个农艺性状及叶的 Na^+ 和 K^+ 积累进行了关联分析。鉴定到 20 个与叶 Na^+/K^+ 显著相关的 SNP 位点，以及 44 个与其他耐盐性状相关的 SNP 位点，这些基因位点分别解释表型变异的 5%～18%。在鉴定到的与 Na^+/K^+ 显著相关的 SNP 中，有 12 个 SNP 位于第 1 号染色体上，与以前多次报道的 *Saltol* 位置一致，推测 *Saltol* 可能同时控制水稻幼苗期和生殖期的耐盐性，其余 8 个 SNP 分别位于水稻第 4 号、6 号和 7 号染色体上，在相应区段可能存在新的控制 Na^+/K^+ 的 QTL 位点。在鉴定到的与农艺性状连锁的 SNP 中，也有多个与以前报道过的耐盐 QTL 或基因位置一致。如：位于第 8 号染色体上，与小穗育性胁迫敏感指数连锁的一个 SNP（chr8：5109310），与 Pandit（2010）和 Islam（2011）检测到的分别控制小穗育性胁迫敏感指数、秸秆 Na^+ 含量和盐害级别的 QTL（qSSISFH8.1，qNaSH8.1，SalTol8.1）位置相近；在第 1 号染色体上，与实粒数连锁的一个 SNP（40514883），位于水稻幼苗期干旱、盐和冷耐性调控基因 *OsNAC6/SNAC2* 附近（Kumar et al.，2015）。Patishtan（2017）利用 GWAS 分析了用 50 mmol/L NaCl 处理 6 h、7 d 和 30 d 后的 306 个水稻品种，结果表明，阳离子转运蛋白和转录因子在盐胁迫中发挥了作用。另外，前人尚未发现的泛素化通路组分可能为加强水稻耐盐的重要表型变异。

四、分子标记辅助育种

（一）分子标记辅助育种的原理

分子标记辅助育种（Molecular Marker Assisted Breeding，MAB）是利用与目标性状紧密连锁的 DNA 分子标记或功能标记（Functional Marker，FM）对目标性状进行间接选择，再结合常规育种手段培育出新品种的现代育种技术，是分子标记辅助选择（Molecular Marker Assisted Selection，MAS）和常规育种的有机结合（Singh，

2001；Zhou，2003；向殉朝，2003；曹立勇，2003；陈学伟，2004；范吉星，2008）。分子标记辅助选择的准确率是基于检测标记与目标基因的距离来判断的，一般随着分子标记接近目标基因，发生重组的可能性逐渐减小，直至达到共分离状态，总体来说，标记与目标基因之间的遗传距离越小，分子标记辅助选择的准确率就越高。近年来，随着分子生物学和分子遗传学的快速发展，特别是水稻籼粳亚种基因组测序的完成，使我们能更快速、高效地设计出多态性好的分子标记。使用较多的是基于 PCR 扩增的共显 DNA 分子标记，如微卫星（SSR）和序列标签位点（STS），尤其是 SSR 标记，在亚种间也能拥有不错的多态性。这些分子标记具有种类多、数量丰富、不受环境及生长发育阶段的限制，选择快速、准确等优点。

相对于传统育种，分子标记辅助选择至少有以下几大特点：① 可以克服基因型难以鉴定的困难；② 可以利用控制单一性状的多个（等位）基因，也可以同时选择多个性状；③ 允许早期选择，提高选择强度；④ 可进行非破坏性的性状评价和选择；⑤ 可加快育种进程，提高育种效率。

1. 分子标记辅助选择的遗传学基础

分子标记辅助选择的遗传学基础是所检测的分子标记与目标基因的紧密连锁，即共分离。借助分子标记对目标性状的区间型进行选择，主要是根据与目标基因的共分离的分子标记基因型的检测来推测、获知目标基因的基因型。

选择的可靠程度取决于目标基因座位与标记座位之间的重组频率，两者之间的遗传距离（一般应小于 5 cM）越小，可靠性越高；遗传距离越大，可靠性越低。当重组率 r = 5 cM 时，选择准确率约为 95%；当 r=1 cM 时，选择准确率约为 99%。如果在目标基因两侧各有一个标记可以同时应用，则选择可靠性可得到更好的保证。设两个标记与目标基因的遗传距离分别为 r_1 和 r_2，则选错的概率约为 $r_1 \times r_2$；设 r_1 和 r_2 各为 5 cM，则选择准确率约为 99.75%。当然，选择功能标记（FM）时，选择准确率为 100%（钱前，2006）。

分子标记辅助选择除了对目标基因进行正向选择外，还可应用于遗传背景的筛选上，这种背景选择（Background Selection）在育种上有的称为受体亲本的选择（Hospital and Charcosset，1997）。与前景选择不同的是，背景选择的对象几乎包括了整个基因组，因此，这里涉及一个全基因组选择的问题。在分离群体中，由于在上一代形成配子时同源染色体之间会发生交换，因此每条染色体都可能是由双亲染色体重新“组装”成的杂合体。所以，要对整个基因组进行选择，就必须知道每条染色体的组成。在有利等位基因得到转位的同时，由于供体中的有利基因与其他基因存在不利连锁，可能也转入了控制其他性状的不利等位基因，这种现象称为遗传累赘（Genetic Drag）或连锁累赘（Linkage Drag）。要降低遗传累赘对育成材料综合性状的影响，就需要对遗传背景进行反向筛选，以保证原来优良材料的遗传背景得到最高程度的保持。在标记辅助选择中，前景选择的作用是保证从每回交世代选出的作为下一轮回交亲本的个体都包含目标基因，而背景选择则是为了加快遗传背景恢复成轮回亲本基因组的速度（称为回复率），以缩短育种年限。理论研究表明，背景选择的这种作用是十分显著的。

2. 分子标记辅助选择育种的基本程序

分子标记辅助选择育种是常规育种研究的发展，它的基本程序与常规育种类似，只是在常规表型鉴定基础上，在各个育种世代增加了分子标记的检测工作。其主要步骤包括：选择目标基因、亲本选配和群体构建、多态性筛选和世代材料分子辅助筛选几个方面（图 4-1）。

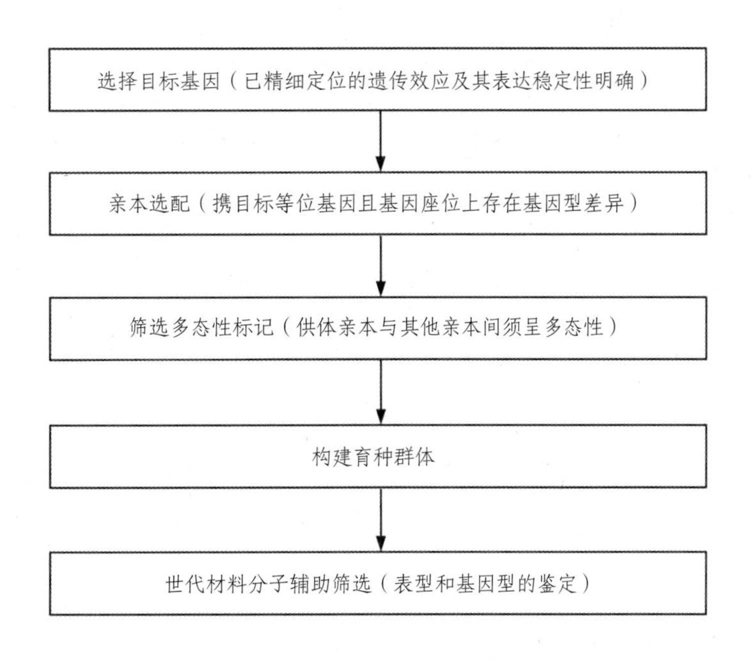

图 4-1　分子标记辅助选择的基本程序

（1）选择目标基因：传统的育种方法主要通过表型性状来选择，而多数农艺性状易受环境影响，选择效率低、育种周期长。而在分子标记辅助选择中，对目标性状的筛选都是基于基因型开展的，排除了环境和主观性的干扰。要保证分子选择的结果符合预期的目标，就必须保证目标基因是经过遗传定位的质量或主效 QTL 基因，并在不同的遗传背景和环境中都能稳定表达。

（2）亲本选配和群体构建：在构建群体时，首先要考虑到育种的目标，若只是定向改良品种的某一性状，则只需将该品种作为轮回亲本，用另一个含有该性状基因的品种或品系作为供体亲本，然后不断地回交和筛选。若是亲本性状各有优缺点，则需在杂交后代的分离群体中利用分子多标记筛选出纯合的株系，再用常规育种法选择，直至稳定。

（3）多态性筛选：在对分离后代进行基因型筛选时，选用的分子标记除了与目标基因紧密连锁外，还必须保证亲本间的多态性。由于常用的分子标记是基于双亲 DNA 在扩增后的条带差异来鉴别基因型，因此，不同的品种在某些分子标记会表现单态，有些则表现多态，在开展分子筛选前，需对双亲在目标基因附近进行多态性筛选，将有多态的分子标记用于基因型的筛选。

（4）世代材料分子辅助筛选：对分离群体进行分子筛选时，需根据不同的育种目标和目标基因，进行适当的调整。下面是不同的分子辅助筛选程序的例子。

① 杂交后代分子选择育种：当亲本性状各有优缺点时，通常在杂交的分离群体（通常 F_2 或 F_3）中进行筛选，获得纯合的植株后，再利用常规育种方法对其他性状进行选择。

② 回交分子选择育种：当构建的群体是为回交定向改良目标性状时，为节省时间，通常在回交的 *BCF₁* 开展分子筛选，选出杂合型的植株继续与轮回亲本回交。同时以 *Xa21* 的分子标记辅助选择改良恢复系的选育过程为实例（曹立勇，2003），其中以“多系 1 号”/“R2070”杂交后代中选育的恢复系“L1”为轮回亲本，其配合力好但易感白叶枯病。以国际水稻研究所提供的抗白叶枯病恢复系“IRBB60”为供体，其携带显性抗性基因 *Xa21*，通过 4 代回交后自交选育出恢复系“R8006”和恢复系“R2070”。

③ 多基因聚合分子选择育种：当亲本性状各有优缺点时，进行多个性状基因的分子聚合时，也通常在杂交的分离群体（通常 F_2 或 F_3）中进行筛选，获得纯合的植株后，再利用常规育种方法对其他性状进行选择。同时以抗稻瘟病和抗白叶枯病分子聚合的转育过程为实例（倪大虎，2007），其主要是利用分子标记辅助选择将“75-1-127”中广谱高抗稻瘟病的 *Pi9（t）*基因和“CBB23”中全生育期高抗白叶枯病的 *Xa23* 基因聚合到同一优良株系中，获得了含双基因的优良株系“L10-L13”。

（二）耐盐碱分子标记辅助育种在育种中的应用

世界范围内的水稻耐盐品种培育已有 70 多年的历史，传统育种方法，如地方品种的引进和选择、系谱法、改良混合系谱法、诱变和穿梭育种等方法在印度、菲律宾等地区大量开展，培育出了 CSR1、CSR10、CSR27、IR2151、Pobbeli、PSBRc84、PSBRc48、PSBRc50、PSBRc86、PSBRc88 和 NSIC106 等耐盐水稻品种（Vinod，2013；Das，2015）。总体上，水稻耐盐品种选育成功率较低，进展缓慢，主要原因有：缺乏对耐盐性复杂遗传基础的了解；缺乏足够的抗性资源；盐害地区具有复杂性和多样性，缺乏精确可靠的筛选技术；缺乏足够的研究经费支持（Vinod，2013；Das，2015）。

随着分子标记技术的快速发展，MAS 技术在作物育种过程中得到广泛应用，为加速水稻耐盐遗传改良提供了新途径。MAS 可以在早代对目标性状进行准确选择，加速育种进程；可以同时聚合多个有利基因，提高育种效率；还可以显著减轻回交育种进程中普遍存在的连锁累赘现象，利于优良基因的有效导入（Vinod，2013）。在耐盐、耐旱和抗病等抗逆性育种中，表型鉴定较为困难，而且早代表型鉴定可能会导致一些植株死亡或种子绝收，丧失许多综合性状表现优异的个体。利用 MAS 技术进行抗逆性育种，可以在早代对目标 QTL 或基因进行前景选择，延迟对目标性状的表型鉴定，有利于在育种初期积累较大的育种群体，加速优良品种的选育进程（Vinod，2013）。MAS 的有效性和可靠程度取决于目标性状基因座位与标记座位之间的重组率，与目标 QTL 紧密连锁的分子标记的鉴定是 MAS 顺利实施的前提条件。众多水稻耐盐 QTL 和连锁标记的鉴定为利用 MAS 技术培育水稻耐盐品种奠定了基础，但是，由于大多数 QTL 尚未被精细定位，缺乏紧密连锁的分子标记，很难被应用于 MAS 育种实践。目前，在 MAS 育种中被广泛应用的水稻耐盐 QTL 主要是位于第 1 号染色体上的 *Saltol*，另有位于第 8 号染色体上的两个耐盐 QTL 正逐渐受到关注。*Saltol* 的 MAS 育种在印度、菲律宾、泰国、越南、孟加拉国和塞内加尔等众多水稻种植国家均有开展（Vinod，2013；Bimpong，2016）。相关工作大多是采用标记辅助回交（Marker Assisted Back Crossing，MABC）技术完成的，其过程大致如下：将 *Saltol* 供体亲本与受体亲本杂交，进行 3 次回交，在每个回交世代，利用 *Saltol* 紧密连锁标记进行前景选择，利用其他标记进行背景选择；筛选出 *Saltol* 供体等位基因被固定且耐盐性增强的重组个体。在这些 MABC 育种实践中，常会结合表型选择，加速背景恢复；还常用逐步转育、同时转育、同时逐步转育的方法进行 QTL 聚合。

在印度，Singh（2011）和 Babu（2012）以 *Saltol* 紧密连锁标记 RM8094、RM3412 和 RM493 为前景选择标记，利用 MABC 技术，将供体亲本 FL478（来源于 Pokkali/IR29 杂交组合的一个重组自交系）中的 *Saltol* 转育到轮回亲本 Pusa Basmati 1121 和 Pusa Basmati 6 中；之后，多个育种单位又继续以 FL478 为供体亲本，陆续将 *Saltol* 转育到其他一些水稻品种中，如 ADT45、CR1009、Sarjoo52、Pusa44、PR114、

Gayatri、Savithri、MTU1010、WhitePonni 和 ADT45 等（Vinod，2013；Singh，2016）。在越南，Linh（2012）利用 MABC 法，将供体亲本 FL478 中的 *Saltol* 转育到优质高产水稻品种 BT7 中。在菲律宾，IRRI 与 STRASA（Stress-Tolerant Rice for Africa and South Asia）合作，将 *Saltol* 转育到 BRRIdhan28、IR64、BR11 和 Swarna 等品种中（Vinod，2013；Strasa，2018）。在塞内加尔，Bimpong（2016）利用 MABC 法，将 FL478 中的 *Saltol* 转育到主栽品种 Rassi 中。各国对 *Saltol* 的 MAS 育种大大推动了水稻耐盐新品种的培育。目前，利用 MAS 培育的一些 *Saltol* 的渐渗系如 BR11-SalTol 和 BRRIdhan28-SalTol 已经在菲律宾、孟加拉国、印度和越南受盐害影响的海滨地区进行了田间试验（Bimpong，2016；Gregorio，2013），IRRI 培育出的携带 *Saltol* 的耐盐水稻品种 IR63307-4B-4-3（在孟加拉国改名为 BRRIdhan47）在菲律宾和孟加拉国推广种植（Salam，2008）。2009—2013 年，IRRI 在印度和孟加拉国逐渐推广了 NDRK5088、BINAdhan8、BRRIdhan53、BRRIdhan54、BRRIdhan55、CSR43、BINAdhan10、CRdhan405、CRdhan406、BRRIdhan61 等 10 个耐盐水稻品种（Strasa，2018）。最近，Bimpong（2016）通过 4 个季节的田间试验，鉴定到 16 个盐胁迫下产量损失相对较小（3%～26%）的 *Saltol* 渐渗系，并将这些材料的种子提交给非洲的水稻育种工作组。已有 6 个西非国家（冈比亚、几内亚比绍、几内亚、尼日利亚、塞内加尔、塞拉利昂）在 2014 年和 2015 年雨季，对这些材料进行了田间试验。根据育种实践，Bimpong（2016）还发现，与传统育种相比，MAS 育种至少可以将种质改良时间缩短 4～7 年。

在水稻耐盐育种过程中，育种家重点对 *Saltol* 进行转育的同时，还关注到另外一个位于第 8 号染色体上控制水稻幼苗期耐盐性的 QTL，SSR 标记 RM223 与该位点紧密连锁。Lang（2008，2011）将 RM223 标记广泛应用于水稻耐盐性 MAS 育种，培育出了一系列耐盐水稻品种。其中，一部分优异的耐盐品种如 OM4498、OM5629、OM5891 和 OM4900 等已被成功选育，并大面积推广。

（三）耐盐碱分子标记辅助育种目前存在的问题

在理论上，分子标记辅助选择具有许多优点，但迄今成功地在水稻育种中应用的例子尚不多见，主要与下列因素有关：① 基因定位基础研究与育种应用脱节；② 由于 DNA 分子标记技术起步较晚，许多与控制重要农艺性状的目的基因紧密连锁的分子标记还没有找到和定位；③ 目前的连锁图谱大多都是以 RFLP 标记绘制的，在育种上不易应用，必须转化成 PCR 标记；④ 目前的 DNA 分子标记分析鉴定技术要求还比较高，成本相对较高，技术不能被广泛应用。具体可以从以下方面加强研究：① 进一步构建更为饱和的分子标记连锁图谱；② 进一步研究表现型与基因型之间的关系；③ 进一步对于控制数量性状的数量基因或 QTL 进行精细定位；④ 进一步探索自动化程度高、价格低廉的分子标记技术；⑤ 将 QTL 筛选与品种选育过程相结合，如选择商业品种作为作图亲本之一，或利用高代回交方法，将 QTL 筛选与育种同步进行；⑥ 将常规选择与标记辅助选择相结合，针对不同性状的特点，研究高效的选择方法；⑦ 降低基因型鉴定成本，这是普及分子标记辅助选择技术的关键所在，例如，利用基于 PCR 的标记，或在第二代选择与 QTL 连锁的分子标记的基因型，而无需评价表现型和鉴定所有分子标记（Hospital et al.，1997）就可以在一定程度上降低分子标记辅助选择的成本。另外，各研究机构的良好合作也是 MAS 成功应用的重要基础。

第三节 分子设计育种

一、分子设计育种概念

随着技术的发展，除包括杂交育种、诱变育种、单倍体育种在内的经典育种手段外，分子育种也成为育种的重要手段之一。分子育种即将分子生物学技术应用于育种中，在分子水平上进行育种，一般包括分子标记辅助育种和转基因育种两个方面。

分子设计育种（Breeding by Molecular Design）也是将分子生物学理论与技术应用于品种改良而形成的新技术，但有别于分子育种，是一个新的概念。分子设计育种以通过定位分析清楚了解目标作物各种性状的 QTLs，掌握各个基因座的等位变异及其对表型的效应为基础；以生物信息学为平台，综合作物育种学流程中的作物遗传、生理、生化、栽培、生物统计等所有学科的有用信息，根据具体作物的育种目标和生长环境，在计算机上对育种程序中的众多因素进行模拟、筛选和优化，筛选符合育种目标的基因型，设计实现目标基因型的亲本选配和后代选择最佳方案，然后开展作物育种试验的分子育种方法。分子设计育种能有效提高作物育种中的预见性和育种效率，实现从传统的“经验育种”到定向、高效的“精确育种”的转化（顾铭鸿，2009）。“设计育种”（Breeding by Design）这一名词在 2003 年被 Peleman 和 Vander Voort 进行了商标注册（Peleman，2003）。由于基因位于染色体上，同一染色体上的基因之间存在着连锁现象；基因表达过程中还会受到包含环境因子在内等多种调控因子的控制，加之基因之间的互作，均会影响基因的表达。因此，设计育种需要综合利用遗传学、育种学、统计学、生理学和生物信息学等多方面的信息和手段才能有效进行。

二、分子设计育种的原理与方法

生物个体的表型是基因型和环境共同作用的结果，植物育种的主要任务是控制优良性状的基因，对这些基因在不同目标环境下的表达形式进行研究，将不同材料中的有利基因聚合，从而获得可用于农业生产的品种（Allard，1960；Bernardo，2001）。

对育种工作者来说，亲本材料的有效利用是优良品种育成的关键。由于实验规模和成本的限制，配组个数达到几百或上千，这就需要花费大量的时间和金钱去筛选亲本，配制的杂交组合一般会产生更多的 F_2 分离后代群体，然后从中选择 1%～2% 的理想株型，F_2 代个体在遗传上是杂合体，后续会通过自交获得大量的重组近交家系，最终获得的理想基因型比例远远低于 1%。育种早期的选择也多依赖于目测和经验，环境因素对表型的影响比较大，目测选择到优良基因型的概率较低，会给后续的选育工作造成严重的损失。据统计，最终育种效率低于 10^{-6}（Wang，2003）。因此，将传统育种和分子育种相结合可有效避免经验育种带来的一系列损失。分子设计育种是基于传统育种、分子育种上的一种更系统、更特异的现代育种技术。

（一）分子设计育种的原理

分子设计育种的核心是基于对控制作物各种重要性状的关键基因及其调控网络的认识，利用生物技术等手段获取或创制优异种质资源作为分子设计的元件，根据预定的育种目标，选择合适的设计元件，通过系统生物学的手段，实现设计元件的组装，培育目标新品种。建立以分子设计为目标的育种理论和技术体系，通过各种技术的继承和整合，对生物体从分子到整体不同层次进行设计和操作，在实验室条件下对育种程序中的各种因素进行模拟、筛选和优化，提出最佳的亲本选配和后代选择策略，实现从传统的“经验育种”到定向、高效的“精准育种”的转化，以大幅度提高育种效率。因此，分子设计育种依赖的基础是物种越来越详细的遗传信息和控制性状基因的精准定位。

在过去的几年里，基因组学和蛋白质组学飞速发展，水稻作为模式植物，其基因组学研究一直走在其他作物的前列，水稻也是第一个完成测序的重要农作物。世界首张籼稻基因组草图在 2002 年完成（Yu，2002），同年完成粳稻基因组草图的绘制（Goff，2002），随后完成了粳稻（日本晴）4 号染色体的精确测序（Feng，2002）、籼稻（广陆矮 4 号）4 号染色体 80% 的精确测序以及水稻 4 号染色体着丝粒的序列分析（Zhao，2002；Feng，2002）。2002 年 12 月 12 日，中国科学院、国家科技部、国家发展和改革委员会以及国家自然科学基金委员会联合举行新闻发布会，宣布中国水稻（籼稻）基因组“精细图”已经完成，标志着我国水稻基因组学研究迈入世界前列。2002 年 12 月 18 日，国际水稻基因组测序计划工作组在日本东京宣布水稻基因组测序工作结束，“水稻基因组草图”绘制完成。2003 年 6 月 6 日，美国科学家完成第 10 号染色体序列的精确测定，相关结果在 *Science* 发表（*Science*，2003）。2004 年，“水稻基因组精细图谱”全部绘制完成。2005 年 8 月 11 日，文章《水稻基因组精细图》在 *Nature* 的刊登发表标志着“国际水稻基因组测序计划”圆满完成（*Nature*，2005），同时也标志着水稻成为第一个完成基因组测序的作物。根据水稻基因组最新注释，其全基因组包含 55 986 个位点，预计编码 66 433 个基因（Kawahara，2013）（MSU Rice Genome Annotation Project Release 7，http://rice.plantbiology.msu.edu/）。2010 年，中国农业科学院作物科学研究所联合华大基因研究院和国际水稻研究所，对从 89 个国家收集的 3 000 份水稻品种进行了深度重测序，命名为 3 000 份水稻重测序项目（3K Rice Genome Project，3K 水稻基因组项目），得到了平均 14 倍覆盖深度的基因组测序数据，通过与日本晴基因组比对共发现了约 1 890 万个 SNP 和 InDel（insertion-deletion，插入缺失）信息。Wang 等 1994 年利用 RFLP 标记连锁图进行定位分析，检测到 14 个水稻稻瘟病 QTLs（Wang，1994），之后有关水稻 QTLs 定位研究及相关报道不断展开。目前，世界各国的科学家应用不同的群体，对水稻大多数性状进行了 QTLs 定位研究，这些性状包括水稻的株高及其组成性状（谭震波，1996；Cao，2001）、生育期（林鸿宣，2001；Zhou，2001）、产量及产量构成相关性状（郭龙彪，2003；Li，2003；姜恭好，2004）、谷粒外观品质性状（邢永忠，2001；Rabieib，2005）、食味和营养品质等农艺性状（Hep，1999；Tan，1999；黄祖六，2000）、水稻种子的休眠性（江玲，2003）、水稻叶片叶绿素和过氧化氢含量等生理性状以及其他逆环境处理的研究，如耐盐（Lin，2004）、Al（Wu，2000）、涝害（Sripongpangkul，2000）和紫外线处理（Ueda，2004）等。徐建龙等定位了控制有效分蘖数和每穗总粒数的 51 个 QTL 和 45 对互作位点（徐建龙，2001）。李泽福等在南京、合肥和海南对 BIL 群体的抽穗期进行了 QTL 分析，在 3 个不同地点共检测到控制抽穗期的 8 个 QTL，其中，6 个 QTL 与环境存在显著的互作；郭龙彪在杭州中国水稻研究所实验田对汕优 63 重组自交系（RIL）群体的株高和生育期等 9 个农艺性状进行 QTL 分析，两年共检测到 64 个 QTL（郭龙彪，2003）。

EST 是目前发现新基因的主要信息来源之一，是了解基因组中基因序列特征、开发基因特异性标记的重要信息基础，通过 EST 序列还可以鉴定出编码特定代谢途径中的酶类基因，也是揭示作物代谢途径的重要方法（Ohlrogge，2000）。NCBI 利用 BLAST 技术把 EST 数据进行整理分析，并加入了 UniGene 数据库，其中来自水稻的序列数达到 49 771 条（2018 年 3 月统计）。Wu 用 6 591 个水稻 EST 进行了转录图的构建，明确了各表达基因在染色体上的位置（Wu，2002）。

（二）分子设计育种的开展基础

分子设计育种的核心是基于对控制作物的各种重要性状的重要基因 /QTLs 功能及其等位变异的认识，根据预先设定的育种目标，选择合适的育种材料，综合利用分子生物学、生物信息学等技术手段，实现多基因组装，培育目标新品种。因此，要开展水稻分子设计育种，需要具备以下几方面的基本条件：

1. 高密度分子遗传图谱和高效的分子标记检测技术

高密度分子遗传图谱不仅是开展分子设计育种的基础，也是定位和克隆基因 /QTLs 的必备条件。随着植物基因组学研究的发展，全基因组序列、EST 序列和全长 cDNA 数量迅速增长，成为开发新型分子标记的新资源，也为饱和各目标作物的遗传图谱奠定了基础。

2. 对重要基因 /QTLs 的定位与功能有足够的了解

这包括 3 个层次的内容：首先，要大规模定位控制目标作物各种性状的重要基因 /QTLs，并对其功能有足够的了解。作物重要农艺性状大多是数量性状，受多基因控制。分子标记技术和植物基因组学知识的飞速发展极大地促进了基因定位尤其是 QTLs 定位的研究。定位重要农艺性状相关的 QTLs，明确它们的效应及与环境等的互作，是当代植物分子遗传研究的一个重要方向，更是开展分子设计育种的一个最基本条件。它不仅为克隆并最终解析其功能奠定了基础，也为深入掌握这些基因座的等位性变异提供了条件。其次，要掌握这些关键基因 /QTLs 的等位变异及其对应的效应，应将关键基因 /QTLs 等位变异的检测与表观性状的准确定位相结合，充分了解种质资源中可能存在的基因（包括等位变异）资源。目前，随着新一代高通量测序技术 TILLING（Targeting Induced Local Lesions In Genome，定向诱导基因局部突变）等的发展与应用，为大规模定位并掌握等位基因变异提供了重要的技术支撑。第三，对基因间互作（包括基因与基因之间的互作，以及基因与环境的互作等）有充分的了解。作物的农艺性状受多基因控制，这些基因间存在着复杂的相互作用，而且基因的表达易受环境条件的影响。因此，在定位并掌握重要基因 /QTLs 及其复等位变异的基础上，采用多点试验并结合特定的作图方法，分析并掌握各基因的主效应、与相关基因以及与环境间的互作效应等信息，这对根据育种目标开展分子设计育种是非常必要的。

3. 建立并完善可供分子设计育种利用的遗传信息数据库

当前，由于基因组学和蛋白组学等的飞速发展，核酸序列和蛋白质等有关遗传信息数据库中的数据呈“爆炸式”增长，这些海量的序列信息给高效、快速的基因开发和利用提供了非常有利的条件。但是，如何收集和处理这些遗传信息，尤其是为作物遗传改良所利用，仍是一个巨大的挑战。因此，要在现有序列以及基因和蛋白质结构和功能数据的基础上，建立适合于分子设计育种应用的数据库，是当前开展分子设计育种要研究的课题之一。

4. 开发并完善进行作物设计育种模拟研究的统计分析方法及相关软件

其可用于开展作物新品种定向创制的模拟研究。这些统计分析方法和软件可用于分析评价并整合目标作物表型、基因型以及环境等方面的信息，最后用于模拟设计，制定育种策略（Zamir D，2001）。

5. 掌握可用于设计育种的种质资源与育种中间材料

其包括具有目标性状的重要核心种质或骨干亲本及其衍生的重组自交系（RILs）、近等基因系（NILs）、加倍单倍体群体（DH）、染色体片段导入 / 置换系（CSSLs）等（王建康，2007）。

（三）分子设计育种的方法

薛勇彪（2007）认为，品种分子设计的核心是基于对关键基因或 QTLs 功能的认识，利用分子标记辅助选择技术、TILLING 技术和转基因技术创制优异种质资源（设计元件），根据预先设定的育种目标，选择合适的设计元件，实现多基因组装育种。对于作为分子设计育种关键的设计元件的认知，随着研究的不断深入，由最初的 QTLs 逐步向基因片段、分子模块和基因转变，相信随着对于控制作物性状基因方式认识的深入，将会最终实现在基因调控网络层次上的解析。分子设计育种将实现在基因水平上对农艺性状的精确调控，解决传统育种易受不良基因连锁影响的难题，大幅度地提高育种效率，缩短育种周期。与分子标记辅助育种技术相比较，分子设计育种的精准性和可控性极大提升；转基因育种技术将会在分子设计育种研究中得到充分利用，以基因调控网络为基础的多基因叠加和整合转基因技术将会发挥更为充分的作用。

Peleman 和 vander　Voort 认为分子设计育种应当按三步走：① 定位所有性状的 QTLs；② 对这些位点的等位性变异具有明确性；③ 开展设计育种。开展设计育种应具备一定的条件。虽然在他们当时提出的技术体系中，品种分子设计的元件主要是指基于 QTLs 而创制的经过分子标记辅助选择的 QTL 渗入系和近等基因系，但基于关键基因功能而创制的等位变异系和转基因系也日益被国内外育种专家认为是品种分子设计的重要元件。之后，万建民（2006）、王建康（2011）等明确了其具体过程（图 4-2），提出设计育种总的来说包括以下 3 个过程：① 研究目标性状基因获得等位基因、基因间互作等信息，包括构建作图群体和 QTL 定位分析；② 根据不同环境条件要求和育种目标的要求，设计目标基因型，该过程需要利用已鉴定出的 QTL 的信息，如染色体上的位置、加性效应、互作效应等；③ 选择实现目标基因型的育种方案，利用模拟的方法优化，并提出最佳育种方案。

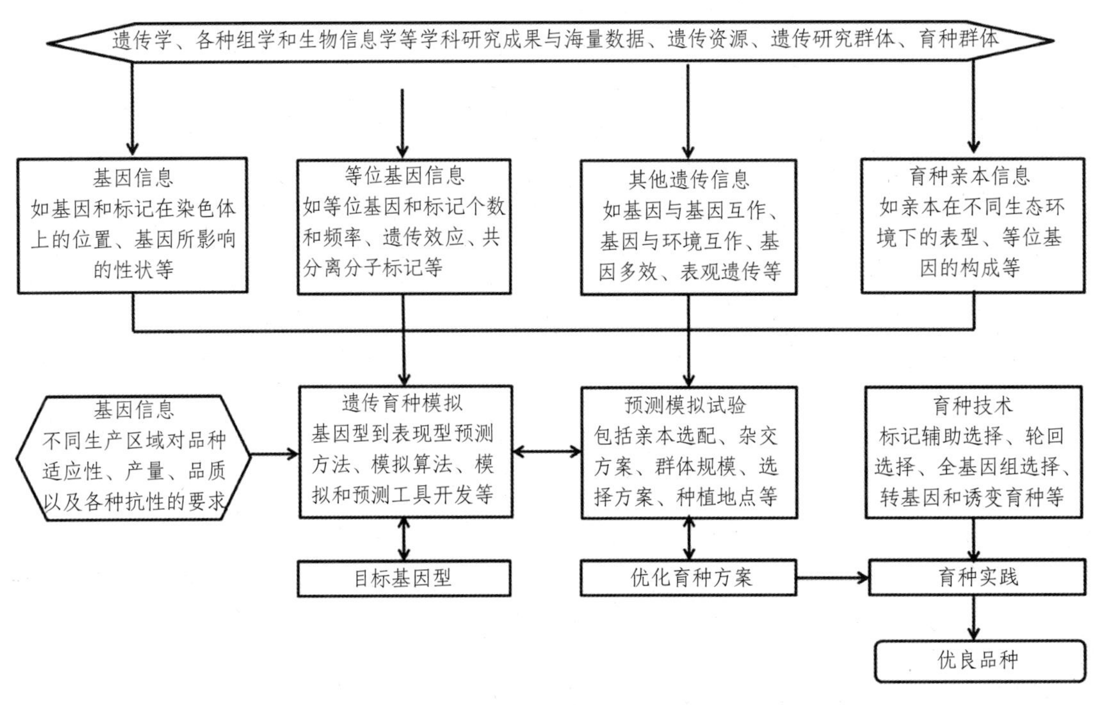

图 4-2　作物分子设计育种流程

（王建康，2011）

随着作物遗传材料的创新与发展，如高级作图群体的出现和多亲本衍生群体的创建，重要性状遗传研究的深入以及大量符合育种工作者要求的计算机辅助模拟工具的开发与应用，都推动了设计育种实践在作物育种的应用、分子设计育种技术体系和支持平台的建立。研究控制目标性状的基因及基因间的相互关系是开展分子设计育种工作的第一步，而针对这一研究最常用的方法即 QTL 定位。目前作图群体已由暂时作图群体过渡到了永久和高级作图群体。DH、RIL 和染色体片段置换系（Chromosome Segment Substitution Line，CSSL）等作图群体的遗传背景纯合度高，不但有利于提高 QTL 作图的精度，而且这些材料更容易应用到育种实践。CSSL 群体仅在置换片段上存在分离，减小了遗传背景的干扰，是开展分子设计育种工作的理想材料。目前，玉米（Li et al.，2014；Wei et al.，2015）、水稻（Marzougui et al.，2012；Abe et al.，2013）、大豆（Wang et al.，2013；He et al.，2014）等作物均建立了多套 CSSL 群体，为分子设计育种工作开展提供了理想的原材料。Wang 等（2007）用

65 个来源于粳稻 Asominori（背景亲本）和籼稻 IR24（供体亲本）产生的 CSSLs 为材料，在 8 个环境下对垩白面积和直链淀粉含量进行了 QTL 定位分析，研究发现了 16 个染色体片段影响垩白面积，15 个染色体片段影响直链淀粉含量。分子设计育种的第二步就是根据不同育种目标的要求，设计目标基因型。根据已鉴定片段在不同环境中的遗传效应，选择了 9 个能稳定表达的片段。根据垩白面积小和直链淀粉含量高的育种目标要求，设计了相比 Asominori，垩白面积和直链淀粉含量均有所改良的目标基因型 DG1。一旦获得已鉴定 QTL 或基因信息和目标基因型，下一步就需要优化选择到目标基因型的不同育种方法，这里需要确定不同的组合策略和选择方案。CSSL4、CSSL28、CSSL49 这 3 个片段间的三交组合能选择到目标基因型，由于亲本顺序不同，有 3 种三交亲本组合。利用育种模拟工具不但能得出最佳的组合策略，即（CSSL28 × CSSL49）× CSSL4 能选择到最高频率的 DG1 基因型，而且优化了选择方案。Wei 等（2010）利用 Asominori 和 IR24 产生的 RIL 群体和上述 CSSL 材料，对水稻抽穗特性进行了定位研究，在 5 个环境下定位出 4 个均稳定表达的抽穗期 QTL，设计了水稻早抽穗（DG1）和晚抽穗（DG2）两种目标基因型，选择了 5 个 CSSL 为亲本。模拟结果表明，CSSL47 × CSSL57 能选择到 DG1；CSSL16 × CSSL20 或是 CSSL23 × Asominori 均能选择到 DG2。张桂权等（2009）利用水稻品种“华粳籼 74”为受体亲本，以来源于世界各地的 14 个籼稻和 12 个粳稻为供体，通过 MAB 技术建立了大规模水稻单片段置换系（Single Segment Substitution Line，SSSL）文库。该文库包含 1 529 个 SSSL，置换系片段的总长 28 700 cm，平均长度为 18.8 cm。以该 SSSL 文库为基础对产量、稻米品质、株型、生育期、抗病性等重要农艺性状进行定位分析，获得了 2 000 多个 QTL 或基因的遗传效应、位置等信息，在此基础上开展了水稻品质性状的设计育种研究，建立了基于水稻 SSSL 为基础的分子设计育种体系，并成功培育出 3 个符合设计要求的水稻新品种。“华小黑 1 号”高产黑米品种，在 2005 年通过广东省品种审定，是单片段置换系；“华标 1 号”为双片段聚合系，实现了高产优质的设计目标，该品种的稻米品质为国家二级；“华标 2 号”是三片段聚合系，进一步改良了“华标 1 号”的稻米品质。“华标 1 号”和“华标 2 号”均在 2009 年通过了广东省品种审定。

三、分子设计育种的研究现状

传统的植物遗传改良实践中，研究人员一般通过植物种内的有性杂交进行农艺性状的转移。这类作物育种实践虽然对农业产业的发展起到了很大的推动作用，但在以下几个方面存在重要缺陷：一是农艺性状的转移很容易受到种间生殖隔离的限制，不利于利用近缘或远缘种的基因资源对选定的农作物进行遗传改良；二是通过有性杂交进行基因转移易受不良基因连锁的影响，如要摆脱不良基因连锁的影响，则必须对多世代、大规模的遗传分离群体进行检测；三是利用有性杂交转移基因的成功与否，一般需要依据表观变异或生物测定来判断，检出效率易受环境因素的影响。上述缺陷在很大程度上限制了传统植物遗传改良实践效率的提高。国内外设计育种的研究性文章多是基于育种模拟软件的模拟研究，没有育种实践的验证。目前，大量育种性状基因或 QTL 的挖掘已经规模化，已有海量 QTL 或基因信息可用；界面友好育种模拟工具日益成熟，育种模拟工具能快速预测目标基因型、比较不同杂交组合和选择方法的效率，在育种工作者田间试验之前，提出优化的育种方案。因此，这些育种模拟工具将使海量基因或 QTL 的信息应用于田间育种成为可能。以水稻 SSSL 文库为基础的设计育种体系的建立，更是显示了其巨大的应用潜力。标记辅助育种方法的成果和全基因组选择方法的完善和初步应用，都为设计育种的实践提供了可靠的技术支持。

美国农业部已在十几个研究单位投资建立了各种作物的数据库，这些数据库的整合将成为未来分子设计育种的重要基础。美国的先锋公司、澳大利亚的昆士兰大学和 CSIRO，以及国际玉米小麦改良中心，在基因型到表型建模、基因型与环境互作分析及育种模拟等方面开展了研究（Cooper，2002；Wang，2003；Podlich，2004；Peccoud，2004；Wang，2004；Wang，2005）。中国水稻研究所 2004 年提出水稻基因设计育种的概念，就是在水稻全基因组测序完成后，在主要农艺性状基因功能明确的基础上，通过有利基因的剪切、聚合，培育在产量、米质和抗性等多方面有突破的超级稻新品种。中国科学院院士李家洋介绍，运用分子模块设计育种的理念和技术，科学家们经过精心的杂交“设计”，育成了具有超高产、早熟和抗稻瘟病的嘉优中科系列水稻新品种，1 号、2 号、3 号 3 个杂交粳稻新品种分别通过 2016 年上海市、江西省和浙江省审定，后续新组合也正在参加国家及不同省的区试。中国农业科学院在 2005 年 3 月和 2006 年 8 月召开两次超级小麦育种座谈会，在小麦分子设计研究中高效挖掘出相关重要农艺性状。水稻分子设计育种的基础研究也取得了一定的进展。

（一）水稻耐盐碱基因的研究和利用

土壤盐分是影响作物产量的主要非生物因素之一。据估计，世界上有 4 亿～9.5 亿 hm^2 的盐土。在沿海地区，提高水稻的耐盐性是水稻育种的一个最重要目标。为了更好地育成新的高耐盐性品种，理解控制耐盐的遗传机制是必需的。耐盐性是一个很复杂的生理性状，受多基因数量位点控制，涉及钾离子（K^+）、钠离子（Na^+）吸收，以及离子平衡、离子分配等多方面生物、生理现象。我国科学家林鸿宣等通过构建不耐盐水稻品种和耐盐品种的遗传群体，利用 QTL 定位克隆办法，克隆到一个耐盐贡献值为 40% 的主效 SKC，该基因编码一个离子运输蛋白。生理分析认为，*SKC1* 基因参与了 QTL 基因 K^+/Na^+ 的长距离的运输，进而调节在盐胁迫下水稻茎秆 K^+/Na^+ 的平衡。利用 *SKC* 基因进行耐盐育种将减少人们在育种过程中相对“盲目”的状况，提高育种效率和效果。

（二）水稻重要基因 /QTLs 的功能阐述

在水稻重要基因 *QILa* 的定位和功能研究方面，科学家已经进行了大量的研究，取得了突飞猛进的发展，包括重要农艺性状 QTLs 的鉴定、基因表达数据的形成、新基因的克隆和鉴定等。2005 年，日本 Matsuoka 研究小组与中国水稻研究所钱前研究小组合作克隆了一个控制水稻穗粒数的主效 QTL（*OsCKX2*），该基因编码水稻细胞分裂素氧化酶 / 脱氢酶，降低该基因在水稻植株体内的表达，能有效促进细胞分裂素在水稻花分生组织中的积累，从而导致生殖器官的增加并最终促进水稻产量的提高。2009 年，中国科学院遗传与发育生物学研究所傅向东研究小组与中国水稻研究所钱前研究小组合作克隆了控制水稻直立密穗基因 *DEP*，还有系列粒重和粒型基因（*GW2*、*GS3*、*Chd7* 和 *gSW5*）的克隆，均为水稻分子设计育种奠定了基础。还有一些控制水稻重要农艺性状的基因也相继被定位和克隆。水稻温度控制基因 *AK*、水稻香味基因 *BAD2* 以及一些与水稻品质相关的 QTLs 位点已被发现，为水稻的品质设计育种奠定了良好的基础。水稻抽穗期控制基因 *Fd7*、*Hd3a*、*Hd6*、*EhdI*、*EMd2*、*OsCI* 等已被克隆，而且有 600 多个与穗期相关的 QTLs 被发现；以及水稻落粒性控制基因 *qSH1*、分蘖控制基因 *MOC1*、稀穗发育基因 *LAX*、长穗颈基因 *EU Ⅱ*、脆秆基因 *BC1/BC10*、卷叶基因 *SLL1*、窄叶基因 *NAL1* 等一系列基因的克隆和功能研究，都为进一步开展水稻分子设计育种的研究提供了理论与技术支持。

（三）生物信息学数据库的不断更新

近 10 年来，水稻基因组学和蛋白质组学以及其他一些“组学”的发展，使得水稻的生物学信息（核酸序列和蛋白质等有关遗传信息）呈爆炸式增长。目前，世界上有三大核酸数据库 EMBL（https://www.ebi.ac.uk）、DDBJ（https://www.ddbj.nig.ac.jp/）、Genbank（https://www.ncbi.nlm.nih.gov/Genbank/index.html），分别由欧洲生物信息研究所（European Bioinformatics Institute，EBI）、日本国立遗传学研究所（Japan Nation Institute of Genetics Center for Information Biology）、美国国家生物技术信息中心（National Center for Biotechnology Information，NCBI）进行管理和维

护。以 Genebank 为例，截至 2019 年 6 月，收录的核酸序列已经达到 213 383 758 条，共计 329 835 282 370 个碱基。1988 年，EMBL、Genbank 与 DDBJ 共同成立了国际核酸序列联合数据库中心，建立了合作关系。根据协议，这 3 个数据中心各自搜集世界各国有关实验室和测序机构所发布的序列数据，并通过计算机网络每天都将新发现或更新过的数据进行交换，以保证这 3 个数据库序列信息的完整性。目前，国际核酸序列数据库（DDBJ/EMBL/GENBANK）中，DDBJ 网址为：https：//www. ddbj. nig. ac. jp/services-e；html，EMBL 网址为：https：//www. ebi. ac. uk/ena. senbank，GENBANK 网址为：https//www. nch. nlm. nin. gov/genbank/。蛋白质数据库主要有 MIPS、PDB、PIR-international、SWISS-PORT、UnionPort 等。除此之外，还有众多数据库为水稻分子设计育种提供基础，育种家可以通过这些数据库了解当今科研的最新进展。

（四）育种模拟工具日益成熟并应用

目标基因的预测、育种方法的优化须借助适当的模拟工具，Quline 是国际上首个可以模拟复杂遗传模型和育种过程的计算机软件，Quline 可模拟的育种方法包括系谱法、混合法、回交育种一粒传、加倍单体、标记辅助选择以及各种改良育种方法和各种方法的组合，可模拟的种子繁殖类型主要包括无性繁殖、加倍单倍体、自交、单交、回交、顶交（或三交）、双交、随机交配和排除自交的随机交配等，通过定义种子繁殖类型这一参数，自花授粉作物的大多数繁殖方式和杂交方式都可以进行模拟。目前，Quline 已应用于不同育种方法的比较、研究显性和上位性选择效应、利用已知基因信息预测杂交后代的表型以及分子标记辅助选择过程的优化等。在 Quline 的基础上，近两年又研制出杂交种选育模拟工具 Quhybrid 和标记辅助轮回选择模拟工具 QuMARS。Quhybrid 将对杂交种育种策略的和化、不同杂交种育种方案的比较起一定的作用；QuMARS 将回答轮回选择与标记辅助选择的结合过程中遇到的一些问题，如利用多少标记对数量性状进行选择，轮回选择过程中适宜的群体大小，轮回选择经历多少个期就可以停止等。这些模拟工具为把大量基因和遗传信息有效应用于育种提供了可能。通过这些模拟工具，可以预测符合各种育种目标的最佳基因型、模拟和优化各种育种方案，预测不同杂交组合的育种功效，最终提出高效的分子设计育种方案。

（五）开展分子设计育种，建立设计育种技术体系

万建民和 Wang 等利用粳稻品种 Aromninon 为背景、籼稻品种 R4 为供体的 65 个染色体片段置换系（CSSL）开展水稻粒长和粒宽性状的 QTL 分析，根据 QTL 分析结果设计出

大粒目标基因型，并提出实现目标基因型的最佳育种方案；随后开展分子设计育种，于2008年选育出携带籼稻基因组片段的大粒（长 × 宽 >8.5 mm × 3.2 mm）粳稻材料。我国水稻矮化育种和杂种优势利用已取得突破性成果，万建民进一步提出超级稻育种目标，即构建理想株型、利用籼粳亚种间杂种优势、寻求水稻单产、品质和适应性的新突破。Wang等利用前面的CSSL群体在8个环境下的表型测定数据开展水稻籽粒品质性状的QTL分析，在2.0的LOD临界值下，在不同环境下发现有16个染色体片段影响蛋白的大小，15个染色体片段影响直链淀粉含量。根据这些片段在不同环境下的遗传效应，确定了9个具有稳定表达和育种价值的染色体片段，设计出满足多种品质指标的育种目标基因型，随后开展分子设计育种，于2009年选育出低垩白率（<10%）、中等直链淀粉含量（15%～20%）等综合品质性状优良的水稻自交系。Zhang指出，以往的大量研究已发现水稻抗病虫、氮和磷高效利用、抗旱和高产等种质材料，分离并鉴定出控制这些性状的重要基因，目前正通过标记辅助选择或遗传转化等手段逐步将这些优良基因导入优异品种的遗传背景中，在此基础上，进一步提出“绿色超级稻”这一概念和育种目标，即培育抗多种病虫害、高养分利用效率、抗旱等特性，同时产量和品质又得到进一步改良的水稻品种，以大幅度减少农药、化肥和水资源的消耗，最后还设计了实现“绿色超级稻”这一目标的育种策略。Chen等设计了一个标记辅助回交育种策略，将籼稻品种轮回422S中的光敏雄性不育基因导入优良粳稻品种珍88。选择过程中，利用微卫星标记RM276、RM455、RM141和RM185分别追踪轮回422S中的光敏雄性不育基因*S5*、*S8*、*S7*和*S9*，最后选育出具有光敏雄性不育同时表型类似粳稻的育种材料509S。基因型鉴定表明509S携带有92%的粳稻基因组，为籼粳杂种优势的有效利用提供了重要的遗传材料。

在开展作物分子设计育种实践的同时，分子设计育种的内涵进一步明确，分子设计育种技术体系初步建立起来。

四、分子设计育种展望

基因组学的发展为水稻育种技术的变革带来了新的机遇和挑战，然而，水稻分子设计育种是个非常复杂和艰巨的工程，需要多方面的知识和技术的整合、多方面人才的合作。具体来讲，它涉及基础理论的研究、育种应用的研究以及品种的推广应用，而且每一个方面都牵涉到大量的工作，特别是基础理论研究领域，因其涉及的知识面广、实验强度大以及实验结果对后续的育种工作起决定性作用等，使得基础理论研究的现状与水稻分子设计育种的需求还有很大的差距。所以，未来必须加大基础研究的力度，包括继续挖掘控制水稻重要农艺性状的基因/

QTLs、分子连锁标记的开发、高通量生物信息学数据库的建立等，真正为水稻分子设计育种打下良好的基础，提高育种的理论和技术水平，实现水稻从传统育种向高效、精确、定向化育种的实质性转变。

第四节　全基因组育种在耐盐碱水稻育种中的策略及应用

在改良多基因控制的复杂性状时，分子标记辅助选择（Marker Assisted Selection，MAS）和分子标记轮回选择（Marker Assisted Recurrent Selection，MARS）存在两方面的缺陷。一是后代群体的选择建立在 QTL 定位基础之上，而基于双亲的 QTL 定位结果有时不具有普遍性，遗传群体中的 QTL 定位结果不能很好地应用于育种群体中去（Bernardo，2007）；二是重要农艺性状多由多个微效基因控制，缺少将这些数量基因位点有效地应用于数量性状改良合适的育种策略中（Bernardo，2008；Heffner，2009）。

一、全基因组育种概念

Meuwissen（2001）提出全基因组选择的概念，当时是基于一种理想的假设，即所有性状的 QTLs 都对应一个与之紧密连锁的 SNP 位点并可用该标记来代表；通过性状测定获得全基因组育种值，结合该个体所带的分子标记，应用统计学方法计算出每一个分子标记所对应的染色体片段的育种值大小；然后再对所要选择的个体进行全基因组育种值估计（Genomic Estimated Breeding Value，GEBV），并进行选择。由此可见，全基因组选择是在传统 MAS 基础上的创新和改进，是用覆盖全基因组的标记进行的辅助选育（Meuwissen，2007）。

二、全基因组选择育种的优势

（一）增加选择的准确性

通过精确的全基因组范围的 SNP 标记可以有效地提高选择的准确性（Seidel，2010）。由于全基因组选用覆盖整个基因组的分子标记，这样可以将每个起作用基因的效应包括在内，增加了选择的准确性。De Ross 等对全基因组选择（Genomic Selection）、传统选择（BLUP 法）和基因辅助选择（Gene Assisted Selection）3 种方法的准确性进行了比较，发现在乳脂率（Fat Percentage）这一性状的预测准确率方面，全基因组选择能够达到

75%，而 BLUP 法的准确性只有 51%（De，2007）。

（二）提高选择的效率

该方法可以同时对多个性状进行选择，并显著地提高选择的效率。Illumina 公司推出的 50 k 的牛基因组 SNP 芯片可以同时对 5 万个 SNP 位点进行检测，分析多个性状相关的 SNP 位点。Van Raden 等应用全基因组选择的方法，同时考虑 5 种生产性状（yield traits）、5 种健康性状（fitness traits）和 16 种体型性状，对北美荷尔斯坦因公牛进行了选择（van Raden，2009）。

（三）缩短代与代的间隔，降低生产成本

由于在植物苗期时就可以进行 SNP 基因型的检测，因此大大缩短了育种周期，节约了育种成本。据估计，应用全基因组育种对奶牛进行筛选可以节约 90% 的成本（Schaeffer，2006）。

（四）适合低遗传力性状的选择

对于低遗传力性状采用全基因组选择的方法可以明显地提高选择的准确性（Calus，2008）。这是因为对于低遗传力性状，通过表型所获得的用于估计的信息较少，这会导致估计选择效应时准确率较低，而采用全基因组选择的方法，对于低遗传力的标记能进行准确的估计，因此准确性得到明显提高（Piyasatian，2007）。

三、全基因组育种策略

全基因组选择提供了一种新的 MAS 育种策略，这种方法充分利用了目前越来越精确的分子标记。但对 Meuwissen 等于 2001 年提出的应用高密度分子标记进行全基因组育种来说，大部分育种生物的分子标记密度还没有达到 Meuwissen 论文中“1cM 一个标记”的要求。同时，目前对如此多的标记进行分型花费巨大，所以许多科学家，包括 Meuwissen 本人也在对原来的方案进行改进（Meuwissen，2004）。事实上，目前广泛采用的方案如下：第一步，进行全基因组 SNP 标记的筛选。SNP 具有数量多、分布广的特点，该特点使得筛选覆盖全基因组的标记成为可能。第二步，使用筛选得到的 SNP 对参考群体进行分型，同时测定参考群体的表型性状，通过对 SNP 分型数据和表型数据进行关联分析，计算出带有相应标记的染色体片段的效应。第三步，通过获得的这些信息，利用 SNP 芯片对选择个体进行育种值估

计，筛选出育种值较高的个体进行强化培育。

（一）全基因组 SNP 筛选

全基因组育种需要覆盖全基因组的 SNP 标记信息。对于研究基础较好的物种，由于已经积累了大量 SNP 标记，进行全基因组选育时可以直接利用这些已有的 SNP 信息；但是对于 SNP 发掘较少的物种来说，寻找覆盖全基因组的 SNP 仍是需要首先解决的一个问题。通过传统的凝胶电泳法和荧光检测法很难在短时间内筛选到如此多的 SNP 标记，于是研究人员寻找高通量筛选 SNP 的新方法。

测序法直接寻找 SNP 是 SNP 发掘的最直接最准确的方式。一些物种在完成基因组测序后相继启动了 HapMap 计划，该计划通过基因组重测序的方法，比较同一物种不同个体碱基序列上的差别，发现了大量的 SNP。如通过鸡的 HapMap 计划，发现了 280 万个 SNP 位点，而牛的 HapMap 计划发现了 220 万个 SNP 位点。基因组重测序的方法虽然直接准确，但是花费较高，因此 Altshuler 于 2000 年提出了一种改良的测序方法，即 Reduced Representation Shotgun（RRS）法。该方法的原理是将不同个体的基因组 DNA 用一种限制性内切酶消化，消化后的片段经过凝胶电泳分离，切割某一个长度范围内的片段做成文库，然后对文库进行测序，测序结果经过序列比对发现其中的 SNP。Altshuler 利用 4 种内切酶构建了 20 个文库，从中发现了 47 172 个人类 SNP 位点。而 Sanger 中心、华盛顿大学和 SNP 联合会（The SNP Consortium）在两年的时间内联合发现了 30 万个 SNP 位点（Altshuler，2000）。此后研究人员利用该方法分别在猪、火鸡、大豆等畜禽和经济作物中寻找 SNP（Kerstens，2009；Wiedmann，2008；Hyten，2010），但是目前还没有该方法在水产植物中应用的报道。此外，由于 EST 测序、基因组测序、BAC 测序等产生大量序列信息，一些数据库如 NCBI 等中也积累大量的序列信息，这些数据来自不同的个体，这就为使用生物信息学发掘 SNP 提供了一个很好的资源。

（二）参考群体 SNP 分型

进行 SNP 分型的方法很多，目前应用较广的主要有聚合酶链式反应 - 限制性片段长度多态性法（PCR-RFLP）（Tao，2003）、变性高效液相色谱法（DenaTuring High-Performance Liquid Chromatography，DHPLC）（Abbas，2004；Yoshida，2002）、高分辨率溶解曲线法（High Resolution Melting）、TaqMan 探针技术（Martino，2010）、变性梯度凝胶电泳（Denaturing Gradient Gel Electrophoresis，

DGGE)、单链构象多态性(Single Strand Conformational Polymorphism，SSCP)(Klinbunga，2006)、基因芯片(Gene Chip)(Schmitt，2010)和质谱法等；随着测序通量的提高和价格的降低，直接测序的方法也成为一种可行的 SNP 分型方法。由于基因芯片具有极高的检测效率，因此国外全基因组选择育种大多采用该法。如 Illumina 公司的 beadchip 全基因组 SNP 第二代芯片每张同时分型 >250K SNP 位点，澳大利亚、新西兰、美国及荷兰的 4 家公司在对牛进行全基因组选择时均采用了这种芯片(Hayes，2009)。该芯片可以同时对如此多的位点进行分型，因此单个位点分型的成本大大降低。为了提高后续预测的准确性，在进行分型时要筛选高质量的芯片和 SNP 位点进行后续预测方程的计算。Hayes 提出要首先对获得的 SNP 位点的数据进行筛选，筛选后的数据再应用于下一步的染色体片段育种值估计和预测方程建立(Hayes，2009)。

(三)计算染色体片段效应，建立预测方程

用所筛选的 SNP 对基因组进行标记的方法有单标记法、单倍型法和同源一致性(Identity By Descent，IBD)等方法。Calus 通过比较 4 种方法 SNP-1(单标记)、SNP-2(2 个 SNP 位点决定的单倍型)、HAP-IBD2(2 个 SNP 位点决定的单倍型加入同源一致性的概率信息)、HAP-IBD10(10 个 SNP 位点决定的单倍型加入同源一致性的概率信息)在预测无表型个体的 GEBV 的准确性研究中，发现对于高遗传力的性状，HAP-IBD10 在高密度的分子标记和低密度分子标记条件下均得到最高的预测准确率(Calus，2008)。但是 HAP-IBD 方法需要进行同源一致性检测，这也是一项非常烦琐的工作，目前还没有该方法实际应用的报道。当分子标记的密度较高时，应用单标记和单倍型的方法即可得到较高的准确率，因此单标记和单倍型方法的使用比较广泛。澳大利亚、美国、新西兰及荷兰等国对牛进行的全基因组选择便是采用的单标记或单倍型的方法。通过单倍型和单标记进行 SNP 效应估计和预测方程建立的方法很多，Harris 等在利用 44 146 个高质量的 SNP 位点对 4 500 头公牛参考群体进行全基因组分析时采用了多种方法，包括 BLUP(Best Linear Unbiasd Prediction)法、Bayesian(贝叶斯)回归法、Bayes A、Bayes B、最小角回归法(Least Angle Regression)等。为了提高预测的准确性，在分析中考虑了通过家系信息获得的“多基因效应”(Xu，2003)。通过比较这几种方法，Harris 发现 Bayesian 方法预测得到的准确性高于 BLUP 法，回归法得到的准确率最低(Harris，2008)。Van Raden(2009)也利用 3 576 个参考群体进行了全基因组分析，同样得到 Bayesian 法的预测准确性高于 BLUP 法的结论。De Roos 等进行的公牛全基因组分析采用了 Meuwissen 等提出的

Bayesian multiple QTL model 法，该方法中同样也考虑了多基因效应，使得预测的准确性更高。由此可见，在建立预测方程时采用 Bayesian 法并加入“多基因效应”是一种较好的方法。

（四）选择群体 SNP 体分型，计算 GEBV

使用芯片对选择群体分型，利用获得的 SNP 分型和预测方程计算 GEBV，根据 GEBV 筛选出所需要的个体进行培育或交配。通过选择，可以大大减少所要种植植物的株数，同时由于 GEBV 的估计可以在幼体时期进行，这样选出的种畜进入了繁殖期即可使用，不需要等待后裔测定的结果，从而避免错过最佳的繁殖时期（Seidel，2010）。

四、全基因组辅助育种的关键技术

分子生物学在作物遗传育种方面的应用研究形成了分子标记辅助选择育种技术。它与基因组辅助育种有密切的关系，但两者存在显著的差异。差异主要表现在标记与基因的差异，以及个别与全体的差异。由于受当时技术水平的限制，无法直接对基因进行跟踪和检测，所以只能寻找便于检测的替代对象，即所谓的分子标记。但分子标记明显存在两个问题：第一，它不是基因，它的信号的有无不能完全等同于基因的有无；第二，并不是所有重要基因都能找到分子标记，这样就限制了分子标记辅助育种的应用范围和价值。当然，现在开发了一些基于基因序列的标记，如编码区序列或内含子序列长度多态性等，但由于序列的保守性，这一问题非常突出。

基因组科学对育种理论与技术可能产生的影响可以预见，基因组科学将在以下几个方面对育种产生影响。① 育种的起点将从设计规划开始。由于主要育种亲本基因组及其基因序列已知，以及可能的基因互作关系已经清楚。所以育种开始前需要确定一个优化的基因组结构（如基因的组成）或设计，为接下来的育种首先制定一个蓝图。② 育种手段的要求有所变化。除了采用传统有性杂交育种手段进行最初的遗传背景的改良外，转基因和基因剔除技术将变得非常关键，特别是在后期育成阶段，同时还包括基因表达的调节技术。育种过程将变得像手术刀式那么精准，基因将被定点式清除、调整或增加。③ 育种过程将是小规模的，而不是传统的大规模杂交和测配。传统育种的一个法宝就是大量组合或测配，寄希望于通过扩大群体数量来增加优良组合出现的概率，以此尽早发现并育成优良品种。④ 基于基因组的虚拟育种设计，或称之为计算机辅助分子育种设计将成为可能，甚至大有可为。

基因组辅助育种过程包括：基因导入与剔除、基因表达模式调整、核心基因构成体系（互作网络）和基因组结构的优化等。与这些过程相关的技术将构成基因组辅助育种的重要技术手段，如全基因组分子检测技术、虚拟基因组设计技术、基因导入与剔除技术、基因表达的调节/干扰技术等。这些技术有些已经很成熟了，如转基因技术等；有些技术还在发展中，如高通量全基因组分子检测技术、虚拟基因组技术等。目前基因组辅助育种已成为一个研究热点，包括一些学术会议也单独设立基因组辅助育种主题，如2006年PAG大会上相关研究成果也见报道。

以下就还在发展中的几个基因组辅助育种关键技术进行介绍。

（一）全基因组分子检测技术

同一物种基因组间的差异是非常小的，往往是在单碱基水平上的差异，或称之为单碱基多态性（SNP）水平的差异。例如，人与人基因组的差异在1%以下。水稻基因组也是如此，甚至在水稻不同亚种之间除了基因组片段的插入或删除有明显增加外，基因的差异也是在该水平上。在水稻基因组序列已知的情况下，只要能确定亲本材料与模式品种（日本晴/9311）的差异就能确定亲本材料的基因组构成，为进一步的基因组辅助育种提供分子基础。同时，基因表达模式及基因组成结构或互作状况的差异也是重要的分子指标。因此，高效、低成本的全基因组分子检测技术就变得十分重要。与此相关的具体检测技术包括测序技术、芯片技术、酵母双杂交技术等。最新的研究技术是利用芯片技术进行SNP的大规模检测与分型分析。SNP的分型技术可分为两个时代，一为凝胶时代，二为高通量时代。凝胶时代的主要技术和方法包括：限制性酶切片段长度多态性分析（RFLP）、寡核苷酸连接分析（OLA）、等位基因特异聚合酶链反应分析（AS PCR）、单链构象多态性分析（SSCP）、变性梯度凝胶电泳分析（DGGE），虽然这些技术与高通量时代的技术原理大致一样，但由于它们不能进行自动化，只能进行小规模的SNP分型测试，所以必然会被淘汰。高通量时代的SNP分型技术按其技术原理可分为：特异位点杂交（ASH）、特异位点引物延伸（ASPE）、单碱基延伸（SBCE）、特异位点切割（ASC）和特异位点连接（ASL）5种方法。此外，采用特殊的质谱法和高效液相层析法也可以大规模、快速检出SNP或进行SNP的初筛。近年来已经在晶体上用“光刻法”实现原位合成，直接合成高密度的可控序列寡核苷酸，使DNA芯片法显示出强大威力，对SNP的检测实现自动化、批量化，并已在建立SNP图谱方面投入实际应用。DNA芯片法有望在片刻之间评价整个人类基因组（郭刚，2004），必将在作物中得到应用。

（二）虚拟基因组设计技术

虚拟基因组设计技术是在基因组序列及其基因已知的基础上进行作物育种的模型机拟，或称之为基因组辅助设计。这是目前还在发展中的一项分子育种新技术。该技术的关键步骤是确定改良作物3万~6万个元件（基因）的有机构成。该构成的确定需要根据这些基因间的互作网络、连锁关系等，涉及数量遗传学、系统生物学、分子进化、生物信息学、数据库技术等学科的相关技术。

“863计划”曾设立了一个课题——作物虚拟分子设计育种研究（2003—2005年），其研究内容主要包括：计算机技术与生物技术有机结合，研究基于生物信息学的重要功能基因的发掘、鉴定、标记、定位和转育利用；探索多基因分子聚合与杂种优势预测途径，构建计算机分子模拟育种创新技术体系，加速应用于农作物分子育种的新材料、新基因和标记的筛选。预期达到的研究目标与经济技术指标如下：针对水稻、小麦、玉米等主要农作物分子育种需求，建成大规模集成性DNA和蛋白质遗传信息数据收集与处理系统，能够快速、准确地为基因鉴定、标记和定位提供DNA和蛋白质序列信息及其他高通量生物信息；并结合我国主要种质资源数据库及其cDNA、EST等数据库资源，开发有利用价值的cSSR、SNP或CAPS等新型分子标记500个以上；依据生物信息学数据分析，鉴定、提供有应用价值的优良基因源种质材料100个以上；研究建立主要作物计算机模拟育种技术体系，为杂交育种亲本选配和预测杂种优势提供基因组合及其遗传规律的精确信息。

（三）全基因组QTL定位技术

近年来，QTL定位算法方面未取得太大的突破，但由于全基因组序列的获得，使得分子标记的数量、覆盖基因组的范围和密度均有了极大提高，QTL定位更准确。真正意义上的全基因组QTL定位，使基于QTL定位的基因克隆的成功率或效率大为提高。QTL定位技术在经历了最初区间作图和复合区间作图方法以后，复合区间作图方法提出者（Zou，2007）又提出了所谓多复合区间作图方法（MIM）；朱军（1997）提出基于混合线性模型方法等。一些最新进展主要包括：①利用基因表达数据进行相关基因的定位（所谓eQTL）；②利用一些新的群体类型进行QTL定位，如Tanksley（1996）提出的所谓AB-QTL分析；③利用连锁不平衡（LD）进行植物QTL定位。

（四）基因组靶内定位诱导损伤技术

20世纪90年代末期，美国Fred Hutchinson癌症研究中心基础科学研究所的Claire

M. McLallum 苦于无法摆脱传统的反向遗传学研究方法对拟南芥进行基因型和表型的相关性研究。后来，他在做博士课题时却惊奇地发现被诱导的染色体甲基化酶基因发生了突变。随后，他用常规的化学诱变方法诱变拟南芥提取 DNA，再把多个样本的 DNA 混在一起检测突变基因，这便是最初的基因组靶内定位诱导损伤（Targeting Induced Local Lesions in Genomes，Tilling）技术。Tilling 技术的基本原理是诱变实验对象并提取 DNA，把多个待测样品的 DNA 混合在一起进行 PCR，通过变性和复性过程得到异源双链。如果样品发生突变，那么形成的异源双链中必定含有错配碱基。利用特异性内切核酸酶识别携带了错配碱基的异源双链并在错配处切开双链，最后进行电泳检测试验结果。如果发现阳性结果，则再在混合的样品中逐一检测，最后确定阳性样本。由此可见，“异源双链、错配碱基”是 Tilling 技术的核心，即如何获得携带错配碱基的异源双链（张宁和杨泽，2004）。基因组范围的检测技术和检测手段发展很快，正受到越来越多研究者的关注。

Tilling 技术是一种结合了化学诱变剂随机诱变和 PCR 定向筛选、可用于大规模群体中检测点突变的反向遗传学研究方法，该技术具有通量高、成本低、操作简单等优点，被广泛应用于农业上进行基因型和表型的相关性研究。由于 Tilling 技术应用时需要进行化学诱变，所以研究对象一直被限定在动植物中，在 Tilling 技术基础上发展起来的 Ecoilling 技术（the Tilling Technique to Survey Natural Variation in Gene）则不需要进行化学诱变，可以用来发现人类基因多态性和致病基因。目前，Ecoilling 技术已渗透到医学遗传学等很多领域，并显示出良好的发展态势。另外，当前基因功能研究主要借助于图位克隆或 T-DNA（或转座子）插入等技术手段，这些技术手段有一定的局限性。Ecoilling 技术应用已知的基因（或 EST 序列）探知存在于特定群体中某个等位基因或基因群的多态性、单基突变（SNP）、小片段插入或删除等，能全面地了解某个物种等位基因间的差异，以及等位基因与表现型之间的联系。该技术不必依赖于转基因技术，因此也无转基因食品安全问题。这项技术在农作物上的应用研究虽刚起步，但发展很快，目前国际上正在展开的作物基因多态性筛选（Oil Tilling 计划），包括水稻、玉米、拟南芥、甘蓝等物种。农业研究 Tilling 技术早期主要应用于粮食作物上，如大豆、玉米、小麦等进行基因型和表型的相关性研究。此外，许多研究者还应用该技术对拟南芥、果蝇和斑马鱼等模式生物进行了研究。继 McLallum 和 Comail 之后，Till 对拟南芥进行了有害突变的研究。迄今为止，拟南芥计划（ATP）已经找到了 200 多个基因的 2 000 多株突变植株。

在国内，农业上也有关于 Tilling 技术的报道，主要应用于选种育种和改良品种。目前，用于发现 DNA 多态性的常用方法有测序、单链构象异构多态性（SSCP）、杂交和微阵列等。

然而，这 3 种方法各有利弊，测序的花费较高，时间也较长；SSCP 的通量虽然较高，但对于新发突变，其检出率较低。此外，用该方法检测的待测片段长度一般只能为 200～300 bp；杂交和微阵列不但花费高，而且检出率不足 50%。与以上 3 种方法相比，Ecoilling 技术除了具有通量高、成本低、定位准确等优点外，还允许待测片段较长，对于一段长度在 1 kb 左右的基因序列来说，只需一次便可以覆盖全长。

五、全基因组育种研究进展

Huang（2010）利用第二代高通量基因组测序技术对广泛收集的 517 份代表性中国水稻地方品种和国际水稻品种材料进行基因组重测序，同时开发了一套有效算法，可以对低丰度测序数据进行高效、准确、快速基因分型鉴定和对缺失数据进行填充，由此构建了一张精确的水稻高密度单倍型图谱（Haplotype Map）。2015 年，北京市作物遗传改良重点实验室、深圳华大基因研究院等处的研究人员通过全球 3 000 份水稻资源的全基因组重测序，获取了其中质量较好的 2 859 份水稻基因组的单核苷酸多态性（SNP）及小片段插入缺失（InDel）的基因组变异数据，建立了综合性的水稻功能基因组育种数据库的 SNP 与 InDel 多态性子数据库。该子数据库包含 3 000 份水稻多态性信息检索，以及基因组浏览器可视化系统、特定区段基因组数据导出系统等多项功能，为研究水稻基因功能、指导水稻全基因组选择育种提供了重要的平台。周发松（2016）发明了基于 Infinium 芯片制造技术制作的水稻全基因组 Rice60K SNP 育种芯片，每张芯片可同时检测 24 个样品，包含 58 290 个 SNP 位点，这些标记位点具有 SEQID NO. 1～58 290 所示的 DNA 序列，该芯片可以对水稻品种资源进行分子标记指纹分析、对杂交群体后代进行基因型鉴定、对品种真实性进行鉴定、对育种材料遗传背景进行分析和筛选、对农艺性状进行关联分析，具有广阔的应用前景。

六、目前存在的问题

基因组辅助育种技术其实极大地依赖于作物基因组学、遗传工程技术、分子生物学等的研究成果；同时，即使有了这些成果，还有如何加以利用和利用效率的问题。基因组学与作物遗传育种之间目前尚存在不少间隔，需要一座桥梁使基因组学的研发成果尽快转移到作物育种中，也就是说需要大力开展基因组学在作物遗传育种中的应用研究。具体而言，基因组辅助育种技术目前还有如下问题：

（一）基因的寻找与功能的确定

水稻全基因组序列已经完成，但其所包含的基因还需要相当长的时间来加以确定。目前，除了已经被实验确定的基因外，大量所谓的基因是基于生物信息学方法获得的，需要进一步的功能验证。同时，由于找基因技术的限制，可能还有相当一部分的基因尚未被发现。

（二）基因互作关系与网络问题

基因的互作（或称之为上位性）是基因组的一个重要遗传现象。水稻基因组虽然被测序完成，大部分基因也已确定，但基因间的互作关系还有待确定。目前，酵母由于基因数量少和便于分析等原因，在该方面的研究最为完善和领先，是开展作物研究很好的模式生物。

（三）基因传递频率、进化、受选择的程度等

基因在育种（人工选择）过程中的进化模式有很大不同，了解重要基因的传递、进化等规律是确定育种效率、申报育种参数的基础。

（四）大规模分子检测技术的效率与成本问题，是该技术应用于基因组辅助育种的关键之一

目前相关技术的成本还相当高，尚处于科研应用的层次上。如何使成本降低，使该技术在育种过程中实时地进行检测成为可能，是基因组辅助育种技术有效应用的关键环节。

七、全基因组育种展望

基因组辅助育种中，转基因与基因剔除技术是关键手段之一，但这只是单一基因水平上的，还不是真正意义上的基因组水平。近来的最新发展是出现了基于基因组片段的删除与导入技术。例如，最近几年在大肠埃希菌基因组上进行了对非重要的基因组大片段的删除方法研究，该技术预计将很快应用于作物基因组的改良，即根据基因组构成进行基因结构优化；基因组大片段导入技术可以将包含数个目标基因的基因组片段整体导入，以便更好地保证目标基因的表达与新种质的产生。同时，进行 5～6 kb 长度的 DNA 片段序列的人工合成技术也已形成，这可以为作物基因组改良提供原创的种质新资源。这些新合成的基因或基因组片段可能在目前植物界，甚至整个自然界尚不存在，就像 *Bt* 基因最初在植物界不存在，后被转入作物中发挥巨大抗虫功效一样。随着一系列新技术的产生，预计最终会形成所谓的基因组育种学，即完整的基因组辅助育种理论与方法体系。

References

参考文献

[1] 藏金萍，孙勇，王韵，等. 利用回交导入系剖析水稻苗期和分蘖期耐盐性的遗传重叠 [J]. 中国科学（C 辑：生命科学），2008(9)：841-850.

[2] 陈锚. 凡纳滨对虾的选育与家系的建立 [J]. 海洋科学，2008，32(11)：5-8.

[3] 陈受宜，朱立煌，洪建，等. 水稻抗盐突变体的分子生物学鉴定 [J]. 植物学报，1991，33(8)：569-573.

[4] 陈天龙. 青藏高原野生大麦 *HsCBL8* 基因在水稻中的表达及其耐盐性分析［D］. 杭州：浙江大学，2015.

[5] 陈文华. 五个家系吉富罗非鱼的遗传多样性分析 [J]. 生物技术通报，2009(8)：83-87.

[6] 程海涛，姜华，颜美仙，等. 两个水稻 DH 群体发芽期和幼苗前期耐碱性状 QTL 定位比较 [J]. 分子植物育种，2008，6(3)：439-450.

[7] 丁海荣，洪立州，王茂文，等. 星星草耐盐生理机制及改良盐碱土壤研究进展 [J]. 安徽农学通报，2007，14(16)：58-59.

[8] 方先文，汤陵华，王艳平. 耐盐水稻种质资源的筛选 [J]. 植物遗传资源学报，2004(3)：295-298.

[9] 高继平，林鸿宣. 水稻耐盐机理研究的重要进展：耐盐数量性状基因 *SKC1* 的研究 [J]. 生命科学，2005(6)：563-565.

[10] 龚继明，何平，钱前，等. 水稻耐盐性 QTL 的定位 [J]. 科学通报，1998，27(17)：1847-1850.

[11] 顾铭鸿，刘巧泉. 作物分子设计育种及其发展前景分析 [J]. 扬州大学学报，2009，30(1)：64-67.

[12] 顾兴友，梅曼彤，严小龙，等. 水稻耐盐性数量性状位点的初步检测 [J]. 中国水稻科学，2000，14(2)：2-7.

[13] 郭龙彪，罗利军，邢永忠，等. 水稻重要农艺性状的两年 QTL 剖析 [J]. 中国水稻科学，2003，17(3)：211-218.

[14] 胡时开，陶红剑，钱前，等. 水稻耐盐性的遗传和分子育种的研究进展 [J]. 分子植物育种，2010，8(4)：629-640.

[15] 胡婷婷，刘超，王健康，等. 水稻耐盐基因遗传及耐盐育种研究 [J]. 分子植物育种，2009，7(1)：110-116.

[16] 黄祖六，谭学林，TRAGOONRUNG S，等. 稻米直链淀粉含量基因座位的分子标记定位 [J]. 作物学报，2000，26(6)：777-782.

[17] 江玲，曹雅君，王春明，等. 利用 RIL 和 CSSL 群体检测种子休眠性 QTL[J]. 遗传学报，2003，30(5)：453-458.

[18] 姜恭好，徐才国，李香花，等. 利用双单倍体群体剖析水稻产量及其相关性状的遗传基础 [J]. 遗传学报，2004，31(1)：63-72.

[19] 蒋靓，於卫东，庄杰云，等. 水稻盐胁迫下农艺和生理性状的遗传分析（简报）[J]. 分子细胞生物学报，2008(4)：317-322.

[20] 金英浩. 转 Bcl-2，Ced-9，*PpBI1* 基因水稻抗盐性及其抗性机理研究［D］. 杭州：浙江大学，2012.

[21] 井文，章文华. 水稻耐盐基因定位与克隆及品种耐盐性分子标记辅助选择改良研究进展 [J]. 中国水稻科学，2017，31(2)：111-123.

[22] 黎裕，王建康，邱丽娟，等. 中国作物分子

育种现状与发展前景 [J]. 作物学报, 2010, 36(9): 1425-1430.

[23] 李道恒. 抗盐碱基因 *OsCYP2* 转化水稻的研究 [D]. 长春: 吉林农业大学, 2013.

[24] 李敏. 拟南芥 *AtMYB44* 和 *LWT1* 基因在水稻中的遗传转化及功能验证 [D]. 合肥: 安徽农业大学, 2012.

[25] 李琪. 海洋贝类微卫星 DNA 标记的开发及其在遗传学研究中的应用 [J]. 中国水产科学, 2006, 13(3): 502-509.

[26] 李荣田, 张忠明, 张启发. *RHL* 基因对粳稻的转化及转基因植株的耐盐性 [J]. 科学通报, 2002, 47(8): 613-617.

[27] 梁晶龙. 利用重组自交系群体的水稻耐盐/碱性 QTL 定位分析 [D]. 重庆: 重庆师范大学, 2013.

[28] 梁正伟, 王志春, 马红媛. 利用耐逆植物改良松嫩平原高 pH 盐碱土研究进展 [J]. 吉林农业大学学报, 2008, 30(4): 517-528.

[29] 林鸿宣, 柳原城司, 庄杰云. 应用分子标记检测水稻耐盐性的 QTL[J]. 中国水稻科学, 1998, 12(2): 72-75.

[30] 林鸿宣, 钱惠荣, 熊振民, 等. 几个水稻品种抽穗期主效基因与微效基因的定位研究 [J]. 遗传学报, 1996, 23(3): 205-213.

[31] 林秀峰, 邢少辰, 刘志铭, 等. 盐胁迫对转 *BADH* 基因水稻 R1 的影响 [J]. 吉林农业科学, 2005(5): 33-34, 39.

[32] 刘金燕. 钾转运相关基因 *OsHAK* 和 *OsK R* 与水稻耐盐性的关系研究 [D]. 南京: 南京农业大学, 2013.

[33] 刘云国. 牙鲆抗鳗弧菌病 AFLP 分子标记筛选 [J]. 中国水产科学, 2007, 14(1): 155-159.

[34] 孟宪红. 中国明对虾抗白斑综合症病毒分子标记的筛选 [J]. 中国水产科学, 2005, 12(1): 14-19.

[35] 祁栋灵, 李丁鲁, 杨春刚, 等. 粳稻发芽期耐碱性的 QTL 检测 [J]. 中国水稻科学, 2009, 23(6): 589-594.

[36] 祁栋灵, 徐锡哲, 周庆阳, 等. 碱胁迫下粳稻幼苗前期耐碱性的数量性状基因座检测 [J]. 作物学报, 2009, 35(2): 301-308.

[37] 钱益亮, 王辉, 陈满元, 等. 利用 BC2F3 产量选择导入系定位水稻耐盐 QTL[J]. 分子植物育种, 2009, 7(2): 224-232.

[38] 曲英萍. 水稻耐盐碱性 QTLs 分析 [D]. 北京: 中国农业科学院, 2007.

[39] 石玉海, 李彻, 张三元, 等. 水稻耐盐品种选育初报 [J]. 农业科学, 1992(4): 39-41.

[40] 苏岩, 钱前, 曾大力. 水稻分子设计育种的现状和展望 [J]. 中国稻米, 2010, 16(2): 5-9.

[41] 孙勇, 藏金萍, 王韵, 等. 利用回交导入系群体发掘水稻种质资源中的有利耐盐 QTL[J]. 作物学报, 2007(10): 1611-1617.

[42] 谭贤杰, 吴子恺, 程伟东, 等, 关联分析及其在植物遗传学研究中的应用 [J]. 植物学报, 2011, 46(1): 108-118.

[43] 谭震波, 沈利爽, 况浩池, 等, 水稻上部节间长度等数量性状基因的定位及其遗传效应分析 [J]. 遗传学报, 1996, 23(6): 439-446.

[44] 涂欣, 石立松, 汪樊, 等, 全基因组关联分析的进展与反思 [J]. 生理科学进展, 2010, 41(2): 87-94.

[45] 万建民. 中国水稻分子育种现状与展望 [J]. 中国农业科技导报, 2007, 9(2): 1-9.

[46] 汪斌, 兰涛, 吴为人. 盐胁迫下水稻苗期 Na^+ 含量的 QTL 定位 [J]. 中国水稻科学, 2007, 21(06): 585-590.

[47] 汪斌, 刘婷婷, 张淑君, 等. 水稻苗期耐盐突变体的遗传分析及基因定位 [J]. 遗传, 2013, 35(9):

1101－1105.

[48] 王慧中. 转 *mt1D/gutD* 双价基因水稻的耐盐性 [J]. 科学通报，2000，45(7)：724－729.

[49] 王建康，PFEIFFER W H. 植物育种模拟的原理和应用 [J]. 中国农业科学，2007，40(1)：1－12.

[50] 王建康，李慧慧，张学才，等. 中国作物分子设计育种 [J]. 作物学报，2011，37(2)：191－201.

[51] 王景雪，孙毅，徐培林，等. 植物功能基因组学研究进展 [J]. 生物技术通报，2004(1)：18－22.

[52] 吴常信. 为创建一门新的边缘学科:《分子数量遗传学》而努力 [J]. 中国畜牧，1993，29(4)：54－55.

[53] 吴慧敏 . 水稻 AP2/EREBP 转录因子基因 *OsAS* 工 *E1* 抗逆功能分析 [D]. 北京：中国农业科学院，2011.

[54] 邢军，常汇琳，王敬国，等. 盐、碱胁迫条件下粳稻 Na^{+}、K^{+} 浓度的 QTL 分析 [J]. 中国农业科学，2015，48(3)：604－612.

[55] 邢永忠，谈移芳，徐才国，等. 利用水稻重组自交系群体定位谷粒外观性状的数量性状基因 [J]. 植物学报，2001，43(8)：840－845.

[56] 徐建龙，薛庆中，罗利军，等. 水稻单株有效穗数和每穗粒数 QTL 剖析 [J]. 遗传学报，2001，28(8)：752－759.

[57] 薛勇彪，王道文，段子渊. 等，分子设计育种研究进展 [J]. 中国科学院院刊，2007，22(6)：486－490.

[58] 杨迪. 杂草稻耐盐碱相关性状的 QTL 定位 [D]. 延吉：延边大学，2014.

[59] 叶俊. 水稻“9311”突变体的筛选和突变体库的构建 [D]. 杭州：浙江大学，2006.

[60] 于志晶. 酵母 HAL1 基因转化水稻及其耐碱性研究 [J]. 吉林农业科学，2014，3(6)：17－20.

[61] 张国范. 皱纹盘鲍中国群体和日本群体的自交与杂交 F1 的 RAPD 标记 [J]. 海洋与湖沼，2002，33(5)：484－491.

[62] 张慧，王守志，李辉，等. 畜禽全基因组选择 [J]. 东北农业大学学报，2010，41(3)：145－149.

[63] 张莹. 互花米草 *SOS1* 基因和 *HKT1* 基因的克隆及耐盐转基因水稻研究 [D]. 烟台：烟台大学，2012.

[64] 赵可夫，李法曾，樊守金，等. 中国的盐生植物 [J]. 植物学报，1999，16(3)：201－207.

[65] 周发松，陈浩东，谢为博，等 . 水稻全基因组育种芯片及其应用：CN 105008599 B [P].2016.

[66] 邹德堂，马婧，王敬国，等. 粳稻幼苗前期耐碱性的 QTL 检测 [J]. 东北农业大学学报，2013(1)：12－18.

[67] WANG L，MACKILL D J，BONMAN J M，et al. RFLP mapping of genes conferring complete and partial resistance to blast ina durably resistant rice cultivar[J]. Genetics，1994，136：1421－1434.

[68] ABBAS A，LEPELLEY M，LECHEVREL M，et al. Assessment of DHPLC usefulness in the genotyping of GSTP1 exon 5 SNP：comparison to the PCR-RFLP method[J]. J Biochem Biophysical Meth，2004，59(2)：121－126.

[69] ALCIVAR-WARREN A，MEEHAN-MEOLA D，Park S W，et al.ShrimpMap：A low-density，microsatellite-based linkage map of the pacific whiteleg shrimp，Litopenaeus vannamei：Identification of sex-linked markers in linkage group 4[J]. J Shellfish Res，2007，26(4)：1259－1277.

[70] ALLARD R W. Principles of Plant Breeding. New York ：John Wiley andSons，1960 Bernardo R. What if we knew all the genes for a quantitative trait[J]. CropSci，2001，41：1－4.

[71] ALTSHULER D，POLLARA V J，Cowles C R，

et al.An SNP map of the human genome generated by reduced representation shotgun sequencing [J]. Nature, 2000, 407(6803): 513-516.

[72] AMMIRAJU J S S, LUO M, GOICOECHEA J L, et al.The Oryza bacterial artificial chromosome library resource: construction and analysis of 12 deep-coverage largeinsert BAC libraries that represent the 10 genome types of the genus Oryza[J]. Genome Research, 2006, 16(1): 140-147.

[73] ANOOP N, GUPTA A K. Transgenic indica rice CVI8250 over-expressing vigna aconitifolia-pyrroline-5-carboxylatelate synthetase cDNA shows tolerance to high salt[J]. plant Biochem and Biotechnol, 2003, 12(2): 109-116.

[74] ASANO T, HAKATA M, NAKAMURA H, et al.Functional characteri sation of OsCPK21, a calcium-dependent protein kinase that confers salt tolerance in rice[J]. Plant Molecular Biology, 2011, 75(1): 179-191.

[75] ASHOKKUMAR K, RAVEENDRAN M, SENTHIL N, et al. Isolation and characterization of altered root growth behavior and salinity tolerant mutants in rice [J]. African J of Biotechnology, 2013, 12(40): 5852-5859.

[76] BABU N N, SHARMA S K, ELLUR R K, et al.Marker assisted improvement of Pusa Basmati 1121 for salinity tolerance[J]. New Delhi: National Agricultural Science Centre, 2012(2): 72-73.

[77] BAO J S, CORKE H, SUN M, et al.Nucleotide diversity in starch synthase IIa and validation of single nucleotide polymorphisms in relation to starch gelatinization temperature and other physicochemical properties in rice(*Oryza sativa* L.)[J]. Theoretical and Applied Genetics, 2006, 113(7): 1171-1183.

[78] BIMPONG I K, MANNEH B, Sock M, et al.Improving salt tolerance of lowland rice cultivar 'Rassi' through marker-aided backcross breeding in West Africa[J]. Plant Sci, 2016, 242: 288-299.

[79] BONILLA P, MACKELL D, DEAL K, et al. RLFP and SSLP mapping of salinity tolerance genes in chromosome 1 of rice(*Oryza sativa* L.)using recombinant inbred lines[J]. Philipp Agric Sci, 2002, 85: 68-76.

[80] BRYAN G T, WU K S, FARRALL L, et al.A single amino acid difference distinguishes resistant and susceptible alleles of the rice blast resistance gene Pita[J]. The Plant Cell Online, 2000, 12(11): 2033-2046.

[81] CALUS M P L, MEUWISSEN T H E, DE ROOSA P W, et al., Accuracy of genomic selection using different methods to define haplotypes[J]. Genetics, 2008, 178(1): 553-561.

[82] CAO G, ZHU J, HE C, et al.Impact of epistasis and QTL × environment interaction on the developmental behavior of plantheight in rice(*Oryza sativa* L.)[J]. Theor Appl Genet, 2001, 103: 153-160.

[83] CAVANAGH C, MORELL M, MACKAY I, et al. From mutations to MAGIC: resources for gene discovery, validation and delivery in crop plants[J]. Current Opinion in Plant Biology, 2008, 11(2): 215-221.

[84] CHAI L, ZHANG J, Pan X B, et al.Advanced backcross QTL analysis for the whole plant growth duration salt tolerance in rice(*Oryza sativa* L.)[J]. Journal of Integrative Agriculture, 2014, 13(8): 1609-1620.

[85] CHEN H, He H, Zou Y, et al.Development and application of a set of breeder friendly SNP markers for genetic analyses and molecular breeding of rice(*Oryza sativa* L.)[J]. Theoretical and Applied Genetics, 2011, 123(6): 869-879.

[86] CHEN S. Progress on genome sequencing project in half- smooth tongue sole(Cynoglossus semilaevis)[R]. The fifth international conference on genomics, Shenzhen, China, 2010, 50-51.

[87] CHEN Z, Pan Y H, An L Y, et al.Heterologous

expression of a halophilic Transgenic archaeon manganese superoxide dismutase enhances salt tolerance in rice[J]. Russian Journal of Plant Physiology, 2013, 60(3): 359-366.

[88] CHENG Z Q, TARGOLLI J, HUANG X Q, et al. Wheat LEA genes, PMA80 and PMA1959, enhance dehydration tolerance of transgenic rice(*Oryza sa tiva* L.)[J]. Mol Breeding, 2002, 10: 71-82.

[89] CIOBANU D C, BASTIAANSEN J W M, Magrin J, et al.A major SNP resource for dissection of phenotypic and genetic variation in Pacific white shrimp(Litopenaeus vannamei)[J]. Anim Gen, 2010, 41(1): 39-47.

[90] COOPERM, PODLICH D W.The E(NK) model: extending the NK modelto incorporate gene-by-environment interactions and epistasis for diploidgenomes[J]. Complexity, 2002, 7: 3147.

[91] DARWISH T, ATALLAH T, MOUJABBER M E, et al.Salinity evolution and crop response to secondary soil salinity in two agro-climatic zones in lebanon [J]. Agricultural Water Management, 2005, 78(1-2): 152-164.

[92] DAS P, NUTAN K K, SINGLA-PAREEK SL, et al.Understanding salinity responses and adopting 'omics-based' approaches to generate salinity tolerant cultivars of rice [J]. Front Plant Sci, 2015, 6: 712.

[93] BIMPONG IK, MANNEH B, SOCK M, et al. Improving salt tolerance of lowland rice cultivar 'Rassi' through marker-aided backcross breeding in West Africa[J]. Plant Sci, 2016, 242: 288-299.

[94] DE ROOS A P W, SCHROOTEN C, MULLAART E, et al.Breeding value estimation for fat percentage using dense markers on Bos taurus autosome 14[J]. J Dairy Sci, 2007, 90(10): 4821-4829.

[95] DEINLEIN U, STEPHAN A B, Horie T, et al. Plant salt-tolerance mechanisms [J]. Trends Plant Sci, 2014., 19(6): 371-379.

[96] DU Z Q, CIOBANU D C, ONTERU S K, et al. A gene-based SNP linkage map for pacific white shrimp, Litopenaeus vannamei [J]. Anim Genet, 2010, 41(3): 286-294.

[97] EBANA K, KOJIMA Y, Fukuoka S, et al. Development of mini core collection of Japanese rice landrace[J]. Breeding Science, 2008, 58(3): 281-291.

[98] EHANA K, YONEMARU J I, FUKUOKA S, et al.Genetic structure revealed by a whole-genome single-nucleotide polymorphism survey of diverse accessions of cultivated Asian rice(*Oryza sativa* L.)[J]. Breeding Science, 2010, 60(4): 390-397.

[99] EID J, FEHR A, GRAY J, et al.Realtime DNA sequencing from single polymerase molecules[J]. Science, 2009, 323(5910): 133-138.

[100] FENG Q, ZHANG Y, HAO P, et al.Sequence and analysis of rice chromosome 4[J]. Nature, 2002, 420: 316-320.

[101] FLINT-GARCIA S A, THORNSBERRY J M, BUCKLER, E S, IV, et al. Structure of Linkage Disequilibrium in Plants[J]. Annual Review of Plant Biology, 2003, 54(1): 357-374.

[102] FLINT-GARCIA S A, THUILLET AC, YU J, et al. Maize association population: a high resolution platform for quantitative trait locus dissection[J]. The Plant Journal, 2005, 44(6): 1054-1064.

[103] FUKUDAA, NAKAMURA A, TAAIRI A, et al. Function, intracellular localization and the importance in salt tolerance of a vacuolar Na^+/H^+ antiporter from rice[J]. Plant Cell Physiolosy, 2004, 45: 146-159.

[104] GARG A K, KIM J K, OWENTS T G, et al. Trehalose accumulation in rice plants confers high tolerance levels to different abiotic stresses[J]. PNAS, 2002, 99: 15898-15903.

[105] GARRIS A J, Tai T H, COBURN J, et al. Genetic

structure and diversity in *Oryza sativa* L.[J]. Genetics, 2005, 169(3): 1631-1638

[106] GOFF S A, RICKE D, LAN T-H, et al.A draft sequence of the rice genome(*Oryza sativa* L. spp. *japonica*)[J]. Science, 2002, 296: 92-100.

[107] GORBACH D M, HU Z L, Du Z Q, et al.SNP discovery in Litopenaeus vannamei with a new computational pipeline[J]. Anim Genet, 2009, 40(1): 106-109.

[108] GORE M, BUCKLER E S, YU J, et al.Status and prospects of association mapping in plants[J]. The Plant Genome, 2008, 1(1): 5-20.

[109] GREGORIO G B, ISLAM M R, VERGARA G V, et al.Recent advances in rice science to design salinity and other abiotic stress tolerant rice varieties[J]. Sabrao Journal of breeding & Genetics, 2013, 45(1): 31-41.

[110] GREGORIO G B. Tagging salinity tolerance genes in rice using amplified fragment length polymorphism (AFLP)[J]//International Rice Research Institute Repository. Manila: International Rice Research Institute, 1997.

[111] GREGORIO G B, ISLAM M R, VERGARA G V, et al. Recent advances in rice science to design salinity and other abiotic stress tolerant rice varieties[J]. SABRAO J Breed Genet, 2013, 45(1): 31-41.

[112] GRISART B, COPPIETERS W, FARNIR F, et al. Positional Candidate Cloning of a QTL in Dairy Cattle: Identification of a Missense Mutation in the Bovine DGAT1 Gene with Major Effect on Milk Yield and Composition[J]. Genome Research, 2002, 12(2): 222-231.

[113] GUOFAN ZHANG, XIMING GUO, LI LI, et al.The Oyster Genome Project: An Update[R]. Ninth International Marine Biotechnology Conference, Qingdao, China, 2010: 371.

[114] GUYOMARD R, MAUGER S, TABET-CANaALE K, et al.A Type I and Type II microsatellite linkage map of Rainbow trout(Oncorhynchus mykiss)with presumptive coverage of all chromosome arms [J]. BMC Genomics, 2006, 7: 302.

[115] HABIER D, FERNANDO R L, DEKKERS J C M, et al.Genomic Selection Using Low-Density Marker Panels [J]. Genetics, 2009, 182(1): 343-353.

[116] HARRIS B L, JOHNSON D L, SPELMAN R J, et al. Genomic selection in New Zealand and the implications for national genetic evaluation[R]. Proc Interbull Meeting Niagara Falls, Canada, 2008.

[117] HASTHANASOMBUT S, SUPAIBULWATANA K, Mii M, et al. Genetic manipulation of Japonica rice using the OsBADHl gene from Indica rice to improve salinity tolerance[J]. Plant Cell, Tissue and Organ Culture, 2011, 104(1): 79-89.

[118] HAYES B J, BOWMAN P J, CHAMBERLAIN AJ, et al. Invited review: Genomic selection in dairy cattle: Progress and challenges [J]. J Dairy Sci, 2009, 92(2): 433-443.

[119] HE P, LI S G, QIAN Q, et al. Genetic analysis of rice grainquality[J]. Theor Appl Genet, 1999, 98: 502-508.

[120] HONKATUKIA M, REESE K, PREISINGER R, et al. Fishy taint in chicken eggs is associated with a substitution within a conserved motif of the FMO3 gene [J]. Genomics, 2005, 86(2): 225-232.

[121] HU T Z. OsLEA3, a late embryogenesis abundant protein gene from rice, confers tolerance to water deficit and salt stress to transgenic rice[J]. Russian Journal of Plant Physiology, 2008, 55(4): 530-537.

[122] HUANG X, CHAO D, GAO J, et al.A previously unknown zinc finger protein, DST, regulates drought and salt tolerance in rice via stomatal aperture control [J]. Genes Dev, 2009, 23(15): 1805-1817.

[123] HUANG X, FENG Q, Qian Q, et al. High-throughput genotyping by whole-genome resequencing [J]. Genome Res, 2009, 19(6): 1068−1076.

[124] HUANG X, WEI X, SANG T, et al.Genome-wide association studies of 14 agronomic traits in rice landraces [J]. Nature Genetics, 42(11): 2010, 961−967.

[125] HUANG X, ZHAO Y, WEI X, et al.Genome-wide association study of flowering time and grain yield traits in a worldwide collection of rice germplasm[J]. Nature Genetics, 2011, 44(1): 32−39.

[126] HUBERT S, HIGGINS B, BORZA T, et al. Development of a SNP resource and a genetic linkage map for Atlantic cod(Gadus morhua)[J]. BMC Genomics, 2010, 11(1): 191.

[127] HYTEN D L, SONG Q, FICKUS E W, et al. High-throughput SNP discovery and assay development in common bean[J]. Bmc Genomics, 2010, 11: 475.

[128] International Chicken Polymorphism Map Consortium. A Genetic variation map for chicken with 2. 8 million sing-lenucleotide polymorphism [J]. Nature, 2004, 432: 717−722.

[129] International rice genome sequencing project. The map based sequence of the rice genome[J]. Nature, 2005, 436: 793−800.

[130] ISHIMARU K, YANO M, AOKI N, et al.Toward the mapping of physiological and agronomic characters on a rice function map: QTL analysis and comparison between QTLs and expressed sequencetags[J]. Theor Appl Genet, 2001, 102: 793−800.

[131] ISLAM M R, SALAM M A, HASSAN L, et al. QTL mapping for salinity tolerance at seedling stage in rice [J]. Emir J Food Agric, 2011, 23(2): 137.

[132] JIA J. Molecular germplasm diagnostics and molecular marker-assisted breeding [J]. Scientia Agricultura Sinica, 1996(4): 317−320.

[133] JIN L, LU Y, XIAO P, et al. Genetic diversity and population structure of a diverse set of rice germplasm for association mapping[J]. Theoretical and Applied Genetics, 2010, 121(3): 475−487.

[134] KARTHIKEYAN A, PANDIAN S K, RAMESH M, et al. Transgen is indica ricecv. ADT 43 expressing a △ 1-pyrroline-5-carboxylate synthetase(PSCS)gene from Vigna aconitifolia demonstrates salt tolerance[J]. Plant Cell, Tissue and Organ Culture, 2011, 107(3): 383−395.

[135] KAWAHARA Y, LA BASTIDE MD, HAMILTON JP, et al.Improvement of the Oryza sativa Nipponbare reference genome using next generation sequence and optical map Data[J]. Rice(N Y), 2013, 6: 4.

[136] KERSTENS HHD, CEOOIJMANS RPMA, VEENENDAAL A, et al.Large scale single nucleotide polymorphism discovery in unsequenced genomes using second generation high throughput sequencing technology: applied to turkey[J]. Bmc Genomics, 2009, 10(1): 479.

[137] KIM D M, JU H G, KWON, et al.Mapping QTLs for salt tolerance in an introgression line population between Japonica cultivars in rice [J]. Journal of Crop Science and Biotechnology, 2009, 12(3): 121−128.

[138] KIM D, JU H, KWON T, et al.Mapping QTLs for salt tolerance in an introgression line population between Japonica cultivars in rice[J]. Journal of Crop Science and Biotechnology, 2009, 12(3): 121−128.

[139] KLINBUNGA S, PEECHAPHOL R, THUMRUBGTANAKIT S, et al. Genetic diversity of the giant tiger shrimp(Penaeus monodon)in Thailand revealed by PCR-SSCP of polymorphic EST-derived markers[J]. Biochem Gen, 2006, 44(5−6): 222−236.

[140] KOJIMA Y, EBANA K, FUKUOKA S, et al. Development of an RFLP-based rice diversity research set of germplasm[J]. Breeding Science, 2005, 55(4): 431−440.

[141] KOVDA, V A. Loss of productive land due to

salinization [J]. Ambio. 1983, XII (2): 91-93.

[142] KOYAMA M L, LEVESLEY A, KOEBNER R M D, et al.Quantitative trait loci for component physiological traits determining salt tolerance in rice [J]. Plant Physiology, 2001, 125(1): 406-422.

[143] KUMAR K, KUMAR M, KIM S R, et al. Insights into genomics of salt stress response in rice [J]. Rice, 2013, 6(1): 1.

[144] KUMAR M, CHOI J, AN G, et al. Ectopic expression of OsSta2 enhances salt stress tolerance in rice [J]. Frontiers in Plant Science, 2017, 8: 712.

[145] KUMAR V, SINGH A, MITHAR S V A, et al. Genome-wide association mapping of salinity tolerance in rice (*Oryza sativa*) [J]. DNA Res, 2015, 22(2): 133-145.

[146] LAN T, ZHANG S, LIU T, et al. Fine mapping and candidate identification of SST, a gene controlling seedling salt tolerance in rice (*Oryza sativa* L.) [J]. Euphytica, 2015, 205(1): 269-274.

[147] LANDER E S, BOTSTEIN D.Mapping mendelian factors underlying quantitative traits using RFLP linkage maps [J]. Genetics, 1989, 121(1): 185-199.

[148] LANG N, BUU B C, ISMAIL A M, et al. Enhancing and stabilizing the productivity of salt-affected areas by incorporating genes for tolerance of abiotic stresses in rice[J]. Omonrice, 2011, 18: 41-49.

[149] LANG N, BUU B C, ISMAIL A M. Molecular mapping and marker-assisted selection for salt tolerance in rice (*Oryza sativa* L.) [J]. Omonrice, 2008, 16: 50-56.

[150] LEDER E H. The candidate gene, clock, localizes to a strong spawning time quantitative trait locus region in rainbow trout [J]. J Hered, 2005, 97(1): 74-80.

[151] LEE B Y, LEE W J, STREELMAN J T, et al., A second-generation genetic linkage map of tilapia (*Oreochromis* spp.) [J]. Genetics, 2005, 170(1): 237-244.

[152] LEE I S, KIM S, LEE S J, et al.Selection and characterizations of radiation-induced salinity-tolerant lines in rice [J]. Breed Sci, 2003, 53(4): 313-318.

[153] LEE S Y, ANN J H, CHA Y S, et al., Mapping QTL related to salinity tolerance of rice at the young seedling stage [J]. Plant Breeding, 2007, 126(1): 43-46.

[154] LI J X, YU S B, XU C G, et al.Analyzing quantitative trait locifor yield using a vegetatively replicated F2 population from across between the parents of an elite rice hybrid [J]. Theor Appl Genet, 2000, 101: 248-254.

[155] LI M R, LIN X J, LI H Q, et al.Overexpression of AtNHX5 improves tolerance to both salt and water stress in rice (*Oryza sativa* L.) [J]. Plant Cell, Tissue and Organ Culture, 2011, 107(2): 283-293.

[156] LIANG J, QU Y, YANG C, et al.Identification of QTLs associated with salt or alkaline tolerance at the seedling stage in rice under salt or alkaline stress[J]. Euphytica, 2015, 201(3): 441-452.

[157] LINH X, ZHU M Z, YANO M, et al.QTLs for Na^+ and K^+ up take of the shoots and roots controlling rice salt tolerance[J]. Theoretical and Applied Generies, 2004, 108(2): 253-260.

[158] LIN H, YANANGIHARA S, ZHUANG J, et al. Identification of QTL for salt tolerance in rice via molecular markers [J]. Chinese Journal of Riceence, 1998, 12(2): 72-78.

[159] LIN K C, JWO W S, CHANDRIKA N P, et al.A rice mutant defective in antioxidant-defense system and sodium homeostasis possesses increased sensitivity to salt stress [J]. Biol Plantarum, 2016, 60(1): 86-94.

[160] LIN L H, LIN T H, XUAN T D, et al.Molecular breeding to improve salt tolerance of rice (*Oryza sativa* L.) in the Red River Delta of Vietnam[J]. Int J Plant Genom.

STRASA, 2012(3): 80-81.

[161] LIU J. Strategies For Efficient Assembly And Annotation Of The Catfish Whole Genome Sequence[R]. Plant & Animal Genomes XIX Conference, San Diego, CA, USA, 2011: 049.

[162] LYONS R E, DIERENS L M, Tan S H, et al. Characterization of AFLP markers associated with growth in the kuruma prawn, Marsupenaeus japonicus, and identification of a candidate gene[J]. Mar Biotechnol, 2007, 9(6): 712-721.

[163] MARDNI Z, RABIEI B, SABOURI H, et al. Identification of molecular markers linked to salt-tolerant genes at germination stage of rice [J]. Plant Breeding, 2014, 133(2): 196-202.

[164] MARTINO A, MANCUSO T, ROSSI A M. Application of High- Resolution Melting to Large-Scale, High-Throughput SNP Genotyping: A Comparison with the TaqMan(R)Method[J]. J Biomol Screen, 2010, 15(6): 623-629.

[165] MCCOUCH S R, ZHAO K, WRIGHT M, et al.Development of genome-wide SNP assays for rice[J]. Breeding Science, 2010, 60(5): 524-535.

[166] MCMULLEN M D, KRESOVICH S, VILLEDA H S, et al.Genetic Properties of the Maize Nested Association Mapping Population[J]. Science, 2009, 325(5941): 737-740.

[167] MCNALLY K L, CHILDS K L, BOHNERT R, et al. Genomewide SNP variation reveals relationships among landraces and modern varieties of rice[J]. Proceedings of the National Academy of Sciences, 2009, 106(30): 12273-12278.

[168] METZKER M L. Emerging technologies in DNA sequencing[J]. Genome Research, 2005, 15(12): 1767-1776.

[169] MEUWISSEN T H, HAYES B J, GODDARD M E. Prediction of total genetic value using genome-wide dense marker maps [J]. Genetics, 2001, 157(4): 1819-1829.

[170] MEUWISSEN T H, GODDARD M E. Mapping multiple QTL using linkage disequilibrium and linkage analysis information and multitrait data [J]. Gen Select Evol, 2004, 36(3): 261-279.

[171] MEUWISSEN T H. Genomic selection: marker assisted selection on a genome wide scale[J]. J AnimBreed Gen, 2007, 124(6): 321-322.

[172] MOEN T, HAYES B, BARANSKI M, et al.A linkage map of the Atlantic salmon(Salmo salar)based on EST-derived SNP markers [J]. Bmc Genomics, 2008, 9(1): 223.

[173] MOEN T, HAYES B, NILSEN F, et al. Identification and characterization of novel SNP markers in Atlantic cod: Evidence for directional selection [J]. Bmc Genetics, 2008, 9(1): 18.

[174] HOSSAIN H, RAHMAN M A, ALAM M S, et al.Mapping of quantitative trait loci associated with reproductive-stage salt tolerance in rice [J]. Journal of Agronomy & Crop Science, 2015, 201(1): 17-31.

[175] MORADI F, ISMAIL AM, GREGORIO G, et al. Salinity tolerance of rice during reproductive development and association with tolerance at seedling stage [J]. Indian J. Plant Physiol, 2003, 8: 105-116.

[176] MUIRA W M, WONG G K S, ZHANG Y, et al.Genome-wide assessment of worldwide chicken SNP genetic diversity indicates significant absence of rare alleles in commercial breeds [J]. Proc National Academy of Sciences of the United States of America, 2008, 105(45): 17312-17317.

[177] MYLES S, PEIFFER J, Brown P J, et al. Association mapping: critical considerations shift from genotyping to experimental design[J]. The Plant Cell Online, 2009, 21(8): 2194-2202.

[178] NAKHODA B, LEUNG H, MENDIORO M S, et al. Isolation, characterization, and field evaluation of rice (*Oryza sativa* L., var. IR64) mutants with altered responses to salt stress [J]. Field Crop Res, 2012, 127 (4): 191-202.

[179] NIEHOLS K M, YOUNG W P, DANAMANN R G, et al. A consolidated linkage map for rainbow trout (Oncorhynchus mykiss)[J]. Anim Gen, 2003, 34 (2): 102-115.

[180] NIONE J M. Fine mapping of the salinity tolerance gene on chromosome 1 of rice (*Oryza sativa* L.) using near isogenic lines [MS dissertation] [D]. Laguna: University of the Philippines, 2004.

[181] NUZHDIN S V, FRIESEN M L, MCINTYRE L M. Genotype-phenotype mapping in a post-GWAS world[J]. Trends in Genetics, 2012, 28 (9): 421-426.

[182] OGAWA D, ABE K, MIYAO A, et al. RSS1 regulates the cell cycle and maintains meristematic activity under stress conditions in rice [J]. Nat Commun, 2011, 2 (1): 121-132.

[183] OHLROGGE J, BENNING C. Unraveling plant metabolism by EST analysis[J]. Current Opinion in Plant Biology, 2000, 3: 224-228.

[184] OHTA M, HAYASHI Y. Introduction of a Na^+/H^+ antiporter gene form Atriplex gmelini confer salt tolerance to rice[J]. FEBS Lett, 2000, 532 (3): 279-282.

[185] OOMENR J F J, BENITO B, SENTENA C, et al.HKT2; 2/1, a K^+ -permeable transporter identified in a salt-tolerant rice cultivar through surveys of natural genetic polymorphism [J]. The Plant Journal for Cell and Molecular Biology, 2012, 71 (5): 750-760.

[186] ORDONEZ JR S A, SILVA J, OARD J H. Association mapping of grain quality and flowering time in elite japonica rice germplasm[J]. Journal of Cereal Science, 2010, 51 (3): 337-343.

[187] PANDIT A, RAI V, BAL S, et al.Combining QTL mapping and transcriptome profiling of bulked RILs for identification of functional polymorphism for salt tolerance genes in rice (*Oryza sativa* L.)[J]. Mol Genet Genom, 2010, 284 (2): 121-136.

[188] PATERSON A H, LANDER E S, HEWITT J D, et al. Resolution of quantitative traits into Mendelian factors by using a complete linkage map of restriction fragment length polymorphisms [J]. Nature, 1988, 335 (6192): 721.

[189] PECCOUD J, VELDENK V, PODLICH D, et al. The selective values of alleles in a molecular network model are contextdependent[J]. Genetics, 2004, 166: 1715-1725.

[190] PELEMAN J D, VAN DER VOORT J R. Breeding by design[J]. Trends in Plant Sci, 2003, (8): 330-334.

[191] PIYASATIAN N, FERNANDO R L, Dekkers J C M. Genomic selection for marker-assisted improvement in line crosses [J]. Theoret Appl Gen, 2007, 115 (5): 665-674.

[192] PODLICH D W, WINKLER C R, COOPER M, et al. Mapping as you go : An effective approach for marker-assisted selection of complex traits[J]. CropSci, 2004, 44: 1560-1571.

[193] PRASAD S R, BAGALI P G, HITTALMANI S, et al. Molecular mapping of quantitative trait loci associated with seedling tolerance to salt stress in rice (*Oryza sativa* L.)[J]. Current Science, 2000, 78 (2): 162-164.

[194] R. BERNARDO, J YU. Marker-assisted selection without QTL mapping: prospects for genome-wide selection for quantitative traits in maize and trans-Effects on Gene Expression [J]. Proceedings of the National Academy of Sciences of the United States of America, 2008, 105 (38): 14471-14476.

[195] RABIEI B, VALIZADEH M, GHAREYAZIE B, et al.Identification of QTLs for rice grain size and shape of

Iranian cultivars using SSR markers[J]. Euphytica, 2004, 137: 325-332.

[196] REDILLAS M C F R, PARK S H, LEE J W, et al.Accumulation of trehalose increases soluble sugar contents in rice plants conferring tolerance to drought and salt stress[J]. Plant Biotechnology Reports, 2012, 6(1): 89-96.

[197] REN Z H, GAO J P, LI L G, et al.A rice quantitative trait locus for salt tolerance encodes a sodium transporter[J]. Nat Genet, 2005, 37(10): 1141-1146.

[198] SABOURI H, REZAI A M, MOUMENI A, et al.QTLs mapping of physiological traits related to salt tolerance in young rice seedlings [J]. Biologia Plantarum, 2009, 53(4): 657-662.

[199] SALAM M A, RAHMAN M A, BHUIYAN M A R, et al. BRRI dhan 47: A salt tolerant variety for the boro season[J]. Int Rice Res News, 2008, 32: 42-43.

[200] SATO H, ENDO T, SHIOKAI S, et al. Identification of 205 current rice cultivars in Japan by dot-blot-SNP analysis[J]. Breeding Science, 2010, 60(4): 447-453.

[201] SCHAEFFER L R. Strategy for applying genome-wide selection in dairy cattle [J]. J Anim Breed Gen, 2006, 123(4): 218-223.

[202] SCHMITT A O, BORTFELDT R H, BROCKMANN G A, et al. Tracking chromosomal positions of oligomers – a case study with Illumina BovineSNP50 beadchip[J]. Bmc Genomics, 2010, 11: 411-415.

[203] SCHUSTER S C. Next-generation sequencing transforms today's biology[J]. Nature Methods, 2008, 26: 1135-1145.

[204] SEIDEL G E. Brief introduction to whole-genome selection in cattle using single nucleotide polymorphisms [J]. Reprod Fert Dev, 2010, 22(1): 138-144.

[205] SERRA T S, FIGUEIREDO D D, CORDEIRO A M, et al.OsRMC, a negative regulator of salt stress response in rice, is regulated by two AP2/ERF transcription factors [J]. Plant Molecular Biology, 2013, 82(4): 439-455.

[206] SINGH A K, GOPALAKRISHNAN S, SINGH V P, et al. Marker assisted selection: A paradigm shift in Basmati breeding[J]. Ind J Genet Pl Br, 2011, 71(2): 120-128.

[207] SINGH R, SINGH Y, XALAXO S, et al.From QTL to variety-harnessing the benefits of QTLs for drought, flood and salt tolerance in mega rice varieties of India through a multi-institutional network[J]. Plant Sci, 2016, 242: 278-287.

[208] SRIPONGPANGKUL K, POSA G B T, SENADHIRA D W D, et al. Genes/QTLs affecting flood tolerance in rice[J]. Theor ApplGenet, 2000, 101: 1074-1081.

[209] STAELENS J, ROMBAUT D, V ERCAUTEREN I, et al. High-density linkage maps and sex-linked markers for the black tiger shrimp (Penaeus monodon) [J]. Genetics, 2008, 179(2): 917-925.

[210] SU J, WU R. Stress-inducible synthesis of proline in transgenic rice confers faster growth under stress conditions than that with constitutive synthesis[J]. Plant Sci, 2004, 166: 941-948.

[211] SULYTANA S, TUREEKOVA V, HO C L, et al.Molecular cloning of a putative Acanthusebracteatus-9-cis-epo xycarotenoid deoxygenase (AeNCED) and its overexpression in rice[J]. Journal of Crop Science and Biotechnology, 2014, 17(4): 239-246.

[212] SUN J, ZOU D T, LUAN F S, et al.Dynamic QTL analysis of the Na^+ content, K^+ content, and Na^+/K^+ ratio in rice roots during the field growth under salt stress[J]. Biologia Plantarum, 2014, 58(4): 689-696.

[213] TAKAGI H, TAMIRU M, ABE A, et al. MutMap

accelerates breeding of a salt-tolerant rice cultivar [J]. Nat Biotechnol, 2015, 33(5): 445-449.

[214] TAKASAKI H, MARUYAMA K, KIDOKOROS, et al.The abiotic stress-responsive NAC-type transcription factor OsNAC5 regulates stress-inducible genes and stress tolerance in rice[J]. Molecular Genetics and Genomics, 2010, 284(3): 173-183.

[215] TAKEHISA H, SHIMODATE T, FUKUTA Y, et al.Identification of quantitative trait loci for plant growth of rice in Paddy field flooded with salt water[J]. Field Crops Research, 2004, 89: 85-95.

[216] TAN Y F, LI J X, YU S B, et al.The three important traits forcooking and eating quality of rice rains are controlled by asingle locus in an elite rice hybrid Shanyou 63[J]. Theor ApplGenet, 1999, 9: 642-648.

[217] TAO W J, BOULG E G. Associations between single nucleotide polymorphisms in candidate genes and growth rate in Arctic charr(*Salvelinus alpinus* L.)[J]. Heredity, 2003, 91(1): 60-69.

[218] The Bovine HapMap Consortium. Genome-wide survey of SNP variation uncovers the genetic structure of cattle breeds [J]. Science, 2009, 324: 528-532.

[219] The rice chromosome 10 sequencing consortium. In-depthview of structure, activity, and evolution of rice chromosome 10[J]. Science, 2003, 300: 1566-1569.

[220] THOMSON M J, DE OCAMPO M, EGDANE J, et al.Characterizing the Saltol quantitative trait locus for salinity tolerance in rice[J]. Rice, 2010, 3(2): 148-160.

[221] THOMSON M J, ZHAO K, WRIGHT M, et al.High throughput single nucleotide polymorphism genotyping for breeding applications in rice using the BeadXpress platform[J]. Molecular Breeding, 2011, 3: 1-12.

[222] THORGAARD G H, NICHOLS K M, PHILLIPS R B. Comparative gene and QTL mapping in aquaculture species[J]. Israeli Journal of Aquaculture-Bamidgeh, 2006, 58(4): 341-346.

[223] TIAN L, TAN L B, LIU F X, et al.Identification of quantitative trait loci associated with salt tolerance at seedling stage from Oryza rufipoqon [J]. Journal of Genetics and Genomics, 2011, 38: 593-601.

[224] TIAN Z, QIANQ, LIU Q, et al. Allelic diversities in rice starch biosynthesis lead to a diverse array of rice eating and cooking qualities[J]. Proceedings of the National Academy of Sciences, 2009, 106(51): 21760-21765.

[225] TODA Y, TANAKA M, OGAWA D, et al. RICE SALT SENSITIVE3 forms a ternary complex with JAZ and class-C bHLH factors and regulates jasmonate-induced gene expression and root cell elongation [J]. Plant Cell, 2013, 25(5): 1709-1725.

[226] TUNG CW, ZHAO K, WRIGHT M H, et al. Development of a Research Platform for Dissecting Phenotype-Genotype Associations in Rice(*Oryza* spp.)[J]. Rice, 2010, 3(4): 205-217.

[227] UEDA T, SATO T, NUMA H, et al.Delimitation of the chromosomal region for a quantitative trait loc-us, qUVR-10, conferring resistance to ultraviolet-B radiation in rice(*Oryza sativa* L.)[J]. Theor Appl Genet, 2004, 108: 385-391.

[228] VAN TASSELL C P, SMITH T P L, MATUKUMALLI L K, et al. SNP discovery and allele frequency estimation by deep sequencing of reduced representation libraries [J].Nature Methods, 2008, 5(3): 247-252.

[229] VANNINI C, LOCATELLI F, BRACALE M, et al.Overex-pression of the rice Osmyb4 gene increases chilling and freezing tolerance of Arabidopsis thaliana plants[J]. Plant J, 2004, 37(1): 115-127.

[230] VANRADEN P M, VAN TASSELL C P, WIGGANS G R, et al.Invited review: Reliability of genomic predictions for North American Holstein bulls [J].

J Dairy Sci, 2009, 92(1): 16-24.

[231] VINOD K K, KRISHNAN S G, BABU N N, et al.Improving salt tolerance in rice: Looking beyond the conventional. // Ahmad P, Azooz M M, Prasas M N V. Salt Stress in Plants: Signalling, Omics and Adaptations[J]. New York: Springer Science & Business Media, 2013, 15: 219-260.

[232] WANG G, MACKILL D J, BOUMAN J M, et al., RFLP mapping of genes conferring complete and partial resistance to blast in a durably resistant rice cultivar [J]. Genetics, 1994, 136(4): 1421.

[233] WANG J, EAGLES H A, TRETHOWAN R, et al.Using computer simulation of the selection process and known gene information to assist inparental selection in wheat quality breeding[J]. Australian J Agric Res, 2005, 56: 465-473.

[234] WANG J, VAN GINKEL M, PODLICH D, et al.Comparison of two breeding strategies by computer simulation[J]. Crop Sci, 2003, 43: 1764-1773.

[235] WANG J, VAN Ginkel M, TRETHOWAN R, et al.Simulating the effects of dominance and epistasis on selection response in the CIMMYT Wheat Breeding Program using QuCim[J]. CropSci, 2004, 44: 2006-2018.

[236] WANG Q Y, GUAN Y C, WU Y R, et al. Over expression of a rice OsDREB1F gene increases salt, drought, and low tempera ture tolerance in both Arabidopsis and rice[J]. Plant Molecular Biology, 2008, 67(6): 589-602.

[237] WANG W B, JIANG T. A New Model of Multi-Marker Correlation for Genome-Wide Tag SNP Selection[J]. Genome Informatics, 2008, 21: 27-41.

[238] WANG Z F, CHENG J P, CHEN Z W, et al. Identification of QTLs with main, epistatic and QTL × environment interaction effects for salt tolerance in rice seedlings under different salinity conditions [J]. Theoretical and Applied Genetics, 2012, 125(4): 807-815.

[239] WANG Z, WANG J, BAO Y, et al.Quantitative trait loci controlling rice seed germination under salt stress [J]. Euphytica, 2011, 178(3): 297-307.

[240] WIEDMANN R T, SMITH T P, NONNEMA D J. SNP discovery in swine by reduced representation and high throughput pyrosequencing [J]. Bmc Genetics, 2008, 9: 81.

[241] William S Davidson, Ben F Koop, ICSASG. International Collaboration. Sequencing The Atlantic Salmon (Salmo salar) Genome The Old Fashioned Way [R]. Plant & Animal Genomes XIX Conference. San Diego, CA, USA, 2011: 033.

[242] WU J, MAEHARA T, SHIMOKAWA T, et al. A comprehensive rice transcript map containing 6591 expressed sequencetag sites[J]. Plant Cell, 2002, 14: 525-535.

[243] WU P, LIAO C Y, HU B, et al.QTLs and epistasis for aluminum tolerance in rice (*Oryza sativa* L.) at different seedling stages[J]. Theor ApplGenet, 2000, 100: 1295-1303.

[244] XIAO J H, LUO L J. Molecular breeding for green super rice[J]. Molecular Plant Breeding, 2010, 8(6): 1054-1058.

[245] XU S Z. Estimating polygenic effects using markers of the entire genome [J]. Genetics, 2003, 163(2): 789-801.

[246] YAMAMOTO T, NAGASAKI H, YONEMARU J I, et al.Fine definition of the pedigree haplotypes of closely related rice cultivars by means of genome-wide discovery of single-nucleotide polymorphisms [J]. BMC Genomics, 2010, 11(1): 267.

[247] YOSHIDA N, NISHIMAKI Y, SUGIYAMA M, et al.SNP genotyping in the beta(2)-adrenergic receptor by electronic microchip assay, DHPLC, and direct

sequencing[J]. J Hum Genetics, 2002, 47(9): 500-503.

[248] YU J, BUCKLER E S. Genetic association mapping and genome organization of maize [J]. Current Opinion in Biotechnology, 2006, 17(2): 155-160.

[249] YU J, HU S, WANG J, et al.A draft sequence of the rice genome(*Oryza sativa* L. ssp. indica)[J]. Science, 2002, 296: 79-92.

[250] ZAMIR D. Improving plant breeding with exotic genetic libraries[J]. Nature RevGenet, 2001, 2(12): 983-989.

[251] ZENG L, SHANNON M C, GRIEVE C M. Evaluation of salt tolerance in rice genotypes by multiple agronomic parameters [J]. Euphytica, 2002, 127: 235-245.

[252] ZHANG L S, YANG C J, ZHANG Y, et al. A genetic linkage map of Pacific white shrimp(Litopenaeus vannamei): sex-linked microsatellite markers and high recombination rates [J]. Genetica, 2007, 131(1): 37-49.

[253] ZHANG L S, GUO X M. Development and validation of single nucleotide polymorphism markers in the eastern oyster Crassostrea virginica Gmelin by mining ESTs and resequencing [J]. Aquaculture, 2010, 302(1-2): 124-129.

[254] ZHNAG X, ZHANG T, ZHAO C, et al.Research Progress in Sequencing of Litopenaeus vannamei[R]. Seventh Interna-tional Crustacean Congress, Qingdao, China, 2010: 361.

[255] ZHAO K, TUNG C W, EIZENGA G C, et al. Genome-wide association mapping reveals a rich genetic architecture of complex traits in Oryza sativa [J]. Nature Communications, 2011, 2: 467.

[256] ZHAO K, WRIGHT M, KIMBALL J, et al. Genomic diversity and introgression in O. sativa reveal the impact of domestication and breeding on the rice genome [J]. PLoS ONE, 2010, 5(5): e10780.

[257] ZHAO Q, ZHANG Y, CHENG Z, et al.A fine physical map of the rice chromosome 4 [J]. Genome Res, 2002, 12: 817-823.

[258] ZHOU Y, LI W, WU W, et al.Genetic dissection of heading time and its components in rice [J]. Theor Appl Genet, 2001, 102: 1236-1242.

[259] ZHU J K. Salt and drought stress signal transduction in plants [J]. Annual Review of Plant Biology, 2002, 53(53): 247-273.

第五章

基因编辑技术在耐盐碱水稻育种过程中的应用

在生命科学研究领域，利用基因突变体分析基因的功能是一个不可或缺的步骤。传统的随机诱变方法（如 T-DNA/ 转座子插入诱变）需构建大群体的突变体库，并进行大规模筛选鉴定才能获得目的基因的突变体，是一项费时费力的高成本工作。另一方面，培育优质高产、抗病虫害的作物品种一直以来都是育种工作者努力奋斗的目标。但常规的诱变和杂交育种周期长、效率低，已经难以实现日益提高的育种目标。

与随机诱变相比，直接在目的基因引入突变和修改序列的方法，即基因组定点编辑（Site-specific Genome Editing）技术对基因功能研究和遗传改良具有巨大优势。基因组编辑技术是指在基因组水平上对目标 DNA 序列进行定点"编辑"，实现对特定 DNA 片段的替换、删除、插入等形式的修饰，以达到改变生物某种性状为目的的分子生物学技术。该技术在基因功能解析、动植物遗传改良和新品种培育等方面具有重大的应用价值。

基因组定点编辑的工作原理是通过序列特异性核酸内切酶（SequenceSpecific Nucleases，SSNs）对特异 DNA 序列进行剪切，产生双链断裂（DoubleStrand Breaks，DSBs），其通过非同源末端连接（Non-homologous end-joining，NHEJ）或同源重组（Homologous Directed Repair，HDR）方式对 DNA 进行修复，在修复过程中往往会引起碱基的插入、缺失和替换，从而产生基因突变，实现基因组的定点改造（Pan et al.，2013；Perez-Pinera et al.，2012；Baker，2012）。科学家自 20 世纪 90 年代末就开始探索基因组定点编辑技术，但直到2002年，也仅在小鼠和果蝇等少数模式生物中实现了同源重组介导的基因组定点编辑，且因同源重组的效率很低，限制了其应用前景。进入21世纪以后，随着蛋白质结构与功能研究的新突破和人工核酸内切酶（Engineered Endonuclease，EEN）技术的出现，将特异识别并结合DNA的蛋白结构域和EEN融合，创造出能够特异切割DNA序列的核酸酶（SequenceSpecific Nucleases，SSNs），从而可以对基因组特定位点进行高效和精确的靶向编辑。

目前，报道较多的SSNs主要包括锌指核酸酶（Zinc Finger Nucleases，ZFNs）（Carrol，2011；Curtin et al.，2011；Peer et al.，2015）、类转录激活因子效应物核酸酶（Transcription ActivatorLike Effector Nucleases，TALENs）（Joung and Sander，2013；Li et al.，2012；Wang et al.，2014）、成簇的规律间隔的短回文重复序列及其相关系统［Clustered Regularly Interspaced Short Palindromic Repeats（CRISPR）/CRISPR-associated 9（Cas9），CRISPR/Cas9 system］（Segal，2013）和CRISPR/Cpf1系统（Zetsche et al.，2015）。这些SSNs都能在基因组特定部位精确切割DNA双链，造成DNA双链断裂（DNA DoubleStrand Breaks，DSBs），而DSBs能够极大地提高染色体重组事件发生的概率（Cohen-Tannoudji et al.，1998）。DSBs的修复机制在真核生物细胞中高度保守，主要包括同源重组（HDR）和非同源末端连接（NHEJ）2种修复途径（图5-1）。当存在同源序列供体DNA时，以HDR方式的修复能够产生精确的定点替换或插入；而没有供体DNA时，细胞则通过NHEJ途径修复。

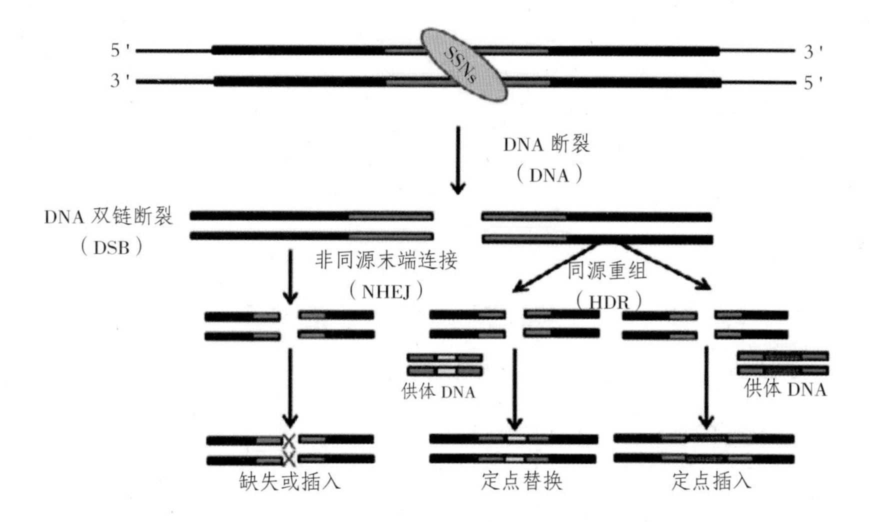

图5-1 SSNs介导的DSBs及其修复途径
（王福军，2018）

SSNs 自 2002 年出现以后，就掀起了一股席卷全球的基因组定点研究热潮，尤其是 2010 年出现 TALENs 和 2013 年出现 CRISPR-Cas9 技术后，因它们具有相对简单、精确、高效等优点，很快被广泛应用于医学、农业、基础研究等领域。因 TALENs 和 CRISPR-Cas9 潜在的巨大应用价值，它们相继被《科学》杂志评为 2012 年和 2013 年的十大科学突破之一。

第一节　ZFNs、TALENs 基因编辑技术、RNAi 技术在耐盐碱水稻育种过程中的应用

一、ZFNs 技术及其应用

（一）ZFNs 的结构

ZFNs 技术被称为第一代基因组编辑技术。ZFN 是一种人工改造而成的核酸内切酶，由一个 DNA 识别域和一个非特异性核酸内切酶 Fok Ⅰ构成。DNA 识别域通常由 3～6 个 Cys_2-His_2 锌指结构（Zinc Finger Domain，ZFD）串联组成，每个 ZFD 能识别并结合一个特异的三联体碱基。

锌指结构的稳定性保证了功能的有效性。Krishna 等（2003）根据其空间结构的不同把锌指结构分成 8 种类型，根据锌指蛋白保守结构域的差异可分为 C_2H_2 型、C_4 型和 C_6 型 3 种类型，其中 C_2H_2 型（Cys_2-His_2）为最广泛的一类。每个锌指结构大约由 30 个氨基酸组成，其中一对 Cys 和一对 His 与 Zn^{2+} 形成配位键，Zn^{2+} 被围绕并处于中心位置形成稳定的指形结构，折叠成 alpha-beta 二级结构，通过 α－螺旋镶嵌于 DNA 大沟中与 DNA 相应的碱基特异性结合。

Fok Ⅰ 是一种来自海床黄杆菌的限制性内切酶，只有在二聚体状态时才有酶切活性。因此，在实际应用 ZFNs 打靶时，需要结合靶点的两侧各设计 1 个 ZFN。待 2 个 ZFN 结合到结合位点后，2 个 *Fok Ⅰ* 相互作用形成二聚体，从而达到 DNA 定点剪切的目的，产生 DSBs。

（二）锌指构建方法

锌指蛋白组（Zinc Fingers，ZFs）与 DNA 结合区域由一串多个锌指蛋白（Zinc Finger，ZF）组成，由于每个 ZF 可识别 3bp，如果能找到与 64 种三联密码相对应的 ZF，

则可以识别任意DNA序列。过去的十多年，许多科研人员一直在做这项工作，并且已经将ZFs用于人工设计DNA结合区域。现在有4种不同方法可人工设计并组装ZFNs，分别是模块化装配法（Carroll et al., 2006）、Sangamo Biosciences的专用方法（Moore et al., 2001）、OPEN（Oligomerized Pool Engeneering）法（Sander et al., 2010）和CoDA（Context-Dependent Assembly）法（Jeffry et al., 2011）。

传统的模块组装方法是利用DNA重组技术通过已筛选ZFs直接组装锌指序列。组装好的ZF结构可以用标准的DNA与蛋白质互作分析方法来检验其与特异DNA序列结合的活性，也可以在组装成ZFNs后，检验其诱导DSB的能力。已报道的通过该方法组装ZFNs的成功率为6%~30%（Kim et al., 1996）。通过仔细的筛选和用准确的模块可以进一步提高成功率。这种方法已被广泛应用，ToolGen公司可提供相关商品化的ZFNs。

Sangamo Biosciences的专用方法与上一个方法的原理基本类似，但该公司有一种通过两指模块来组装长ZFs阵列的方法，相关信息一直未公开，这种商品可从Sigma-Aldrich获得。

最近，形成了一种基于细胞筛选构建位点特异性ZFNs的方法，命名为Oligomerized Pool Engineering（OPEN）。在这种方法中，首先筛选出可以与不同DNA三联密码结合ZFs，并形成ZFs库。通过一种基于网页的分析工具，选出少量的与目标位点特异性结合的ZFN，然后利用大肠杆菌双杂交筛选系统进行筛选，选出来的三指阵列再组装成ZFNs。这种方法也已被广泛应用。但这种方法也有明显的缺陷，一方面是比较费时费力，另外还不能通过该方法获得四指ZFNs。

CoDA平台是由锌指协会（Zinc Finger Consortium）建立的一种设计和构建ZFNs的方法。具有简单快速的特点。不需要在筛选方面做过多工作，利用CoDA构建新的ZFNs，是从已优化的两指单元中组装。这种方法对大规模的应用ZFNs提供了可能。

（三）ZFNs技术在植物基因工程中的应用

最初报道的ZFNs介导的基因工程操作的靶位点都是人工整合到植物基因组中的外源基因序列。Wright等（2005）报道了在烟草中利用ZFNs诱发DSB并由HR介导的报告基因的修复。在这个试验中，首先建立了转入GUS：NPT Ⅱ的烟草植株，该融合基因由于缺失了GUS的活性位点和NPT Ⅱ的ATP结合位点共600个碱基而失活。构建可以识别缺失位点的ZNFs和含有缺失的600个碱基的DNA供体，当把ZNFs和供体基团转入原生质体后，ZFNs诱发DSB并发生较高频率的HDR，使GUS：NPT Ⅱ缺失片段重新插入原来的位点，从而恢复活性。

ZFNs 真正在植物应用上的突破是在 2009 年，烟草与玉米本身的基因组序列利用 ZFNs 进行了基因工程技术操作。Maeder 等（2009）首先利用 NHEJ 修复了由 ZFNs 介导的烟草 *SurA* 和 *SurB* 的基因敲除。Townsend 等（2009）利用 HDR 修复机制对 *SurA* 和 *SurB* 的基因进行了操作。Cai 等利用 ZFNs 对烟草的 *CHN50* 基因进行了操作，他们利用 HDR 介导的修复机制把 *PAT* 基因转入 *CHN50* 序列中。Shukla 等（2009）也同样利用 HDR 修复通过插入 *PAT* 基因来敲除玉米的 IPK1 基因，获得低植酸盐含量的玉米突变体。构建多对 ZFN 靶向 *CHN50*，并利用 HDR 供体 DNA 定点插入 *PAT* 基因，结果成功得到了插入 *PAT* 基因并使 *CHN50* 基因敲除的玉米材料，同时研究了该基因敲除后的植物代谢表现。

ZFNs 技术在另一种模式植物拟南芥中的应用也有报道。Zhang 等（2010）设计了针对 *ADH1* 和 *TT4* 的 ZFNs，并构建了雌性激素诱导表达的载体系统。利用农杆菌介导的浸花方法将该系统转入野生型拟南芥植株中。结果 *ADH1* 和 *TT4* 分别产生了 16% 和 4% 的变异。Osakabe 等（2010）设计了针对 *ABA-INSENSITIVE4*（*ABI4*）的 ZFNs，并用农杆菌介导转入拟南芥植株，转入的 *ABI4* ZFNs 的表达由 *HSP*18.2 启动。结果显示，利用热击后 *ABI4* ZFNs 表达诱导的变异率范围为 0.26%~2.86%。最终得到了 *ABI4* 基因敲除的纯合个体，具有对 ABA 和葡萄糖不敏感的表现型。这两项研究也证明利用 ZFNs 技术对拟南芥基因进行 NHEJ 介导的基因敲除是可行的。

Shaun 等（2011）利用 CoDA 设计了 8 对 ZFNs 靶向操作大豆基因组中的独立基因与重复基因对。研究者首先利用根毛转化系统研究 ZFNs 对大豆基因组 9 个基因的诱变作用，结果发现有 7 个基因发生了变化。然后又利用全株转化研究发现 ZFNs 也可使 *DCL4* 发生变异。大豆是一种古四倍体物种，有着高度重复的基因组，该研究证明 ZFNs 技术可应用于有着高度重复基因组的物种。ZFNs 技术在耐盐碱水稻育种方面的应用尚未见报道，且由于 ZFNs 的构建难度较大，普通分子实验室难以操作，成本高，预测其很难广泛应用于植物基因组编辑。

二、TALENs 技术及其应用

（一）TALENs 的发现

TALEs 是一类由植物病原菌黄单胞杆菌（*Xanthomonas* sp.）产生的蛋白质，可以通过Ⅲ型分泌系统进入宿主细胞，因此也被称为Ⅲ型效应物（Jiang et al.，2013）。一旦进入宿主细胞，一些 TALEs 就会进入细胞核，并与相对应的 DNA 序列结合，转录并激活其表达。由于遗传背景不同，一般情况下，激活某些基因会增加宿主对病原菌的增殖敏感度，但某些情况下也会引起宿主的防御反应（Suigo et al.，2007；Romer et al.，2007）。

Bonas 等（1989）在辣椒斑点病细菌（*Xanthomonas campestris* pv. *Vesicatoria*，*Xcv*）中发现了第一个 TAL 基因——*avrBs3*，该基因能诱导含有 *Bs3* 基因的辣椒植株产生过敏性反应（Bonas et al.，1989），之后发现的该类基因都统称为 *avrBs3* 基因家族（Hopkins et al.，1992）或 *avrBs3/pthA* 基因家族（Yang et al.，2004）。在此基础上，人们相继在水稻白叶枯菌（*Xanthomonas oryzae* pv. *oryzae*，*Xoo*）中发现 3 个该家族的成员，分别为 *avrXa5*、*avrXa7* 和 *avrXa10*（Hopkins et al.，1992）。随后，该家族的一个致病基因 *pthA* 发现于柑橘黄单胞杆菌（*Xanthomonas campestris* pv. *Citri*，*Xcc*），经过序列分析，发现 *pthA* 基因结构和 *avrBs3* 类似（Yang et al.，2004）。至此，人们才知道 *avrBs3/pthA* 基因家族成员中既有无毒基因，又有毒性基因；但后来大量实验证实了此家族的大部分成员具有无毒和毒性双重功能。目前，已从不同的黄单胞杆菌中发现了 40 多个属于 *avrBs3/pthA* 基因家族的无毒基因，这些 *Xoo* 无毒基因主要来源于 PX086、PXO99、JXO Ⅲ等菌株（李岩强等，2011）。此外，已鉴定的 *Xoo* 无毒基因，除 *avrBs3/pthA* 和 *avrRxv/yopJ* 基因家族外，大部分无毒基因间没有或很少有同源性。迄今为止，已经克隆的 *Xoo* 无毒基因包括：*avrXa5*、*avrXa7*、*avrXa10*、*avrXa3*、*avrXa27* 和 *avrXa23*（Hopkins et al.，1992；Yang et al.，2000；Gu et al.，2009；Ji et al.，2014；Wang et al.，2014）。

（二）TALENs 的结构

TALENs 技术是继 ZFNs 之后的第二代基因组编辑技术。与 ZFN 类似，TALEN 是 TALE 结构域和 *Fok Ⅰ* 核酸内切酶结构域组合而成的融合蛋白（Li et al.，2010）。因 TALE 有多种变体，所以也有多种 TALEN。根据功能不同，TALENs 的结构分为 TALEs 组成的 DNA 识别结合结构域，以及 *Fok Ⅰ* 核酸内切酶功能域组成的酶促切割结构域。

1.TALENs 的识别结合结构域

从结构上来说，TALEs 蛋白的 N 端一般含有Ⅲ型分泌信号肽，C 端则包含一个功能性核定位信号（Nuclear Localization Signal，NLS）以及一个具有真核转录激活因子特征的高效转录激活结构域（Activation Domain，AD）（Mak et al.，2012）（图 5-2A）。两者之间则是决定 TALENs 特异性的 DNA 识别结合结构域，由若干（13～29 个）重复氨基酸单元组成，每个重复氨基酸单元含有 34 个呈串联排列的氨基酸（Li et al.，2011）。每个重复单元的氨基酸序列几乎一致，仅 12/13 号位点的氨基酸残基是高度可变的（Bonas et al.，1989），并且是特异性识别核苷酸的关键部件（图 5-2B）。因此这两个变化的特殊氨基酸残基被合称为 RVD。其中，第 13 位残基负责识别特定核苷酸，而第 12 位残基则承担了稳定 RVD 结构，并与 DNA 蛋白质骨架结合的功能（Boch et al.，2010）。相同的发现也在 TALE-DNA 结合模拟中被提及（Bradley et al.，2012）。TALEs 中串联排列的 RVDs 与靶标 DNA 序列的核苷酸近乎一一对应。2009 年，这一对应关系被两个研究团队分别独立破解，并刊登在同一期 *Science* 杂志上。其中，Moscou 和 Bogdanove（Moscou et al.，2009）通过计算机扫描比对 RVDs 与它们靶标位点的核苷酸直接对应，且表现为一个 RVD 对应一个核苷酸。这些对应关系存在部分的简并性，但没有明显的上下游序列依赖（Context dependence）现象。例如，在统计了 383 个 RVD- 核苷酸对应关系后，他们发现 HD 是出现最为频繁的 RVD 并且与 C 存在很强的对应关系，其次是识别 T 的 NG 和识别 A 的 NI，再次则是识别 G 或 A 的 NN。另一个小组的 Boch 等（2009）则通过试验分析 TALEs 与靶标 DNA 分子的对应关系，进而得出了与 Moscou 等类似的结论。这些 RVD- 核苷酸的对应关系被人们归纳出来并用于设计能识别特定 DNA 序列的 TALEs（Li et al.，2011；Christian et al.，2010；Miller et al.，2011；Morbitzer et al.，2010）。

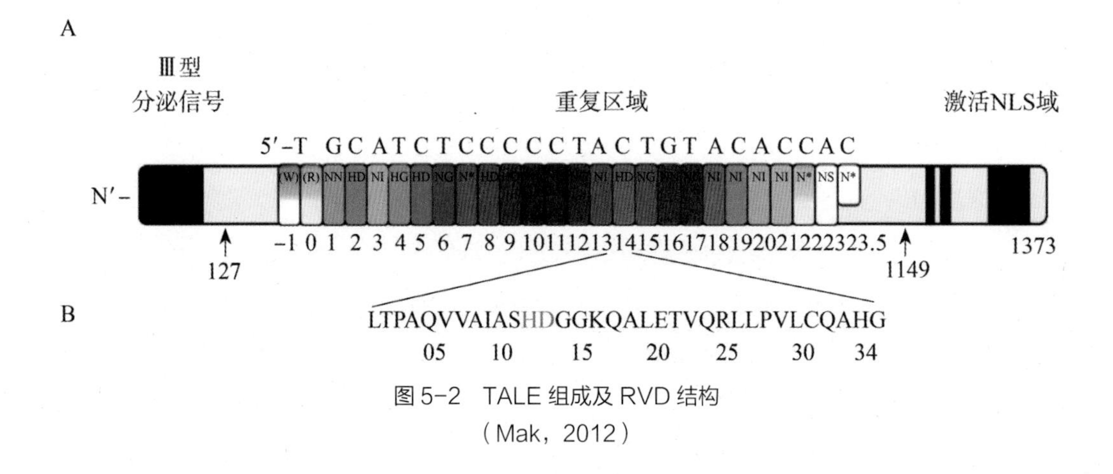

图 5-2　TALE 组成及 RVD 结构

（Mak，2012）

2.TALENs 的酶促切割结构域

近几年，许多研究中应用了人工设计的核酸酶来进行基因组编辑（Mussolino et al.，2012）。这些编辑工具通常是由可定制的 DNA 识别结合域与非特异性的核酸内切酶融合而成（Wah et al.，1997）（如ZFNs、TALENs）。ZFNs与TALENs通常连接的是Fok Ⅰ核酸内切酶。Fok Ⅰ是最初分离于细菌海床黄杆菌（*Flavobacetrium okeanokoites*）的一类Ⅱ S型核酸酶（Sugisaki et al.，1981）。在有底物DNA存在时，用胰蛋白酶水解可以得到相对分子量为41 k的N端DNA结合结构域与相对分子量为25 k的C端DNA酶切结构域（Li et al.，1992）。通常，Ⅱ型限制性内切酶的切割位点与其结合位点相同或邻近，Ⅱ S型核酸内切酶则在距离结合位点固定距离处切割DNA双链。对于Fok Ⅰ核酸酶，其DNA结合结构域识别结合一段非回文序列5'-GGATG-3'/5'-CATTC-3'，然后酶切结构域在结合位点下游距离9个和13个核苷酸的位点非特异性地切割DNA双链（Szybalski et al.，1991；Bitinaite et al.，1998；Wah et al.，1998）。*Fok Ⅰ*单体并不具有活性，只有当它与靶标DNA结合并且形成二聚体，在二价金属离子辅助下才具有酶切活性（Bitinaite et al.，1998）。根据此特性，人们设想通过使两分子*Fok Ⅰ*分别在两个相邻识别位点结合，形成具有核酸酶功能的非同源二聚体，切割两位点之间的DNA双链（Wah et al.，1997，1998；Vanamee et al.，2001）。

（三）人工TALEN的组装方法

TALE的DNA结合域高度重复，这使得TALE能够进行快速的模块化组装，但其RVDs又高度保守，又导致难以通过PCR扩增重复区DNA片段的方法来进行组装。因此，DNA结合域重复单元模块的组装是整个人工TALEN组装中最具有技术含量和艰难的一环。当然，最便捷的方法是将整个重复区的DNA序列进行全序列合成（Miller et al.，2011），但这种方法费用昂贵且耗时，难以满足分子遗传学试验的时效性。目前，科研人员构建TALE最常见的方法主要有以下几种：

1. 连续模块组装法，又称标准克隆装配法

该方法主要通过常规的限制性酶切和连接重组重复单元模块，主要包括：限制性酶切-连接法（Restriction Enzyme and ligation，REAL）（Sander et al.，2011）、单元装配法（Unit Assembly，UA）（Huang et al.，2011）和idTALE一步酶切连接法（Li et al.，2012）。这几种方法操作都较简单，在不同的生物体基因组打靶中都已成功应用，但此类方法过程较烦琐，每组装一个单元模块后都需要验证，耗时较长。

2.Golden Gate组装法

该方法利用Ⅱ S型限制性内切酶切割不同TALE重复单元模块能产生不同的4nt黏性末端的特性，通过预先设置不同的黏性末端使模块DNA片段之间的连接顺序唯一，从而能

在一个体系中一步完成多个重复单元模块的组装。该方法主要包括：基于质粒载体的 CG 法（CG-Vector）（Li et al.，2011）、基于 PCR 的 GG 法（GG-PCR）（Zhang et al.，2011）和基于尿嘧啶特异性切割试剂的 UltiMATE 法（USER-based ligation mediated assembly of TAL effector）（Yang et al.，2013）。相比标准克隆装配法，该法操作简单，且耗时很短，目前大部分在植物上应用的 TALENs 都是用此方法构建而成（Cermak et al.，2011；Li et al.，2011；Mahfouz et al.，2011；Sander et al.，2011；Weber et al.，2011；Li et al.，2012；Shan et al.，2013；Chen et al.，2014；Liang et al.，2014；Wang et al.，2014；Char et al.，2015；Shan et al.，2015；Clasen et al.，2016；Zhang et al.，2016）。

3. 高通量固相组装法

该方法主要包括：FLASH 法（Fast Ligation-based Automatable Solid-phase Highthroughput）（Reyon et al.，2012b）、ICA 法（Iterative Capped Assembly）（Briggs et al.，2012）和不依赖连接的克隆法（Ligation-Independent Cloning，LIC）（Schmid-Burgk et al.，2013）。该类方法快速高效，能在短短一天内装配上百个重复单元的 TALEN 单体。如 Briggs 等（2012）利用 IA 法在 3 h 内完成了含 21 个重复单元的 TALEN 的组装，并克隆到含有 *Fok I* 切割域的载体；而利用 LIC 法一天内能组装 600 多个 TALENS（Schmid-Burgk et al.，2013）。但此类装配方法都需要借助特殊的仪器，普通的分子生物学实验室难以推广，一般都是商业化的公司在应用。

（四）TALENs 技术在植物中的应用

TALENs 技术自发明以来，已广泛应用于包括病毒、微生物、动物、人类及植物在内的多种生物体的基因组编辑（Wright et al.，2014；Osakabe et al.，2015）。在生物医学的应用上，TALENs 主要作为基因治疗工具用于基因缺陷病或癌症等精确治疗的研究，目前虽然 TALENs 技术禁止应用于人类体细胞研究，但在人类干细胞、部分哺乳动物的研究上已取得较大成就（Gaj et al.，2013；Carroll，2014）。相比在生物医学上的应用，TALENs 技术在植物基因组改良上的应用更具优势（赵开军和杨兵，2012）。① 植物对靶脱效应容忍度高。尽管现有的研究已证明 TALENs 的特异性远高于 ZFNs 和 CRISPR-Cas9 系统（Musolino et al.，2011；Wang et al.，2015），但在生物医学特别是人类医学上，一旦产生非特异性的切割突变，有可能导致非常严重的后果（癌症等），有时甚至是致命的。然而对于植物来说，即使非特异性切割导致大量个体死亡，但只要能获得一株所期望的个体就达到了基因组得以改良的目的。因此，植物对于 TALENs 的脱靶效应容忍度高。② 无转基因安全问题。待外源 TALENs 载体整合到受体植物细胞 DNA 基因组完成对植物基因组定点剪辑后，可通过自交或回交等方法剔除外源转基因片段，在其后代群体中获得基因组得以改造而又不携带外源基因的改良株系，从而消除了传统的转基因安全问题。

正因为 TALENs 在植物遗传改良上的应用具有巨大优势和广阔前景，其一发明就被科研工作者用于植物打靶的基础研究和应用研究（Musolino et al.，2012；Weeks et al.，2016）。2012 年，Yang 实验室利用基于 AvrXa7 的 TALEN 和人工设计 TALENs 靶向突变水稻 *Os11N3* 基因，获得了白叶枯病抗性得以提高的改良株系（Li et al.，2012）。这是 TALENs 技术第一次成功应用于植物基因组定点编辑，随后 TALENs 在植物上的应用如雨后春笋般涌出。迄今，TALENs 技术已成功应用于水稻（Li et al.，2012；Shan et al.，2013，2015；Chen et al.，2014；Ma et al.，2015b；Wang et al.，2015；Nishizawa-Yokoi et al.，2016；Zhang et al.，2016）、玉米（Liang et al.，2014；Char et al.，2015）、小麦（Wang et al.，2014）、大豆（Haun et al.，2014）、拟南芥（Christian et al.，2013；Forer et al.，2015）、烟草（Liu et al.，2014）、马铃薯（Nicolia et al.，2015；Clasen et al.，2016）、番茄（Lor et al.，2014）、大麦（Wendt et al.，2013；Gurushidze et al.，2014）、卷心菜（Sun et al.，2013）和短柄草（Shan et al.，2013）等植物体的基因组定点编辑。

虽然 TALENs 已广泛应用于植物基因组定点编辑，但真正利用 TALENs 技术改良主要作物重要性状的报道却较少（Wolt et al.，2016）。目前，利用 TALENs 技术获得作物性状改良的报道仅见于水稻（Li et al.，2012；Ma et al.，2015；Shan et al.，2015）、小麦（Wang et al.，2014）、马铃薯（Clasen et al.，2016）和大豆（Haun et al.，2014）中。例如，Li 等（2012）利用 TALENs 靶向突变水稻 *Os11N3* 基因，获得了白叶枯病抗性得以增强且不含外源 T-DNA 的水稻突变体：Wang 等（2014）利用 TALENs 同时靶向突变小麦 *MLO*（*MILDEW-RESISTANCE LOCUS*）基因的 3 个拷贝，获得了具有白粉病广谱抗性的小麦稳定突变系。此外，Gao 实验室利用 TALENs 靶向敲除水稻 *OsBADH2* 基因，获得了含有主要香味成分 2AP（contain2-acety1-1-pyrroline）的香稻突变系（Shan et al.，2015）。由此可见，利用 TALENs 技术对特定性状的基因进行定点修饰，能够实现作物性状改良和培育新品种的目的；通过与传统育种技术结合应用，将为作物转基因育种带来革命性的变化。

三、RNAi 技术及其应用

RNA 干扰（RNA interference，RNAi）技术是当前分子生物学和细胞生物学最热门的研究领域之一。RNA 技术能够迅速、特异地抑制某个基因的表达，所以被作为一种简单、有效的代替基因敲除的遗传工具。RNAi 由长 21 ~ 23 个核苷酸的双链 RNA 分子（small interfering RNA，sRNA）（Zamore et al.，2000）介导，以序列特异的方式抑制同源基因的表达。sRNA 在基因治疗方面的副作用很小，且一经发现便很快发展成为分析基因功能的有力工具。

（一）RNAi 的发现过程及命名

20 世纪 90 年代，Jorgensen 在对矮牵牛（petunias）进行的研究中发现，将色素基因置于一个强启动子后，导入矮牵牛，试图加深花朵的紫颜色，结果多数花成了花斑的甚至白的，这是因为导入的基因及与其相似的内源基因同时都被抑制（Cogoni et al.，2000；Guru et al.，2000；Hammond et al.，2001；Napoli et al.，1990；Jorgen et al.，1996）。后来发现在其他许多植物中也有类似的现象。首次发现 dsRNA 能够导致基因沉默的线索来源于线虫的研究。1995 年，康奈尔大学的 Guo 和 Kem-phues 发现正义 RNA 与反义 RNA 一样能够阻断 *par-1* 基因的表达，他们对此难以理解。1998 年，华盛顿卡耐基研究院的 Fire 和马萨诸塞大学癌症中心的 Melb 首次将 dsRNA-正义链和反义链的混合物注入线虫，结果表现出比单独注射正义链或者反义链都要强得多的基因沉默，实际上这正是 dsRNA 在起阻断基因表达的作用。后来的试验表明，在线虫消化道中注入 dsRNA，不仅可以阻断整个线虫的同源基因表达，还会导致其第 1 代子代的同源基因沉默。他们将这种现象称为 RNAi（Fire et al.，1998）。在随后的几年中，研究者们发现 RNAi 现象广泛存在于真菌、水螅和斑马鱼等真核生物中。目前，哺乳动物中存在 RNAi 的现象也已经被发现并进入广泛研究中。

（二）RNAi 的分子作用机制

Fire 等在 1998 年发现 RNAi 现象后，人们便开始对 RNAi 的机制进行深入研究。研究者相继在植物、锥虫、昆虫、青蛙以及小鼠等生物体的细胞中进行试验并取得成功，使得 RNAi 的作用机制逐渐被阐明。研究发现，RNAi 包括两个重要步骤（图 5-3）。第一步：sRNA 的合成。生化研究表明，sRNA 是由 1 个 5’磷酸末端和两个碱基冗余的 3’羟基末端构成的长 21 ~ 23 nt 的双链 RNA（dsRNA）分子。sRNA 段由 Dicer 酶从 dsRNA

分子上切割而来，是一个耗能过程，需要 ATP 的参与。Dicer 是 Rnase Ⅲ核酸酶家族的成员，Rnase Ⅲ家族在进化中非常保守，广泛存在于线虫、果蝇、拟南芥、真菌及哺乳动物体内。Dicer 含有一个特殊结构，包括 1 个螺旋区和 2 个 RNase Ⅲ催化区。此外，Dicer 还包括一个与 RDE1/QDE2/AGRONAUTE 等蛋白相互作用的区域 PWI 区（Bernstein et al.，2001）。Dicer 能够产生两种功能不同的小 RNA：microRNA（miRNA）和 siRNA，miRNA 能干扰 mRNA 的翻译。第二步：siRNA 与沉默复合物（RISC）结合（Nykanes et al.，2001），介导 RISC 对靶 mRNA 的切割。切割通常发生在与 siRNA 同源部分的中点，离 siRNA 反义链 5’端 10 个碱基处。而后 RISC 中的 RdRP 以 siRNA 反义链作为引物，以靶 mRNA 为模板合成新的 dsRNA，然后由 Dicer 切割产生新的 siRNA，新 siRNA 再去识别新 mRNA，又产生新的 siRNA，经过若干次合成—切割循环，沉默信号不断放大（Cerutti，2003），甚至穿过细胞界限，在不同细胞间长距离传递和维持。

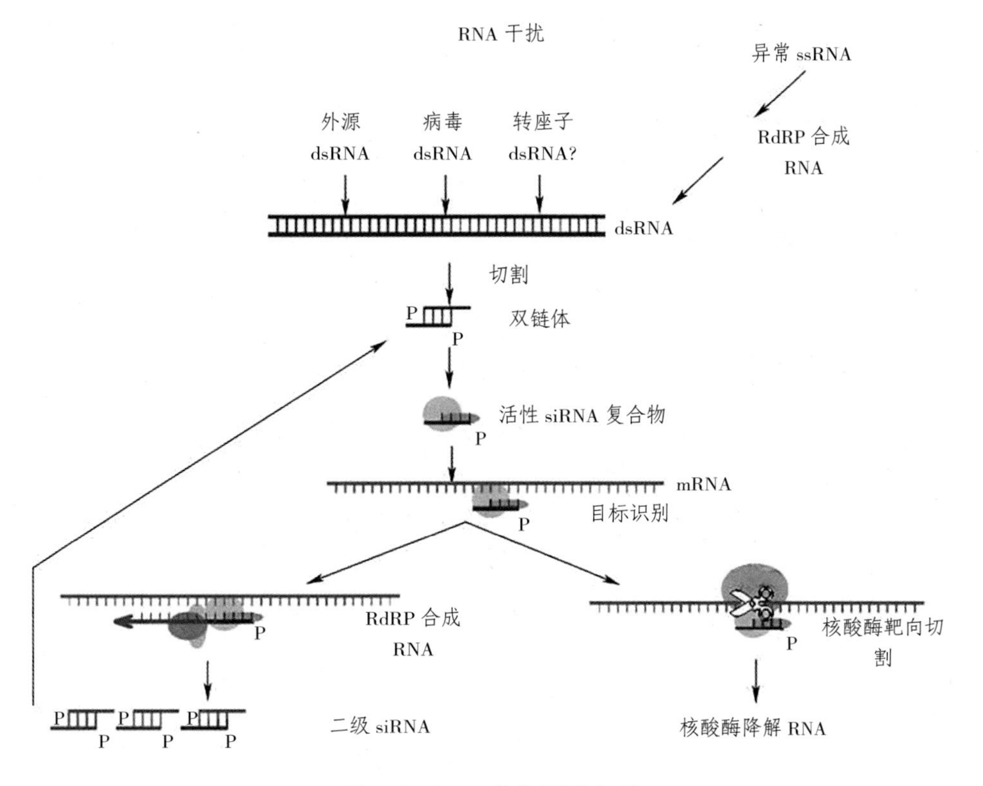

图 5-3　RNAi 的作用机制示意

（三）植物 RNAi 的特点

研究表明，各种生物中 RNAi 途径有共同的作用机制，而对于植物来说，其 RNAi 机制有其独特之处。

1. 多种途径介导基因沉默

（1）siRNA 介导的基因沉默：该沉默效应主要发生在细胞质，推测是植物自身用来抵御病毒感染的一种保守机制，因为 dsRNA 是 RNA 病毒的复制中间体或单链 RNA 的二级结构的特征；而对于 DNA 病毒，可通过重叠的互补转录物的退火来形成 dsRNA。在许多转基因研究工作中，大部分转基因沉默都表现为 siRNA 沉默。试验证明，植物不同长度的 siRNA 指导不同形式的基因沉默，一般 21～22 nt siRNA 参与 mRNA 的降解，24～26 nt siRNA 指导系统性基因沉默和同源 DNA 的甲基化（Hamilton et al.，2002）。

（2）miRNA 介导的内源性 mRNA 沉默：与 siRNA 不同，miRNA 是一类长为 19～25 nt 的单链 RNA。由内源性发夹结构转录产物经 Dicer 酶切，先以双链的形式存在，最后释放互补链形成成熟的 miRNA。成熟的 miRNA 通过结合 RISC 行使类似 siRNA 的沉默功能。miRNA 被认为是生物体中最重要的一类调节因子。其主要功能是调节生物体内在的与机体生长、发育疾病发生过程有关的基因的表达。在植物中，miRNA 多与靶 mRNA 完全互补，直接导致同源 mRNA 的降解；而在动物中，miRNA 与靶 mRNA 之间的互补性较差，多为部分配对，导致靶基因的抑制而非降解。

（3）指导细胞核内 RNAi 途径：在植物中，dsRNA 介导的细胞核内 RNAi 途径主要体现在：RNA 介导的 DNA 甲基化（RNA-directed DNA Methylation，RdDM）和 RNAi 介导的异染色质的形成，分别导致了 DNA 胞嘧啶甲基化和组蛋白 Lys-9 甲基化，甲基化使对应的基因转录活性受到抑制。

2. 植物 RNAi 的放大效应与系统性

植物中 RNAi 具有高效性，即只需要少量的 siRNA 或 dsRNA 就可以达到理想的沉默效果，主要是通过 RdRP 指导降解性 PCR 来实现。降解性 PCR 所需的关键性酶 RdRP 首先是在番茄中分离并鉴定出来，后又分离鉴定出了拟南芥中的 RdRP 同源物 sgs2/sde11（Mourrain et al.，2000），而在果蝇和人细胞中还未发现 RdRP。在植物 RNAi 途径中，一个 dsRNA 可以被切割为多个 siRNA，并且 siRNA 及 RISC 的重复使用，都为 RNAi 的高效性提供了物质保障。

另外，沉默效应能通过植物分子运输系统进行系统扩散。如植物沉默信号可以通过胞间连丝进行细胞间运输，也可以通过韧皮部转运系统进行长距离运输（Yoo et al.，2004），而且基因转录后沉默信号可以通过嫁接面在植物内双向传递（李明等，2006）。Brosnan 等分析了蛋白及酶系统等在植物系统性沉默（Systematic Silencing）途径中承担不同角色，并确定了沉默信号按 Pol-Ⅳa-RDR2-DCL3-AGO4 通路传输的设想。植物系统性沉默的主要功能体现在整个植物体转移病毒抗性，阻断病毒进一步感染上。

3. 植物 RNAi 的 RNA 靶区的扩散

RNAi 的 RNA 靶区的扩散（即 RNA 沉默效应）可以从起始 siRNA 同源区向临近的 5’和 3’端扩散。线虫和植物中均发现了这种过渡性 RNAi（transitive RNAi）现象，但线虫中这种效应似乎表现为只能向 5’端延伸的极性。利用过渡性 RNAi 策略，通过 RdRP 由初级靶区向上游延伸合成 dsRNA 产生 siRNA，可促进与其同源的基因家族基因的沉默。显然，RDR 酶在沉默效应的扩大和转移中都发挥了关键的作用。可以预见，随着有关 RDR 酶的深入研究，RNAi 深层次机理将会不断丰富。

4. 植物 RNAi 的抑制

植物中 RNAi 表现为基因组水平的免疫现象，是一种植物对抗来自外来基因（如病毒）表达的防御机制。而在漫长的进化过程中，一些病毒为了生存相应地也产生了反防御机制，一般是通过表达抗沉默的抑制蛋白，如 P19 蛋白、辅助蛋白（HC-Pro）、2b 蛋白、P50 蛋白等。另外，所有能够抑制 RNAi 途径中各组分的行使功能的因素，都可以认为是 RNAi 的抑制子（suppressor）。例如，烟草花叶病毒为减轻对寄主造成的过度伤害，通过自身的运动蛋白（MP）增强植物的 RNA 沉默的扩散，而抑制自身的繁殖（Vogler et al.，2008）。

（四）RNAi 在植物中的应用

植物 RNAi 具有特异性、高效性、系统性以及可遗传性等特点。可利用 RNAi 技术进行基因功能研究的初步筛选，或直接利用 RNAi 创造的特殊性状变异体进行植物改良，同时在植物发育的不同阶段抑制特定基因的表达，对发育生物学研究也具有重要意义。另外，利用 RNAi 的系统性等特征，也有望在植物防虫、抗病、抗逆等方面取得突破。

1. 基因功能的研究

后基因组的主要工作是将已经测序的大量基因进行功能性分析。构建 RNA 干扰文库显然是对传统基因功能研究方法的重要补充。RNAi 文库技术进行功能基因组研究的基本思路是：根据已测基因序列，预测设计对应各个基因序列的有效 siRNA 或 dsRNA，构成基因组的 RNAi 文库，将文库中不同序列的 siRNA 或 dsRNA 分别导入不同个体的细胞内，通过观察对应的缺失表型可以大致确定基因功能。RNAi 文库技术作为高通量基因功能分析工具，具有操作简单、周期短、成本低、高特异性和高效性等特点。而作为转录后基因沉默的手段，RNAi 拥有传统的基因研究方法所不具备的优势。如针对植物生长发育必需基因的研究，通过传统的基因敲除手段较难实现。如 Nunes 等（Nunes et al.，2006）采用 RNAi 技术沉默 *GmM IPS1* 基因，在 RNAi 再生植株中没有检测到 *GmM IPS1* 的表达，同时种子发育受阻，表明 *GmM IPS1* 基因的表达和种子发育有密切关系。RNAi 技术亦可用于家族基因的研究，Mki 等（2005）设计水稻 *OsRac* 基因家族中高保守性序列构建 RNAi 载体，不同效率地抑制了所有成员基因的表达，证明该基因家族在生长发育过程中有重要的作用。

随着对 RNAi 途径的不断认识，研究者也对 RNAi 技术体系作了许多改进。目前，用于植物的 RNAi 技术，按导入方式的不同有粒子轰击、病毒诱导基因沉默（Virus-Induced Gene Silencing，VIGS）、农杆菌介导等方式。粒子轰击是指用基因枪将包裹有 siRNAs 或 dsRNAs 的金粉或钨粉直接轰击整合入细胞组中；VIGS 是通过对已知植物病毒的改造，将合适的目标序列整合入病毒载体中，然后感染寄主植物体内并超表达目标序列的正义链或反义链，或通读表达其反向重复序列形成 dsRNA，诱发 RNAi 途径。前两种方法多用于瞬时基因沉默效应的研究，而要获得长效并稳定遗传的基因沉默效果，则需要利用到农杆菌介导体内表达 dsRNAs。一般做法是针对靶基因设计反向重复序列，构建含发夹结构的双链 RNA（hairp in RNA，hpRNA）、T-DNA 质粒或含内含子的 ihpRNA（intron-containing hairp in RNA）表达载体，然后利用农杆菌介导转化整合到植物染色体中，通读反向重复序列转录形成 dsRNA，进而诱导 RNAi 的产生。Helliwell 等（2003）通过对比发现，ihpRNA 表达质粒载体比 hpRNA 质粒沉默效率要高。另外，Zhai 等（2009）以拟南芥的原生质体作为研究材料，利用 RNA 干扰的方法成功降低了谷胱甘肽合成途径中关键酶基因 *AtECS1* 的表达，并对这一新的方法做了一系列改进。研究认为，原生质体 RNAi 以它快速、成本低和占用空间小等优点，可作为现有的遗传工具的一个有效补充，可为所挑选的植物基因的功能研究进行初步筛选。

2. 植物遗传改良

将 RNAi 技术应用于植物遗传改良的基本思路：分析目的基因的功能和表达途径，利用 RNAi 技术抑制相关基因的表达，使目的基因产物表达受阻或向特定的方向富集。如 Davuluri 等（2005）采用果实特异启动子结合 RNA 技术来抑制番茄内源光形态建成调节基因 *DET1* 的表达，结果显示再生植株中 *DET1* 的表达下降，类胡萝卜素和类黄酮含量明显升高，而果实的其他品质参数没有发生大的改变。这表明利用器官特异基因的沉默可以有针对性地改善植物营养品质。青蒿素是一种有效的抗疟疾药物，但在青蒿中含量很低。Zhang

等（2009）通过发夹 RNA 介导的 RNAi 技术，抑制青蒿素生物合成途径中一个关键酶 *SQS* 基因的表达，农杆菌介导转化获得了 23 个独立的阳性转基因植株。HPLC-ELSD 分析结果表明，青蒿素含量在某些转基因植株中明显增加，最高达到每克干重含 31.4 mg，约为对照的 3.14 倍。这预示，RNA 干扰是一种改变植物代谢物含量的有效基因工程策略。

为验证 RNAi 对植物遗传改良的效果，Wang 等（2008）靶向烟草中 1，4-丁二胺氮甲基转移酶基因，比较并利用 RNAi 共抑制和反义链等介导该基因沉默的方法，获得了 200 个尼古丁的含量减少 9.1% 的转基因烟草株系，并证实 RNAi 在基因沉默中是最有效的，而另两种方法在花卉改良方面不太有效，应用 RNAi 技术干涉与色素形成有关的基因，能诱导产生一些不同寻常颜色甚至花型的花。如日本和澳大利亚研究者就利用 RNAi 沉默玫瑰中二氢黄酮醇 4-还原酶基因，培育出了蓝色玫瑰。

3. 植物抗性研究

（1）抗病毒：在植物抗病毒方面，RNAi 一开始就被认为是真核生物中普遍存在的外源核酸（如病毒）入侵的防御机制，即利用基因转化系统将表达与病毒同源的 dsRNA 的载体整合到植物基因组，表达后就能够引起病毒基因组的特异性降解，阻止病毒的复制扩散，并可获得稳定遗传的抗病毒植物。

Shimizu 等（2010）利用 RNAi 沉默了水稻矮缩病毒的一个病毒原质基质蛋白基因 *Pns12*，结果获得了病毒抗性的转基因水稻。Kamachi 等利用 RNAi 沉默技术靶向黄瓜绿斑驳花叶病毒（CGMMV）的外壳蛋白（CP）序列，获得了 7 个独立的转基因系，分别接种 CMV 后检测出其中 5 个株系显示对 GMMV 的系统抗性，并能检测到 CP 序列特异的 sRNA。这些研究都证明，RNAi 技术是非常有效的抵抗植物病毒的方法。Wang 等（2010）以大麦黄矮病毒（BYDV2PAV）的多聚酶基因反向重复序列载体（HDBDVNS）转化大麦，获得了 PAV 免疫植株。他们还观察到转基因植株同时受到大麦黄矮病毒（BYDV2PAV）和谷类黄矮病毒（CYDV2PAV）侵染时，仅表现对前者免疫，而对后者感染，证明了 RNAi 技术的序列特异性。Katiyar-Agarwal 等（2006）发现了一种由细菌病原体诱导产生的内源性 siRNA-nat-siRNAATGB2，并证明真核生物宿主细胞不仅可以通过 RNAi 防御病毒侵染，也能利用 siRNA 防御细菌侵染，这一研究将对植物细菌性病害的防治有积极意义。

（2）抗虫：植物抗虫方面，通过 RNAi 技术下调表达的特异基因，已被广泛用于线虫的基因研究。该方法依赖于微注射或饲喂 dsRNA，在作物抗虫的实际应用中行不通。但最近的结果表明，双链 RNA 作为昆虫的可食成分可以有效下调目标基因。更重要的是，针对合适的靶基因表达双链 RNA，在转基因抗虫植物中已经显示出获得性虫害防御，这为新一代抗虫作物的研制开辟了道路（2008）。

Sindhu 等（2009）利用 RNAi 转基因改造的拟南芥，诱导其寄生的甜菜孢囊线虫 4 个生命周期相关基因的沉默，发现线虫在取食 RNAi 植物后，相应的 4 个线虫基因表达丰度显著降低，并导致不同干扰株系中的成熟雌性线虫减少 23%~64%。这表明，通过 RNAi 定位于寄生虫的生命周期相关的基因，可有效地获得水平抗性作物。Mao 等（2007）验证了 *CYP6AE14* 基因编码的细胞色素 P450 能赋予棉铃虫对棉酚的耐受力，而当喂养表达对应双链 RNA 的转基因植物材料后，发现 *CYP6AE14* 转录本明显减少，幼虫表现出生长延缓。该研究表明，昆虫取食表达双链 RNA 的植物材料，可触发昆虫的 RNA 干扰，预示该技术可以应用到昆虫学研究和田间虫害控制中。

第二节　CRISPR-Cas9 技术在水稻耐盐碱育种中的应用

一、CRISPR-Cas9 技术概述

CRISPR-Cas 系统存在于 90% 古细菌和 40% 细菌基因组中，是古细菌和细菌在进化过程中形成的一种获得性免疫系统（Bhaya et al.，2011；Horvath and Barrangou，2010；Karginov and Hannon，2010；Terns and Terns，2011）。该系统由 5’ 端 *tracrRNA* 基因、3’ 端 *CRISPR* 基因座以及位于两者之间的系列 Cas 蛋白基因组成（Sorek et al.，2008）（图 5-4）。TracrRNA 可能参与识别靶 DNA 的作用。*CRISPR* 基因座包括前导序列、重复序列、间隔序列，其中，前导序列发挥启动子的功能，重复序列可能和 Cas 蛋白与靶 DNA 的结合作用过程有关，间隔序列发挥识别靶基因的作用（Lillestol et al.，2006）。Cas 蛋白基因具有与核酸相关的功能域，主要发挥核酸切割作用（Godde and Bickerton，2006；Kunin et al.，2007）。

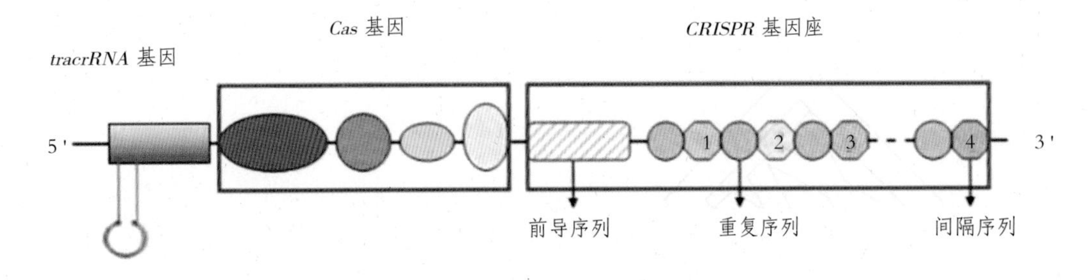

图 5-4　CRISPR-Cas 系统结构
（唐秀英等，2017）

二、CRISPR-Cas 系统的研究历史

1987 年，日本的科学家研究大肠埃希菌 IAP 酶时，发现了一种特殊的间隔的串联重复序列（Ishino et al.，1987）；2002 年，荷兰科学家 Jansen 等将这种特殊的重复序列命名为 CRISPR（Jansen et al.，2002）。起初，这些重复序列被认为是无用的，并没有引起科学家们的重视。直到 2005 年，3 个不同的实验室各自报道了存在于细菌和古细菌中的许多间隔重复序列与某些病毒或质粒的序列是相同的，这一结果为 CRISPR 可能在微生物的免疫系统中具有重要作用提供了证据（Bolotin et al.，2005；Mojica et al.，2005；Pourcel et al.，2005）。根据这一线索，科学家们发现细菌和古细菌可能通过与外源 DNA 的配对来防御外源 DNA 的入侵，这种防御方式类似于真核细胞的 RNA 干扰（RNA interference，RNAi）（Makarova et al.，2006）。2007 年，Grissa 等科学家发现，超过 40% 的细菌和 90% 的古细菌中都存在这种形式的重复序列（Grissa et al.，2007）。同年，Barrangou 及其团队通过突变嗜热链球菌（*Streptococcus thermophilus*）中与噬菌体互补配对的间隔重复序列，从而改变了嗜热链球菌对噬菌体的抗性，首次证实了 CRISPR-Cas 系统直接参与细菌对噬菌体的适应性免疫反应，并揭示了间隔序列参与指导外源 DNA 的识别，而 Cas 蛋白则负责获得间隔序列、降解外源噬菌体的 DNA（Barrangou et al.，2007）。但当时 Barrangou 等还没有意识到 CRISPR-Cas 系统的巨大应用潜力，之后随着研究的深入，所有类型的 CRISPR-Cas 的作用机制被一一揭示（Brouns et al.，2008；Marraffini et al.，2008；Hale et al.，2009；Jinek et al.，2012；O' Connell et al.，2014）。

随后，进一步的研究发现，Ⅱ型 CRISPR-Cas 系统仅需要成熟的 crRNA（CRISPR-derived RNA）、tracrRNA（trans-activating RNA）和 Cas9 蛋白就能启动对特定外源 DNA 的切割（Marraffini and Sontheimer，2010；Deltcheva et al.，2011）。2012 年，Jinek 等找到了将 tracrRNA 以及 spacerRNA 组装成单个嵌合 RNA 分子的方法，并且证明了这种方法的可行性（Jinek et al.，2012）。2013 年，以Ⅱ型 CRISPR-Cas 为基础改造而成的 CRISPR-Cas9 系统第一次成功应用于哺乳动物，并实现了多靶点编辑（Cong et al.，2013；Mali et al.，2013）。随后，CRISPR-Cas9 系统因其低成本、构建简单、精确和高效等特点迅速应用于人类、动物、植物等生物体的基因组编辑（Hsu et al.，2014；Belhaj et al. 2015），更是被 *Science* 杂志评为 2013 年的十大突破技术之一。

三、CRISPR-Cas 系统的分类

根据作用机制以及 Cas 蛋白种类的不同，CRISPR-Cas 系统可以分为 3 种类型，即 Type Ⅰ、Type Ⅱ、Type Ⅲ（Makarova et al.，2011），其中每个类型又分很多不同亚型，所有的类型都含有 *Cas1* 和 *Cas2* 基因（Makarova et al.，2011b）。

（一）Type Ⅰ型 CRISPR-Cas 系统

典型的 Type Ⅰ型 CRISPR-Cas 系统都包含 *cas3* 基因，*cas3* 基因编码一个具有独立解旋酶活性和核酸酶活性的大蛋白。此外，Ⅰ型系统还具有能够编码构成 Cascad（CRISPR Associated Complex For Antivirus Defense）复合体的不同蛋白的基因（Makarova et al.，2011b）。通过大量的序列和结构比对发现，Cascad 复合体中有多种已经划分到 RAMP（Repeat-Associated Mysterious Protein）超级家族中的蛋白，其中就包括 Cas5 和 Cas6 家族。具有 RNA 核酸内切酶活性的 RAMP 蛋白在 Cascad 复合体中能够催化 crRNA 成熟（Haurwitz et al.，2010）。Ⅰ型 CRISPR-Cas 系统以 DNA 为靶标，靶位点的剪切是由 Cas3 的 HD 核酸酶催化的。在一些Ⅰ型 CRISPR-Cas 系统中，拥有 RecB 核酸酶活性的 Cas4 通常与 Cas1 融合在一起，这表明 spacers 获得的阶段可能有 Cas4 的参与。

（二）Type Ⅱ型 CRISPR-Cas 系统

典型的 Type Ⅱ型 CRISPR-Cas 系统除了具有 Cas1 和 Cas2 外，还包含一个大的 Cas9 蛋白。Cas9 蛋白在产生 crRNA 和剪切靶序列 DNA 的过程中起重要作用。Cas9 蛋白至少包含 2 个具有核酸酶活性的结构域，一个位于氨基末端附近，具有类 Ruv-C 核酸酶活性；另一个位于 Cas9 蛋白的中部，具有 HNH 核酸酶活性（Makarova et al.，2011a）。HNH 核酸酶活性的结构域中有许多限制性内切酶，能够对靶序列进行剪切。此外，已经证明 Type Ⅱ型 CRISPR-Cas 系统在嗜热链球菌体中能够以质粒和噬菌体 DNA 为靶标，并且失活的 Cas9 不再具有干扰外源 DNA 入侵的功能（Garneau et al.，2010）。

Deltcheva 等（2011）对 Type Ⅱ型 CRISPR-Cas9 系统的工作原理做出了重大贡献。他们发现 crRNA 并不能够独自指导由 Cas9 催化对外源 DNA 的剪切，除了 crRNA 之外还需要 trancrRNA 的参与才能完成这一过程。TrancrRNA 是一种非编码的 RNA，具有与 crRNA 配对的重复序列，它的作用主要体现在两方面：首先，它能够诱导 Rnase Ⅲ对前体 crRNA 的加工使之成熟；随后，激活 crRNA 指导下 Cas9 对外源 DNA 的剪切。Cas9 蛋白包含类 HNH 核酸酶活性和类 RuvC 核酸酶活性的两个结构域，在切割双链 DNA 的过程

中这两个结构域是必不可少的，它们负责剪切 DNA 的不同链。HNH 结构域剪切互补的 DNA 链，Cas9 的类 Ruv-C 结构域剪切非互补的 DNA 链（Deltcheva et al.，2011；Jinek et al.，2014）。PAM（Protospacer Adjacent Motif）在 CRISPR Cas9 系统对自身与外源序列识别中发挥重要作用（Hsu et al.，2013），通常 PAM 仅包含 3 个碱基（在产脓链球菌中为 NGG）。同时，PAM 对于质粒 protospacer 的剪切以及 R 环的形成也起到关键作用（Sternberg et al.，2014）。trancrRNA 的 5' 端与成熟的 crRNA 的 3' 端进行配对而形成 R 环结构。此外，Jinek 等向人们证明了 CRISPR-Cas9 系统可以被改造成简单的嵌合 RNA（gRNA），从而可以实现对双链靶序列的剪切（Jinek et al.，2012）。

总的来说，Ⅱ型 CRISPR-Cas 系统在细菌和古细菌中的免疫机制分为 3 个步骤（图 5-5）：第一步是新间隔序列的获得。当外源 DNA 入侵细菌时，细菌体内的 CRISPR-Cas 系统将选取入侵序列整合到 CRISPR 基因座中形成新的间隔序列，以抵抗外源 DNA 再次入侵（Sorek et al.，2008）。第二步是初级 CRISPR RNA 的成熟。CRISPR 基因座转录为长的 crRNA，再加工为成熟的 crRNA（Deltcheva et al.，2011）。第三步是识别和降解外源 DNA。CrRNA 与 tracrRNA 碱基配对成复合体，介导 Cas9 蛋白切割入侵的靶 DNA（Garneau et al.，2010）。

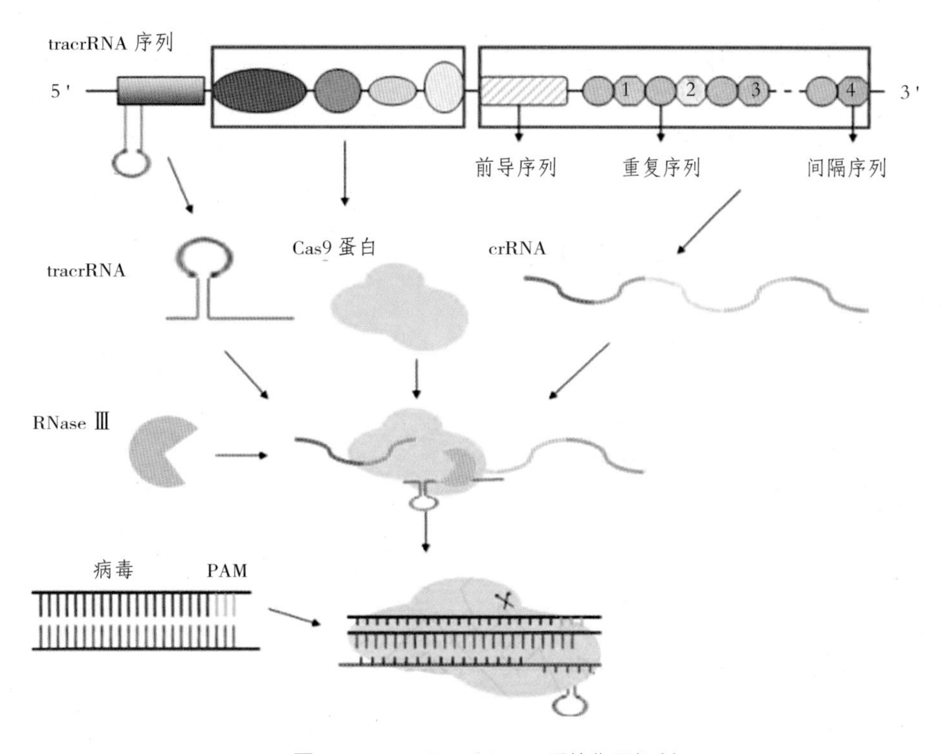

图 5-5 CRISPR-Cas9 系统作用机制

目前，细菌Ⅱ型 CRISPR-Cas 系统是被研究者改造和应用最为成功的基因组编辑工具。该系统由行使导向功能的 sgRNA 和行使核酸内切酶功能的 Cas9 蛋白组成，sgRNA 的识别特异性由起始的 20 个核苷酸决定（Jinek et al.，2012），所以只需对 sgRNA 起始端的 20 个核苷酸进行简单的设计即可完成对不同靶标基因的编辑。

（三）Type Ⅲ型 CRISPR-Cas 系统

典型的 Type Ⅲ型 CRISPR-Cas 系统具有 *Cas6* 基因和相关 *RAMPs* 基因。一些 *RAMPs* 行使类似于 Cascade 复合体的功能，能够对间隔重复的转录本进行加工。Ⅲ型 CRISPR/Cas 系统又可以进一步分为Ⅲ-A 和 I Ⅲ-B 两个亚型（Makarova and Koonin，2015；Samai et al.，2015）。已经在表皮葡萄球菌中证明Ⅲ-A 亚型能够以质粒作为靶标，在 COG1353 这种亚型中由 HD 结构域编码的类聚合酶蛋白可能参与靶序列的切割。在超高温古生菌强烈炽热球菌（*Pyrococcus furiosus*）中证明Ⅲ-B 亚型以 RNA 为靶标（Hale et al.，2009）。Ⅲ型系统在对 CRISPR 转录加工的过程中除了 Cas6 以外，还至少包括两个 PAMP 的参与（Makarova and Koonin，2015）。

四、CRISPR-Cas9 对 PAM 区域的识别

PAM 区是触发 CRISPR-Cas9 系统中 Cas9 蛋白行使切割功能必不可少的一个区域，不同的菌种中 Cas9 蛋白识别的 PAM 序列不同，最常见的 *Streptococcus pyogenes* Cas9 蛋白识别的 PAM 序列为“NGG”，其他菌属中识别的 PAM 序列还有“NNAGAAW”（*Streptococcus thermophilus*）、“NGGNG”（*Streptococcus thermophiles*）和“NNNNGATT”（*Neisenia meningitides*），不同菌属中的 Cas9 蛋白之间不能交叉识别（Shah，et al.，2009）。CRISPR-Cas9 对 PAM 的识别机制保证了 Cas9 在切割外源 DNA 的同时，不会对自身的基因组序列进行切割（spacer 3’端无 PAM 序列）。对于 Cas9 对 PAM 的识别机制，Doudna 实验室做出了大量贡献，他们通过实验证明了 crRNA 和 Cas9 复合物能够与基因组中的 PAM 序列结合，且还揭示了 DNA 解链配对的过程，即从序列 PAM 端向 5’端进行解链并与 crRNA 配对结合（Jinek et al.，2012，2014）。此外，Hsu 等（2013）也通过实验证明离 PAM 端最近的 5 个核苷酸碱基对于 Cas9 行使功能至关重要，这与 Doudna 等的研究相符。PAM 的存在在一定程度上限制了 CRISPR-Cas9 系统的应用，但最近的研究发现通过交换不同 Cas9 蛋白 C 端的 PAM 识别结构域，可以实现交叉识别不同 PAM 序列的目的（Nishimasu et al.，2014）。

五、影响 CRISPR-Cas9 系统编辑效率的因素

当前，基于 CRISPR-Cas9 系统的基因编辑主要依赖 gRNA-Cas9，其主要受以下因素影响。

（一）gRNA 的选择

gRNA 的引导方式及其 tracrRNA 长度的设计是 CRISPRs 基因编辑技术的关键影响因素（Ding et al.，2013）。gRNA 的引导方式有单独引导和双向引导两种方式，单独引导是将与靶 DNA 互补的 crRNA 与 tracrRNA 连接成为一条单链的引导 RNA（single guide RNA，sgRNA）。相对于双引导 RNA（dual guide RNA），sgRNA 不易引起 Indel 突变，编辑速度也比双引导更快；其次，gRNA 上 tracrRNA 序列的长度也是影响 CRISPR 系统作用的主要因素，多数研究将 gRNA 的大小设计为 100 nt 左右，gRNA5’端 20 nt 的区域为 DNA 互补区、3’端 70～80 nt 的区域为 tracrRNA 序列，crRNA 区则居于中间位置（Ding et al.，2013）。

gRNA-Cas9 复合体的结合方式也会影响 CRISPR-Cas9 的作用效率。延伸 gRNA 上的 Cas9 结合区能够增强 Cas 蛋白活性，进而提高编辑效率，主要方法有两种：在 gRNA3’端紧邻 tracrRNA 的区域增加一段 5 nt 的核苷酸序列，或者于螺旋区增加 4～10 bp 的碱基对以增强 crRNA 与 tracrRNA 的结合（Jinek et al.，2013）。

（二）脱靶效应的显著影响

脱靶效应与 gRNA 和 Cas9 蛋白的浓度及比例相关，降低 gRNA 的浓度可以降低脱靶率，但降低 Cas9 蛋白浓度在降低脱靶率的同时降低了正靶率（Pattanayak et al.，2013）。鉴于 gRNA 及 Cas9 蛋白对脱靶效应的影响尚有争议（Pattanayak et al.，2013；Sander et al.，2014；Fu et al.，2013），我们可以从 gRNA 和 Cas9 的浓度比入手，选择出最佳的 gRNA/Cas9 比例，以降低脱靶率。sgRNA 的结构对脱靶效应也有影响，可以通过对 sgRNA 进行截短、修饰来提高正靶 / 脱靶之比，如在 5’端识别区之前加额外的 GG 碱基，或将 gRNA 的 3’末端截短（Cho et al.，2014）。此外，有研究表明 gRNA-Cas9 复合体能够耐受靶向序列 5’端的突变（Semenova et al.，2011；Cradick et al.，2013）。再者，通过点突变使 RuvC 或 HNH 亚基失活，构建 Cas9 蛋白的突变体 DNA 切口酶（又称 dCas9，即 deadCas9）亦能够减少脱靶现象。该突变体能够引起 DNA 单链断裂（SSB），相比于 DNA 双链断裂，DNA 单链断裂能够产生近距离切口，进而引起

带有黏性末端的 DSB（Sander et al.，2014），提高打靶效率，同时能够减轻脱靶的不利影响。张锋等人的研究指出，减少 mRNA 的用量也能够有效地抑制脱靶现象的发生（Zhang et al.，2014）。

（三）突变体位点的选择

CRISPR-Cas9 对靶点的识别需要 PAM（NGG）和紧邻 PAM 的 11bp 种子序列完全保守，所以将突变位点设定在这 14 bp 之内可以防止突变引起的切割功能丧失（Ding et al.，2013）。错配序列的出现会导致比较严重的脱靶现象，有研究表明，前半部分序列的单核苷酸错配比后半部分的错配具有更好的耐受性（Jinek et al.，2013），因此对目标位点的合理选择有望使脱靶效应的不利影响最小化。

六、CRISPR-Cas9 系统优势

（一）简单易行的设计操作方法

CRISPR-Cas9 系统的构造简单，对基因的编辑主要依靠一个 sgRNA-Cas9 复合体，而无需太多辅助蛋白，编辑成本低，操作更加简便。此外，CRISPR-Cas9 识别域的构建相对简单，想要改变靶 DNA 识别位点仅需要改变一小段 20 bp 大小的前导子序列（Gupta et al.，2014），载体构建时间明显缩短，大大减少了工作量。

（二）高效率的编辑与更好的通用性

相比于 ZFN、TALEN 等基因编辑工具，CRISPR 技术能够更加高效地进行基因编辑。Ding 等（2013）分别用 CRISPR、TALEN 对人类多功能干细胞进行编辑，结果显示 CRISPR 法的敲入克隆效率可达 11%，而 TALEN 的效率仅有 1.6%。CRISPR 对靶 DNA 的特异性识别依赖于长度仅为 2～5 bp 的 PAM 序列（Shah et al.，2013），因此能够识别更多的序列，扩大 CRISPR 的通用性。

（三）更高的打靶特异性

利用 CRISPR 进行定点编辑会更加精确。主要原因在于 Cas9 蛋白有 RuvC 和 HNH 两个功能区，它们分别负责 DNA 两条链的切割，还能利用任意一个功能区的突变将其改造为 DNA 切口酶，分别切割 DNA 的两条链并产生黏性末端。D10A 及 H840 双突变 dCas9 更能够成为一种高特异性的锚定蛋白（Guilinger et al.，2014；Tsai et al.，2014）。

（四）可实现同时对多个不同靶 DNA 序列的编辑

CRISPR-Cas9 技术更大的优势在于它能够用于同时编辑多个靶基因位点。“重复—间隔”的 CRISPR 基因座天然结构使其能够同时插入多个新的外源 DNA 片段，从而实现多位点编辑。Chen 等（2015）利用 CRISPR-Cas9 对小鼠模型进行多个靶肿瘤基因的筛查，Zhang 等则将多个引导序列编码到单个 CRISPR 阵列中，以使其能够同时编辑哺乳动物基因组内的多个位点（Cong et al.，2013）。

（五）可运用于对真核生物基因的编辑修饰

CRISPR-Cas 系统虽来自于细菌和古细菌，却能够被广泛应用于真核细胞的 DNA 突变中。这一应用的实现只需人为将 Cas9 蛋白转运到哺乳动物细胞内。Cong 和 Zhang 等（Cong et al.，2013）研究首次利用 CRISPR-Cas9 系统实现了对人 293T 细胞的 *EMX1* 和 *PVALB* 基因及小鼠 Nero2A 细胞的 *Th* 基因的定点突变，并指出需要在 Cas9 蛋白的两端加上真核细胞的核定位 NLS，但也有研究指出只需在一端添加 NLS 即可实现 Cas9 的高效转运（Mali et al.，2013）。

七、CRISPR-Cas9 系统在植物基因组编辑中的应用

（一）水稻基因功能研究

水稻是世界上重要的粮食作物，也是单子叶模式作物，对其进行分子生物学研究具有十分重要的意义。对目标基因的定点编辑能更好地研究新基因的功能。由于开发利用植物 CRISPR-Cas9 基因编辑技术只有 2～3 年的时间，目前报道的水稻基因编辑大部分是对已知功能基因的效果验证，对未知新基因的功能研究的例子还比较少（表 5-1）。预计在未来短期内将有大量的利用 CRISPR-Cas9 编辑技术揭示水稻新基因功能的报道。

中国科学院遗传发育研究所高彩霞团队利用 CRISPR-Cas9 系统定点突变水稻 *OsPDS*、*OsBADH2*、*Os02g23823* 和 *OsMPK2* 等 4 个基因。其中，水稻原生质体中基因定向突变率为 14.5%～38.0%，水稻转基因植株中定向突变率为 4.0%～9.4%，并且在 T_0 代植株中获得了 *PDS* 基因功能缺失的矮小、白化纯合突变体。该项研究首次证实 CRISPR-Cas9 系统能够成功应用于植物基因组编辑（Shan et al.，2013）。

表 5-1　基因组编辑技术在水稻基因功能研究及遗传改良中的应用
（李希陶，2016）

功能基因	突变体表型	文献
OsYSA	苗期白化	Zhang et al.，2014；Feng et al.，2013
CAO1	叶色浅绿	Li et al.，2012
LZAY1	分蘖角增大	Li et al.，2012
OsPDS	白化	Zhang et al.，2014；Shan et al.，2013
*FTLs**	叶片早衰	Ma et al.，2015
*OsGSTU**、*OsMRP*15*、*OsAnP**	紫叶稻叶片变绿	Ma et al.，2015
OsMPKs	细胞增殖等	Xie，et al.，2015
OsPMS3	光-温敏型核雄性不育	Zhang et al.，2014
OsEPSPS	抗草甘膦	Zhang et al.，2014
OsDERF1	干旱应答	Zhang et al.，2014
OsMSH1	雄性不育	Zhang et al.，2014
OsMYBs	转录调控	Zhang et al.，2014
OsSPP	叶色白化	Zhang et al.，2014；Feng et al.，2013
OsSWEETs	抗白叶枯病	Zhou et al.，2014
OsDEP1	直立密穗	Shan et al.，2013；Li et al.，2016
OsCKX2	增加穗粒数	Shan et al.，2013；Li et al.，2016
OsSD1	半矮化	Shan et al.，2013
OsWaxy	降低直链淀粉含量	Ma et al.，2015
OsBADH2	香米	Shan et al.，2013
OsROC5	卷叶	Zhang et al.，2014；Feng et al.，2013
OsERF922	抗稻瘟病	Wang et al.，2016
OsGS3	提高粒重	Li et al.，2016
OsIPA1	增加分蘖数	Li et al.，2016
OsBEL	除草剂敏感	Xu et al.，2014
OsALS	抗除草剂	Sun et al.，2016
TMS5	温敏不育	Zhou et al.，2014

注：* 为新基因。

与此同时，北京大学翟礼嘉教授实验室利用 CRISPR-Cas9 系统分别对水稻叶绿素 B 合成基因 *CAO1* 和控制分蘖夹角基因 *LAZY1* 进行定点突变。实验表明，在 T_1 代转基因植株中，*CAO1* 基因突变效率为 83.3%，纯合突变体占 13.3%；*LAZY1* 基因突变效率为 91.6%，纯合突变体占 50%（Miao et al.，2013）。中国科学院上海植物生理生态研究所朱健康实验室运用 CRISPR-Cas9 系统分别对水稻叶片卷曲控制基因（*ROC5*）、叶绿体形成相关基因（*SPP*）和幼苗白转绿基因（*YSA*）进行定向诱变。经 PCR-RFLP 检测，在 T_1 代转基因植株中，*ROC5* 的突变率为 26%，SPP 的突变率为 5%，YSA-sgRNA1 的突变率为 75%，YSA-sgRNA2 的突变率为 48%（Feng et al.，2013）。以上结果表明，CRISPR-Cas9 系统可以定向诱导水稻基因组并且可以产生较高的诱导效率。

（二）作物产量和品质改良

基因编辑技术只是对内源基因进行定点编辑，获得的目标基因修饰植株可以通过遗传分离排除外源转基因元件，避免了传统转基因作物需要的生物安全评价问题（Endo et al.，2016）。作物的农艺性状由许多基因控制，这些基因可以分为正调控基因和负调控基因。正调控基因的正常功能或其增强表达可以表现出优良性状；负调控基因的功能是抑制优良性状的表现，下调其表达或将其敲除可以解除其抑制作用，获得优良的目标性状。由于目前的植物基因组编辑技术主要是对目标基因产生功能丧失突变，而替换和定点插入目的片段的效率还很低，目前报道的 TALENs 和 CRISPR-Cas9 基因编辑技术在水稻遗传改良的应用中，主要是针对负调控基因的编辑，如表 5-1 所示。

Liu 等（2012）研究发现，*OsERF922* 编码一个 AP2/ERF 类转录因子，过表达 *OsERF922* 基因株系表现出对盐胁迫的耐受性增加。Li 等（2012）运用 TALENs 定向破坏了水稻蔗糖转运蛋白基因 *OsSWEET14*（水稻感病基因）启动子中的效应蛋白结合元件（Effector-Binding Element，EBE），有效降低了水稻白叶枯病原菌（*Xanthomonas oryzae*）分泌的效应蛋白与 *OsSWEET14* 的启动子的结合能力，使 *OsSWEET14* 的表达不受白叶枯菌调控，从而提高了水稻对白叶枯病的抗性，而不影响水稻生长发育功能。Shan 等（2013）也构建了一系列 TALENs，对控制水稻不同性状的基因进行突变，包括香味基因 *OsBADH2*、直立密穗基因 *OsDEP1*、大穗基因 *OsCKX2*、半矮化基因 *OsSD1*，创建了优良的水稻育种材料。

Li 等（2016）以水稻品种中花 11 为材料，利用 CRISPR-Cas9 技术对水稻产量负调控基因 *Gn1a*（每穗实粒数）、*DEP1*（直立型密穗）、*GS3*（粒长和粒重）和 *IPA1*（穗粒数、分蘖相关）进行定点修饰，发现 *Gn1a* 或 *DEP1*、*GS3* 突变后水稻的每穗实粒数或着粒密度、粒长都明显增加，但 *DEP1* 突变体在着粒密度增加的同时有半矮化现象，而 *GS3* 突变体在粒长增加的同时芒也显著增长。类似地，Shen 等（2016）利用 CRISPR-Cas9 技术对 5 个粳稻品种的 *GS3* 和 *Gn1a* 进行定向敲除，构建了 5 个粳稻背景的 *gs3* 和 *gs3gn1a* 突变系，所有突变系稻谷粒长相比其野生型都有所增加，所有 *gs3gn1a* 突变系的主穗粒数相比其野生型也都增加，单株产量增幅最高达 14%。此外，Xu 等（2016）通过该技术靶向突变水稻 *GW2*（粒宽和粒重）、*GW5*（粒宽和粒重）和 *TGW6*（千粒重）基因后发现，*gw2gw5tgw6* 和 *gw2gw5* 纯合突变系的粒长、粒宽和粒重相比其野生型都显著增加。Wang 等（2016）利用 CRISPR-Cas9 技术对籼稻 DEP1 进行定点突变发现，获得的大片段缺失突变体水稻的着粒密度增加、植株变矮，产量增加。

直链淀粉含量与水稻品质密切相关。Ma 等（2015）利用 CRISPR-Cas9 技术靶向突变直链淀粉合成酶基因 *OsWaxy*，突变体直链淀粉含量从 14.6% 下降至 2.6%，由此获得了糯性品质。Sun 等（2017）利用该技术对水稻糖苷水解酶基因 *BE1* 和淀粉分支醇 *Ⅱ b* 基因 *BE Ⅱ b* 进行定点编辑，*BE1* 突变株与野生型相比，在粒型、总淀粉含量、直链淀粉含量等指标上未有显著差异，但粒型显著变小，总淀粉含量和直链淀粉含量显著增加，后者最高达到 25%。

在小麦产量改良上，Zhang 等（2016）利用瞬时表达 CRISPR-Cas9 系统对小麦粒长和粒重负调控基因 *TaGASR7* 和直立型密穗基因 *TaDEP1* 定点编辑，获得的 *TaGASR7* 纯合突变株粒重显著增加，*TaDEP1* 纯合突变株明显变矮。

在番茄生育期和产量改良上，Soyk 等（2017）通过 CRISPR-Cas9 技术对一种感光野生番茄的抗成花基因 *SP5G* 进行定向修饰，结果显示 *SP5G* 突变后，番茄开花和成熟时间提前了约 2 周，且挂果量增加、产量显著提升。

双孢菇（*Agaricus bisporus*）非常容易褐变，从而影响其品质。宾夕法尼亚州立大学伯克分校的杨亦农实验室利用 CRISPR-Cas9 技术对双孢菇的 1 个多酚氧化酶基因 *PPO* 进行定向修饰，获得的 DNA-free 突变双孢菇中多酚氧化酶的活性降低了 30%，并具有了抗褐变能力。而抗褐变蘑菇于 2016 年 4 月成为第一个豁免美国农业部监管的 CRISPR 编辑作物（Waltz et al.，2016）。

综上所述，利用 CRISPR-Cas9 技术对控制作物产量品质相关的负调控基因进行定向修饰，能不同程度地改良作物的产量、品质和株型等，是作物高产优质育种的新途径。

（三）作物抗病、抗逆性改良

稻瘟病是危害水稻最严重的病害之一。水稻 *OsERF922* 是一个 ERF（Ethylene Responsive Factors）类转录因子基因，负责调控水稻对病瘟病的抗性（Liu et al.，2013）。中国农业科学院作物科学研究所赵开军团队以稻瘟病感病品种空育 131 为材料，利用 CRISPR-Cas9 技术靶向敲除 *OsERF922*，获得的 T_2 纯合突变系在苗期和分蘖期对稻瘟病菌的抗性相比野生型都有显著提高（Wang et al.，2016）。柑橘溃疡病是柑橘生产上最严重的病害之一，*CsLOB1* 是导致柑橘溃疡病的关键感病基因（Hu et al.，2014）。Jia 等（2017）利用 CRISPR-Cas9 技术对 *CsLOB1* 的编码区进行定点编辑，获得的突变体植株对溃疡病的抗性显著增强。

随着作物轻简化栽培技术的普及，除草剂在作物生产上的使用日益广泛，因此培育抗除草剂的作物新品种成为重要的育种目标。乙酰乳酸合成酶（Acetolactate Synthase，ALS）是支链蛋白质合成通路中的第一个常见酶，ALS 中特定氨基酸突变可以提高植物对乙酰乳酸合酶类除草剂的抗性（Okuzaki et al.，2007）。2015 年，美国杜邦先锋公司通过 CRISPR-Cas9 技术将玉米 *ALS2* 编码区的第 165 位脯氨酸突变为丝氨酸，获得了抗氯磺隆的玉米突变体（Svitashev et al.，2015，2016）。通过类似的策略，中国农业科学院作物科学研究所夏兰琴团队和美国加州大学圣地亚哥分校赵云德团队合作，将 *ALS* 编码区特定碱基定点替换，导致 2 个氨基酸（W548L 和 S6271）变异，获得了抗磺酰脲类除草剂的水稻。同时，Endo 等（2016）也通过类似的方法，获得了 *ALS* 编码区 Ww548L 和 S6271 位置处碱基定点替换的水稻突变体。此外，中国科学院遗传与发育生物学研究所的高彩霞团队和李家洋团队合作，利用 NHEJ 修复方式建立了基于 CRISPR-Cas9 的基因组定点插入及替换系统，并利用该系统获得了在 *OsEPSPS* 基因保守区 2 个氨基酸定点替换（T102I 和 P106S）的杂合突变体，其对草甘膦具有抗性（2016）。最近，Shimatani 等（2017）通过基于 CRISPR-Cas9 的 Target-AID（target- Activation-Induced Cytidine Deaminase）方法，将水稻 *ALS* 编码区的第 96 位丙氨基酸突变成缬氨酸，获得了抗磺酰脲类除草剂的水稻突变体。

玉米 *ARGOS8* 是一个乙烯响应的负调控因子，在干旱胁迫过表达 *ARGOS8* 的玉米比野生型显著增产（Shi et al.，2015）。Shi 等（2017）利用 CRISPR-Cas9 技术，将玉米 *GOS2* 启动子（能赋予中等水平的组成型表达）定点插入 *ARGOS8* 的 5' - 非翻译区或直接替换 *ARGOS8* 的启动子，获得 *ARGOS8* 表达量显著增加的突变体。这些突变体在干旱环境下，其最终产量相比野生型玉米显著提升。这是目前首次报道利用 CRISPR-Cas9 技术通过调节靶标基因的表达量来改良作物遗传性状的案例。

总之，通过 CRISPR-Cas9 技术定点敲除作物抗性负调控因子基因，或定点修饰抗逆性正调控基因的启动子以增强基因的表达，或对抗性相关基因编码区定点替换改变基因功能，都能在不同程度上改良作物的抗病或抗逆性，是作物抗性分子育种的有效途径。

（四）创制水稻雄性不育系

光-温敏核雄性不育系（P/TGMS）的发现使杂交水稻由三系法向两系法发展。使用传统的方法培育一个新的光-温敏核雄性不育系通常需要几年甚至十年以上时间，但利用 CRISPR-Cas9 技术可以大大加快培育水稻雄性不育系的进程。2016 年，上海交通大学生命科学技术学院张大兵团队利用 CRISPR-Cas9 技术靶向编辑粳稻品种空育 131 内源基因 *csa*（Carbon Starved Anther），获得了粳型光敏核雄性不育系。2016 年 11 月，华南农业大学生命科学学院的庄楚雄团队利用 CRISPR-Cas9 技术对水稻温敏核雄性不育基因 *TMS5* 进行特异性编辑，创制了一批温敏核雄性不育系（Zhou et al.，2016）。可见，CRISPR-Cas9 技术为水稻两系不育系的培育提供了一条新的便捷途径。

虽然利用 CRISPR-Cas9 技术在很多植物体中创造了内源基因组突变的突变体，但是真正利用其获得作物性状得以改良的稳定突变系尚未见报道。但是，这并不能掩盖 CRISPR-Cas9 技术在转基因育种上的重要价值。未来，随着大量不同植物体全基因组测序工作的相继完成，CRISPR-Cas9 技术不仅能作为反向遗传学技术对基因功能的阐释发挥巨大作用；同时，随着越来越多不利基因被发掘，CRISPR-Cas9 技术可以轻易地通过靶向敲除多个不利基因获得多性状得以改良的突变体。与传统育种技术相比，CRISPR-Cas9 技术能极大地缩短育种时间；而相比 TALENs，CRISPR-Cas9 技术效率更高、且能更轻易地改造多个基因。因此，在作物性状改良和培育新品种上，CRISPR-Cas9 技术的应用前景更为广阔。

八、基因组编辑技术应用于作物改良的基本原则

（一）ZFNs、TALENs 和 CRISPR-Cas 如何抉择

ZFNs、TALENs 和 CRISPR-Cas 都是有效的基因组编辑技术，但三者在设计、特异性和效率上各有不同。ZFNs 由于特异性不高、脱靶问题严重及获得 ZFN 蛋白非常困难，严重阻碍了其广泛应用。TALENs 的优点是特异高、脱靶效应低，但载体构建较烦琐（Cermak et al.，2011）、编辑效率不是很高、且难以同时对多个基因进行编辑（Wang et al.，2014；Shan et al.，2013；Zhang et al.，2016）。CRISPR-Cas 系统的优点是编辑

效率非常高（Zhang et al.，2014），设计和构建极其简单（只需 2～3d），仅需设计、合成靶点识别序列，且也只需将 sgRNA 串联就能实现多基因编辑（Ma et al.，2016）；但 CRISPR-Cas 系统的特异性稍差，存在较明显的脱靶效应（Fu ct al.，2013；Endo et al.，2015；Schaefer et al.，2017），还受 PAM 识别位点限制。目前，ZFNs 已基本被 TALENs 和 CRISPR-Cas 系统所取代，而 TALENs 在植物基因组编辑中也已逐渐失去优势。因此，在作物遗传改良上，优先推荐使用 CRISPR-Cas 系统，在 CRISPR-Cas 系统无合适的靶位点或对特异性要求极高的情况下可使用 TALENs 技术。

（二）基因敲除还是基因替换

目前，基因编辑技术应用于作物遗传改良主要有两种方式：一是通过靶向敲除目标性状负调控基因，造成该基因功能缺失，以改良目标性状；二是通过对目标性状控制基因进行定点替换，导致该基因功能发生改变，从而获得新的目标性状。因此，在实践中运用基因组编辑技术对作物进行遗传改良时也要分以下 2 种情况：一是对于目标性状起负调控作用的基因采取基因敲除的方式，目前，绝大部分基于基因组编辑技术的作物遗传改良都是通过此方式实现的，如 Wang 等（2016）对水稻稻瘟病抗性的改良、Zhou 等（2016）创制水稻温敏核雄性不育系等；二是对于目标性状的获得是因目标基因突变导致基因功能发生改变的基因，采用基因定点替换的方式，如除草剂水稻、玉米等都是通过基因定点替换获得的（Sun et al.，2016）。

（三）靶位点如何选择

目前，已有多个专门设计 SSNs 靶位点和搜索脱靶位点的网站和工具（Khandagale et al.，2016）。而在作物遗传改良的实际操作中，是敲除多基因还是单基因、靶位点在基因上的位置及数目都是需要考虑的。如果需要同时改良多个目标性状，以及目标性状是由微效多基因或多等位基因控制的情况，最好针对每个目标性状控制基因，或微效多基因等设计多个靶位点进行定向敲除，能最快、最省地获得改良目标性状；而如果控制目标性状的是主效基因，则敲除单个基因一般即可达到改良目的。

靶位点在基因上的位置也比较重要，进行基因敲除时，靶位点应优先选择在起始密码子附近，或在特定的功能域（可能引起密码子缺失和移码）；而如果是基因替换，靶位点则需选择在基因特定功能区（突变后基因功能发生改变的区域）。

此外，靶位点的数量也关系到定向编辑的效率和遗传转化的规模，试验研究发现，敲除同一个基因时分别设计 1～3 个靶点进行修饰，突变的效率分别为 42%、70%（2 个靶点都突变的为 63.3%）和 90%（3 个靶点都突变），获得纯合突变株的效率分别为 14.3%、47.6% 和 40.7%。因此，在基因敲除时，建议单个基因设计 2 个靶位点，能减轻遗传转化的工作量，也能更省、更快地获得纯合突变植株，极大地节省人力和物力。

（四）如何快速获得纯合的 DNA-free 编辑植株

目前，获得纯合的 DNA-free 编辑植株主要有两种途径：一是通过经典的 TALENs 和 CRISPR-Cas9 技术获得基因得以修饰的植株后，通过自交或杂交的方式剔除外源基因；二是直接利用 DNA-free 植物基因组编辑系统对植物基因组进行定向编辑。两种途径都有各自的优缺点，通过自交或杂交剔除的途径相对来说操作简单、成本低，普通的分子实验室都能操作完成，且最快能在 T_1 代获得纯合的 DNA-free 编辑植株（Shan et al.，2015）。DNA-free 植物基因组编辑系统的优势在于能得到全程无外源 DNA 整合的编辑植株，且在 T_0 代即可获得纯合的 DNA-free 编辑植株，但相对经典的 CRISPR-Cas9 系统操作较复杂、成本更高。因此，想要最快获得纯合的 DNA-free 编辑植株，优先推荐使用 RGEN RNPs 编辑系统，其次推荐瞬时表达 CRISPR-Cas9 编辑系统中的 TECCRNA 方式，而 TECCDNA 方式因质粒 DNA 被细胞内源核酸酶分解后的小片段 DNA 有时会插入靶位点和非靶位点处，如果插入的 DNA 片段过小，目前的检测手段还不能对其进行有效鉴定，故不推荐；在没有条件利用 DNA-free 植物基因组编辑系统的情况下，则使用经典的 CRISPR-Cas 系统。

References
参考文献

[1] 李明，姜世玲，王幼群，等. 基因转录后沉默信号可以在拟南芥嫁接体内快速双向传递 [J]. 科学通报，2006，51（2）：142-147.

[2] 李岩强，王春连，赵开军. 病原菌 TAL 效应子与寄主靶基因相互识别的分子密码 [J]. 生物工程学报，2011，27（8）：1132-1141.

[3] 赵开军，杨兵. TALENs：植物基因组定点剪辑的分子剪 [J]. 中国农业科学，2012，45（14）：2787-2792.

[4] BAKER M. Gene-editing nucleases[J]. Nature Methods，2012，9（1）：23-26.

[5] BARRANGOU R，FREEMAUX C，DEVEAU H，et al.CRISPR provides acquired resistance against viruses in prokaryotes [J]. Science，2007，315（5819）：1709-

1712.

[6] BELHAJ K, CHAPARRO-GARCIA A, KAMOUN S, et al.Editing plant genomes with CRISPR/Cas9 [J]. Curr Opin Biotechnol, 2015 (32): 76−84.

[7] BEMSTEIN E, CAUDY A A, HAMMOND S M, et al. Role for a bidentate ribonuclease in the initation step of RNA interference [J]. Nature, 2001 (409): 363−366.

[8] BHAYA D, DAVISON M , BARRANGOU R. CRISPR-Cas systems in bacteria and archaea: versatile small RNAs for adaptive defense and regulation [J]. Annual Review of Genetics, 2011, 45 (45): 273−297.

[9] BIBIKOVA M, COLIC M, GOLIC K G, et al.Targeted chromosomal cleavage and mutagenesis in Drosophila using zinc-finger nucleases [J]. Genetics, 2002, 161 (3): 1169−1175.

[10] BITINAITE J, WAH D A, AGGARWAL A K, et al.Fok I dimerization is required for DNA cleavage [J]. Proc Natl Acad Sci USA, 1998, 95 (18): 10570−10575.

[11] BOCH J, SCHOLZE H, SCHORNACK S, et al. Breaking the code of DNA binding specificity of tal-type Ⅲ effectors [J]. Science, 2009, 326 (5959): 1509−1512.

[12] BOCH J, BONAS U. Xanthomonas AvrBs3 family-type Ⅲ effectors: discovery and function [J]. Annu Rev Phytopathol, 2010, 48 (1): 419−436.

[13] BOLOTIN A, QUINQUIS B, SOROKIM A, et al. Clustered regularly interspaced short palindrome repeats (CRISPR) have spaces of extrachromosomal origin [J]. Microbiology, 2005, 151 (Pt8): 2551−2561.

[14] BONAS U, STALL R E. Staskawicz B. Genetic and structural characterization of the avirulence gene avrBs3 from Xanthomonas campestris pv. vesicatoria [J]. Mol Gien Genet, 1989, 218 (1): 127−136.

[15] BRADLEY P. Structural modeling of TAL effector-DNA interactions [J]. Protein Sci, 2012, 21 (4): 471−474.

[16] BRIGGS A W, RIOS X, CHARI R, et al.Iterative capped assembly: rapid and scalable synthesis repeat-module DNA such as TAL effctors from individual monomers [J]. Nucleic Acids Res, 2012, 40 (15): e117.

[17] BROUNS S J, JORE M M, LUNDGREN M, et al.Small CRISPR RNAs guide antiviral defense in prokaryotes [J]. Science, 2008, 321 (5891): 960−964.

[18] CAI C Q, DOYON Y, AIMLEY W M, et al. Targeted transgene in tegration in plant cells using designed zinc finger nuclease [J]. Plant Mol Biol, 2009, 69: 699−709.

[19] CARROLL D, MORTON J J, BEUMER K J, et al.Design construction and in vitro testing of zinc finger nucleases [J]. Nat Protoc, 2006, 1: 1329−1341.

[20] CARROLL D. Genome engineering with zinc-finger nucleases [J]. Genetics, 2011, 188 (4): 773−782.

[21] CARROLL D. Genome engineering with targetable nucleases [J]. Annu Rev Biochem, 2014, 20: 83409−83439.

[22] CERMAK T, DOYLE E L, CHRISTIAN M, et al. Efficient design and assembly of custom TALEN and other TAL effector-based contructs for DNA targeting [J]. Nucleic Acids Res, 2011, 39 (12): e82.

[23] CERUTTTI H. RNA interference: traveling in the cell and gaining functions [J]. Trends Genet, 2003, 19 (1): 39−41.

[24] CHAR S N, UNGER-WALLACE E, FRAME B, et al. Hertiable site-specific mutagenesis using TALENs in maize [J]. Plant Biotechnol, 2015, 13 (7): 1002−1010.

[25] CHEN K L, SHAN Q W, GAO C X. An efficient TALEN mutagenesis system in rice [J]. Methods, 2014, 69 (1): 2−8.

[26] CHEN S, SANJANA N E, ZHENG K, et al. Genome-wide CRISPR screen in a mouse model of tumor growth and metastasis [J]. Cell, 2015, 160 (6): 1246−

1260.

[27] CHO S W, KIM S, KIM Y, et al.Analysis of off-target effects of CRISPR/Cas-derived RNA-guided endonucleases and nickases [J]. Genome Research, 2014, 24(1): 377-389.

[28] CHRISTIAN M, CERMAK T, DOYLE E L, et al. Targeting DNA double-strand breaks with TAL effector nucleases [J]. Genetics, 2010, 186(2): 757-761.

[29] CHRISTIAN M, QI Y P, ZHANG Y, et al.Targeted mutagenesis of Arabidopsis thaliana using engineered TAL effector nucleases [J]. G3-Genes Genomes Genetics , 2013, 3(10): 1697-1705.

[30] COGONI C, MACINO G. Post-transcriptional gene silencing across kingdoms [J]. Genes Dev, 2000, 10(6): 638-643.

[31] COHEN-TANNOUDJI M, ROBINE S, CHOULIKA A, et al. I-SceI-induced gene replacement at a natural locus in embryonic stem cells [J]. Molecular and Cellular Biology, 1998, 18(3): 1444-1448.

[32] CONG L, RAN F A, COX D, et al.Multiplex genome engineering using CRISPR/Cas systems [J]. Science, 2013, 339(6121): 819-823.

[33] CONNELL M R, OAKES B L, STEMBERG S H, et al. Programmable RNA recognition and cleavage by CRISPR/Cas9 [J]. Nature, 2014, 516(7530): 263-266.

[34] CRADICK T J, FINE E J, ANTICO C J, et al. CRISPR/Cas9 systems targeting β-globin and CCR5 genes have substantial off-target activity [J]. Nucleic Acids Research, 2013, 41(20): 9584-9592.

[35] CURTIN J S, ZHANG F, SANDER J D, et al. Targeted mutagenesis of duplicated genes in soybean with zinc-finger nucleases [J]. Plant Physiology, 2011, 156: 466-473.

[36] DAVUHRI G R, TUINEN A V, FRASER P D, et al. Fruit-specific RNAi-mediated suppression of DET1 enhances carotenoid and flavonoid content in tomatoes [J]. Nature Biotechnology, 2005, 23(7): 890-895.

[37] DE PATER S, NEUTEBOOM L W, Pinas J E, et al.ZFN-induced mutagenesis and gene-tatrgeting in Arabidopsis through Agrobacterium-mediated floral dip transformation [J]. Plant biotechnol J, 2009, 7: 821-835.

[38] DELTCHEVA E, CHYLINSKI K, SHARMA C M, et al.CRISPR RNA maturation by trans-encoded small RNA and host factor RNase Ⅲ [J]. Nature, 2011, 471(7340): 602-607.

[39] DING Q, REGAN SN, XIA Y, et al.Enhanced efficiency of human pluripotent stem cell genome editing through replacing TALENs with CRISPRs [J]. Cell Stem Cell, 2013, 12(4): 393-394.

[40] DUAN X L, LI X G, XUE Q Z, et al.Transgenic rice plants produced by electric-disteinase inhibitor Ⅱ gene are insect resistant [J]. Nature Biotech, 1996, 14: 494-498.

[41] ENDO M, MIKAMI M, TOKI S. Multigene knockout utilizing off-target mutations of the CRISPR/Cas9 system in rice [J]. Plant and Cell Physiology, 2015, 56(1): 41-44.

[42] ENDO M, MKAMI M, TOKI S. Biallelic gene targeting in rice [J]. Plant Physiolog, 2016, 170(2): 667-677.

[43] FENG Z, ZHANG B, DING W, et al.Effcient genome editing in plants using a CRISPR/Cas system [J]. Cell Res, 2013, 23: 1229-1232.

[44] FIRE A, XU S, MONTGOMERY M K, et al. Potent and secific genetic interference by double-stranded RNA in Caenorhabditis elegans [J]. Nature, 1998, 391(6669): 806-811.

[45] FORNER J, PFEIFFER A, LANGENECKER T, et al.Germline-transmitted genome editing in Arabidopsis thaliana using TAL-effector-nucleases [J]. PloS One,

2015, 10(3): e0121056.

[46] FU Y, FODEN J A, KHAYTER C, et al.High frequency off-target mutagenesis induced by CRISPR-Cas nucleases in human cells [J]. Nature Biotechnology, 2013, 31(9): 822-826.

[47] GAJ T, GERSBACH C A, BARBAS C F. TALEN, and CRISPR/Cas-based methods for genome engineering [J]. Trends Biotechnol, 2013, 31(7): 397-405.

[48] GARG A K, KIM J K, OWENS T G, et al. Trehalose accumulation in rice plants confers high tolerance levels to different abiotic stresses [J]. Proc Natl Acad Sci, 2002, 99: 15898-15903.

[49] GARNEAU J E, DUPUIS M E, Villion M, et al. The CRISPR/Cas bacterial immune system cleaves bacteriophage and plasmid DNA [J]. Nature, 2010, 468 (7320): 67-71.

[50] GODDE J S AND BICKERTON A. The repetitive DNA elements called CRISPRs and their associated genes: evidence of horizontal transfer among prokaryotes [J]. Journal of Molecular Evolution, 2006, 62(6): 718-729.

[51] GRISSA I, VERGNAUD G, POURCEL C. The CRISPRdb database and tools to display CRISPRs and to generate dictionaries of spacers and repeats [J]. BMC Bioinformatics, 2007, 8: 172.

[52] GU K Y, TIAN D S, QIU C X, et al.Transcription activator-like type Ⅲ effector AvrXa27 depends OsTF Ⅱ Agamma5 for the activation of Xa27 transcription in rice that triggers disease resistance Xanthomonas oryzae pv. oryzae [J].Mol Plant Pathol, 2009, 10(6): 829-835.

[53] GU RU T. A silence that speaks volu es [J]. Nature, 2000, 404(6780): 804-808.

[54] GUILINGER J P, THOMPSON D B, LIU D R. Fusion of catalytically inactive Cas9 to FokI nuclease improves the specificity of genome modification [J]. Nature Biotechnology, 2014, 32(6): 577-582.

[55] GUPTA R M, MUSUNURU K. Expanding the genetic editing tool kit: ZFNs, TALENs, and CRISPR-Cas9 [J]. The Journal of Clinical Investigation, 2014, 124 (10): 4154-4161.

[56] GURUSHIDZE M, HENSEL G, HIEKEL S, et al. True-breeding targeted gene knock-out in barley using designer TALE-nuclease in haploid cells [J]. PloS One, 2014, 9(3): e92046.

[57] HALE C R, ZHAO P, OLSON S, et al. RNA-guided RNA cleavage by a CRISPR RNA-Cas protein complex [J]. Cell, 2009, 139(5): 945-956.

[58] HAMMOND S M, CAUDY A A, HANNON G J. Post transcriptional gene silencing by double-stranded RNA [J]. Nature Rev Gen, 2001, 2(2): 110-119.

[59] HAUN W, COFFMAN A, CLASEN B M, et al. Improved soybean oil quality by targeted mutagenesis of the fatty acid desaturase 2 gene family [J]. Plant Biotechnol J, 2014, 12(7): 934-940.

[60] HAURWITZ R E, JINEK M, WIEDENHEFT B, et al. Sequence-and structure-specific RNA processing by a CRISPR endonuclease [J] .Science, 2010, 329(5997): 1355-1358.

[61] HELLIWELL C, WATERHOUSE P. Constructs and methods for high-throughput gene silencing in plants [J]. Methods, 2003, 30(4): 289-295.

[62] HOPKINS C M, WHITE F F, CHOI S H, et al. Identification of a family of avirulence genes Xanthomonas oryzae pv. oryzae [J]. Mol Plant Microbe Interact, 1992, 5 (6): 451-459.

[63] HORVATH P, BARRANGOU R. CRISPR/Cas, the immune system of bacteria and archaea [J]. Science, 2010, 327(5962): 167-170.

[64] HSU P D, LANDER E S, ZHANG F. Development and applications of CRISPR-Cas9 for genome engineenng

[J]. Cell, 2014, 157(6): 1262－1278.

[65] HSU P D, SCOTT D A, WEINSTEIN J A, et al. DNA targeting specificity of RNA-guided Cas nucleases [J]. Nat Biotechnol, 2013, 31(9): 827－832.

[66] HU Y, ZHANG J, JIA H, et al. Lateral organ boundaries 1 is adisease susceptibility gene for citrus bacterial canker disease [J]. Proceedings of the National Academy of Sciences of the United States of America, 2014, 111(4): 521－529.

[67] ISHINO Y, SHINAGAWA H, MAKINO K, et al. Nucleotide sequence of the iap gene, responsible for alkaline losphatase isozyme conversion in Escherichia coli, and identification of the gene product [J]. J Bacteriol, 1987, 169(12): 5429－5433.

[68] JANSEN R, EMBDEN J D A V, GAASTRA W, et al. Identification of genes that are associated with DNA repeats in prokaryotes [J]. Mol Microbiol, 2002, 43(6): 1565－1575.

[69] JEFFRY D S, ELIZABETH J D, MATHEW J G, et al. Selection-free zinc-finger nuclease engineering by context-dependent assembly(CoDA)[J]. Nat Methods, 2011, 8(1): 67－69.

[70] JI Z Y, ZAKRIA M, ZOU L F, et al.Genetic diversity of transcriptional activator-like effector genes in Chinese isolates of Xanthomonas oryzae pv. oryzicola [J]. Phytopathology, 2014, 104(7): 672－682.

[71] JIA H, ZHANG Y, ORBOVIC V, et al.Genome editing of the disease susceptibility gene CsLOB1 in citrus confers resistance to citrus canker [J].Plant Biotechnology Journal, 2017, 15(7): 817－823.

[72] JIANG G F, JIANG P L, YANG M, et al. Establishment of an inducing medium for type Ⅲ effector secretion in Xanthomonas campestris pv. campestris [J]. Braz J Microbiol, 2013, 44(3): 945－952.

[73] JIANG W, ZHOU H, Bi H, et al. Demonstration of CRISPR/Cas9/sgRNA- mediated targeted gene modification in Arabidopsis, tobacco, sorghum and rice [J]. Nucleic Acids Res, 2013, 41: e188.

[74] JINEK M, CHYLINSKI K, FONFARA I, et al. A programmable dual-RNA-guided DNA endonuclease in adaptive bacterial immunity [J]. Science, 2012, 337(6096): 816－821.

[75] JINEK M, EAST A, CHENG A, et al. RNA-programmed genome editing in human cells [J]. Elife, 2013, 2(2): e00471.

[76] JINEK M, JIANG F, TAYLOR D W, et al. Structures of Cas9 endonucleases reveal RNA-mediated conformational activation [J]. Science, 2014, 343(6176): 1247997.

[77] JORGENSEN R A, CLUSTER P D, ENGLISH J, et al. C halcone synthase co-suppression chalcone phenotypes in petunia flowers comparison of sense vs antisense construction and single-copy vs complex T-DNA sequences [J]. Plant Mol Biol, 1996, 31(5): 957－973.

[78] JOUNG J K , SANDER J D. TALENs: a widely applicable technology for targeted genome editing [J]. Nature Reviews Molecular Cell Biology, 2013, 14(1): 49－55.

[79] KAMACHI S, MOCHIZUKI A, NISHIGUCHI M, et al. Transgenic Nicotiana benthamiana plants resistant to cucumber green mottle mosaic virus based on RNA silencing [J]. Plant Cell Rep, 2007, 26(8): 1283－1288.

[80] KARGINOV F V , HANNON G J. The CRISPR system: small RNA-guided defense in bacteria and archaea [J]. Molecular Cell, 2010, 37(1): 7－19.

[81] KATIYARA-A GARWAL S, MORGAN R, Dahlbeck D, et al. A pathogen-inducible endogenous siRNA in plant immunity [J]. Proc Natl Acad Sci USA, 2006, 103(47): 1800－1802.

[82] KHANDAGALE K, NADAF A. Genome editing

for targeted improvement of plants [J]. Plant Biotechnology Reports, 2016, 10(6): 327-343.

[83] KIM Y G, CHA J, CHANDRASEGARAN S. Hybrid restriction enzymes zinc finger fusions to Fok Ⅰ cleavage domain [J]. Proc Natl Acad Sci USA, 1996, 93: 1156-1160.

[84] KOYAMA M L, LEVESLEY A, KOEBNER R M D, et al. Quantitative trait loci for component physiological traits determining salt tolerance in rice [J]. Plant Physiol, 2001, 125: 406-422.

[85] KUNIN V, SOREK R AND HUGENHOLTZ P. Evolutionary conservation of sequence and secondary structures in CRISPR repeats [J]. Genome Biology, 2007, 8(4): R61.

[86] LI J, MENG X, ZONG Y, et al. Gene replacements and insertions in rice by intron targeting using CRISPR-Cas9 [J]. Nanne Plants, 2016, 2: 16139.

[87] LI L, WU L P, CHANDRASEGARAN S. Function domains in Fok I restriction endonuclease [J]. Proc Natl Acad Sci USA, 1992, 89(10): 4275-4279.

[88] LI M, LI X, ZHOU Z, et al. Reassessment of the four yield-related genes Gn1a, DEP1 GS3, and IPA1 in rice using a CRISPR/Cas9 system [J]. Frontiers in Plant Science, 2016, 7: 377.

[89] LI T, HUANG S, JIANG W Z, et al. TAL nucleases (TALNS): hybrid proteins composed of TAL effectors and Fok Ⅰ DNA-cleavage domain [J]. Nucleic Acids Res, 2011, 39(1): 359-372.

[90] LI T, HUANG S, ZHAO X F, et al.Modularly assembled designer TAL effector nucleases for targeted gene knockout and gene replacement in eukaryotes [J]. Nucleic Acids Res, 2011, 39(14): 6315-6325.

[91] LI T, LIU B, SPALDING M. H, et al.High-efficiency TALEN-based gene editing produces disease-resistant rice [J]. Nature Biotechnology, 2012, 30(5): 390-392.

[92] LIANG Z, ZHANG K, CHEN K L, et al. Targeted mutagenesis in Zea mays using TALENs and the CRISPR/Cas system [J]. J Genet Genomics, 2014, 41(2): 63-68.

[93] LIN H X, ZHU M Z, YANO M, et al. QTLs for Na^+ and K^+ uptake of the shoots and roots controlling rice salt tolerance [J]. Theor Appl Genet, 2004, 108: 253-260.

[94] LIU D F, CHEN X J, LIU J Q. The rice ERF transcription factor OsERF922 negatively regulates resistance to Magnaportheoryzae and salt tolerance [J]. Journal of Experimental Botany, 2012, 63(10): 389-391.

[95] LIU W, LIU J L, TRIPLETT L, et al. Novel insights into rice innate immunity against bacterial and fungal pathogens [J]. Annu Rev Phytopathol, 2014, 15: 52213-52241.

[96] LOR V S, STARKER C G, VOYTAS D F, et al.: Targeted mutagenesis of the tomato PROCERA gene using transcription activator-like effector nucleases [J]. Plant Physiol, 2014, 166(3): 1288-1291.

[97] MA X L, ZHANG Q Y, ZHU Q L, et al.A robust CRISPR/Cas9 system for convenient, High-efficiency multiplex genome editing in monocot and dicot plants [J]. Mol Plant, 2015, 8(8): 1274-1284.

[98] MA X, LIU Y G. CRISPR/Cas9-based multiplex genome editing inmonocot and dicot plants [J]. Current Protocols in Molecular Biology, 2016, 115: 3161-3162.

[99] MAEDER M L, THIBODEAU-BEGANNY S, OSIAK A, et al. Rapid open-source engineering of customized zinc-finger nucleases for highly efficient gene modification [J]. Mol Cell, 2009, 31: 294-301.

[100] MAHFOUZ M M, LI L. TALE nucleases and next generation GM crops [J]. GM Crops, 2011, 2(2): 99-103.

[101] MAK A N, BRADLEY P, CEMADAS R A, et al.

The crystal structure of TAL effector PthXoI bound to its DNA target [J]. Science, 2012, 335(6069): 716-719.

[102] MAKAROVA K S, GRISHIN N V, SHABALINA S A, et al. A putative RNA-interference-based immune system in prokaryotes: computational analysis of the predicted enzymatic machinery, functional analogies with eukaryotic RNAi, and hypothetical mechanisms of action [J]. Biol Direct, 2006, 17(3): 521.

[103] MAKAROVA K S, ARAVIND L, WOLF Y I, et al.Unification of Cas protein families and a simple scenario for the origin and evolution of CRISPR-Cas systems [J]. Biol Direct, 2011a, 638:60.

[104] MAKAROVA K S, HAFT D H, BARRANGOU R, et al. Evolution and classification of the CRISPR-Cas systems [J]. Nature Reviews Microbiology, 2011b, 9(6): 467-477.

[105] MALI P, AACH J, STRANGES P B, et al. Cas9 transcriptional activators for target specificity screening and paired nickases for cooperative genome engineering [J]. Nat Biotechnol, 2013, 31(9): 833-838.

[106] MALI P, YANG L, ESVELT K M, et al.RNA-guided human genome engineering via Cas9 [J]. Science, 2013, 339: 823-826.

[107] MAO Y B, CAI W J, WANG J W, et al.Silencing a cotton bollworm P450 monooxygenase gene by plant-mediated RNAi impairs larval tolerance of gossypol [J]. Nat Biotechnol, 2007, 25(11): 1307-1313.

[108] MARRAFFINI L A, SONTHEIMER E J.CRISPR interference limits horizontal gene transfer in staphylococci by targeting DNA [J]. Science, 2008, 322(5909): 1843-1845.

[109] MARRAFFINI L A, SONTHEIMER E J. Self versus non-self discrimination during CRISPR RNA-guided endonuclease Cas9 [J]. Nature, 2014, 507(7490): 62-67.

[110] Miao J, Guo D, Zhang J, et al. Targeted mutagenesis in rice using CRISPR-Cas system. Cell Res, 2013, 23: 1233-1236.

[111] MIKI D, ITOH R, SHIMAMOTO K. RNA silencing of single and multiple members in a gene family of rice [J]. Plant Physi, 2005, 138(4): 1903-1913.

[112] MILLER J C, TAN S Y, QIAO G J, et al. A TALE nuclease architecture for efficient genome editing [J]. Nat Biotechnol, 2011, 29(2): 143-148.

[113] MOHANTY A, KATHURIA H, FERJANI A, et al. Transgenics of an elite indica rice variety Pusa Basmati 1 harbouring the 67gene are highly tolerant to salt stress [J]. Theor Appl Genet, 2002, 106(1): 51-57.

[114] MOJICA F J, DIEZ-VILLASENOR C, GARCIA-MARTINEZ J, et al. Intervening sequences of regularly spaced prokaryotic repeats derive from foreign genetic elements [J]. J Mol Evol, 2005, 60(2): 174-182.

[115] MOORE M, KLUG A, CHOO Y.Improved DNA binding specificity from poly zinc finger peptides by nuing strings of two-finger units [J]. Proc Natl Acad Sci USA, 2001, 98: 1437-1441.

[116] MORBITZER R, ROMER P, BOCH J, et al. Regulation of selected genome loci using de novo-engineered transcription activator-like effector (TALE) type transcription factors [J]. Proc Natl Acad Sci USA, 2010, 107(50): 21617-21622.

[117] MOSCOU M, BOGDANOVE A J. A simple cipher governs DNA recognition by TAL effectors [J]. Science, 2009, 326(5959): 1501.

[118] MOURAIN P, BECLIN C, ELMAYAN T, et al. Arabidopsis SGS2 and SGS3 genes are required for posttranscriptional gene silencing and natural virus resistance [J]. Cell, 2000, 101(5): 533-542.

[119] MUSSOLINO C, MORBITZER R, LUTGE F, et al.A novel TALE nuclease scaffold enables high genome

editing activity in combination with low toxicity [J]. 2011, Nucleic Acids Res, 2011, 39(21): 9283-9293.

[120] MUSSOLINO C, CATHOMEN T. TALE nucleases: tailored genome engineering made easy [J]. Curr Opin Biotechnol, 2012, 23(5): 644-650.

[121] NAPOLI C, LEMIEUX C, JORGENSEN R. Introduction of a chimeric synthase gene into petunia results in reversible co-suppression of homologous genes in trans [J]. Plant Cell, 1990, 2(4): 279-289.

[122] NICOLIA A, PROUX-WERA E, AHMAN I, et al. Targeted gene mutation in tetraploid potato through transient TALEN expression in protoplasts [J]. J Biotechnol, 2015, 117: 20417-20424.

[123] NISHIMASU H, RAN F A, HSU P D, et al. Crystal structure of Casg in complex with guide RNA and target DNA [J]. Cell, 2014, 156(5): 935-949.

[124] NISHIZAWA-YOKOI A, GERMAK T, HOSHINO T, et al.A defect in DNA ligase4 enhances the frequency of TALEN-mediated targeted mutagenesis in rice [J]. Plant Physiol, 2016, 170(2): 653-666.

[125] NUNES A C, VIANNA G R, CUNEO F, et al. RNAi-mediated silencing of the myo-inositol-1-phosphate synthase gene (GmMIPS1) in transgenic soybean inhibited seed development and reduced phytate content [J]. Planta, 2006, 214(1): 125-132.

[126] NYKANES A, HALEY B, ZAORE P D. ATP requirements and small irrterfering RNA structure in the RNA interference pathway [J]. Cell, 2001, 107(3): 309-321.

[127] OKUZAKI A, SHIMIZU T, KAKU K, et al. Anovel mutated acetolactate synthase gene conferring specific resistance to pyrimidinyl carboxy herbicides in rice [J]. Plant Molecular Biology, 2007, 641(12): 219-224.

[128] OSAKABE K, OSAKABE Y, TOKI S. Site-lirected mutagenesis in Arabidopsis using custion-lesigned zinc finger nucleases [J]. Py Natl Acad Sci USA, 2010, 107: 12034-12039.

[129] OSKABE Y, OSKABE K. Genome editing with engineered nucleases in plants [J]. Plant Cell Physiol, 2015, 56(3): 389-400.

[130] PAN Y Z, XIAO L, LI A S, et al. Biological and biomedical applications of engineered nucleases [J]. Molecular biotechnology, 2013, 55(1): 54-62.

[131] PATTANAYAK V, LIN S, GUILINGER J P, et al. High-throughput profiling of off-target DNA cleavage reveals RNA-programmed Cas9 nuclease specificity [J]. Nature Biotechnology, 2013, 31(9): 839-843.

[132] PEREZ-PINERA P, OUSTEROUT D G, Gersbach C A. Advances in targeted genome editing [J]. Current Opinion in Chemical Biology, 2012, 16(3-4): 268-277.

[133] POURCEL C, SALVIGNOL G, VERGNAUD G, et al. CRISPR elements in Yersinia pestis acquire new repeats by preferential uptake of bacteriophage DNA, and provide additional tools for evolutionary studies [J]. Microbiol, 2005, 151(Pt3): 653-663.

[134] PRASAD S R, BAGALI P G, HITTALMANIS S, et al. Molecular mapping of quantitative trait loci associated with seedling tolerance to salt stress in rice (*Oryza sativa* L.) [J]. Cur Sci, 2000, 78: 162-164.

[135] REYON D, TSAI S Q, KHAYTER C, et al. FLASH assembly of TALENs for high-throughput genome editing [J]. Nat Biotechnol, 2012, 30(5): 460-465.

[136] ROMER P, HAHN S, JORDAN T, et al. Plant pathogen recognition mediated by promoter activation of the pepper Bs3 resistance gene [J]. Science, 2007, 318(5850): 645-648.

[137] SCHWARTZ C, LENDERIS B, et al. Genome editing in maize directed by CRISPR-Cas9 ribonucleop-totein complexes [J]. Nature Communications, 2016, 7:

13274.

[138] SAMAI P, PYENSON N, JIANG W, et al. Co-transcriptional DNA and RNA cleavage during Type Ⅲ CRISPR-Cas immunity [J]. Cell, 2015, 161 (5): 1164-1174.

[139] SANDER J D, CADE L, KHAYTER C, et al. Targeted gene disruption in somatic zebrafish cells using engineered TALENs [J]. Nat Biotechnol, 2011, 29 (8): 697-698.

[140] SANDER J D, JOUNG J K. CRISPR-Cas systems for editing, regulating and targeting genomes [J]. Nature Biotechnology, 2014, 32 (4): 347-355.

[141] SANDER J D, MAEDER M L, REYON D, et al.ZiFiT (Zinc Finger Targeter): an updated zinc finger engineering tool [J]. Nucleic Acids Res, 2010, 38 (suppl): W462–W468.

[142] SCHAEFER K A, WU W-H, COLGAN D F, et al. Unexpected mutations after CRISPR-Casediting in vivo [J]. Nature Methods, 2017, 14 (6): 547-548.

[143] SCHMID-BURGK J L, SCHMIDT T, KAISER V, et al. A ligation-independent cloning technique for high-throughput assembly of transcription activator-like effector genes [J]. Nat Biotechnol, 2013, 31 (1): 76-81.

[144] SEGAL D J. Bacteria herald a new era of gene editing [J]. eLife, 2013, 2: 563.

[145] SEMENOVA E, SEVERINOV K. Interference by clustered regularly interspaced short palindromic repeat (CRISPR) RNA is governed by a seed sequence [J]. Proceedings of the National Academy of Sciences of the United States of America, 2011, 108 (25): 10098-10103.

[146] SHAH S A, SHAH S A, ERDMANN S, et al. Protospacer recognition motifs: mixed identities and functional diversity [J]. RNA Biology, 2013, 10 (5): 891-899.

[147] SHAN Q W, WANG Y P, CHEN K L, et al. Rapid and efficient gene modification in rice and Brachypodium using TALENs [J]. Mol Plant, 2013, 6 (4): 1365-1368.

[148] SHAN Q W, ZHANG Y, CHEN K L, et al. Creation of fragrant rice by targeted knockout of the OsBADH2 gene using TALEN technology [J]. Plant Biotechnol, 2015, 13 (6): 791-800.

[149] SHAN Q, WANG Y, LI J, et al. Targeted genome modifcation of crop plants using a CRISPR-Cas system. Nat Biotechnol, 2013, 31: 686-688.

[150] SHEN L, WANG C, FU Y, et al. QTL editing confers opposing yield performance in different rice varieties [J]. Journal of Integrative Plant Biology, Sep15.2016, doi: 10. 1111/jipb. 12501.

[151] SHI J, GAO H, WANG H, et al. ARGOS8 variants generatedby CRISPR-Cas9 improve maize grain yield under field drought stress conditions [J]. Plant Biotechnology Journal, 2017, 15 (2): 207-216.

[152] SHI J, HABBEN J E, ARCHIBALD R L, et al. Overexpression of ARGOS genes modifies plant sensitivity to ethylene, leading to improved drought tolerance in both Arabidopsis and maize [J]. Plant Physiology, 2015, 169 (1): 266-282.

[153] SHIMATANI Z, KASHOJIYA S, TAKAYAMA M, et al. Targeted base editing in rice and tomato using a CRISPR-Cas9 cytidine deaminase fusion [J]. Nature Biotechnology, 2017, 35 (5): 441-443.

[154] SHIMIZU T, YOSHII M, WEI T, et al.Silencing by RNAi of the gene for Pns12, a viroplasm matrix protein of rice dwarf virus, results in strong resistance of transgenic rice plants to the virus [J]. Plant Biotechnobgy Joumal, 2010, 7 (1): 24-32.

[155] SHUKLA V K, DOYON Y, MILLER J C, et al. Precise genome modification in the crop species *Zea mays* using zinc-finge nucleases [J]. Nature, 2009, 459: 437-

441.

[156] SINDHU A S, MAIER T R, MITCHUM M G, et al. Effective and specific in planta RNAi in cyst nematodes: expression interference of four parasitism genes reduces parasitic success [J]. J Exp Bot, 2009, 60(1): 315–324.

[157] SONG G, JIA M, CHEN K, et al.CRISPR/Cas9: A powerful tool for crop genome editing [J]. Crop J, 2016, 4: 75–82.

[158] SOREK R., KUNIN V P, HUGENHOLTZ P. CRISPR-a wide spread system that provides acquired resistance against phages in bacteria and archaea [J]. Nature Reviews Microbiology, 2008, 6(3): 181–186.

[159] SOYK S, MULLER NA, PARK S J, et al.Variation in the flowering gene SELF PRUNING5 Gpromotes day-neutrality and early yield in tomato [J]. Nature Genetics, 2017, 49(1): 162–168.

[160] STEMBERG S H, REDDING S, JINEK M, et al. DNA interrogation by the CRISPR RNA-directed immunity [J]. Nature, 2010, 463(7280): 568–571.

[161] SUGIO A, YANG B, ZHU T, et al. Two type Ⅲ effector genes of Xanthomonas oryzae pv. oryzae control the induction of the host genes OsTF Ⅱ Agammal and OSTFX1 during bacterial blight of rice [J]. Proc Natl Acad Sci USA, 2007, 104(25): 10720–10725.

[162] SUGISAKI H, KANAZAWA S. New restriction endonucleases from Flavobacteriumokeanokoites(Fok Ⅰ)and Micrococcus luteus(Mlu Ⅰ)[J]. Gene, 1981, 16(13): 73–78.

[163] SUN Y, JIAO G, LIU Z, et al. Generation of high-amylose rice through CRISPR/Cas9–mediated targeted mutagenesis of starch branching enzymes [J]. Frontiers in Plan Science, 2017, 8: 298.

[164] SUN Y, ZHANG X, WU C, et al. Engineering herbicide resistant rice plants through CRISPR/Cas9–rediated homologous recombination of acetolactate synthase [J]. Mol Plant, 2016, 9: 628–631.

[165] SUN Z J, LI N Z, HUANG G D, et al.Site-specific gene trageting using transcription activator-like effector(TALE)–based nuclease in Brassica oleracea [J]. J Integr Plant Biol, 2013, 55(11): 1092–1103.

[166] SVITASHEV S, YOUNG K, SCHWARIZ C, et al. Targeted mutagenesis, precise gene editing, andsite-specific gene insertion in maize using Cas9 and guide RNA [J]. Plant Svitashev, 2015(3): 102.

[167] SYMINGTON L S, GAUTIER J. Double-strand break end resection and repair pathway choice [J]. Annual Review of Genetics, 2011, 45: 247–271.

[168] SZYBALSKI W, KIM S C, HASAN N, et al. Class– Ⅱ S restriction enzymes review [J]. Gene, 1991, 100: 13–26.

[169] TERNS M P , TERNS R M. CRISPR-based adap–tive immune system [J]. Current Opinion in Microbiology, 2011, 14(3): 321–327.

[170] TOVKACH A, ZEEVI V, TZFIRA T. Toolbox and procedural notes for characterizing novel zinc finger nucleases for genome editin in plant cells [J]. Plant J, 2009, 57: 747–757.

[171] TOWNSEND J A, WRIGHT D A, WINFREY R J, et al. High-frequency modification of plant genes using engineered zinc-finger nucleases [J]. Nature, 2009, 459: 442–445.

[172] TSAI S Q, WYVEKENS N, KHAYTER C, et al. Dimeric CRISPR RNA guided Fok Ⅰ nucleases for highly specific genome editing [J]. Nature Biotechnology, 2014, 32(6): 569–576.

[173] VANAMEE E S, SANTAGATA S, AGGARWAL A K. Fok Ⅰ requires two specific DNA sites for cleavage [J]. J Mol Biol, 2001, 309(1): 69–78.

[174] VOGLER H, KWON M O, DANG V, et al. Tobac–co mosaic virus movement protein enhances eht spread of

RNA silencing [J]. PLOS Pathog, 20084 (4): e1000038.

[175] WAH D A, HIRSCH J A, DORNER L F, et al.Structure of the multimodular endonuclease Fok I bound to DNA [J]. Nature, 1997, 388 (6637): 97−100.

[176] WAH D A, BITINAITE J, SCHILDKRAUT L, et al. Structure of Fok Ⅰ has implications for DNA cleavage [J].Proc Natl Acad Sci USA, 1998, 95 (18): 10564−10569.

[177] WALTZ E. Gene-edited CRISPR mushroom escapes US regulation [J]. Nature, 2016, 532 (7599): 293.

[178] WANG C L, QIN T F, YU H M, et al. The broad bacetiral hlight resistance of rice line CBB23 IS triggered by a novel transcription activator-like (TAL) effector of Xanthomonas oryzae pv. oryzae [J]. Mol Plant Pathol, 2014, 15 (4): 333−341.

[179] WANG F, WANG C, LIU P, et al.Enhanced rice blast resistance by CRISPR/Cas9–targeted mutagenesis of the ERF transcription factor gene OsERF922 [J]. PLoS One, 2016, 11: e154027.

[180] WANG M B, ABBOTT D, WATERHOUSE P. A single copy of a virus-derived transgene encoding hairpin RNA gives immunity to barley yellow dwarf virus [J]. Molecular Plant Pathology, 2010, 1 (6): 347−356.

[181] WANG M G, LIU Y J, ZHANG C C, et al. Gene editing by co-transformation of TALEN and chimeric RNA/DNA oligonucleotides on the rice OsEPSPS gene and the inheritance of mutations [J]. PLoS One, 2015, 10 (4): e0122755.

[182] WANG P, LIANG Z, ZENG J, et al. Generation of tobacco lines with widely different reduction in nicotine levels via RNA silencing approaches [J]. J Biosci, 2008, 33 (2): 177−184.

[183] WANG Y P, CHENG X, SHAN Q W, et al. Simultaneous editing of three homoeoalleles in hexaploid bread wheat confers heritable resistance to powdery mildew [J]. Nature Biotechnology, 2014, 32 (9): 947−951.

[184] WANG Y, GENG L, YUAN M, et al.Deletion of a target gene in Indica rice via CRISPR/Cas9 [J]. Plant Cell Reports, 2017, 36 (8): 1333−1343.

[185] WEBER E, GRUETZNER R, WERNER S, et al.Assembly of designer TAL effectors by Golden Gate cloning [J]. PLoS One, 2011, 6 (5): e19722.

[186] WEEKS D P, SPALDING M H, YANG B. Use of designer nucleases for targeted gene and genome editing in plants[J]. PLant Biotechnol J, 2016, 14 (2): 483−495.

[187] WENDT T, HOLM P B, STARKER C G, et al. TAL effector nucleases induce mutations at a pre-selected location in the genome of primary barley transformations [J]. Plant Mol Biol, 2013, 83 (3): 279−285.

[188] WOLT J D, WANG K, YANG B. The regultaory status of genome-edited crops [J]. Plant Biotechnol J, 2016, 14 (2): 510−518.

[189] WRIGHT D A, TOWNSEND J A, WINFREY R J, Jr., et al. High-frequency homologous recombination in plants mediated by zinc-finger nucleases [J]. Plant J, 2005, 44: 693−705.

[190] WRIGHT D A, LI T, YANG B, et al.TALEN-mediated genome editing: prospects and perspectives [J]. Biochem J, 2014, 462 (1): 15−24.

[191] WUUN J, KLIT A, BURKHARDT P K, et al. Transgenic Indica rice breeding line IR58 expressing a suythetic cryIA (b) gene from Bacillus thurindiensis provides effective insect pest control [J]. Bio Technology, 1996, 14: 171−176.

[192] XIE K, MINKENBERG B, YANG Y. Boosting CRISPR/Cas9 multiplex editing capability with the endogenous tRNA processing system [J]. Proc Natl Acad Sci USA, 2015, 112: 3570−3575.

[193] XIE K, YANG Y. RNA-guided genome editing in

plants using a CRISPR-Cas system [J]. Mol Plant, 2013, 6: 1975−1983.

[194] XU D P, DUAN X L, WANG B Y, et al. Expression of a late embryogenesis abundant protein gene, HVA1, from barley confers tolerance to water deficit and salt stress in transgenic rice [J]. Plant Phsiol, 1996, 110: 249−257.

[195] XU R, LI H, QIN R, et al.Gene targeting using the Agrobacterium tumefaciens-mediated CRISPR-Cas system in rice [J]. Rice, 2014, 7: 5.

[196] XU R, YANG Y, QIN R, et al. Rapidimprove-ment of grain weight via highly efficient CRISPR/Cas-mediated multiplex genome editing in rice [J]. Journal of Genetics and Genomes, 2016, 43(8): 529−532.

[197] YANG B, WHITE F F. Diverse members of the Arbs/PthA family of type Ⅲ fectors are major virulence determinants in bacterial blight disease of rice [J]. Mol Plant Microbe Interact, 2004, 17(11): 1192−1200.

[198] YANG B, ZHU W G, JOHNSON L B, et al. The virulence factor Avrxa7 of Xanthomonasoryzae pv oryzae is a type Ⅲ secretion pathway-dependent nuclear-localized double-stranded DNA-binding protein [J]. Proc Natl Acad Sci USA, 2000, 97(17): 9807−9812.

[199] YANG J J, YUAN P F, WEN D G, et al. ULtiMATE system for rapid assembly of customized TAL effectors [J]. PLoS One, 2013, 8(9): e75649.

[200] YOO B C, KRAGLER F, VARKONYI-GASIC E, et al. A systemic small RNA signaling system in plants [J]. Plant Cell, 2004, 16(8): 1979−2000.

[201] ZAMORE P D, TUSCHL T, SHARP P A, et al. RNAi double-stranded RNA directs the ATP-dependent cleavage of mRNA at 21 to 23 nucleotide in tervals [J]. Cell, 2000, 101(1): 25–33.

[202] ZETSCHE B, GOOTENBERG S, ABUDAYYEH O O, et al., Cpfl is a single RNA-guided endonuclease of a class 2 CRISPR-Cas system [J]. Cell, 2015, 163(3): 759−771.

[203] ZHAI Z, SOOKSA-NGUAN T, VATAMANIUK O K. Establishing RNA Interference as a reverse-genetic approach for gene functional analysis in protoplasts [J]. Plant Physiol, 2009, 149(2): 642−652.

[204] ZHANG F, MAEDER M L, UNGER-W ALLACE E, et al. High frequeney targeted mutagenesis in Arabidopsis thaliana using zinc finger nucleases [J]. Proc Natl Acad Sci USA, 2010, 107: 12028−12033.

[205] ZHANG F. CRISPR/Cas9 for genome editing: progress, implications and challenges [J]. Human Molecular Genetics, 2014, 24(R6): 40−48.

[206] ZHANG G Y, Guo Y, Chen S L, et al.RFLP tagging of a salt tolerance gene in rice [J]. Plant Sci, 1995, 110: 227−234.

[207] ZHANG H, GOU F, ZHANG J K, et al.TALEN-mediated targeted mutagenesis produces a large variety of heritable mutations in rice [J]. Plant Biotechnol J, 2016, 37(4): 14186−14194.

[208] ZHANG H, ZHANG J, WEI P, et al. The CRISPR/Cas9 system produces specifc and homozygous targeted gene editingin rice in one generation [J]. Plant Biotechnol J, 2014, 12: 797−807.

[209] ZHANG L, JING F, LI F, et al.Development of transgenic Artemisia annua(Chinese wormwood)plants with an enhanced content of artemisinin, an effective anti-malarial drug, by hairpin-RNA-mediated gene silencing [J]. Biotechnol Appl Biochem, 2009, 52: 199−207.

[210] ZHANG Y, LIANG Z, ZONG Y, et al.Efficient and transgene-free genome editing transient expression of CRISPR/Cas9 DNA or RNA [J]. Nature Communications, 2016, 7: 12617.

[211] ZHANG Y, SU J B, DUAN S, et al.A highly efficient rice green tissue protoplast system for transient

gene expression and studying light/chloroplast-related processes [J]. Plant Methods, 2011, 7(1): 30.

[212] ZHOU H, HE M, LI J, et al. Development of commercialthermo-sensitive genic male sterile rice accelerates hybrid ricebreeding using the CRISPR/Cas9–mediated TMS5 editing system [J]. Scientific Reports, 2016, 6: 37395.

[213] ZHOU H, LIU B, WEEKS DP, et al.Large chromosomal deletions and heritable small genetic changes induced by CRISPR/Cas9 in rice [J]. Nucleic Acids Res, 2014, 42: 10903−10914.

[214] ZHOU H, ZHOU M, YANG Y, et al.RNase ZS1 processes UbL40 mRNAs and controls thermo sensitive genic male sterility in rice [J]. Nat Commun, 2014, 5: 4884.

第六章

耐盐碱水稻区域试验及品种审定

第一节 区域试验联合体的申报

区域试验（区试）是指新育成品系（组合）经试验表现优良，由育（引）种者申请，国家或省级种子管理部门统一组织，在不同生态区域内选择能代表该地区土壤特点、气候条件、耕作制度、生产水平的若干地点，按照统一的试验方案和技术规程，对参试品系（组合）的丰产性、稳产性、适应性、品质、抗性及其他重要特征特性等统一进行的多点联合比较试验。区域试验是评价品种的科学依据，也是品种审定推广和品种科学布局的重要依据，是科研育种走向生产用种的中间环节，是农业生产的重要纽带。通过区试，可以客观评价新品种的丰产性、适应性、稳定性、抗逆性、品质及其重要特征特性，明确新品种的生产利用价值和适宜种植区域，对品种合理布局、保障生产安全及促进生产、发展具有十分重要的意义。

目前，水稻品种的区域化试验有 3 种组织形式，国家级的区试体系、省（自治区、直辖市）级的区试体系和联合体级的区试体系。

国家级品种区域化试验和生产试验是在省、自治区和直辖市的试验基础上，进一步鉴定品种在省（自治区、直辖市）间的适应区域，以扩大良种应用范围。其任务是确定各稻区的区试主持单位、审查和批准各类试验的组建，制定管理细则和实施方案，检查和协调试验中的有关问题，并根据试验结果，推荐审定品种，对区试科技成果进行鉴定。各稻区区域试验主持单位的任务是根据区域试验管理细则，召开年度试验工作会议，制订每年试验实施方案，检查各试验点的试验工作，组织必要的田间现场考察，汇总年度或周期（轮）试验总结报告，对参试品种进行综合评价，为国家农作物品种审定委员会审定品种提供审定依据，并对承担试验的先进单位提出奖励意见。

省（自治区、直辖市）的品种区域化试验是在地区（市）级的试验基础上，进一步鉴定新品种、新组合在省内不同生态区域的适应性及其利用价值，一般由省级品种审定机构领导，具体工作由种子管理部门和农业科研单位共同办理。此外，地区（市、州）也可设置相应的区试，县（市）则不另行组织试验。这样从中央到地方形成了健全的组织体系和品种区试网络。

而区试联合体则是为了解决区域试验容量有限、申请名额相对紧张等问题，由全国农业技术推广服务中心所鼓励倡导的以“育繁推一体化”种子企业、科研单位等联合组建的可自行开展主要农作物区域试验的组织，包括企业联合体、科企联合体和科研单位联合体等组织形式。自 2016 年 1 月以来，我国已有 74 个玉米试验联合体、30 个水稻试验联合体、2 个棉花试验联合体以及小麦、大豆等多个作物联合体通过审核并开始运行。

一、联合体的组建与申报

根据全国农业技术推广服务中心农技种函〔2016〕20 号文件的相关要求，联合体成员应当具备独立法人资格，并具有开展相应试验的能力和条件。每个联合体的成员单位应当不少于 5 个，自愿组成并确定 1 个牵头单位和 1 名试验主持人。联合体试验的品种应当是联合体成员单位的自有品种，组建联合体时每个成员单位均应有品种参加试验。参加联合体试验的品种应当符合《主要农作物品种审定办法》规定的有关条件。此外，在同一作物的同一生态试验区组，一个法人单位只能参加一个联合体。

区试联合体的申请需由联合体牵头单位于各主要农作物品种试验播种前 1～2 个月向全国农技中心品种区试处提出申请，符合条件的纳入国家级或省级品种试验统一管理。所有自行开展的区试均应接受品种区试委员的监督与检查，定期组织开展品种试验考察，检查试验质量、鉴评试验品种表现。具体要求可参见全国农技推广网（http：//www.natesc.org.cn）《全国农技中心关于受理国家审定主要农作物品种联合体试验申请的通知》（农技种函〔2016〕20 号）文件的相关要求。

二、耐盐碱水稻区试联合体工作的开展

目前，耐盐碱水稻的品种区试仍主要以全国或各省统一组织的水稻新品种区域试验为主，辅以耐盐性鉴定。由于耐盐碱品种在体内能量上的生理性消耗，导致其他性状与非耐盐碱品种

存在较大差异，在现有的统一规范的水稻品种审定方法上，必然存在一些不适用性。

2017 年，在袁隆平院士的倡导下，国家杂交水稻工程技术研究中心和青岛海水稻研究发展中心依据国家《主要农作物品种审定办法》《农业部办公厅关于进一步改进完善品种试验审定工作的通知》（农办种〔2015〕41 号）和全国农业技术推广服务中心农技种函〔2016〕20 号文件的有关规定，起草了“耐盐碱水稻区域试验实施方案和品种审定标准”，并广泛征求了全国各大院校和研究所专家学者的意见，初步形成了一套《耐盐（碱）水稻新品种试验实施方案》《耐盐（碱）水稻品种审定标准》和《水稻品种全生育期耐盐性鉴定技术规程》，为耐盐碱水稻新品种的选育和推广奠定了良好基础。

2017 年 3 月，国家杂交水稻工程技术研究中心联合青岛海水稻研究发展中心，与国内 18 家研究机构或企业联合成立了“国家耐盐碱水稻区试联合体”，并在此基础上建立了区试工作组，确定中早粳晚熟组、黄淮粳稻组和南方沿海籼稻组三大区试试验组别，开展了耐盐碱水稻品种审定试验工作。2017 年，耐盐碱水稻区域试验参试品种共 39 个，通过一年的区试，综合各试点和相关检测数据分析得出，中早粳晚熟组参试品种共计 4 个，进入续试阶段 2 个，淘汰 2 个；黄淮粳稻组参试品种 9 个，进入续试阶段 5 个，进入生产试验阶段 4 个，淘汰 4 个；南方沿海籼稻组参试品种 12 个，进入续试阶段 9 个，进入生产试验阶段 3 个，淘汰 3 个。2018 年，耐盐碱水稻区域试验参试品种达到 46 个，并开始同时进行区域试验和生产试验。

耐盐碱水稻品种试验联合体的成立，将进一步完善我国耐盐碱水稻产业化体系，筛选出优质耐盐碱水稻种质资源，培育适应沿海滩涂种植的耐盐碱水稻新品种，创立盐碱地水稻优质高产高效配套栽培技术新体系。新品种及配套栽培技术体系在沿海滩涂盐碱地大范围示范推广，可为沿海滩涂和内陆盐碱地提供品种和技术支撑，对充分利用我国沿海滩涂盐碱地资源，提质增效为民增收，保障国家粮食安全具有重大意义。

第二节　耐盐碱水稻品种区试评价体系

一、耐盐碱水稻审定生态区划

生态区划是指在对生态系统客观认识和充分研究的基础上，应用生态学原理和方法，揭示自然生态区域的相似性和差异性规律，以及人类活动对生态系统干扰的规律，从而进行整合和分区，划分生态环境的区域单元（傅伯杰，2001）。一个地区作物生态类型的表现，在很大程度上反映了当时当地的自然条件、耕作栽培制度与生产水平，以及对作物产品利用的情况。在作物生态条件相似的地区内，作物品种主要生态性状上有共同特点。在生态条件基本不变的情况下，生产用品种会不断更换，但作物主要生态性状不会改变。进行作物品种试验与审定工作，应当以当地适应的生态类型为基础。

依据我国水稻种植区划和各种植区域的气候类型、生态条件、耕作制度、品种特性及生产实际等因素，国家审定稻品种同一适宜生态区共含 16 个生态区划：

（一）华南早籼类型区

该区包括广东省（粤北稻作区除外）、广西桂南、海南省、福建省南部的双季稻区。本类型区品种全生育期 125 d 左右。

（二）华南感光晚籼类型区

该区包括广东省（粤北稻作区除外）、广西桂南、海南省、福建省南部的双季稻区。本类型区品种全生育期 115 d 左右。

（三）长江上游中籼迟熟类型区

该区包括四川省平坝丘陵稻区、贵州省（武陵山区除外）、云南省的中低海拔籼稻区，重庆市（武陵山区除外）海拔 800 m 以下地区、陕西省南部稻区。本类型区品种全生育期 155 d 左右。

（四）长江中下游双季早籼早中熟类型区

该区包括江西省、湖南省、湖北省、安徽省、浙江省的双季稻区。本类型区品种全生育期 110 d 左右。

（五）长江中下游双季早籼迟熟类型区

该区包括江西省中南部、湖南省中南部、广西桂北、福建省北部、浙江省中南部的双季稻区。本类型区品种全生育期 113 d 左右。

（六）长江中下游中籼迟熟类型区

该区包括湖北省（武陵山区除外）、湖南省（武陵山区除外）、江西省、安徽省、江苏省的长江流域稻区以及浙江省中稻区、福建省北部稻区、河南省南部稻区。本类型区品种全生育期

135 d 左右。

（七）长江中下游双季晚籼早熟类型区

该区包括江西省、湖南省、湖北省、安徽省、浙江省的双季稻区。本类型区品种全生育期 115 d 左右。

（八）长江中下游双季晚籼中迟熟类型区

该区包括江西省中南部、湖南省中南部、广西桂中北、广东省粤北稻作区、福建省中北部、浙江省中南部的双季稻区。本类型区品种全生育期 118 d 左右。

（九）长江中下游单季晚粳类型区

该区包括浙江省、上海市、江苏省南部、安徽省沿江、湖北省沿江的粳稻区。本类型区品种全生育期 150 d 左右。

（十）武陵山区中籼类型区

该区包括湖北省西南部、重庆市东南部、贵州省铜仁市、湖南省湘西自治州和张家界市的 800 m 以下武陵山区稻区。本类型区品种全生育期 150 d 左右。

（十一）华北中粳中熟类型区（黄淮海粳稻）

该区包括江苏省淮北稻区、安徽省沿淮和淮北稻区、河南省沿黄及沿淮稻区、山东省鲁南稻区。本类型区品种作麦茬稻全生育期 155 d 左右。

（十二）仁华北中粳早熟类型区

该区包括河北省冀东及中北部稻区、北京市、天津市、山东省东营稻区。本类型区品种全生育期 175 d 左右。

（十三）北方中早粳晚熟类型区

该区包括辽宁省南部稻区、河北省冀东、北京市、天津市、新疆南疆稻区。本类型区品种全生育期为 160 d 左右。

（十四）北方中早粳中熟类型区

该区包括辽宁省北部稻区、吉林省晚熟稻区、宁夏引黄灌区、新疆北疆沿天山及南疆稻区、内蒙古赤峰稻区。本类型区品种全生育期 155 d 左右。

（十五）北方早粳晚熟类型区

该区包括辽宁省东北部稻区、吉林省中熟稻区、黑龙江省第一积温带上限、宁夏引黄灌区、内蒙古赤峰稻区。本类型区品种全生育期 145 d 左右。

（十六）东北早粳中熟类型区

该区包括黑龙江省第二积温带上限、吉林省早熟稻区、内蒙古兴安盟中南部地区。本类型区品种全生育期 135 d 左右。

耐盐碱水稻的区域试验应该在各气候生态区的基础上，结合区内所分布盐碱地的实际情况，合理分布区试点。由于我国的盐碱地分布广泛，盐碱土类型及成因差别较大，耐盐碱水稻新品种的选育必须与种植区域的生态环境相吻合，以满足当地盐碱土壤特点和自然气候条件的需要，使选育的耐盐碱水稻品种能够在气候区或相似气候区推广种植。目前，我国拥有各类可利用盐碱地资源约 3 600 万 hm^2，其中具有农业利用前景的盐碱地总面积 1 230 万 hm^2，包括各类未治理改造的盐碱障碍耕地 210 万 hm^2，以及目前尚未利用和新形成的盐碱荒地 1 020 万 hm^2。目前具有较好农业开发价值、近期具备农业改良利用潜力的盐碱地面积为 667 万 hm^2，集中分布在东北、中北部、西北、滨海和华北五大区域的 18 个省、直辖市和自治区，可大致分为东北盐碱区、西北盐碱区、中北部盐碱区、滨海盐碱区和华北盐碱区。根据盐碱地成因，又可分为盐地和碱地。而按照土壤含盐量，可分为轻度（0.1%~0.3%）、中度（0.3%~0.6%）和重度盐碱地（>0.6%）（贾敬敦，2014）。目前，在耐盐碱水稻的研究中，一般将我国的盐碱地概述为三大类，即西北干旱和半干旱盐碱地、东北苏打盐碱地和滨海盐碱滩涂地。盐碱地是宝贵的资源，在我国土地资源极度紧张、生态环境建设急需增强的背景下，盐碱地资源的开发和可持续利用具有非常重要的意义。而如何将目前已有的 16 个水稻种植生态区和各区盐碱地类型结合起来，为耐盐碱水稻新品种的选育提供参考，是目前亟待解决的问题。

二、耐盐碱水稻品种区域化试验体系

在我国，种稻改良盐碱地是古今传承的科学方法。盐碱地种稻“寓改良于利用”，是中华民族对世界文明的伟大贡献。要在盐碱地种稻的农业生产中，培育和推广耐盐碱的水稻品种是发展盐碱地水稻生产的最为经济有效的措施。要在水稻耐盐碱育种方面取得重大突破，必须建立在水稻耐盐碱种质资源重大发现的基础上。而耐盐碱种质资源的鉴定和评价是培育耐盐碱水稻品种的重要前提和保证。一个科学、准确、高效的耐盐碱鉴定评价体系对判断水稻种质资源耐盐碱的真实性至关重要。

我国在 20 世纪 50 年代中期开始组织国家作物品种区域化试验，在水稻方面陆续建立了南方稻区和北方稻区水稻良种区域化试验，而后又相继建立了籼型和粳型杂交稻区域试验。目前，在水稻耐盐碱性的区域试验方法和鉴定标准方面，国内已制定了一套水稻耐盐碱新品种鉴定与评价的初步标准，但水稻耐盐碱区域试验方法还不够准确和严谨，需要进一步修改和完善。

（一）区试计划的制订与实施

各级区试的计划和实施方案，均由主持单位统一制订，报主管单位审批后，供承试点参照执行。

1. 参试品种（组合）和申请程序

国家级区试的参试品种组合来源，应是经省级区域试验至少 1 年以上并表现优良者，必须比对照品种（组合）增产 5%～10%，达到显著水平；或产量类同而在抗病虫性、抗逆性、品质等方面有一两个性状有所突破；或者虽仅参加省区试一年而表现特别优良者，可提出申请参加。至于从国外引入的品种，经全国引种试验网试验表现突出的方可申报参加。而省级区试的参试种来源于地（州、市）级区试，其标准与国家级区试类同，而经全国区试通过的品种，可直接参加省区试。

申请程序是由区试主持单位根据品种（组合）的区试表现，征得有关部门意见后提名推荐；育成单位填报参试品种申请书，并如实提供产量、品质、抗性、熟期等材料［每个单位参加同一组别试验的品种（组合）不能超过 2 个］；由年度实验工作会议，根据区试管理细则择优确定。

2. 试验周期与对照品种

区试一般以 2 年为一个试验周期，而在一个周期内，不再增减参试品种。但若经省、直辖市、自治区区域试验而表现特别优良的，或经一年区试主要性状表现很差者，在试验周期内也可以增减。每一组别参试品种为 10～12 个。区试的对照品种，原则上应为上周期（轮）的最优品种，亦可以选择本区域的同熟期、同类型当家种作为对照种，并应保持相对稳定。对照种和各参试品种的种子质量应达到原种标准。

此外，要在生育期间组织有关人员进行考察和检查，收获前进行田间鉴评工作，掌握品种在各种环境条件下的表现，以便作出正确客观的评定，从而提高试验的精确性，确保试验质量。

（二）耐盐碱区域试验的具体要求

2017年，以国家杂交水稻工程技术研究中心为主导的“国家耐盐碱水稻区试联合体”进行了第一年的耐盐碱水稻区试工作，确定中早粳晚熟组、黄淮粳稻组和南方沿海籼稻组三大区域试验组别，开始了耐盐碱水稻品种审定试验工作。水稻耐盐碱性区域试验仍然以国家审定稻品种区域试验的基本技术要求与标准为框架，并结合水稻种植生态区盐碱性条件制定适宜的评价标准体系。耐盐碱水稻区域试验包括对试验品种的要求、试验设置、试验田选择、田间设计、栽培管理、记录、抗性鉴定、品质检测以及汇总总结等内容。

1. 试验品种的命名

试验品种的命名必须符合《关于规范国家稻品种区试中品种名称的通知》中有关要求，品种选育过程应详实、清晰。

（1）试验品种（testing variety）：为人工选育或发现并经过改良，与现有品种有明显区别，遗传性状相对稳定，形态特征和生物学特性一致，具有适当名称的水稻群体。

（2）对照品种（contrast variety）：符合试验品种定义，在生产上或特征特性上具有代表性，为当地盐碱地主栽品种，用于与试验品种比较的品种。

2. 试验设置

（1）试验组：

季别：分双季早稻、双季晚稻和一季稻（包括中稻和一季晚稻）。

类型：按品种类型分籼、粳，按用途分食用、专用等。

生育期：分早熟、中熟、迟熟等。

品种试验应根据季别、品种类型、生育期分组进行。耐盐碱水稻试验设“南方沿海籼稻组”“黄淮粳稻组”“北方中早粳晚熟组”等3个组别。

（2）试验点：试验点除应具有生态性与生产代表性外，还应具有良好的试验条件和技术力量，一般设在县级以上（含县级）农业科研单位、原（良）种场、种子管理站、种子公司。试验点应保持相对稳定。

1）试验点的数量：一个试验组区域试验点以6～15个为宜，生产试验点以5～8个为宜。生产试验是在区域试验的基础上，在接近大田生产的条件下，对品种的丰产性、适应性、抗性、耐盐碱性等进一步验证的试验。

2）品种数量：区域试验一个试验组以 6~12 个（包括对照品种）为宜。

3）对照品种的选择：一组试验设 1 个对照品种，对照品种应选用通过国家或省级农作物品种审定委员会审定，稳定性好，当地盐碱地适应性好，在相应生态类型区内当前生产上推广面积较大的同类型同熟期主栽品种。根据需要可增设 1 个辅助对照品种。

4）种子质量：试验品种、对照品种的种子应符合 GB4404.1—2008 常规稻原种或杂交稻一级种标准，并不得带检疫性病虫。

5）试验时间：试验品种一般进行 2 个正季生产周期的区域试验和 1 个正季生产周期的生产试验，生产试验可以与后一个生产周期的区域试验同时进行。但经过 1~2 个生产周期的区域试验证明综合表现差或存在明显的种性缺陷的试验品种，应终止进行区域试验和（或）生产试验。

3. 试验田选择

试验田应选择有当地水稻土壤代表性、具有盐碱度代表性、肥力水平中等偏上、不受荫蔽、排灌方便、形状规正、大小合适、肥力均匀的田块。试验田前作应经过匀地种植，秧田不作当季试验田，早稻试验田不作当年晚稻试验田。耐盐碱区试应选择土壤盐（碱）含量 0.3% 以上、灌排方便、形状规正、大小合适、交通方便的田块。

4. 田间设计

（1）试验设计：区域试验采用完全随机区组排列，3~4 次重复，小区面积 13~14 m^2，同一试验点小区面积应一致，一组试验在同一田块进行；生产试验采用大区随机排列，不设重复，大区面积不小于 300 m^2，一组试验一般应在同一田块进行，如需在不同田块进行，每一田块均应设置相同对照品种，试验品种与同一田块对照品种比较。

1）区组方位：区组排列的方向应与试验田实际或可能存在的肥力梯度方向一致。

2）小区（大区）形状与方位：小区（大区）长方形，长宽比为（2∶1）~(3∶1)，长边应与试验田实际或可能存在的肥力梯度方向平行。

（2）保护行设置：区域试验、生产试验田四周均应设置保护行，保护行不少于 4 行，种植对应小区（大区）品种。

（3）操作道设置：区组间、小区（大区）间及试验与保护行间应留操作道，宽度应不大于 40 cm。

5. 栽培管理

（1）一般原则：同一组试验栽培管理措施应一致，如遇特殊情况，必须严格遵循局部控制的原则，同一区组内应一致。

（2）试验田准备：无论秧田、本田，均应精耕平整，采取一致的抗盐碱性措施或工程布置，有机肥必须完全腐熟。

（3）播种：常规稻、杂交稻播种量按当地大田生产习惯，并根据各品种的千粒重和发芽率确定。同一组试验所有品种同期播种。

（4）移栽：适宜秧龄移栽，不采用直播、抛秧等方式。行株距按当地大田生产习惯确定，同一组试验所有品种同期移栽，移栽后应及早进行查苗补缺。

试验过程中不使用植物生长调节剂；试验过程中应按当地大田生产习惯对病、虫、草害进行防治；试验过程中应及时采取有效的防护措施，防止鼠、鸟、畜、禽等对试验的危害；肥、水管理应及时、适当，施肥水平中等偏上；应按品种的成熟先后及时收获，分区单收、单晒。

6. 观察记录

包括试验概况、试验结果、品种评价等，必须符合《水稻品种试验记载项目与标准》中的有关规定，尤其注重对耐盐碱性关键生长发育指标的记录和产量的记录。

7. 抗性鉴定

（1）鉴定机构：同级农作物品种审定委员会指定的专业鉴定机构。

（2）鉴定项目：以稻瘟病和白叶枯病为主，不同稻区、不同品种类型可根据实际情况有所侧重或增、减。

（3）种子提供：由同级农作物品种审定委员会办公室或其指定的试验点统一提供。

（4）鉴定时间：与区域试验同步进行两个正季生产周期鉴定。

（5）鉴定方法与标准：按照同级农作物品种审定委员会认可的鉴定方法与标准执行。

（6）抗性评价：根据两年的鉴定结果，对每一个试验品种分别作出定性评价，并与对照品种作出比较。

（7）耐盐（碱）性鉴定：主要鉴定品种的耐盐（碱）性（苗期和大田）。南方沿海籼稻组和黄淮粳稻组品种的耐盐（碱）性鉴定由江苏沿海地区农业科学研究所和江苏省农业科学院粮食作物研究所承担；中早粳晚熟组品种的耐盐（碱）性鉴定由辽宁省盐碱地利用研究所承担。

8. 品质检测

（1）检测机构：同级农作物品种审定委员会指定的专业测试机构。

（2）检测项目：稻米的加工品质、外观品质、蒸煮品质和食味等。

（3）样品提供：由同级农作物品种审定委员会办公室或其指定的试验点统一提供。

（4）检测时间：与区域试验同步进行两个正季生产周期检测。

（5）检测方法与标准：按照 GB/T17891—2017 优质稻谷执行。

（6）品质评价：根据两年的检测结果，对每一个试验品种分别作出定性评价，并与对照品种作出比较。

9. 汇总总结

（1）数据质量控制：各试验点的原始小区产量数据质量控制。

1）按品种，根据以标准差为单位所表示的可疑值与平均值间的离差，剔除显著异常的小区产量数据。

2）剔除缺失 3 个以上（含 3 个）小区产量数据或同一个品种缺失 2 个小区产量数据的试验点。

3）对缺失 1～2 个小区产量数据的试验点进行缺区估算。

4）计算试验点各品种区组间变异系数，剔除平均变异系数显著偏大的试验点。

5）计算试验点品种平均产量水平，剔除产量水平显著偏低的试验点。

6）计算试验点对照品种产量水平并与品种平均产量水平比较，剔除对照品种产量水平显著偏低的试验点。

7）剔除试验期间发生气象灾害、病虫灾害、动物为害、人为事故并对试验产生明显影响的试验点。

8）剔除明显异常的其他试验数据。

9）试验概况：概述试验目的、品种、试验点、田间设计、栽培管理、气候特点、抗性鉴定、品质检测以及数据质量控制等基本情况。列表说明品种的亲本来源、选育单位、试验点的地理分布以及播种移栽期等信息。

（2）结果分析：

1）丰产性：计算分析品种产量的平均表现及品种间的差异。产量联合方差分析采用混合模型（品种为固定因子，试验点为随机因子），品种间差异显著性检验采用新复极差法（SSR）或最小显著差数法（LSD），并列出数据表。

2）稳产性和适应性：采用线性回归分析法和主效可加互作可乘模型分析法（AMMI 模型），并结合品种在各试验点相对于对照品种的产量表现综合分析，并列出数据表或图。

3）生育期：计算分析品种全生育期的平均表现及品种间的差异性，并列出数据表。

4）主要农艺性状：计算分析品种主要农艺性状的平均表现及品种间的差异，并列出数据表。

5）抗性：以本级农作物品种审定委员会指定的机构鉴定结果为主要依据。分析评价品种的抗性表现，并列出数据表。

6）米质：以本级农作物品种审定委员会指定的机构鉴定结果为主要依据。分析评价品种的米质表现，并列出数据表。

7）分析品种在各试验点的产量、生育期、主要农艺性状、抗性、米质表现，并列出数据表。

8）品种综合评价：根据1～2年区域试验和生产试验汇总分析结果，对各品种的丰产性、稳产性、适应性、生育期、主要农艺性状、抗性、米质等做出综合评价，并说明其主要优缺点。

农作物品种区域试验是在多环境条件下同时实施同一组品种对比试验的大规模农业试验活动，其目的是观察分析新品种特征特性、评价其利用价值和适宜推广区域，其结果直接为新品种审定提供依据。所以，区域试验中试验田的整理，植株生长农艺性状的记录，考种数据务必要做到准确无误，详细的记录指标及要求可参照水稻区试网《水稻品种试验记载项目与标准》中相关内容的规定，记录格式可参照区试申请表及水稻记载本中的相关格式要求。

（三）区域试验总结与品种评价

区域试验除了测定其产量和农艺性状外，还要进行适应性、抗病虫性、抗逆性鉴定以及稻米品质的分析。其试验设计、试验田选择和田间管理要求、室内考种项目、资料数据的统计分析等，由主持单位统一制订；各承试单位按年度实施方案，有关技术规格标准，认真做好试验工作，收获后按规定时间写出试验总结，准时报送主持单位。而后由主持单位在各试点总结的基础上，经复核作出年度汇总，提交年度试验会议审查。一个试验周期（轮）结束后，主持单位要作出全面试验总结，对参试品种进行综合评价，并提出确切处理意见：

（1）产量比对照显著增产，而品质、抗性、熟期等性状与对照相仿，或产量与对照相似而某些性状较为突出者，可推荐审定或参加生产试验。

（2）性状较好，适应范围较小的品种，可向适宜地区推荐进一步试验。性状一般，产量低于对照品种者，应予终止试验或淘汰。

（四）生产试验与良种示范

经区试表现优异的品种（组合）要在适宜地区布点进行生产试验，由区试主持单位和种子管理部门负责安排。由于试验区面积大，参加试验的品种不宜多，以不超过2个为宜，其对照品种应是试验地区的当家品种。参试品种的面积为0.5～1.0亩

（$0.0334 \sim 0.0667\ hm^2$），在地力均匀的田块可不设重复，一般试点数为 5 ~ 10 个，田间管理水平要略高于大田生产，试验周期为 1 ~ 2 年。区域试验和生产试验可交叉进行，达到小区与大区相结合，既可加大直观效果，又可以提高试验的准确性，达到快速鉴定和推荐品种（组合）的效果，使试验、示范和繁殖种子同步化，为品种审定、推广做准备。

耐盐碱水稻新品种的区域试验可迅速探明一个品种的产量水平和适应性，确定其适宜利用的地区，充分发挥新品种的耐盐碱能力和增产效能，其主要任务包括：

1. 确定各不同类型盐碱地适宜推广的新品种和新组合

通过对新品种、新组合统一进行鉴定和审定，评选出各盐碱地区域最适合当地气候和土壤状况的稳定、高产、优良的品种或组合，有计划地推广应用，促进水稻生产和盐碱地利用。

2. 划分优良耐盐碱品种最适宜推广的地区，扩大良种应用范围

如长白 9 号是由吉林省农业科学院水稻所于 1994 年审定的水稻品种，耐盐碱性强，在 pH8.5、土壤含盐量 0.3% 条件下秧苗仍能正常生长，甚至能在 pH10 的土壤环境下保持生长，其在吉林省西部盐碱地稻区种植长达 20 余年，为吉林省水稻生产做出了突出贡献（宋广树，2016）。又如东稻 4 号是采用生态基因聚合育种技术历时 16 年培育出来的水稻新品种，该品种集高产、耐盐碱、优质、多抗于一体，于 2010 年 1 月通过吉林省农作物品种审定，2010 年获吉林省水稻新品种高产竞赛第一名，实测亩产量达 849.37 kg，创吉林省水稻产量历史最高纪录；2011 年荣获全国优质食味粳稻品评一等奖，2011 年“水稻新品种东稻 4 中试与示范”获国家农业科技成果转化资金项目支持，2014 年获吉林省科技进步一等奖，2013—2015 年水稻新品种东稻 4 被吉林省政府列为水稻推广主导品种。2010—2015 年东稻 4 号在吉林、辽宁、黑龙江、宁夏、陕西、内蒙古、新疆等地累计推广 712 万亩（约 $47.49\ hm^2$），新增经济效益 8.2 亿元（杨福，2015）。

3. 客观评定新品种的主要性状和特性

客观评定新品种的主要性状和特性，为品种审定、良种繁育和推广提供科学依据。由于在不同地区选择有代表性的科学研究单位和农场设置区试点，具有较强的技术力量和较好的试验条件，统一对生育特性、丰产性、稳产性、适应性、稻米品质，尤其是盐碱土耐性等方面进行鉴定，因而其结果代表性强，准确性高，可作为品种审定和品种区域化布局的依据。

4. 加深了解耐盐碱新品种的栽培技术，充分挖掘其产量潜力

通过统一在不同成因、不同类型盐碱土壤上的种植试验结果，可加深对耐盐碱品种在多环境条件下综合表现的了解，有利于良种和适宜栽培技术相结合，因地制宜地去种植推广。

三、耐盐碱水稻品种区试的合理布局

由于我国地域辽阔，不同地区盐碱地分布、成因不同，土壤中总盐含量、离子组成和 pH 等存在很大差异，所以土壤学界已经根据地域、土壤颜色、土壤特性以及总盐含量等将盐碱地划分为多种类型（Yang，2014）。目前，我国盐碱地面积约有 1 亿 hm^2（王遵亲，1993），几乎遍布全国。大致包括滨海盐土和海涂、黄淮海平原盐渍土、东北松嫩平原盐土和碱土、半漠境内陆盐土和青新极端干旱的漠境盐土五大片。按 pH 的大小，可分为盐土（以氯化钠和硫酸钠为主的土壤）和碱土（以碳酸钠和碳酸氢钠为主的土壤），盐土主要分布于沿海滩涂和河流下游入海地带，而碱土多分布于我国内陆地区。另一方面，我国南北降水差异，气温变化大，水稻种植方式也截然不同，主要体现为南籼北粳。耕作制度多样，农业生态条件差异大，盐碱土类型不同，决定了我们必须按生态区域进行合理的试验布局。

（一）滨海盐土和海涂

我国沿海滩涂盐碱地分布广泛，自广西至辽宁沿海岸线均有分布，尤以江苏省盐城地区和山东省东营地区分布最广，长江以南由于降水量充沛，且沿海多丘陵，沿海滩涂面积较小且呈零散分布。

如江苏的沿海滩涂面积约有 70 万 hm^2，占全国滩涂面积的 1/4 以上。沿海滩涂盐碱地土壤的含盐量较高，一般在 0.3%～10%，且上下分布不均匀、土壤结构差、容易板结，对水稻生长危害较大。但江苏省沿海滩涂具有气候温和、水量充沛、光热充裕、无霜期长的气候优势，适宜多种农作物生长。丰富的淡水资源为沿海滩涂大面积种植水稻及以水改盐提供了可能（孙明法，2012）。目前，在江苏省沿海滩涂种植的具有一定耐盐性水稻新品种（品系）中已经筛选出耐盐性达 0.3% 水平的水稻品种，其中，常规中籼稻有江苏沿海地区农科所育成的常规中籼稻品种盐籼 156（中熟，生育期 136～140 d，米质一般）；粳稻新品种有辽宁盐碱地农科所育成的盐丰 47、盐粳 9032、盐粳 456（早熟，生育期 126～130 d，米质优），江苏沿海地区农科所新选育的常规中粳稻新品种盐稻 10 号（迟熟，生育期 150 d 左右，米质优，糯性强）等。

（二）黄淮海平原盐渍土

黄淮海平原位于我国东部，总面积约 31 万 km^2，是我国农作物的重要产区之一，受土壤盐渍化影响的土壤大约有 333.3 万 hm^2，其他土壤也都不同程度地受着次生盐渍化的威胁。黄淮海平原的盐渍土（0～20 cm 土层含盐量大于 0.1%）可分为 3 个类型区，即沿渤海湾低平原区、黑龙港中游盐渍土区和鲁西南盐渍土区（白由路，2002）。

如黄海三角洲地区属于暖温带半湿润地区，大陆性季风气候，雨热同季，四季分明。多年平均气温 12.5℃，无霜期长达 206 d，≥ 10℃的积温约 4 300℃，可满足农作物的两年三熟。年降水量 550～600 mm，降水量年际变化大，易形成旱、涝灾害。2015 年水稻种植面积约 2.04 万 hm^2，集中分布在黄河和黄河故道两岸盐碱地，引水压碱种植。东营市水稻种植约 1.91 万 hm^2，其中河口区 0.46 万 hm^2，东营区 0.05 万 hm^2，垦利区 1.17 万 hm^2，利津县 0.23 万 hm^2；滨州市高新区 0.07 万 hm^2；淄博高青县 0.07 万 hm^2 左右。种植品种有圣稻 14、圣稻 18、圣稻 19、盐丰 47 等，产量达 8 250 kg/hm^2 左右。栽培方式包括人工育插秧、盘育机插秧、直播稻，人工插秧约 0.62 万 hm^2，机插秧约 0.33 万 hm^2，直播稻约 1.09 万 hm^2。随着农村劳力的日益匮乏，人工育插秧面积逐年缩小，直播栽培面积逐年扩大（李景岭等，2017）。

黄河三角洲地区盐碱地种植水稻具有不可替代性，该地区种植旱地作物常因盐碱渍害失收。通过种植水稻，可有效压碱洗碱，改良土壤，使重度盐碱地改良为中、轻度盐碱地，最终将中低产田改良为稳产高产田（李仕勇，2010）。

（三）东北松嫩平原盐土和碱土

东北地区是世界三大苏打盐碱土分布区之一，占地 766 万 hm^2（Wang，2004），而且面积以每年 1.4% 的速度增加（Qiu，2003），而松嫩平原苏打盐碱地面积为 233.3 万 hm^2，占该区土地总面积的 15.2%，是世界三大片苏打盐碱土集中分布区之一，主要盐分是 $NaHCO_3$ 和 Na_2CO_3，土壤呈强碱性，pH 高达 8.5，严重区能达到 9～10.5（Deng，2006），作物生长受到严重障碍。

如吉林西部盐碱地面积很大，超过 160 万 hm^2（刘兴土，2001），主要是苏打盐碱土。由于这些盐碱地特殊的物理化学性质，多数不适宜发展旱地农业，从而成为扩大水稻种植面积最重要的后备土地资源。此区域内≥ 10℃的光合有效辐射为 1 400 MJ/m^2 左右；≥ 10℃的活动积温为 2 900℃～3 100℃，无霜期 145 d 左 右，与长春温和半湿润亚区的光温相同。年降水量 430 mm 左右，年蒸发量 1 140～1 270 mm，蒸发远大于降水。该地区光热资源丰富，昼夜温差大，对喜温感光的水稻来说，自然条件优越，适于优质粳稻生产。与吉林省东部地区相比，西部 7—8 月降水总量相对较少，空气湿度小，水稻不易发生稻瘟病。

近年来，随着北方粳稻价格的持续走高，在吉林省西部水源条件较好的低洼易涝区，当地农民和外来水稻种植户已经把可直接种植水稻的轻度盐碱地多数开垦成水田，余下的大部分是中重度盐碱地。如正在建设的大安灌区位于月亮泡与查干湖之间，以中重度的盐碱化草甸土和沼泽土类型为主，含盐量多在 0.4%～0.7%，盐碱地呈连续分布。未来要开发成水田的盐碱地、中重度苏打盐碱化草甸土占 75% 以上（孙广友，2007），要求更高的盐碱地种稻技术才能确保增产。1983 年，吉林省农业科学院水稻研究所立项开展水稻耐盐碱品种选育工作，选育出长白 9 号等耐盐碱水稻品种。长白 9 号在吉林省的水稻生产上尤其是对西部盐碱地的水稻生产做出了巨大贡献，先后获得吉林省科技进步二等奖等多项奖励，并且成为吉林省水稻杂交的骨干亲本，如目前推广的超级稻 1 号（吉粳 88）的亲本之一为长白 9 号。由于受当时的粮食政策影响，产量性状是育种工作者压倒一切的育种目标，而对品质性状的研究却有所放松。长白 9 号虽然抗盐碱、产量高，但品质差，而且种植年限长，缺乏提纯复壮，导致长白 9 号品种严重退化。近年来，随着市场经济的快速发展和人民生活水平的提高，优质稻米备受青睐，长白 9 号已远不能满足市场发展的需要。而从 20 世纪 80 年代中期至今，由于水稻耐盐碱种质资源匮乏，尤其在耐盐碱性与优质性状的结合上没有突破性的进展，致使长白 9 号在吉林省西部种植面积仍在 50% 以上，种植品种单一，目前还没有培育出更好的替代品种（杨福，2007）。

（四）西北地区盐碱地

西北地区盐碱地分布广泛、成因复杂、类型多样，集中了全国近一半的盐碱土，以新疆和宁夏地区为例。土壤盐碱化在新疆表现得尤为明显，有 1/3 耕地发生盐碱化，约 133.33 万 hm^2，绝大部分为土壤次生盐碱化。其中，最为严重的是天山南麓、塔里木盆地西部各灌区。这些地区的盐碱化程度高，导致了一些耕地完全不能利用，浪费了大面积的土地资源。因此，盐碱地的综合治理工作是目前新疆农业工作的重点，多个地区盐碱地改良试点已实施（周和平，2007）。宁夏引黄灌区 1/3 土地有盐碱化问题，重度和中度盐碱化的土地主要集中在银北地区，盐碱地已占到总耕地面积的 1/2 以上（李凤霞，2012）。

我国西北大部分地区气候为半干旱和干旱气候，降水常年稀少，年降水量仅 400 mm，局部地区甚至更少，蒸发强度大且时间长，年蒸发量高达 1 206 mm，是降水量的 3 倍以上。蒸发大于降水，土壤盐分得不到充分的淋洗，从而积累了较多盐分。盐分在土壤表层积聚起来的原因还在于土壤中的盐分随着水分的流动在洼地汇集，在自然条件下，盐分在土壤毛细管作用下向上移动，随着水分蒸发到了土壤表层。长期积累下来，土壤表层的含盐量越来越高，逐步形成了盐碱地。宁夏北部盐碱地以直播水稻生产为主，盐碱土里含有过多水溶性盐类，加大了土壤溶液浓度，使水稻吸水困难，种子发芽和幼苗生长都受到影响，盐分也对水稻有生理毒害作用，同时碱性过强，降低了土壤养分的有效性。所以，盐碱地改良和培育耐盐碱水稻新品种是我们面临的两大主题。从 2008 年开始，宁夏农林科学院农作物研究所与中国农业科学院作物科学研究所合作，在耐盐碱水稻新品种培育方面创新了育种技术路线，先后培育出了京宁 2 号、京宁 3 号、京宁 6 号、京宁 7 号、京宁 29 号等 10 余个耐盐碱水稻新品系，累计种植面积 2 000 hm^2，节支创收 2 000 余万元（张文银，2015）。

第三节 耐盐碱水稻品种审定

品种审定是包括水稻在内的农作物新品种从选育到推广应用的重要环节。所谓品种审定，就是对新育成或引进的品种，由专门的品种审定委员会，根据品种区域试验和生产试验结果，从生育期、产量、抗性、品质等方面综合审查评定其推广利用价值和适应范围。由于品种审定是向社会公众提供公证信息，其结果直接关系到生产安全、稳定与发展，因此，品种审定具有公正性、公益性和强制性，一般表现为政府行为。

一、我国农作物及水稻品种审定的基本标准

我国农作物品种审定标准因不同时期、不同作物、不同省区及不同生态区有所不同，同一作物不同类型有时也有差别。自 20 世纪 80 年代以来，我国农作物及水稻品种审定标准逐步严格，不断规范。

（一）审定机构与任务

农业农村部设立全国农作物品种审定委员会，负责协调指导各省、自治区、直辖市农作物品种审定工作，审定跨省推广的新品种，以及需由国家审定的品种，各省、自治区、直辖市人民政府或农业主管部门设立的品种审定委员会负责本行政区域内的品种审定工作。若必要时，可委托省辖市（地、州、盟）农作物品种审定组织负责本辖区内的品种审定工作。

品种审定委员会由农业行政、种子部门，农业科学院（所），农业院校和有关单位推荐的专业人员组成。全国品种审定委员会由农业农村部任命，省级品种审定委员会由省人民政府或农业主管部门任命。品种审定委员会的任务分为两方面，一是贯彻执行有关品种审定工作的规章、制度、办法；二是领导和组织新品种区域试验、生产试验和新品种审定；三是对已推广的品种和新品种的示范、繁育、推广工作提出建议，办理品种审定工作的有关具体事宜。

（二）品种审定的一般要求

一般要求是申请审定品种应具备特异性、一致性和稳定性并完成规定的区域试验和生产试验程序。国家级农作物品种审定中，1983—1988年第一届全国农作物品种审定委员会要求较宽，品种完成地区级以上区域试验和生产试验综合表现优良即可申报国家级审定。1989—1996年第二届全国农作物品种审定委员会则要求品种须已通过2个省审定，或者完成国家级区域试验和生产试验程序综合表现优良并已通过1个省审定，方可申请国家级审定。1997—2001年第三届全国农作物品种审定委员会要求申报国家级审定品种须已通过2个省审定并且其中1个省审定在最近2年内，但对完成国家级区域试验和生产试验程序综合表现优良的品种不再要求已通过1个省审定。自2002年成立国家农作物品种审定委员会以来，为了规范两级品种审定各司其职，申报国家级审定品种不再要求已通过省级审定，只要求具备特异性、一致性和稳定性并完成规定的国家级区域试验和生产试验程序。最近几年，在对水稻等主要农作物品种的特异性、一致性和稳定性认定方面，国家和部分省尝试采用DNA指纹技术，取得良好效果，有力地维护了品种审定工作的严肃性（杨仕华等，2010）。

国家级水稻品种审定中，1983—1988年第一届全国农作物品种审定委员会制定的水稻品种审定标准有两条：一是品种在地区以上区域试验和生产试验中，比对照增产10%以上，或经统计分析增产显著以上；二是在地区以上区域试验和生产试验中，产量虽与对照相当，但品质、熟期、抗性等1项以上表现突出。1989—1996年第二届全国农作物品种审定委员会水稻品种审定标准则强调国家级审定品种要能跨省推广，须已通过2个省审定，或者已通过1个省审定同时在国家级区域试验和生产试验中表现突出，其中在1990年清理积压报审品种时，对未参加国家级区域试验和生产试验的品种，要求已通过1个省审定并且跨省推广面积占推广总面积的10%以上，或者在3个及以上省推广且其中有2个省推广面积各占推广总面积的10%以上。1997—2001年第三届全国农作物品种审定委员会制定的水稻品种审定标准则进一步强调国家级审定品种要新，已通过2个省审定的品种其中1个省审定须在最近2年内，并对品种在国家级区域试验和生产试验中的产量、米质、抗性表现提出明确要求，如比对照增产5%以上或显著以上，抗性、米质与对照相当；或者米质主要指标达国标优质2级以上，比对照减产小于5%，抗性与对照相当；或者抗1种主要病虫害，产量、米质与对照相当。2002—2006年第一届国家农作物品种审定委员会针对当时水稻品种米质普遍较差的状况和人们对优质稻米的迫切需求，为加快水稻品种结构调整，及时调整了水稻品种审定标准，除不放松对高产、抗性品种的审定外，对米质达到国标优质1、2、3级的品种，产量指标分别放宽至比对照减产不大于15%、10%、5%。在此标准引导下，一大批优质水稻品种脱颖而出，水稻生产明显优化，优质育种取得显著突破。

近年来，随着水稻优质高产育种取得明显进展，原有对优质品种的产量指标要求已显偏低。与此同时，随着耕作制度和稻作环境的变化，稻瘟病等病虫害呈加重、频发趋势，对水稻生产安全构成严重威胁。2007 年第二届国家农作物品种审定委员会成立后，对水稻品种审定标准及时进行了调整：对米质达到国标优质 1、2、3 级（或比对照优 1、2、3 个等级）的品种，产量指标分别提高至比对照减产不大于 10%、5%、0%。同时，对品种抗性实行一票否决制，要求所有稻区品种稻瘟病抗性综合指数小于 7 级，并要求北方稻区和武陵山区品种穗瘟损失率最高级小于 7 级，西南稻区品种穗瘟损失率最高级不大于 7 级（杨仕华等，2010）。

二、耐盐碱水稻品种审定标准

二十世纪八九十年代，我国建立了国家和省两级品种审定制度。2000 年以来，进一步完善了两级品种审定制度，《中华人民共和国种子法》的颁布施行，明确规定包括水稻在内的主要农作物品种和主要林木品种在推广应用前应当通过国家级或者省级审定。2001 年，农业部依据《中华人民共和国种子法》制定了《主要农作物范围规定》和《主要农作物品种审定办法》，各省也相继参照制定了地方性的有关规定和办法，我国国家和省两级农作物品种审定制度得到进一步加强和完善。我国农作物品种审定标准因不同时期、不同作物、不同省区及不同生态区有所不同，同一作物不同类型有时也有差别。

品种是指经过人工选育或者发现并经过改良，形态特征和生物学特性一致，遗传性状相对稳定的植物群体。其中，特异性是指一个植物品种有一个以上性状明显区别于已知品种；一致性是指一个植物品种的特性除可预期的自然变异外，群体内个体间相关的特征或者特性表现一致；稳定性是指一个植物品种经过反复繁殖后或者在特定繁殖周期结束时，其主要性状保持不变。

（一）基本条件

申请审定的品种应符合农业部《主要农作物品种审定办法》中规定的要求并提交相关材料，符合相应水稻品种审定基本条件和分类条件。

1. 抗病性

南方沿海籼稻组品种稻瘟病综合抗性指数≤ 6.5，白叶枯病抗性等级≤ 5.0 级；北方稻区中早熟晚粳组和黄淮海粳稻品种稻瘟病综合抗性指数≤ 5.0，穗瘟损失率最高级≤ 5.0 级。

2. 生育期

不超过安全生产和耕作制度允许范围。南方沿海籼稻组品种全生育期不长于对照品种5 d；黄淮海粳稻、东北中早熟粳稻晚熟组品种全生育期不长于对照品种 5 d。当对照品种进行更换时，由专业委员会对相应生育期指标作出调整。

3. 产量

区域试验和生产试验（以亩产为标准）。

4. 品质

标准等级、品种等级仅作为市场选择品种的参考，不作为淘汰品种的依据。

（二）分类条件

耐盐碱品种的耐盐（碱）性：0.5% 浓度下苗期耐盐级别≤ 4 级且在 0.3% 浓度下全生育期耐盐级别≤ 3 级；全生育期（发芽期、苗期、成熟期）耐碱级别≤ 3 级；区域试验和生产试验产量达亩产 300 kg 以上或比对照增产 2% 以上。全生育期耐盐（碱）级别每提高 1 个等级，相应的减产幅度≤ 8%。

水稻新品种的审定分为国家审定和省级审定，国家级农作物品种审定工作由农业部设立的国家农作物品种审定委员会负责，省级人民政府农业主管部门设立省级农作物品种审定委员会，负责省级农作物品种审定工作。农作物品种审定委员会建立包括申请文件、品种审定试验数据、种子样品、审定意见和审定结论等内容的审定档案，保证可追溯。申请品种审定的单位、个人（以下简称申请者），可以直接向国家农作物品种审定委员会或省级农作物品种审定委员会提出申请。申请者可以单独申请国家级审定或省级审定，也可以同时申请国家级审定和省级审定，还可以同时向几个省、自治区、直辖市申请审定。品种审定委员会办公室在收到申请材料 45 d 内作出受理或不予受理的决定，并书面通知申请者。对于符合的受理，通知申请者在 30 d 内提供试验种子。对于提供试验种子的，由办公室安排品种试验；逾期不提供试验种子的，视为撤回申请。对于不符合的，不予受理。申请者可以在接到通知后 30 d 内陈述意见或者对申请材料予以修正，逾期未陈述意见或者修正的，视为撤回申请；修正后仍然不符合规定的，驳回申请。品种审定委员会办公室应当在申请者提供的试验种子中留取标准样品，交农业部植物品种标准样品库保存。

三、水稻品种全生育期耐盐性鉴定技术规程

水稻是一种对盐碱中度敏感的作物，土壤盐碱化是限制盐碱稻作区水稻生产稳定发展的主

要因素，通过深入开展水稻耐盐碱性研究，了解水稻耐盐碱生理机制、遗传差异，盐碱胁迫对水稻生长发育的影响，以及提高水稻耐盐的方法，对发挥水稻品种在盐碱稻作区的产量潜力，保证盐碱稻作区粮食的安全生产具有十分重要的意义。

根据借鉴国内外多种耐盐评价方法，以及本所多年来在室内、田间对大量水稻资源所做过的耐盐性评价经验，将水稻主要的耐盐碱关键鉴定技术规程分述如下。

（一）范围

本标准规定了水稻品种全生育期耐盐性鉴定方法、评定技术和耐盐性分级标准。

本标准适用于江苏沿海滩涂地区水稻品种全生育期的耐盐性鉴定。

（二）规范性引用文件

下列文件中的条款通过本标准的引用而成为本标准的条款。凡是注日期的引用文件，其随后所有的修改单（不包括勘误的内容）或修订版均不适用于本标准，然而，鼓励根据本标准达成协议的各方研究所可使用这些文件的最新版本。凡是不注日期的引用文件，其最新版本适用于本标准。

（三）术语和定义

1. 水稻耐盐性（rice salt tolerance）

其指在盐土环境下水稻忍耐或抵抗盐胁迫的能力。

2. 苗期盐害指数（salt harmful index at seedling stage）

评价水稻发芽期至苗期耐盐性的一个指标，反映了因盐胁迫对水稻苗期生长的影响程度。

3. 耐盐指数（salt tolerance index）

其是评价水稻品种全生育期耐盐性强弱的指标，以水稻品种在盐环境下生长收获的稻谷产量 $G1$ 与非盐（对照）环境下生长收获的稻谷产量 $G2$ 比值的百分率表示，用 N 代表耐盐指数，$N=G1/G2\times100\%$。耐盐指数的大小反映某一水稻品种不同生长阶段对盐胁迫忍耐能力的强弱。

（四）所需材料及设备

1. 材料

沿海滩涂盐土、海盐、滤纸、水泥、砖头。

2. 设备

Mettler Toledo SG7-FK2 便携式电导率仪（产地：瑞士，测量范围：0.01～1 000 mS/cm）。RP-300C 人工气候箱（产地：南京，控温范围：5℃～45℃）。烘箱、Adventurer AR1530/C 电子天平（产地：美国，测量范围：0.001～150 g）。TGT-500 台秤（产地：南京，测量范围：0～500 kg）。培养皿、水泥池。

（五）试验设计

采用随机区组设计，重复 3 次。

（六）材料准备

1. 盐土溶液

将沿海滩涂盐土用淡水浸泡，浸出液再用淡水和海盐调成浓度分别为 0.3% 和 0.5% 的盐溶液。

2. 水稻种子

供试水稻品种种子，常规稻种发芽率 85% 以上、杂交稻种发芽率 80% 以上。

（七）苗期耐盐性鉴定

1. 种子处理

将种子置于 50℃恒温箱高温处理 48 h 或用过氧化氢处理，破除种子休眠。随机挑选籽粒饱满种子 1 500 粒左右，用浸种灵浸种 72 h，自来水冲洗 3 次。

2. 置床培养

参照 NY/T1534—2007。处理并清洗过的种子均匀置于垫滤纸的 6 个大小合适的培养皿中，每个培养皿 200 粒种子。其中 3 个培养皿加入 0.5% 浓度的滩涂盐土浸泡液，盖好皿盖，放入 28℃恒温箱里培养，每天用 0.5% 浓度的滩涂盐土浸泡液洗涤 1 次；3 个培养皿加入淡水作为对照，盖好皿盖，同样放入 28℃恒温箱里培养，每天淡水洗涤 1 次。两个处理均培养至 3 叶 1 心期以上，取样烘干称重，计算苗期耐盐指数。

3. 取样烘干称重

（1）取样标准：每个品种（处理和对照）的秧苗均为 3 叶 1 心期。

（2）烘干称重：每个品种（处理和对照）每个重复分别取 20 个单株烘干称重，包括根、茎、叶等全部干物质质量（以下相同）。

4. 苗期鉴定标准

以盐害指数 S 作为水稻品种发芽期至苗期耐盐性评价指标。

发芽期至苗期盐害指数：$S=[(GM2-GM1)/GM1]\times 100\%$

式中：S 为发芽期至苗期盐害指数（%）；

$GM1$ 为 0.5% 浓度的滩涂盐土浸泡液处理的干物质质量（3 个重复的平均质量）；

$GM2$ 为淡水处理的干物质质量（3 个重复的平均质量）。

5. 评价方法

以苗期耐盐指数 S 作为水稻品种苗期耐盐性强弱的评价指标，将苗期耐盐性分为 1～7 级。评价标准如表 6-1。

表 6-1　水稻苗期耐盐性评价标准

级别	苗期盐害指数 /%	苗期耐盐性
1	≤ 10.0	极强
2	10.1～20.0	强
3	20.1～30.0	较强
4	30.1～50.0	中等
5	50.1～70.0	较弱
6	70.1～90.0	弱
7	90.1～100.0	极弱

（八）全生育期耐盐性鉴定

1. 构建盐池

用砖和水泥构建数个水泥池（长 5 m、宽 2 m、深 1 m），池底设 20 cm 滤层，并有排水孔，四壁防渗漏，池顶部有移动式透明防雨设施，池顶部距地面高度 3.5 m 左右。池内填加经过粉碎、过筛、晒干并混合均匀的非盐化的壤质土壤。不同水泥池之间设 0.3% 浓度的滩涂盐土浸泡液处理和淡水处理作为对照。

2. 盐池的盐分控制

根据试验所需的灌水量，修建一定容积的兑水池。以自来水调配电导率为 0.1～0.125 mS/cm（25℃），浓度相当于 0.3% 浓度的滩涂盐土浸泡液。用此浸泡液灌溉盐池，土壤表面盐水深度保持 3～5 cm。为防止水分蒸发或降雨而引起水层浸泡液浓度的变化，一般每 2 d 用电导率仪监测水层的电导率，并用滩涂盐土浸泡液或 NaCl 溶液或自来水调整水层的电导率，使其盐浓度保持 0.3% 水平。

3. 品种筛选

选择通过苗期耐盐性鉴定、苗期耐盐性达到中等（苗期盐害指数在 30.1%~50%）的水稻品种。

4. 种子的准备

各品种随机挑选籽粒饱满的种子 3 000 粒左右，处理方法同“种子处理”。

5. 浸种和催芽

室温浸种 2~3 d，30℃催芽，露白后即可将种子播于正常土壤（土壤含盐量在 0.1% 以下）的秧田里。

6. 培育秧苗

按照水稻工厂化育秧技术规范培养秧苗。

7. 移栽和管理

秧苗移栽前，盐池要施足基肥，以有机肥为主。在 5~6 叶龄期，将秧苗单本移栽于水泥池中。行株距 20 cm×13.3 cm，每个品种 3~5 行、栽 40~50 株，随机区组设计，3 次重复。对照淡水处理池中的插秧规格与浸泡液处理池相同，随机区组设计，3 次重复。水稻生长期间的管理参考水稻生产技术规程，处理和对照的管理措施一律相同。

8. 取样与烘干称重

（1）取样标准：每个品种（处理和对照）的成熟期，标准为籼稻 85% 以上、粳稻 95% 以上的实粒黄熟。

（2）烘干称重：每个品种（处理和对照）每个重复取 20 株生长正常的水稻植株的稻谷。烘干称重，并计算全生育期耐盐指数。稻谷烘干标准为籼稻水分含量为 13.0%、粳稻水分含量为 14.5%。

9. 鉴定方法

以耐盐指数 N 作为水稻品种全生育期耐盐性评价指标。

全生育期耐盐指数：$N=(G1/G2)\times 100\%$

式中：N 为耐盐指数（%）；

$G1$ 为 0.3% 浓度的滩涂盐土浸泡液处理的稻谷质量（3 个重复的平均质量）；

$G2$ 为淡水处理的稻谷质量（3 个重复的平均质量）。

10. 评价方法

以耐盐指数 N 作为水稻品种全生育期耐盐性强弱的评价指标，将全生育期耐盐性均分为 1 ~ 7 级。评价标准如表 6-2。

表 6-2 全生育期耐盐性评价标准

级别	耐盐指数 /%	耐盐性
1	> 90.0	极强
2	80.1 ~ 90.0	强
3	70.1 ~ 80.0	较强
4	50.1 ~ 70.0	中等
5	30.1 ~ 50.0	较弱
6	10.1 ~ 30.0	弱
7	≤ 10.0	极弱

由于各个籼粳稻品种、杂交稻品种间生长发育及产量间的巨大差异，其对不同种类盐碱地的响应大不相同，生物耐盐力强的材料农业耐盐力不一定强，而耐盐力强的材料耐碱力不一定强，因此，在进行耐盐碱水稻区域试验时，应当对水稻进行全生育期关键性状指标的鉴定，并以最终产量为主要指标。对在一定的盐碱梯度中能够进行分蘖、抽穗但又不能完全成熟的水稻材料，以分蘖的多少、开花抽穗持续时间长短来进行水稻耐盐碱评价；在较轻盐碱梯度下能够正常分蘖、抽穗并能完全成熟的水稻材料，主要以相对产量百分比的高低进行农业耐盐力的鉴定。在做水稻农业耐盐力鉴定时，尽量按照生育期进行归类鉴定，同时设置相应生育期的对照品种。目前，水稻耐盐碱鉴定使用的对照品种仅限于以下几种：1939 年，斯里兰卡培育出的耐盐水稻品种 Pokkali 和国际水稻研究所鉴定的对盐敏感品种 Peta，两品种均为籼稻品种；耐碱品种长白 9 号、对碱敏感品种九稻 12、全国耐盐碱统一对照品种兰胜等。Pokkali 和 Peta 可作为籼稻耐盐碱鉴定的对照品种，对粳稻只能做参考品种，长白 9 号和九稻 12 可作为粳稻耐盐碱鉴定对照品种。因此，要积极寻找不同生育期的对照品种，选择经生产实践长期检验的耐盐碱当地品种作为对照品种。

References

参考文献

[1] 白由路，李保国. 黄淮海平原盐渍化土壤的分区与管理 [J]. 中国农业资源与区划，2002，23(2)：44-47.

[2] 傅伯杰，刘国华，陈利顶，等. 中国生态区划方案 [J]. 生态学报，2001，21(1)：1-6.

[3] 贾敬敦，张富. 依靠科技创新推进我国盐碱地资源可持续利用 [J]. 中国农业科技导报，2014，16(5)：1-7.

[4] 李凤霞，郭永忠，王学琴，等. 不同改良措施对宁夏盐碱地土壤微生物及苜蓿生物量的影响 [J]. 中国农学通报，2012，28(30)：49-55.

[5] 李景岭，陈峰，崔太昌，等. 黄河三角洲高效生态经济区水稻种植现状与发展对策 [J]. 中国农业信息，2017，1(19)：36-38.

[6] 李仕勇. 东营加快生态农业发展助推黄河三角洲新飞跃 [J]. 经济导报，2010，1(45)：40-41.

[7] 宋广树，朱秀侠，孙蕾，等. 水稻品种长白 9 号的耐盐碱机理分析 [J]. 东北农业科学，2016，41(2)：5-8.

[8] 孙广友. 松嫩平原古河道农业工程研究 [M]. 长春：吉林科学技术出版社，2007.

[9] 孙明法，严国红，唐红生，等. 江苏沿海滩涂盐碱地水稻种植技术要点 [J]. 大麦与谷类科学，2012，1(1)：6-7.

[10] 王遵亲. 中国盐渍土 [M]. 北京：北京科学技术出版社，1993.

[11] 杨福，梁正伟. 关于吉林省西部盐碱地水稻发展的战略思考 [J]. 北方水稻，2007，1(6)：7-12.

[12] 杨福. 超高产耐盐碱优质水稻新品种东稻 4 的选育及应用 [J]. 科技促进发展，2015，1(6)：780-783.

[13] 杨仕华，廖琴，谷铁城，等. 我国水稻品种审定回顾与分析 [J]. 中国稻米，2010，16(2)：1-4.

[14] 张文银，贺奇，来长凯. 宁夏耐盐碱水稻新品种培育研究 [J]. 宁夏农林科技，2015，1(12)：53-54.

[15] 周和平，张立新，禹锋，等. 我国盐碱地改良技术综述及展望 [J]. 现代农业科技，2007，1(11)：159-161.

[16] DENG W. Background of Regional Ecoenvironment in Da'an Sodic Land Experiment Station of China[M]. Beijing: Science and Technology Press, 2006.

[17] QIU S W, ZHANG B, WANG Z C. Status, features and management practices of land desertification in the west of Jilin province[J]. Scientia Geographica Sinica, 2003(23): 188-192.

[18] WANG C Y. Saline Soil of Northeast China[M]. Beijing: Science Press, 2004.

[19] YANG Z, WANG B. Progress in Techniques of Improvement and Utilization of Saline-Alkali Land in China and Its Future Trend[J]. Open Journal of Soil&swater Conservation, 2014, 2(1): 1-11.

第七章

耐盐碱水稻品种选育和推广的展望

第一节 耐盐碱水稻品种选育的展望

土壤盐渍化是水稻生长的限制因子之一，极易造成水稻减产。随着地球气候的异常变化和人为不合理的灌溉，全球盐碱地面积日趋增加，土地盐渍化已成为水稻生产进一步稳定发展的主要制约因素之一。据联合国教科文组织（UNESCO）和粮农组织（FAO）不完全统计，全世界盐碱地面积为 9.54 亿 hm^2。中国盐渍土覆盖面积广泛，类型多样。据最新研究，现代盐渍化土壤面积约 3 693.3 万 hm^2，残余盐渍化土壤约 4 486.7 万 hm^2，潜在盐渍化土壤为 1 733.3 万 hm^2，各类盐碱地面积总计 9 913.3 万 hm^2，且每年盐碱化和次生盐碱化土壤都在不断加重。中国盐碱土主要为滨海盐碱土和内陆苏打盐碱土，且由于苏打盐碱土（以 Na_2CO_3 和 $NaHCO_3$ 为主要成分）具有可溶性盐含量高、pH 高、交换性钠含量高、土壤分散性强等特点，严重影响着作物的产量和品质（李彬，2013）。作为中国第二大粮食作物，水稻种植地也面临着盐碱化问题日趋加剧、耕地面积日益减少的局面，且水稻也是一种对盐中度敏感的植物（赵国臣，2012），在盐胁迫下生长受到抑制，往往表现为叶片枯死、分蘖减少、不抽穗、育性差和千粒重低等症状，严重的甚至植株死亡或完全绝收，从而在不同程度上影响了水稻的产量（左静红，2013）。因此，筛选和选育耐盐碱的水稻品种对盐碱地区的水稻生产十分重要。

一、常规育种与株型选育

水稻耐盐新品种选育研究是水稻育种的一个重要研究方向。目前，水稻耐盐育种仍然以常规育种为主，主要是以筛选鉴定的耐盐种质为亲本，利用传统的人工杂交，或辅之以回（复）交等方法将耐盐基因导入优良水稻品种中，再通过多年多代的盐胁迫筛选鉴定，选育出综合性状优良的耐盐品种，并在生产上大面积推广应用。

1939 年，斯里兰卡育成世界第一个强耐（抗）盐水稻品种 Pokkali，1945 年获得推广。1943 年，印度相继育成并推广耐盐水稻品种 KalaRatal-24、Nona Bokra、Bhura Rata 4-10、M114（80-85）。孟加拉国育成了耐盐水稻品种 BRI、BR203-26-2、Sail 等。1970 年以来，国际水稻研究所相继育成了 IR46、IR4422-28-5、IR4630-22-2-5-1-3、CSR23 等耐盐水稻品种，其中 CSR23 已在菲律宾地区开展了多年的田间试验，2004 年被印度官方引种。该品种可在 pH2～10、盐度（电导率）8 dS/m 的条件下生长，产量可实现亩产 300 kg。泰国育成了耐盐水稻品种 FL530，美国育成了耐盐水稻品种美国稻，日本育成了耐盐水稻品种万太郎米、关东 51、滨稔、筑紫晴、兰胜，韩国育成了 Dongjinbyeo（东津稻）和 Ganchukbyeo（开拓稻）、Gyehwabyeo（界火稻）、Ilpumbyeo（一品稻）、Seomjimbyeo（蟾津稻）、Nonganbyeo（农安稻），俄罗斯育成了 VNIIR8207、Fontan 等 16 份耐盐水稻品种（孙明法，2017）。

我国东部地区省份的临近沿海的相关农业科研单位利用独特的地理位置以及土壤含盐量相对较高的优势，采用常规育种手段，在盐胁迫条件下进行耐盐种质筛选和品种选育，成效显著。辽宁省盐碱地利用研究所从 20 世纪 70 年代开展滨海中、重度盐碱地耐盐水稻育种研究，获得辽盐系列如辽盐 2 号、辽盐 241、辽盐 16、辽盐 3 号、辽盐 28、辽盐 282、辽盐糯等耐盐水稻品系；1984 年，该所育成高耐盐籼型水稻品系盐 81-210，1989—2009 年分别育成了抗盐 100、盐粳 29、盐丰 47、盐粳 456、盐粳 218，2011 年以来又先后育成了富友 33、盐粳 228、盐粳 50、盐粳 237、桥科 951、盐粳 933、盐粳 22、盐粳 927、盐粳 939、盐两优 2818 等耐盐常规（杂交）粳稻品种（组合），其中盐丰 47、桥科 951 还先后通过国家品种审定。江苏沿海地区农业科学研究所亦从 20 世纪 70 年代从事耐盐水稻育种研究，于 1987 年育成并通过江苏品种审定的耐盐中籼稻盐城 156，此后又相继育成盐稻 10 号、盐稻 12 号等耐盐中粳稻品种。江苏沿江地区农业科学研究所育成了通粳 981。江苏省连云港市农科院育成了连粳 2 号等耐盐水稻品种。此外，由我国相关育种单位及育种家利用已有的耐盐种质或通过常规育种的方法，获得的耐受一定浓度盐分的水稻品种还有东农 363、长白 6 号、长白 7 号、长白 9 号、长白 10 号、长白 13 号、窄叶青 8 号、特三矮 2 号、绥粳 5 号、津粳杂 2 号、吉粳 84、津稻 1229、津糯 6 号、津源 101 等（孙明法，2017）。

水稻耐盐性对产量因素的影响研究表明，水稻对盐碱性土壤较为敏感。发芽期和幼苗期是最容易受碱害的生长时期。水稻苗期受盐害影响很大，严重时导致稻谷播种后不出苗。即使出苗后，苗也弱小，如遇秧苗期的低温和病虫害，往往导致出苗后的秧苗死亡。在新疆米泉区，水育苗曾因盐碱危害死苗率达 30%~40%。赵守仁等研究发现，水稻在种子芽期是耐盐碱的，而幼苗期变得十分敏感，分蘖后的营养生长期耐盐碱性又增强，到开花期又变得敏感，在成熟期耐盐碱性又增强（赵守仁，1985）。梁正伟等研究表明，在盐碱胁迫下，水稻的分蘖高峰期会明显推迟或不出现分蘖高峰期，并且抽穗期延长；不耐盐碱的早熟品种比耐盐碱的中熟品种抽穗晚（梁正伟，2004）。程广有等研究发现，水稻品种间耐盐性存在显著差异，水稻株高、分蘖数和单茎绿叶数均受到盐害的抑制，它们的抑制率可作为鉴定标准。但各性状受抑制的程度不同，从各品种总的趋势看，分蘖数受到的抑制最大，其次是株高，再次是单茎绿叶数（程广有，1996）。Lee 等研究表明，水稻受盐碱胁迫后，叶片在分蘖期受害最严重，茎秆和花序的长度在孕穗期严重缩短，有效穗数、千粒重和分蘖数等产量构成指标明显减少（Lee，2002）。Kban 等研究发现，水稻幼穗分化期受到外界盐碱胁迫时，水稻花粉活力下降，花粉粒的萌发受到抑制。而且，盐碱敏感的水稻品种淀粉合成酶活力受到抑制，幼穗分化严重受阻，结实率显著降低（Kban，2003）。张瑞珍等研究发现，盐碱胁迫严重影响幼穗正常分化和小穗形成，从而空秕率增加，主要是由于盐碱胁迫会显著缩短幼穗长度，减少小穗的第一枝梗数、小穗数，降低着粒密度，谷粒的长度、厚度、宽度，千粒重及小穗质量，而且还会导致稻草和谷粒产量的下降以及稻米品质的降低（张瑞珍，2006）。张家泉等研究发现，受盐碱危害后，耐盐和不耐盐水稻品种的有效穗数、每穗粒数、千粒重都会下降，但不耐盐水稻品种的有效穗数、每穗粒数、千粒重下降更为明显，耐盐品种威优 46 减产 1/3，而不耐盐品种晚粳丙 9147 减产达 3/5，受盐碱危害时间越长，产量越低，直至绝收（张家泉，1999）。水稻耐盐性是受环境影响的数量性状，不少研究学者发现，在不同的水稻品种间耐盐性存在着显著的差异，这种差异是可以遗传的。祁祖白等对我国籼稻品种进行了苗期耐盐性状研究，结果发现水稻苗期的耐盐性状属数量性状，受多基因控制，耐盐性状的遗传率较低，广义遗传率为 2.65%~32.25%，易受环境条件影响而变异，F_1 的耐盐性水平一般在双亲之间，少数组合的 F_1 能够超过耐盐性亲本的平均抗级。吕晓波研究发现，经盐碱筛选后再生的植株在株高、生育期、分蘖数、空秕率等多项农艺性状上发生变异，在后代中是可遗传的（祁祖白，1999）。顾兴友等采用 6×6 完全双列杂交设计对 2 套 4 周龄秧苗分别用常规（对照）和处理（60 mmol/L NaCl 营养液培养处理 3 周）进行遗传分析，结果表明，死叶率等级、相对生长量级别和地上部 Na^+ 含量 3 项指标，其遗传均以基因加性效应为主，死叶率等级和地上部 Na^+ 含量还存在一定量的非加性效应；环境效应皆显著且分量较大；死叶率等级的遗传力相对较高。配合力分析表明，死叶率等级和相对生长量级别只有一般配合力（GGA）显著；地上部 Na^+ 含量的 GCA 和特殊配合力（SCA）均显著，但以前者为主；GCA 与亲本耐盐力呈正相关。提出了杂交聚合耐盐基因是改良水稻耐性的基本途径（顾兴友，2000）。

水稻盐害主要是由于吸收并积累了过量的 Na^+ 引起的，抗盐育种的一个主要选择目标是减少 Na^+ 在地上部的积累。水稻耐盐性遗传力普遍较低，以表型选择为基础的作物耐盐育种难度大、效率低、进展慢，不能满足生产需要。祁祖白等研究表明，水稻幼苗阶段的耐盐性在某种程度上可代表整个植株全生育期的耐盐性水平（祁祖白，1999）。因此，在杂种的早期世代（F_2 ~ F_4），如果采用集团选择法筛选耐盐幼苗，有可能提高选择效果。郭望模等提出了可采用杂交与复交育种手段，对杂交后代进行更高一级耐盐碱性鉴定，即从 F_2 开始采用系谱法，连续对杂交后代在 pH8.5 ~ 10.0、盐分含量 0.3% 左右的 $NaHCO_3$ 盐水（主要是水稻芽期鉴定）和盐碱土条件下进行筛选（郭望模，1993）。徐建龙等研究选择 IR64、特青和新株型（NPT，IR68552-55-3-2）为轮回亲本与 13 个供体亲本产生不同回交世代（BC2F2 ~ BC4F2）群体为材料，进行耐盐性筛选。结果表明，回交后代对性状的选择效率与遗传背景存在非常显著的相关。IR64 背景与绝大多数供体回交后代的耐盐性选择效率都较高，其次是特青背景，NPT 背景的选择效率最低。回交后代的耐盐水平和耐盐株数与轮回亲本和供体亲本的组合有关，感盐供体 BR24 和 IR50 与 NPT 的回交后代的耐盐选择效率均高于特青背景，在耐盐供体 FR13A 的回交后代也出现同样的现象（徐建龙，2009）。钱益亮等认为，在耐盐碱性杂交水稻育种中，要同时考虑加性效应和显性效应。通过 QTL 定位分析发现，由于 *QSst2c* 和 *QSstl2* 在幼苗耐盐等级上表现较大的负向超显性效应（显性度分别为 -1.53 和 -2.41），且 *QSstl0b* 在幼苗耐盐等级上表现负向部分显性效应（显性度分别为 -0.19），因此，用于配制杂种的不育系和恢复系必须同时带有与 ZDZ057 相同的 *QSst2c*、*QSstl10b*、*QSstl2* 等位基因以及与特青相同的 *QSst2e* 等位基因，否则配制的杂种将表现苗期不耐盐害。*QSst9a*、*QSst4b* 和 *QSds10* 在幼苗耐盐等级上表现为正向超显性（显性度分别为 5.19、9.88 和 2.16），*QSds1b* 和 *QSst2d* 在存活天数上表现为正向部分显性（显性度分别为 0.20 和 0.29），在杂交稻育种上，也以不育系和恢复系同时带有与蜀恢 527 相同的 *QSst9a* 和 *QSst4b* 等位基因和来自明恢 86 的 *QSds1b*、*QS-ds10* 和 *QSst2d* 等位基因为佳（钱益亮，2009）。王根来等研究发现，籼粳不同类型间品种对盐害反应的比例无显著性差异，认为可通过常规杂交、理化诱变、体细胞突变筛选、基因工程等综合技术途径，将地方品种所携的耐盐基因有目的地导入农艺性状优良的品种中去，育成新的优良亲本，选育耐盐高产水稻品种供盐区生产利用（王根来，1991）。陈受宜等采用细胞工程的途径，通过 EMS 诱变处理的花药粳稻品系 77-17，在含盐 0.5%、0.8% 与 0.1% 的培养基上筛选出耐盐愈伤组织及其再生植株。经逐代在含盐 0.5% 条件下重复选择，获得了耐盐性比原始亲本显著增强的株系。选育出的耐盐品系已经连续 2 代在河南、北京盐碱地区小面积试种，产量可达 5 250 kg/hm^2 以上（陈受宜，1991）。辽宁省盐碱地利用研究所依据“人工选择规律”采用“形态相差选择法”，从 S16 水稻品种变异株中经系选而育成的中晚熟优质米水稻新品种，产量达 8 250～11 250 kg/hm^2。在启东，通过耐盐杂交种海涂种植筛选试验，获得了耐盐水稻新组合 34 号、32 号，平均产量达 3 720 kg/hm^2。土壤的盐渍化是限制农作物生长，造成作物减产最严重的非生物胁迫之一。我国的盐碱土地面积巨大，因此了解作物耐盐的遗传规律有助于通过分子育种方法提高农作物抵御盐胁迫的能力，对未来农业的发展有着重要的意义。了解基因的遗传及其分子遗传规律，可运用分子标记辅助育种，将耐盐基因导入优良水稻栽培品种中，从而使培育耐盐性强的水稻新品种将成为现实。

从现有的国内外水稻种质资源尤其是丰富的野生稻和地方品种资源中鉴定筛选出具有耐（抗）盐水稻种质，加快分子育种与传统育种的融合，将耐盐基因转入各地主推水稻品种或定型的水稻新品系中，再结合盐胁迫筛选鉴定，创制耐盐性较高、综合性状优良的水稻核心种质，为水稻耐盐育种提供种质支持，在此基础上将定型的耐盐性较高、综合性状优良的水稻核心种质或新品系通过省级以上中间试验，进一步筛选、选育能够通过审定并推广应用的综合性状优良的耐盐水稻新品种（组合）。杨福等研究认为，盐碱环境虽然没有降低水稻单位面积的有效穗数，但减少了水稻每穗实粒数，使千粒重减轻，从而降低水稻的产量。在水稻营养生长期间，植株高度、穗长、单株分蘖数和单茎叶数、根的干重和根的长度，都受盐碱胁迫的影响，进而会影响水稻的产量（杨福，2007）。顾兴友等通过对盐胁迫对水稻农艺性状遗传变异的研究表明，可以通过水稻产量的构成因素结实率、穗粒数和千粒重等指标来评价耐盐碱性，进而可以为水稻在盐胁迫条件下进行选择提供依据（顾兴友，2000）。从耐盐碱水稻品种选育和栽培的历史来看，苏打盐碱地水稻长期处于单一品种种植占主导地位，缺少多品种的互补优势。以长白 9 号水稻为例，从 1994 年选育，推广种植长达 20 年，在盐碱地稻区种植面积一度超过 60%，该品种抗倒伏能力较差，因此产量降低，但苦于缺乏替代品种。当前，虽然白粳 1 号和东稻 4 号等品种通过审定并成为主栽品种，但与苏打盐碱地稻田面积相比，耐盐碱水稻品种仍显得十分匮乏。由于传统育种周期较长，短期内获得新品种的可能性不大，且在生产上大面积感染稻瘟病或者倒伏减产的风险很大，以现代生物技术为依托，借助分子育种手段，是加快选育耐盐碱水稻品种的有效方法（杨福，2015），同时应提高水稻品种选育水平，深入开展水稻栽培育种的生理研究。

与以往育种技术路线不同的是，耐盐碱水稻育种以宁夏目前的优良主栽品种和适宜宁夏种植的外省品种为受体亲本，以来源于全球主要产稻国家的优良耐盐碱品种资源为供体亲本，在通过回交育种技术创造大规模导入系的基础上，利用分子设计聚合育种技术，聚合不同来源的多个耐盐碱基因，对水稻耐盐碱性状开展大规模鉴定和筛选，从而获得耐盐碱的高产优质新品系。吉林省农业科学院水稻研究所选育出吉粳 80、吉粳 83、吉粳 89、吉粳 92、长白 9 号（吉 89-45）、吉 89-12、吉 89-52、超产 1 号、超产 2 号、吉玉粳、吉 90-91、组培号、天井 3 号等，其中长白 9 号在 1994 年就已推广 13.3 万 hm^2，占适应地区的 50% 以上。吉林市农业科学院选育出九稻 29、九稻 43、九稻 44、九稻 48、金浪 1 号等，通化市农业科学院选育出众禾 1 号。新品种的选育推广，彻底改变了日本品种占统治地位的被动局面。进入 20 世纪 90 年代中后期，受市场需求影响，加强优质米育种研究，先后育成一批优质高产品种，并先后于 1995 年和 1998 年进行了吉林省首届和第二届优质米品种评选工作，共评选出超产 1 号、超产 2 号、吉粳 66 等 10 个新品种（系）为吉林省优质品种，优质米鉴评活动大大促进了吉林省优质米品种选育工作，每两年举办一次，持续至今（赵国臣，2012）。

盐碱胁迫对水稻种子萌发、幼苗生长、物质运输及积累均有一定影响。在盐碱环境中，水稻种子萌发受到显著抑制，发芽率、发芽势、发芽指数以及种子活力指数等指标随着盐碱浓度增高而下降，幼苗株高和根长降低。水稻苗期和生殖生长期是对盐碱胁迫相对敏感的时期，此时若受到盐碱影响，水稻幼苗叶片易发生卷缩和枯萎，根长和侧根数量减少，幼苗生物量、根数以及根体积下降，幼苗体内的 Na^+/K^+ 比增加；盐碱胁迫常导致水稻有效分蘖数减少，抽穗期推迟，花粉活力下降，幼穗分化受阻，结实率降低，最终影响水稻产量。综合国内外研究，目前水稻耐盐碱评价萌发期多采用发芽率和发芽势作为主要评价指标；营养生长期（幼苗至抽穗）常以有效分蘖能力和生物量作为主要评价指标；生殖生长期（抽穗至成熟）通常采用成穗率、千粒重、成熟度及稻谷产量等进行判定。产量与产量构成因素的关系很复杂，不是简单的线性相关能够表达清楚的。不同的环境条件、不同的品种类型、不同的栽培模式、不同的产量水平下，产量与产量构成因素的关系可能会相差很大。比如：在有效穗数较少、产量水平较低的情况下，适当提高插秧密度，会大幅提高水稻产量，此时的产量与有效穗数会是显著正相关；但当有效穗数达到一定程度后，再增加插秧密度，可能会因穗粒数减少或病虫害加重造成减产，这时，产量与有效穗数的关系将会是负相关。所以，农作物性状间的相关研究一定要注意特定的条件，尤其是性状的变化范围，只有在特定性状变化区间内相关关系才能成立。

二、借助分子技术选育耐盐碱水稻

由于水稻耐盐性是多种耐盐生理生化反应的综合表现，是由多个基因控制的数量性状，遗传基础复杂，采用传统育种方法改良水稻耐盐性的难度较大，进展缓慢。利用分子标记辅助选择（Marker Assisted Selection，MAS）结合常规育种技术，可以加快水稻耐盐品种培育的进程，获得能够在大田生产中利用的耐盐品种。近些年，随着水稻功能基因组研究的不断深入和水稻重测序技术的快速发展，人们检测到一大批控制水稻各耐盐指标的 QTL，并克隆和鉴定了一些耐盐碱相关性基因，众多耐盐基因 /QTL 的定位和克隆推动了水稻耐盐性分子标记辅助选择育种工作的快速进行，现已有一批耐盐品种育成并推广应用（井文，2017）。

世界范围内的水稻耐盐品种培育已有 70 多年的历史，传统育种方法，如地方品种的引进和选择、系谱法、改良混合系谱法、诱变和穿梭育种等方法在印度、菲律宾等地区大量开展，培育出了 CSR1、CSR10、CSR27、IR2151、Pobbeli、PSBRc84、PSBRc48、PSBRc50、PSBRc86、PSBRc88 和 NSIC106 等耐盐水稻品种。总体上来说，水稻耐盐品种选育成功率较低，进展缓慢。其可能原因主要有：缺乏对耐盐性复杂遗传基础的了解，缺乏足够的抗性资源，盐害地区具有复杂性和多样性，缺乏精确可靠的筛选技术，缺乏足够的研究经费支持。

随着分子标记技术的快速发展，分子标记辅助选择育种技术在作物育种过程中得到广泛引用，为加速水稻耐盐遗传改良提供了新途径。分子标记辅助选择育种可以在早代对目标性状进行准确选择，加速育种进程；可以同时聚合多个有利基因，提高育种效率；还可以显著减轻回交育种进程中普遍存在的连锁累赘现象，利于优良基因的有效导入。在耐盐、耐旱和抗病等抗逆性育种中，表型鉴定较为困难，而且早代表型鉴定可能会导致一些植株死亡或种子绝收，丧失许多综合性状表现优异的个体。利用 MAS 技术进行抗逆性育种，可以在早代对目标 QTL 或基因进行前景选择，延迟对目标性状的表型鉴定，有利于在育种初期积累较大的育种群体，加速优良品种的选育进程。

分子标记辅助选择育种技术的有效性和可靠程度取决于目标性状基因座位与标记座位之间的重组率，与目标 QTL 紧密连锁的分子标记的鉴定是分子标记辅助选择育种顺利实施的前提条件。众多水稻耐盐 QTL 和连锁标记的鉴定为利用分子标记辅助选择育种技术培育水稻耐盐品种奠定了基础，但是，由于大多数 QTL 尚未被精细定位，缺乏紧密连锁的分子标记，很难被应用于分子标记辅助选择育种实践。目前，在分子标记辅助选择育种中被广泛应用的水稻耐盐 QTL 主要是位于第 1 染色体上的 *Saltol*，其大致过程为：将 *Saltol* 供体亲本与受体亲本杂交；进行 3 次回交，在每个回交世代，利用 *Saltol* 紧密连锁标记进行前景选择，利用其他标记进行背景选择；最后，筛选出 *Saltol* 供体等位基因被固定且耐盐性增强的重组个体。在这些标记辅助回交育种实践中，常会结合表型选择，加速背景恢复；还常用逐步转育、同时转育、同时逐步转育的方法进行 QTL 聚合。此外，在水稻第 8 染色体上还存在另外一个耐盐性相关 QTL——*qSSISFH8. 1*。*qSSISFH8. 1* 是 Pandit 等利用 CSR27 × MI48 杂交组合的 RIL 群体进行生殖生长期耐盐 QTL 定位时，鉴定到的一个控制小穗育性胁迫敏感指数的 QTL。该位点位于水稻第 8 染色体上 SSR 标记 *HvSSR08-25* 和 *RM3395* 之间，表型贡献率为 8. 00%，加性效应为 -0. 03，正向效应等位基因来源于盐敏感亲本 MI48。为了培育在幼苗期和生殖生长时期均表现耐盐的水稻品种，Singh 等在将 *Saltol* 不断转育到众多水稻品种中的同时，也正加紧进行 *qSSISFH8. 1* 和 *Saltol* 的聚合育种（井文，2017）。

在世界范围内的水稻耐盐性遗传改良中，分子标记辅助选择育种已显示出巨大的应用价值和潜力，越来越受到育种家的青睐。但是，已有工作大多是围绕 *Saltol* 的一个耐盐 QTL 的转育开展的，这使得育成的品种耐盐性遗传基础单一，难以适应不同类型的盐渍地环境，大面积推广受到限制。精细定位更多耐盐 QTL、开发相关紧密连锁分子标记，并同时考虑将控制不同生育期耐盐性的 QTL 进行分子标记辅助选择聚合育种，是今后水稻耐盐遗传改良工作的重点。另一方面，与菲律宾、印度等国家相比，中国的水稻耐盐性遗传改良工作还比较落后，尤其是耐盐性分子标记辅助选择育种工作才刚刚起步。最近启动的国家科技支撑计划“耐盐水稻新品种选育及配套栽培技术研究”项目，可能会加速该方面研究的进行。

水稻耐盐生理与生化研究在不断深入，从细胞、组织到整个植株耐盐机理的阐明有更多的问题正在或需要探究。水稻耐盐种质的创新途径也在不断丰富，将耐盐基因聚合到优良的水稻品种中绝非易事，这需要将基因工程、细胞工程和常规杂交相结合，多家科研单位密切合作，集体攻关，这也有利于充分利用资源，加速科研进程。耐盐基因的发掘与筛选不能只限于水稻，也要加深对其他作物耐盐基因的研究与应用，通过转基因、分子标记辅助选择等技术手段培育出耐盐性极强，具有大田生产应用的水稻新品种，进一步扩大水稻的可种植面积，缓解全球的粮食危机。

第二节　耐盐碱水稻的推广价值

据统计，全球大约有 318 亿 hm^2 土地存在不同程度盐渍化，约占可耕地面积 10%。我国约有 2 000 万 hm^2 盐碱地和 700 万 hm^2 的盐化土地，主要分布在北方和沿海地区。盐碱地是宝贵的资源，在我国土地资源极度紧张、生态环境建设急需增强的背景下，盐碱地资源的开发和可持续利用具有非常重要的意义。

土壤盐碱化（盐化、碱化、盐碱化）是盐碱稻作区水稻高产稳产和种植面积进一步扩大的主要限制因素。我国盐碱稻作区面积约占水稻栽培总面积的 20%，为了最大限度地发挥和利用这一部分土地资源，挖掘水稻品种本身的抗盐碱或耐盐碱的种质资源的研究工作越来越受到世界各国的重视。近年来，在水稻耐盐碱生理生化、耐盐碱遗传作用机理、耐盐碱品种选育、盐碱土壤改良和生产栽培措施调控等方面取得了可喜成果，并使稻作区的土壤得到改良，农田生态系统大大改善，土壤生产潜力获得不断发挥，水稻单位面积产量明显提高。

但在人类不断开发和大面积利用土地的同时，土壤次生盐渍化也在不断发展，土壤盐碱化面积在逐年扩大，并且导致盐碱地区的生态环境恶化，给粮食生产带来严重威胁，制约当地人民生活水平的提高。而靠土壤改良、洗盐压碱、种子处理等生产措施已不能满足日益扩大盐碱面积的生产要求，大力提高水稻品种的耐盐碱性是推动盐碱稻作区水稻生产稳定发展的最有效的措施之一。而目前耐盐碱水稻育种没有重大突破的重要原因之一是当前所利用的耐盐碱亲本源比较缺乏，遗传背景较狭窄（李景岭，2017）。尽快鉴定和筛选具有重要利用价值的耐盐碱种质资源至关重要。在全世界丰富的稻种资源中，如何迅速而准确地将耐盐碱性强、农艺性状优良、产量高的水稻种质材料鉴定筛选出来，将关系着这些数量大而种类又丰富的稻种资源能否有效利用和潜力优势的发挥。水稻种质资源耐盐碱性鉴定与评价方法则是这项研究中首先要解决的技术问题，同时也是选育耐盐碱品种，开展其他相关基础理论研究的重要保证。

同时，盐碱地是一种独具特色的重要生态类型，也是宝贵的土地资源。近年来，随着人类对农田的不合理开发利用（如不适宜的灌溉、施肥），土壤次生盐渍化面积在逐年扩大，据 FAO 和 UNESCO 估计，半数灌溉土地或多或少受盐化或渍涝影响，我国每年约有近百万公顷土地因土壤的次生盐渍化而荒废，根据王遵亲等编制的“中国盐渍土资源分布”，我国目前尚有潜在或已经发生的次生盐渍土 1 733 万 hm^2。仅新疆地区，在现有的 443 万 hm^2 耕地中，120 万 hm^2 由于缺水和盐渍化而弃耕，在已利用的 323 万 hm^2 耕地中，次生盐渍化面积 100 万 hm^2。我国盐碱地面积大、分布范围广，如何科学合理、可持续地开发利用对国家生态环境建设和后备耕地资源拓展具有重要意义。因此，盐碱地土壤改良以及耐盐碱水稻新品种选育仍是农业科研工作者的首要任务。示范推广耐盐碱水稻品种，是促进水稻增产、农民增收最有效的措施之一。为正确评价不同水稻品种（品系）的耐盐能力，通过对水稻品种（品系）耐盐碱差异性的研究，筛选适宜滨海盐碱稻区水稻生产的耐盐品种。

粮食是人类生存与发展的最基本的物质条件。当前，世界人口迅速膨胀，耕地逐年减少，质量不断下降，自然灾害频发，粮食产量的增长日趋缓慢。据联合国人口基金会“世界人口日”报告，2017 年世界人口约 75 亿，据预测到 2050 年将达 95 亿，到 2080 年世界人口将达顶峰，达到 106 亿，此后将逐渐下降，21 世纪末降至 103.5 亿。而据联合国教科文组织（UNESCO）和粮农组织（FAO）不完全统计，全世界土地面积为 18.29 亿 hm^2，人均耕地 0.26 hm^2。2017 年 1 月，《中共中央、国务院关于加强耕地保护和改进占补平衡的意见》指出，到 2020 年全国耕地保有量要不少于 1.24 亿 hm^2，人均耕地大约 874 m^2，不到世界人均耕地面积的 1/2。此外，联合国粮农组织《2017 年全球粮食危机》指出，近年来面临严重粮食危机的人口已达 1.08 亿，涉及 30 余个国家。土壤盐碱化使得耕地面积缩减，也是导致粮食危机的原因之一。盐碱地在世界分布很广，遍及六大洲 30 多个国家，全球盐碱化土地总面积约 9.5 亿 hm^2，约占世界陆地总面积的 10%，且正以每年 100 万~150 万 hm^2 的速度增长（贾敬敦，2014）。水稻是世界上种植面积最大的粮食作物之一，也是中国第二大粮食作物，水稻种植地也面临着盐碱化问题日趋加剧、耕地面积日益减少的局面，且水稻也是一种对盐中度敏感的植物，在盐胁迫下生长受到抑制，往往表现为叶片枯死、分蘖减少、不抽穗、育性差和千粒重低等症状，严重的甚至植株死亡或完全绝收，从而在不同程度上影响了水稻的产量。因此，筛选和选育耐盐碱的水稻品种对盐碱地区的水稻生产十分重要。培育耐盐水稻品种是盐碱地粮食作物增产和对盐碱地改良的重要途径之一。

在盐碱地种稻的农业生产中，培育和推广耐盐碱的水稻品种是发展盐碱地水稻生产的最为经济有效的措施。而耐盐碱种质资源的鉴定和评价是培育耐盐碱地水稻品种重要的前提和保证。世界上大约有 20% 的灌溉土壤受到盐度的影响，且呈不断恶化的趋势。预计到 2050 年，50% 以上的耕地会发生盐碱化，严重威胁着土地利用率和作物产量。中国盐碱地尤其是内陆盐碱地多是盐化和碱化混合，成分复杂且程度各异，使人们很容易将盐碱混为一谈，统称其为盐碱地。实际上，土壤盐化与碱化分别以盐度、pH 升高为主要特点，并非两种相同的非生物胁迫。盐化和碱化常常同时发生，这种现象在很多地区普遍存在。最近数据统计显示，中国东北盐碱侵害的草地面积已达 70%，且仍在扩大。盐、碱对植物的危害程度从大到小依次是盐碱胁迫、碱胁迫、盐胁迫。盐碱胁迫会降低土壤渗透势、使离子失衡、打乱生理过程、抑制植物生长、降低作物的质量和产量。严重地区甚至会导致植物死亡。随着科学技术的进步，盐碱地在技术改良方面已经取得了很多成果，也是应该继续努力的方向。但是，还存在着很多地域、资源、成本等限制，因而，培育耐盐碱品种的植物，提高植物的耐盐碱能力是缓解盐碱地对植物影响的一个有效生物措施，同时还可以产生较好的生态和经济效益，促进农业的可持续发展。

土壤盐碱化问题在一定程度上对农业生产和生态环境起限制作用。今后一段时间，土壤改良仍是生产上首先要解决的问题，耐盐碱水稻新品种的选育也是迫切需要解决的任务，而且急需耐盐碱性更强的新品种。因此，有必要借助分子育种等高新技术快速定向培育耐盐碱水稻新品种。同时，苏打盐碱地肥力瘠薄，生产上应以“改良为前提，培肥为基础”，重视肥沃地力的培育，加强水肥管理，尽快建立健康肥沃的耕层，兼顾经济和生态效益，早日将寸草不生的盐碱地改造成高产粮田，真正实现经济效益和生态环境的可持续发展。

References

参考文献

[1] 陈受宜，朱立煌，洪建，等. 水稻抗盐突变体的分子生物学鉴定 [J]. 植物学报，1991，33(8)：569-573.

[2] 程广有，许文会，黄永秀. 植物耐盐碱性的研究（一）：水稻耐盐性与耐碱性相关分析 [J]. 吉林林学院学报，1996，12(4)：214-217.

[3] 顾兴友，梅曼彤，严小龙. 水稻耐盐性数量性状位点的初步检测 [J]. 中国水稻科学，2000，14(2)：65-70.

[4] 郭望模，应存山，李金珠，等. 水稻耐盐品种在新垦海涂上的适应性评价 [J]. 作物品种资源，1993，1(2)：19-20.

[5] 贾敬敦，张富. 依靠科技创新推进我国盐碱地资源可持续利用 [J]. 中国农业科技导报，2014，16(5)：1-7.

[6] 井文，章文华. 水稻耐盐基因定位与克隆及品种耐盐性分子标记辅助选择改良研究进展 [J]. 中国水稻科学，2017，31(2)：111-123.

[7] 李彬，王志春，孙志高，等. 中国盐碱地资源与可持续利用研究 [J]. 干旱地区农业研究，2005，23(2)：154-158.

[8] 李景岭，陈峰，崔太昌，等. 黄河三角洲高效生态经济区水稻种植现状与发展对策 [J]. 中国农业信息，2017，1(19)：36-38.

[9] 梁正伟，杨富，王志春，等. 盐碱胁迫对水稻主要生育性状的影响 [J]. 生态环境，2004，13(1)：43-46.

[10] 祁祖白，李宝健，杨文广，等. 水稻耐盐性遗传初步研究 [J]. 广东农业科学，1999，1(1)：18-19.

[11] 钱益亮，王辉，陈满元，等. 利用 BC：F 产量选择导入系定位水稻耐盐 QTL[J]. 分子植物育种，2009，7(2)：224-232.

[12] 孙明法，严国红，王爱民，等. 水稻耐盐育种研究进展 [J]. 大麦与谷类科学，2017，34(4)：1-9.

[13] 王根来，蒋荷，蒋国龙，等. 水稻种质资源耐盐性鉴定研究 [J]. 盐碱地利用，1991，1(1)：1-5.

[14] 徐建龙，离用明，傅彬英，等. 圆交导后代水稻种质有利基因的鉴定与筛选研究 [J]. 作物学报，2009，35(2)：301-308.

[15] 杨福，梁正伟. 关于吉林省西部盐碱地水稻发展的战略思考 [J]. 北方水稻，2007，1(6)：7-12.

[16] 杨福. 超高产耐盐碱优质水稻新品种东稻 4 号的选育及应用 [J]. 科技促进发展，2015，1(6)：780-783.

[17] 张家泉，彭建新，杨淑顺. 杂交水稻协优 46 耐盐能力的初步研究 [J]. 植物营养与肥料学报，1999，5(2)：183-185.

[18] 张瑞珍，邵玺文，童淑媛，等. 盐碱胁迫对水稻源库与产量的影响 [J]. 中国水稻科学，2006，20(1)：116-118.

[19] 赵国臣，齐春艳，侯立刚，等. 吉林省苏打盐碱地水稻生产历史进程与展望 [J]. 沈阳农业大学学报，2012，43(6)：673-680.

[20] 赵守仁，秦忠彬，张月平. 耐盐水稻 80-85 的选育及其栽培要点 [J]. 江苏农业科学，1985，1(3)：10-20.

[21] 左静红. 苏打盐碱胁迫对北方粳稻灌浆特性及穗部性状的影响 [D]. 北京：中国科学院大学，2013.

[22] KBAN M A，ABDULLAH Z. Salinity-Sodicity induced changes in reproductive physiology of rice underdense soil conditions[J]. Environmental and Experimental Botany，2003，49(2)：145-147.

[23] LEE C K，YOON Y H，SHIN J. Growth and yield of rice as affected by salinewater treatment at different growth stages[J]. Korean J Crop Sc，2002，47(6)：402-408.

附录 A

水稻芽期抗盐性筛选鉴定流程

盐碱地含有大量的盐碱物质，使得水稻秧苗成活率大大降低，也使得在盐碱地进行水稻栽培具有极大的难度。而采用水稻直播能够提升播种量，并以此为基础获得更为合适的基本苗，为水稻高产奠定坚实的根基；采用盐碱地水稻直播，能够确保水稻的高产稳产，尤其是对于大面积成规模的水稻种植而言，产量十分稳定，同时在优化管理之后能够全面提升产量。

因为盐碱的存在，水稻种子吸收水分的速度会受到抑制，发芽就会不整齐，个别水稻种子长出芽的难度极大，最终水稻种子会发霉致死。剩下的没有死掉的水稻种子表现对盐碱很敏感，水稻芽的尖部变得枯萎，呈黄色，在形态上呈卷曲状，最终植株仍会死亡。因此，发掘水稻芽期耐盐碱能力优异等位变异和携带优异等位的载体材料，可为培育适于盐碱地水稻品种提供遗传信息和育种材料。以下主要介绍温室水培进行水稻芽期抗盐性鉴定的方法。

一、所需试剂及设备

（一）设备

电导率仪、人工气候箱、烘箱、电子天平（0.001 g）、游标卡尺（0.001 mm）、干燥器、培养皿、玻璃瓶、烧杯、移液枪、纱布。

（二）试剂

分析纯 NaCl、乙蒜素乳油。

（三）溶液配制

不同浓度盐溶液配制：

0.3% NaCl 溶液：称取 3 g 分析纯 NaCl，溶解于 1 L 蒸馏水中，溶解后放置于 4℃冰箱中储存备用；

0.6% NaCl 溶液：称取 6 g 分析纯 NaCl，溶解于 1 L 蒸馏水中，溶解后放置于 4℃冰箱中储存备用；

0.8% NaCl 溶液：称取 8 g 分析纯 NaCl，溶解于 1 L 蒸馏水中，溶解后放置于 4℃冰箱中储存备用。（注意：使用时间为 2 周以内，如出现浑浊，弃之不用）

8% 乙蒜素溶液：将乙蒜素乳油稀释至 5 000～8 000 倍，室温储存备用。

二、芽期耐盐性鉴定

（一）种子处理

试验设置 3 次重复：

（1）随机挑选籽粒饱满的种子 200 粒，分成 4 份，每份 50 粒种子。

（2）将挑选的种子置于 50℃烘箱恒温处理 48 h，破除种子休眠。

（3）用乙蒜素溶液在室温条件下浸种杀菌 30 min，蒸馏水冲洗 3 次。

（4）浸种，4 份水稻种子分别用含盐量为 0、0.3%、0.6%、0.8% 的溶液浸泡 48 h，置于 25℃～28℃的环境中，每天固定时间用相应浓度的溶液冲洗 3 次。

（5）催芽，将处理过的种子用湿布包裹，放置于密封袋中，放置于 32℃恒温中暗光条件催芽 12 h。

（二）置床培养

将处理并清洗过的种子置于垫两层纱布的 4 个口径为 9 cm 的培养皿中，每个培养皿 50 粒种子。其中 3 个培养皿分别加入 0.3% 盐溶液、0.6% 盐溶液、0.8% 盐溶液 15 mL，盖好皿盖，放入 25℃～28℃恒温环境里培养，每天用各处理液洗涤 1 次，然后加入溶液 15 mL；1 个培养皿加入蒸馏水作为对照，同样加入 15 mL 蒸馏水，盖好皿盖，同样放入 25℃～28℃恒温环境里培养，每天蒸馏水洗涤 1 次，然后加入溶液 15 mL。注意每天观察，及时将培养皿中发霉的种子挑出。

（三）指标测定

发芽标准：以水稻种子的芽长等于种子长度的 1/2，根长等于种子长度。试验重复 3 次，以其平均值作为统计单元（表 A. 1）。

发芽数：处理 7 d，至第 8 天时，调查记载每个品种的种子发芽数。

胚根长：处理 7 d，至第 8 天时，用游标卡尺测量每个品种 10 个单株的胚根长，取平均值。

芽长：处理 7 d，至第 8 天时，用游标卡尺测量每个品种 10 个单株的芽长，取平均值。

表 A.1　鉴定时间进度表

天数 /d	1	2	3	4	5	6	7	8
操作	播种培养							调查发芽数，测量胚根长及芽长

三、芽期鉴定标准

以芽期综合盐害率作为水稻品种发芽耐盐性评价指标。

相对目标性状值 = 目标性状对照值 - 目标性状处理值

$$相对盐害率 = \frac{目标性状对照值-目标性状处理值}{目标性状对照值} \times 100\%$$

$$发芽数盐害率 = \frac{目标性状对照值-目标性状处理值}{目标性状对照值} \times 100\%$$

$$胚根长盐害率 = \frac{目标性状对照值-目标性状处理值}{目标性状对照值} \times 100\%$$

$$芽长盐害率 = \frac{目标性状对照值-目标性状处理值}{目标性状对照值} \times 100\%$$

芽期综合盐害率 =（发芽数盐害率 + 胚根长盐害率 + 芽长盐害率）/3

四、评价方法

以芽期综合伤害率作为水稻品种发芽耐盐性评价指标，将芽期耐盐性分 1～9 级评价。评价标准见表 A. 2。

表 A.2　芽期耐盐评价标准

级别	相对盐害率 /%	耐盐性
1	0.0 ~ 20.0	极强
3	20.1 ~ 40.0	强
5	40.1 ~ 60.0	中
7	60.1 ~ 80.0	弱
9	80.1 ~ 100.0	极弱

下篇

盐碱地稻作改良

第一章

盐碱地的形成与分布

第一节　我国盐碱地概况

土壤盐碱化是世界旱作农区突出的生态环境问题。据统计，盐碱地资源遍及 100 多个国家，总面积达 9.53 亿 hm^2。其中，我国盐碱地面积为 9 913 万 hm^2，呈现局部治理、整体恶化、面积增加的趋势，严重影响着区域经济发展和生态恢复。我国盐碱地从分布看，大致分为滨海盐土与滩涂、黄淮海平原盐渍土、东北松嫩平原盐渍土、半漠境内陆盐碱土和青新极端干旱漠境盐土五大区域。

我国的土地资源问题尤为突出。2013 年国土资源公报数据显示，2010—2012 年全国因建设占用、灾毁、生态退耕等原因减少耕地面积 123.78 万 hm^2，通过土地整治、农业结构调整等增加耕地面积 101.40 万 hm^2，净减少耕地面积达到 22.38 hm^2。随着我国人口的不断增长和工业化、城镇化的快速发展，建设用地扩张与耕地保护的矛盾日益突出，人们需要不断开发新的土地资源，以确保耕地安全、粮食安全和生态安全。

盐碱地是我国重要土地资源的一部分，尤其是在北方地区荒地资源中，盐碱地占有很大比例，且中、低产地的改造几乎都涉及盐碱地的改良。在我国农业持续发展的 21 世纪，盐碱地的持续改良和利用仍是一个重要问题。

一、我国盐渍土的分布及特征

根据农业部组织的第二次全国土壤普查资料统计，我国盐渍土面积为 3 466.67 万 hm^2（不包括滨海滩涂）。其中，盐土 1 600 万 hm^2，碱土 86.66 万 hm^2，各类盐化、碱化土壤近 1 800 万 hm^2。在 3 466.67 万 hm^2 盐渍土中，已开垦种植的有 666.67 万 hm^2 左右。据估计，我国尚有 1 733.33 万 hm^2 潜在的盐渍化土壤，这类土壤若灌溉和耕作等措施不当，极易发生次生盐渍化。

我国盐渍土面积之大、分布之广，世界罕见。从太平洋沿岸的东海之滨至西陲的塔里木盆地、准噶尔盆地，南从海南岛到最北的内蒙古呼伦贝尔高原，从海拔 152 m 的艾丁湖畔到海拔 4 500 m 的西藏羌塘高原，都有盐渍土分布。由于盐渍土分布地区生物气候等环境因素的差异，各地盐渍土面积、盐化程度和盐分组成有明显不同。

1. 滨海盐土与滩涂

我国有长约 3 000 km 的海岸线，估计在 15 m 等深线内的浅海与滩涂有 1 400 万 hm^2。长江口以北的江苏、山东、河北、辽宁诸省滨海盐土面积达 100 万 hm^2，滩涂面积则难以估计。江苏省有关资料报道，该省有滩涂 65.33 万 hm^2，且黄河河口滩涂还在不断地向浅海推进。仅十几年来，黄河河口滩涂年平均推进速度为 2.77 km，年平均造陆面积为 46.33 km^2，即年增 4 633 hm^2 土地。滨海盐土的特征是整体盐分含量高，盐分组成以氯化物为主。

长江口以南浙江、福建、广东、广西、海南等省区的滨海盐土，面积小，分布零星，但也有逐年增加的趋势。这些滨海盐土地处热带、亚热带，年降雨量大，土壤的淋洗作用强烈，滩地受海潮浸渍而形成滨海盐土，通过雨水淋盐逐渐淡化为盐渍化土壤，1 m^3 土体的平均含盐量小于 0.6%，并且受红树林生物群落的影响而形成酸性硫酸盐盐土，盐分组成以硫酸盐为主，土壤呈微酸性或酸性。浙江沿海分布着微碱性滨海盐土，pH 在 7.5 左右，盐分组成以氯化物为主。

2. 黄淮海平原盐渍土

根据 20 世纪 80 年代初期的遥感卫星资料测算，黄淮海平原内陆地区有盐渍土 133.33 万 hm^2 左右。经过近 3 个五年计划农业开发的投入，对盐碱地的不断改良，盐渍土面积大大缩小。这里的盐渍土多呈斑块状分布在耕地中，盐分的表聚性强，仅在地表形成 1~2 cm 厚的盐结壳，含盐量在 1% 以上，盐结壳以下土层盐分含量为 0.2%~0.3%。

3. 东北松嫩平原盐渍土

据辽宁、吉林、黑龙江三省统计，共有盐土和碱土 319.7 万 hm^2，有近 44% 的面积

（即 140 多万公顷）已被开垦利用。松嫩平原的盐渍土大多属苏打碱化型，土地总含盐量不高，但含有碳酸钠、碳酸氢钠，土壤 pH 较高，对植物的毒性大，出现不少斑状的光板地。这里的盐土、碱土有机质含量高，土壤质地黏重，保水保肥性能好，一旦开垦利用，作物产量较高。

4. 半漠境内陆盐碱土

该区域包括内蒙古河套灌区、宁夏银川平原、甘肃河西走廊、新疆准噶尔盆地。盐渍土呈连片分布，盐土面积大，有数百万公顷。盐土含盐量高，积盐层厚，盐分组成复杂，有氯化物硫酸盐盐土，也有硫酸盐氯化物盐土。甘肃河西走廊的盐土有大量的石膏和硫酸镁累积，而宁夏银川平原则有大面积的龟裂碱化土。

5. 青新极端干旱漠境盐土

该区域包括新疆塔里木盆地、吐鲁番盆地和青海柴达木盆地，盐土总面积几百万公顷，呈大片分布，面积之大，世界少有，且土壤含盐量高，地表往往形成厚且硬的盐结壳，整个剖面含盐量都很高。

二、盐渍土综合改良的经验

我国盐渍土的改良利用取得了举世瞩目的成就，得到了国际同行的赞誉。通过广泛实践，总结出了“因地制宜、综合治理”“水利工程措施与农业生物措施相结合”“排除盐分与提高土壤肥力相结合”“利用与改良相结合”等一系列盐渍土改良原则。采取因地制宜、综合治理的原则，将盐渍土的改良与利用纳入区域治理的总体规划之中；将改土和治水有机联系起来，应用盐渍土形成的基本原理和土壤水盐动态的调控，来考虑盐渍地区水利灌溉工程的建设与配套。在这一基础上采用农业生物措施，既改良利用盐渍化土壤，又达到生态平衡，改善生态环境。科学配置农、林、牧、副、渔业，建立起多种经营生产体系，促进农业向高产、高效、优质方向发展。各盐渍地区都有一批盐碱地改良成功的范例，如黄淮海平原盐渍土的综合治理。

三、盐渍土的可持续利用途径

盐渍土大多分布在平原地区，地形平坦、土层深厚，适宜机械耕作，又有一定的灌溉条件，改良利用盐渍土可以更好地促进农业可持续发展。

对于改良后的盐渍化耕地，要进一步改善农业生产条件，防止土壤再次返盐，要因地制宜，合理布局农、林、牧、副、渔业和调整农村产业结构。农民致富主要靠投资少、技术简单，易于掌握的种植业、养殖业和副业，可提供大量有机肥料，培肥地力，提高作物产量，减少农田污染，防止土地退化。盐渍荒地的开垦利用，应该考虑当地经济发展的需要，纳入地区开发的总体规划。

1. 滨海地区

滨海地区是指我国东部沿海经济发达地区，耕地被占用问题相当严重。据有关部门统计，自改革开放以来，珠江三角洲已减少 26.67 多万 hm^2 优质耕地。例如，江苏省每年被占用的耕地约 1.33 万 hm^2。同时，这个地区每年有强热带风暴侵袭，会造成巨大的经济损失。所以，滨海地区首先要考虑引种耐盐或盐生的木本和草本植物，保护环境。

长江口以南的广东、福建省沿海，水、热资源丰富，滨海盐土与滩涂可以种水稻。为了兼顾经济效益，也可以种植部分特种经济作物，如甘蔗、莲藕、葡萄等耐盐作物，还可发展水产养殖（如牡蛎、对虾、珍珠）。近年来，滨海地区旅游业的兴起为经济增长注入了新活力。

长江口以北的地区，水、热资源次于南方诸省（市、区），除了种植粮食、棉花外，利用土地资源多的优势，可以种草养畜或养殖特种珍稀动物，也可利用滩涂养殖对虾、鳗鱼等，满足城市需要，还可以发展制盐工业。

2. 东北、西北盐渍区

要根据该地区的生态特征考虑当地盐渍土的可持续利用。松嫩平原盐渍区水资源相对丰富，同时昼夜温差大、光照时间长，有利于农作物蛋白质和糖分的积累。东北大米的品质优于南方，利用这一优势，盐渍土可开发种水稻，也可以种植良种玉米和高粱，发挥国家商品粮基地的作用。该地区还可种草养畜，提供市场需要的肉类与乳制品。

3. 西北荒漠、半荒漠地区

该地区水资源有限、土壤含盐量高，只能种植水稻，或利用长日照、昼夜温差大的气候优势种植棉花（新疆是我国唯一的长绒棉基地）。该地区还可以种植甜菜，发展制糖工业，或种植哈密瓜和葡萄。新疆地多人少，可种草养畜，发展毛纺工业。

4. 盐渍荒地

盐渍荒地土壤含盐量高，不经过改良通常无法开垦利用。一般都采用先种稻的方式，待稻田水淋盐、土壤脱盐到一定程度，再改种其他作物。

我国对植物抗盐性、抗盐植物种质资源的发掘和利用等研究得比较少，更没有形成规模生产。我国从美国、澳大利亚、哈萨克斯坦等国引进的一些耐盐牧草，尚在试种阶段。近年来，美国研发出好几种能在盐碱地上生长的经济植物，如尾穗苋（俗称籽粒苋），叶可作蔬菜，种子作粮食，可制成膨化食品。我国曾引进试种，未见在盐碱地区推广。中国的乌桕是一种耐盐的油料植物，美国引去后，现已成为重要的油料植物。几年前，沙特阿拉伯在其东北沙漠海岸成功地种植海蓬子，它含有比大豆更多更好的食用油，沙特阿拉伯政府已将海蓬子种植列为第六个发展计划（1995—2000 年）的首位。我国滨海地区同样有很多野生海蓬子，却尚未进行有效开发。南京大学引进了大米草，种植在江苏省滩涂地区。1995 年南京大学又从美国引进了盐生蔬菜——三角叶滨藜，它含有丰富的营养成分。据推算，每人每天食用 150 g，就可以达到世界卫生组织有关日营养需求中维生素 C 和维生素 A 含量的 40%。该蔬菜一月一茬，亩产量可达到 250 kg。江苏省盐城市大丰区已种植 80 亩三角叶滨藜，取得了良好的生态与经济效益。其实，我国各盐渍区生长着丰富的野生盐生和耐盐植物，如黄须菜、盐蒿、盐蓬、盐穗木、柽柳、骆驼刺等，有待开发利用。

在人口、粮食、土地矛盾日益加剧的今天，选择有耐盐基因和潜在经济价值的植物进行适应性种植，可大幅度提高盐碱土的利用价值，并改善盐碱土的生态环境。因此，盐碱土改良和利用会对盐渍地区农业可持续发展起到十分重要的作用。

第二节 盐碱地形成的自然条件与人为因素

我们通常把可溶性盐类物质含量 >2 g/kg，且影响作物正常发育的土壤称为盐土。碱土用碱化度来划分，是指代换性钠离子占可溶性阳离子的比例（用 ESP 表示，单位为“%”）>20%、pH>8 的土壤。通常盐土和碱土是混合存在的，所以统称为盐碱土。

盐碱土的形成，实质是可溶性盐类在土壤中发生重新分布，盐分在土壤表层积累超过了正常值。影响土壤盐分积累的原因主要有自然条件和人为因素，自然条件包括气候、地形、水文活动和植被因素等，人为因素是次生盐碱土形成的原因。目前，世界上次生盐碱化的土壤面积还在不断增大，主要原因有气候变暖、海平面不断上升、淡水资源的日益缺乏、环境污染的加剧、化肥不合理的施用和不合理的灌溉等。

我国盐碱土都是在一定的自然条件下形成的，主要是易溶性盐类成分在地面做水平方向与垂直方向的重新分配，在集盐地区的土壤表层逐渐积聚起来。盐碱土形成的主要因素有气候条件、地理条件、土壤质地和地下水、河流和海水的影响，以及耕作管理的不当等，根本原因在于地下水的状况不良。

一、自然条件

1. 气候条件

气候条件是影响盐碱土形成的重要因素。我国盐碱地大多分布于北温带半湿润大陆季风性气候区，降水量小，蒸发量大，溶解在水中的盐分容易在土壤表层积聚。如我国吉林西部平原，在强烈的季风影响下，年降水量 400 ~ 500 mm，而年蒸发量高达 1 206 mm，年蒸发量是年降雨量的 3 倍以上，而在春季蒸发量为降水量的 8 ~ 9 倍。新疆地区因蒸发量大，决定了土壤盐分上升水流起绝对作用，在自然条件下土壤的淋溶和脱盐作用十分微弱，土壤中可溶性盐借助毛细管上行积聚于表层，形成大面积的盐碱土。松嫩平原属中温带半湿润气候向半干旱气候过渡区，为典型大陆性气候。由于受长白山的阻隔作用，大陆性季风气候特征明显：春秋多风少雨，蒸发强烈；夏季温暖多雨，雨热同季；冬季严寒少雪，土壤冻结时间较长。松嫩平原年降水量 370 ~ 570 mm，由东南向西北逐渐减少，平均每百千米降水量减少 30 mm 左右。

2. 地形和地貌

地形和地貌影响自然降水的再分配，进而影响土壤的微域性分布。地形高低对盐碱土的形成影响很大，多为波状起伏的漫岗，地形比较开阔，坡度比较小，在洼地及其边缘的坡地分布有较多的盐碱地。从小地形看，在低平地区的局部高起处，由于蒸发快，盐分可由低处移至高处，积盐较重。还有一些地势低，没有排水出路，而该地区又比较干旱，由于毛细作用散开到地表蒸发后，便留下盐分，日积月累，形成盐碱土。

3. 水文条件

土壤中的盐分运动的媒介是水，“盐随水来，盐随水去”是盐碱土盐分运移的重要规律。因此，水文条件是盐碱土形成和发展的重要因素。

我国的松花江、嫩江、乌苏里江地区夏季降雨集中，地表水不能通过河道或地下径流及时排出，而停留在地势较低的洼地中，水分蒸发，盐类积累下来，土壤逐渐盐碱化。地下水埋深和矿化度是决定土壤盐碱化的主要条件。地下水埋深越浅，蒸发强度越强，上升至地面的矿化地下水就越多。同样，在埋深一定的情况下，地下水矿化度越高，表层土壤积盐就越强烈。B. A. 科夫达在论证地下水与土壤盐碱化的关系时指出，在土地盐碱化过程中，地下水的移动、埋深和平衡最为重要。

4. 成土母质

母质的组成和性质会直接影响土壤的性质，二者具有明显的“血缘”关系。母质对盐渍土形成的影响：一是母质本身含盐，形成古盐土、含盐地层、盐岩或盐层，在极端干旱的条件下盐分得以残留下来，成为残积盐土；二是含盐母质为滨海或盐湖的新沉积物，上升为陆地，而使土壤含盐。

5. 自然植被

植被是土壤形成的重要生物因素之一，也是主导土壤肥力形成的重要因素。植被的类型、覆盖度及生物量等既受土壤立地条件和性质的制约，反过来又影响土壤的成土过程及其发展方向，特别是盐碱土的形成和发展与植被类型密切相关。盐碱地的植被类型分布，受微地形的影响很大。由于地形变化会导致土壤水盐状况不同，因此，不同地形往往分布着截然不同的植物群落。在地势较低的草甸盐土碱斑上，主要分布着“碱蓬-碱蒿群落”。一般在碱斑外圈生长碱蒿，内圈为碱蓬。有时还有西伯利亚蓼、少量扫帚草等，在局部低洼湿润或稍有积水的碱斑部位，有时以星星草为主。临近湖泊沿岸的碱斑上生长盐生植被，主要有碱蓬、西伯利亚蓼、碱蒿等。在地势平坦的草甸碱土和盐碱化草甸土上，主要分布着“羊草群落”或“羊草 + 杂草群落”，随着土壤水分的增多，芦苇逐渐增多，有时形成由羊草草原向芦苇沼泽过渡的植被。在碱斑暴露在地表的白盖苏打草甸碱土——“明碱斑”上，往往呈现出寸草不生、土表裸露的景象。

二、人为因素

1. 不合理的灌溉

如果灌溉方式和用水量适当，则不会对土壤地下水位产生影响，只是补足土壤饱和含水量。但是，大部分地区一般采用大水漫灌，只灌不排。如同发生洪涝，地下水位长期过高，地下潜水持续蒸发，盐分不断积聚，最终导致了土壤的盐碱化。

2. 植被的破坏

非法砍伐、过度放牧、修路、露天开矿、轮荒耕耘、河流改道等不合理的土地利用，使沉积砂层被冲刷变薄，原始植被遭到破坏，在植被破坏的土壤上种植农作物，水分蒸腾量降低，地下水位上升；其次，由于人口急剧增长，工业迅猛发展，固体废物不断向土壤表面堆放和倾倒，有害废水不断向土壤中渗透，从而导致土壤盐碱化；最后，土壤板块遭到反复踩踏，使土壤表面坚实、孔隙度减少、容量增加，对土壤通气性、渗透性和蓄水能力带来不良影响，使土壤 pH、含盐量增高，导致大面积盐碱地出现次生盐渍化。

3. 建造水库

在国内大部分地区，特别是西北地区由于干旱缺水，修建了较多的蓄水水库。修建水库使局部环境得到改善，但直接造成部分地区地下水位抬升，使地下水易借助土壤毛细管上升到地表积盐，而且河流搬运来的大量碎屑物和可溶性盐类积累，故造成了大量土壤盐碱化。

4. 农业技术措施

良好的农业技术措施往往可减少土壤水分的蒸发消耗，减轻或避免作物的盐害或土壤盐渍化。例如，修建配套的沟台田、防冲沟，高沟垄耕作，能降低地下水位；中耕松土，能切断土壤毛细管；植树造林，能减少土表水分蒸发。深耕，增施有机肥，改良土壤结构性，都能加速土壤脱盐过程；灌水种稻，能加速表层土脱盐，而且种稻后能使地下水淡化，减轻返盐。稻田只有在排水和收割时，才能返盐。种稻过程中，只有灌溉水的盐分才是稻田表层盐分增加的主要来源，所以灌溉水的水质极为重要。

粗放的农业技术措施，如有灌无排，中耕松土不及时，乱耕乱作，缺苗断垄和作物生长不良，使裸露地面积扩大时，促进了土壤盐渍化。

5. 过量施肥

过量使用硝态氮肥和硫酸钾肥，NO_3^- 和 SO_4^{2-} 除作物吸收外，部分进入地下水，进而导致了土壤盐渍化的发生。

第三节　盐碱地的分布

一、盐碱地的分布规律

盐碱地，是指盐类积集，土壤所含盐分影响到作物正常生长的土地。我国碱土和碱化土壤的形成，大部分与土壤中碳酸盐的积累有关，因而碱化度普遍较高，严重的盐碱土壤地区植物几乎不能生存。

盐碱化土壤的分布与地形地貌有直接关系。世界盐碱土分布广泛，不仅存在于荒漠、半荒漠地区，而且在肥沃的河流、沿海地区，以及冲积平原、灌溉区域也有所分布，总面积 9.53 亿 hm^2（表 1-1），并且每年以 100 万 ~ 150 万 hm^2 的速度增加。我国盐碱土总面积为 9 913 万 hm^2，主要分布在东北平原，西北干旱、半干旱地区，黄淮海平原及东部沿海地区。其中，西北干旱、半干旱地区是我国最大的盐碱土分布区，总面积 1 300 万 hm^2，主要包括青海、新疆、内蒙古西部和甘肃河西走廊地区；其次为滨海盐碱土区，面积 800 万 hm^2，主要分布在黄海、渤海和东海的滨海沿线。

表 1-1　世界盐碱土分布情况

地区	面积 / 万 hm^2	比例 / %
北美洲	1 575.5	1.65
墨西哥和中美洲	196.5	0.21
南美洲	12 916.3	13.53
非洲	8 053.8	8.43

续表

地区	面积 / 万 hm^2	比例 / %
南亚	8 760.8	9.18
亚洲中北部	21 168.6	22.17
东南亚	1 998.3	2.09
澳大利亚及周边	35 733.0	37.42
欧洲	5 080.4	5.32
合计	95 330.2	100.0

苏打盐渍土多分布在河流冲积平原漫滩地、低阶地、排水不畅的低洼地、湖畔周围微倾斜平地和干涸湖泡洼地。苏打盐渍土空间分布多呈斑块状，并与其他水成和半水成土壤形成复合区。苏打盐渍土积盐的轻重程度，反映在地域空间位置上，具有同心圆分布规律，即在湖畔周围微倾斜平地、干涸湖泡洼地、沙丘间蝶形洼地、远离河流的低平地和积盐较重的区域，盐渍强度依次为盐碱土、重度（强）盐碱化土、中度（中）盐碱化土、轻度（弱）盐碱化土、非盐碱化土。

二、盐碱地的分布特征

盐碱土与其他土壤一样，是一个独立的历史自然体，有与之相适应的空间位置。虽然盐碱土在土壤分类系统中归为隐域性土壤，但生物气候的地带性对其类型特征的影响相当显著。由于地带性水热条件、物质移动和积累强度的影响，尤其是生物积累的强度（土壤有机物质含量）严重影响到土壤形成过程与土壤属性。生物气候带内碱土形成过程相一致时，又存在某些地带性差异。地形地貌、母质以及水文地质变化，同样影响碱化土壤分布。人类生产活动，无论是灌溉排水，还是施肥和耕作管理，都使碱化土壤分布趋于复杂化。

1. 温度因素

众所周知，盐碱土的形成，与土壤母质风化所产生的可溶性盐类迁移、累积和淋溶密切相关。“盐随水来、盐随水去”形象描绘了盐分移动与水分的关系。因此，盐分、水分是盐碱土形成的两个关键因素，而土壤中盐分、水分的来源、数量与生物气候有密切关系。在自然条件下，土壤的水分含量在很大程度上取决于自然降水与蒸发。除滨海受海潮影响以外，世界各大陆盐分的累积主要是在干旱、半干旱以及荒漠地区。

土壤盐分以土壤水分为载体（即溶解于水而成为溶液），随水分做横向运行，受温度的强烈影响。北方地区气候寒冷，10 月开始土壤先后冻结，至翌年 4—5 月解冻。土壤冻结的时间长，冻结深度 1 m 多，土壤水分运行有特殊规律，因而土壤盐分运动不完全相同。同时，温度也影响盐分溶解度，土壤中可溶盐类随温度变化而溶解或结晶。雨季淋盐，高温多雨季节盐类溶解度增加，溶解于水而往下淋溶。在冬季，由于蒸发浓缩、温度下降，溶解度降低，盐分便从溶液中结晶析出。土壤处于较低温时，与碱土、碱化土壤形成密切相关的碳酸钠纯盐（非混合物），水的溶解度降低，当温度上升时溶解度增加，最高时溶解度可提高 4 倍。因此，温度条件造成碳酸钠在土壤溶液中移动和积累，可促进土壤碱化过程。

2. 地形地质条件

不同地形的水文地质特征和土壤水分类型不同，从而影响土壤形成过程，决定土壤分布规律和土壤组合特点。因此，地形地质条件是改良利用土壤所必须考虑的因素。由于盐碱地多分布在河湖阶地、现代或古代的冲积平原、山前平原和洼地，所以成土母质多半为洪积物或古代河流冲积物和湖积物等。成土母质对碱化过程的影响有：一是提供土壤碱化过程所必需的钠离子。尽管有些成土母质含可溶性盐并不多，且以钙、镁盐类为主，但当它们在土壤中移动积累时，钙、镁、碳酸盐会先沉淀，致使钠盐在土壤中相对累积。不少成土母质（如黄土）含有碳酸钠和碳酸氢钠，因而直接影响土壤碱化过程。二是成土母质组成方式的差异会影响土壤水盐运行，尤其是河流冲积物所形成的砂黏间层。沙壤、轻壤毛细管性能良好，水分上下运行通畅，会增加盐分在土壤中的运动，促进土壤盐碱化。

第二章

盐碱地的开发与利用

我国土地面积广阔，地势复杂多样，且横跨多个气候带，由于地形、气候及人类活动等因素的影响，因而有大面积的盐碱地存在。盐碱土是在气候干旱、蒸发强烈、地势低洼、含盐地下水水位高等环境条件下，使土壤表层或土体中积聚过多的可溶性盐类而形成的。盐土一般呈碱性反应（部分滨海酸性硫酸盐盐土有酸化现象），盐基呈饱和状态，一般腐殖质含量较低，典型盐土剖面地表有白色或灰白色盐结壳、盐霜。

在人类农业活动的影响下，次生盐碱化土地面积在不断增多。据统计，目前我国的盐碱地面积共约 9 913.3 万 hm^2，其中，现代盐渍化土壤约 3 700 万 hm^2，残余盐渍化土壤约 4 500 万 hm^2，潜在盐渍化土壤约 1 700 万 hm^2。由于受气候和水资源条件，以及科学技术开发能力的限制，很多盐渍土尤其是现代盐渍土和残余盐渍土不能得到有效利用。在人口基数庞大、全国耕地面积不断缩减的情况下，合理利用盐碱土发展农业，是保障国家粮食安全、提高土地利用率的有效方式。

第一节　盐碱地合理利用原则

脆弱的生态环境，不良的气候、地质、地貌和水文等自然条件，是目前盐碱化地区的主要特征。学者们总结出一套盐碱地合理利用原则，现总结如下：

一、统一规划，因地制宜

中国盐碱地面积大、分布范围广、类型多样，盐碱化程度不一。同时，盐碱地所在地区气候、水资源等各种自然条件和社会经济条件也不相同，因此，对于盐碱地资源的利用应该因地制宜，综合考虑土壤、植物、水利等条件，种植业、畜牧业和水产养殖业等有机结合，努力拓展盐碱地开发利用途径，实现综合利用。

盐碱化土壤成因复杂多变，受到自然因素和人为因素的多重影响。东部滨海地区盐碱地主要由海水作用所致；华北平原多是由于水资源调控不当，过量灌溉造成的次生盐碱化土壤；东北西部地区及西北内陆干旱地区除自然因素外，人类滥垦、过度放牧造成草地盐碱化，不合理灌溉导致大面积土壤次生盐碱化。东部沿海经济较为发达，盐碱地资源宜精细经营，可发展农林牧业、水产养殖、特种种植业（果蔬、花卉）、制盐业及观光旅游业等；华北平原盐碱化土地在优化水资源调控，改进农田水利工程条件下，可用来发展经济作物种植，盐碱洼地则可发展水产养殖；东北西部盐碱化土地应以生态恢复为主，塔里木盆地、吐鲁番盆地等极端干旱区荒漠化土壤盐分含量丰富，可用来进行制盐、化肥等生产。从土壤盐碱化程度看，重度盐碱化土壤应以保护为主，可引入耐盐碱植被进行生态恢复；中轻度盐碱化土壤则可适量开发利用。

盐碱地蕴含较为丰富的自然资源，条件具备的地区完全可以进行产业化开发利用。盐渍土和盐碱湖沼中生长着大量盐生植物，这些植物具有多种工业用途，可以发展产业化生产；在盐碱湿地与沼泽发展渔业生产，在一些地区已初具规模。此外，我国滨海、内陆有些盐碱土盐分（碱分）含量较高，并含有较多微量元素，一旦经济和科技条件具备，完全可以利用盐碱土为原料，发展制盐（碱）、化肥以及提炼化学原料等工业生产，这可以从根本上治理土壤盐碱化，改善生态环境。

二、以防为主，防治结合

因人类的不合理灌溉，促使地下水中的盐分沿土壤毛细管孔隙上升并在地表积累，引起土壤次生盐渍化。预防要从控制灌溉定额入手，防止渗漏水产生，减少径流携盐量，抑制地下水位继续升高，结合其他措施进行土壤改良。

三、工程为主，综合治理

土壤中水的运动和平衡是受地面水、地下水和土壤水分蒸发所支配的，因而防治土壤盐碱化必须通过水利措施控制地面水和地下水，使土壤中的下行水流大于上行水流，导致土壤脱盐。采用单一的改良措施难以收到明显效果，要综合措施并举。如开沟排水、淡水洗盐、节水灌溉等是盐碱地改良的基础，再采取改良土壤、合理耕作、增加植被、选育和栽培耐盐植物、培肥地力等措施。

在淡水资源日益短缺的今天，开发利用微咸水和咸水，对改善环境、解决北方水资源短缺问题具有战略意义。近年来，石油、化工、电力等工业都在开发利用微咸水资源，农牧林业也在试验利用微咸水灌溉。研究表明，一定盐分含量和矿化度的咸水、微咸水可以用作农业灌溉水源，不会对土壤性质和作物产量造成太大影响。但这是以选择耐盐作物（如耐盐碱水稻），具有完善的农田排灌系统，以及合理灌溉方式为前提的。地面灌溉容易在短期内造成土壤表层盐分含量急剧增加，而地下灌溉，特别是地下滴灌，则有利于减轻土壤盐碱化和保持良好的生态环境。

四、保护与开发利用并重

盐碱化地区生态脆弱，自然条件限制因素多，要坚持保护与开发并重，防止生态环境恶化。要宜开发则开发，不宜开发则应以保护和恢复生态为主，为盐碱地资源后续开发利用创造条件。

盐生植物由于经济效益低，一直未得到人们的足够重视。然而，许多盐生植物却在盐渍土开发利用、维持生态平衡方面一直起着重要作用，生态价值不可低估。加强盐生植物的开发利用，对推进盐碱地区农业调整、改善生态环境、促进区域农业可持续发展具有重要作用。另外，盐生植物中蕴含重要的基因资源，对培育耐盐作物具有重要价值。目前，盐生植物的开发利用已成为许多国家非常关注和致力研究的重要领域。中国盐生植物开发利用虽然起步较晚，但成就突出，在盐生植物生理生态、栽培加工、生物技术等方面已取得明显进展。盐生植物具有多种开发利用价值，可以作为食品或食品原料、牧草饲料原料、工业原料，以及医药原料等。此外，盐生植物在区域生态环境建设中也具有重要作用。加强盐生植物的研究工作，也是发展盐碱农业的迫切需要。

五、立足盐碱环境，实现资源可持续利用

盐碱环境对于传统作物生长不利，却适合盐生植物生长。长期以来，我国盐碱地治理与利用似乎走进了一个“怪圈”之中，对于盐碱地治理改造的目的就是发展传统农业生产，而传统农业却恰恰容易使土壤盐碱化，由此陷入一种恶性循环。因此，不宜过分强调盐碱地改良治理，而应立足盐碱环境，充分发挥盐生植物的作用，发展盐碱地农业。

盐碱环境主要由含有较高盐分的水和土两大要素组成，如滩涂、盐碱地和咸水、微咸水等。所谓盐碱农业，是在传统淡土和淡水作物无法生长的盐碱环境中进行的，一般以盐生植物的作物化种植为特征。广义的盐碱农业还应包括陆地和水体盐碱环境中的动物养殖等。传统农业主要依赖于淡水和淡土环境，盐碱环境对其是一种限制性因素，试图通过治理改造盐碱地而发展传统农业，从长远看常常是花费颇多而又得不偿失的，特别是在淡水资源短缺的干旱、半干旱地区更是难以有效进行。

中国盐碱地量大面广，盐生植物资源较为丰富，通过植物基因工程技术培育和筛选耐盐性较好的植物，特别是经济盐生植物，已在盐碱地引种和驯化，将中国大面积的盐碱地真正开发利用起来。耐盐碱水稻（俗称海水稻）是一种适应含盐量0.3%~0.8%淡咸水灌溉的水稻品种，近年来，已由袁隆平院士团队研究培育并开展种植，“盐碱地稻作改良＋海水稻种植”是一种非常适合盐碱地改造利用的模式，值得大力推广。

第二节　盐碱地的开发与利用方式

水利工程措施、物理改良措施、化学改良措施等，具有不同的改良效果。对于改良盐碱土，要采取以水肥为中心，水利工程措施、农业技术措施、种树种草等综合治理的方法。利用工程排水洗盐是首要措施，只有健全排水设施，其他措施才能充分发挥作用。

近年来，对耐盐的遗传基础、盐害机制、耐盐生理等研究有了很大突破，许多耐盐植物已应用于生产，从而加快了盐碱地改良利用的步伐。此外，在盐碱地林业作用、高矿化地下水利用、沿海防护林建设等方面也有了新进展。

一、依据盐碱地具体性质合理利用

在干旱和半干旱地区，植被覆盖率低，保水性能差，由于地面蒸发作用强烈，底层土的地下水中的盐分会随着土壤水上升到地表层，水分蒸发后，盐分聚积在地表层，形成盐碱地。在设施农业发展中，不合理的灌溉和化学肥料的大量使用使地下水位上升，易溶盐类在地表层积聚，从而形成次生盐渍化。另外，海滨地区由于常受海水浸渍和含盐地表径流的影响，从而形成盐碱地。

东部沿海地区的盐碱地大多分布在平原地区，地形平坦、土层深厚，又有一定的灌溉条件，适宜利用机械结合水利措施改良和利用盐碱地，促进农业的持续发展。对于改良后的盐碱化耕地，要因地制宜，合理布局农、林、牧、副、渔业和调整农村产业结构，以防止土壤再次返盐。

二、咸水、微咸水资源的开发与利用

在淡水资源日益短缺的今天，合理开发与利用微咸水和咸水资源，对改善环境、解决北方水资源短缺问题具有战略意义。世界咸水资源量超过陆地淡水资源量 17.8% 以上，咸水隐藏在荒漠或极度干旱区地表下，是解决水危机的有效资源。20 世纪 60 年代，苏联发现生活在盐水中的杜氏藻（盐藻）生长繁殖快，在适当条件下可大量合成 β－胡萝卜素，同比超出胡萝卜 500 倍。2000 年以来，以色列在内盖夫沙漠中利用咸水建立了优质鱼类养殖与蔬菜生产复合系统；日本佐贺大学利用咸水栽培冰菜取得成功，已经进行商业化生产。中国科学院海洋研究所对咸水资源进行了 20 年的探索和积累。我国在沿海地区利用海水或咸水养殖经济动物、植物有丰富的经验。我国西北地区人民利用卤水人工养殖卤虫（轮虫）已有 50 年的历史。2003 年以来，宋怀龙在内蒙古查干诺尔、河北安固里淖两个干盐湖盆地，利用咸水种植碱蓬取得了突破，可以进行大面积推广与开发；在甘肃民勤，利用咸水养殖对虾试验也取得初步成功。2000 年以来，中国科学院在河北环渤海地区进行咸水栽培作物筛选试验，取得阶段性进展。2016 年，袁隆平院士团队海水稻种植亩产量达到 150 kg；2018 年，袁隆平院士团队在青岛市城阳区进行海水稻区域试验，其中一个海水稻品种的亩产量达 261.39 kg。在新疆喀什岳普湖 200 亩盐碱地稻作改良试验中，亩产量达到 549.63 kg。咸水资源开发与利用技术已经比较系统化、规模化，加上我国现有产业基础与科技能力，完全有可能在综合开发利用咸水资源方面取得重大突破。

对咸水、微咸水资源的利用，一是打造人工咸水湖泊，从咸水湖泊牵引出地下咸水到地形条件适宜的洼地，二是发展咸水大农业，如发展咸水渔业（海水虾、鱼、蟹，贝、藻、软体动物，微半咸水淡水鱼、虾、蟹）、咸水种植业（海水稻、青稞、藜麦、燕麦、荞麦、马铃薯、棉花、大麦）、咸水草业和畜牧业、咸水林业（柽柳）、咸水副业（荒漠藻）等。

科学利用咸水资源，可使荒漠变成干旱、半干旱或半湿润区，再协同咸水大农业生产系统，进而使荒漠变成绿洲或咸水人工生态系统。

三、生态与旅游资源利用

利用现有的技术，在盐碱地改良成本高、不适合发展农业经济的地区，可以把荒漠化或半荒漠化地区建设成咸水人工生态系统（有水、植物、藻类、地衣、动物等）。在人工生态系统中，要积极促进动植物迁移和定殖。在我国东部沿海地区，一般海水倒灌是导致土壤盐渍化的首要原因，在海水持续冲泡区土壤中盐分增多，加上日照强烈、蒸发量大，时间久了就形成盐碱地。但在海水倒灌形成的河湖周围，会伴随着一些耐盐植物茂盛生长。有水源和植物的生态环境，很容易吸引一些水鸟定殖。在此基础上，大力发展生态旅游业，充分利用盐碱地环境，是利用盐碱地的另一条有效途径。例如，我国辽宁省盘锦市大洼区赵圈河镇境内有红海滩。红海滩位于辽河三角洲的入海口处，是受海水冲击形成的一片冲击滩涂湿地，土壤盐碱度高，一般植物很难生长，但芦苇和碱蓬生长旺盛。盘锦红海滩总面积 1.33 多万 hm^2，以湿地资源为依托，以芦苇荡和碱蓬为背景，给人们呈现了“红色春天”的美景。其中，构成这片“红色春天”主色调的碱蓬草，是唯一一种可以在红海滩盐碱土上存活的草。它无需任何照料，一簇簇、一蓬蓬，在盐碱卤渍里年复一年地生长。除了看不尽的碱蓬草，这里也是数以万计水鸟的栖息地，甚至能见到丹顶鹤。

四、成功案例分析

1. 松嫩平原盐碱地的开发利用

东北是我国苏打盐碱地典型集中分布区，面积达 765 万 hm^2，并且每年以 1.4% 的速度扩展。松嫩平原的中部是全球三大黑土分布区之一，造就了发达的现代农业带。西部是全球三大苏打盐碱土分布区之一，沦落为落后的农业经济区。这里的苏打盐碱土到后期阶段则成为碱质荒漠。吉林省盐碱地位于西部（松嫩平原西南部），包括白城和松原两市，这里西接大兴安岭山地，东临嫩江大拐弯和第二松花江，南有松辽分水岭，北与黑龙江省的泰来接壤，总体轮廓呈蝴蝶形。其中，吉林省西部是苏打盐碱地荒漠化的重灾区，大面积天然草原多已严重退化。但松嫩平原的盐土、碱土有机质含量高，土壤质地黏重，保水保肥性能好。因为松嫩平原是中国重要的粮食主产区和商品粮基地，日益加重的土壤盐渍化直接阻碍和影响了该地区的可持续发展，特别是给东北的农业粮食增产带来压力。调查表明，松嫩平原现有盐碱地 125.58 万 hm^2，加上因盐碱限制弃耕的土地 9.85 万 hm^2，合计盐碱地面积约为 135.43 万 hm^2，有 33.33 万 hm^2 可供开发。其中，轻、中度盐碱地面积占到盐碱地总面积的 70% 以上。该地区的盐碱地经过合理改良开发，非常适合农作物生长，有望提高东北地区的粮食总产量。

综合考虑松嫩平原盐碱地土壤类别、盐碱化程度、地貌特征和水资源供给等情况，首先选用生态环境良性发展的开发模式。

盐碱地开发受到水资源、环境、技术、资金等多方面的制约，盐碱地开发规划，需要考虑开发规模、开发模式、人工芦苇湿地系统、开发时间和顺序，处理好盐碱地开发和草地、自然保护区及其关系。另外，采用“多途径脱盐”技术，盐水排放也是盐碱地改良应重点关注的问题。我国的“水环境功能区划”，对改良区的水质标准也提出了不同要求，甚至要求有的改良区水质达到Ⅲ类。从以往情况来看，在2005—2008年农业退水期间，大部分水质超过水环境的功能要求，水系环境容量极为短缺，松嫩平原盐碱地开发污染物排放“准零排放”是必然的抉择。

松嫩平原盐碱地改良治理的研究开始于20世纪30年代，60年代松嫩平原的种稻脱盐研究等标志着“多途径脱盐”技术取得了突破，形成了适合中国盐碱土特点的治理技术体系。在前郭灌区盐碱地种稻成功经验的推动下，盐碱地种稻技术进入了大田推广阶段。进入80年代以来，盐碱地水稻旱育秧技术的研究成功和推广，嫩江古河道种稻开发模式的试验成功，有效扩大了松嫩平原盐碱地的水稻种植面积，并取得了较高的经济效益。90年代以后，我国陆续开展了松嫩平原轻、中度盐碱土种稻试验，取得了一定的成果。研究者发现，传统的盐碱地治理方法，一般采取翻耕、施肥旋耕、泡田洗盐等常规方式。然而用大量的淡水“洗盐”，对于重度苏打盐碱地的治理效果非常有限。至21世纪初，经过多个团队的不断研究，在重度苏打盐碱地作物种植试验取得了成功。有研究团队提出了“以耕层改土治碱为基础，以灌排洗盐为支撑”的快速改良理论及技术路线，经反复试验，创建了重度盐碱地物理化学同步快速改良技术，结合良种良法配套技术，成功实现了改土当年即可使重度盐碱地水稻亩产量达400 kg的目标，而不改土一般亩产量都在100 kg以下。2009年，国际生态安全合作组织在松原市长岭县北正镇后25村建立盐碱地治理基地，与吉林省生态科技企业一起，通过水旱试验对重度盐碱地进行治理，根据松嫩平原苏打盐碱土的物理和化学特性，总结出了一整套盐碱地机械化旱播精施的方法。2010年，松嫩平原盐碱地生态改良试点取得重大突破，已成功改良pH>10.37的重度盐碱地200 hm^2，其中重点试验区域pH接近12，水稻、甜高粱、葵花和稗等作物已实现成功种植。但是，松嫩平原盐碱地治理与开发研究比较薄弱，尤其是松嫩平原的西部盐碱化程度很高，开发起来十分困难。

影响松嫩平原盐碱地开发的因素主要有3种。一是地形条件。松嫩平原盐碱区分布着一些岗地，这些岗地相对盐碱化程度较轻，一般是中低产的旱田或是草原。由于地势较高，一般距离江河较远，引水不便，适宜采用生态修复模式，即进行草原建设或者维持现有的开发模式，即种植旱田。二是松嫩平原盐碱地的盐碱化程度。松嫩平原盐碱土区域内土壤盐分大多为碳酸钠（Na_2CO_3）和碳酸氢钠（$NaHCO_3$）。土壤过多的盐分和较高的酸碱度会抑制微生物活动，降低土壤肥力，妨碍作物生长。松嫩平原盐碱区的低洼地带地下水位较高，土壤盐碱化程度较重，碱斑面积所占比例较高，旱田作物难以生长，只有一些耐盐碱性较强的牧草（如虎尾草、碱蓬等）才能生长。这类盐碱区要根据当地水资源的状况进行合理开发建设。对于适宜水田建设的区域，可进行水稻种植的农业开发；对于沼泽湿地，可进行水产养殖开发，或进行沼泽湿地保护和生态建设。对于干枯的泡沼地和碱地，可作为水田排水的承载区，同时进行生态修复。在水资源匮乏的盐碱区，可采取封育草原、限制放牧、人工植草等方式，恢复当地的草原生态系统。三是松嫩平原的水资源可用量。在调动农业经济发展的同时，要确保水资源的水质要求，保障水资源安全。在盐碱地开发过程中，可利用的水资源量和分布决定了农业的开发模式。水资源充足可开发水田，水资源量适中可开发旱田，水资源匮乏则不宜进行农业开发。合理利用水资源，保持生态环境的可持续发展，保障我国淡水资源安全贮量。

2. 新疆地区盐碱地的开发利用

新疆地处欧亚大陆腹地，干旱少雨，蒸发量大，具有典型内陆干旱性气候的特点，农业生产全部依赖灌溉，生态环境极为脆弱。由于新疆独特的干旱气候条件，加之受地形、地貌、水文地质条件和成土母质含盐等综合因素的影响，地下径流和盐分出路不畅，从而在盆地内部积盐广泛。

1985—1990 年第二次新疆土壤普查汇总资料显示，新疆耕地总面积约为 409 万 hm^2，其中盐渍化耕地面积为 127 万 hm^2（占耕地总面积的 31.1%），轻度盐渍化耕地面积为 91.29 万 hm^2（占耕地总面积的 22.32%），中度、重度盐渍化耕地面积为 35.91 万 hm^2（占耕地总面积的 8.78%）。根据 2005 年中巴资源卫星遥感影像解译和实际调查结果看，新疆耕地总面积约为 505 万 hm^2，其中盐渍化耕地面积约为 162 万 hm^2（占耕地总面积的 32.07%），轻度盐渍化耕地为 122.89 万 hm^2（占耕地总面积的 24.33%），中度盐渍化耕地为 31.75 万 hm^2（占耕地总面积的 6.28%），重度盐渍化耕地为 7.38 万 hm^2（占耕地总面积的 1.46%）。与第二次土壤普查结果相比，2005 年新疆轻度盐渍化耕地面积增加，中度、重度盐渍化面积减少。新疆除伊犁谷地、阿勒泰地区和塔城部分地区土壤含盐量较少外，其余地区土壤都有不同程度的盐渍化，具有盐渍和荒漠化并存，积盐剧烈、表聚性强、土壤盐分组成复杂等特点。

根据农业部门的调查，土壤盐碱化使新疆粮食每年减产约 7.2 亿 kg（约占全年粮食总产量的 8.6%），棉花减产 13.05 万担（约占全年棉花总产量的 9%），造成经济损失约 35 亿元（占全年种植业总产值的 8% 左右）。

在新疆盐碱地改良早期，新疆地区人民通过各种方式改造盐碱地，以用于耕作。20 世纪 50—60 年代，在南疆的一些垦区，由于盐渍化程度太高，人们不得不采用淋洗土壤的方式排盐碱。当前新疆仍采用 20 世纪 70—80 年代大水压盐、明沟排盐模式，改良技术 40 多年没有获得重大突破。但是，新疆地区淡水资源匮乏，农业用水供需矛盾严重，大水漫灌压盐受水资源紧缺限制，并且一旦淡水资源匮乏，盐分会重聚到土壤表面，再次形成盐渍化。在相关研究人员的不断探索下，目前新疆盐碱地改良中水土高强度开发、节水农田迅猛增加，“明灌明排”逐渐向“滴灌微排，滴灌精控”发展。采用的是以干排盐调控技术为重点的区域水盐平衡模式、节水灌溉农田盐分控制模式和重度盐碱地资源化利用模式，适用于干旱区现代盐碱地生态治理的需求。

生物改良盐碱地具有投资少、见效快、适应范围广和可持续性等优点，利用盐生植物修复土壤，在新疆也进行了大范围推广。盐生植物能够适应高盐碱环境、咸水灌溉，在改善生态环境的同时，可将盐渍土“变害为宝”，实现盐碱土的资源化和可持续发展。新疆盐碱地严重地区积盐层达到厘米级厚度，相关科研团队经过几十年的研究、现场调查、反复试验，发现通过机械开沟可以破除盐碱地的黏板层，让养分和水分能够顺畅为植物提供营养；同时利用水利排碱渠将土壤中的盐碱排出，从而促进作物生长。通过技术推广，当地大量的盐碱地成为能够种植棉花等经济作物的良田。新疆地区利用畜牧粪便大量堆肥，对严重盐碱地进行适当客土改良，也是一条值得探索的途径。

新疆喀什岳普湖地区由于天山雪水融化形成内流河，内流河蒸发后导致 90.8% 的耕地盐渍化，土壤呈黄色，表面泛白，全盐含量达 1.5%，寸草不生。2018 年，袁隆平院士团队对该地区盐碱地进行改良，土壤含盐量降低至 0.3% 左右，耐盐碱水稻实际亩产可达 549.63 kg，改良效果极其显著。

第三节　盐碱地利用存在的问题

目前中国盐碱地资源调查与开发利用研究取得了很大成就，积累了丰富的资料和经验。在盐渍土资源调查方面，引入了遥感和 GIS 等先进技术，制作完成了“中国土壤盐渍分区图”和“中国盐渍土地资源类型分布图”。很多学者对中国盐生植物资源进行了较为系统的研究（如山东省东营市建立了中国首家盐生植物园，东北地区盐渍土生态分区和松嫩平原盐碱地资源与可持续利用研究，西北干旱地区土壤、水资源和盐生植物资源调查与利用研究，黄淮海平原盐碱地资源与利用研究等），确立了“可持续利用、因地制宜，分区开发、保护与利用并重”等盐碱地资源开发利用基本原则，提出了盐生植物利用、咸水灌溉、盐碱沼泽渔业开发等资源利用方法或模式，培育了一批耐盐碱作物。在中国盐碱地资源开发利用研究中也发现了许多问题：盐碱地地形多样，地下水位较深，苦水较浅，甜水较深，水利条件差；农业生产受降雨影响大，旱年由于浅水矿化度高，形成耕层积盐，浅水灌溉易造成次生盐碱，影响作物全苗和幼苗生长；土壤贫瘠，有机质含量较低。

对盐碱地资源没有形成较为统一的认识，盐碱地开发利用多着眼于盐渍土，对盐生植物、咸水微或咸水开发利用力度不够。受发展传统农业观念制约，通常把盐渍土、盐碱地的咸水或微咸水资源等视为生产限制条件，因而过分强调盐碱地治理与改造，而对如何充分利用这些条件则认识不足。

盐碱地开发利用缺乏统一规划，无序开发、粗放经营导致生态环境恶化，盐碱地生态改良推广工作依旧存在很大的难度。在自然条件方面，盐碱地大面积分布地区气候环境恶劣，生产基础条件较差，导致农业机械化水平较低。在成本因素方面，水渠建设、机械购置、土地平整成本高昂，加上改良剂、肥料、水、电、种植材料等，极大加剧了当地农民盐碱地改良的经济负担；多数国内相关企业由于缺乏国家专项资金扶持、投资较大、资金回收慢、技术不成熟等原因，盐碱地改良项目往往损失惨重，这严重制约了我国盐碱地高效利用工作的开展。因此，大面积盐碱地改良工作多在企业和种植大户的推动下才能开展。

对因地制宜、因时制宜、综合利用观点认识不够全面，资源可持续利用存在问题；重治理、轻保护，导致改良后的盐渍土重新发生盐渍化。当前，“大水漫灌”不仅造成水资源的浪费，而且引起农田地下水水位升高，通过蒸发盐分沉积于地表层，日积月累，极易产生土地盐碱化现象。在农田大量使用化学肥料，容易造成土地变硬而板结，土壤所含化学成分发生改变，土壤肥力降低，不利于耕种。

缺乏对盐碱地开发利用的环境评测。盐碱地开发对生态影响是多方面的，大气环境、植被系统、水域系统等都会发生变化，因此，必须建立一个完善的监测体系，及时发现盐碱地开发存在的各种问题并及时通报，让有关人员方便获得生态监测信息，以便调整不合理的做法。完整的盐碱地开发生态监测体系，应由生态监测系统、监测技术保障系统、信息传输系统、评价服务系统和预警服务系统等部分组成。在盐碱地开发中，钠离子作为一项重要的监测指标，应纳入常规的监测体系之中。

土壤盐碱化地区的生态环境十分脆弱，开发利用不当极易造成生态环境的恶化。因此，应加大盐碱地资源可持续利用研究力度，探索盐碱地资源利用的多种途径，以推动盐碱化地区生态环境的改善和可持续发展。

第四节　盐碱地开发与利用策略

不同的地理气候环境，不同的盐碱程度，政府对盐碱地改良利用的态度，都是我们做出相应对策的原因。一般情况下，土壤盐渍化和次生盐渍化形成了盐碱地，也是制约灌溉地区农业持续发展的资源限制条件。由于水盐共轭性，盐碱地的防治技术重点应围绕“水”字做文章。

一、合理利用水资源

在我国，一般农田种植常采用大水漫灌方式，不仅造成了水资源的浪费，在含盐量高的地区还容易造成地下水位上升，导致盐渍化。因此，盐碱地区更应该推广节水农业。

1. 实施合理的灌溉制度

在潜在盐碱土或有一定改良基础的盐碱地上，既要满足作物需水，又要避免盐分随水上升，这就需要更加精确的灌溉技术，在作物生长的关键期（如水稻的拔节期、抽穗灌浆期等）合理供水。我国 95% 以上是常规的地面灌溉，近年来的研究表明，地膜栽培时把膜侧沟内水流改为膜上水流，可节水 70% 以上。同时采用合适的单宽流量，也可达到节水目的。在有条件的东部地区，可以发展滴灌、喷灌、渗灌等技术。在库布齐沙漠北部的盐碱地改良种植中，就发明了一种膜下滴灌技术，这是一种结合了以色列滴灌技术和国内覆膜技术优点的新型节水灌溉技术。盐碱地采用膜下滴灌灌水时，不断滴入土体的水分对土壤中的盐分有淋洗作用。当滴头流量适宜时，可将土体中过多的盐分带出主根区范围，而在作物主根系生长区形成一个盐分浓度较低的淡化脱盐区，既在植物地下部生长区排洗了盐分，改善了土壤环境，又满足了植物根系生长水分的需求。这种节水灌溉技术为作物的生长提供了一个良好的水盐环境，加之覆膜后土壤蒸发率大大减少，盐分上行受到抑制，土壤返盐率也随之大大降低。滴灌的水量浪费极小，土壤中的大部分水分被作物蒸腾所消耗，对区域内地下水动态平衡不会产生很大影响。

2. 减少输配水系统的渗漏损失

这是在潜在盐渍化地区防治河边、沟边、渠边次生盐渍化的重要节水措施，要求在铺设灌溉系统时采取严格标准。

3. 处理好蓄水与排水、引灌与井灌的关系

在河南浸润盐渍区的研究表明：单一的引黄灌溉区会使地下水位抬升，发生明显的土壤次生盐渍化；单一的井灌区，由于地下水的连续开采，地下水资源日益紧张；在井渠结合的灌溉区，地下水位能保持稳定，又不至于发生次生盐渍化。

二、多方面发展盐碱农业

对某些盐渍化严重的土壤，如果在控制水盐运动上难以奏效，可改变农业生态结构，改水田为旱田，改粮作为牧业，多方面发展盐碱农业。既可以节省水资源，又能发展多种经营，提高经济效益。

三、挖掘盐碱植物资源

一般盐碱植物分为泌盐的耐盐植物、肉质嗜盐植物、旱生排盐植物。在盐碱地地区选择适宜的树种或植物，可以提高地面植被覆盖率，有效拦截地面径流，减少地面蒸发，从而抑制土壤水盐向上运移。植物的地下根系可显著增加孔隙度，改善土壤结构，从而加大土壤的透水性，增加降水的下渗。因此，种植耐盐碱植物，可大大促进降水的淋盐作用，在一定程度上也能起到调节和降低地下水位的作用。植物通过根系吸收水分，通过叶面蒸腾将水分输入大气，具有生物排水的作用。对耐盐植物的挖掘和培育，也是发展盐碱农业的重要途径。目前，东营盐生植物园已成功培育耐盐农作物、耐盐经济作物、耐盐蔬菜、耐盐果树、耐盐灌木、耐盐乔木、耐盐草坪等，均能有效利用和改良盐碱化土壤。

四、发展咸水、微咸水养殖

咸水占据着浅部地质体空间，由于排泄途径不畅，长期闲置只能使矿化度越来越高。科学开发咸水资源，不但能够产生较高的经济效益，而且能产生良好的生态环境效益。开发利用浅层咸水，可加速地下水的垂直交替作用，打破咸水区地下水的天然平衡状态，使咸水区的地下水位得到调控，甚至可以逐步控制在临界深度以下，使土壤盐分向下部运移，盐碱地可以得到改良。因此，咸水改良的关键是改善咸水区排水条件，加速咸水的排出，增加淡水的补给。目前，山东省各地在咸水改良和利用方面探索出不少成功经验，主要有咸水淡化、上粮下渔、暗管排盐、种植耐盐作物、咸水养殖和混合灌溉等措施。山东省滨州、东营一带，有可开发的低洼盐碱地 66.67 万 hm^2，这些盐碱地一般不适宜农作物的生长，甚至是不毛之地。当地群众经过长期的生产实践，创造了一套“挖塘以渔改碱，抬田以田治洼，上粮下渔”综合开发低洼盐碱地的成功模式，积累了丰富的实践经验。通过改良，台面上可以种植粮、棉、油菜，池塘可以养鱼，形成了多物种的种养殖、多层次配置的立体生态观光农业，达到了生态环境的良性循环和滚动开发，使昔日一片低洼盐碱地，变成园成方、路成网、鱼跃粮丰、旱涝保收的鱼米之乡。“上粮下渔”的主要原理是，通过深挖塘、高抬田，达到抬田压碱、挖塘排碱的目的。近年来，海水污染的不断加剧，严重影响了海水养殖业的发展。寿光市在利用地下咸水培育河蟹苗成功的基础上，又开展了利用地下咸水养殖中国对虾的试验，获得了良好的效果。沾化区水产养殖场利用地下咸水养殖南美白对虾，当年亩产就达 150 kg，目前，该县新开养虾池约 133 hm^2，获得了良好的经济效益和生态环境效益。

五、制定优惠政策

盐碱地开发是一项利国、利民、艰巨、长期的系统工程，是新增耕地的重要来源，也是保障粮食安全的一个重要举措，涉及多个部门联合运作，开发成功的关键在于资金投入的持续性。中央和地方政府应把盐碱地开发作为一项重大的国家战略决策，放在事关我国补充耕地、保障粮食和生态安全的高度，加强组织领导，有序推进整体开发。

由于盐碱地开发投资较大，投资回收期较长，需要国家立项并投入资金，争取更多的政府资金用于盐碱地治理，建立长期有效的投融资机制，保障盐碱地的有效开发与规模化利用。同时，盐碱地种稻洗盐初期收益低，甚至没有收益。因此，应根据盐碱地开发的难易程度，建立对经营盐碱地农户的补偿机制，激励农户经营的积极性；制定税收优惠政策，对从事盐碱地治理与开发利用的企业和个人，在生产经营中通过各种税收减免和相关政策进行支持，降低盐碱地治理和开发的成本。

鼓励个人企业、农业相关企业、社会机构开展盐碱地治理及盐碱地种植，并可以享有盐碱地治理带来的收益。积极引导社会资本参与盐碱地治理，形成多方投资、利益共享的机制，走产业化、规模化经营之路，促进可持续发展。

第三章

盐碱地农业利用的主要制约因素

第一节　环境因素

一、低洼地势

低洼地势构成了盐分迁移的富集区，形成了有利于土壤积盐的地质地貌条件。较高的盐分不但影响土壤的理化性质，还会影响作物养分、水分的吸收；碱土更容易腐蚀植物根系，影响作物生长。

在地势低洼地块较高含量的盐分聚集，形成所谓的盐土碱斑。地势相对较高处，水盐向地形较低处运移，最后水分蒸发，剩下盐分，最终形成碱性较强的碱土。地表植被保护不好，还容易形成碱土碱斑。

二、水源含盐量

水文条件是盐碱土形成的重要因素，如无灌溉和降雨影响，土体内水盐运动与地下水埋藏深度有着密切关系。地下水埋藏深，水分不易上升到表土，盐分也不易随水上升至地表积累；反之，浅藏的地下水就易造成表土返盐。水盐运动与地下水的矿化度有密切关系，矿化度高，则水分运动时所带盐分也多，易使表土返盐。在地下水缓流区或滞留区，由于地下水无出路，土体内水、盐运动中上下垂直运动占优势，易使表土返盐；地下水排水好的地区，土壤和地下水中的盐分能被排水带走，从而减轻土壤的盐碱度。因此，考察盐碱地，应判断地下水的水质（矿化度）、流动速度及去向等。

研究地下水和土壤盐碱化关系时，要留意地下水的临界深度。临界深度是指有一定矿化度的地下水最小允许埋藏深度，是土壤返盐或者不返盐时地下水埋藏深度的临界值。土壤是否盐碱化主要取决于土壤毛细管作用的强度，而不是土壤毛细管作用可能达到的高度，关系如下式：

地下水临界深度 = 毛细管强烈上升高度 + 安全值

式中，安全值主要是指根系活动层或耕作层的深度，与地下水的矿化度有关；对矿化度小于 5 g/L 的地下水，可不加此值；对大于 5 g/L 的矿质地下水，安全值至少等于作物主要根系活动层的深度，即 0.5 m。

毛细管强烈上升高度是大量的地下水凭借土壤毛细管上升力的作用，而上升到土层中的最大高度。对这一高度的确定目前尚不统一，一般以土壤含水量低于“毛细管破裂含水量”的土层所在深度到地下水面的距离，作为毛细管强烈上升高度。根据欧阳春的研究，我国环渤海地区地下水的最大毛细管上升高度可达到 2.1 m。

盐碱地形成与地下水位的高低和矿化度关系密切。一般地下水位愈高，蒸发愈强烈，土壤返盐就愈重，但是临界地下水位、地下水的蒸发与不同地区气候的干湿状况有着密切关系。

三、气候条件

1. 降雨

降雨使土壤淋溶，蒸发使土壤返盐。不同强度降雨的淋盐效果也不同。连绵阴雨，雨水渗入土体的有效量大，能持续地把土壤盐分带到地下水中，故对全土层的脱盐有显著效果；暴雨骤降，能将地表一部分盐水冲到排水沟中，另一部分盐水渗入底土成为地下水，但这种洗盐时间短促，故土壤脱盐效果不明显。干旱年份地表积盐较多（随土壤水分蒸发，易溶盐积聚于地表），如遇短期降雨（几小时或一两天），除一部分盐水被冲入排水沟外，还有大量盐水下渗到容根层，就会造成显著的盐害；若短期降雨后转为闷热天气，在一定深度土层中的盐水，又会因表土的强烈蒸发而沿土壤毛细管迅速上升到地表，甚至产生更强烈的盐碱化。因此，不同的降雨强度和频度对土壤脱盐或返盐的影响不同，应区别分析。

2. 风

风会加速土壤水分的蒸发，促使土壤返盐。不同的风向、风速和大气湿度，造成的土壤水分蒸发强度也不同。

3. 温度

温度会影响土壤易溶盐类的运行。一般气温越高，蒸发越强，返盐越强。温度促进水分蒸发作用，从而推动盐分向上运行；温度高低对不同易溶盐类的溶解度产生不同影响，随着温度升高，土壤中 Na_2SO_4、Na_2CO_3 和 $NaHCO_3$ 的溶解度会大大提高。另一些盐类如 NaCl，在不同温度下溶解度的变化极小。例如，在硫酸盐盐土区，可因气温急剧上升而产生强烈的返盐现象（我国西北地区是以硫酸钠为主要盐分的盐土区），而在东北寒冷地区和酷冷季节中，Na_2CO_3 和 $NaSO_4$ 可在湖泊及土壤中积淀下来，但 NaCl 则可以继续在土和水中运行。由此可见，气温的变化对易溶盐类的运行起着双重影响。气温对以含 NaCl 为主的滨海盐土盐分运行的影响，是通过土壤水分的蒸发来实现的。因此，气候条件是促使土壤积盐的外因，也是盐碱地形成的重要原因。

四、内涝

由于地势平坦，集中降雨往往导致排水不畅。如果该地区土壤的透水性差，则地块积水严重，造成内涝。内涝另一个特点就是具有交替性，洪涝灾害受降水量和强度的影响，还有外来洪水的影响。内涝对农业生产的灾害是非常严重的，轻则减产，重则绝收。与内涝相伴而生的往往是盐碱化，雨水汇集流向洼地时，也溶解了一定的盐分，因此，每一次内涝后，往往第二年返盐严重，也影响了作物产量。

第二节　制约盐碱地改良利用的土壤物理性因素

一、土壤板结

近年来，由于不科学的耕作方式和不合理施肥，导致我国耕地土壤质量严重下降，尤其是土壤板结的问题，是土壤物理性退化的主要表现形式之一。不少种植者片面地认为，多施肥料能够提高作物产量，导致耕地土壤“越种越硬，越种越贫”。所以，要解决土壤板结问题，才能达到培肥、改良土壤的目的。

农田土壤板结是指土壤的原有结构被打破，表层的有机质遭到严重破坏，土粒松散，当土壤缺乏水分时表面变硬。根据不同农作物的需求，向农田追加过多的氮肥、磷肥和钾肥，使土壤中的正负离子比例失衡，进而出现土质松散、相互分离的情况。在农田中普遍都存在土壤板结问题，但对作物产量的影响并不十分严重。农民虽然看到了土壤板结，但仍然需要投入大量的化学肥料和水分，争取获得短时期的经济效益。农田土壤板结和污染是农业发展的隐患，需要提前预防，避免走“先污染，后治理”的老路。

1. 土壤板结形成的主要因素

（1）农田土壤质地黏重：耕作层浅，黏土中的黏粒含量较多，耕作层厚度平均不到20 cm，土壤中毛细管孔隙较少，通气、透水、增温性较差。土壤团粒结构遭到破坏，造成土壤表层结皮。

（2）有机物料投入少：不施有机肥或秸秆不还田，土壤有机质含量偏低、理化性状变差，影响微生物的活性，土壤的酸碱性过大或过小，导致土壤板结。秸秆还田后，经过微生物的矿质化和腐殖化作用后变为腐殖质。腐殖质不仅是土壤养分的重要来源，而且对土壤的理化性质、生物学特性有重要影响。腐殖质具有亲水性，能够起到保水的作用。腐殖质与土壤中的钙、镁结合，生成腐殖酸钙和腐殖酸镁，使土壤形成大量的水稳性团粒结构，能降低土壤容重，改善土壤孔隙度。秸秆还田可以增强微生物的活性，即加强呼吸、纤维分解、氨化及硝化作用。

（3）长期单一地偏施化肥：农家肥严重不足，重氮、轻磷钾肥，土壤腐殖质不能得到及时补充，引起土壤板结和龟裂。例如，土壤微生物分解有机物需要的碳氮比为（25：1）~（30：1），施入过多的氮肥，而有机肥施入严重不足，则影响微生物的数量和活性。土壤中的阳离子以钙、镁离子为主，施入过多磷肥时，磷酸根与钙、镁离子结合成难溶性磷酸盐，降低了磷肥的有效性，造成浪费。

（4）暴雨造成水土流失：暴雨后，表土层细小的土壤颗粒被带走，使土壤结构遭到破坏，而黏粒、小微粒在积水处或流速缓处沉淀，干涸后形成板结。所以，在农业生产中应采取多种措施防止水土流失。

2. 土壤板结的危害

土壤板结造成吸水、吸氧能力降低，使作物根系发育不良，影响农作物的生长发育。土壤板结条件下，土壤中缺乏有机质，微生物的碳源减少，降雨或者灌溉堵塞土壤中通气孔隙和毛细管孔隙，通气透水性变差，影响微生物的活性，供肥、保肥、保水能力弱。

土壤板结还延缓了有机质的分解，肥力随之下降，不能很好地满足作物生长发育。板结土壤的结构遭到破坏，严重影响根系从土壤中吸收养分的能力，影响作物的产量和品质。

土壤板结条件下，作物根部细胞呼吸作用减弱，造成能量供应不足，影响吸收。土壤板结后理化性质发生改变，如失去团粒结构、保水保肥性降低、pH 发生改变、孔隙度降低等，引起根部吸收能力下降，使得作物对某种或某几种元素吸收不足，导致缺素症。

解决土壤板结问题是一项庞大、系统、长期的综合工程，不是一个部门、一个单位、一个种植者能做到、能完成的事情。一是加大财政补贴，国家应专门建立测土配方、配肥专项补贴、耕地深松专项补贴的长效机制，从根本上保障农田用地与养地相结合的良性循环；二是加强培训，定期对广大农民进行关于土壤板结的主题培训，使他们认识到土壤板结的危害，知道怎样预防土壤板结；三是政府部门应促进新农业生产技术的快速推广应用，如用土壤改良调节剂改善土壤板结等。

二、土壤结构性差

1. 土壤结构是土壤质量的重要指标

土壤结构是指土壤颗粒（包括团聚体）的排列与组合形式，按形状可分为块状、片状和柱状三大类型；按大小、发育程度和稳定性等，分为团粒、团块、块状、棱块状、棱柱状、柱状和片状等结构。

土壤结构是土粒（单粒和复粒）的排列、组合形式，即结构体和结构性。自然土壤不同类型的结构体是具有特征性的，可以作为土壤鉴定的依据。耕作土壤不同类型的结构体也可以体现土壤的培肥熟化程度和水文条件。农学上，用直径 0.1～0.25 mm 的水稳性团聚体含量可以判别土壤结构的好坏，多的好，少的差，并据此鉴别某种改良措施的效果。土壤结构性是土壤结构体的种类、数量及机构体内外的孔隙状况等的综合体现，而良好的土壤结构体具有良好的孔隙性。土壤结构不仅影响土壤的水分和养分，还左右气体交流、热量平衡、微生物活动及根系的延伸等。

土壤是由固体、液体和气体组成。固体主要指土壤矿物质、有机质和微生物等，液体主要指土壤水分，气体是指存在于土壤孔隙中的空气。这三类物质互相联系、互相制约，为作物提供必需的生活条件，是土壤肥力的物质基础。

土壤结构是土壤质量的重要指标体系之一，受到自然生态环境变迁和人为生产活动的影响。土壤结构是土壤质量演变、退化的结果，所包含的内容相当多，所以至今对土壤结构的定义还没有一个明确概念。我国较早应用土壤的疏松或刚硬，以后又以土块的形状，直观表述土壤的结构特性。土壤学家的定义不尽相同，但都强调了作为土壤结构的整体性。土壤孔隙性是一个重要指标，强调了土粒集合对土壤肥力所造成的影响。

土壤结构在农业、土木工程、生态环境建设等方面都有着极其重要的作用。土壤保持疏松多孔和通透良好的状态，有利于种子萌发、根系生长和土壤耕作。土壤结构通过土壤孔隙来影响土壤的水力传导和土壤水分运动驱动力，即土水势梯度，进而影响土壤的入渗能力。随着土壤结构由疏松变密实，土壤稳定入渗速度减小，入渗能力递减；土壤结构状况影响根系对营养的吸收，在一定土壤容重范围内，土壤越紧实越有利于根系对营养的吸收。在工程上则要求一个致密的、刚性的土壤结构，以便提供最大的稳定性、抗切力和最小的渗透性。

2. 土壤结构的基本类型

在以往的研究当中，土壤结构可以根据结构体的大小和形状进行分类。

（1）按结构体直径的大小，一般把土壤结构分为 3 种基本类型。颗粒之间互不连接、结构完全松散的土壤结构，称为单粒结构，主要分布在粗粒土壤和未固结的漠境尘暴沉积物中。单粒结构主要由粗沙砾、粉沙砾和石砾组成，或称为无结构的土壤，它是土壤荒漠化的主要标志与特征。土体由紧密堆砌的、大的黏结土块构成的结构，称为整块结构。这种结构在干燥的有机质贫乏的黏土中分布较多，我们经常讲的块状、核状、柱状及片状结构均属此类型。在单粒结构和整块结构之间的土壤结构类型，称为团聚结构。其土壤颗粒相互连接成半稳定的直径较小的土团，内部的松紧程度比块状结构疏松，结构孔隙多样。团聚结构是植物生长最理想的结构状态，是土壤质量的重要指标之一。

（2）按照结构体形状，一般把土壤结构分为 5 种基本类型。

1）块状结构：长、宽、高大体近似，近似于立方体；棱角不明显，基本上是浑圆形；内部较为紧实。主要形成于质地较黏、有机质缺乏、耕作不良的耕层或在土壤结构层的上半部，俗称坷垃。坷垃形成后在块与块之间易形成大孔洞，易跑风漏墒，使作物根系产生“吊死”现象，影响幼苗出土，即如农谚“麦子不怕草，就怕坷垃咬”所述。它是农业生产中一种不良性状的结构。块状结构直径大于 10 cm 时会对作物产生严重的危害，大于 4 cm 时危害程度较为明显，在 2～4 cm 时危害程度不是很大。表层块状结构层可抑制土壤返盐，可见块状结构体大小与松紧性是评价其质量的主要指标。在我国黄土地区农田土壤耕层具有块状结构体，研究它的大小、紧实性等，可以更加科学地评价其对作物生长的影响程度。

2）核状结构：长、宽、高大体近似（类似于块状结构），棱角非常明显，内部非常紧实，一般情况下比块状结构小。核状结构主要形成于质地比较黏重、有机质极其缺乏的土壤中，一般在耕层以下的底土中。这种核状结构是由于胶结质 $CaCO_3$、$Fe(OH)_3$、$Al(OH)_3$ 的胶结作用形成的，是农业生产中一种土壤的不良结构。

3）柱状结构：长和宽远远小于高；垂直取向的柱状物，常有 6 个面，直径可达 15 cm。这种结构常常存在于黏性土壤的结构层，又分为圆柱状和棱柱状两种结构。前者棱角不明显，浑圆形，是碱土的主要特征结构；后者棱角比较明显。柱状结构主要出现在干湿交替频繁的土层中，干湿交替越频繁，形成的柱状体越小；反之，形成大柱状结构。这种结构主要是由无机胶膜胶结而成的，是农业生产中土壤的一种不良结构。探求黄土干旱、半干旱地区频繁干湿交替过程对土壤结构的影响，具有较高的学术和实用价值。

4）片状结构：长和宽远远大于高，类似薄脆饼、鳞片状，俗称为“卧土”或“平搓土”。主要分布于积水沉积、机械压实和全年等深耕作的田地，也是农业生产中土壤的一种不良结构。

5）团粒结构：团粒结构是直径在0.25～10 mm，类似于球形，疏松多孔的团聚体。直径大于0.25 mm的为团聚体，小于0.25 mm的为微团聚体，小于0.005 mm的为黏团。威廉姆斯认为团聚体直径1～10 mm是土壤肥力的基础，农业生产中最好的团聚体直径为2～3 mm，农民称其为“蚂蚁蛋”“米糁子”，是农业生产中土壤最理想的结构体。

团粒结构虽然是农业生产上最为理想的结构体，但因为其形成条件严格，形成过程复杂，在我国农田除东北地区土壤较为典型以外，其余各地含量很少。对于这些地区，反映土壤质量水平的结构指标主要是测定土壤微团聚体含量（即直径0.25～0.001 mm的微团聚体）。因此，在黄土地区，寻求正确的土壤结构评价指标体系是极其重要的。

团粒结构是土壤的重要组成部分，影响着土壤物理、化学、生物等性状，对农业生产具有显著影响。人们平时所说的土壤结构即土壤团粒结构，土壤结构的形成指的是结构单元或团聚体的形成原因和方式。土壤团聚体形成大致通过两种途径：一是单粒通过凝聚和复合等作用形成复粒，复粒进一步胶结形成团聚体；二是大土块或土体经过各种外力的作用——干湿交替、冻融交替、根系压力、耕耘及土壤动物活动而崩解成不同大小的团聚体，即土块崩解。土壤的团聚作用就是团聚体被不同的有机–无机物质黏结（胶结）的过程。无机黏结剂主要包括黏粒、多价阳离子（Ca^{2+}、Fe^{3+}、Al^{3+}）、铁和铝氧化物以及氢氧化物、$CaCO_3$、$MgCO_3$、$CaSO_4$等。有机黏结剂主要分为瞬时的、暂时的和持久的三类。瞬时的黏结剂会被微生物快速分解；暂时的黏结剂是根系、植物菌丝和一些真菌类；持久的黏结剂包括和多价金属阳离子结合的抗芬芳腐殖质及强吸附聚合物。关于团聚作用的过程，研究者提出了不同的团聚作用模型和矿物颗粒相互连接形成水稳性团聚体的方式。20世纪50—60年代，土壤团聚体形成机制的研究有了新进展，东欧土壤学家提出了团聚体的多级形成学说，西方土壤学者提出了土壤团聚体形成的黏团学说。

这些团聚作用模型与理论的主要区别在于团聚作用阶段颗粒间的连接方式不同，因此，不同级别的团聚体有不同的稳定性。低等级团聚体序列的土壤结构一旦遭到破坏，则高等级团聚体序列肯定同时也被破坏。因此，了解土壤团聚体稳定性的特点，要对不同等级团聚体序列的颗粒进行分析。土壤团粒结构形成机制进展缓慢，目前人们普遍接受的理论是多级团聚学说。团聚体形成机制尽管有许多模式，但是，丰富的有机物质、无机胶体、高价电解质及黏粒是形成团聚体的物质条件，各种环境应力变化是形成团聚体的动力学条件。对于黄土地区农田土壤团聚体形成因子分析，团粒结构与环境相互关系定量化研究还是很薄弱的，有待进一步深入探讨与研究。

3. 土壤团粒结构的破坏机制

表层土壤结构保护是土壤管理的重要内容，土壤团粒结构的主要破坏机制是黏粒消散、黏粒分散和黏粒膨胀。土壤的浸润速率对团聚体的破坏作用，远远大于雨滴的破坏作用。

（1）消散作用：消散作用发生在干团聚体在水中快速浸润的过程中，这是由于团聚体内的闭塞空气受到压缩而造成的，消散效果取决于闭塞空气的体积和水浸润速度。消散后的颗粒主要是微团聚体，随黏粒含量的增加微团聚体增大。土壤的初始含水量是影响团聚体破坏的重要因素。土壤含水量增加至饱和过程中，闭塞空气减少，基质势梯度降低。随着水与团聚体接触角度增加，水进入团聚体孔隙的速率减小，消散减少。人们在生产上利用这个原理，采用晒田来破坏大土块，使其散碎成小土团，以满足作物的需求。另外，这也证明了频繁干湿交替是使土壤表层结构遭到破坏的原因，充分体现出土壤质量与气候条件的关系。

（2）膨胀程度不同而产生崩解：黏性土壤受到湿胀干缩的影响，团聚体内产生细微的裂缝，最终崩解。崩解产生条件同消散，所以有学者将二者统称为消散，但二者的物理过程不同。消散崩解随黏粒含量的增加而减弱，而膨胀崩解随黏粒含量的增加而增强，充分说明了土壤的胀缩性完全依赖于内在特性。

（3）雨滴机械作用：雨滴对土表的击溅能引起团聚体崩解，如果雨滴的动能足够大，这种崩解常与其他机制一起作用。对于湿土，主要为雨滴打击下的崩解，地表覆盖物可起到防护作用。在非灌溉条件下，雨滴打击土体的压缩应力会转变为侧向剪应力，使土粒分散。雨滴击溅产生的微团聚体很小，粒径 $<100\,\mu m$。地面覆盖、种草种树都有助于减少雨滴的动能，减少击溅与团聚体的破坏。

（4）物理、化学机制：这种机制是土壤变湿过程中因胶粒间引力减弱，而产生物理、化学弥散所引起的。这种弥散取决于土壤碱化度（ESP），阳离子的类型、含量和价数。多价阳离子使团聚体絮凝，而一价阳离子使团聚体分散。物理、化学弥散产生的是比微团聚体更小的单粒，因而是一个非常有效的团聚体崩解过程。它常导致土壤快速结壳，入渗率减少，土粒在水中有较大迁移。通过黄土地区土壤结构形成过程与主因子分析，以便采取有效保护措施。

4. 土壤结构稳定性的影响因子

土壤结构（团聚体）稳定性是评价土壤结构质量的重要指标，影响有内因和外因，内因包括有机质、胶结物质、黏土矿物、电解质等，外因包括气候条件、生物、土壤管理等。

国内外学者对土壤团聚体的稳定性与有机质含量之间的相关性已作了相当多的研究，但还没有完全弄清有机质在土壤团聚体形成和稳定中所起的作用。根据阿弗丘林提出的有机矿质复合体的结构模型，把土壤微团粒分为胡敏酸钙团聚体（G_1 组）和胡敏酸铁团聚体（G_2 组）两大类。有人认为有机质胶结能增加团聚体对消散和分散的抵抗性，但这种胶结一旦崩解，则有机质就会起解凝的作用，从而促进分散。也有人认为土壤结构稳定性随有机质含量减少而降低，且有机质含量有一临界值为 15 ~ 20 g/kg。这两种截然相反的观点可从以下角度理解：仅部分有机质有助于形成水稳性团粒；有机质超过一定含量后，水稳性团粒不再随有机质含量的增加而增加；有机质不是土壤团粒的主要胶结剂；重要的是有机质的排列，而不是其类型和数量对土壤团粒的水稳性产生影响；生荒地土壤中水稳性团粒的稳定性，主要与一些土壤物理因素有关。有机质在土壤团聚体形成方面的作用是可以肯定的，盐碱地区土壤有机质贫乏，是土壤结构性差的原因之一。

三、土壤容量高

土壤容量是指在作物不致受害或过量积累污染物的前提下，所能容纳污染物的最大负荷量。一般污染物质在土壤中的含量未超过一定浓度之前，不会在作物体内产生明显积累或危害作物。只有超过一定浓度之后，才有可能导致作物污染物超标或减产。土壤容量包括绝对容量和年容量。

绝对容量（Q）是指土壤所能容纳污染物的最大负荷量，是由土壤环境标准定值（CK）和土壤环境背景值（B）来决定的。

$$Q=(CK-B)\times 2\,250$$

式中，2 250 为“mg/kg”换算成“g/hm^2”的换算系数。在一定的区域、土壤特性和环境条件下，B 值是一定的，土壤环境标准值（CK）越大，土壤容量越大。因此，制定准确的区域性土壤环境标准极为重要。

年容量（QA）是土壤在污染物的积累浓度不超过土壤环境标准规定的最大容许值情况下，每年所能容纳污染物的最大负荷量。年容量与绝对容量的关系为：

$$QA=K\times Q$$

式中，K 为某污染物在土壤中的年净化率。

1. 影响土壤容量的主要因素

（1）土壤的质地、结构状况、孔隙度、水分和温度状况等，影响土壤的含氧量、氧化还原性和通气状况，从而影响土壤中养分的转化速率和存在状态、土壤水分的性质和运行规律，以及植物根系的生长力和生理活动。

（2）土壤的酸碱度、阳离子吸附及交换性能、土壤还原性物质、土壤含盐量，以及其他有毒物质的含量等。

（3）土壤中的微生物及其生理活性。

（4）土壤中的养分贮量、强度因素和容量，主要取决于土壤矿物质、有机质的数量和组成。

土壤容量主要应用于土壤环境质量控制，并作为工农业规划的依据。污染物的排放必须与土壤容量相适应。非积累性污染物在土壤中停留时间很短，可以依据绝对容量进行参数控制。积累性污染物在土壤中产生长期毒性效应，可根据年容量控制，使污染物的排放与土壤净化率保持平衡。总之，污染物排放必须控制在土壤绝对容量或年容量之内，才能有效减少污染危害。

2. 土壤容量研究的理论基础

可持续发展是一种立足于环境和自然资源角度提出的，关于人类长期发展的战略和模式。可持续发展特别强调环境的承载能力和资源的永续利用。可持续发展的目标是谋求社会的全面进步，可持续发展的标志是资源的永续利用和良好的生态环境，经济和社会发展不能超越资源和环境的承载能力。要实现可持续发展，必须使自然资源的耗竭速率低于资源的再生速率，必须通过转变发展模式，从根本上解决环境问题。

3. 可持续发展与土壤容量的关系

（1）在可持续发展中，经济是地球生态环境系统的一个子系统。经济发展的规模和增长的速度（流量），从原材料输入作为开端，然后转化为商品，最后形成废物输出的流程，都在地球环境资源系统的再生和可吸收的容量范围内。

美国著名学者戴利认为，经济研究应考虑经济系统与生态系统的相互关系问题、宏观经济规模问题。早先的主流经济学（即新古典经济学）是不考虑生态问题的，或者说把生态环境资源系统作为经济分析的一个外生变量加以处理。20世纪60年代以来，随着全球环境问题凸显，经济学开始越来越多地关注生态、环境、资源问题，并运用庇古提出的外部效应理论和科斯等人发展起来的产权理论，建立了处理外部成本问题的一套体系和方法，形成了环境经济学。在环境经济学中，生态环境、资源因素是内生变量，也把生态系统作为经济系统的一个子系统来看待。

宏观经济是生态系统的一个子系统，如低熵物质/能量的投入和高熵物质/能量的排放。戴利认为，规模是关于物质-能量的一个物理量，物质-能量指的是从环境中获取的低熵原料，以及返回环境的高熵废物。规模可以认为是人口数量与人均资源消费量的乘积，它以绝对的物理量度量，与生态系统的资源承载力和环境容量是相关的，是在可持续发展的基础上输入能量、更新资源和吸纳废弃物的能力。生态系统的规模是固定的，经济规模对于生态系统的规模非常重要，适度规模至少应是可持续的，不随时间推移而有损环境承载能力。最佳规模则至少是可持续的，我们也无需牺牲生态系统的服务功能，目前这个服务功能的边际价值，远大于通过扩大资源利用规模获得的生产边际利润。

（2）生态环境容量和自然资源承载能力的总量、通量是有极限的。经济发展对自然资源的开采利用有一个限量，对排放到自然环境的废弃物也有一个限量，而不是无限的。这些废弃物（包括废气、废水、固体废物等）进入自然环境，进行降解、吸收和转化。自然环境所能吸纳废物的总量和单位时间有效降解、转化的量，都是有限的。我们可以把自然环境对废物的吸纳降解容量理解为一个仓库，梅多斯等人称为沉库（sink），这一沉库对污染、废弃物的吸收净化能力与自然资源的更新、再生能力一样，具有极限资源承载能力。国际自然保护同盟认为，任一特定生态系统或整个地球的资源承载能力、环境容量，即是它所能承受的最大压力。在此限量以下，该系统或地球可以延续，否则，便会崩溃。

资源承载能力、环境容量的速率（通量），是指总体系统所能提供，用于经济活动所消耗的环境和资源速率量。这样，资源承载能力、环境容量就不是一个总量，而变为一个系统在可持续前提下可输出的速率限量。它包括污染承受速率、可更新资源利用率和枯竭资源的消耗率。资源承载能力、环境容量总量和速率都是自然环境资源物理量，表明了可用于人类经济活动的消耗，而不影响环境资源持续的限量水平，但没有表明环境资源利用同经济发展水平、技术的联系。同等量的资源，在不同经济水平、技术条件下，可支撑的经济规模、增长速度相差甚远。因此，资源承载能力、环境容量是在变化的，受自然的、经济的和技术等诸多因子影响。

（3）环境资源的开发利用具有不可逆的特征。对于可枯竭资源，如石油、天然气的贮量是有限的，开发完了就没有了，这种资源的开发与消耗过程是不可逆的。生物种群或生物群落的消失也是不可逆的，会影响自然界生物多样性和生态系统的稳定，影响人类的生存。同时，生态系统的稳定有一个阈值，当经济发展超越了生态环境资源系统承载力的阈值，将导致这一生态环境资源系统的不可逆变化或毁灭。

因此，环境和资源对可持续发展不仅是内在变量，而且对其发展规模和增长速度具有刚性约束。为了实现可持续发展，必须将经济规模和增长速度控制在自然环境资源的承载能力、环境容量范围内。

第三节 制约盐碱地改良利用的土壤化学性因素

土壤化学性质与物理性质一样，均受土壤形成和发育的影响，既相互制约，又紧密关联。如松嫩平原，苏打盐分（碳酸钠、碳酸氢钠）对作物的危害最大，当钠离子被土壤胶体吸附后，土壤的理化性质产生了变异，pH 和碱化度升高，土壤的通气透水性和生物活性变差，直接影响到作物的生长。制约盐碱地利用的化学性质主要有总盐量、盐分组成、电导率、碱化度、pH 等。

一、盐分含量与组成

1. 总盐量高

盐分含量高会影响作物的新陈代谢过程，引起作物能量的缺乏，影响 CO_2 同化、蛋白质合成、呼吸作用或植物激素周转，对植物产生阻碍作用。另外，由于盐分浓度高，高渗透压会减少植物水分的吸收，产生生理性缺水现象。

对于盐碱地土壤草甸碱土（A）、草甸盐土（B）、盐化草甸土（C）3 个剖面层来说，盐分含量的变幅不同。草甸碱土（A）总盐量变幅为 0.29%~0.48%，最低值为 A_1 层 0.28%，最高值 AB 层达 0.48%，总盐量平均值为 0.37%。草甸盐土（B）总盐量变幅为 0.27%~0.71%，最低值为 C 层 0.27%，最高值为 A_1 层 0.71%，平均值为 0.44%。盐化草甸土（C）总盐量变幅为 0.23%~0.48%，最低值 C 层为 0.23%，最高值 AB 层为 0.48%，平均值为 0.34%。从剖面盐分总量来看，草甸盐土总盐量平均值最高，表层盐分也是 3 个剖面中最高的，说明强烈蒸发下土壤盐分表聚作用强烈（春季采样）；草甸碱土和草甸盐土总盐量随着剖面深度的增加逐渐升高，达最大值后又降低。

2. 盐分组成中碱性盐比例大

土壤含盐量是土中所含盐分（主要是氯盐、硫酸盐、碳酸盐）质量占干土质量的百分数。按溶于水的难易程度，可分为易溶盐（如氯化钠、芒硝等）、中溶盐（如石膏）、难溶盐（如碳酸钙等）。易溶盐的含量和类型，对土壤的物理、水理、力学性质影响较大。

碱土盐分主要成分为苏打，主要的盐类为 Na_2CO_3、$NaHCO_3$，碱性盐居多，可使土壤溶液 pH 升高，影响作物营养元素的溶解性和有效性；影响土壤的微生物活动，腐蚀作物根系的纤维素。

吉林省松原市套浩太乡碱巴拉村草甸碱土剖面盐分组成：阳离子以 K^++Na^+ 为主，AB 层达最高值，K^++Na^+ 为 3.88 cmol/kg，而 Ca^{2+}、Mg^{2+} 含量较低；阴离子均以 CO_3^{2-}、HCO_3^- 为主，AB 层也达最高值，CO_3^{2-} 为 0.33 cmol/kg、HCO_3^- 为 3.76 cmol/kg；Cl^-、SO_4^{2-}

含量较少；B_2层K^++Na^+最低，为0.42 cmol/kg，阴离子也低，HCO_3^-为0.49 cmol/kg、CO_3^{2-}为0.03 cmol/kg；A_1层K^++Na^+和HCO_3^-仅次于AB层，K^++Na^+为0.42 cmol/kg、HCO_3^-为0.49 cmol/kg，但CO_3^{2-}为全剖面最低，仅为0.01 cmol/kg；从草甸碱土盐分组成图中清晰可见，剖面AB层（50 cm）以上，形成了K^++Na^+、CO_3^{2-}和HCO_3^-盐分离子的累积层，从AB层向下，K^++Na^+、CO_3^{2-}和HCO_3^-大幅度降低，呈现上多下少，在剖面100 cm以下又有所升高。这说明草甸碱土盐分有向表层明显聚积的特点，而且形成50 cm的盐分累积层。

吉林省松原市套浩太乡碱巴拉村草甸盐土剖面盐分组成：阳离子以K^++Na^+含量较高，最高值A_1层达4.63 cmol/kg，最低值C层达0.44 cmol/kg；Ca^{2+}变幅0.41～0.26 cmol/kg，Mg^{2+}变幅0.28～0.35 cmol/kg，Ca^{2+}、Mg^{2+}在剖面各层次中均匀分布。阴离子以CO_3^{2-}和HCO_3^-为主，HCO_3^-最高，最高值A_1层达4.38 cmol/kg，最低值C层为0.85 cmol/kg；CO_3^{2-}最高值A_2层达0.84 cmol/kg，最低值C层为0；Cl^-变幅0.11～0.17 cmol/kg，SO_4^{2-}变幅0.06～0.26 cmol/kg，剖面由上至下CO_3^{2-}和HCO_3^-逐渐减少，而Cl^-和SO_4^{2-}略有降低。这说明草甸盐土在干旱的气候条件下表层积盐明显，盐分离子数量在表层为最高值。

积盐层是盐土的诊断层，中国新拟的积盐层标准涉及积盐层的含盐量，积盐层出现的部位和厚度，以及测定含盐量的采样时间。对积盐层易溶盐含量下限的要求依不同盐类而异，氯化物盐土（盐分组成中Cl^-占80%以上）≥ 6 g/kg，硫酸盐盐土≥ 20 g/kg，氯化物和硫酸盐混合型盐土≥ 10 g/kg，苏打盐土则要求每千克土含苏打0.5 cmol以上；在土表层30 cm范围内，积盐层至少1 cm厚；以旱季（3—5月）或未灌溉前土壤积盐层的含盐量为准。美国土壤系统分类制的积盐层是指次生性可溶盐含量≥ 20 g/kg、厚度≥ 15 cm的土层，厚度（cm）× 盐分含量≥ 60%。联合国土壤分类制中的盐土，是以表层以下、125 cm深度以内的土壤饱和提取液，在25 ℃时的电导率大于15 ds/m为划分依据。

盐碱地是盐土、碱土和各种盐化、碱化土壤的总称。盐土是指可溶性盐含量达到对作物生长有显著危害的土壤。盐分含量指标因不同盐分组成而异。碱土是指含有危害植物生长和改变土壤性质的多量交换性钠的土壤。盐碱地主要分布在内陆干旱、半干旱地区，滨海地区也有分布。全世界盐碱地面积约897万km^2，占世界陆地面积的6.5%，占干旱地区总面积的39%。中国盐碱地面积有20多万平方千米，约占国土总面积的2.1%。

盐碱地形成，主要受气候条件、地形、水文地质、成土母质及植被等因素的影响。我国大部分地区属季风气候，夏季降水多而集中，土壤产生季节性脱盐；春、秋干旱季节蒸发量大于降水量，又引起土壤积盐。各地区气候的干燥度不同，土壤脱盐和积盐的时间和程度不同。盐碱地多位于低平地、内陆盆地、局部洼地以及沿海低地，这是由于盐分会随地形、地下径流由高向低汇集，使得低平洼地成为水盐汇集中心。水文地质条件也是影响土壤盐碱化的重要因素，地下水埋深越浅，矿化度越高，土壤积盐越强。盐碱地的成土母质通常是沉积物，对于不含盐母质，须具备一定的气候、地形和水文地质条件才能发育为盐土；对于含盐母质（如含盐沉积岩的风化物和滨海地区含盐的沉积物），则不一定要同时具备上述 3 个条件就能发育为盐土。成土母质的质地和结构也直接影响土壤盐碱化程度。干旱地区的深根性植物或盐生植物，能从土层深处和地下水中吸收水分、盐分，将盐分带至地表，同时累积于体中。植物死亡后，有机残体分解，盐分便回归土壤，逐渐累积于地表，因而植被也具有一定的积盐作用。

盐碱地中的盐分，主要来源于风化矿物、降水、盐岩、灌溉水、地下水等，主要有钠、钙、镁的碳酸盐、硫酸盐和氯化物。土壤盐碱化可分为盐化和碱化两个过程。盐化过程是指地表水、地下水以及母质中含有的盐分，在强烈的蒸发作用下，通过土体毛细管水移动向地表集聚的过程。水盐运动的总趋势是向着土壤上层，即一年中以水分向上蒸发、可溶性盐向表土层聚集占优势；同时，由于各种盐类的溶解度不同，在土体中的淀积呈垂直分布。碱化是指交换性钠不断进入土壤吸收性复合体的过程，又称为钠质化过程。必须具备两个条件：有显著数量的钠离子进入土壤胶体，土壤胶体上交换性钠的水解。盐土质地一般较黏重，除含盐母质形成的盐土外，盐土的盐分含量沿剖面呈上多下少分布。

3. 影响土壤盐分存量消减的因素

（1）降水：降水是土壤水分的重要来源。降水对土壤的脱盐效果极强，如特大暴雨可使浅层土壤盐分向下迁移，脱盐土层深度与地下水水位有关。谢承陶在研究水盐变化规律时认为，影响土壤水盐运动的因素主要有气候条件、地形地貌、土壤质地与土体构型、地下水位、地下水矿化度与化学性质，以及土壤有机质等。半湿润、半干旱季风气候区的干湿季分明，使水分和盐分在垂直方向上呈上行与下行，积盐和脱盐有规律更替，表现出明显的季节性变化。以黄淮海平原为例，受季风气候影响，土壤水盐运动表现为蒸发—积盐、淋溶—脱盐和相对稳定 3 种形式。周年内土壤水盐运动态可划分为：春季强烈蒸发—积盐阶段（3—6 月）、夏季降雨—脱盐阶段（7—8 月）、秋季蒸发—积盐阶段（9—11 月）和冬季相对稳定阶段（12 月至翌年 2 月）。

（2）排灌条件：谢承陶研究发现，排灌配套工程和农业耕种管理综合措施对土壤水盐运动影响极大。如果自流灌溉不合理，就会引起灌区水盐平衡失控，导致土壤次生盐碱化。有研究表明，灌溉可使表层含盐量大的土壤孔隙水向下淋溶，透过土壤耕作层，而被含盐少的灌溉水替代，使得耕作层以上的土壤剖面的多余盐分去除，达到均衡状态。刘春卿等通过实验室模拟发现，棉田在覆膜滴灌条件下，淡水滴灌可使上层土壤脱盐，微咸水滴灌会使土壤表层盐分增加并稳定，同时滴灌还有促进表层盐分向下运移的作用。

（3）地形与土地覆被：从目前研究看，不同地形、不同土地覆被与土壤盐分含量有中等相关性。通过对黄河三角洲土壤盐分含量与地形、土地覆被关系的分析发现，土壤盐分含量与地形和土地覆被呈中等相关性，盐分含量由高到低依次为洼地、河滩、废弃河道。荒地盐分含量尤其高，工业与居民用地盐分含量明显高于农业用地。马恭博等对莱州南岸土地覆被与土壤盐分含量的研究发现，土壤盐分含量与土地覆被呈中等相关性，土壤盐分含量为盐田 > 棉田 > 林地 > 杂草地 > 大豆田 > 玉米田。巩腾飞对山东省无棣县土壤水盐与植物覆盖度的时空耦合关系研究发现，不同植被覆盖土地的含盐量不同，土壤盐分与植物覆盖度呈负相关，负相关程度与季节变化不显著。同时土地利用类型的变化也会引起土壤盐分含量的变化，如华北地区旱地向水浇地的改变加强了土壤耕层的脱盐作用。吴庆华等发现，秸秆覆盖可以减少土壤水分无效蒸发，减少土壤浅层含盐量，对深层土壤效果微弱。梁珍海等研究发现，海防林通过以下3种途径降低土壤盐分，即抑制土壤蒸发，减少土壤库中盐分输入；提高土壤渗透，增加土壤库中盐分输出；树木自身生理活动使土壤库中盐分净输出大于0。

4. 影响土壤盐分增量的因素

（1）蒸发：土壤水盐运动决定于土壤蒸发积盐和淋洗脱盐两种过程的对比。与降水相反，蒸发是下层土壤盐分向上运移的动力。丁国强研究发现，一个地区土壤盐碱化和次生盐碱化状况受土壤水盐运动规律的制约。在干燥炎热和过度蒸发条件下，土壤毛细管水上升运动强烈。潜水通过毛细作用向上运移至土壤表面，在高温、干燥条件下迅速被蒸发，转化为水蒸气，盐分则滞留在土壤中，这就是土壤主要的积盐过程。郭全恩等研究发现，在干旱、半干旱地区，不同土层的全盐含量随着潜在累积蒸发量的增加而增大。土壤蒸发量与土地覆被有关，引起盐分在土壤剖面中的差异性分布，如裸露地块土壤剖面盐分含量高于植物覆盖的地块，而不同植被的土壤剖面盐分累积的时期、强度和部位不同。

（2）地下水：有学者探讨了潜水埋深、径流条件、地表水和地下水的矿化度、离子组成对土壤含盐量的影响，以及潜水埋深和矿化度与土壤含盐量的定量关系。潜水埋深决定孔隙水是否能上升到地表积盐；地下水径流通畅的地区土壤含盐量低，反之，则容易发生土壤盐碱化；潜水矿化度越低，土壤盐度越低。刘广明等研究发现，0～40 cm 土层土壤的电导率与地下水埋深、地下水矿化度有较明显的线性关系。王全九等通过室内模拟试验表明，一致性处理后的土壤含盐量与地下水埋深呈显著相关。任加国等建立了土壤盐碱化的类型、程度、特征与地下水之间的相关关系。在对黄河三角洲的研究中讨论了地下水对土壤盐分时间上的动态影响，发现土壤电导率与地下水埋深时间变化的一致性。

（3）施肥：长期以来，农业生产为了追求高产出，都要施用过量的肥料，使得土壤盐分不断累积，土壤环境质量不断恶化。研究表明，不同施肥方式和施肥水平对土壤盐分的影响有一定差异。侯振安等发现滴灌条件下不同施肥方式对土壤水盐分布无明显影响，但对于氮素在土壤中的分布影响显著。翟胜祥研究了不同灌溉方式、施肥方式对马铃薯产量和耕层土壤水溶性盐迁移的影响，以“滴灌 + 追肥”效益最高，漫灌土壤盐分从上向下淋溶明显，滴灌土壤盐分淋溶不充分，盐分在 20 ~ 60 cm 土层有积聚作用；在同等条件下，施肥量越高土壤盐分残留量越大，土壤次生盐碱化与施肥量关系密切。研究发现，施肥可以快速增加土壤盐分含量，过量施用肥料会引起土壤养分快速富集。同时，高度富集的养分成为土壤水溶性盐基离子总量提高的根本原因。胡育骄等采用海冰水灌溉，施用无机肥（传统施肥）、有机肥与无机肥配施、土壤调理剂与无机肥配施和不施肥处理，研究对土壤盐分及离子运移、棉花产量的影响。结果发现，海冰水灌溉 0 ~ 100 cm 土层土壤脱盐率达 40.2%，连续 2 年使用 3 g/L 海冰水灌溉，经过雨季降水淋洗，可以有效地降低 0 ~ 100 cm 土层土壤含盐量，达到改良盐碱地的效果，且不会造成滨海盐碱地的次生盐碱化；海冰水灌溉施加液膜处理后，无机肥配施土壤调理剂可促进土壤团粒结构形成，增加土壤通透性，加速土壤盐分淋洗。不同施肥水平直接影响土壤盐分含量。王金辉等研究发现，施肥对土壤盐分含量产生较大影响，施肥增加了土壤盐分离子含量；随着施肥水平的提高，各层土壤的 EC 明显上升，其中以 0 ~ 2 cm 土层 EC 上升幅度最大。

（4）覆膜盐水滴灌：据研究，在 3 年咸水灌溉的棉田中，0.15 m 深度秸秆覆盖的棉田土壤含盐量比未覆膜棉田低 20%，并能获得更高的棉花产量。马合木江 · 艾合买提等研究发现，在覆膜滴灌条件下，新疆棉田的生育期初和生育期末会产生返盐现象并存在次生盐化风险。马文军等指出，在干旱气候条件下，淡咸水灌溉会造成表层盐分的积聚，低盐土壤引入的盐分主要在深层积累，而高盐土壤引入的盐分主要积累于表层。窦超银等在重度盐碱地进行覆膜咸水滴灌试验，通过对盐分的淋洗和创造向下的水力梯度，为作物根系生长创造良好条件。米迎宾等通过对河南封丘地区灌溉方式的研究，发现咸水淡水轮灌会产生良好的土壤除盐效果，以“咸、咸、淡”的轮灌方式为最佳。在澳大利亚东南部的研究表明，使用废水灌溉尽管可以增加土壤养分，但会造成土壤盐碱化。

（5）大型工程：大型工程建设可能对区域内或者跨区域的土壤盐分分布产生重要影响。早在 1968 年，埃及建成的阿斯旺水库成功阻止了尼罗河季节性泛滥问题，但却加剧了尼罗河下游土地的盐碱化，影响了运河沿岸的盐分分布。余世鹏等研究发现，南水北调工程运行以来，长江河口枯水年份水位下降 20 cm，造成咸潮入侵加剧，引起土壤积盐，加剧了河口地区的土壤盐碱化。南水北调工程的实施对于区域土壤盐分的分布有很大影响，如运河进入黄淮地区时抬高了两岸地下水位，使两岸周边底层盐分向上迁移而造成次生盐渍化。

二、碱性指标

国际上对碱土的诊断指标尚未统一，习惯上用碱化度、电导率和 pH 作为划分指标。碱化度 >15%（美国）或 20%（中国），电导率 <4 ds/m，pH>8.5 即划为碱土。当前国际上有把碱土碱化指标提高的趋势。中国学者近年来建议的指标为：碱化层的碱化度 >30%，pH>9，表层土壤含盐量不超过 5 g/kg。美国土壤系统分类制对碱化层的规定更细，如土层上部多呈柱状或棱柱状结构，少数情况下为块状结构，时有淋溶层舌状物伸入达 2.5 cm 以上，其中含无包被的粉粒或沙粒。土层上部 40 cm 深度范围内，有某亚层的钠吸附比（SAR）≥ 13（或 ESP ≥ 15）；如 2 m 深度内有些土层 SAR ≥ 13（或 ESP ≥ 15），则本层上部 40 cm 内，交换性镁 + 交换性钠 > 交换性钙 + 交换性酸（pH=8.2 时）。由于土壤碱化度是一个相对数值，当土壤交换量低时，即使土壤交换性钠离子含量不高，而碱化度数值可以很高，也会使碱土范围扩大化；此外，在不同土壤水分状况和气候条件下，不同种类植物对土壤碱化度有不同的反应。当前国际上普遍认为，在进行碱土的分类和分级时，除应充分注意碱土的 ESP、EC 和 pH 三项指标外，还应考虑碱土的 SAR、土壤机械组成和矿物质组成、大团聚体的熟化程度、黏粒的分散性，以及结构层（B 层）的形态特征等。

碱土的物理性质很差，有机胶体和无机胶体高度分散并淋溶下移，表土质地变轻，碱化层相对黏重，形成粗大的不良结构。湿时碱土膨胀泥泞，干时碱土收缩硬结，通透性和耕性极差。除部分柱状碱土的表层外，土壤呈强碱性反应。易溶性盐遭淋溶，量少且集中在碱化层以下。表层 SiO_2 含量较下层高，R_2O_3 含量较下层低，这是由于表层黏土矿物在强碱作用下发生分解，R_2O_3 下移、SiO_2 残留的结果。

三、盐碱地土壤对酸的缓冲性能

盐碱地土壤 pH 越高，土壤胶体上吸附的盐基离子就越多，缓冲作用就越强。土壤的阳离子交换性能由表面胶体性质所决定。土壤胶体的阳离子交换过程是土壤产生缓冲性的主要原因之一，阳离子交换量愈大，缓冲性也愈强。廖柏寒认为阳离子交换过程构成了土壤初级缓冲体系，但是阳离子交换过程是快速反应，缓冲能力小，并且在 pH>3.5 时才起到缓冲作用。

第四章

盐碱地土壤的研究方法

第一节　调查与采样

一、采样方法

1. 布点

按照土壤类型和作物种植品种分布，样品的分布要均匀，不可集中，更不要设在地边、路旁、沟旁、肥堆等地方，按土壤肥力高、中、低分别采样。一般 10～20 hm^2（不同地区可根据情况确定）采取一个耕层混合样，每个示范村的主要农作土种至少采集 3～4 个混合农化土样。采样点以锯齿形或蛇形分布，尽量做到均匀和随机。应用土壤底图确定采样地块和采样点，并在图上标出，确定调查采样路线和方案。

（1）正方形采样：采样点根据地块面积大小来确定，对于小于 10 亩*、类正方形的地块，采样点在 5～10 个（图 4-1）。

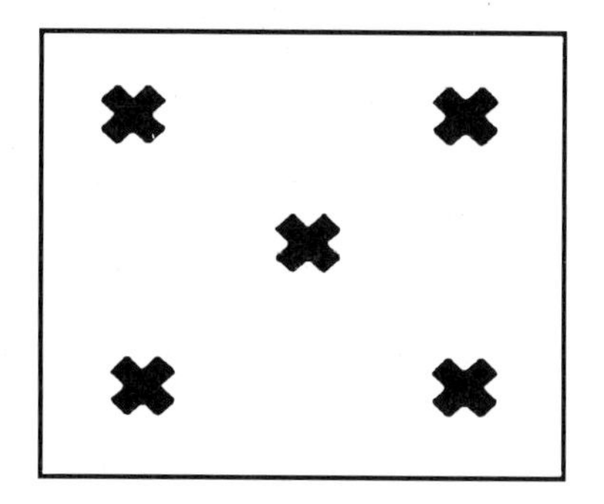

图 4-1　正方形采样点

---

* 亩为常用计量单位，但非法定计量单位，1 亩≈666.7m^2。——编者注。

（2）V 字形采样点：对于 10～50 亩且地形、土壤条件有差异的地块，采样点在 10～20 个（图 4-2）。

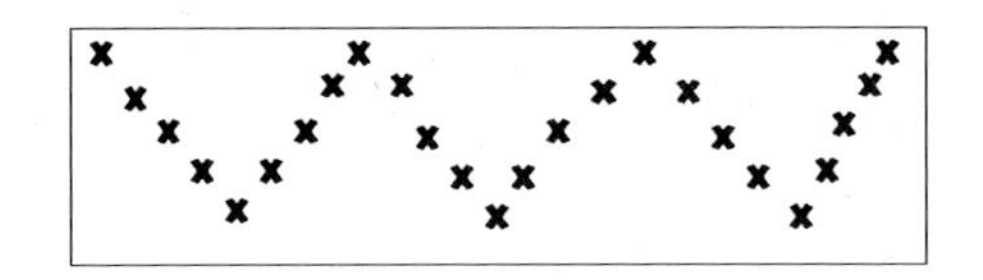

图 4-2　V 字形采样点

（3）随机采样点：在需测地块随机取若干个点，所取土样必须能代表该地块的土壤肥力水平（适用于面积较大的地块）。

（4）S 形采样点：沿 S 形在田间多点取样，适用于窄长的地块（图 4-3）。

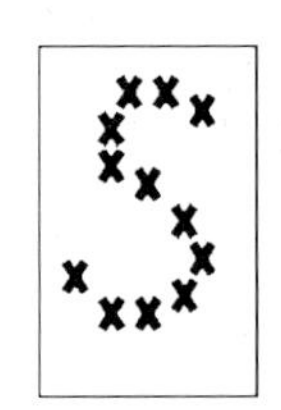

图 4-3　S 形采样点

2. 采样部位和深度

根据耕层厚度确定采样深度，一般采样深度以 0～20 cm 为宜。对于果树和根系较深的作物，采样深度要适当增加，盐渍土盐分的变化垂直方向更为明显。为了解土壤剖面中土壤盐分含量，一般取土深度为 20 cm、40 cm、60 cm、80 cm、100 cm。

3. 采样季节和时间

土壤骨干农化土样采集地点和时间，尽量与第二次全国土壤普查时的土壤骨干农化土样所代表的土壤区域一致，以便比较土壤养分前后的变化。采样时间也与第二次全国土壤普查时的土壤骨干农化土样采样时间一致。如无法查知第二次全国土壤普查采集时间的，则统一在秋收后冬播施肥前采样。随着盐渍土淋洗和蒸发作用的不同，土壤盐分差异较大；黄淮海平原地区，每年 4—5 月为土壤返盐期，7—8 月为淋溶期，要定时定点取样，研究土壤盐分的变化动态。

4. 采样方法、数量

采用多点混合采样方法，每个混合农化土样由 20 个样点组成，样点分布范围不少于 3 亩（各地可根据情况确定）。每个样点的取土深度和重量应均匀一致，土样上层和下层的比例也要相同。采样使用不锈钢、木、竹或塑料器具，垂直于地面，入土至规定的深度。样品处理、贮存不要接触金属器具和橡胶制品，以防污染。一般每个混合样品采取 1 kg 左右，如果采样太多，可用“四分法”弃去多余土壤。

（1）土钻取土样：土钻垂直插入土壤中，深度在 0 ~ 20 cm 为宜（土钻上标有刻度线），这种办法一般适用于湿润的土壤，不适用于含水率低的土壤和沙土（图 4-4）。

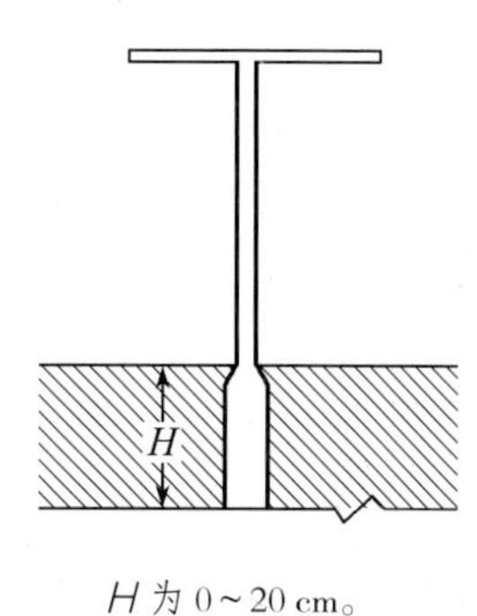

H 为 0 ~ 20 cm。

图 4-4 土钻取土样

（2）铁锹取土样：先在确定的采样点上用铁锹挖一个 V 字形土坑，深度在 20 cm 左右（同一片地块中所有采样点的土坑深度应一致）。在土坑内用铁锹倾斜向下切取一块土壤，然后在切下的土片中间位置，从上到下切下一条宽约 5 cm 的土样。各个采集点上切下的土样，上下厚度、宽度及长度都应基本相同（图 4-5）。

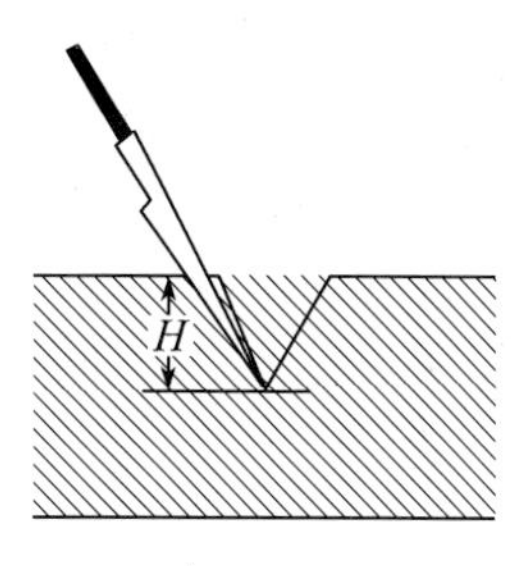

H 为 0 ~ 20 cm。

图 4-5 铁锹取土样

注：测定微量元素的土壤样品必须用不锈钢取土器采样。

5. 土样收集

将同一地块中各采样点的土壤样品收集到一起，拣除杂质后充分混合，并采用四分法将土壤样品减至 1 kg 左右，先放入自封袋中，再放入布制的取土袋中。

将采集的土壤样品弄碎，充分混合并铺成四方形，按对角线分成 4 份，再把对角的 2 份并为 1 份。如果所得的土壤样品仍然很多，可再用四分法处理，直到所需数量为止（图 4-6）。

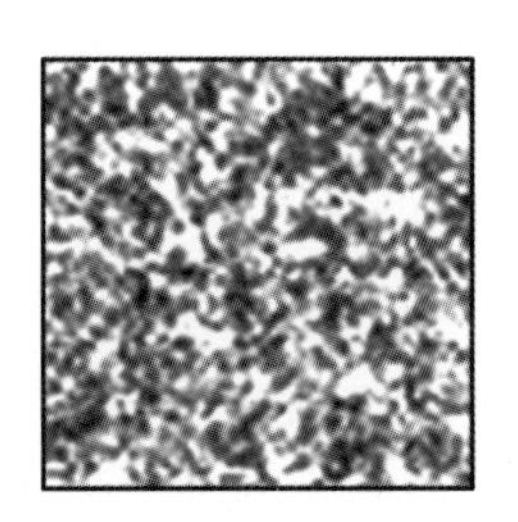

土壤样品铺成四方形

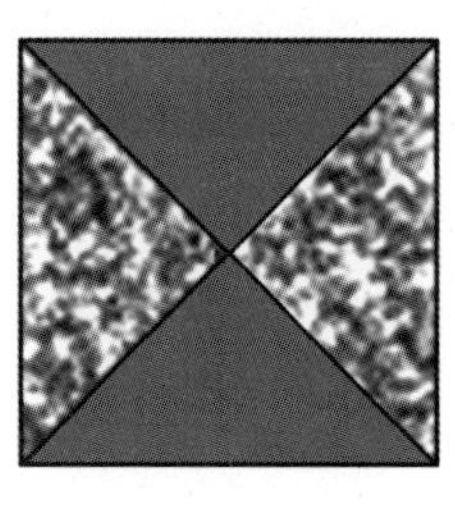

按对角线分为 4 份

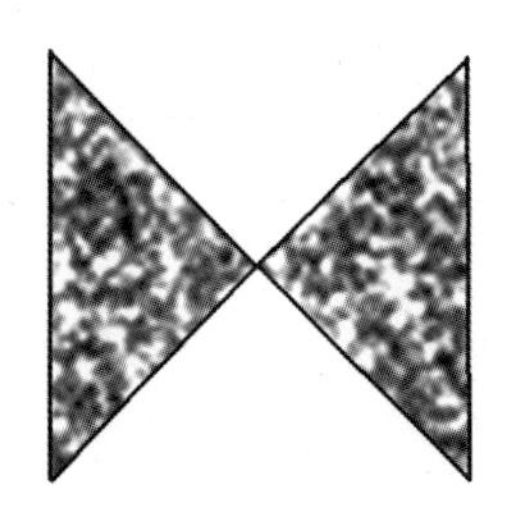

把对角的 2 份并为 1 份

图 4-6　土样收集

6. 样品编号和档案记录

每个土样都要认真填写标签，包括土样编号、采样地点及经纬度、土壤名称、采样深度、前茬作物及产量、采样日期、采样人，尤其是作物及目标产量。土样标签必须用铅笔填写 2 份，一份挂在取土袋外边，一份放在土样中。

二、采样注意事项

1. 选择取土区域

选择取土区域时，首先考虑样区在整个区域生态系统中的典型性和代表性。区域生态系统包括地理景观和等时空格局。研究土壤养分循环选择样区时，应以生态学和地理学的区域划分理论为基础，要能代表研究区域的完整地貌单元和生态群落结构。另外，人类活动也是影响区域生态系统中土壤养分循环过程的重要因子，根据气候特征、地形地貌、生态系统类型、社会经济因素等选择具有代表性的样区。

2. 保证取土样的随机性

在大尺度区域，土壤养分受地带性规律和时间性节律的支配；但在小尺度区域，由于受土壤母质和耕作施肥的影响，土壤养分却表现为随机分布的特点。从理论上讲，区域中的样区、样区中的采样单元、样点数都是越密越接近真实值，但在实践中却不可能做到。利用统计学原理的随机性原则，可以用样点来反映其代表的采样单元，以采样单元来反映代表的样区，以样区来反映代表的区域。在选定的样区内按统计学要求设置适当数目的采样单元，根据每个样点都有相同概率的原则进行随机采样。

3. 保证取土样的重现性

重现性是指在已定的样区内多次重复采样，都能获得相同规律性结果。要保证研究区域结果重现性，必须统一区域内各样区的采样标准和方法，并有足够密度的样点，尽可能消除采样方法引起的人为误差。为便于样区内重复采样与样品化验结果的正确分析，在整个采样过程中，有必要对各采样单元的地理位置、土地利用方式、农艺管理措施等实地情况详尽记载，尽可能全面考虑区域生态系统中影响土壤养分循环的因素。

4. 保证取土样的时间统一

由于农业生态系统中的土壤和植物养分含量、植物生物量都存在季节性变化，各样区采样时间不一致易导致样区间结果缺乏可比性，也无法保证样区内土壤养分特征、循环规律与整个研究区域接近。保证各个样区采样时间的相对统一，是保证整个区域研究结果一致的关键。

第二节　土壤化学性质的测定

一、pH 的测定

pH 为水中氢离子活度的负对数：$\log^{10a}H^{+}$。pH 可间接地表示水的酸碱强度，是水化学中常用和最重要的检验项目之一。

1. 玻璃电极法

（1）原理：以玻璃电极为指示电极，饱和甘汞电极为参比电极，组成电池。由于参比电极的电位是固定的，因此，该电位的差值取决于样品溶液中氢离子活度，其负对数即为 pH。在 25 ℃理想条件下，氢离子活度变化 10 倍，使电动势偏移 59.16 mV。

（2）仪器和试剂：

仪器：酸度计（带复合电极）、250 mL 塑料烧杯、搅拌器。

试剂：pH 成套袋装缓冲剂（邻苯二甲酸氢钾、混合磷酸盐、硼砂）。

氯化钾溶液［c（KCl）=1 mol/L］：称取 74.6 g　KCl 溶于 800 mL 水中，用稀氢氧化钾和稀盐酸调节溶液 pH 为 5.5~6.0，稀释至 1 L。

pH=4.01（25 ℃）标准缓冲溶液

pH=6.87（25 ℃）标准缓冲溶液

pH=9.18（25 ℃）标准缓冲溶液

去除 CO_2 的水：煮沸 10 min 后加盖冷却，立即使用。

（3）试验步骤：

1）缓冲溶液的配制：剪开塑料袋，将粉末倒入 250 mL 容量瓶中，以少量去 CO_2 水冲洗塑料袋内壁，稀释到刻度摇匀备用。

2）仪器（pHS-2C 酸度计）的校准：仪器插上电极，将选择开关置于 pH 挡，斜率调节在 100% 处；选择两种缓冲溶液（被测溶液 pH 在二者之间）；把电极放入第一种缓冲溶液中，调节温度调节器，使所指示的温度与溶液均匀；待读数稳定后，调节定位调节器至表 4-1 所示该温度下的 pH；然后放入第二种缓冲溶液中混匀，调节斜率调节器至表 4-1 所示该温度下的 pH。

表 4-1　pH 的测定

温度 /℃	pH		
	0.05M 邻苯二甲酸氢钾	0.025M 混合磷酸盐	0.01M 硼砂
0	4.01	6.98	9.46
5	1.00	6.95	9.39
10	4.00	6.92	9.28
15	4.00	6.90	9.23
20	4.00	6.88	9.18
25	4.00	6.86	9.14
30	4.01	6.85	9.10
35	4.02	6.84	9.07
40	4.03	6.83	9.04
45	4.04	6.83	9.02

3）样品测定：如果样品温度与校准的温度相同，则直接将校准后的电极放入样品中，摇匀，待读数稳定，即为样品的 pH；如果温度不同，则用温度计量出样品温度，调节温度调节器，指示该温度，“定位”保持不变。

称取土壤 10 g，通过 2 mm 孔径筛的风干，放入 50 mL 高型烧杯中，加 25 mL 去离子水，用玻璃棒搅拌 1 min，使土粒充分分散，放置 30 min 后进行测定。将土壤上清液倒入 20 mL 的小烧杯里，把电极插入待测液中，轻轻摇动烧杯以除去电极上的水膜，促使其快速平衡。静置片刻，按下读数开关，待读数稳定（在 5 s 内 pH 变化不超过 0.02）时记下 pH。放开读数开关取出电极，以水洗涤，用滤纸条吸干水分后，即可进行第二个样品的测定。每测 5～6 个样品后，需用标准缓冲溶液检查定位。

（4）注意事项：电极短时间不用时，浸泡在蒸馏水中；如长时间不用，则在电极帽内加少许电极液，盖上电极帽；及时补充电极液（3 mol/L 氯化钾溶液）；电极的玻璃球泡不与硬物接触，以免损坏；每次测完水样，都要用蒸馏水冲洗电极头部，并用滤纸吸干。

（5）质量控制：利用测量的区间估值，可以再把电极放入缓冲溶液中校正，看仪器是否稳定正常，同时排除试验误差，可以做平行样分析。

二、可溶性盐分的测定

分析土壤中可溶性盐分的阴、阳离子含量，盐分类型和含量，可以判断土壤的盐渍化状况和盐分动态，以作为盐碱土分类和利用改良的依据。

1. 待测液的制备

（1）方法原理：土壤样品和水按一定的比例混合，经过振荡后，将土壤中可溶性盐分提取到溶液中。然后将水土混合液进行过滤，滤液可作为土壤可溶盐分测定的待测液。

（2）主要仪器：往复式电动振荡机、离心机、真空泵、1/100 扭力天平、巴氏漏斗、广口塑料瓶（1 000 mL）。

（3）操作步骤：称取土样 100 g（通过 1 mm 筛孔的风干），放入 1 000 mL 广口塑料瓶中，加入去 CO_2 水 500 mL，用橡皮塞塞紧瓶口。在振荡机上振荡 3 min，立即用抽滤管（或漏斗）过滤，最初的 10 mL 滤液不要。如滤液浑浊，则应重新过滤，直到获得清亮的浸出液。清液存于干净的玻璃瓶或塑料瓶中，不能久放。测定 pH、CO_3^{2-}、HCO_3^- 等指标，其他离子的测定最好都能在当天做完。如不用抽滤，也可用离心分离，分离出的溶液必须清澈透明。

2. 水溶性盐分总量的测定（重量法）

（1）方法原理：取一定量的待测液蒸干后，105 ℃～110 ℃烘干，称至恒重，称为“烘干残渣总量”，包括水溶性盐类及水溶性有机质等的总和，用 H_2O_2 除去烘干残渣中的有机质后，即为水溶性盐总量。

（2）主要仪器：电热板、水浴锅、干燥器、瓷蒸发皿、分析天平（1/10 000）。

（3）试剂：2%Na_2CO_3（将 2 g 无水 Na_2CO_3 溶于少量水中，稀释至 100 mL）和 15%H_2O_2。

（4）操作步骤：吸出清澈的待测液 50 mL，放入已知重量的烧杯或瓷蒸发皿（W_1）中，移放在水浴锅上蒸干后，放入烘干箱。在 105 ℃～110 ℃烘干 4 h 取出，放在干燥器中冷却约 30 min，在分析天平上称重。再重复烘干 2 h，冷却，称至恒重（W_2）。前后两次重量之差不得大于 1 mg。计算烘干残渣总量。

在上述烘干残渣中滴加 15%H_2O_2 溶液，使残渣湿润，再放在水浴锅上蒸干，如此反复处理，直至残渣完全变白为止。再按上法烘干后，称至恒重（W_3），计算水溶性盐总量。

$$水溶性盐总量（\%）=（W_3-W_1）/W\times 100$$

式中，W 为与吸取浸出液相当的土壤样品重（g）。

3. 碳酸根和重碳酸根的测定

（1）方法原理：在待测液中碳酸根（CO_3^{2-}）和重碳酸根（HCO_3^-）同时存在的情况下，用标准盐酸滴定时，反应按下式进行：

$Na_2CO_3+HCl\rightarrow NaHCO_3+NaCl$（pH 8.2 为酚酞终点）……………………①

$NaHCO_3+HCl\rightarrow NaCl+H_2CO_3$（pH 3.8 为甲基橙终点）…………………②

当①式反应完成时，有酚酞指示剂存在，溶液由红色变为无色，pH 为 8.2，只滴定了碳酸根的 1/2。当②式反应完成时，有甲基橙指示剂存在，溶液由橙黄色变成橘红色，pH 为 3.8。

（2）主要仪器：滴定管、滴定台、移液管（25 mL）、三角瓶（150 mL）。

（3）试剂：0.02 mol/L 盐酸标准溶液，配制方法参照土壤全氮测定，用标准硼砂溶液标定；0.5% 酚酞指示剂（95% 乙醇溶液）；0.1% 甲基橙指示剂（水溶液）。

（4）操作步骤：吸取待测液 25 mL 于 150 mL 三角瓶中，加酚酞指示剂 2 滴（溶液呈红色），用标准盐酸滴至无色，记下消耗的标准盐酸毫升数 V_1，若加入酚酞指示剂后溶液不显色，则表示没有 CO_3^{2-} 存在。于上述三角瓶中再加甲基橙指示剂 1 滴，继续用标准盐酸滴定，由橙黄色滴至橘红色即达终点，记下消耗的盐酸毫升数 V_2。

（5）结果计算：

CO_3^{2-}（mmol 1/2 CO_3^{2-} /kg）$=2V_1\times C/W\times 100$

CO_3^{2-}（%）=mmol 1/2 CO_3^{2-} /kg×0.030

HCO_3^-（mmol 1/2 CO_3^{2-} /kg）$=（V_2-V_1）\times C/W\times 100$

HCO_3^-（%）=mmol 1/2 HCO_3^- /kg×0.061

式中，V_1、V_2 为滴定时消耗标准盐酸毫升数；C 为标准盐酸的摩尔浓度；W 为与吸取待测液的毫升数相当的样品量；0.030 为每 1/2 mmol 碳酸根的克数；0.061 为每 1/2 mmol 重碳酸根的克数。

4. 氯离子的测定（硝酸银滴定法）

（1）方法原理：根据生成氯化银比生成铬酸银所需的银离子浓度小得多，利用分级沉淀的原理，用硝酸银滴定氯离子，以铬酸钾作指示剂，银离子首先与氯离子反应生成氯化银的白色沉淀。当待测溶液中的氯离子被银离子沉淀完全后（等当点），多余的硝酸银才能与铬酸钾作用，生成砖红色沉淀，即达滴定终点。

$NaCl+AgNO_3 \rightarrow NaNO_3+AgCl\downarrow$（白色）

滴到终点时，过量的硝酸银与指示剂铬酸钾作用，产生砖红色的铬酸银沉淀。

$K_2CrO_4+2AgNO_3 \rightarrow 2KNO_3+Ag_2CrO_4\downarrow$（砖红色沉淀）

由消耗的标准硝酸银用量，即可计算出氯离子的含量。

（2）主要仪器：滴定管、滴定台、移液管。

（3）试剂：

1）5% 铬酸钾指示剂：铬酸钾（K_2CrO_4）5 g，溶于 75 mL 水中，加饱和的硝酸银溶液至有红色沉淀为止，过滤后稀释至 100 mL。

2）0.03 mol/L 硝酸银标准溶液：准确称取经 105 ℃烘干的硝酸银 5.097 g，溶于蒸馏水中，移入量瓶，加水定容至 1 L，摇匀，保存于暗色瓶中。必要时用 0.04 mol/L 氯化钠标准溶液标定。

3）0.04 mol/L 氯化钠标准溶液：准确称取经 105 ℃烘干的氯化钠 2.338 g，溶于水后再加水定容至 1 L，摇匀。

（4）操作步骤：吸取待测液 25 mL，加碳酸氢钠（0.2～0.5 g），即可使溶液的 pH 达中性或微碱性。向溶液中加 5 滴铬酸钾指示剂，用标准的硝酸银滴定至溶液出现淡红色为止，记下毫升数（V）。

$Cl^-(mmol/kg)=V\times N/W\times 100$

$Cl^-(\%)=Cl^-(mmol/kg)\times 0.0355$

式中，V 为滴定时所耗硝酸银的体积；N 为硝酸银的摩尔浓度；W 为与吸取待测液的毫升数相当的样品重；0.035 5 为每 1 mol/L 氯离子的克数。

5. 硫酸根离子的测定（滴定法）

（1）方法原理：先用过量的氯化钡将溶液中的硫酸根完全沉淀。过量的钡在 pH 10 时加钙、镁混合指示剂，用 EDTA 二钠盐溶液滴定。为了使终点明显，应添加一定量的镁。用加入钡、镁所耗的 EDTA 量（用空白方法求得）减去沉淀硫酸根剩余钡、镁所耗 EDTA 量，即可算出消耗硫酸根的钡量，再求出硫酸根量。

（2）主要仪器：滴定管、滴定台、移液管（25 mL）、三角瓶（150 mL）、调温电炉。

（3）试剂：

1）0. 01 mol/L EDTA 溶液：称取 EDTA 二钠盐 3. 72 g，溶于无二氧化碳蒸馏水中，定容至 1 L，其浓度可用标准钙或镁液标定。

2）0. 01 mol/L 钡镁混合液：2. 44 g 氯化钡（$BaCl_2 \cdot 2H_2O$）和 2. 04 g 氯化镁（$MgCl_2 \cdot 6H_2O$）溶于水，定容至 1 L，摇匀。此溶液中钡、镁浓度各为 0. 01 mol/L，每毫升约可沉淀硫酸根 1 mg。

3）pH 10 缓冲剂：67. 5 g 氯化铵溶于水中，加入 570 mL 浓氢氧化铵（密度 0. 90，含 NH_3^+ 25%），加水稀释至 1 L。

4）钙镁混合指示剂：0. 5 g 酸性铬蓝 K、1 g 萘酚绿 B 与 100 g 氯化钠在玛瑙研钵中研磨均匀，贮于暗色瓶中，密封保存备用。

（4）操作步骤：

1）吸取土壤浸出液 25 mL 于 150 mL 三角瓶中，加入 1∶1 HCl 2 滴，加热煮沸。趁热用吸管缓缓地加入过量 25%～100% 的钡镁混合液（5～10 mL），并继续加热 5 min，放置 2 h 以上，加入氨缓冲液 5 mL 摇匀。再加入 K-B 指示剂或铬黑 T 指示剂 1 小勺（约 0. 1 g），摇匀后，立即用 EDTA 标准液滴定至溶液由酒红色突变成纯蓝色，记录 EDTA 溶液的用量（V_3）。

2）空白标定取 25 mL 水，加 1∶1HCl 2 滴，钡镁混合液（5～10 mL）氨缓冲液 5 mL，K-B 混合指示剂 1 小勺（约 0. 1 g），摇匀后，用 EDTA 标准液滴定至溶液由酒红色变为纯蓝色，记录 EDTA 溶液的用量（V_4）。

3）土壤浸出液中 Ca^{2+}+Mg^{2+} 合量的测定，记录 EDTA 溶液的用量（V_1）。

（5）结果计算：

SO_4^{2-}（mmol 1/2 SO_4/kg）$=2M(V_4+V_1-V_3)/W\times 100$

式中，W 为与吸取浸出液相当的土样重（g）；M 为 EDTA 标准溶液的浓度（mol/L）。

6. 钙和镁离子的测定

（1）方法原理：EDTA 能与多种金属阳离子在不同的 pH 条件下形成稳定的络合物，而且反应与金属阳离子的价数无关。首先调节待测液的适宜酸度，然后加钙镁指示剂进行滴定。

在 pH=10，并有大量铵盐存在时，将指示剂加入待测液后，首先与钙、镁离子形成红色络合物，溶液呈红色或紫红色。当用 EDTA 进行滴定时，由于 EDTA 对钙、镁离子的络合能力远比指示剂强，因此，在滴定过程中，原先为指示剂所络合的钙、镁离子即开始为 EDTA 所夺取。当溶液由红色变为蓝色时，即达到滴定终点。钙、镁离子全部被 EDTA 络合。

在 pH=12、无铵盐存在时，待测液中镁沉淀为氢氧化镁，故可用 EDTA 单独滴定钙，仍用酸性铬蓝K-萘酚绿B作指示剂，终点由红色变为蓝色。

（2）试剂：

1）0.01 mol/L EDTA标准溶液：称取3.72 g EDTA二钠盐，溶解于无二氧化碳的蒸馏水中，微热溶解，冷却后定容到1 L，再用标准钙液标定。

2）氨缓冲液：称取氯化铵33.75 g，溶于150 mL去CO_2蒸馏水中，加浓氢氧化铵（密度0.90）285 mL混合，然后加水稀释至500 mL，此溶液pH为10。

3）K-B指示剂：先称取50 g无水硫酸钾，放在玛瑙研钵中研细。然后分别称取0.5 g酸性铬蓝K、1 g萘酚绿B，放于玛瑙研钵中，研磨混合均匀。

4）铬黑T指示剂：0.5 g铬黑T与100 g烘干的NaCl共研至极细，贮于棕色瓶中。

5）钙指示剂：0.5 g钙指示剂（$C_{21}H_{14}O_7N_2S$）与50 g NaCl研细混匀，贮于棕色瓶中。

6）2 mol/L NaOH溶液：0.8 g NaOH溶于100 mL无二氧化碳蒸馏水中。

（3）操作步骤：

1）Ca^{2+}+Mg^{2+}合量的测定：吸取待测液25 mL于150 mL三角瓶中，加pH为10的氨缓冲液2 mL，摇匀后加K-B指示剂或铬黑T指示剂1小勺（约0.1 g），用EDTA标准溶液滴定至由酒红色突变为纯蓝色。记录EDTA溶液的用量（V_1）。

2）Ca^{2+}的测定：另吸取土壤浸出液25 mL于三角瓶中，加1∶1 HCl 1滴，充分摇动煮沸1 min赶出CO_2。冷却后，加2 mol/L NaOH 2 mL，摇匀。用EDTA标准溶液滴定，接近终点时须逐滴加入，充分摇动，直至溶液由酒红色突变为纯蓝色，记录EDTA溶液的用量为（V_2）。

（4）结果计算：

土壤钙（mmol 1/2 Ca^{2+}/kg）$=2\times V_2/W\times 100$

Ca^{2+}（%）=Ca^{2+}（mmol 1/2 Ca^{2+}/kg）$\times 0.02$

土壤镁（mmol 1/2 Mg^{2+}/kg）$=2M(V_1-V_2)/W\times 100$

Mg^{2+}（%）=Mg^{2+}（mmol 1/2 Mg^{2+}/kg）$\times 0.0122$

式中，V_1和V_2为滴定（Ca^{2+}+Mg^{2+}）和Ca^{2+}时所消耗的EDTA标准液用量（mL）；M为EDTA的摩尔浓度，折合为1/2Ca^{2+}或1/2Mg^{2+}摩尔浓度时乘以2；W为与吸取浸出液相当的样品重（g）；0.02和0.012 2为Ca^{2+}和Mg^{2+}的毫摩尔质量（mg/mmol）。

7. 钾和钠离子的测定

（1）方法原理：待测液在火焰高温激发下，辐射出钾、钠元素的特征光谱，通过钾、钠滤光片，经光电池或光电倍增管把光能转换为电能，放大后用微电流表指示其强度。从钾钠标准液浓度和检流计读数做的工作曲线，即可查出待测液的钾、钠浓度，然后计算样品的钾、钠含量。

（2）主要仪器：火焰光度计。

（3）试剂：钾钠混合标准液：先分别配制 1 000 mg/L 钾钠的标准溶液，然后配成混合标准溶液。1 000 mg/L 钠标准溶液：2.542 g NaCl（二级，105 ℃烘干）溶于少量水中，定容至 1 L。1 000 mg/L 钾标准溶液：1.907 g KCl（二级，105 ℃烘干）溶于少量水中，定容至 1 L。将 1 000 mg/L 钾钠标准溶液等体积混合，即得 500 mg/L 的钾钠混合液。将其贮于塑料瓶中，应用时配制成 0 mg/L、5 mg/L、10 mg/L、20 mg/L、30 mg/L、50 mg/L、70 mg/L 的钾钠混合标准系列溶液。

（4）操作步骤：将配制好的钾钠混合标准系列溶液在火焰光度计上分别测定钾钠离子的发射光强度，以水为空白参比液，分别绘制钾钠离子的工作曲线。

吸取土壤浸出液 5～10 mL（视 Na^+ 含量而定）于 25 mL 容量瓶中，用水定容，用火焰光度计测定钾钠离子的发射光强度。根据测得结果分别在钾钠离子工作曲线上查出钾钠离子的浓度（mg/L）。

（5）结果计算：

土壤 Na^+（%）= 查得 Na^+ 浓度（mg/L）$\times 25/V \times 5 \times 10^{-4}$

Na^+（mmol/kg）=Na^+（%）$\times$ 1 000/23.0

土壤 K^+（%）= 查得 K^+ 浓度（mg/L）$\times 25/V \times 5 \times 10^{-4}$

K^+（mmol/kg）=K^+（%）$\times$ 1 000/39.1

式中，V 为吸取土壤浸出液用量（mL）；25 为定容用量（mL），5 为水土比例；10^{-4} 为将“mg/L”换算成“%”的因数；23.0 和 39.1 分别为 K^+ 和 Na^+ 的毫摩尔质量（mg/mmol）。

三、土壤阳离子交换性能的测定

1. 试验方法

采用醋酸铵法（用于中性、酸性土壤）。

2. 试验原理

用醋酸铵溶液处理土壤，形成铵质土，过量的醋酸铵用乙醇洗去。用蒸馏定氮的方法测定氨离子量，即可算出土壤阳离子交换量。

3. 仪器设备

电动离心机（3 000 ~ 4 000 r/min）、离心管（50 mL）、皮头玻棒、1/100 天平、开氏瓶（250 mL）、凯氏定氮仪、小滴管、量筒（50 mL、100 mL）等。

4. 化学试剂

1 mol/L 醋酸铵（NH_4OAc 加水溶解，定容至 1 L。取出 50 mL，用溴百里酚蓝作指示剂，以 1∶1 NH_4OH 与 HOAc 调至绿色，根据 50 mL 所用 NH_4OH 或 HOAc 的毫升数，将溶液调至 pH=7）、95% 乙醇、2% 硼酸、液状石蜡、氧化镁粉剂、定氮混合指示剂等。

5. 试验操作

（1）称取通过 0.25 mm 筛孔的风干土 1 g，放入 50 mg 离心管中。加少量 1 mol/L 醋酸铵，用皮头玻棒搅拌成泥浆状。再加醋酸铵溶液约 30 mL，充分搅拌后，用醋酸铵溶液洗净皮头玻棒与管壁黏附的土粒。

（2）将离心管成对平衡后，对称地放入离心机，离心 3 ~ 5 min（3 000 r/min），弃去管中清液。如此连续处理 3 ~ 4 次，直至清液中无钙离子反应。

（3）将载土的离心管口向下，用自来水冲洗外部，再用不含铵离子的 95% 乙醇搅拌样品，洗去过量的醋酸铵，洗至无铵离子反应。

（4）用自来水冲洗管外壁后，在管内放入少量自来水，以皮头玻棒搅成糊状，并洗入开氏瓶，溶液约为 250 mL，加 1 mL 液状石蜡和 1 g 左右氧化镁，在定氮器上进行蒸馏。

（5）凯氏定氮仪操作：插电源→开自来水→开电源开关→取大试管，测 5 ~ 6 个水样至数据稳定（用来冲洗仪器中碱液和检测仪器稳定性）→设定仪器数值（A=0 s，M=0.009 3，K=1.000 0，C=0.00，W=1 g），测定空白（除不加土样外，与样品管加入药品相同），得出 V_0 数值→再放样品管测定→测定完先关闭电源，再关闭自来水。

6. 计算方法

阳离子交换量（cmol/kg）$=M\times(V-V_0)/$ 样品重

式中，V 为滴定待测液所消耗盐酸用量；V_0 为滴定空白消耗盐酸用量；M 为土样水分换算系数。

7. 注意事项

（1）如果仪器没有数据打印纸，请添加打印纸或关闭打印按钮，用笔记录数据。

（2）大试管与仪器连接处一定要塞紧，否则，药品易飞溅。如果发生仪器药品飞溅、仪器冒烟等事故，请立即关闭电源开关，缓解 1 h 左右，等仪器冷却后再开机。

（3）每次关机再开机都要重复以上操作步骤（因仪器重启后一切数据都归为原始数据，

需重新设定）。

（4）测定过程中要时刻观察药品桶（硼酸、盐酸、蒸馏水）中是否有药品，如果没有药品，请立即关闭电源重新添加，再开机测定。

（5）洗入开氏瓶的溶液不能太多，一般液面高度不超过 5 cm，以防止溶液飞溅。

（6）氧化镁在放入凯氏定氮仪之前加入，不能过早加入。

四、其他化学指标的测定

1. 土壤有机质测定——水合热重铬酸钾氧化法

（1）方法原理：利用将浓硫酸加入重铬酸钾水溶液中产生的热量（稀释热），重铬酸钾将有机质中的有机碳氧化，使部分 Cr^{6+} 还原成绿色的 Cr^{3+}，用比色法测定被还原的三价铬，以葡萄糖碳做模拟色阶，计算有机质含量。

（2）试剂：重铬酸钾溶液［c（$1/6K_2Cr_2O_7$= 0.8 mol/L）］，准确称取 $K_2Cr_2O_7$39.224 5 g，加水 400 mL，加热溶解，冷却后定容至 1 L；浓硫酸；有机碳标准溶液［ρ（C）=5 g/L］，称取葡萄糖（$C_6H_{12}O_6H_2O$）1.375 g，溶于水，定容至 100 mL。

（3）操作步骤：准确称取土样 1 g（通过 0.149 mm 孔径筛子的风干）放于 150 mL 的三角瓶中，加 3 mL 水，充分将土样摇散。加 10 mL $K_2Cr_2O_7$，再加入 10 mL 浓硫酸，不断摇动，停放 20 min，加 10 mL 水，混匀。静置过夜，吸取上清液 3 mL，加水 7 mL，混匀。在 590 nm 处，以试剂空白调仪器零点进行比色，在标准曲线上查出有机碳含量。

标准曲线的绘制：吸取有机碳标准溶液 0 mL、0.5 mL、1 mL、1.5 mL、2 mL、2.5 mL、3 mL 于三角瓶中，有机碳含量分别为 0 mg、2.5 mg、5 mg、7.5 mg、10 mg、12.5 mg、15 mg，补加水至 3 mL，然后按照土壤操作步骤同样测定，制定标线。

（4）结果计算：

C(mg)=45.469×OD+0.079 8

土壤有机质（%）=C×1.724×1.32×100/（m×10^3）

式中，C 为标线，查出有机碳含量（mg）；1.724 为有机碳换算成有机质的系数（按土壤有机质的平均含碳量为 58% 计）；1.32 为氧化校正系数；m 为土样质量（g）。

平行误差：土壤有机质含量小于 4% 时为 0.1%；4%～10% 时为 0.4%；大于 10% 时为 0.6%。

2. 土壤硝态氮（NO_3^-N）的测定——比色法

（1）氯化钙浸提液：将 8.88 g $CaCl_2$ 定容至 8 L，用去离子水配制无水氯化钙溶液。

取 5 g 鲜土样，加入 25 mL 浸提液，在振荡机上振荡 30 min（振荡频率：220 r/min），过滤于胶卷盒中，使用中速 9 cm 定量滤纸，过滤待测。

（2）浓硫酸 / 水 =1：9，50 mL 浓硫酸加入 450 mL 去离子水中。

（3）取 500 μL 待测液，加入 3 mL $CaCl_2$ 浸提液（稀释 7 倍），加入 140 μL 1：9 的硫酸溶液，振荡混匀，210 nm、275 nm 比色标线。

NO_3^-N C（μg/mL）=0.936 2×（OD210-2.1×OD275）+0.012 4 R_2=0.999 6

土壤中 NO_3^-N（mg/kg）=$C\times V\times Ts/m$

式中，Ts 为震荡时间，m 为换算的干土重。

3. 土壤全氮的测定

（1）方法原理：土壤样品在加速剂的作用下，用浓硫酸消煮，各种含氮有机化合物经复杂的高温分解反应，转化为氨与硫酸结合成为硫酸铵。碱化后蒸馏出来的氨，用硼酸吸收，以标准酸溶液滴定，即可求出土壤全氮含量。

（2）试剂：混合指示剂，100 g K_2SO_4：10 g $CuSO_4\cdot 5H_2O$：1g Se 粉分别研磨成粉，混匀，贮于具塞瓶中，消煮时每毫升 H_2SO_4 加 0.37 g 催化剂；浓硫酸；10 mol/L NaOH 溶液，400 g NaOH 定容至 1 000 mL；甲基红 - 溴甲酚绿混合指示剂，0.099 g 溴甲酚绿和 0.066 g 甲基红溶于 100 mL 乙醇中；2% 硼酸指示剂，20 g H_3BO_3 溶于 1 000 mL 水中，加入 20 mL 甲基红 - 溴甲酚绿混合指示剂（指示剂用前与硼酸混合，此试剂宜现用现配，不宜久放）；0.02 N H_2SO_4（0.01 mol/L）标准溶液，量取 H_2SO_4 2.83 mL，定容至 5 L，然后用标准碱或硼砂标定；0.01 N H_2SO_4 溶液，将 0.02 N H_2SO_4 稀释 1 倍。

（3）操作步骤：

1）消煮：称取风干土样 0.5～1 g 于消煮管中，加入 1.85 g 混合催化剂（$CuSO_4$：K_2SO_4=1：5）和 5 mL 浓硫酸，轻轻摇匀，加小漏斗。消煮（300 ℃以上）至浑浊绿色，继续煮 1 h 左右，共 2.5 h，取下冷却。

2）蒸馏：将消煮液用蒸馏水转移至蒸馏管中（少量多次），加硼酸 10 mL、碱 20 mL，蒸馏。

3）滴定：用 0.01 N H_2SO_4 滴定硼酸液中吸收的氨，蓝绿→蓝紫→灰色→粉红色（终点）。

（4）结果计算：

全 N（%）=［N*（V-V_0）*0.014/W］*100

式中，N 为 H_2SO_4 标准液的当量浓度；V 为土样测定消耗 H_2SO_4 标准液的体积（mL）；V_0 为空白测定消耗 H_2SO_4 标准液的体积（mL）；0.014 为氮的毫当量（g）；W 为烘干土样重（g）。

4. 土壤全磷测定

土壤全磷测定要求把无机磷全部溶解，同时把有机磷氧化成无机磷，因此，测定的第一步是样品分解，第二步是溶液中磷的测定。采用 $HClO_4$-H_2SO_4 消煮法（钼蓝比色法）。

（1）方法原理：在高温条件下，土壤中含磷矿物及有机磷化合物与高沸点的 H_2SO_4 和强氧化剂 $HClO_4$ 作用，分解成正磷酸盐而进入溶液。

在一定酸度下，正磷酸根与钼酸铵作用生成磷钼杂多酸，在还原剂的作用下形成“钼蓝”，使溶液呈蓝色。蓝色深浅与磷的含量成正比，可用分光光度法在 700 nm 处测定。

（2）仪器设备：分光光度计、消煮炉。

（3）试剂：浓 H_2SO_4；70%～72% $HClO_4$；2，4-二硝基酚指示剂，0.2 g 溶于 100 mL 水中；4 mol/L 氢氧化钠溶液；钼锑贮存溶液，a 液（浓硫酸 153 mL 缓缓倒入 400 mL 水中），b 液（10 g 钼酸铵溶于 60 ℃ 300 mL 水中），a 液倒入 b 液中，加入 100 mL 5 g/L 的酒石酸锑钾溶液，用水定容摇匀，贮存于棕色试剂瓶中；钼锑抗显色剂，100 mL 钼锑贮存溶液中加 1.5 g 抗坏血酸，现配现用；磷标准贮存溶液（ρ =100 mg/L），0.439 g 磷酸二氢钾（105 ℃烘 2 h）溶于 100 mL 水中，加入 5 mL 硫酸，定容至 1 L；磷标准溶液（ρ =5 mg/L），磷标准贮存溶液准确稀释 20 倍。

（4）操作步骤：

1）样品消煮：称取 100 目土样 0.3～1 g 于 50 mL 消煮管中，加少量水润湿后加浓硫酸 8 mL，摇匀。加 70%～72% 高氯酸 10 滴，摇匀。管口加一个小漏斗，加热消煮，至溶液开始转白后继续消煮 20 min。冷却后用水洗入 100 mL 容量瓶中，定容摇匀，静置过夜。取上清液或用干燥的无磷滤纸过滤（同时做空白试验）。

2）溶液中磷的比色测定：移取澄清液或滤液 2～10 mL 于 50 mL 容量瓶中，加水至约 30 mL，加二硝基酚指示剂 2 滴。用 4 mol/L NaOH 调节 pH 至溶液刚呈黄色，加钼锑抗显色剂 5 mL，定容，摇匀。0.5 h 后（高于 15 ℃）于 700 nm 处比色测定。

3）标准曲线：分别移取 5 mg/L 磷标准溶液 0 mL、1 mL、2 mL、3 mL、4 mL、5 mL，于 50 mL 容量瓶中。同上操作，以吸光度为纵坐标，磷浓度为横坐标绘制工作曲线。

（5）结果计算：

土壤全磷（P）量 = $\rho \times V \times Ts \times 10^3/m$（mg/kg）

式中，ρ 为从工作曲线查得待测液中 P 浓度（mg/L），V 为显色液体积（mL），Ts 为分取倍数，m 为烘干土质量（g）。

5. 土壤碱解氮的测定（碱解扩散法）

（1）仪器：1/100 天平、滴管、恒温箱、扩散皿。

（2）试剂：

1）1 mol/L NaOH 溶液：称取化学纯氢氧化钠 40 g，用水溶解，冷却后定容至 1 L。

2）甲基红－溴甲酚绿混合指示剂：称取甲基红 0.066 g，溴甲酚绿 0.099 g，溶解在 100 mL95% 乙醇中，用稀氢氧化钠或盐酸调节溶液至紫红色。此时溶液 pH 为 4.5。

3）2% 硼酸溶液：称取分析纯硼酸 20 g，溶解于 1 L 蒸馏水中。

4）0.01 mol/L（1/2 H_2SO_4）标准溶液：量取密度 1.84 g/mL 浓硫酸 0.28 mL，注入 1 L 蒸馏水中，用标准硼砂溶液标定。标定方法：在分析天平上准确称取硼砂 $Na_2B_4O_7 \cdot 10H_2O$ 1.907 1 g，溶于蒸馏水中，转移至 1 L 容量瓶中，用水定容，摇匀，即为 0.01 mol/L 的标准溶液。吸取该溶液 3 份，各 25 mL，分别放入 3 个 100～150 mL 三角瓶中，以甲基红作指示剂，用上述标准硫酸溶液滴定至黄色变为红色为终点。设硫酸溶液用量 3 份重复的平均值为 V 毫升，则 $c(1/2H_2SO_4)=0.01\times25/V$。

5）碱性甘油：在 100 mL 甘油中加入固体氢氧化钠 1～2 g，隔一定时间后搅动一次，达到饱和为止（甘油变稠 2～3 d 后即可使用）。

（3）操作步骤：

1）准确称取通过 100 目筛（0.15 mm）风干的土壤样品 2 g，均匀铺在扩散皿外室中，水平地轻轻转动扩散皿，使样品铺平。

2）在扩散皿（使用前在稀酸中浸泡）的内室中加入 2 mL 2% 硼酸溶液，并加 1 滴混合指示剂，然后在扩散皿的外室边缘上涂上碱性甘油，盖上毛玻璃盖并旋转密合。再慢慢转动毛玻璃盖，使外室的一边在毛玻璃盖小缺口处露出。

3）用移液管由小缺口处向外室加入 10 mL 1.0 mol/L NaOH 溶液，立即盖严。小心地水平转动扩散皿，使溶液与土壤充分混匀，用橡皮筋扎好，放入 40 ℃恒温箱中。24 h 后取出，再以 0.01 mol/L（1/2 H_2SO_4）标准溶液滴定从硼酸溶液中所吸收的氨，溶液由蓝绿色变为微红色为终点。

（4）结果计算：

$$碱解氮(mg/kg)=[c\times(V-V_0)\times14\times1\,000]/m$$

式中，c 为 $1/2H_2SO_4$ 标准溶液的浓度（mol/L）；V 为滴定样品时硫酸标准溶液的用量

（mL）；V_0为空白试验时硫酸标准溶液的用量（mL）；14为氮原子的毫摩尔质量（mg）；m为土样的质量（g）；1 000为换算成每千克样品中氮的毫克数系数。

6. 土壤速效磷的测定（碳酸氢钠浸提－钼锑抗比色法）

（1）仪器：分析天平、小漏斗、大漏斗、三角瓶（50 mL、100 mL）、容量瓶（50 mL、100 mL）、移液管（5 mL、10 mL）、电炉、分光光度计。

（2）试剂：

1）0.5 mol/L碳酸氢钠浸提液：称取化学纯碳酸氢钠42 g溶于800 mL水中，以0.5 mol/L氢氧化钠调节pH至8.5，洗入1 000 mL容量瓶中，定容至刻度，贮存于试剂瓶中。此溶液在塑料瓶中比在玻璃瓶中容易保存，若贮存超过1个月，应检查pH是否改变。

2）无磷活性炭：活性炭常含磷，应做空白试验，检查有无磷存在。如含磷较多，须先用2 mol/L盐酸浸泡过夜，用蒸馏水冲洗多次后，再用0.5 mol/L碳酸氢钠浸泡过夜。在平瓷漏斗上抽气过滤，每次用少量蒸馏水淋洗多次，并检查到无磷为止。如含磷较少，则直接用碳酸氢钠处理即可。

3）磷（P）标准溶液：准确称取105 ℃烘干2～3 h的分析纯磷酸二氢钾0.219 5 g于小烧杯中，以少量水溶解，将溶液全部洗入1 000 mL容量瓶中（加5 mL浓硫酸防止长霉菌，可使溶液长期保存），用水定容至刻度，充分摇匀，即为含50 mg/L的磷基准溶液。吸取50 mL溶液稀释至500 mL，即为5 mg/L的磷标准溶液（此溶液不能长期保存）。比色时按标准曲线系列配制。

4）硫酸钼锑贮存液：称取分析纯钼酸铵10 g，溶于60 ℃ 450 mL蒸馏水中，冷却至室温；缓缓注入153 mL浓硫酸，边加边搅拌。再加入100 mL 0.5%酒石酸氧锑钾溶液，用蒸馏水定容至1 000 mL，充分摇匀，贮于棕色试剂瓶中。

5）钼锑抗混合色剂：在100 mL钼锑贮存液中，加入1.5 g左旋（旋光度+21°～+22°）抗坏血酸，此试剂有效期24 h，宜用前配制。

（3）操作步骤：

1）称取通过18目筛（孔径为1 mm）的风干土样2.500 g（精确到0.001 g）于100～150 mL三角瓶中，准确加入0.5 mol/L碳酸氢钠浸提液50 mL，再加一小角勺无磷活性炭，塞紧瓶塞，在振荡机上振荡30 min（振荡机速率150～180次/min），立即用无磷滤纸干过滤，滤液承接于100 mL三角瓶中。最初7～8 mL滤液弃去。

2）吸取滤液10 mL（含磷量高时吸取2.5～5 mL；同时应补加0.5 mol/L碳酸氢钠溶液至10 mL）于50 mL量瓶中，加硫酸钼锑抗混合显色剂5 mL充分摇匀，排出CO_2后加水定容至刻度，再充分摇匀。

3）放置 30 min 后，在分光光度计上比色（波长 880 nm），比色时须同时做空白测定。

4）磷标准曲线绘制：分别吸取 5 mg/L 磷标准溶液 0 mL、1 mL、2 mL、3 mL、4 mL、5 mL 于 50 mL 容量瓶中，每一容量瓶即为 0 mg/L、0.1 mg/L、0.2 mg/L、0.3 mg/L、0.4 mg/L、0.5 mg/L 磷，再逐个加入 0.5 mol/L 碳酸氢钠溶液 10 mL 和硫酸钼锑抗混合显色剂 5 mL，定容至刻度，然后同待测液一样进行比色，绘制标准曲线。

（4）结果计算：

土壤速效磷含量（mg/kg，P）= 比色液浓度 × 定容体积（mL）/W（g）× 分取倍数（50/10）

式中，比色液浓度为从工作曲线上查得的比色液磷浓度（mg/L）。

7. 土壤速效钾的测定（醋酸铵浸提-火焰光度法）

（1）主要仪器：1/1 000 天平、振荡机、火焰光度计、三角瓶（250 mL、100 mL）、漏斗（60 mL）、滤纸、角匙、吸耳球、移液管（50 mL）。

（2）试剂：

①中性 1.0 mol/L NH_4OAc 溶液：称取 77.08 g NH_4OAc 溶于近 1 L 水中，用稀 HOAc 或 NH_4OH 调节至 pH 7.0，用水定容至 1 L。

②钾（K）标准溶液：称取 0.190 7 g KCl（110 ℃烘干 2 h），溶于 1 mol/L NH_4OAc 溶液中，再定容至 1 L，即为含钾 100 mg/L 的 NH_4OAc 溶液。分别吸取此标准液 0 mL、2.5 mL、5 mL、10 mL、20 mL、40 mL 于 100 mL 容量瓶中，用 1 mol/L NH_4OAc 溶液定容，即得 0 mg/L、2.5 mg/L、5 mg/L、10 mg/L、20 mg/L、40 mg/L 的钾标准系列溶液。

（3）操作步骤：称取通过 18 目筛（孔径为 1 mm）风干的土样 5 g，置于 100～150 mL 三角瓶中，加 1 mol/L NH_4OAc 溶液 50 mL（土液比为 1∶10），用橡皮塞塞紧，振荡 30 min，用干滤纸过滤。滤液与钾标准系列溶液一起在火焰光度计上进行测定，记录读数。然后从标准曲线上求得其浓度（mg/L）。

（4）结果计算：

土壤速效钾（mg/kg，K）= 待测液浓度（mg/L）× 浸提剂体积（L）/ 风干土重（kg）。

第三节　土壤物理性质的测定

一、土壤密度的测定

采用密度瓶法。

1. 仪器设备

密度瓶（50 mL 或 100 mL）、天平（感量 0. 001 g）、电炉或沙浴、滴管。

2. 测定步骤

将密度瓶盛满去 CO_2 的水（煮沸 5 min 后冷却的水），静置 10 min 加塞，使多余的水从瓶塞毛细管中溢出，用滤纸擦干密度瓶外壁，称量（W_1）。然后将密度瓶中的水倒出一半，将土样（通过 1 mm 筛孔的 10 g 风干土）用小漏斗小心装入密度瓶中，轻轻摇动，使土样与水充分混合；为了除去土和水中的空气，须将密度瓶加热煮沸 1 h，在煮沸过程中经常晃动密度瓶，以驱除水及土样中的空气，使水和土更好地接触。冷却后，用滴管加满去 CO_2 的水，在室温下再静置 10 min，加塞，使多余的水从瓶塞毛细管中溢出，用滤纸擦干密度瓶外壁，称量（W_2）。

3. 结果计算

$$d=W/(W+W_1-W_2)$$

式中，d 为土壤密度（g/cm^3）；W 为烘干土样质量（g）；W_1 为加满水的密度瓶质量（g）；W_2 为加有水和土样的密度瓶质量（g）。

含可溶性盐较多的土样，需用非极性液体（如汽油、煤油等）代替水，用真空抽气法排除土中空气。本方法中加入风干样，在计算时需换算成烘干样，即需测定风干样中吸湿水含量，计算其水分换算系数（K），按 $K=m/m_1$ 计算，m 为烘干样（土）质量（g）；m_1 为风干样（土）质量（g）（表 4-2）。

表 4-2　土壤密度测定

采土地点	深度/cm	重复	密度瓶 + 水重 A/g	密度瓶 + 水重 +10 g 土重（A+10）/g	密度瓶 +10 g 土重 + 再装满水重 B/g	10 g 土同积水重 C/g	密度
		1					
		2					
		3					
		4					

二、土壤容重的测定

采用环刀法。

1. 仪器设备

环刀（200 cm^3，高 5. 2 cm，半径 3. 5 cm）或其他规格的环刀、天平（感量 0. 01 g、0. 1 g）、小刀、铁锹、烘箱、铝盒、瓷盘、滤纸等。

2. 测定步骤

选定代表性测定地点，挖掘土壤剖面，根据剖面发生层次或机械分层，用环刀采取土样，每层土壤不少于 3 个重复。采样过程中必须保持环刀内土壤结构不受破坏，注意环刀内不要有石块或粗根侵入。如果土壤过分紧实，可垫上木板轻轻敲打。待取出环刀后，用削刀切去环刀两端多余的土，使环刀内的土壤体积与环刀容积相等。最后将环刀两端用盖子盖好，分别放入塑料袋内并写好标签，带回室内备用。将充满土样的环刀放入烘箱中，在 105 ℃(±2 ℃）下烘至恒重，称重。

3. 结果计算

$d_V=(W-W_{环})/V$

式中，d_V 为土壤容重（g/cm^3）；W 为烘干后环刀重 + 干土重（g）；V 为环刀的体积（cm^3）。

环刀内土样如含石砾较多，可用排水法测量石砾所占体积（cm^3）和质量（g）。计算时，由环刀体积减去石砾体积，并由环刀加干土重减去石砾质量，按上式计算土壤容重。如土壤中石砾很多，难以使用环刀方法，则可用土坑法：即挖一适当体积的土坑（如 20 cm × 20 cm × 20 cm）并称量所有挖出土壤的质量（g），同时采集土样 15 ~ 20 g 带回室内测定水分含量，计算土壤容重（表 4-3）。

表 4-3　土壤容重测定

采样地点	深度 /cm	重复	铝盒重 /g	铝盒加湿土重 /g	湿土重 /g	土壤含水率 /%	总干土重 /g	容重 /（g/cm^3）
		1						
		2						
		3						
		4						

三、土壤孔隙度的测定

1. 仪器设备

环刀（200 cm^3、高 5.2 cm、直径 7.0 cm）或其他规格的环刀、天平（感量 0.01 g、0.1 g)、小刀、铁锹、烘箱、铝盒、瓷盘、滤纸等。

2. 测定步骤

取样方法与容重测定相同，在室内将环刀的上下盖取下，一端换上带网孔并垫有滤纸的底盖，并放入盛薄层水的瓷盘中。盘内水深保持 2~3 mm，沙土浸 4~6 h，黏土浸 8~12 h。然后擦干环刀外的水分并立即称重（W_1）。将此环刀连同湿土放入水中浸泡，水面高度至环刀上沿，浸泡时间以环刀上面的滤纸充分湿润为止，重新擦干环刀外面的水分，称重（W_2）。然后将环刀连同土样一起放在 105 ℃的烘箱中，烘至恒重（W_3）。

3. 结果计算

毛管孔隙度（%）=（W_1-W_3）/V×100

总孔隙度（%）=（W_2-W_3）/V×100

非毛管孔隙度 = 总孔隙度 - 毛管孔隙度

式中，V 为环刀容积（cm^3）。

土壤通气度（容积 %）= 总孔隙度（容积 %）- 体积含水量（%）

如表 4-4 所示。、

表 4-4　土壤孔隙度测定

采样地点	深度 /cm	重复	容重取土器重 /g	容重取土器重 + 吸水后湿土重 /g	吸水后湿土重 /g	干土重 /g	毛管孔隙度 /%	总孔隙度 /%	非毛管孔隙度 /%
		1							
		2							
		3							
		4							

四、土壤饱和导水率的测定

土壤饱和导水率是指当土壤水分充分饱和后，在单位水头作用下单位时间和单位面积渗透的水量。采用环刀法测定。

1. 仪器设备

环刀（200 cm^3、直径 7.0 cm、高 5.2 cm。）、量筒（100 mL、50 mL）、烧杯（100 mL）、漏斗、漏斗架、秒表等。

2. 测定步骤

在室外用环刀取原状土，取样方法与容重测定相同。在室内将环刀下端换上有网孔且垫有滤纸的底盖，将该端浸入水中，注意水面不要超过环刀上沿。一般沙土浸 1～6 h，壤土浸 8～12 h，黏土浸 24 h。到预定时间将环刀取出，在上端套上一个空环刀，接口处先用胶布封好，再用熔蜡黏合，严防从接口处漏水。然后将结合的环刀放在漏斗上，架上漏斗架，漏斗下面承接有烧杯。在上面的空环刀中保持恒定水头 5 cm。加水后从漏斗滴下第一滴水时开始计时，测定单位时间内渗入烧杯中的水量，到单位时间内渗出水量相等时为止，即达到稳渗时为止。

3. 结果计算

饱和渗透速度 V（mm/min）=$10Qn/STn$

式中，Qn 为达到稳渗时单位时间渗出的水量（mL）；S 为环刀的面积（cm^2）；Tn 为单位时间（min）。

饱和导水率 $Ks=V\times L/(h+L)$

式中，L 为土层的厚度（即环刀的高度，cm）；h 为土层上水头高（cm）。

五、田间持水量的测定

采取土壤饱和导水率测定的环刀法，称量环刀的质量（W_1），让环刀内土壤继续渗水至没有水滴滴下为止，称量环刀和环刀内土重（W_2），放入烘干箱内烘干，称重（W_3）。

$$田间持水量=\frac{(W_2-W_1)-(W_3-W_1)}{W_3-W_1}\times 100\%$$

第五章

盐碱地改良技术现状

第一节　盐碱地修复机理

科学家们已经相继尝试了多种方法来改良盐碱土，改良原理基本清楚。第一步，将可交换性 Na^+ 从土壤胶体上替换下来，这是改良苏打盐碱土的根本。一般用 CaO 提供 Ca^{2+}，$CaSO_4+2Na^+ \rightarrow 2Na^++ SO_4^{2-} +Ca^{2+}+ x$，$x$ 表示可交换性。第二步，要有良好的排水设施，排水通畅是改良盐碱土的前提。第三步，用大量的灌溉水移除过量盐分，洗盐排盐是改良盐碱土的重要途径。前人所研究的耕作改良、生物和化学改良剂改良、植被改良等措施，都是基于这个改良原理。

一、物理性修复机理

深松、翻耕、旋耕、整地和保护性耕作，对每一种耕作措施都进行机理研究（不仅针对土壤盐碱性，而且包括土壤颗粒分级、腐殖质、微生物、酶活性等研究），了解其改良原理，综合运用各种改良方法，提高盐碱土改良效率。耕作措施主要是针对盐碱土的不良物理性质。从微观上看，耕作是对土壤颗粒进行重新排列，并不改变土壤内水盐组成，适宜的耕作有利于改善土壤结构、孔隙度等特性。

二、化学性修复机理

粉煤灰能改良土壤，促进植物生长。粉煤灰含有一定的营养成分，具有优良的物理性质，通过改善盐碱土的结构修复土壤。磷石膏能改良盐碱地，在于其所含的 Ca^{2+} 可代换盐碱土壤胶体上的 Na^{+}，使土壤交换性 Na^{+} 的含量降低，从而降低土壤的钠饱和度（ESP）。土壤胶体中的主要离子由 Na^{+} 变成 Ca^{2+} 后，可促进土壤团粒结构的形成，降低土壤容重，增加土壤透水性，促进洗盐速度，达到改良盐碱地的目的。磷石膏本身 pH 为 3～4，呈酸性。磷石膏主要成分 $CaSO_4$ 与土壤中的 CO_3^{2-} 和 HCO_3^{-} 发生反应，生成 $Ca(HCO_3)_2$ 和 $CaCO_3$，能中和部分土壤碱性。

三、生物性修复机理

作物根系呼吸和土壤有机质分解能产生大量的 CO_2，可促进钙质矿物溶解，提高土壤溶液中 Ca^{2+} 浓度；作物根系分泌物氧化产生 CO_2，可提高土壤空气 CO_2 分压；土壤微生物产生的有机酸能增加钙矿物质溶解；Ca^{2+} 置换土壤胶体上的 Na^{+}；作物根系的生长延伸能改善土壤的通透性能；置换下的 Na^{+} 随灌水淋洗出根区；作物吸收 Na^{+}，收获后移出土壤。种植耐盐植物后，由于植物根系的穿插作用，土壤容重、总孔隙度、通透性、总团聚体等物理性质得到改善。植物耐盐性是指植物在盐胁迫下维持生长，形成经济产量或完成生活史的能力。Davidj Burke 认为研究植物的抗盐机理，实际就是解决高盐分浓度环境下植物如何生存的问题，即植物如何实现既要从低水势的介质中获取水分和养分，又不影响本身代谢和生长发育的双重目标。

根据大量学者对微生物修复机理的长期探索和研究，蓝藻对盐碱土的作用机理可归结为渗透压调节，Na/H 和 $Na^{+}/HI^{+}-K^{+}$ 反向载体系统，结合氮的存在加强耐盐性、pH 的调节等。

第二节　传统的盐碱地改良技术

一、物理性改良措施

早在《吕氏春秋》中就有关于“浴土”的记载，指通过大水冲洗改善土壤的盐渍化。在 19 世纪后半期，人们对排水和土壤盐渍土的关系进行了综合研究。盐渍土多分布于排水不畅的低平地区，地下水位较高，促进了水盐向上运行，引起土壤积盐和返碱。排水可以加速水分流动，调节土壤的盐分含量，是改良盐碱土和防止土壤次生盐渍化的一项重要措施。

1. 排水

排水措施主要有开沟排水、井灌井排和暗管排水（盐）等。

（1）开沟排水：主要在盐碱较重地段，利用地势的落差，排水沟深度应在 1.5 m 以上，有利于土壤脱盐和防止返盐。开沟排水，可直接从土壤和地下水中排出淋洗出的盐分；把盐碱化地段的地下水位控制在不再继续盐碱化的深度，消除使土壤重新盐渍化的潜在威胁；防止土壤沼泽化，调节土壤的水、肥、气、热状态，增进地力，为植被恢复创造条件，防止次生盐渍化。

（2）井灌井排：利用水泵从机井内抽吸地下水，以灌溉洗盐。井灌井排措施适用于有丰富的低矿化地下水源地区，主要是通过提取潜层地下水来降低和调控盐碱化地区的地下水位。在盐碱化地段按一定要求打潜井，大量提取潜层地下水，使地下水位下降（控制在当地盐碱化的临界深度以下），就能有效地防止返盐。据有关单位测定，每亩灌水 40 ~ 50 m^3，土地脱盐率达 38.5%。采取一个水稻生长周期的井灌井排措施，0 ~ 20 cm 土层脱盐率为 60% ~ 88%。井灌井排结合渠道排水，在雨季来临时抽咸补淡，腾出地下水占有的空间，能够增加汛期入渗率，淡化地下水，有效防止土壤内涝，加速土壤脱盐。竖井排水，通过抽水降低地下水位，把地下水调控在所需的深度，可加速土壤水分的下降垂直运动，从而加快了土壤盐分的向下运动。通过灌溉可把表层土的盐分淋洗到下层，使土壤脱盐。

（3）暗管排水（盐）：即将瓦管、水泥管、塑料管铺成地下管道排水系统。与明沟排水相比，暗管排水的优点是可提高土地的利用率，减轻施工土方量，坚固耐用，减少维修量。但是暗管排水的投资大、费用高。采取暗管排水最重要的是确定暗管的间距、深度、坡度，从而将土壤中的水盐通过暗管排出，实现浅层地表脱盐和深土层盐分阻断，降低土壤中盐分的含量。

2. 冲洗

冲洗就是用灌溉水把盐分淋洗到底土层，或以水携带盐分排出，淡化土层和地下水，为植物生长创造必要条件。冲洗必须具有淡水来源和完善的排水系统两个条件。冲洗只能降低土层的盐分，达到植物正常生长许可的盐分浓度要求。冲洗脱盐土层厚度主要依据植物根系活动的深度来确定，土壤允许含盐量主要依据植物正常生长耐盐碱能力来确定。

冲洗需要根据土壤的理化性质，确定每亩用水量、灌溉频度等，将土壤表层的盐冲洗到土壤深层或者随水排出田地。需要注意的是要保证灌溉用水的需求，如果灌溉频度不够，就会出现地下盐分伴随水分的蒸发向上移动，形成盐分在土壤表层的集结，造成土壤盐渍化等。

3. 松土和施肥

松土和施肥也是改良盐碱土的有效方法。盐碱地经过深松重耙，可以疏松表层土壤，切断毛细管，减少蒸发量，提高土壤透水保水性能，加速土壤淋盐和防止返盐。翻耙松土可以促进土壤风化和熟化，有利于植物根系的生长发育。雨量大部分集中在夏季，如果在秋末将表土层耕松，改变土壤的结构，增加空隙度，在雨季来临时可将盐分淋洗到土壤底层，防止土壤返盐。松土和施肥已被证明，是一项行之有效的盐碱地改良措施。

大部分盐渍化土壤有机质含量低、矿质养分不均衡、微量元素缺乏，从而导致农作物营养缺乏。盐碱地作物种植想要高产，施肥是关键。

（1）坚持以有机肥为主。给盐碱地增施有机肥料，能增加土壤中有机质含量，使农作物在整个生育过程中得到全面营养，提高土壤保肥能力和对酸碱及有害离子的缓冲能力，降低土壤中盐分含量与pH，减轻盐碱对农作物的危害。一般每亩盐碱地应施有机肥 3～4 m^3，并要坚持每年秸秆还田。在有机肥料不足的情况下，种植绿肥是解决脱盐问题的重要途径。

（2）合理选用化肥种类。化肥大多数是盐类，有酸性、碱性、中性肥之分，酸性、中性化肥可以在盐碱地施用，而碱性肥料则应避免在盐碱地施用。尿素、碳酸氢铵、硝酸铵等在土壤中不残留任何杂质，不会增加土壤中的盐分和碱性，适宜在盐碱地施用。硫酸铵是生理酸性肥料，其中的铵被作物吸收后，残留的硫酸离子可以降低盐碱地的碱性，也适宜施用。草木灰等碱性肥料，就不适宜在盐碱地施用；钙镁磷肥是碱性肥料，对盐碱地不仅没有效果，而且会导致土壤碱性加重。

（3）注意配合施用有机肥料，这样既可以补充多种营养，又有利于降低土壤溶液浓度。施肥要注意多次少量施用，以免土壤溶液浓度骤然过高，影响作物的吸收和生长。盐碱地地温低，微生物活动减弱，有效磷释放少，常表现缺磷，增施磷肥可以显著增产，施肥方法是底肥深施。

（4）适量使用一些微生物菌肥，再配合有机肥的施用，就能够增加有机肥的降解速度，改良土壤的团粒结构，吸收过多的盐分，降低盐碱对作物的影响。同时，微生物菌群的部分代谢产物会刺激植物的根系生长。

4. 铺沙压碱

在长期治碱过程中，群众总结出了“沙压碱，赛金钵”的成功经验。沙掺入盐碱地后，改变了土壤结构，促进了团粒结构形成，使土壤通透性增强，盐碱土水盐运动规律发生改变。在雨水的作用下，盐分从表层土淋溶到深层土中，由于团粒结构增强，保水、贮水能力增大，减少了蒸发，从而抑制深层的盐分向上运动，使表土层的碱化度降低，起到了压碱的作用。有研究学者在科尔沁沙地与松嫩平原盐碱地和辽河平原盐碱地，向盐碱土混入40%～60%的风沙土时，盐分含量降低了20%～50%，碱化度降低了40%～60%，基本能够满足种植玉米、向日葵等旱作作物的生长条件，说明盐碱地“覆沙造旱田”具有可行性。

5. 水利工程改良

地下暗管排盐是目前采用比较多的一种方法，根据“盐随水来，盐随水去，盐随水排，水散盐留”的原理，使土壤中的盐分随水排走，并将地下水位控制在临界深度以下，达到土壤脱盐和防止次生盐渍化的目的。生产实践证明，暗管排盐是防治土壤盐碱化的最有效措施。暗管的选材主要为波纹塑料管，外包材料则多选择土工织物。暗管管径大小，应在自由流的状态下满足设计流量，即考虑片区内的灌溉水量、汛期排涝、土壤特性（给水度、渗运系数、土壤粒径等）、地下水埋深、排水历时、暗管长度、暗管间距、管道比降等因素后确定。在地表至地下 2.5 m 的范围内安装微型传感器探头，随时监测该区域的地温、pH、盐度、碱度、氮、磷、钾、重金属、有机质状态、土壤孔隙度及含水量等相关土壤理化信息。将获取的信息即时传送至大数据中心，通过 AI 人工智能和远程专家数字化诊断控制的方式，实现水土肥药循环和植物生长过程的智能化控制。各个环节自动控制，实现按期、自动、定量灌水，及时自动化排出含盐水，并通过水肥一体化系统定时、定量、均匀施肥。

（1）暗管排盐系统：主要包括勘察设计、灌排配套、暗管敷设、激光精平、深松破结、维护管理 6 个环节，形成一个整体工程。

1）勘察设计：在实施土壤改良工程之前，首先要对计划施工的盐碱地或中低产田进行区块勘察。如对地形、地貌、河流、水系、道路、水库、地面设施、建筑物等进行勘察测绘，该区块土壤调查土层结构、土壤渗透系数、土壤含盐量及 pH、电导率、其他矿物质含量指标等，设计排灌设施的布局、暗管敷设的走向、间隔与埋深，其他配套工程的技术方案等，并全面论证和确认整体工程设计的合理性与可行性。

2）灌排配套：对项目区域符合暗管改土工程整体设计需要的灌排系统进行配套建设，如灌溉淡水的来源地工程和水渠、水库建设，挖建排涝渠道和修建灌排泵站，田间道路的规划与整治等，形成暗管改土的框架设施并与项目区外的系统合理衔接。

3）暗管敷设：地下暗管采用带孔的波纹管，一般管径为 80～110 mm。地下管每隔 300 m 左右要建一个观察井，以便暗管维护。暗管埋深是按地下水位和土壤结构特征确定的，一般为 0.8～2.5 m。暗管不仅能够接收和排出从上部淋洗土壤而下渗的高含盐水，而且能接受和排出矿化度极高的地下水，避免毛细作用上升而造成土壤返盐。暗管兼具排盐和排涝功能。一般在干旱少雨地区要铺设一级渗水管和二级集水管。渗水管的功能是接受盐碱水，集水管的功能是将渗水管内的矿化水集中起来，用水泵抽出或引入深沟排出。

4）激光精平：激光精平就是在铺设暗管后形成的条田中，按预先测绘的地面高程确定平整基点，采用大功率整平机械，在 GPS 定位系统和激光制导下将条田整平，千米内高程差可达到 5 cm 左右，为以后的节水灌溉、快速排涝和种植管理工作打下良好基础。

5）深松破结：土层中常常兼有黏土层和板结层（俗称铁板砂），这类土层渗透性极低，影响土壤的淋洗脱盐和作物生长。用大功率机械拖带专用深松犁齿，可将 60 cm 以上土层深松，增加土壤的透气、透水性能，有利于增强洗盐效果和作物生长。

6）维护管理：暗管埋下后，经过 8~10 年的使用，难免会有粉沙进入。如果暗管出现流水不畅，可用清洗机的高压水流对整条暗管清洗，将管内或观察井内的积沙冲出，保证其正常发挥排水功能。

（2）农田管道排灌技术原理：农田暗管排灌技术遵循“盐随水来、盐随水去”的水盐运动规律，将充分溶解了土壤盐分的地下水通过管道排走，达到有效降低土壤含盐量的目的。具体施工程序是：利用专业大型成套机械设备在一定土壤深度埋置有滤水微孔的暗管，实现开沟、埋管、裹砂、覆土等施工过程一次完成，形成暗管排水系统。通过上层管道进行农田灌溉和土壤淋洗，将溶解了土壤盐分的水通过地下管网排走，从而起到控制农田地下水位，实现土壤快速脱盐，改善土壤理化性状的作用。

（3）节水控盐技术：1989—1991 年，水利部牧区水利科学研究所为了控制呼和浩特市保护地黄瓜的病虫害，首次应用膜下滴灌技术进行灌溉，但是这项技术在当时未受到重视。1996 年膜下滴灌在新疆兵团应用，因其节水、抑盐、增产、省人力和物力等优点，在新疆获得了广泛推广，从而引起广大科研工作者和社会的广泛关注。2000 年，新疆的膜下滴灌面积达到 7 733.3 hm^2，其中棉花膜下滴灌种植面积为 7 200.0 hm^2。近年来，西安理工大学水资源研究所与新疆石河子试验站合作，利用膜下滴灌技术来开发盐碱地。膜下滴灌技术的应用，打破了西北干旱、半干旱地区长期以来采用修建排水系统改良盐碱地的传统思路，避免了利用排水系统洗盐、压盐所带来的一系列问题。膜下滴灌系统不需要修建排水系统而占用大量耕地，提高了土地利用率；不存在坍塌问题，节省了大量的人力、物力和财力，减少了工程投资；不需要大的灌溉定额冲洗改良盐碱地，大大节省了水源；无排水问题，防止了环境污染；滴灌系统比其他灌溉方式更便于维修与管理。

盐碱地采用膜下滴灌时，对土壤盐分有淋洗作用，在作物主根系生长区形成一个淡化脱盐区，有利于作物生长。加之覆膜后由于边界条件改变，土壤蒸发率大大减少，盐分上行受到抑制，土壤返盐率也随之大大降低。滴灌水量浪费极少，土壤中的大部分水分被作物蒸腾所消耗，对区域内地下水动态平衡不会产生很大影响。在干旱、半干旱地区，采用膜下滴灌方式避免了土壤次生盐渍化的发生。覆膜后的土壤平均温度比露地高 2 ℃~5 ℃，这对于防止春季温度突变（如倒春寒或冰雹）导致出苗率减少有很大作用。滴灌对作物根部的表层土壤有降温作用，可避免土壤高温对作物的危害。此外，喷灌、地下管道灌溉亦可节水控盐。应用简单的塑料薄膜软管输水灌溉技术，是盐碱地实行节水灌溉，减少地下水位上升，防止土壤次生盐渍化和沼泽化的一项重要配套技术。

二、化学性改良措施

新型土壤改良剂能够有效控制胶体中的钠离子，降低对植物根系的毒害作用，采用缓 / 控释盐碱专用肥料、新型种子处理剂等，施用新型土壤定向调理剂，可调节土壤盐碱度、降低土壤重金属活性、改善土壤板结状况、增加孔隙度等，从而提高水稻的抗盐碱性，促进作物生长发育。

1. 石膏改良剂

石膏改良剂主要包括天然石膏（主要成分 $CaSO_4 \cdot 2H_2O$）、磷肥生产过程中产生的废弃物磷石膏（主要成分 $CaSO_4 \cdot 2H_2OSiF_6$）、燃烧煤烟气脱硫废弃物形成的脱硫石膏（二水硫酸钙晶体 $CaSO_4 \cdot 2H_2O$）等。

（1）石膏的改良效果。碱化土壤经过不同浓度的 $CaSO_4$ 溶液淋溶，土壤的 pH、电导率和饱和水力传导度得到不同程度的降低，并且浓度高的 $CaSO_4$ 溶液淋溶效果明显。经高低两种浓度 $CaSO_4$ 溶液处理，土壤表层 pH 分别由初始的 9.71 和 9.26 降低为 8.06 和 8.03；电导率分别由 14.49 ds/m 和 14.39 ds/m 降低到 0.82 ds/m 和 1.67 ds/m。

（2）对土壤养分平衡的影响。尽管盐碱地的盐基离子丰富，但营养物质含量普遍较低。石膏类改良剂的主要成分为 $CaSO_4$，可有效补充土壤中钙、硫离子的不足。磷石膏则含有更多种植物生长所必需的营养元素，如磷、硫、钙、硅等。脱硫石膏富含 S、Ca、Si 等矿物质营养。石膏类改良剂用于改良盐碱土壤，能够促进土壤养分平衡的建立。

（3）石膏改良的机理。利用 Ca^{2+} 的交换性能置换 Na^+:

土壤胶体—$2Na^+ + CaSO_4 =$ 土壤胶体—$Ca^{2+} + Na_2SO_4$

盐碱土中的钠离子含量高，是土壤呈碱性的主要原因。这些钠离子被吸附在土壤胶体表面，散布在土壤颗粒之间的细缝中，极易形成致密、不透水的板结土层。石膏中所含的钙离子可降低土壤中交换性钠离子的含量，降低土壤钠碱化度，使土壤疏松增加，增加透水性，促进洗盐速度，达到改良盐碱地的目的。此外，磷石膏可有效降低土壤 pH 和碱化度。

2. 酸性改良剂

（1）酸性改良剂的主要类型。我国用于盐碱地的酸性改良剂主要有硫酸铝和硫黄。松嫩平原盐碱地主要应用铝离子改良剂（硫酸铝），经过 30 多年的研究试验证明，铝离子改良剂对松嫩平原盐碱地改良效果显著。在宁夏银北地区、陕西渭南地区则以硫黄为主要改良材料，硫黄能够有效降低土壤 pH，有利于释放各种营养元素，有效降低土壤的钠离子饱和度（ESP）。硫黄可显著增加土壤微生物数量和种类，效果显著高于石膏。硫离子作为植物生长必需元素，可促进作物生长。虽然施用硫黄增大了土壤电导率，但是增幅不大，对作物生长没有太大影响。石膏降低土壤 pH 的效果显著，但在活化离子和促进作物生长方面，硫黄的效果更好。

（2）其他酸性改良剂

1）腐殖酸：腐殖酸是一种天然的大分子有机物，分子中含有含氧的酸性官能团，包括芳香族和脂肪族化合物上的羧基和酚羧基等。腐殖酸有很大的内表面和较强的吸附能力，具有改善土壤理化性质，活化养分，增强土壤保肥保水的能力。腐殖酸具有络合作用，可与钠、钾离子形成稳定络合物，交换出土壤胶体上结合的钠、钾离子，使土壤总体碱化度相应降低，改善土壤物理性质。与腐殖酸有类似作用的物质有泥炭。泥炭可使土壤 pH 降低，含盐量下降，碱化度降低，土壤容重变小，有机质显著增加。

2）糠醛渣：糠醛渣是玉米芯制作糠醛后的废料，含有 5% 游离酸、0.5%~0.6% N、0.12%~0.15% P_2O_5、0.15% K_2O、30%~60% 腐殖酸和大量有机质。糠醛渣是一种强酸性物质，pH 为 1.8~2.0，可以游离酸和碱土中的碱，降低土壤的 pH，增加土壤的渗透性能，提高碱化土的有效养分含量，增加土壤的生物活性。

3）铝离子改良剂：铝离子改良剂可降低土壤 pH，调节土壤可溶性盐组成，CO_3^{2-} 和 HCO_3^- 减少，而 Ca^{2+}、Mg^{2+}、K^+、Na^+ 4 种盐基离子的含量均有所提高。其中，Ca^{2+}、Mg^{2+} 离子含量的提高是因改良剂促进了碱土金属离子碳酸盐溶解，而 K^+、Na^+ 含量的提高则是因为 Ca^{2+}、Mg^{2+} 对 Na^+、K^+ 离子的交换作用引起的。铝离子改良剂对土壤微团聚体组成具有显著的改良作用，土壤 <0.001 mm 和 0.001~0.005 mm 的微团聚体数量显著减少，而 0.005~0.25 mm 微团聚体逐渐增加。铝离子改良剂可显著降低盐碱地土壤容重和增大土壤膨胀性、孔隙度，可显著促进作物出苗率和生长。

苏打盐碱地中添加 Al^{3+} 以后，由于 Al^{3+} 的水解作用，产生了大量的 H^+，一方面，中和土壤溶液中的 OH^-，降低土壤溶液 pH；另一方面，也促进了碳酸盐溶液溶解，使溶液中钙、镁离子数量增加，钙、镁离子与土壤胶体上吸附的钠离子发生交换作用，使钠离子进入土壤溶液，从而降低土壤的碱化度。

铝离子改良剂 $+H_2O=$ 羟基铝离子（或聚合铝离子）$+nH^+$

$2H^++CaCO_3=Ca^{2+}+H_2O+CO_2$

土壤胶体 $-2Na^++Ca^{2+}=$ 土壤胶体 $-Ca^{2+}+2Na^+$

铝离子的聚合水解反应物，可促进土壤胶体发生凝聚，改善土壤微团聚体和胶散复合体组成，使土壤容重下降，孔隙度增加，通透性增强，土壤的总体物理性质得到改善。

三、生物性改良措施

生物修复是一种较新的、经济有效的盐碱地改良方法，主要包括植物修复和微生物修复两类。

1. 植物修复

植物修复主要通过种植耐盐作物对钙质盐渍土进行改良。利用传统的杂交技术和遗传基因工程技术培育抗盐新品种、转抗盐基因的植物，挖掘耐盐生物种质资源潜力，拓宽遗传基础。利用遗传基因工程手段提高农作物的抗盐性，已经成为开发利用盐渍土壤的重要课题。目前，我国一方面缺乏耐盐基因，尤其是缺乏有效的耐高盐基因；另一方面受知识产权等因素的影响，某些国外耐盐相关基因的转化利用受到限制，严重制约了我国利用生物工程改良利用盐渍化土壤的进程。

（1）植树造林：在盐碱地上植树造林关键是树种的选择，包括树种的耐盐能力和抗盐碱上限指标。抗中盐碱树种有新疆杨、白皮柳、白榆、紫穗槐。红柳可作为重盐碱地造林的先锋树种。被誉为盐碱地上“王牌树”的胡杨，在盐碱地上开沟洗碱后，造林成活率很高。

（2）耐盐作物的开发利用：美国、埃及、匈牙利、巴基斯坦、印度、俄罗斯及澳大利亚等国家在植物耐盐性研究方面做了大量工作，如通过对不同作物种类或品种耐盐性的比较研究，分析其耐盐性差异的生理机制；利用组织培养、分子遗传学方法对植物耐盐机理进行深入研究。耐盐植物能利用一般植物所不适应的土壤和水，扩大盐渍土和水的利用范围。长期生物改良新疆盐碱地的田间试验结果表明，种植耐盐冬小麦套播草木樨脱盐效果最好，经过 1 年，1 m 土层平均盐分由 1.989% 降到 0.282%，脱盐率达 85.82%；种植耐盐牧草套播草木樨、苜蓿，经过 3 年，1 m 土层平均盐分由 1.34% 降到 0.524%，脱盐率 60.9%；密植枸杞 4 年后，1 m 土层平均盐分由 2.363% 降到 0.8%，脱盐率为 66.14%。耐盐碱作物还有四翅滨藜和甜高粱。四翅滨藜（*Atriplex canescens*）又称灰毛滨藜，世界各大洲均有分布，属藜科滨藜属，广泛用于牧场改良、防风固沙、盐碱地改良，是一种耐干旱、干冷、高寒，可以防风固沙、改造盐碱、改良牧场的饲料灌木。四翅滨藜可在土壤含盐量 5～15 g/kg、pH 8～9.5 的盐碱地上生长。据研究，每公顷四翅滨藜 1 年能从土壤中吸收 2 t 以上的盐分，对盐渍化土壤具有明显的改良作用。被称为“生物脱盐器”的甜高粱为普通粒用高粱的一个变种，具有生长快、产量高、适应性强（耐旱、耐涝、耐盐碱、耐瘠薄）等诸多优点，在 pH 5～8.5 的土壤中均可生长，适于在盐碱地、涝洼地广泛栽培。

（3）野生盐生植物种质资源的开发利用：我国盐渍土区分布有丰富的野生盐生植物种质资源，如黄须菜、盐蒿、盐蓬、盐穗木、海蓬子、柽柳、骆驼刺等数百种，但研究极少。段建兴（2000 年）研究了 5 755、9-3-3、中野 1 号和中野 2 号 4 种野生大豆的盐碱地适应性，野生大豆 5 755 适合在盐碱地上栽培；盆栽试验中，野生大豆能够一定程度上降低土壤含盐量；盆栽和田间种植情况下，随着野生大豆的生长，土壤含盐量逐渐降低。

2. 微生物修复

微生物修复主要从盐碱地植物根系的固氮菌群中，筛选耐盐碱的联合固氮菌；或采用遗传基因工程和分子生物学手段，将耐盐基因转移到固氮菌中，分离出的联合固氮菌作为菌肥施加到土壤中，以促进植物生长，达到改良盐碱土的目的。这方面的研究，尤其是重度盐化土中微生物方向的研究资料很少。

（1）盐碱地土壤微生物种类：土壤微生物是生态系统的重要组分，是评价土壤质量变化最敏感的指标。因此，研究土壤中细菌的群落特征，分析细菌多样性，能对盐碱地土壤的改良提供参考。对于农田、森林、草原土壤的微生物特征，国内外学者都曾进行过大量研究。然而盐碱土壤研究多局限于对理化性质的测定分析，对盐碱土壤中的微生物数量、种群结构、优势菌系、盐害与土壤微生物活动之间的生态关系等研究较少，已成为盐碱地改良和综合开发利用的知识盲点。

以盐碱土壤为研究对象，测定分析土壤微生物的数量特征及其与盐害程度之间的关系，并从中选择分离鉴定出盐渍土中特有菌种，对于研究该环境微生物的种类、起源和进化，了解生物对抗环境因子的适应机理，分析存在于该环境下的优势菌群，具有重要的指导意义。早在 20 世纪 60 年代，国外学者对土壤中微生物进行研究，结果表明，细菌占绝对优势，放线菌和真菌所占比例相对较小。近年来，我国相继开展的关于盐碱土壤微生物的研究发现，盐碱土壤中微生物的分布也大多符合这一规律。乔正良（2005）对陕西省 59 个盐碱土样的研究表明，随着土壤盐化程度的增加，土壤中微生物的数量呈下降趋势。同时，随着季节的变化，土壤中各类微生物的数量发生明显变化，春季和秋季的微生物数量多于夏季；随着土壤层次的加深，真菌和细菌数量逐渐减少，且减少幅度较大。对松嫩平原的盐碱化草地和对照土壤的分析结果说明，盐渍土中真菌数量较少，所占比例较低。吉林盐碱地养鱼稻田中微生物数量明显高于未养鱼稻田，并鉴定出 10 个属的异养细菌，分离的优势菌种为弧菌属、芽孢杆菌属和气单胞菌属。黄明勇等（2007）对天津滨海城市绿地盐碱土壤的研究结果表明，0～20 cm 土层微生物数量是 20～40 cm 土层的 3～4 倍，细菌占绝对优势，其次是放线菌和真菌。虽然对土壤中微生物的组成和比例已经有了一致结果，但对于重度盐碱土和盐土中微生物数量和类群的研究较少。孙佳杰（2010）以天津滨海地区不同盐化程度的表层土壤（0～20 cm）为研究对象，测定分析盐碱土壤微生物类群的数量特征，结果表明，与其他地区或其他类型的土壤相比，微生物总量较少。土壤中细菌占绝对优势，放线菌次之，真菌最少，且随着土壤含盐量的增加，细菌所占比例逐渐增大，但真菌变幅较小；随着土壤盐化程度的增加，微生物数量在不断减少，呈明显的负相关。张巍（2008）以黑龙江省安达市典型盐碱化草地为研究对象，分析土壤中细菌、放线菌、真菌、藻类数量，结果表明，重度盐碱化区土壤氮素严重缺乏，微生物数量呈现明显的季节变化。随着土壤盐碱化程度的增加，细菌、真菌、放线菌数量逐渐降低，而重度盐碱土中放线菌为优势菌群。他还利用 BG11o 培养基从样品土壤中分离筛选出了 20 株具有一定耐盐能力的固氮蓝藻，分别属于 10 个属，其中念珠藻属（Nostoc）和鱼腥藻属（Anabaena）丰度最高，且可耐受 15% 的 NaCl 溶液；但当土壤深度达到 9 cm 时，固氮蓝藻对盐碱土的改性效果减弱。光合自养型的固氮蓝藻表现出很好的耐盐性和调节渗透压能力，采用固氮蓝藻对盐碱化土地进行生态修复已取得成功，为盐碱化土地的生态修复开辟了新途径和新方法。

（2）开发新嗜盐菌种资源：开发新嗜盐菌种资源，对于深入揭示嗜盐微生物的耐盐机制，发现新耐盐相关基因，以及改造作物、改良利用盐碱地等方面具有重要意义。嗜碱微生物是在 pH 很高的条件下才能生存，自身具有抵抗碱性条件的活性物质，如嗜碱菌的碱性酶和碱性基因。嗜碱菌应用于洗涤、纺织、造纸、制革、污水处理、农作物抗性育种、基因工程等领域，是一类具有潜在开发价值的微生物。国外研究者已对嗜盐菌做了大量的研究，而国内在这方面的研究相对较少。Kushner 等根据对盐的嗜耐程度，将微生物分为非嗜盐菌、轻嗜盐菌、中等嗜盐菌、边缘极端嗜盐菌和极端嗜盐菌五类，部分极端嗜盐菌为嗜盐古菌。嗜盐微生物分布于古菌域、细菌域和真核生物域。随着嗜盐微生物资源的不断增加，会有越来越多的嗜盐微生物基因组被测序，提供丰富的基因组信息资源。对于深入揭示嗜盐微生物耐盐的分子机制，发现新的耐盐基因，以及构建耐盐菌株和作物，进而充分开发和利用盐碱地具有重要意义。

（3）微生物肥料：盐碱土壤改良有客土法、灌水洗盐法等物理修复方法，农业植物改良和施用化学改良剂等化学修复方法。这些方法虽然在一定时期和程度上能起到改良土壤，促进植物生长发育的效果，但处理成本高，容易造成二次污染，不利于在较大范围的盐渍区应用。因此，科学家们开始重视微生物肥料改良盐碱危害类型土壤的研究，并不断探索和寻找适合盐渍土改良利用的菌肥品种。但在现实生产中，由于对微生物肥料的认识有限，在盐碱土壤改良中常用传统的化肥和复合肥等，新型的微生物肥料没有得到大面积推广和应用。

中国科学院院士、华中农业大学教授陈华癸对微生物肥料下定义为，微生物肥料是指一类含有活微生物的特定制品，应用于农业生产中，作物能够获得特定的肥料效应，制品中活微生物起关键作用。它是可以提供一种或多种微生物群落的生物制剂总称，在施用后可以促进植物生长和土壤性状改良。

耐盐菌属的分离和发现，为盐碱土壤专用微生物肥料的研发提供了理论依据。李兰晓（2005）从内蒙古磴口地区多种盐碱地植物根际土壤中分离筛选出3株固氮芽孢杆菌，并以草炭为载体制备成微生物菌剂。通过在内蒙古和陕西榆林地区10个树种的施肥试验表明，施肥后对土壤N、P、K等元素均产生一定的影响。在黑龙江青冈县某盐碱地，使用以草炭、天然沸石、糠醛渣及生物菌为主要原料的土壤调理剂，研究对小叶杨和小黑杨生长以及土壤性质的影响。施入该调理剂后土壤pH下降0.6，盐分含量下降0.47%，土壤有机质、全氮、全磷含量增加，土壤肥力增高，促进了植物根系生长发育。施用微生物肥料可以明显降低盐渍土壤含盐量，增加有机质含量和土壤中微生物菌群的数量，对于改良土壤物理、化学和生物性质能起到良好作用。

综上所述，盐碱土改良采用排灌、淡水洗盐、化学改良等物理、化学方式，因耗资巨大、见效慢，很难大面积推广；选育耐盐植物、作物品种和使用微生物肥料需要费用少，可以在适宜地区推广。

四、农艺改良措施

1. 种植水稻

在有水源保证的条件下，种植水稻来改良盐碱土是极为成功的。我国在滨海盐土的大面积稻作改良与东北地区的碱土稻作改良方面均取得了明显的经济与生态效益，但是，一定要有周密的计划，千万不要因为种植水稻而抬高四邻土地的潜水位，从而产生更大面积的次生盐渍化。

（1）种稻改良盐碱地的作用：水稻在生育期，由于田面经常保持一定的水层，所以淋盐能持续进行，土壤脱盐层逐步加深。随着种植年限的延长，脱盐程度也加大。脱盐效果与土壤盐分组成、渗透性能及排水条件有关。如土壤为轻质氯化物盐土，排水又良好，则脱盐速度快，脱盐率高。

种稻过程中地下水的变化，直接影响盐碱地改良的成效。排水种稻，地下水回落速度快，土壤改良和作物增产效果均好；无排水种稻，地下水回落速度慢，往往导致邻近区土壤发生盐渍化。高矿化地下水地区，种稻过程中土壤脱盐的稳定性取决于地下水位及其淡化情况。土壤含盐量高、质地黏重、排水不良，淡水层难以建立，种稻多年也不能改良。但在良好的排水条件下，稻田淹水所形成的地下高水头压，可将高矿化地下水挤压到排水沟中排出，使淡水层厚度逐渐增加。种稻年限愈长，淡水的补给量愈大，所形成的淡水层厚度亦愈大，土壤脱盐愈稳定。要使水稻获得高产，必须建立灌排系统，做好田间配套工程；在此基础上，搞好泡田洗盐，掌握灌水技术，加强农业技术措施。此外，要合理规划稻田，防止周边土壤盐渍化。若多年连续种稻，一则耗水量大，二则土壤肥力下降，所以必须进行水旱轮作。

（2）水旱轮作及其条件：在有机肥料不足的情况下多年连作水稻，土壤肥力逐渐降低，杂草易生，影响水稻产量。水旱轮作可节省用水量，改变不良的土壤物理性质，还有利于养分的积累和转化。另外，水旱轮作有利于消灭田间杂草，减少病虫害，合理调配劳动力。

水稻或旱作连续种植年限和水旱轮作的时间，取决于土壤脱盐程度和地下水淡化情况。河北滨海芦台农场原地下水矿化度 >10 g/L，经排水种稻 5 年，淡化层矿化度 <3 g/L、厚度在 1.5 m 以上；连续 3 年旱作，土壤未发生返盐现象。苏北滨海地区，当 1 m 土层含盐量在 0.1% 左右，地下水矿化度 <1～3 g/L 时，可连续旱作 2～3 年不受盐害。在排水沟间距 50 m、沟深 1.2～1.5 m 的条件下，连续 3 年水稻、绿肥轮作，可使 1 m 土层的含盐量由 0.7% 降至 0.1% 以下，地下水矿化度由 25 g/L 降至 5 g/L 以内，达到旱作的标准。

水旱轮作周期和作物的搭配，应根据土壤盐碱化情况、肥力等级、排水条件等确定。盐害较轻地区，如排水条件较好，可实行多区轮作制；排水条件较差，可实行水旱换茬；劳力、肥料充足，则可稻麦连作。

此外，引洪放淤也是我国改良洼涝、盐碱、沼泽地的一条成功经验，多结合种稻进行。目前已在黄河中、下游两岸的背河洼地及沿山一带有洪流的地区广泛采用。生产实践证明，引洪放淤有抬高地面，降低地下水位，淋洗土壤盐分，改善土壤物理性状，增加土壤养分等作用。

2. 种植绿肥

种植绿肥是改良盐碱地措施的重要一环，既能改善土壤理化性质，巩固和提高脱盐效果，又能培肥地力。

（1）绿肥改良盐碱地的作用：栽培绿肥牧草，有茂密的茎叶覆盖地面，可减弱地表水分蒸发，抑制土壤返盐。由于牧草根系庞大，大量吸收水分，经叶面蒸腾可使地下水位下降，从而有效防止土壤盐分上升至地表。有研究表明，新疆地区紫花苜蓿整个生长期的叶面蒸腾量为 5 925 m^3/hm^2，约占总耗水量的 67%；株间蒸发量为 2 895 m^3/hm^2，占总耗水量的 33%，昼夜平均耗水量为 64.5 m^3/hm^2。种植紫花苜蓿 3 年，可降低地下水位 0.9 m，从而可加大土壤脱盐率。种植田菁后，土壤容重比夏闲地降低 0.11，孔隙率增加 3.2%，团聚体增加 5% 以上，从而改善土壤的物理性质；尤其是豆科与禾本科牧草混播，对改善土壤结构和通透性的效果更为显著。土层结构的改善，可减少地下水的蒸发，抑制土壤返盐。

盐碱地种植绿肥，通过耕翻进入土壤，可增加有机质含量。植物的地上部分和根茬分解，产生各种有机酸，对土壤碱度有一定的中和作用。据河南省封丘县种植紫花苜蓿改良盐碱地试验，pH 降低 0.5～1.4，离子饱和度（ESP）下降 7%～23%，苏打消失。

绿肥地上部分季产鲜草可达 15 000～37 500 kg/hm^2。除地上部分外，还有繁密的根系。据测定，3 年生紫花苜蓿的主根平均长达 2.5 m，根径约 1.5 cm；支根须很多，满布于地表以下 2 m 范围内。田菁具有一定的耐盐性与耐湿性，根系亦很发达，在地下水埋藏较浅的土壤中，主根仍可达 2.5～3.0 m；田菁根瘤 1 200～3 900 个 /m^2，每个根瘤重 43～142 g，根瘤 427.5～1 350 kg/hm^3。田菁翻压试验表明，土壤有机质增加 0.2%～0.3%，活性腐殖质和水解性氮也有所增加。

（2）发展绿肥，培养地力：目前，盐碱地区有夏绿肥和冬绿肥，又可分为豆科与禾本科两类；有一年生或多年生；既可单作，也可轮作或间作套种。由于品种不同，绿肥的耐盐性能也有差异。为了种好绿肥，获得改土增产的效果，应选种耐盐性强、适于当地生长的绿肥品种，并适时整地，加强田间管理。

盐渍地区种植绿肥，多无水可灌。在滨海和黄淮海地区，可利用夏季高温多雨的特点，主要种植麦基夏绿肥或间作夏绿肥，为小麦准备基肥。在盐碱较轻的土地，应利用冬闲地种植冬绿肥，为春播作物准备基肥；或充分利用盐荒地和闲散地，种植一年生或多年生绿肥，割青肥，以荒地养耕地。在西北地区，盐渍土面积很大，可种植一年生或多年生绿肥，以成片种植或作物轮作为主。在轻盐碱地上，也可与作物间作套种；有些重盐渍土经冲洗还不能种作物时，可先选种耐盐性较强的绿肥，用以改土培肥。西北地区畜牧业发达，可多种苜蓿和草木樨，既可肥田改土，又是良好的饲料。

第三节　部分地区盐碱地的开发利用

一、松嫩地区盐碱地的开发利用

松嫩低平原位于松嫩平原，大、小兴安岭与长白山山脉及松辽分水岭之间的松辽盆地的中部区域，主要由松花江和嫩江冲积而成。松嫩低平原属半湿润向半干旱过渡气候区，地势低平，有近 266.67 万 hm^2 耕地，是东北地区商品粮生产最有发展潜力的地区之一。但是，由于自然和人类活动的双重作用，带来了土地沙化、盐碱化、水土流失、湿地萎缩等一系列生态问题，制约着水土资源的可持续利用和地区经济发展。松嫩低平原洪涝、干旱、风沙等灾害频繁，特别是盐碱、干旱问题突出。作为世界上三大苏打盐碱地分布区之一，松嫩低平原土地盐碱化指数达到 80%，再加上半干旱气候，降水量不足，不能完全满足农业发展的需要。耕地以无灌溉的中低产旱田为主。农业靠天吃饭，生产水平低，潜力未能充分发挥。松嫩低平原后备土地资源丰富。在众多古河道上分布了大量的盐碱荒地，是整个东北地区的最后一块可垦后备荒原，也是全国少有的土地和水匹配良好、规模较大、集中连片的后备耕地资源，开发利用价值高。

松嫩低平原虽然降水不足，但东北地区松花江、嫩江两大水系在此交汇，每年有多达百亿立方米的过境水量，具有江河水资源的潜在条件，有必要进一步分析研究区域水土资源利用的现状及问题，查明可开发盐碱地的规模和分布状况，总结种稻治碱的成功经验，研究生态安全前提下盐碱地开发的合理规模，分析评价盐碱地开发对河道、湿地生态环境的影响和对策。

1. 松嫩低平原水土资源利用与开发方向分析

松嫩低平原水土资源丰富，开发潜力大。要在充分了解区域自然条件和社会经济情况的基础上，分析区域水土资源利用状况与存在的问题，生态与环境问题及其成因，确定区域农业的地位和发展方向。

采取遥感目视解译、相关专题图 GIS 空间分析和野外实地调查三者相结合的方法，应用 3S 技术，对研究区域当前盐碱土地资源的数量、质量、空间分布及其开发潜力进行分析评价。在综合分析研究区域水土资源条件的基础上，确定盐碱地开发规模、布局及模式，并探讨开发盐碱地可能产生的生态环境问题。

分析盐碱地开发区域生态环境状况及近年来的演变趋势，确定生态环境恶化因素；根据盐碱地开发区水环境功能区要求，进行研究区污染物排放环境容量研究；估算研究区退水量和排盐量，分析盐碱地开发规模、退水安排及其生态影响研究，着重研究水稻重点开发区；确定影响土壤次生盐渍化因素，研究盐碱地开发区土壤次生盐碱化发展现状及预测；估算盐碱地开发甲烷排放量，并提出控制排放措施。

2. 松嫩低平原盐碱地研究的基本结论

（1）松嫩低平原盐碱地发展水稻生产，对于松嫩低平原地区种植业结构的优化、农民增收、治理盐碱和保护湿地等都有着重要作用。松嫩平原西部虽是半干旱气候，但过境水资源较多，水资源条件足以满足农业生产需要。在保证河道生态用水的前提下，适度开发松花江、嫩江下游沿河的低洼涝渍盐碱带（分布着大量古河道）种稻洗盐，同时将部分中低产旱田改造成水田，可形成新的大型灌区，从而优化资源配置，合理发掘资源潜力，将优化和完善东北稻米生产基地的格局，形成三江平原、松嫩平原、辽河下游平原与东部山地四大水稻基地互补并存的新格局，必将强化东北地区国家商品粮基地，特别是优质大米生产基地的地位。

（2）松嫩低平原可供开发盐碱地丰富，重点开发区和适度开发区为 33.33 万 hm^2，其中吉林省为 20 万 hm^2、黑龙江省为 13.33 万 hm^2。此次调查评价查明，松嫩低平原现有盐碱地 125.58 万 hm^2，加上因盐碱限制弃耕的土地 9.85 万 hm^2，合计盐碱地面积约为 135.33 万 hm^2。其中，轻、中度盐碱地面积占盐碱地总面积的 70% 以上，而且土壤自然肥力相对较高。

大安灌区种稻改良盐碱地的试验表明，盐碱地经“洗盐脱碱”后，可开发成以水田为主的粮食基地。特别是杜尔伯特南部、大庆—肇源—肇州、肇源、泰来片、大安东北、乾安、通榆东北部片、镇赉—泰来等地区，盐碱地相对集中连片，地貌和土壤条件较好，地势低平，土壤养分相对较高，且距离水源较近（或有大型水利工程及灌区支撑），可集中连片地开发种植水稻。还有大安—通榆—洮南区、镇赉区、林甸区和肇东区，条件稍差，可适度发展水稻。

（3）研究区生态环境长期处于退化之中，主要表现在盐碱化加重，草地加速退化严重，湿地萎缩和明显的水生态恶化。2000—2008 年研究区生态服务价值减少了 75.3 亿元。盐碱地开发前后，生态系统发生结构性的变化，由自然生态系统转化为人工生态系统，同时出现一定规模的芦苇湿地和大量的人工湿地（水稻田）。由此，在松嫩平原的盐碱地开发中，要关注盐碱地质量的动态变化。

（4）重要水系给予研究区盐碱地开发的环境容量为“准零排放”。根据水环境功能区划的要求，研究区水体水质要求为Ⅲ类。2005—2008 年在农业退水期间，大部分水质超过水环境功能要求。但大环境下的水系环境容量极为短缺，盐碱地开发污染物“准零排放”是必然的选择。

（5）水稻重点开发区可开发的盐碱地规模为 23.33 万 hm^2，需要适宜的芦苇湿地。在尽可能减少污染、实现“准零排放”前提下，松嫩低平原可重点开发的盐碱地适宜规模为 23.33 万 hm^2。如果不实行滚动性开发，理论上完全消除盐碱地开发污染物（特别是盐类），需要芦苇湿地 13.6 万 hm^2，因此，建立芦苇湿地系统是可持续开发盐碱地的重要基础。如果通过水利工程对承泄区进行增容，盐碱地开发规模会有所增加。

（6）盐碱地开发在特定的条件下会对重要水域产生不利影响，莫莫格、查干湖湿地存在逐步盐湖化的风险。在一般情况下，盐碱地开发产生的盐碱和污染物积存在承泄区内，对湿地保护区和松花江水功能影响有限，但在洪水特殊情况下，将对湿地保护区和松花江水系产生不同程度的影响，特别是在洪水流量不大，同时又突破承泄区水容量的情况下，将超过水功能区划的要求，不排除突发性污染事件的可能。

莫莫格、查干湖湿地位于盐碱地开发区的下游，由于芦苇湿地功能发挥与盐碱地开发可能存在时间上的差异，在该湿地的上游近距离存在大量被富集而待消除的盐碱及污染物。在特殊的情况下，这些盐碱将被泄入湿地保护区，对湿地水质造成一定的影响。特别是查干湖湿地，由于前郭灌区的节水改造导致入湖的农业退水减少，二者的叠加作用将加剧盐湖化趋势。

（7）稻田周边将产生不同程度的盐碱化，农业退水承泄区盐碱化将周期性显现。从整体情况来看，盐碱地改良后，只在局部区域产生盐渍化，如渠道的两侧和部分低洼地容易集成为盐碱地。承泄区的地下水位也会有所上升，水面积减少和增多交替出现，可产生盐渍化土地，呈现周期性变化。

（8）盐碱地开发产生温室气体。有研究表明，在水稻重点开发区（大安—乾安项目区、杜尔伯特—肇源项目区、镇赉项目区和泰来项目区）盐碱地上种植水稻，每年的甲烷排放量为5.208 万 t。若增加开发大庆—肇州项目区、洮南项目区、通榆项目区、安达—大庆—林甸项目区盐碱地种植水稻，则每年甲烷排放量共计 13.42 万 t，因此，采取措施减少甲烷排放很有必要。

盐碱地开发规划是盐碱地开发利用的指南，是对盐碱地开发的总体安排，它对盐碱地开发区经济社会全面、协调、可持续发展具有不可替代的作用。盐碱地开发受到水资源、环境、技术、资金等多方面的制约，要科学安排和规划，包括盐碱地开发的规模、土地开发的模式、人工芦苇湿地系统、开发时间和顺序，处理盐碱地开发与草地、自然保护区之间的关系等。根据环保的要求，需要在新开发地区附近建设人工湿地芦苇系统，可以满足洗盐废水和水田退水的要求，才能进行土地规模的开发。对于轻、中度盐碱地开发组合模式也要进行科学统筹。初步测算，在此区以每年 0.67 万 hm^2 盐碱地的开发速度较为适宜。将碱质荒漠中适宜的浅洼地设计成盐碱收集池，建成独特的盐碱人工沉积系统，将盐碱浓度高的稻田水引入池中，利用强蒸发作用，回收盐碱物质作为化工原料。

松嫩平原的盐碱地改良治理的研究开始于 20 世纪 30 年代。20 世纪 60 年代松嫩平原的种稻脱盐研究等标志着“多途径脱盐”取得了重要的技术突破，并形成了适合中国盐碱土特点的盐碱土治理技术体系。20 世纪 90 年代以后，陆续开展了松嫩平原轻、中度盐碱土种稻试验，取得了一定的成果，至 21 世纪初，在重度苏打盐碱地种稻的试验也取得了成功。在 20 世纪 60 年代前郭灌区盐碱地种稻成功经验的推动下，盐碱地种稻技术进入了大田实用阶段。进入 80 年代以来，盐碱地水稻旱育秧技术的成功和推广，以及嫩江古河道种稻开发模式的试验成功，使得盐碱地水稻面积有了很大发展，并取得了较高的经济效益。

3. 松嫩平原盐碱地开发需考虑的因素

（1）地形条件：松嫩平原盐碱区分布着一些岗地，这些岗地相对盐碱化程度较轻，一般是中低产的旱田或是草原。由于地势相对较高，一般距离江河较远，引水不便，适宜采用生态修复模式，即进行草原建设；或者维持现有的开发模式，即种植旱田。

松嫩平原盐碱区的低洼地带，地下水位较高，土壤盐碱化程度较重，碱斑面积所占比例较高，旱田作物难以生长，只有一些耐盐碱性较强的牧草（如虎尾草、碱蓬等）生长其中。这类盐碱区在水资源充分的条件下，对于适宜水田建设的区域，可进行水稻种植的农业开发；对于沼泽湿地，可进行水产养殖的渔业开发，或进行沼泽湿地保护和生态建设；对于干涸的泡沼地和碱地，可作为水田排水的承载区，进行生态修复建设。在水资源匮乏的盐碱区可采取封育草原、限制放牧或人工植草等方式，恢复当地的草原生态系统。

（2）松嫩平原盐碱地的盐碱化程度。松嫩平原盐碱土区域内苏打盐碱地，土壤盐分大多为碳酸钠（Na_2CO_3）和碳酸氢钠（$NaHCO_3$）。土壤过多的盐分和较高的酸碱度（pH），会抑制微生物活动，降低土壤肥力，妨碍作物生长。

盐碱地土壤中含有过多的可溶性盐类，对大多数作物都有不同程度的危害。轻度盐碱地上种植旱田作物，植株大小和产量与正常土地上的相差不大，如果进行水田开发，在泡田期需要洗盐 1~2 次，1 年即可达到盈亏线。中度盐碱地上种植旱田作物，种子发芽率降低，幼苗生长不良，发生不同程度的缺苗断垄现象，开花成熟期推迟，是典型的低产田。如果进行水田开发，在泡田期需要洗盐 2~3 次，1~2 年后即可达到盈亏线。重度盐碱地上种植旱田作物，植株矮小、产量很低，达不到种植的盈亏线。如果进行水田开发，在泡田期需要洗盐 3~5 次，一般需要 3 年后方可达到盈亏线。

（3）松嫩平原的水资源可用量。水是动植物生命组成的必要物质，同时也是优良的无机溶剂，对盐碱地具有洗盐、压盐的功能。在盐碱地开发过程中，可利用的水资源量和水资源时空分布决定了农业的开发模式，水资源充足可开发水田，水资源量适中可开发旱田，水资源匮乏则不宜进行农业开发。

4. 松嫩平原盐碱地的开发模式

松嫩平原盐碱地的开发模式一般为农牧业、渔业和旅游业。农牧业是松嫩平原开发的主体模式，所占密度最大。在农牧业的主体开发模式中，主要有旱田、水田和草原 3 种。

（1）旱田：松嫩平原盐碱化旱田（包括弃耕地及荒地）约有 38.67 万 hm^2。旱田土壤类型主要有盐碱化黑钙土、盐碱化淡黑钙土和盐碱化草甸土。旱田作物主要有玉米、春小麦、大豆、高粱、向日葵、甜菜等。一般轻度盐碱化旱田可种植玉米、春小麦、大豆、高粱等作物；中度盐碱化旱田只能种植向日葵、甜菜等耐盐作物；重度盐碱化旱田多已撂荒。旱田在全区域都有分布，广泛而零散，甚至呈岛状分布，如大安市主要分布在嫩江一、二级阶地上；沿江呈带状展布，安广台地也是该市旱田较为集中的一个区域；长岭、乾安属于松嫩分水岭，地势高，旱田面积较大，与草地呈交错状态。

（2）水田：水稻田也是一种特殊的湿地，对于调节地区小气候具有一定的作用，可以用来改善一些经常干涸的盐碱湖泊的生态环境。几十年的实践证明，松嫩平原盐碱地改水田是促进地区农业经济发展、改善生态环境、提高农民收入的一条有效途径。在有灌溉水源保证的情况下，种植水稻的经济效益要高于玉米等旱田，随着引水灌溉工程（大安灌区、松原灌区等）的陆续实施，松嫩平原西部水田的发展前景将十分广阔。

松嫩平原盐碱地分布虽然十分广阔，但受地形、水资源条件等限制，可开发的水田区域主要为大安、乾安、洮南、通榆、镇赉—泰来一线、大庆—肇源—肇州一线。初步估算，该区域可开发水田面积约为 40 万 hm^2，其中，吉林省大安灌区规划水田面积 4.47 万 hm^2，松原灌区规划水田面积 8.67 万 hm^2，洮儿河灌区水田约 1.67 万 hm^2，引嫩入白镇赉灌区水田约 4.67 万 hm^2。黑龙江省嫩江北、中、南引水工程灌溉水田尚可开发面积约 20 万 hm^2。

（3）草原：松嫩平原的草原主要分布在西部，属于温带草原，盐碱化草地面积约 96.67 万 hm^2，是区域内盐碱化面积最大的土地类型。轻度盐碱化草地植被主要有羊草、虎尾草等；中重度盐碱化草地植被主要有虎尾草、碱蓬、碱茅、碱蒿等。

松嫩平原西部牧草可开发区域广大，整个盐碱地地区除了可开发水田、旱田以外，还可以用来开发草原，可开发面积达 56.67 万 hm^2。在区域分布上，既包括大兴安岭山前倾斜平原的草地，也包括广大低平原上的盐化草地；在行政区域上，黑龙江省的安达、龙江、肇东等县市，都是国家的重要牧业基地。吉林省以白城市为主，长岭、乾安、通榆、镇赉、大安等县，都有大面积碱性草地牧场。

5. 松嫩平原盐碱地的开发模式分析

综合考虑松嫩平原盐碱地土壤类别及其盐碱化程度、地貌特征和水资源供给等情况，松嫩平原盐碱地应当首选生态环境良好的开发模式。

松嫩平原内主要河流有嫩江和松花江，水资源总量较为丰富，但区域内水资源的利用率不高，综合开发利用率约为 30%，仍有 10% 的水资源量（55 亿 m^3）有待开发利用。如再考虑未来调水工程的实施，松嫩平原可新增水资源总量达 80 亿 m^3 左右。目前，统计区域内农业用水量所占比例为 70%，新增加农业灌溉水资源量为 56 亿 m^3，可满足农业发展用水和部分牧业发展用水的需求。

松嫩平原盐碱化土壤主要在表层积盐，土壤有机质含量较高，一经洗盐、洗碱后是难得的高产良田。在地势低平、水资源有保证的条件下，开发水田种稻洗盐、洗碱，经过 3~5 年的土壤脱盐后，水稻产量将会有很大提高，经济效益可达 15 000 元 /hm^2；一旦旱田灌溉、压盐后，水稻产量可增加 20% 左右，经济效益为 12 000 元 /hm^2；草原灌溉后，水稻产量也会增加，经济效益为 2 200 元 /hm^2。由此可以看出，水稻的灌溉效益明显高于草原。

由于草原灌溉的投入产出较差，松嫩平原盐碱地在水资源量不足的情况下，基于生态环境向着良性方向发展的开发模式，应该优先满足 53. 34 亿 m^3 的开发水田和旱田的灌溉用水，其余 26. 66 亿 m^3 的水量可用于适当发展渔业和旅游业。对草原采用自然与人工相结合的方式进行生态修复，对草场实行围封禁牧，分片隔离，限制牧业发展。

二、新疆地区盐碱地的开发利用

1. 新疆地区盐碱地早期改良

新疆地处欧亚大陆腹地，干旱少雨，蒸发强烈，具有典型内陆干旱性气候的特点，农业生产全部依赖灌溉，生态环境极为脆弱。由于新疆独特的干旱气候条件，加之受地形、地貌、水文地质条件和成土母质含盐等综合因素的影响，地下径流和盐分出路不畅，从而在盆地内部存在强烈和广泛的积盐。此外，人为的大量引水灌溉也造成农区大量土壤次生盐碱化。盐碱地是新疆生态环境可持续发展面临的重要问题，更是影响农业生产、工业发展及基础设施安全、人类健康的重要因素。

根据农业部门的调查，土壤盐碱化每年使新疆粮食减产约 7. 2 亿 kg，约占全年粮食总产量的 8. 6%；棉花减产 13. 05 万担，约占全年棉花总产量的 9%；造成经济损失约 35 亿元，占全年种植业总产值的 8% 左右。由于盐碱地的存在，对新疆农业经济造成了巨大损失，限制了新疆地区农业发展。

20 世纪 50—60 年代，由于南疆垦区盐渍化程度太高，人们不得不采用淋洗土壤的方式排盐碱。当地人用坎土曼、箩筐，肩挑背扛，历经几十年，在盐碱地上开挖了数百千米的排灌系统，将盐碱地开垦成了数万亩耕地。这种挖排碱渠、大水漫灌的传统排盐碱方式，需要消耗大量淡水资源，但新疆地区淡水资源匮乏，必须寻找到一种可持续发展的盐碱土科学改良新方法。

2. 盐碱地改良的新途径

相关科研团队经过几十年的研究、现场调查，经过反复试验，发现通过机械开沟，可以破除盐碱地的黏板层，作物根系可吸收养分和水分。通过该技术推广，大量盐碱地成为能够进行棉花等经济作物种植的良田。原本土地贫瘠的新和县成了南疆重要的产棉区，更成为南疆棉花矮密植栽培的重要试验区。新疆盐碱地改良取得的这些成就，得到了国内外业界的普遍认可。

科研人员发现，有些耐盐碱植物可以在重度盐碱地里旺盛生长，能否充分利用耐盐碱植物中的基因抗性培育抗盐碱农作物或修复盐碱土壤，成为研究目标。据统计，新疆有盐生植物305种，还有11个变种、4个亚种，约占全国盐生植物的60%。其中新疆特有品种7种，国家濒危保护植物7种。科研人员在中国科学院新疆生地所阜康荒漠生态系统观测试验站建立了100亩盐生植物园，成功引种147种盐生植物，筛选出较为理想的盐生植物，进行了小规模试种。这些盐生植物不仅能绿化荒漠，而且可以吸收盐碱成分，从根本上改良盐碱土壤。利用盐碱地种植适宜植物，在新疆地区是可行的生物改良策略。

通过反复的试验和分析，科研人员进一步发现，盐碱地在没有种植植物前每千克土壤含盐量在50 g左右，种植耐盐植物后每千克土壤的含盐量降低到10 g左右。1亩盐碱土地可收获近2 t盐生植物，这些盐生植物吸收盐近500 kg。如果连续3年种植耐盐植物，就可以大幅“淡化”土地，最终达到耕种标准。2年后，科研人员在这片曾经寸草不生的土地上收获了棉花，亩产达到400 kg。

3. 新疆地区其他盐碱地农业开发模式

在大量盐碱地存在的环境下，新疆的玛纳斯、阿瓦提和岳普湖县已经发展为核心示范基地，这些地区以治理模式为重点，围绕产业、水盐调控技术、盐碱治理材料与装备、品种，盐碱地修复技术及产品生产等措施，形成了新疆盐碱地生态治理模式和产业示范基地。

（1）玛纳斯节水灌区农田盐分管控治理模式及棉花林果产业示范基地。玛纳斯是全国最早实施规模化农田滴灌技术的灌区，以玛纳斯县及周边团场为示范基地，总体规划布局以玛纳斯河流域为中心，因地制宜地设计灌区盐碱地治理模式与产业化建设方案，同时以区域水盐平衡调控模式、节水灌溉农田盐分管控技术模式和重度盐碱地资源化利用技术与模式为重点，棉花林果产业提升为目标，集成盐碱地治理共性技术，建立棉花林果产业核心示范基地。

（2）阿瓦提水盐平衡调控治理模式及棉花林果产业示范基地。阿瓦提县地处叶尔羌河下游、阿克苏河下游、塔里木河上游的水盐交汇区，近年来水土资源的大规模开发改变了区域水盐循环过程。总体规划布局流域及灌区盐碱地治理模式与产业化建设方案，重点围绕棉花、林果产业的提质增效，优化膜下滴灌棉田水盐平衡调控技术体系、农（草）—林（果）间作节水控盐促生增产技术、盐碱荒漠林—草—药复合生态产业技术等，建立以县域为核心的水盐平衡治理模式及棉花林果产业核心示范区。

（3）岳普湖盐碱地资源化利用模式及饲料林果产业示范基地。塔里木盆地西南缘是新疆盐碱地集中严重区，制约农村经济发展和民生改善，以及生态建设。以岳普湖县为典型盐碱地生态治理与产业发展示范区，总体规划布局流域及灌区盐碱地治理模式与产业化建设方案，重点围绕林果、饲草、经济作物、耐盐植物和生态经济产业目标，开展盐碱地林果及林草提质增效、耐盐高效饲草生产、棉田盐分调控、耐盐植物资源利用及饲草生产、生态经济林修复与开发的集成示范，形成县域盐碱地资源综合利用与产业化发展模式，推进农牧业发展，提高农民收入。

第六章

盐碱地四维改良法

第一节　四维改良法的组成

四维改良法是青岛袁策集团有限公司提出的盐碱地改良方法，经过近几年的试验，形成了一整套的理论。四维改良法主要包括要素物联网系统、土壤定向调节剂、植物生长调节素、抗逆性作物。四维改良法可以系统地为内陆盐碱地、沿海滩涂、重金属污染土地等问题土壤提供解决方案，具有针对性、统筹性、创新性的特点。根据各地盐碱地情况，四大要素技术可以合理搭配、因地制宜，制订最优解决方案。

一、要素物联网系统

将工程改盐用水与农艺用水有机融为一体，实现水、土、盐平衡。将传感器、物联网、大数据和设置地下管网等多项高新技术进行配套，形成集成排灌系统。采用先进的微型传感器与 NB-IoT 物联网通信技术，将植物生长和水土循环过程中的地下生长条件、地上生长环境、作物生长态势、病虫害等信息即时传送至大数据中心，通过 AI 人工智能和远程专家数字化诊断控制的方式，实现水、土、肥、药循环和植物生长过程的智能化监测（图 6-1）。这一系统主要包括暗管排盐灌溉工程、水稻栽培技术体系、水稻植保技术体系（包括无人机监测和药物防治）、水肥一体化技术。

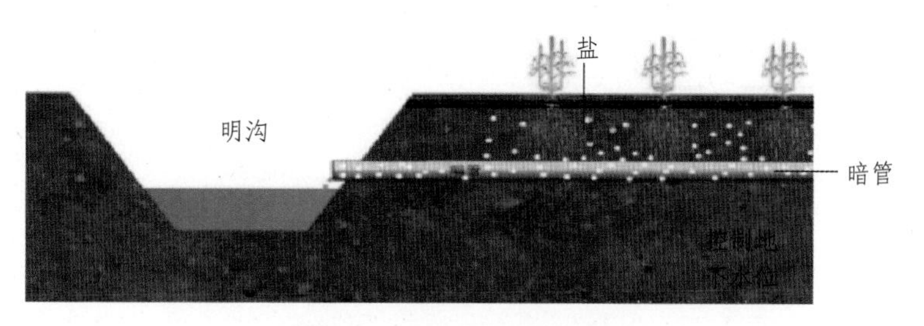

图 6-1　NB-IoT 物联网通信

1. 利用要素物联网系统确定栽培种植技术

根据物联网系统对土壤相关要素（如地温、pH、盐度、碱度、氮、磷、钾、重金属和有机质状态等）的监测反馈，确定土壤中有机质含量、土壤盐碱度及氮、磷、钾、重金属的含量，确定合适的栽培种植技术。根据土壤贫瘠程度及盐碱度选择何种栽培方式，保障水稻稳产优质；根据土壤地温和微生物活跃程度，选择秸秆还田方式和方法。在水稻生育期，利用微型传感器和地表田间气候站及无人机监测反馈的土壤养分条件、作物生长信息和病虫害情况，即时传输至大数据中心，通过 AI 人工智能和远程专家数字化诊断，对水、土、肥、药循环和植物生长过程的智能化控制，最终实现稻米稳产、高产、优质的目标（图 6-2）。

土地数字化物联网装备技术支撑

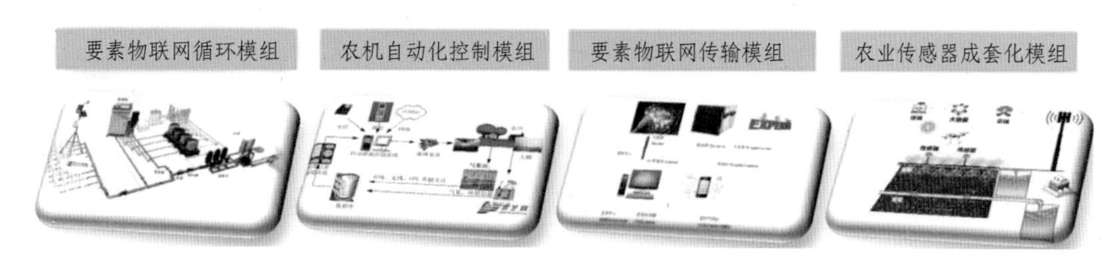

图 6-2　要素物联网

2. 实现节水灌溉和水肥一体化

以要素物联网系统对土壤测试和肥料田间试验为基础，根据作物需肥规律、土壤供肥性能和肥料效应，在合理施用有机肥料的基础上，根据氮、磷、钾及中、微量元素等肥料的施用数量、施肥时期，借助压力系统（或地形自然落差），将可溶性固体或液体肥料，按土壤养分含量和作物种类的需肥规律和特点，配兑成的肥液与灌溉水一起，通过暗管均匀、定时、定量浸润作物根系发育生长区域，使主要根系土壤始终保持疏松和适宜的含水量；结合暗管排盐工程，用暗管灌溉农业用水，根据水稻生长期的需水需肥特点、土壤环境和养分含量状况进行不同生育期的需求设计，按比例直接提供给农作物，在保证水稻有效分蘖数、预防冷害及杂草的基础上，可节约淡水资源 30% 以上（图 6-3）。

图 6-3　水肥一体化

3. 监测和防治水稻各时期的生长情况、病虫害

无人机利用热红外图像采集大面积农田作物图像，通过无线传输系统传回要素物联网系统，实现对水稻生长期的监测。要素物联网系统分析图像信息得出结果，利用无人机定量、定时、均匀喷施药剂，达到及时防治病虫害的效果（图 6-4）。

图 6-4　无人机实时监测水稻生长情况

4. 增施有机肥，培育“淡化肥沃层”

提倡秸秆还田，一般每亩 300 ~ 400 kg，牛羊畜禽粪便 3 ~ 4 m^3/ 亩。连续多年施用有机肥，稳定土壤有机质含量在 1.5% 就能控制土壤返盐，形成 0 ~ 40 cm“淡化肥沃层”，适合水稻生长。

二、土壤定向调节剂

1. 原理

通过施用新型上壤定向调节剂，达到调节土壤盐碱度、降低土壤重金属活性、改善土壤板结、增加孔隙度等效果（图 6-5）。

图 6-5　土壤定向调节剂的施用效果

2. 核心技术

（1）以改性天然活性物质为主的土壤改良剂。该土壤改良剂有较强的吸附能力，能够改善土壤理化性质，活化养分，增强保肥保水；与钠、钾离子形成稳定络合物，交换出土壤胶体上结合的钠、钾离子，使土壤总体盐碱化度降低，降低土壤的 pH，增加土壤的交换性能，改良土壤结构，增加土壤的渗透性能，提高盐碱化土的有效养分含量，增加土壤的生物活性。改性天然活性物质的吸附能力强、吸附容量可调，可用于不同危害程度的土壤。

（2）以改性石膏为主的土壤改良剂。改性石膏可以吸附包括重金属在内的大量离子，降低重金属活性，改善土壤质量。此外，磷石膏含有更多种植物生长所必需的营养元素，能够用于改良盐碱土壤，促进土壤养分平衡。

1）以改性石膏为主的土壤改良剂的改良机制：利用 Ca^{2+} 的交换性能置换 Na^{+}。

土壤胶体—$2Na^{+}+CaSO_4=$ 土壤胶体—$Ca^{2+}+Na_2SO_4$

2）对土壤养分平衡的影响：尽管盐碱地的盐基离子丰富，但影响植物生长的营养物质含量普遍较低。石膏类改良剂的主要成分为 $CaSO_4$，可有效补充土壤中钙、硫的不足。磷石膏含有磷、硫、钙、硅等营养元素，脱硫石膏则富含 S、Ca、Si 等矿物质营养，能够用于改良盐碱土壤，促进植物生长。

3）改良效果：盐碱化土壤经过不同浓度 $CaSO_4$ 溶液的淋溶，降低了土壤 pH、电导率和饱和水力传导度，浓度高的 $CaSO_4$ 溶液效果更明显。对土壤表层经过高低两种浓度 $CaSO_4$ 溶液处理，pH 分别由 9.71 和 9.26 降为 8.06 和 8.03，电导率分别由 14.49 ds/m 和

14.39 ds/m 降为 0.82 ds/m 和 1.67 ds/m。

三、植物生长调节素

植物生长调节素是通过测土配方，结合作物生长对微量元素的需求规律，将新型植物生长调节素和微量元素有机肥合理搭配而成，可提高土壤微生物活性，构建健康的土壤生源要素循环，促进作物生长，同时起到降低土壤盐碱度和重金属危害的作用。

植物生长调节素的使用有严格要求，如使用时期、用量、使用方法等，必须按说明书使用，否则，会产生不良后果。植物生长调节素的效果明显且稳定，较少受环境条件的影响，受到用户的欢迎。

1. 促进植物生长调节素

如 DA-6、5- 硝基愈创木酚钠、赤霉素、802、乙烯利、快速生长剂等。

2. 控制植物生长调节素

如多效唑、矮壮素、缩节胺等。已发现具有调控植物生长和发育功能的物质有生长素、赤霉素、乙烯、细胞分裂素、脱落酸、油菜素内酯、水杨酸、茉莉酸和多胺等。

3. 叶面肥

叶面肥是喷于农作物叶片表面，通过叶片吸收而发挥效能。植物叶片有上下两层表皮，由表皮细胞组成，上表层细胞的外侧有角质层和蜡质，可以保护表皮组织下的叶肉细胞行使光合、呼吸等功能，不受外界不利条件变化的影响，叶片表面还有许多微小的气孔，可进行气体交换。研究表明，角质层由一种带有羟基和羧基的长碳链脂肪酸聚合物组成，这种聚合物的分子间隙及分子上的羟基、羧基亲水基团可以让水溶液渗入叶内。当然，叶片表面的气孔是叶面肥进入叶片更方便的通道。尿素对表皮细胞的角质层有软化作用，可以加速其他营养物质的渗入，所以尿素成为叶面肥的重要组成成分。

（1）叶面肥吸收快：土壤施肥后，土壤吸附各种营养元素，还需经过一个转化过程，然后通过离子交换或扩散作用被作物根系吸收，通过根、茎的维管束到达叶片。土壤施肥养分输送距离远、速度慢。采用叶面施肥，各种养分能够很快地被作物叶片吸收，直接进入植物体，参与新陈代谢。据研究，叶片的吸肥速度要比根部的吸肥速度快 1 倍左右。

（2）叶面肥效好：叶面施肥由于养分直接由叶片进入植物体，吸收速度快，可迅速缓解作物的缺肥状况。通过叶面施肥，能够显著提高作物的光合作用强度，提高酶的活性，促进有机物的合成、转化和运输，有利于干物质的积累，可提高产量，改善品质。

（3）叶面肥用量省：对于硼、锰、钼、铁等微量元素肥料，采用根部施肥，通常需要较大用量才能满足作物的需要。叶面施肥集中喷施在作物叶片上，通常很少的用量就可以达到满意效果。

叶面喷施肥料具有肥效快、利用率高、效果显著、简便易行等优点，越来越受到农民的喜爱。

四、抗逆性作物

抗逆性是植物对环境胁迫的反应，包括生长发育调节、代谢调节、自由基清除剂等膜保护物质维持自由基平衡、渗透调节物质介导的渗透调节、气孔的主动关闭，以及各种功能蛋白参与的直接对抗逆境伤害的各种抗逆性反应等。水稻对低温、干旱、高盐、病虫害等的抗御能力，称为水稻抗逆性。

十几年来，研究者从水稻品种抗性育种、抗性遗传、生理生化、抗性基因等方面对水稻抗逆性机制和抗性做了大量研究，并取得了实质性进展。水稻种植会受到干旱、不适宜的温度、盐含量等不利环境因素的影响。如苗期低温会导致秧苗叶片发黄，以致死亡。抽穗开花期间的低温和高温，会造成过高的空瘪率。海滨含盐量和含碱量高，一些土壤中铁或铝离子含量过大或过低等，都会影响水稻的生长发育。因此，在水稻育种中，要将对当地不良环境因素的耐性基因与高产、优质、多抗基因相结合，进一步提高水稻产量的稳定性。

1. 野生稻抗性基因的挖掘利用

野生稻是现代栽培稻的始祖。1 万年前古人类就开始将野生稻逐步培育，一些看似无用的基因也在不断选育中逐步丧失，但这些丢失的基因正是解决目前水稻生产难题的“宝藏”。野生稻长期处于野生状态，受不良环境的自然选择，形成了丰富有利的基因变异类型。野生稻包含了对各种生物胁迫的抗性和非生物胁迫的耐性基因，是水稻育种和生物技术研究的雄厚物质基础。

（1）野生稻抗病虫性的利用：野生稻的抗病虫性强、抗谱广，具有丰富的稻作病虫害抗原。在亚热带稻区发生最普遍的病虫害，如稻瘟病、细菌性条斑病、纹枯病、稻瘿蚊等都能在野生稻中找到抗原。“七五”“八五”期间，中国农业科学院品种资源研究所和野生稻之乡的广东、广西、江西、湖南等省（区）先后鉴定筛选出一批高抗、中抗病虫品种。近 10 年来，不断有新的白叶枯病抗性基因被鉴定出来，新基因的序号已排至 24。由章琦从我国普通野生稻中鉴定发掘的 Xa23 对国内外所有鉴别菌系都表现为高抗，而且为显性、全生育期抗病，对杂交稻的改良具有广阔的应用前景。秦学毅等用高产优质栽培稻与之杂交、复交和回交，成功将抗性基因导入栽培稻中，其后通过花药培养获得一批具有抗性的育种中间材料和 1 个优质高产新品系。

（2）野生稻抗逆性的利用：野生稻由于长期处于野生状态，经受了各种灾害和不良环境的自然选择，形成了固有稳定的遗传特性，优良的耐冷性、耐旱性、耐瘠性、抗病性等具有巨大的利用价值。目前，抗逆性利用最多且较成功的是耐冷性。如江西省东乡区发现的东乡野生稻是迄今世界上分布最北的野生稻特异资源，蕴含丰富的抗病虫害基因和极强的耐冷基因。杨空松等利用江西省贫瘠沙性水稻土进行盆栽试验，不施肥和施全肥作正、反对照，结果表明，东乡野生稻表现出各处理间差异较小，而对照栽培品种各处理间差异显著。陈大洲等利用东乡野生稻与栽培稻杂交，先后育成 14 个越冬株和“东野 1 号”，都是优良的抗冷育种材料。广东省农业科学院在野生稻种质抗性鉴定中筛选出抗寒、耐涝、耐旱及根系泌氧力 1 级和 2 级抗性的材料。吉林省吉林市农业科学院水稻研究所育成了集早熟、优质、高产、抗逆性强于一体的水稻新品种九稻 67 号，具有米质良好、丰产、抗病性强、抗寒、耐盐碱等优点。

2. 杂交稻的选育和水稻新抗逆性品种

我国是世界上第一个在生产上利用水稻杂种优势的国家，通过水稻株型和优势利用选育的超级稻品种及其配套栽培技术研究极为成功。水稻品种株型改良和杂交稻是提高水稻产量的主要途径，可提高杂交稻的产量、品质和抗性。

杂交水稻的优势主要表现在 4 个方面，即较好的农艺性状、较高的生理功能、较强的抗性和较广的适应性。目前已获得的杂交水稻新品种经试验证实，在抗病虫性、产品性质和适应性方面都比对照组高，有极显著的高产效率。由西南科技大学水稻研究所育成的杂交 B 优系和 C 优系，经鉴定具有高产、优质、抗病性较强、农艺性状优良、适应性好等特点，推广应用前景广阔。浙优 12 号（浙审稻 2008019）属中迟熟杂交晚粳稻，抗倒性强，中感稻瘟病，感白叶枯病和褐稻虱，2005 年、2006 年省单季杂交粳稻区试，2 年省区试平均产量 8 008.5 kg/hm^2，比对照增加 7.8%。由江西现代种业有限责任公司育成的荣优 9 号（国审稻 2011001）属籼型三系杂交水稻，在长江中下游作双季早稻种植，2008—2010 年连续 3 年区试，都比对照金优 402 增产 5% 左右，高感稻瘟病、褐飞虱和白背飞虱，中感白叶枯病。今后，更高产优质的杂交稻新品种将陆续出现。

在盐碱地种稻，既可改良土壤，又可产粮，一举两得。但是，盐碱地种植水稻必须有健全的排涝系统和充足水源，灌水要足、排水要好，达到林、田、路、渠综合治理，特别是新垦稻区更为重要。稻田在保水的情况下，除一部分水消耗于叶面蒸腾作用和田间蒸发外，绝大部分渗漏水或地表水不断把盐碱洗出土体或渗入土壤底层，而使土体脱盐。尤其是土壤表层脱盐率最高，形成一个脱盐层。随着种稻年限的增加，脱盐层的厚度也逐渐增加，土壤的 pH 下降

2～3。因为水田土壤含水量总处于饱和状态，能冲淡盐分，淋洗盐分渗到土壤深处。长时间淹灌和排水灌水，土壤中的盐分就可以被淋洗排除。另外，盐碱地种稻除了排盐，还能改善土壤的理化性质。水稻通过根系释放出大量的二氧化碳，直接溶于水形成碳酸，可以中和土壤中的碳酸钠，降低土壤的 pH；同时又能促进土壤中碳酸钙溶解，增加钙离子浓度，与钠离子发生交换，随灌水淋洗到土壤底层或排出土体，由此强碱性变为弱碱性。

为了使盐碱地种稻更加容易，产出的大米更安全健康，同时又不损耗本就短缺的淡水资源，种植耐盐碱、低镉、耐旱等抗逆性水稻是可行之法。同时，暗管系统可为水稻种植提供完备的水利基础设施，二者结合既可加快土壤排盐，又可实现蓄水的循环利用，达到节水的目的。通过氨基酸金属离子吸附技术，除去水中溶解的重金属离子，最终实现灌溉用水清洁健康，土地盐碱度明显降低，种出的水稻安全健康，生产出品质优良的大米。

3. 其他抗逆性作物的研究

盐碱地所处的气候环境存在差异，单纯种植耐盐碱水稻不是唯一途径。新疆地区气候干燥，水资源相对短缺，并且是我国的主要牧区之一，牛羊数量众多，种植牧草类抗逆性作物切实可行；同时，新疆盐碱地多为沙质土壤，也可种植花生和地瓜。

东部沿海地区经济发达，应选择经济价值高、销往市区的耐盐碱作物。如耐盐碱玫瑰既有很好的观赏性，又可以用来做花茶、提取玫瑰精油、做成玫瑰酱等。

4. 盐胁迫对植物的影响及植物的抗盐反应

（1）盐胁迫对植物的损害：一般土壤含盐量在 0.20%～0.25% 时，就会引发盐胁迫。盐胁迫对植物细胞有毒害作用，也会对植物营养状况产生影响。高盐使叶绿体超微结构遭到破坏，基粒片层的最外层膨大，甚至基粒消失，内膜和外膜甚至瓦解，叶绿体从正常的椭圆形膨大成球形。另外，盐胁迫导致核酮糖二磷酸（RuBP）羧化酶活性降低，RuBP 加氧酶活性却有所增加，光系统Ⅱ受抑制，光合磷酸化停止，光呼吸增强。徐东方的研究表明，水稻在孕穗期受到盐胁迫后，叶片的净光合速率（Pn）和气孔导度（Gs）都明显降低。但鲍雅静等研究表明，金银花叶片中叶绿素和胡萝卜素含量随着盐浓度的增加而先降后升，主要原因还有待进一步研究。

（2）植物抗盐性的调控：植物为适应盐胁迫环境，有一套自身的适应机制，主要分为对盐离子伤害的调控和渗透作用的调节。在盐胁迫下，细胞膜上的 Ca^{2+} 和细胞质内 Ca^{2+} 水平变化是引发代谢调节的重要标志。植物可以通过增加膜结合 Ca^{2+} 来提高逆境下膜的稳定性，且外源 Ca^{2+} 浓度的增加也是一种刺激，可改变某些蛋白质翻译转录过程，诱导新的胁迫蛋白产生，提高植物抗逆性。甜菜碱是一种重要的渗透调节物质，不仅在植物受环境胁迫时在细胞内积累以降低渗透势，还能作为一种保护物质维持生物大分子的结构和完整性，维持正常生理功能。Yang 等研究表明，盐胁迫时美丽胡枝子植株体内甜菜碱的含量会增加，且随着盐浓度的增加含量逐渐上升。Pro 也是逆境环境下渗透调节的重要物质之一，盐胁迫时 Pro 随着盐浓度的增加，含量逐渐上升。刘文婷等研究表明，盐胁迫时金银花叶片绿原酸含量呈短期内低盐下降、高盐上升的趋势，也表现出对逆境的一种适应。

5. 重金属胁迫对植物的影响及抗性反应

（1）重金属胁迫对植物的损害：重金属对植物营养生长、生殖生长以及植物品质均有重要影响。目前，土壤重金属污染物主要有铜（Cu）、镉（Cd）、汞（Hg）、铅（Pb）和铬（Cr）等。Cu 是植物生长所必需的微量营养元素，微量的 Cu 对植物生长具有促进作用，但土壤中 Cu 过多，则会影响植物根系正常的代谢功能，使植物从土壤中吸收的氮素显著减少，造成植物生长发育迟缓、减产等。谷绪环等研究了重金属 Pb 与 Cd 对苹果幼苗叶绿素含量的影响，结果表明，经 Pb 和 Cd 处理后，苹果幼苗叶片叶绿素总量和叶绿素 a、b 含量均明显下降，光合作用受到严重影响。钱翌等研究表明，Cd 污染土壤对大蒜株高及产量有明显影响，且随 Cd 浓度的升高，不同生长时期的大蒜株高呈递减趋势。

（2）植物对重金属的抗性反应：植物受到重金属胁迫后，体内可溶性糖、可溶性蛋白、Pro 的含量会升高，从而调节细胞的渗透势，维持细胞的正常代谢；一些保护酶活性也会相应提高，清除有害的体内活性氧，从而保护膜系统。Wang 等研究表明，不同浓度的 Hg^{2+} 处理小麦幼苗后，小麦根中的 POD、SOD 同工酶的表达量增加，且随着 Hg^{2+} 浓度的增加，表达量逐渐上升。Pro 是植物适应逆境重要的渗透调节物质。黄苏珍研究表明，黄菖蒲体内 Pro 含量随着 Pb 胁迫浓度的增加逐渐升高，反映了植物自身对重金属 Pb 胁迫有一定的适应和抗性调节能力。几种胁迫环境对植物的影响及抗性反应比较如表 6-1 所示。在逆境胁迫下，植物的形态发生明显变化，植物体内叶绿素含量均降低，SOD、POD、CAT 活性也相应下降，但 Pro、甜菜碱和一些可溶性物质的含量则有所增加，表现出对逆境的一种适应。植物在逆境环境下，可以通过自身的渗透调节，清除活性氧、自由基，热激诱导效应等作用维持体内的代谢平衡。

表 6-1　几种胁迫类型对植物的影响和植物的抗性反应

胁迫类型	形态变化	组成物质及活性酶变化	抗性反应
干旱胁迫	植物矮化，叶片数、叶面积减少。	MDA 含量增加，SOD、POD、CAT 活性下降；Pro、甜菜碱等含量增加。	渗透调节，清除活性氧、自由基。

续表

胁迫类型	形态变化	组成物质及活性酶变化	抗性反应
盐胁迫	叶面积缩小、分蘖数减少。	叶绿素、类胡萝卜素含量下降；RuBP 羧化酶活性下降。	渗透调节，清除活性氧、自由基。
高、低温胁迫	植株萎蔫、变干、变脆，叶脱落。	叶绿素含量下降，SOD、POD、CAT 活性下降；RNA、rRNA、mRNA 含量上升。	热激诱导效应。
重金属胁迫	植株矮化，根变短，叶片、侧根数减少。	叶绿素含量下降，Pro、可溶性糖、可溶性蛋白含量增加，SOD、POD 表达量增加。	渗透调节，清除活性氧、自由基。

第二节　四维改良法配套支撑体系

一、栽培体系

水稻品种众多，每个生育期对水肥条件的要求不同。如何在开发利用盐碱地的同时，实现水稻等抗逆性作物的高产，这对植保技术提出了更高的要求。耐盐碱水稻种植，要根据水稻品种特性、地块理化性质确定每亩的播种量和插秧间距；根据水稻生长情况，针对育种、插秧、灌水等环节，适当调整水稻不同生育期的用水量和施肥量，并结合耐盐碱水稻的特性和区域气候特点，制定出适宜不同地区的栽培体系，主要包含高效栽培技术、水肥一体化技术、高产稻“三定”栽培技术和降盐碱栽培技术，最终实现全方位的田间管理和水稻的高产。

二、植保体系

1. 物理防治

（1）土地旋耕：旋耕可使表土疏松，碎土系数高，土壤细碎，耕耙作业一次完成；不破坏田间埝埂，不擦边角，节省作埝和平地用工，地面平整，无开闭垄，耕深一致；旋耕的适耕性强，可旱旋或带水旋耕，能做到边旋耕、边泡田、边平地、边插秧；旋耕能创造合理耕层，整地后达到上糊下松的耕层要求，形成一种虚实结合、水气协调的合理土层结构。同时，能减少作业次数和减轻机车碾压程度，降低耕作对土壤结构的破坏程度，提高透水性，洗盐效果也好；旋耕有利于改进施肥技术。旋耕耕耙相结合，将耕层土壤充分搅拌掺混，极有利于全层施肥，能做到土肥相融，肥力均匀，提高肥效；有利于控制杂草和防治病虫害。旋耕可较多地把杂草根茎和种子留在耕层表面，晾晒后起到杀菌消毒的作用。

（2）种子处理：播前晒种既可提高种子的生活力，又可通过光照杀死黏附在种子表面的病菌。晒种能促进酶的活力，加速胚乳养分的转化和利用；能使种皮的水膜变薄，增强透性，提高吸水力，排除种子在贮藏期间所产生的二氧化碳等废气；还能使稻谷干燥一致，消除含水量的差异，使浸种时吸水均匀，催芽时发芽整齐。一般在播种前，选择晴朗天气，将稻谷薄摊于晒场，可晒 2～3 d；晒种时要做到薄摊、勤翻、晒匀和晒透，防止破伤谷壳。为了准确把握种子质量，晒种后要进行一次发芽试验，以确定播种量。

采取温汤浸种，能杀死黏附在种子表面的线虫、细菌、病毒等。将种子放于 55 ℃的温水中浸泡 10 min，捞出漂浮的秕谷及杂质，将沉下的籽粒取出晒干即可。浸种的目的是使稻谷均匀吸足水分，达到本身重量的 25% 时就可开始萌发。稻谷达到饱和吸水量，谷壳呈半透明状，腹白和胚清晰萌发，粳稻浸种需积温在 80 ℃左右。如果稻谷吸水不足，很难催起稻芽，并导致“老小苗”，但浸种时间过长，又会使胚乳中的营养物质渗出，降低发芽率。高温浸种，因无氧呼吸加剧，会降低胚乳养分的利用率，并会加大种谷间发芽和出苗的差距。因此，较低水温下浸种，适当延长浸种时间，有利于提高胚乳养分的利用率和保证正常的发芽势。浸种时间不宜过长，气温高浸种时间短一些，气温低浸种时间长一些，最好采用“少浸多露，日浸夜露”的方法。白天浸种 7～8 h（中间要换水淘洗 1～2 次），晚上从水中捞出淘洗干净后，在露天处沥水透气。次日白天再浸种 7～8 h（按强氯精说明放入强氯精），晚上从水中捞出后，用清水反复淘洗干净，然后放在露天处沥水透气。次日淘洗沥干水后，再进行催芽。

（3）科学施肥：采取配方施肥，适当减少氮肥用量，增施磷、钾、硅、锌肥，水稻生产增施硅肥尤为重要，可增加水稻的抗病能力，减少水稻病虫害的发生。

（4）节水灌溉：采取浅湿的灌溉技术，使水稻长势平衡、合理，减少郁闭，加强通风；水稻根系供氧充足，因而根系发育良好。由于通风透光条件好，行间湿度小，水分能及时散发，水稻纹枯病和枯叶、黄叶少，水稻植株叶片完好。因此，在水稻生产中要杜绝大水漫灌、长期深水，确保水稻在科学灌溉水的情况下生长。

（5）清除杂草、病株：清除田边杂草，压低虫源、毒源；清除田间病残株、消灭越冬虫源、菌源。随时观察田间病害发生情况，及时拔除销毁病株。

（6）杀虫装置：防治病虫可采用杀虫灯、性诱剂、粘虫板等。杀虫灯防治害虫可在田间每 10～20 亩放置一台，粘虫板每亩地可安插 20 个左右，性诱剂 2～3 支 / 亩。

2. 生物防治

在田间释放寄生蜂等天敌防治害虫，也可使用井冈霉素、寡雄腐霉可湿性粉剂等，或在田边种植可诱集水稻螟虫类的香根草。在田边种植芝麻等花期长花型小的作物，为寄生蜂等天敌提供蜜源，促进产卵；留出一些不除草的田埂，作为天敌的栖息环境和庇护所等。通过这些手段，保护培养水稻田中害虫天敌的种群数量，以控制害虫密度。

3. 化学防治

（1）水稻不同生育期发病情况。

①秧田期：秧田期易发生稻纵卷叶螟、稻飞虱、纹枯病、稻瘟病、水稻螟虫、白叶枯等。加强肥水管理，使用硅肥后水稻抗性提高，对螟虫有一定预防效果。使用杀虫灯或粘虫板，防治稻纵卷叶螟和水稻螟虫。做好苗情调查，在病虫害发生初期喷施药剂，可选用联苯·噻虫嗪或吡虫啉可湿性粉剂、井冈霉素水剂或甲基硫菌灵可湿性粉剂、三环唑可湿性粉剂或多菌灵可湿性粉剂、叶枯唑可湿性粉剂或叶青双可湿性粉剂等。

②分蘖期：分蘖期易发生的主要病虫害有立枯病、白叶枯病、稻蓟马等。加强田间管理，做好防寒、保温、通风、炼苗环节，提倡稀插早育苗，控制温湿度不徒长，防止串灌、漫灌和长期深水灌溉。防止过多偏施氮肥，还要配施磷、钾肥。使用杀虫灯或粘虫板防治稻蓟马。做好苗情调查，可在病虫害发生初期喷施药剂，选用中生·恶霉灵、敌克松、克壮·叶唑、叶枯灵、联苯·噻虫嗪、吡虫啉可湿性粉剂等。

③抽穗期：抽穗期易发生稻瘟病、纹枯病、水稻螟虫、稻纵卷叶螟、稻飞虱、稻曲病、白叶枯病等。做好苗情调查，可在病虫害发生初期喷施药剂。稻瘟病主要包括苗瘟、叶瘟、节瘟、穗颈瘟、谷粒瘟。防治穗颈瘟，主要在抽穗期开展预防工作，孕穗后期（始穗期）至齐穗期是防治适期。选用稻瘟灵乳油（粉剂）或三环唑、井冈霉素或甲基硫菌灵、联苯·噻虫嗪或吡虫啉、多菌灵或三唑酮、叶青双或叶枯唑可湿性粉剂等。

（2）种子处理防治主要病害措施。

①恶苗病：用 20% 净种灵可湿性粉剂 200～400 倍液浸种 24 h，或用 25% 施保克乳油 3 000 倍液浸种 72 h，或用 35% 恶霉灵 400 倍液浸种 48 h，捞出用清水冲洗净后，催芽、播种。

②稻瘟病：用 40% 福尔马林 500 倍液浸种。先将种子用清水浸泡 1～2 d（以吸足水分而未露白为度），取出后稍晾干，放入药液中浸泡 48 h，或用 45% 扑霉灵 3 000 倍液浸种 48 h，或用 40% 多·福粉 500 倍液浸种 48 h，捞出用清水冲洗净后催芽、播种。

③白叶枯病：用 50 倍液的福尔马林浸种 3 h，再闷种 12 h，或浸种灵乳油 2 mL，加水 10～12 L，充分搅匀后浸稻种 6～8 kg，浸种 36 h，或用 10% 叶枯净 2 000 倍液浸种 24～48 h，捞出催芽、播种。

④稻曲病：50% 多菌灵可湿性粉剂 500 倍液，浸种 48 h，或 12% 水稻力量乳油

70 mL，兑水 50 L 浸种，药液浸泡 24 h，再用清水浸泡，或 40% 多 · 福粉 500 倍液浸种 48 h。浸后捞出催芽、播种。

4. 无人机综合防治

无人机是一种有动力和可控制，能携带多种任务设备，执行多种任务，并能重复使用的航空器。在民用领域主要用于航空摄影、地面灾害评估、航空测绘、交通监视、消防、人工增雨等。在农业上的应用主要集中在农田信息遥感、灾害预警、施肥喷药等领域。无人机喷药技术，就是利用无人机搭载喷药装置，并通过控制系统和传感器进行操控，达到对作物定量精准喷药。还能通过搭载视频器件，对农业病虫害等进行实时监控。

在作物生长过程中，防治病虫害是保证作物良好生长，促进粮食增产丰收的关键手段，直接影响粮食食品安全。目前，农药喷洒仍然以手工、半机械操作为主，已经不能满足现代农业生产的规模化种植的需要，而且喷药人员中毒事件时有发生。无人机喷药技术，主要是通过地面遥控或全球定位系统（GPS）飞控来喷洒药剂。

（1）无人机喷药的特点：采用高效无刷电机作为动力，机身振动小，可以搭载精密仪器，喷洒可负载 8～10 kg 农药，在低空喷洒农药，每分钟可完成一亩地的作业。喷洒装置有自稳定功能，确保喷洒始终垂直地面。高速离心喷头设计，既可控制药液喷洒速度，也可控制药滴大小，控制范围在 10～150 μm。

（2）无人机喷药的优点：无人机喷药大多为低量超低量喷洒，且操控人员远离施药区域，可减少农药中毒的风险；操作简单方便，地形适应性好，操作人员只需在田间地头对无人机进行起飞降落控制；喷洒均匀，药物利用率高，防治效果好，在旋翼的作用下雾流向下穿透力强，雾滴更均匀，可以提高药物利用率 30% 以上；喷洒效率高，节约成本，喷洒效率是传统人工的 30 倍，另外，无人机采用喷雾方式至少可以节约 50% 的农药使用量，节约 90% 的用水量，大幅降低资源成本。

5. 水稻病虫害监测预警

农作物病虫害是影响作物最终产量的关键因素之一，对病虫害进行早期预警，是控制病虫害的大范围蔓延、保护作物产量的有利方法之一。田间病虫调查监测作为有害生物防治决策的重要依据，已被广大农业生产者普遍采用。遥感技术可以随时提供信息，迅速、准确地对田间作物生长状况进行监测，以便及时采取措施治理或合理安排计划。

遥感技术是一种远距离，在不直接接触目标物体的情况下，通过接收目标物体的反射或辐射来的电磁波，探测地物波谱信息，并获取目标地物的光谱数据与图像，从而实现对地物进行定位、定性或定量的描述。近 30 年来，遥感技术在大面积农业资源监测、作物产量预报、农情预报等方面应用广泛。

高光谱分辨率遥感或成像光谱技术，是指利用很多很窄的电磁波波段获取许多非常窄且光谱连续的图像数据，融合了成像技术和光谱技术，准确、实时地获取研究对象的影像和每个像元的光谱分布。因为各种物质的结构和组成成分不同，在光谱反射和辐射特性等方面会表现出一定的差异，从而在光谱曲线上形成对该物体具有诊断意义的光谱特征。高光谱遥感数据携带了丰富的地面目标特征信息，可以从纳米级波段去研究目标的光谱信息，从而对地物目标有了更清晰的认识，因此，能够找出病虫害光谱曲线的特征波段（即诊断性特征波段）。

根据研究，通过地面高光谱仪器所获取的水稻冠层光谱曲线，可以看出不同处理的病虫害水稻在高光谱上的不同反映，非常明显。采用遥感监测病虫害主要是在水稻冠层水平上进行的，所以在研究中选择的水稻生理生化指标，必须是对水稻生长起重要作用的因子，同时这些因子在冠层水平上是可监测的。由此选择了叶片叶绿素含量、叶片的相对含水量和全氮 3 个指标，这些指标对水稻病虫害指数有着重要影响。常规的数据分析软件对各个生育时期的光谱数据、病情指数数据、叶绿素含量数据、相对含水量数据及全氮数据按照一一对应的关系进行统计相关分析，找出敏感波段，建立回归模型。通过地面建立的模型，再结合卫星遥感数据，就可以对作物的病虫害危害程度作出判断。

三、装备系统

现代化农业以现代工业装备农业，以现代科技武装农业，以现代管理理论和方法经营农业（图 6-6，图 6-7，图 6-8）。

土壤改良工程主要包括勘察设计、灌排配套、暗管敷设、激光精平、深松破结、维护管理等 6 个环节，形成一个相互联系的整体工程。

图 6-6　挖沟机

图 6-7　飞机遥感

图 6-8　无人机植保

四、大数据平台

采用先进的微型传感器与 NS-IoT 物联网通信技术（图 6-9），将植物生长和水土循环过程中的光、温、pH、盐度、碱度、氮、磷、钾、重金属和有机质状态、株叶形态、病虫害等信息即时传送至大数据中心，通过 AI 人工智能和远程专家数字化诊断控制的方式，实现水、土、肥、药循环和植物生长过程的智能化控制（图 6-10）。由各个环节自动控制，实现按期、自动、定量灌水；及时自动化排出含盐水；定时、定量、均匀施肥，保证系统“流畅”，保证作物“增产”，大量节约人力。

图 6-9　田间传感器与田间气象站

控制中心

大数据服务器

专家系统

图 6-10　大数据平台

第三节　四维改良法的技术优势

一、节时

研究证明，抗逆性水稻能够在 0.6% 盐水浓度下亩产量达到 620.95 kg，因此，利用四维改良法中的抗逆性水稻与土壤改良工程相结合，土壤盐度降到 0.6% 即可种植抗逆性水稻，相比于其他改良方式，在更短的时间即可实现土地的利用，改良时间节约 50%。经过 3 年的改造，即可实现土壤盐碱含量有效降低，有机质含量显著提高，满足其他非耐盐碱作物的种植要求，实现盐碱地改良。

二、节水

全球性水资源短缺问题正在加剧，我们要清醒地认识到，任何一个国家可以在全世界范围内获取石油、天然气和矿产等资源，维持其经济体系的运转，但大规模的用水却无法通过国际贸易获得保障。

我国水资源缺乏，人均占有水资源不足 2 200 m^3，仅为世界平均水平的 28%，而且时空分布不均衡。随着我国经济社会建设事业的不断发展，资源性缺水、水质性缺水和水环境污染已经成为经济与社会可持续发展的重要制约因素。近年来，随着城镇化快速推进和经济社会稳步发展，我国城市用水人口和用水需求大幅度增长，供水普及率和服务能力不断提高，但城市用水总量基本保持稳定，维持在每年 500 亿 m^3 左右。农业用水量得不到有力保障，因此，发展节水灌溉农业势在必行。

四维改良法的灌水与排水系统，能够实现灌溉管网化与排水的循环利用，实现淡水的充分利用；同时，将部分海水与淡水进行混合，可降低海水浓度，以达到抗逆性作物灌溉用水标准，实现节水 30% 以上，有效缓解淡水资源短缺的问题。

三、节地

以往的盐碱地排盐模式通常是挖深沟排盐，耗时耗力，排盐效果一般，且在地块间挖明沟排盐，排盐沟宽 5 ~ 6 m，占用大量的土地，有效耕地面积大大减少。利用四维改良法的暗管排盐技术，通过暗排替代明排，减少挖明沟，可节地 20% 以上；能够减少明渠对地块的切割，使田块集中连片，方便后期机械作业，提高了土地集约化水平。

四、智能

全面实现“互联网+土地”的经营理念和经营模式，达到精准化、智能化、自动化、高效地管理农田。采用先进的大型专业机械设备施工，工作效率高，适合土地的规模化开发。

五、持续

可持续农业是在总结有机农业、生物农业、石油农业、生态农业等替代农业模式基础上产生的。强调农业发展必须合理地利用自然资源，保护和改善生态环境，并在此基础上不断提高农业的生产水平。四维改良法也属于可持续农业，利用秸秆还田，通过测土配方施用有机肥，实现肥水一体化。

六、高效

利用四维改良法改良盐碱地，能够实现土壤改良、育种、种植、加工、仓储、物流等环节的整合，打造全产业链，输出产品也不限于种、土、米等，更能带动交通运输业、加工制造业的发展；利用四维改良法能够在短时间内实现土地的利用，改良时间节约50%，相比于其他改良模式，除了能够有效解决土壤质量问题，更能带动经济的发展，真正实现一次性投资，多年连续收益、多方面受益。

第四节　四维改良法的应用前景

一、符合国家经济发展的需要

随着国家经济的发展，建设用地不断增加，大量农田被占用，18亿亩耕地红线逐步逼近，农田面积已经严重告急。我国大约有15亿亩盐碱地，其中1亿亩可通过土壤改良的方式改造成良田。若利用四维改良法对1亿亩盐碱地进行改良，生产的粮食大约可多养活8 000万人，对保障国家粮食安全具有重大意义。

二、有效解决生态环境问题

人为活动产生的污染物进入土壤并积累到一定程度，会引起土壤质量恶化，并造成农作物某些指标超过国家标准，称为土壤污染。污染物进入土壤的途径是多样的，废气中的颗粒物在重力作用下沉降到地面，进入土壤；废水携带大量污染物进入土壤；固体废物中的污染物直接进入土壤，或渗出液进入土壤。其中，最主要的是污水灌溉带来的土壤污染。农药、化肥也是土壤污染的来源之一，造成土壤有机质含量下降和板结。土壤污染除导致土壤质量下降、农作物产量和品质下降外，更为严重的是土壤对污染物具有富集作用，一些毒性大的污染物（如汞、镉等）富集到作物果实中，人、畜食用后发生中毒。如我国辽宁沈阳张士灌区由于长期引用工业废水灌溉，导致土壤和稻米中重金属镉含量超标，人、畜不能食用；土壤不能再作为耕地，只能改作他用。

四维改良法中使用土壤定向调节剂，可有效清除土壤中的盐碱、重金属、农药残留，不会产生次生盐渍化，使得水、土、作物均无残留，增加高标准农田面积。

三、保障粮食安全

近年来国际粮食价格持续下降，刺激中国粮食进口猛增。据报道，2015 年中国粮食产量为 6.2 亿 t，消费量约为 6.5 亿 t，需要进口粮食 0.3 亿 t，但中国实际进口粮食 1.3 亿 t，超出的 1 亿 t 粮食进了仓库。到 2016 年，中国粮食产量在“十二连增”后首次回落，全国粮食总产量为 61 623.9 万 t，比 2015 年减少 520.1 万 t，减少的主要是玉米，而且是主动调整的结果。2016 年仍是粮食第二个历史高产年，但这些表象的繁荣却难掩中国粮食安全的巨大隐患。

这些年来中国粮食产量的持续增长，在很大程度上得益于农业补贴与托市收购，持续的政策输血调动了农民的种粮积极性，但如果剔除这些保护政策，国内农业还能否胜过国际市场？粮食产量还能否持续增长？更尴尬的是，高价收贮使得国内粮价 5 年内翻番，高出国际进口粮价 30% 以上，以至于国内粮食加工企业饱受高成本之苦，而且还出现粮食大量进口、粮食库存积压、财政负担苦不堪言等。中国农业的可持续发展正面临巨大挑战。

虽然土地集约化顺应农业规模化的需求，但由此带来土地租金成本的飙升，进而打压了农民的种粮意愿。此外，粮食生产日益向东北等水热条件并不占优势的北方核心产区集中，13 个粮食主产区占全国粮食产量的 75% 以上，粮食跨区域流通和平衡的压力越来越大。更何况，中国粮食面临沉重的“高库存（库存大部分集中在政府手中，财政负担重、资源浪费大）、高进口、高成本（中国粮食流通成本偏高，比发达国家平均水平要高一倍多）”压力。而且中国大约 1/5 耕地已被污染，大约有 2 亿亩耕地在利用上存在食品安全、生态安全等问题，其中有 5 000 多万亩受到重金属等中重度污染。

中国土壤污染超标率高达 16.1%，以镉、汞、砷、铜、铅、铬、锌、镍等重金属超标最为严重，其中镉的超标率达 7.0%。这些在土壤中积累的重金属最终又被农作物吸收，被人们食用而危害健康。

中国农业只有保障粮食质量和增加粮食产量，才能在国际市场上占有一定的地位。在盐碱地上利用四维改良法种植的抗逆性水稻，亩产量可达 300 kg，全国的粮食增加量是相当可观的。同时，四维改良法改良后土壤重金属含量降低、农药残留减少，土壤质量得到提高，有效保障了粮食安全。

四、推动“互联网 + 农业”的发展模式

“互联网 +”是利用信息通信技术和互联网平台，与传统行业深度融合，创造新的发展生态。“互联网 +”即充分发挥互联网在社会资源配置中的优化和集成作用，将互联网的创新成果深度融合于经济、社会各领域之中，提升全社会的创新力和生产力，形成更广泛的以互联网为基础设施和实现农业的经济发展新形态。“互联网 + 农业”就是依托互联网的信息技术和通信平台，使农业摆脱传统行业消息闭塞、流通受限制，农民分散经营，服务体系滞后等难点，实现中国农业集体经济的规模化经营。

四维改良法中一维要素——物联网系统，将设置于地下的灌排管网与传感器、物联网、大数据等配套，形成集成的排灌系统。将工程改良用水与农业用水有机融为一体，实现“水、土、盐”平衡。采用最先进的微型环境理化因子传感器与 NB-IoT 物联网通信技术结合，将植物生长和水土循环过程中的地下水肥条件、地上生长环境、作物生长态势、病虫害等信息即时传送至大数据中心，通过 AI 和专家化诊断系统处理远程控制的方式，实现水土肥药的智能化控制。四维改良法对于推动“互联网 + 农业”发展模式具有重大意义。

五、推进盐碱地改良的发展进程

目前，国内改良盐碱地的方法，一是开发耐盐碱性的植物，利用植物改良修复土壤；二是对土壤物理化学性质进行改良；还有采用淋洗的方式降低盐分和碱含量。

利用植物进行土壤的改良，对植物的耐受性有较高的要求，适用品种较少，而且有些土壤寸草不生。对土壤理化性质进行改良的措施存在投入量大而经济回报低的问题，且施加化学肥料不仅破坏了盐碱土的土壤结构，还容易使土壤理化性质恶化，缺少植物生长所需的养分。采用淋洗的方式，需要配合灌水使用，容易造成土壤养分流失，导致板结更加严重。为此，利用新技术来改良盐碱地势在必行。

四维改良法整合了要素物联网系统、土壤定向调节剂、植物生长调节素和抗逆性作物四大技术要素，可根据各地盐碱地情况合理搭配、因地制宜。与其他土壤改良法相比，四维改良法更有针对性，可量身定做最优解决方案，通过该方法改良的土壤不会发生次生盐碱化、再释放和转移等现象，能够彻底治愈问题土地，真正实现土地的可持续发展；更有统筹性，可统筹各领域先进技术，打造技术融合服务平台，整合输出全方位技术服务；更有创新性，能够着眼于国际视野和行业前沿，引进开发新技术，全面推动盐碱地改良技术的进步与发展进程。

第七章

耐盐碱水稻品种选育技术

第一节　耐盐碱水稻全生育期耐盐性鉴定技术规程

水稻对盐碱中度敏感，土壤盐碱化是限制盐碱稻作区水稻生产发展的主要因素，通过深入开展水稻耐盐碱性研究，了解水稻耐盐碱生理机制、遗传差异，盐碱胁迫对水稻生长发育的影响，以及提高水稻耐盐性的方法，对发挥水稻品种在盐碱稻作区的产量潜力，保证盐碱稻作区粮食的安全生产具有十分重要的意义。

通过借鉴国内外多种耐盐碱性评价方法，结合多年来在室内、田间对大量水稻资源进行的耐盐碱性评价经验，将水稻主要的耐盐碱性关键鉴定技术规程分述如下。

一、范围

本标准规定了水稻品种全生育期耐盐碱性鉴定方法、评定技术和耐盐碱性分级标准。

本标准适用于江苏沿海滩涂地区水稻品种全生育期的耐盐碱性鉴定。

二、规范性引用文件

下列文件中的条款通过本标准的引用而成为本标准的条款。凡是标注日期的引用文件，其随后所有的修改单（不包括勘误的内容）或修订版均不适用于本标准，然而，鼓励根据本标准达成协议的各方研究使用这些文件的最新版本。凡是不注日期的引用文件，其最新版本适用于本标准。

本标准采用 NY/T1534—2007《水稻工厂化育秧技术要求》。

三、术语和定义

1. 水稻耐盐性（Rice salt and alkali tolerance）

指在盐土环境下水稻忍耐或抵抗盐胁迫的能力。

2. 苗期盐害指数（Salt harmful index at seedling stage）

评价水稻发芽期至苗期耐盐性的一个指标，以对照生物学产量（GM_2）与处理生物学产量（GM_1）的差和对照生物学产量的比值，它反映了因盐胁迫对水稻苗期生长的影响程度。

$$\text{苗期盐害指数：} S=[(GM_2-GM_1)/GM_1]\times 100\%$$

3. 耐盐指数（salt tolerance index）

耐盐指数是评价水稻品种全生育期耐盐性强弱的指标，以水稻品种在盐环境下生长收获的稻谷产量 G_1 与非盐（对照）环境下生长收获的稻谷产量 G_2 比值的百分率（N）表示，$N=G_1/G_2\times 100\%$。耐盐指数的大小反映某一水稻品种不同生长阶段对盐胁迫忍耐能力的强弱。

四、所需材料及设备

1. 材料

沿海滩涂盐土、海盐、滤纸、水泥、砖头。

2. 设备

Mettler Toledo SG7-FK2 便携式电导率仪（产地：瑞士，测量范围：0.01 μs/cm ~ 1 000 ms/cm），RP-300C 人工气候箱（产地：南京，控温范围：5 ℃ ~ 45 ℃），烘箱，Adventurer AR1530/C 电子天平（产地：美国，测量范围：0.001 ~ 150 g），TGT-500 台秤（产地：南京，测量范围：0 ~ 500 kg），培养皿，水泥池。

五、试验设计

采用随机区组设计，重复 3 次。

六、材料准备

1. 盐土溶液

使用淡水浸泡沿海滩涂盐土，收集浸出液，使用淡水和海盐调配成 0.3% 和 0.5% 的盐溶液。

2. 水稻种子

供试的水稻品种种子，常规稻种发芽率 85% 以上、杂交稻种发芽率 80% 以上。

七、苗期耐盐性鉴定

1. 种子处理

将种子置于 50 ℃恒温箱高温处理 48 h，或用双氧水处理，以破除种子休眠。随机挑选籽粒饱满种子 1 500 粒左右，使用浸种灵浸种 72 h，用自来水冲洗 3 遍。

2. 置床培养

参照 NY/T1534—2007《水稻工厂化育秧技术要求》：将经过处理的种子均匀置于垫有滤纸的 6 个培养皿中，每个培养皿中放 200 粒种子。其中 3 个培养皿加入 0. 5% 滩涂盐土浸泡液，盖好皿盖后，放入 28 ℃恒温箱里培养，每天用 0. 5% 滩涂盐土浸泡液洗涤 1 次。另外 3 个培养皿加入淡水作为对照，盖好皿盖后，同样放入 28 ℃恒温箱里培养，每天用淡水洗涤 1 次。两种处理均培养至秧苗三叶一心期，取样烘干称重，计算苗期耐盐指数。

3. 取样烘干称重

对每个品种（处理和对照）的每个重复组分别取 20 株三叶一心期的秧苗烘干，称量包括根、茎、叶等全部干物质重量。

4. 苗期鉴定标准

以盐害指数 S 作为水稻品种发芽期至苗期耐盐性评价指标。

发芽期至苗期盐害指数：$S=[(GM_2-GM_1)/GM_1]\times 100\%$

式中，S 为发芽期至苗期盐害指数（%）；GM_1 为 0. 5% 滩涂盐土浸泡液处理的干物质重量（3 个重复的平均重量）；GM_2 为淡水处理的干物质重量（3 个重复的平均重量）。

5. 评价方法

以苗期耐盐指数 S 作为水稻品种苗期耐盐性强弱的评价指标，将苗期耐盐性分为 1 ~ 7 级（表 7-1）。

表 7-1　水稻苗期耐盐性

级别	苗期盐害指数 /%	苗期耐盐性
1	≤ 10.0	极强
2	10.1 ~ 20.0	强

续表

级别	苗期盐害指数 /%	苗期耐盐性
3	20.1 ~ 30.0	较强
4	30.1 ~ 50.0	中等
5	50.1 ~ 70.0	较弱
6	70.1 ~ 90.0	弱
7	90.1 ~ 100.0	极弱

八、全生育期耐盐性鉴定

1. 构建盐池

使用砖和水泥构建数个水泥池（长 5 m× 宽 2 m× 深 1 m），池底设 20 cm 滤层并有排水孔，四壁防渗漏，池顶部有移动式透明防雨设施，池顶部距地面高度 3.5 m 左右。采用经过粉碎、过筛、晒干并混合均匀的非盐化壤质土壤，加入池内。在不同水泥池间，设 0.3% 滩涂盐土浸泡液处理和淡水处理作为对照。

2. 盐池的盐分控制

根据试验所需的灌水量，修建一定容积的兑水池。以自来水调配电导率为 8 ~ 10 mΩ/cm（25 ℃），浓度相当于 0.3% 滩涂盐土浸泡液。用此浸泡液灌溉盐池，土壤表面盐水深度保持 3 ~ 5 cm。为防止水分蒸发或降雨而引起水层浸泡液浓度的变化，一般每 2 d 用电导率仪监测水层的电导率，并用滩涂盐土浸泡液或 Nacl 溶液或自来水调整水层的电导率，使其盐浓度保持在 0.3% 水平。

3. 品种筛选

选择通过苗期耐盐性鉴定且达到中等水平（苗期盐害指数在 30.1% ~ 50.0%）的水稻品种。

4. 种子的准备

各品种随机挑选籽粒饱满的种子 3 000 粒左右，处理方法同苗期耐盐性鉴定。

5. 浸种、催芽和育苗

室温浸种 2 ~ 3d，30 ℃催芽，露白后将种子播于正常土壤（土壤含盐量在 0.1% 以下），并按照水稻工厂化育秧技术规范培养秧苗。

6. 移栽和管理

秧苗移插前，盐池要施足基肥，以有机肥为主。在 5 ~ 6 叶龄期，将秧苗单株移栽于水泥池中。采用随机区组设计，每个品种 3 ~ 5 行，共栽 40 ~ 50 株，行株距 20.0 cm × 13.3 cm，3 次重复。对照淡水处理池中的插秧规格与方法，与浸泡液处理池相同。水稻生长期间的管理参考 NY/T1534—2007《水稻工厂化育秧技术要求》，处理和对照的管理措施相同。

7. 取样烘干称重

于每个品种（处理和对照）每个重复组的成熟期（籼稻 85% 以上、粳稻 95% 以上实粒黄熟），取 20 株生长正常植株的稻谷。烘干称重，并计算全生育期耐盐指数。稻谷烘干标准为籼稻水分含量为 13.0%、粳稻水分含量为 14.5%。

8. 鉴定方法

以耐盐指数 N 作为水稻品种全生育期耐盐性评价指标。

全生育期耐盐指数：$N=(G_1/G_2)\times 100\%$

式中，N 为耐盐指数（%）；G_1 为 0.3% 滩涂盐土浸泡液处理的稻谷重量（3 个重复的平均重量）；G_2 为淡水处理的稻谷重量（3 个重复的平均重量）。

9. 评价方法

以耐盐指数 N 作为水稻品种全生育期耐盐性强弱的评价指标，将全生育期耐盐性分为 1 ~ 7 级（表 7-2）。

表 7-2　水稻全生育期耐盐性

级别	耐盐指数 /%	耐盐性
1	≥ 90.0	极强
2	80.1 ~ 90.0	强
3	70.1 ~ 80.0	较强
4	50.1 ~ 70.0	中等
5	30.1 ~ 50.0	较弱
6	10.1 ~ 30.0	弱
7	≤ 10.0	极弱

由于各籼稻、粳稻品种和杂交稻品种间生长发育的产量存在差异，生物耐碱力强的耐盐力不一定强，而耐盐力强的耐碱力不一定强，因此，在进行耐盐碱水稻区域试验时，应当对水稻进行全生育期关键性状指标鉴定，并以最终产量为主要指标。对在一定的盐碱梯度中能够进行分蘖、抽穗，但又不能完全成熟的水稻材料，以分蘖量、开花抽穗持续时间来进行水稻耐盐碱

评价。在较轻盐碱梯度下能够正常分蘖、抽穗并能完全成熟的水稻材料，主要以相对产量百分比进行农业耐盐力的鉴定。在做水稻农业耐盐力鉴定时尽量按照生育期归类，同时设置相应生育期的对照品种。目前，水稻耐盐碱鉴定使用的对照品种，如 1939 年斯里兰卡培育出的耐盐水稻品种 Pokkali 和国际水稻研究所鉴定的对盐敏感品种 Peta，这两个品种均为籼稻品种；耐碱品种长白 9 号，对碱敏感品种九稻 12，全国耐盐碱统一对照品种兰胜等。Pokkali 和 Peta 可作为籼稻耐盐碱鉴定的对照品种，对粳稻只能作参考品种，长白 9 号和九稻 12 可作为粳稻耐盐碱鉴定对照品种。因此，要积极寻找不同生育期的对照品种，选择经过长期检验的耐盐碱当地品种作为对照品种。

第二节　耐盐碱水稻品种审定

一、耐盐碱水稻区域化试验体系

2017 年，以国家杂交水稻工程技术研究中心为主导的“国家耐盐碱水稻区试联合体”进行了首次耐盐碱水稻区试工作，确定中早粳晚熟组、黄淮粳稻组和南方沿海籼稻组三大区域试验组别。水稻耐盐碱性区域试验仍然以国家审定稻品种区域试验的基本技术要求与标准为框架，并结合水稻种植生态区盐碱性条件制定适宜的评价标准体系。耐盐碱水稻区域试验，包括对试验品种的要求、试验设置、试验田选择、田间设计、栽培管理和记录、抗性鉴定、米质检测，以及汇总总结等内容。

1. 品种

试验品种的命名必须符合《关于规范国家稻品种区试中品种名称的通知》的有关要求，品种选育过程翔实、清晰。

（1）试验品种（Testing Variety）：为人工选育或发现并经过改良，与现有品种有明显区别，遗传性状相对稳定，形态特征和生物学特性一致，具有适当名称的水稻群体。

（2）对照品种（Control Variety）：符合试验品种定义，在生产上或特征特性上具有代表性，为当地盐碱地主栽品种，用于与试验品种比较的品种。

2. 试验设置

（1）试验组：

1）季别：分双季早稻、双季晚稻和一季稻（包括中稻和一季晚稻）。

2）类型：按品种类型分籼、粳稻，按用途分食用、专用等。

3）生育期：分早熟、中熟、迟熟等。

根据季别、品种类型、生育期分组进行品种试验。耐盐碱水稻试验设“南方沿海籼稻组”“黄淮粳稻组”“北方中早粳晚熟组”3 个组别。

（2）试验点：试验点保持相对稳定，除具有生态与生产代表性外，还应具有良好的试验条件和技术力量，一般设在县级以上（含县级）农业科研单位、原（良）种场、种子管理站、种子公司。

1）试验点的数量：一个试验组区域试验点以 6 ~ 15 个为宜，生产试验点以 5 ~ 8 个为宜。生产试验是在区域试验的基础上，在接近大田生产的条件下，对品种的丰产性、适应性、抗性、耐盐碱性等进行验证。

2）品种数量：区域试验一个试验组以 6 ~ 12 个（包括对照品种）为宜。

3）对照品种的选择：一组试验设 1 个对照品种，选用通过国家或省级农作物品种审定委员会审定，稳定性好，当地盐碱地适应性好，生产推广面积较大的同类型、同熟期主栽品种。根据需要可增设 1 个辅助对照品种。

4）种子质量：试验品种、对照品种的种子应符合国家标准 GB4 404.1 中常规稻原种或杂交稻一级种标准，不得带检疫性病虫。

5）试验时间：试验品种一般进行 2 个正季生产周期的区域试验和 1 个正季生产周期的生产试验，生产试验可以与后一个生产周期的区域试验同时进行。但经过 1 ~ 2 个生产周期的区域试验，证明综合表现差或存在明显种性缺陷的试验品种，应终止区域试验和（或）生产试验。

3. 试验田选择

选择有当地种植水稻土壤代表性、土壤盐（碱）含量 0.3% 以上、肥力水平中等偏上、不阴蔽、排灌方便、形状规整、大小合适、肥力均匀的田块。试验田前期经过匀地种植，秧田不作当季试验田，早稻试验田不作当年晚稻试验田。

4. 田间设计

（1）试验设计：区域试验采用完全随机区组排列，3 ~ 4 次重复，小区面积 13 ~ 14 m^2，同一试验点小区面积应一致，一组试验在同一田块进行。生产试验采用大区随机排列，不设重复，大区面积不小于 300 m^2。一组试验在同一田块进行，如需在不同田块试验，每一田块均应设置相同对照品种。

区组排列的方向应与试验田实际或可能存在的肥力梯度方向一致。小区（大区）长方形，长宽比为（2 ~ 3）∶ 1，长边应与试验田实际或可能存在的肥力梯度方向平行。

（2）保护行设置：区域试验、生产试验田四周均应设置保护行，不少于 4 行，种植对应小区（大区）的品种。区组间、小区（大区）间、试验与保护行间留操作道，宽度不大于40 cm。

5. 栽培管理

（1）一般原则：同一组试验栽培管理措施一致。

（2）试验田准备：秧田、本田精耕平整，采取一致的抗盐碱性措施或工程布置，有机肥必须完全腐熟。

（3）播种：常规稻、杂交稻播种量按当地大田的生产习惯，根据各品种的千粒重和发芽率确定，同一组试验所有品种同期播种。

（4）移栽：适宜秧龄移栽，不采用直播、抛秧。行株距按当地大田生产习惯确定。同一组试验所有品种同期移栽，及早查苗补缺。

试验过程中不使用植物生长调节剂，按照当地大田的生产习惯防治病、虫、草害，防止鼠、鸟、畜、禽等的危害。肥水管理适当，施肥水平中等偏上，按照品种的成熟先后及时收获，分区单收、单晒。

6. 观察记录

记录试验概况、试验结果、品种评价等，必须符合《水稻品种试验记录项目与标准》的有关规定，尤其注重对耐盐碱性关键生长发育指标的记录和产量的记录。

7. 抗性鉴定

（1）鉴定机构：选择同级农作物品种审定委员会指定的专业鉴定机构。

（2）鉴定项目：以稻瘟病和白叶枯病为主，不同稻区、不同品种类型可根据实际情况有所侧重或增减。

（3）种子提供：由同级农作物品种审定委员会办公室或其指定的试验点统一提供。

（4）鉴定时间：与区域试验同步进行两个正季生产周期鉴定。

（5）鉴定方法与标准：按照同级农作物品种审定委员会认可的鉴定方法与标准执行。

（6）抗性评价：根据两年的鉴定结果，对每一个试验品种分别做出定性评价，并与对照品种比较。

（7）耐盐（碱）性鉴定：主要鉴定品种的耐盐（碱）性（苗期和大田）。南方沿海籼稻组和黄淮粳稻组品种的耐盐（碱）性鉴定由江苏沿海地区农业科学研究所和江苏省农业科学院粮食作物研究所承担，中早粳晚熟组品种的耐盐（碱）性鉴定由辽宁省盐碱地利用研究所承担。

8. 品质检测

（1）检测机构：选择同级农作物品种审定委员会指定的专业测试机构。

（2）检测项目：稻米的加工品质、外观品质、蒸煮品质和食味等。

（3）样品提供：由同级农作物品种审定委员会办公室或其指定的试验点统一提供。

（4）检测时间：与区域试验同步进行两个正季生产周期检测。

（5）检测方法与标准：按照GB/T17891优质稻谷标准执行。

（6）品质评价：根据两年的检测结果，对每一个试验品种分别做出定性评价，并与对照品种比较。

9. 汇总总结

（1）数据质量控制：各试验点原始小区根据可疑值与平均值间的离差（以标准差为单位），剔除显著异常的小区产量数据。剔除缺失3个以上（含3个）小区产量数据，或同一个品种缺失2个小区产量数据的试验点。对缺失1~2个小区产量数据的试验点进行缺区估算。计算试验点各品种区组间变异系数，剔除平均变异系数显著偏大的试验点。计算试验点品种平均产量水平，剔除产量水平显著偏低的试验点。计算试验点对照品种产量水平并与品种平均产量水平比较，剔除对照品种产量水平显著偏低的试验点。剔除试验期间发生气象灾害、病虫灾害、动物危害、人为事故并对试验产生明显影响的试验点，剔除明显异常的其他试验数据。

概述试验目的、品种、试验点、田间设计、栽培管理、气候特点、抗性鉴定、米质检测，以及数据质量控制等。列表说明品种的亲本来源、选育单位等和试验点的地理分布、播种移栽期等。

（2）结果分析：

1）丰产性：计算分析品种产量的平均表现和品种间的差异。产量联合方差分析采用混合模型（品种为固定因子，试验点为随机因子），品种间差异显著性检验采用新复极差法（SSR）或最小显著差数法（LSD），并列出数据表。

2）稳产性和适应性：采用线性回归分析法和主效可加互作可乘模型分析法（AMMI模型），并结合品种在各试验点相对于对照品种的产量表现综合分析，并列出数据表或图。

3）生育期：计算分析品种全生育期的平均表现和品种间的差异性，并列出数据表。

4）主要农艺性状：计算分析品种主要农艺性状的平均表现和品种间差异，并列出数据表。

5）抗性：以本级农作物品种审定委员会指定的机构鉴定结果为主要依据，分析评价品种的抗性表现，并列出数据表。

6）米质：以本级农作物品种审定委员会指定的机构鉴定结果为主要依据，分析评价品种的米质表现，并列出数据表。

7）品种综合评价：根据1~2年区域试验和生产试验汇总分析结果，对各品种的丰产性、稳产性、适应性、生育期、主要农艺性状、抗性、米质等做出综合评价，并说明主要优缺点。

10. 生产试验与良种示范

经区试表现优异的品种（组合）要在适宜地区布点进行生产试验，由区试主持单位和种子管理部门负责安排。由于试验区面积大，参加试验的品种不宜多，以不超 2 个为宜，对照品种应是试验地区的当家品种。参试品种的田地面积为 0.5～1.0 亩，在地力均匀的田块可不设重复，一般试点为 5～10 个，田间管理水平要略高于大田生产，试验周期为 1～2 年。区域试验和生产试验可交叉进行，达到小区与大区相结合的目的，既可加大直观效果，又可以提高试验准确性，收到快速鉴定和推荐品种（组合）的效果，使试验、示范和繁殖种子同步化，为品种审定、推广做准备。

二、耐盐碱水稻区试的合理布局

由于我国地域辽阔，不同地区盐碱地分布、成因不同，土壤中总盐含量、离子组成和 pH 等存在很大差异。土壤学界已经根据地域、土壤颜色、土壤特性以及总盐含量等，将我国盐碱地大致分为滨海盐土和滩涂、黄淮海平原盐渍土、东北松嫩平原盐渍土、半漠境内陆盐碱土和青新极端干旱漠境盐土五大片。此外，南北降水差异、气温变化大、水稻种植方式截然不同，主要体现为南籼北粳。耕作制度多样，农业生态条件差异大，盐碱土类型不同，决定了我们必须按生态区域进行合理的试验布局。

1. 滨海盐土和滩涂

我国沿海滩涂和盐碱地分布广泛，自广西至辽宁沿海岸线均有分布，尤以江苏省盐碱地区和山东省东营地区分布最广，长江以南由于降水量充沛，且沿海多丘陵，沿海滩涂面积较小且呈零散分布。

江苏沿海滩涂面积约有 70 万 hm^2，占全国滩涂面积的 1/4 以上，具有气候温和、雨量充沛、光热充裕、无霜期长的气候优势，适宜多种农作物生长。丰富的淡水资源，为沿海滩涂大面积种植水稻和以水改盐提供了必要条件。目前，在江苏省沿海滩涂种植的具有一定耐盐性的水稻新品种（品系）中，已经筛选出耐盐性达 0.3% 的水稻品种。其中，常规中籼稻有江苏沿海地区农业科学研究所育成的常规中籼稻品种盐籼 156（中熟，生育期 136～140 d，米质一般），粳稻新品种有辽宁盐碱地农业科学研究所育成的盐丰 47、盐粳 9 032 和盐粳 456（早熟，生育期 126～130 d，米质优），常规中粳稻品种有江苏沿海地区农业科学研究所选育的新品种盐稻 10 号（迟熟，生育期 150 d，米质优，糯性强）等。

2. 黄淮海平原盐渍土

黄淮海平原位于我国东部地区，总面积约 31 万 km^2，是我国农作物的重要产区之一。受土壤盐渍化影响的面积约有 333.3 万 hm^2，其他地区都不同程度地面临次生盐碱化的威胁。黄淮海平原的盐渍土（0~20 cm 土层含盐量大于 0.1%）可分为 3 个类型区，即沿渤海湾低平原区、黑龙港中游盐渍土区和鲁西南盐渍土区。

黄河三角洲地区种植旱作物常因盐碱渍害而失收，故该地区盐碱地种植水稻具有不可替代性。种植水稻可有效压碱洗碱，使重度盐碱地改良为中、轻度盐碱地，最终将中低产田改良为稳产高产田。

3. 东北松嫩平原盐渍土

东北三省共有盐渍土 319.7 万 hm^2，其中可开发利用的有 140 万 hm^2。松嫩平原的盐渍土大多属苏打碱化土，土体含盐量不高，含有碳酸钠、碳酸氢钠，pH 很高，对植物的毒性大，有很多斑状的光板地。但这里的盐渍土有机质含量高，土壤质地黏重，保水保肥性能好，一旦合理开发利用，作物产量很高。

1983 年，吉林省农业科学院水稻研究所立项开展水稻耐盐碱品种选育工作，选育出长白 9 号等耐盐碱水稻品种。长白 9 号对吉林省的水稻生产，尤其是对西部盐碱地的水稻生产贡献巨大，成为吉林省水稻杂交的骨干亲本，如目前推广的超级稻 1 号（吉粳 88）的亲本之一即为长白 9 号。

4. 西北地区盐碱地

西北地区盐碱地分布广泛、成因复杂、类型多样，集中了全国近一半的盐碱土。新疆地区土壤盐碱化表现得尤为明显，1/3 的耕地（约 133.33 万 hm^2）发生盐碱化，绝大部分为土壤次生盐碱化。其中，最为严重的是天山南麓、塔里木盆地西部各灌区，这些地区的盐碱化程度高，导致了一些耕地完全不能利用，浪费了大面积的土地资源。宁夏引黄灌区 1/3 土地有盐碱化问题，其中重度和中度盐碱化的土地主要集中在银川北部地区，已占到总耕地面积的一半以上。

从 2008 年开始，宁夏农业和林业科学院农作物研究所与中国农业科学院作物科学研究所合作，创新耐盐碱水稻新品种培育技术，先后培育出了京宁 2 号、京宁 3 号、京宁 6 号、京宁 7 号、京宁 29 号等十余个耐盐碱水稻新品系，累计种植面积 2 000 hm^2，节支创收 2 000 余万元。

三、耐盐碱水稻品种的审定

所谓作物品种审定，就是对新育成的或引进的作物品种，由专门的品种审定委员会根据品种区域试验和生产试验结果，从生育期、产量、抗性、品质等方面综合审查评定其推广利用价值和适应范围。由于品种审定是向社会公众提供公证信息，结果直接关系到生产安全、稳定与发展，因此，品种审定具有公正性、公益性和强制性，一般表现为政府行为。

20 世纪 80—90 年代，我国建立了国家级和省级品种审定制度。2000 年以来，进一步完善了两级品种审定制度。《中华人民共和国种子法》颁布施行，明确规定包括水稻在内的主要农作物品种和主要林木品种在推广应用前，应当通过国家级或者省级审定。2001 年，农业部依据《中华人民共和国种子法》制定了《主要农作物范围规定》和《主要农作物品种审定办法》，各省也相继参照制定了地方性的有关规定和办法，国家级和省级农作物品种审定制度得到进一步加强和完善。我国农作物品种审定标准因不同时期、不同作物、不同省区及不同生态区有所不同，同一作物不同类型有时也有差别。

植物品种是指经过人工选育或者发现并经过改良，形态特征和生物学特性一致，遗传性状相对稳定的植物群体。其中，特异性是指一个植物品种有一个以上性状明显区别于已知品种；一致性是指一个植物品种的特性除可预期的自然变异外，群体内个体间相关的特征或者特性表现一致；稳定性是指一个植物品种经过反复繁殖后或者在特定繁殖周期结束时，主要性状保持不变。

1. 基本条件

申请审定的品种，应符合农业部《主要农作物品种审定办法》的规定并提交相关材料，符合相应水稻品种审定基本条件和分类条件。

（1）抗病性：南方沿海籼稻组品种稻瘟病综合抗性指数≤ 6.5，白叶枯病抗性等级≤ 5.0 级；北方稻区中早熟晚粳组和黄淮海粳稻品种稻瘟病综合抗性指数≤ 5.0，穗瘟损失率最高级≤ 5.0 级。

（2）生育期：不超过安全生产和耕作制度允许范围。南方沿海籼稻组品种全生育期不长于对照品种 5.0 d；黄淮海粳稻、东北中早熟粳稻晚熟组品种全生育期不长于对照品种 5.0 d。当对照品种进行更换时，由专业委员会对相应生育期指标做出调整。

（3）产量：区域试验和生产试验（kg/ 亩）。

（4）品质：品种等级仅作为市场选择品种的参考，不作为淘汰品种的依据。

2. 分类条件

耐盐碱品种的耐盐（碱）性：0.5% 浓度下苗期耐盐级别≤ 4 级，0.3% 浓度下全生育期耐盐级别≤ 3 级，全生育期（发芽期、苗期、成熟期）耐碱级别≤ 3 级，区域试验和生产试验产量达 300 kg/ 亩以上或比对照增产 2% 以上。全生育期耐盐（碱）级别每提高 1 个等级，相应减产幅度≤ 8%。

水稻新品种的审定分为国家级和省级，国家级农作物品种审定工作由农业部设立的国家农作物品种审定委员会负责，省级人民政府农业主管部门设立省级农作物品种审定委员会，负责省级农作物品种审定工作。农作物品种审定委员会建立包括申请文件、品种审定试验数据、种子样品、审定意见和审定结论等内容的审定档案，保证可追溯。申请品种审定的单位、个人（以下简称申请者），可以直接向国家农作物品种审定委员会或省级农作物品种审定委员会提出申请。申请者可以单独申请国家级审定或省级审定，也可以同时申请国家级审定和省级审定，还可以同时向几个省（自治区、市）申请审定。品种审定委员会办公室在收到申请材料 45 d 内做出受理或不予受理的决定，并书面通知申请者。对于符合申请条件的，予以受理，并通知申请者在 30 d 内提供试验种子。对于提供试验种子的，由办公室安排品种试验。逾期不提供试验种子的，视为撤回申请。对于不符合申请条件的，不予受理。申请者可以在接到通知后 30 d 内陈述意见或者对申请材料予以修正，逾期未陈述意见或者修正的，视为撤回申请。修正后仍然不符合规定的，驳回申请。品种审定委员会办公室应当在申请者提供的试验种子中留取标准样品，交农业部植物品种标准样品库保存。

第三节　主要耐盐碱水稻品种

一、常规稻品种

常规稻即可以留种且后代不分离的品种。常规稻不像杂交稻通过杂交直接利用杂交种，而是通过品种间杂交后选育、提纯，保持本品种的特征特性不变。育种科学家和种业公司为了获得种子垄断收益，推广不能留种的杂交稻（杂种一代），摒弃能留种的常规稻种子。常规稻种在目前的种子公司中已经没有市场，农民通过常规稻种进行种植时，若有发芽率较低等问题时，补种将非常困难。在南北水稻种植区域，几乎没有种子公司销售常规稻种，即便是新培育出的常规稻品种，也不会主动推广。目前常规稻品种推广基本靠农民自发留种、相互兑换。由于农民不具备提纯的技术，3～4 年后品种混杂、退化现象会逐年严重。不过也有少量从事常规稻育种的育种爱好者，如果能把握时机，常规稻的推广也是一个机遇。

“八五”时期以来，我国常规稻育种虽然仍涉及各个类型，但籼型常规稻尤其是中籼、晚籼稻逐步萎缩。有规模的常规稻育种主要是粳型稻中的早粳、中早粳、中粳、晚粳，籼型稻中的早籼，其中早粳稻基本上为常规稻。2006—2008 年国家水稻品种区域试验中，早熟中早粳、中熟中早粳、迟熟中早粳、早熟中粳、中熟中粳、单季晚粳、早中熟早籼和华南早籼等类型熟期组中有常规稻品种。其中，迟熟中早粳、早熟中粳、中熟中粳、单季晚粳、早中熟早籼和华南早籼有常规稻品种和杂交水稻品种同组参加试验。

从主要农艺性状表现来看，与同类型杂交水稻相比，粳型常规稻植株偏矮、生长量偏小、每穗粒数偏少，可能是产量水平相对偏低的主要原因。常规早中熟早籼稻的株高、粒重等与杂交水稻相当，但每穗粒数明显多于杂交水稻。

1. 常规粳稻品种

（1）宁粳 1 号：

1）品种来源：常规粳稻，亲本为武运粳 8 号 /w3668，由南京农业大学水稻研究所选育。

2）特征特性：作单季稻种植，全生育期 156 d，较武运粳 7 号早 1～2 d。株高 97 cm 左右，株型集散适中，叶片挺举，叶色较淡，穗型中等，分蘖性较强。每亩有效穗 21 万个左右，每穗总粒数 113 粒，结实率 91%，千粒重 28 g。后期熟相好，较易落粒。米质理化指标达到国家 3 级优质稻标准。接种鉴定，表现中抗穗茎瘟，抗白叶枯病，感纹枯病，抗倒性较好。

3）产量表现：2002—2003 年，2 年参加江苏省单季稻区域试验，2 年平均每亩产量为 639.9 kg。2003 年在区域试验同时组织生产试验，平均亩产 593.6 kg，较对照组武运粳 7 号增产 1.8%。

4）适宜区域：适宜在江苏沿江及苏南地区，中等偏上肥力条件下种植。

（2）辽星 1 号：

1）品种来源：常规粳稻，亲本为辽粳 454/ 沈农 9017，由辽宁省稻作研究所选育。

2）特征特性：在辽宁省南部、京津地区种植，全生育期为 156.4 d，比对照金珠 1 号早熟 2.2 d。株高 106.5 cm，穗长 15.5 cm，每穗总粒数 109.9 粒，结实率 91.1%，千粒重 25.5 g。主要米质指标：整精米率 67.8%，垩白率 9%，垩白度 0.8%，胶稠度 76 mm，直链淀粉含量 16.6%，达到国家《优质稻谷》标准 1 级。抗性：苗瘟 3 级，叶瘟 4 级，穗颈瘟 5 级。

3）产量表现：2003—2004 年 2 年参加辽宁省区域试验，每亩产量分别为 642 kg 和 640.6 kg，比对照品种分别增加 13.3% 和 13%。2004 年生产试验，产量为 614.4 kg/亩，比对照品种增产 10.3%。

4）适宜区域：适宜在辽宁省南部、新疆地区南部，北京市、天津市稻区种植。

（3）沈农 016：

1）品种来源：常规粳稻，亲本为沈农 92326/ 沈农 95008，由沈阳农业大学水稻研究所选育。

2）特征特性：属于中晚熟粳稻。沈农 016 在辽宁省中部稻区种植，全生育期 160 d 左右。株高 105 cm，株型前期松散，中后期紧凑。单株分蘖达 25 个以上，繁茂性好。叶片前期略弯曲，后期直立，剑叶较大，穗形半弯曲。在正常栽培条件下，每亩适宜结穗 28 万～30 万个，平均每穗颖花可达 130～150 个，结实率可达 90% 以上，千粒重 25 g。经农业部稻米及制品质量检验测试中心检测，沈农 016 主要经济指标达国标优质米 2 级标准，且食味较好。抗穗颈瘟病。

3）产量表现：2002 年参加辽宁省新品种区域试验，平均亩产达到 622.8 kg，比对照增产 8.2%，居同熟期各品种之首。2003 年提前进入生产试验，并进行大面积试种示范。在沈阳市苏家屯区红菱镇、盘锦市东风农场和海城市西四镇试种 20 hm^2，表现出抗倒抗病、活秆成熟的优势，平均亩产超过 750 kg。

4）适宜区域：适宜在沈阳市以南中晚熟稻区种植，也可在辽宁省及我国北方年活动积温在 3 300 ℃以上的地区种植。

（4）吉粳 88：

1）品种来源：常规粳稻，亲本为奥羽 346/ 长白 9 号，由吉林省农业科学院选育。

2）特征特性：在东北、西北早熟稻区种植，全生育期 153.5 d，比对照青玉粳晚熟 5.5 d。株高 95 cm，穗长 17.6 cm，每穗总粒数 134.2 粒，结实率 88%，千粒重 24 g。米质主要指标：整精米率 71.3%，垩白率 4%，垩白度 0.2%，胶稠度 83 毫米，直链淀粉含量 16.3%，达到国家《优质稻谷》标准 1 级。抗病性：苗瘟 0 级，叶瘟 0 级，穗颈瘟 1 级。

3）产量表现：2003 年参加北方稻区吉玉粳组区域试验，平均亩产 552.5 kg，比对照吉玉粳减产 9.2%，2001 年续试，平均亩产 588.3 kg，比对照吉玉粳增产 0.5%。2004 年生产试验，平均亩产 507.6 kg，比对照吉玉粳增产 0.1%。

4）适宜区域：适宜在黑龙江省第一积温带上限，吉林省中熟稻区，辽宁省东北部，宁夏地区的引黄灌区，以及内蒙古地区的赤峰市、通辽市南部，甘肃省中北部及河西稻区种植。

2. 常规籼稻品种

（1）中早 22：

1）品种来源：籼型常规稻，亲本为 Z935/ 中选 11，由中国水稻研究所选育。

2）特征特性：属迟熟早籼，全生育期 112～115 d，比对照嘉育 293 和浙 733 长 2～4 d。苗期耐寒性较好，株型集散适中，茎秆粗壮，较耐肥、抗倒伏、分蘖力中等，穗大粒多，丰产性好。后期青秆黄熟，株高 92~95 cm，茎秆粗壮，耐肥抗倒伏。每穗结 120~150 粒，结实率 70%~80%，千粒重 28 g。米质适合专用加工要求，整精米率 27.4%，垩白率 86%，垩白度 20.2%，直链淀粉含量 24.3%，胶稠度 44 mm。中抗稻瘟病，抗白叶枯病、纹枯病较轻，叶瘟平均 0 级，穗瘟平均 1.7 级，白叶枯病平均 0.1 级。

3）产量表现：2001—2002 年参加江西省早稻区域试验，平均亩产 451.2 kg，与早杂对照优 I402 产量持平。2002 年参加“浙江省优质专用水稻新品种选育与产业化”协作组 6 点联合品种比较试验，平均每亩产量 410.5 kg，比对照嘉育 293 增产 5.7%。2002—2003 年参加浙江省衡州市和金华市区域试验，2 年平均亩产 456.8 kg 和 428 kg，分别比对照嘉育 293、浙 733 增产 9.02% 和 6.15%。

4）适宜区域：适宜在长江中下游稻区作早稻种植，但生育期属早稻迟熟品种，更适宜在浙江省南部和江西省、湖南省种植。

（2）玉香油占：

1）品种来源：籼型常规稻，TY36/IR100/IR100（TY36 是利用三系不育系 K18A 为受体，在玉米杂交的后代中选育出来的稳定中间品系），由广东省农业科学院水稻研究所选育。

2）特征特性：该品种为感温型优质香稻，早熟全生育期 126~128 d，与奥香占相当。叶色浓，抽穗整齐，穗大粒多，着粒密，熟色好，结实率较高。株高 105.6~106.4 cm，穗长 21.1~21.6 cm，每亩有效穗 20.3 万个，每穗总粒数 128~136 粒，结实率 81.6%~86%，千粒重 22.6 g。稻米外观品质鉴定为早稻 1~2 级，整精米率 46.3%~47.0%，垩白率 13%，垩白度 2.6%~8.7%，直链淀粉含量 23.7%~26.3%，胶稠度 47~75 mm，理化分 34~44 分。中抗稻瘟病，中 B、中 C 群和总抗病性频率分别为 66.7%，77.8%、67.7%。病圃鉴定穗瘟、叶瘟均为 3 级；中感白叶枯病。

3）产量表现：2003—2004 年早稻参加广东省区域试验，平均亩产 463.3 kg 和 518.2 kg，比对照组奥香占分别增产 5.6% 和 7%。2004 年早稻生产试验，平均亩产 488.3 kg，比对照品种增产 2.5%。

4）适宜区域：适宜在广东省各地作早、晚稻种植，但粤北稻作区早稻栽培应根据生育期分布，慎重选择使用。

二、杂交水稻

杂交水稻（Hybrid Rice）指选用两个在遗传上有一定差异、同时优良性状又能互补的水稻品种进行杂交，生产具有杂种优势的第一代杂交种。通俗地讲，杂交水稻就是通过不同稻种相互杂交产生的，而水稻是自花授粉作物，对配制杂交种子不利。要进行两个不同稻种杂交，就要把一个品种的雄蕊进行人工去雄或杀死，然后将另一品种的雄蕊花粉授给去雄的品种，这样才不会出现去雄品种自花授粉的假杂交水稻。可是，如果技术人员用人工方法在数以万计的水稻花朵上进行去雄授粉，工作量极大，不可能解决生产的大量用种问题。因此，研究培育出一种雄蕊瘦小退化，花药干瘪畸形，靠自己的花粉不能受精结籽的水稻作为母本。

为了不使母本断绝后代，要给它找两个“对象”。第一个“对象”外表极像母本，但有健全的花粉和发达的柱头，授粉给母本后，生产出来的“女儿”，长得与“母亲”一模一样，也是雄蕊瘦小退化，花药干瘪畸形，没有生育能力的母本。另一个“对象”外表与母本截然不同，一般要比母本高大，也有健全的花粉和发达的柱头，授粉给母本后，生产出来的是“儿子”，长得比“父母”都要健壮，这就是技术人员需要的杂交水稻。母本叫作不育系，两个“对象”，一个叫作保持系，另一个叫作恢复系，简称为“三系”。

雄性不育系是指一种雄性退化（主要是花粉退化）但雌蕊正常的母水稻，由于花粉没有活力，不能自花授粉结实，只有依靠外来花粉才能受精结实。因此，借助这种母水稻作为遗传工具，通过人工辅助授粉的办法，就能大量生产杂交种子。保持系是指一种正常的水稻品种，用它的花粉授给不育系后，所产生后代仍然是雄性不育的。因此，借助保持系、不育系，水稻就能一代一代地繁殖下去。恢复系是指一种正常的水稻品种，用它授粉给不育系所产生的杂交种雄性恢复正常，能自交结实。如果该杂交种有优势，就可用于生产。

所谓的三系杂交水稻，是指雄性不育系、保持系和恢复系三系配套育种，不育系为生产大量杂交种子提供了可能性，借助保持系来繁殖不育系，用恢复系给不育系授粉来生产雄性恢复且有优势的杂交稻。两系杂交稻是指一种命名为光温敏不育系的水稻，育性转换与日照长短和温度高低有密切关系，在长日照高温条件下表现为雄性不育，在短日照低温条件下可恢复雄性可育。利用光温敏不育系发展杂交水稻，在夏季长日照下可用来与恢复系制种，在秋季或在海南春季可以繁殖自身，不再需要借助保持系来繁殖不育系，因此，用光温敏不育系配制的杂交稻叫作两系杂交稻。

有了“三系”配套，技术人员就能够知道在生产上如何配制杂交水稻。种一块繁殖田和一块制种田，繁殖田种植不育系和保持系，当它们都开花的时候，保持系花粉借助风力传送给不育系，不育系得到正常花粉结实，产生的后代仍然是不育系，达到繁殖不育系的目的。技术人员可以将繁殖来的不育系种子，保留一部分来年继续繁殖，另一部分则同恢复系制种。当制种田的不育系和恢复系都开花的时候，恢复系的花粉传送给不育系。不育系产生的后代，就是提供大田种植的杂交稻种。由于保持系和恢复系本身的雌雄蕊都正常，各自进行自花授粉，所以各自结出的种子仍然是保持系和恢复系的后代。

杂交水稻具有明显的杂种优势现象，主要表现为生长旺盛、根系发达、穗大粒多、抗逆性强等。因此，利用水稻的杂种优势以大幅度提高产量，一直是育种家梦寐以求的愿望。但是，水稻属自花授粉植物，雌雄蕊着生在同一朵颖花里，由于颖花很小，而且每朵花只结一粒种子，因此，很难用人工去雄杂交的方法来生产大量的第一代杂变种子，所以长期以来水稻的杂种优势未能得到应用。

1. 杂交水稻品种

（1）丰两优 4 号：

1）品种来源：两系籼型杂交稻，由合肥丰乐种业股份有限公司选育。

2）特征特性：在长江中下游作中稻种植，全生育期为 138 d 左右，与汕优 63 相近，株叶形态好。该品种株型紧凑，株高 115 cm，植株整齐一致，倒三叶直立，分蘖力较强。熟期落色好，秆青籽黄。结实率 80% 以上。米质优良，经农业部稻米及制品质量监督检验测试中心检测，除直链淀粉外，其他各项指标都达 2 级以上标准。经安徽省农业科学院植物保护研究所统一检测，抗白叶枯病 1 级，稻瘟病 5 级。

3）产量表现：2004 年参加安徽省中籼品种区域试验，平均亩产 636.4 kg，比汕优 63 增产 8.9%，达到极显著水平。一般大田亩产 650 kg 以上，肥力水平较高田块，亩产可达 800 kg 以上。

4）适宜区域：适宜在安徽、河南、湖北、湖南等省作一季中稻种植。

（2）国稻 1 号：

1）品种来源：三系籼型杂交水稻，亲本为中 9A/R88006，由中国水稻研究所选育。

2）特征特性：在长江中下游作双季晚稻种植，全生育期平均为 120.6 d，比对照汕优 46 迟熟 2.6 d。株高 107.8 cm，茎秆粗壮，株型适中，长势繁茂，剑叶较披。每亩有效穗 17.8 万个，穗长 25.6 cm，每穗总粒数 142 粒，结实率 73.5%，千粒重 27.9 g。米质指标：整精米率 55.9%，长宽比 3.4∶1，垩白率 21%，垩白度 3.4%，胶稠度 64 mm，直链淀粉含量 21.2%。抗病虫性：稻瘟病 9 级，白叶枯病 7 级。

3）产量表现：2002 年参加长江中下游晚籼中迟熟优质组区域试验，平均亩产 446.5 kg，比对照汕优 46 增产 3.77%（达极显著水平）。2003 年续试，平均亩产 469.9 kg，比对照汕优 46 减产 0.9%（差异不显著）。2003 年生产试验，平均每亩产量 433.6 kg，比对照汕优 46 增产 1.8%。

4）适宜区域：适宜在广西地区中北部、福建省中北部、江西省中南部、湖南省中南部，以及浙江省南部的稻瘟病、白叶枯病轻发区作双季晚稻种植。

三、耐盐碱水稻品种

耐盐碱水稻俗称海水稻，并非是海水中生长的水稻，而是能够在盐碱地正常生长的水稻总称。海水稻是在现有的高耐盐碱性稻基础上，利用遗传基因工程技术，选育出可供产业化推广的，在不低于 1% 盐度海水灌溉条件下能正常生长，且产量能达到 200～300 kg/ 亩的水稻品种。

全球有 9.5 亿 hm^2 盐碱地，而中国就有 1 亿 hm^2（15 亿亩），其中 2.8 亿亩可以被开发利用。中国盐碱地分布极为广泛，类型多种多样。据第二次全国土壤普查资料统计，在不包括滨海滩涂的前提下，我国盐渍土面积为 3 487 万 hm^2（约为 5 亿亩），可开发利用的面积多达 2 亿亩，占我国耕地总面积的 10% 左右。如果亩产提高到袁隆平院士希望的 300 kg，就可以增产 600 亿 kg，满足 2 亿人的粮食需要。

1. 东稻 4 号

（1）品种来源：粳稻，抗盐碱性强。以农大 10 为母本，秋田小町为父本，试验代号东稻 06-605，由中国科学院东北地理所大安盐碱地生态试验站，盐渍土生态与改良学科组杨福、梁正伟、王志春育种团队选育。

（2）审定：2010 年 1 月通过吉林省农作物品种审定委员会审定。

（3）特点：该品种生育期 130～131 d，在吉林省属中早熟水稻品种。具有耐肥抗倒伏、耐盐碱、抗稻瘟病、抗冷、早生快发、活秆成熟等特点，尤其适合于吉林省白城市和松原地区盐碱地种植，是一个综合性状优良的超高产水稻抗逆新品种，具有重要的推广价值和应用前景。

（4）特征特性：平均株高 99.5 cm，株型紧凑，叶片上举，茎叶深绿色，分蘖力中等偏上。每亩有效穗 24.0 万个。穗长 18.6 cm，弯曲穗型，主蘖穗整齐，平均每穗 100 粒，着粒密度适中。1 次枝梗多，2 次枝梗少，结实率 92.2% 以上。籽粒椭圆形，颖及颖尖均为黄色，无芒，千粒重 28.6 g。依据农业部 NY/T593—2002《食用稻品种品质》标准，糙米率 83.5%、精米率 75.3%、整精米率 70.3%、粒长 5.1 mm、长宽比 1.7、垩白率 48%、垩白度 9.5%、透明度 1 级、碱消值 7 级、胶稠度 83 mm、直链淀粉含量 18.0%、蛋白质含量 7.9%。米质符合四等食用粳稻品种品质规定要求。2007—2009 年采用苗期分菌系人工接种、成株期病区多点异地自然诱发鉴定，苗瘟、叶瘟、穗瘟均表现中抗。3 年间，在 25 个田间自然诱发有效鉴定点次中，最高穗瘟率为 8%。2007—2009 年，在 25 个抗纹枯病田间自然诱发有效鉴定点次中，表现中感。中早熟品种，生育期 131 d，需≥ 10 ℃积温

2 600 ℃～2 700 ℃。

（5）产量结果：2008 年区域试验平均产量 8 480.4 kg/hm^2，比对照品种长白 9 号增产 2.0%。2009 年区域试验平均产量 8 862.7 kg/hm^2，比对照品种长白 9 号增产 8.5%。两年区域试验平均产量 8 671.5 kg/hm^2，比对照品种长白 9 号增产 5.2%。2009 年生产试验平均产量 8 844.5kg/hm^2，比对照品种长白 9 号增产 6.7%。

（6）栽培要点。播种与插秧：稀播育壮秧，4 月上旬播种，每平方米播催芽种子 300 g。5 月中旬插秧。行株距 30 cm × 16.7 cm，每穴 3～4 棵苗。氮、磷、钾配方施肥：每公顷施纯氮 170～190 kg，按底肥 4：分蘖肥 3：补肥 2：穗肥 1 的比例分期施入；磷肥 60～80 kg，作底肥；钾肥 90～120 kg，分两次施入，底肥 70%，追肥 30%。水分管理采取分蘖期浅，孕穗期深，籽粒灌浆期浅的灌溉方法。7 月上中旬注意防治二化螟。生育期间注意及时防治稻瘟病。

（7）适种区域：中早熟稻区。

2. 绥粳 5 号

（1）品种来源：原名 94-5071，以丰产、优质的藤系 137 为母本，半矮秆、稳产、耐盐碱的绥粳 1 号为父本，通过加强自然选择，经多年自然压力选育而成，2000 年通过黑龙江省农作物品种审定委员会审定。

（2）特征特性：粳稻，生育期 134 d，需活动积温 2 500 ℃，株高 86.5 cm，穗长 16.5 cm，每穗 92.8 粒，千粒重 26.6 g。分蘖力较强，秆强，耐寒性强，抗盐碱。1999 年人工接种苗瘟 7 级、叶瘟 5 级、穗颈瘟 9 级，自然感病苗瘟 5 级、叶瘟 5 级、穗颈瘟 9 级，抗性强于对照。糙米率 83.2%，精米率 74.9%，整精米率 68.9%，垩白大小 9.4%，垩白率 4.75%，垩白度 0.5%，胶稠度 67.3 mm，碱消值 7 级，直链淀粉含量 17.24%，粗蛋白含量 8%。米质优于合江 19，适口性好。

（3）产量表现：1997—1998 年区域试验平均产量 8 162.1 kg/hm^2，较对照品种东农 416 平均增产 8.6%。1999 年生产试验平均产量 7 804.3 kg/hm^2，较对照品种东农 416 平均增产 10.5%。1999 年盐碱地生产试验平均产量 7 828.4 kg/hm^2，较对照品种东农 416 平均增产 13.6%。

（4）栽培要点：该品种适于盐碱井灌区插秧栽培，4 月上旬育苗，5 月下旬移栽，一般插秧规格为 30 cm × 13 cm 或 30 cm × 16 cm，每穴 3～4 株。中等肥力地块一般施尿素 150～200 kg/hm^2，磷酸二铵 100～150 kg/hm^2，硫酸钾 50 kg/hm^2。在盐碱井灌区可采用 26 cm × 13 cm 或 30 cm × 13 cm 插秧规格，每穴 3～5 株。

（5）适种区域：黑龙江省第二积温带插秧栽培。

3. 海稻 86

海稻 86 是以 1986 年陈日胜在湛江海边发现的海水稻而命名，2014 年 9 月 1 日该品种正式在农业部《农业植物新品种保护公报》上公布。海稻 86 的典型特点是稻穗为青白色，具有较强的耐盐碱、耐淹能力，是一种特异的、非常珍贵的水稻种质资源。

1986 年，陈日胜在罗文烈教授带领下，普查湛江红树林资源，在燕巢村海边发现一株比人还高，看似芦苇但结着穗的水稻。在罗教授叮嘱下，他把 522 粒种子进行繁育，将海水稻种子延续至今。2010 年，陈日胜开始与北京富程公司合作。2014 年海稻（北京）国际公司成立，在遂溪和廉江种稻 500 多亩，同时在海南、福建、辽宁、黑龙江等地的盐碱地开展多点试种。2014 年 4 月，陈日胜和农业推广研究员段洪波作为共同申请人，以“海稻 86”（1986 年发现）向农业部申请品种权。9 月 1 日，该品种正式在农业部《农业植物新品种保护公报》上公布。10 月，海水稻考察专家组评议意见最终敲定，海水稻发现者之一、湛江人陈日胜的坚持终于换来突破，海水稻耐盐碱性得到专家初步认可，发源地申请国家保护基地得到支持。

4. 长白 9 号

（1）品种来源：粳型常规水稻，以吉粳 60 号为母本、东北 125 为父本，由吉林省农业科学院水稻研究所选育。1994 年吉林审定，编号为吉审稻 1994002。

长白 9 号，生育期 137 d。耐盐性强，在土壤 pH=8.5、0.3% 盐度条件下秧苗仍能正常生长，在 pH=10 的土壤环境下仍能保持生长。抗稻瘟病和纹枯病能力较强，耐肥，不倒伏。

（2）特征特性：中早熟品种。生育期 130 d 左右，需≥ 10 ℃积温 2 600 ℃左右。株高 95 cm，株型紧凑。分蘖力中等，单本插秧分蘖 12～15 个。叶片直立，叶鞘、叶缘、叶枕均为绿色。大穗型，着粒密度适中，每穗 90～120 粒，结实率 90% 以上。谷粒大，千粒重 29 g 左右。谷粒椭圆形，颖及颖尖均为黄色，无芒（偶有间短芒）。糙米率 83.98%，精米率 76.69%，整精米率 67.92%，直链淀粉含量 19.18%，蛋白质含量 8.63%。

（3）产量表现：1991—1993 年区域试验，每公顷产量 7 500 kg，比对照品种长白 7 号增产 8.03%；1992—1993 年生产试验，每公顷产量 7 875 kg，比对照品种增产 11.9%。

（4）栽培要点：4 月中、下旬播种，5 月中、下旬插秧，插秧密度 30 cm × 16 cm，每穴 4～5 苗。每公顷施纯氮 150 kg 左右，宜前重喜大头肥，并以磷、钾肥作基肥，出穗前施穗肥，以利于壮籽实。

（5）适种区域：吉林省中西部的白城、松原、长春、四平等中早熟区和东部半山区，在盐碱地和小井稻区尤为适宜。

5. 普黏 7 号

（1）品种来源：粳型常规糯稻，原代号“普交 7602-1-2-5-5”。以吉粳 53 号为母本、普黏 1 号为父本，由穆棱市水稻育种研究所选育。

（2）增产效果：1989—1990 年区域试验平均产量 6 289.9 kg/hm^2，较对照品种牡黏 3 号平均增产 9.65%；1991 年生产试验平均产量 6 131.3 kg/hm^2，较对照品种牡黏 3 号平均增产 9.7%。

（3）特征特性：糯稻，株高 80 ~ 85 cm，株型收敛。穗长 14 ~ 16 cm，每穗 85 粒，糙米率 82%。椭圆形粒，无芒，千粒重 24 g。生育期，直播 113 ~ 118 d，插秧 123 ~ 127 d，需活动积温 2 162.7 ℃ ~ 2 276.6 ℃。分蘖力中上等，蛋白质含量 10.02%，直链淀粉含量 0.45%。抗倒伏，抗病性较强，喜肥水。

（4）栽培要点：适于中上等肥力土地种植。育苗插秧规格 26 cm × 10 cm 或 30 cm × 10 cm 为宜，每穴 3 ~ 4 株苗。每公顷总施肥量尿素 250 ~ 300 kg。直播用种量 200 ~ 225 kg/hm^2。

（5）适种区域：第三积温带和第二积温带下限插秧或直播种植。

6. 东农 425（东农 2011）

（1）品种来源：粳型常规糯稻，原代号“普交 7602-1-2-5-5”。以五优稻 1 号为母本、农 423 为父本，由东北农业大学张淑梅、刘丽、田洪刚、李强、刘胜国、钱宝拓、刘峰、王麒、李锐、刘红等选育。

（2）特征特性：粳稻，主茎 13 片叶，株高 99 cm，穗长 20 cm，每穗 145 粒，千粒重 25 g。

（3）品质分析结果：出糙率 81.1% ~ 83%，整精米率 63.3% ~ 69.9%，垩白率 1% ~ 9%，垩白度 0.1% ~ 1.6%，直链淀粉含量（干基）16.76% ~ 18.84%，胶稠度 71 ~ 71.3 mm，食味品质 77 ~ 83 分。

接种鉴定结果显示，抗叶瘟 1 级、穗颈瘟 3 级；自然感病结果显示，叶瘟 3 ~ 5 级、穗颈瘟 0 ~ 3 级。耐冷性鉴定结果显示，处理空壳率 13.1% ~ 16.8%，自然空壳率 0.9%。出苗至成熟生育期为 140 d 左右，比对照品种松粳 2 号早 2 d，需≥ 10 ℃活动积温 2 700 ℃左右。

（4）产量表现：2004—2005 年区域试验平均产量 8 229.0 kg/hm^2，比对照品种松粳 2 号增产 7.7%，2006 年生产试验平均产量 9 011.2 kg/hm^2，比对照品种松粳 2 号增产

11.6%。

（5）栽培要点：苗期耐寒性强、生长快，可在4月上中旬播种。旱育稀植，手插中苗，播种量不超过500 g/m^2，湿种，加强管理，促使苗床分蘖。插秧规格30 cm×10 cm，每穴2～3株苗。每公顷底肥中，包括尿素100 kg、磷酸二铵80 kg、硫酸钾75 kg。分蘖肥为尿素100～150 kg，穗肥为尿素25 kg、硫酸钾25 kg。

（6）适种区域：第一积温带上限插秧栽培。

7.松辽6号（松辽06-6，耐碱性强）

（1）品种来源：粳型常规水稻，1999年夏以（珍富10×吉95-2542）F1为母本、92-106为父本，品种间有性杂交系谱法选育而成。试验代号松辽06-6，由吉林省公主岭市松辽农业科学研究所的周波、魏晓东、耿海平、刘青山、肖立富、冯晓涛、耿晓红、耿晓君、单平义等选育，耿文良完成。审定编号为吉审稻2010007。

（2）特征特性：平均株高100 cm，株型紧凑，叶片上举，茎叶绿色，分蘖力较强。穗长19.5 cm，穗型弯曲，散穗，主蘖穗较整齐，每穗125粒，着粒密度适中，结实率93.2%以上。籽粒椭圆偏长形，颖为黄色、无芒（个别粒有短芒），千粒重24克。

（3）品质分析结果：依据农业部NY/T593—2002《食用稻品种品质》标准，糙米率82.8%、精米率73.8%、整精米率62.4%、粒长5 mm、长宽比1.9∶1、垩白率23%、垩白度5.6%、透明度2级、碱消值7.0级、胶稠度82 mm、直链淀粉含量8.1%、蛋白质含量7.1%，符合六等食用粳稻品种品质规定。

（4）抗逆性：2007—2009年采用苗期分菌系人工接种、成株期病区多点异地自然诱发鉴定，苗瘟表现中感，叶瘟、穗瘟表现感病。3年间，在24～25个田间自然诱发有效鉴定点次中，叶瘟和穗瘟均出现一次重病点（2007年磐石区试验鉴定点），叶瘟病7级，穗瘟率为95%。2007—2009年在24个抗纹枯病田间自然诱发有效鉴定点次中，表现中感。中熟品种，生育期137 d左右，需≥10 ℃积温2 750 ℃以上。

（5）产量结果：2008年区域试验平均产量8 711.5 kg/hm^2，比对照品种吉玉粳增产6.3%。2009年区域试验平均产量7 982.5 kg/hm^2，比对照品种吉玉粳增产2.8%。两年区域试验平均产量8 347.0 kg/hm^2，比对照品种吉玉粳增产4.6%。2009年生产试验平均产量8 574.0 kg/hm^2，比对照品种吉玉粳增产4.1%。

（6）栽培要点：稀播育壮秧，播前做好种子消毒，旱育苗分播催芽种子200～250 g/m^2，5月中旬插秧。栽培密度为行株距27 cm×18 cm，每穴3～4株苗。氮、磷、钾配方施肥：生育期施纯氮量150～175 kg/hm^2，按底肥4∶分蘖肥3∶补肥2∶穗肥1分期施用；磷肥

（P_2O_5）100 kg，作底肥；钾肥（K_2O）80 kg，分两次施入，底肥 70%，追肥 30%。采用深（插秧后）—浅（分蘖期）—深（孕穗期）—浅（灌浆期）的灌溉方式，7 月 10 日左右用药防治二化螟虫，生育期防治稻瘟病。

（7）适种区域：吉林省四平、长春、松原、辽源、通化、白城等中熟稻区。

8. 龙粳 21 号（龙花 99-454）

粳型常规水稻，以龙交 91036-1 为母本、龙花 95361× 龙花 91340 的 F1 为父本，接种其三交 F1 代植株花药离体培养，后经多年系统培育，由黑龙江省农业科学院佳木斯水稻研究所的孙岩松、赵镛洛、孙淑红、孙海正、王继馨、张云江、李大林、吕彬、黄晓群、张淑华、张兰民、关世武、刘传雪、冯雅舒、王瑞英等选育，潘国君完成。审定编号为黑审稻 2008008。

（1）特征特性：主茎 12 片叶，株高 88 cm，穗长 16 cm，每穗 96 粒，千粒重 26.2 g。

品质分析结果：出糙率 81.2%～83.7%，整精米率 63.571.8%，垩白率 0～7.0%，垩白度 0～0.3%，直链淀粉含量（干基）17.0%～18.2%，胶稠度 73.5～80.0 mm，食味品质 76～90 分。

接种鉴定结果显示，叶瘟 1 级，穗颈瘟 0～3 级。耐冷性鉴定结果显示，处理空壳率 7.69%～12.04%。在适宜种植区出苗至成熟生育期为 133 d，与对照品种东农 416 同熟期，需≥ 10 ℃活动积温 2 516 ℃。

（2）产量表现：2006—2007 年区域试验平均产量 8 080.3 kg/hm^2，较对照品种东农 416 增产 8.3%。2007 年生产试验平均产量 8 302.2 kg/hm^2，较对照品种东农 416 增产 10.1%。

（3）栽培要点：4 月 15 日至 4 月 25 日播种，5 月 15 日至 5 月 25 日插秧，插秧规格为 30 cm × 10 cm，每穴 4～5 株苗。中等肥力地块，基肥施尿素 125 kg/hm^2、磷酸二铵 100 kg/hm^2、硫酸钾 100 kg/hm^2，分蘖肥施尿素 75 kg/hm^2，穗肥施尿素 50 kg/hm^2、硫酸钾 50 kg/hm^2。插秧后，结合田间除草追施速效氮，促进分蘖。田间水层管理为前期浅水，分蘖末期晒田，后期湿润灌溉，8 月末停灌。成熟后及时收获。

该品种喜肥水，要保证充足的养分供应，以达到高产增收的目的。

（4）适种区域：黑龙江省第二积温带插秧栽培。

9. 龙庆稻 1 号（哈 04-29）

（1）品种来源：粳型常规水稻，以系选 1 号为母本、牡丹江 19 为父本，通过系谱方法由黑龙江省农业科学院耕作栽培研究所、黑龙江省庆安县北方绿洲稻作研究所李明贤、迟力勇、赵宏亮、王秋菊、邓凌韦华、吴立仁、李炜、王萍、孟英、王立志等选育。审定编号为黑审稻2010007。

（2）特征特性：粳稻品种。主茎12片叶，株高100.7 cm，穗长18.2 cm，每穗117粒，千粒重25.1 g。

品质分析结果：出糙率79.1%~81%，整精米率63.3%~68.3%，垩白率0~1%，垩白度0~0.1%，直链淀粉含量（干基）17.8%~18.7%，胶稠度65.5~77.5 mm，食味品质87~88分。

接种鉴定结果显示，抗叶瘟3级、穗颈瘟0~5级。耐冷性鉴定结果显示，处理空壳率6.22%~6.28%。在适应区出苗至成熟生育期为138 d，需≥10 ℃活动积温2 550 ℃左右。

（3）产量表现：2007—2008年区域试验平均产量8 445.3 kg/hm^2，较对照品种龙稻3号增产8%。2009年生产试验平均产量8 606.7 kg/hm^2，较对照品种龙稻3号增产11.1%。

（4）栽培要点：4月10日至4月20日播种，5月15日至5月25日插秧，插秧规格为30 cm×13 cm或26 cm×13 cm。施纯氮120 kg/hm^2，纯磷75 kg/hm^2，纯钾50 kg/hm^2。氮肥的一半、磷肥的全部、钾肥的一半作底肥，其余作追肥。浅—湿—干间歇灌溉，9月20日至9月30日收获。

（5）适种区域：黑龙江省第二积温带上限插秧栽培。

四、耐盐碱水稻栽培技术

与常规水稻品种相同，耐盐碱水稻要想获得优质高产，也需要良好的栽培技术，要对插秧、施肥、灌水等环节进行研究。

1. 培育壮秧

（1）苗床土的选择：种植地土壤要求疏松肥沃，有团粒，渗透性良好，保水保肥能力强，偏酸性，无草籽和石块，无除草剂残留等。

（2）苗床制作：育秧20 d前喷施除草剂，将秧田精耕细作，做到田面平整，埂面、埂侧无杂草，排灌方便。将田面土块耙细、耙平，无土块、泥土块。

（3）施肥工作：农家肥为充分腐熟的马粪：土为1：4，也可用猪粪代替。中等肥力苗床，100 m^{2}用硫酸铵7.5 kg、磷酸二铵3.5 kg、硫酸钾1.6 kg、硫酸锌和硫酸亚铁均

200 g。

（4）晒种与选种：选晴天于平地摊开晒种 2 d，以提高种子活性。选种用盐水最好，盐水配制密度为 1.13∶1，去掉秕谷，捞出稻谷洗 2～3 遍。

（5）浸种和催芽：用 10% 浸种灵乳油 5 000～6 000 倍液，每袋（10 mL）可浸种 30～40 kg。或用 25% 咪鲜胺乳油 1 袋，兑水 40～50 kg 配成药液，浸种 60 kg。催芽时把种子捞出，放在火炕或塑料大棚内，下方垫 33 mm 厚的稻草，盖塑料薄膜保温保湿。在种子袋插温度计，控制在 30 ℃～32 ℃，2 d 就可发芽，待 80% 露白尖时，下地摊开晾种。

（6）早播稀播以培育壮秧：采用育秧盘育秧，1 m^2 播芽种 350 g；盘育秧，覆土不可过厚，不超过 1 cm。用 40% 丁扑合剂封闭安或封闭一号等灭草，严格按说明书用量进行苗床均匀喷雾封闭，不能漏喷，也不能重复喷药或加大用药量，以免发生药害。

（7）苗床调配防病管理：秧苗管理要求精细，做到早期升温保温，中期控温降湿，后期通风炼苗，全程浇酸控碱，同时用瑞苗清控制苗床立枯病。

2. 插秧管理

（1）大田整理：清除杂草、消灭越冬病虫、菌，减少对水稻的危害。插秧前 3～10 d 对田块翻耕耙细，整平田面，灌水 3～5 cm。底肥可使用有机肥或复合肥。

（2）插秧管理：适时早插秧，日平均温度稳定在 13 ℃即可。一般开始插秧日期为 5 月中旬，5 月 30 日前要插秧结束，不能插 6 月秧。各地可根据当年回暖早晚具体安排开插时间。对同一品种设置不同的插秧间距，通过对水稻农艺性状和经济性状进行考察，得出最优插秧间距。密植，每穴 3～4 株。

3. 大田管理

（1）改良盐碱：如果地块盐碱重，要在插秧前后使用禾康盐碱清除剂，插秧前使用省时、省力、起效快。插秧后返青期如果发生盐碱害，会造成死苗和漂苗现象。分蘖期盐碱害会造成黑根、整株枯黄、僵苗不分蘖等，重症者必须在排水晒田后，施用禾康盐碱清除剂或其他生物菌肥型土壤活化改良剂，连续使用 2～3 次能防除土壤板结、盐碱化及解磷钾，改善根系呼吸环境，促生根促分蘖。苗弱时，叶面喷施含磷酸二氢钾、锌及其他微量元素的叶面肥。

（2）施肥管理：做到因地制宜、合理施肥，最好能做到测土施肥。常规施肥方式可采用氮肥（纯 N）130～150 kg/hm^2，按基肥 50%、补肥 30%、穗肥 20% 比例施用。施磷肥（P_2O_5）100 kg/hm^2 作底肥；施钾肥（K_2O）80 kg/hm^2，其中 60% 作底肥，40% 作穗肥；同时必须施用锌肥，即硫酸锌 25 kg/hm^2。当然也可采取基肥、补肥、穗肥、粒肥的方式，施肥比例为 4∶2∶2∶2。这只是常规通用的盐碱地水稻施肥方式，对特定品种最好进行栽培试验。

（3）灌水管理：插前“花达水”，插后 3～5 cm 水层扶苗，促进扎根返青。分蘖期间浅水灌溉，可以提高地温和水温，促进分蘖。有效分蘖停止后排水晒田，覆水后浅水灌溉。乳熟期间歇灌溉，腊熟期停水，黄熟期排干。盐碱严重区一定不要过早停水，防止后期因断水返碱，造成植株过早死亡，视水稻成熟情况确定排水时间。

（4）病虫防治：耐盐碱水稻不仅具有良好的耐盐碱能力，通常还有良好的抗病害能力。通过对津原 85 的研究发现，3 年种植时间，田间稻瘟病、稻曲病发病率等于零，但轻感干尖线虫病和条纹叶枯病。白粳 1 号种植早期要预防叶瘟，中期抽穗期做 2 次预防用药，水稻抽穗初期（5% 抽穗）第 1 次用药，抽穗末期第 2 次用药。因此，栽培耐盐碱水稻也要注意防治病虫害，做到早发现、早治疗。

第四节　耐盐碱水稻育种的现状、问题及建议

我国现有内陆盐碱地总面积近 1 亿 hm^2，滩涂总面积约为 233 万 hm^2。盐碱地是我国不可多得的土地后备资源，综合利用潜力巨大。同时，土壤盐渍化和次生盐渍化致使耕地资源遭到破坏，农业生产蒙受巨大损失，已成为世界性的生态问题。开发利用好沿海滩涂和现有内陆的盐碱地资源，是保障耕地面积的有效途径。水稻作为沿海滩涂和盐碱地改良的首选粮食作物，进行水稻耐盐碱机制研究，通过遗传改良来提高水稻耐盐碱能力，培育耐盐碱新品种并推广应用，是保障粮食安全的重要举措。

一、国内外耐盐碱水稻研究与应用现状

国外最早开展耐盐水稻品种筛选和培育工作的是斯里兰卡，1939 年培育出抗盐的水稻品种 Pokkali。印度 1944—1945 年制定了耐盐水稻的杂交育种计划，此后巴西、日本、比利时、美国、英国、澳大利亚等国家也相继开展了水稻的耐盐性研究。国际水稻研究所（IRRI）于 1975 年实施了“国际水稻耐盐观察圃计划”，一些耐盐品系在轻盐渍化土壤（电导率 4.2～7.7 mmhos/cm）上种植，产量比不耐盐品系增加 1.5 t/hm^2。我国的水稻耐盐性研究始于 20 世纪 50 年代，80 年代开展全国稻麦抗盐碱协作研究，“七五”期间国家启动水稻种质资源的耐盐性鉴定，开展了全国范围内的大协作，取得了一定的进展。

1. 耐盐水稻种质资源筛选

国际水稻研究所、中国农业科学院、中国水稻研究所都先后进行了水稻种质资源耐盐性鉴

定，筛选出一批耐盐性水稻资源。然而，由于农艺性状较差等原因，这些筛选出来的耐盐性水稻资源大多没能有效利用，更没有进入盐碱地区进行生产应用。

江苏省农业科学院从20世纪70年代就开展水稻种质资源耐盐性鉴定与评价工作，先后对2 000多份国内外水稻种质资源进行了耐盐性鉴定与评价，鉴定筛选出80-85、筑紫晴、红芒香粳福、白谷子、竹系26、乌咀子等一批有应用价值的耐盐水稻品种。江苏沿海地区农业科学研究所从20世纪80年代初开展耐盐水稻研究，采用人工模拟盐池（盆钵）和沿海滩涂盐土实地进行耐盐水稻种质资源的鉴定、筛选、利用研究，先后引进、搜集耐盐水稻种质资源1 300多份，鉴定、筛选耐盐水稻核心种质61份，耐盐性达0.3%~0.6%水平。

1986年11月，湛江人陈日胜在海滩边发现了一株野生水稻，经多年繁殖、筛选，育成"海稻86"，具有一定的耐盐性。目前国内多个科研单位正在利用海稻86开展耐盐机制与育种研究。

2015年，江苏省农业科学院与中国农业科学院作物所、中国水稻研究所、南京农业大学、扬州大学、海南大学等多个单位承担了国家科技支撑计划"耐盐水稻新品种选育及配套栽培技术研究"，在广泛引进、收集国内外耐盐水稻种质资源的基础上，提出并采取"实验室+人工盐池+沿海盐碱地"的"全生物量测定法"，以"耐盐指数"评价水稻耐盐性。对搜集引进的7058份资源和3 000多份不同世代育种材料进行耐盐性鉴定，筛选出耐盐度0.3%以上的各类材料534份，鉴定出南粳9108、盐稻12等14个在0.3%盐度下表现较好的品种，以及在pH>9的土壤中表现良好的长白9号等资源，每年配制杂交组合1 000余份，创建耐盐遗传群体912个、耐盐高代育种材料8 000余份。

2. 耐盐基因/数量性状基因座（QTL）的定位与克隆

关于水稻耐盐基因或QTL的鉴定，国内外已有大量研究报道。大多数研究者利用全基因组QTL分析策略鉴定耐盐性相关位点，检测到一大批耐盐QTL，为耐盐基因克隆奠定了基础。近年来，随着水稻功能基因组研究的不断深入和水稻重测序技术的快速发展，人们开始利用耐盐/盐敏感突变体鉴定和关联作图分析等手段来鉴定耐盐基因，并取得了较大进展。

井文等（2017）统计了47篇水稻耐盐QTL分析研究论文，共检测到964个耐盐相关QTL。其中，幼苗期耐盐QTL 514个，占一半以上；种子萌发期耐盐QTL 31个，营养生长期耐盐QTL 149个，生殖生长期耐盐QTL 270个。各生长发育时期的耐盐QTL在水稻12条染色体上均有分布。在有表型贡献率统计的759个耐盐QTL中，单个QTL可提供的表型贡献率为0.02%~81.56%；表型贡献率在20%以上的QTL有167个，占总QTL数目的22%。由于检测到的大多数水稻耐盐QTL的表型贡献率较小，精细定位和克隆难度较大，所以相关研究一直进展较慢。目前报道的精细定位或图位克隆的 QTL 主要有位于水稻第 1 染色体上的 qSKC-1 和 Salto1。

3. 耐盐水稻鉴定与评价方法研究

国际水稻研究所于 1979 年提出了“形态伤害评价法”水稻耐盐鉴定标准，但这套基于水稻生长和受害症状的分级标准之间很难准确区分，调查过程以人为定性观察为主。另外，由于不同材料死叶和植株枯死速度存在时间上的差异，因此，这套简单的鉴定指标体系不能完整准确地反映水稻对盐分的响应程度。1982 年，我国在“全国水稻耐盐鉴定协作方案”中提出了“水稻单茎（株）评定分级法”耐盐鉴定标准，该法基本上也需目测，人为误差较大，难以准确鉴定。中国农业科学院作物品种资源研究所等单位提出并采用“发芽指标法”的水稻耐盐鉴定方法。该方法采用发芽势、发芽率、发芽指数和相对盐害率等指标进行评价，根据相对盐害率大小分 1～9 级进行评价，但该方法不能对水稻进行整个生育期的鉴定。辽宁省盐碱地利用研究所提出的“盐害度法和相对耐盐力法”鉴定标准，评价相同品种不同盐渍处理与淡水对照相比的受害程度，不同品种在相同处理中的不同耐盐力。该方法能够准确反映品种的盐害程度和品种之间的耐盐性差异，应用比较方便，但也不能实现水稻全生育期耐盐性鉴定。

江苏沿海地区农业科学研究所在水稻的萌芽成苗期、分蘖期、孕穗期 3 个盐分敏感期，分别在实验室、人工模拟盐池及沿海滩涂盐土实地，采用“全生物量测定法”，以耐盐指数（水稻品种在盐环境、无盐环境下全生物量与干物重的百分率）对水稻品种的耐盐性进行评价，该方法已获得国家发明专利。江苏省农业科学院初步探明，1.0% 盐度为进行水稻芽期耐盐性鉴定的最适浓度，0.5% 盐度为进行水稻苗期耐盐性鉴定的最适浓度，1.0% 盐度为进行水稻孕穗期耐盐性鉴定的最适浓度，0.3% 盐度为进行水稻全生育期耐盐性鉴定的最适浓度。根据相关研究结果，制定了江苏省地方标准《水稻品种（系）耐盐性鉴定技术规程》（DB32/T 1857-2011）。在此基础上，江苏省农业科学院与中国农业科学院作物所、中国水稻研究所等多个单位承担的国家科技支撑计划，提出并采取“实验室＋人工盐池＋沿海盐碱地”的“全生物量测定法”，以“耐盐指数”评价水稻耐盐性，制定了全生育期耐盐性鉴定技术标准。

4. 耐盐水稻新品种选育研究

水稻耐盐品种培育已有 70 多年的历史，主要通过耐盐种质的筛选鉴定和人工杂交或回（复）交等方法将耐盐性状（基因）导入优良水稻品种中，再通过多年多代的盐胁迫筛选鉴定，选育综合性状优良的耐盐品种，并在生产上大面积推广应用。1939 年斯里兰卡育成世界第一个抗盐水稻品种 Pokkali，耐盐度可达 0.3% 以上，1945 年获得推广，亩产可达 300 kg 以上。印度、菲律宾先后育成 Kalarata 1-24、Bhurarata、SR 26B、Chin. 13、

349 Jhona 等耐盐水稻品种，在盐渍土上种植表现较好。孟加拉国育成了 BRI、BR203-26-2、Sail 等耐盐水稻品种。国际水稻研究所育成的 CSR23 可在 pH 2～10 的条件下生长，亩产 300 kg，还通过分子标记辅助选择，选育出 IRRI112、IRRI113、IRRI124、IRRI125、IRRI126 和 IRRI128 等耐盐碱水稻品种。日本、韩国、俄罗斯等国家也纷纷育成了耐盐碱水稻品种。

我国东部沿海省份开展水稻耐盐碱新品种选育较早，利用独特的沿海地理位置及土壤含盐量相对较高的优势，进行耐盐种质筛选和品种选育，取得了较大进展。辽宁盐碱地利用研究所从 20 世纪 50 年代就开展耐盐碱水稻研究，利用优良品系在人工盐池进行抗盐鉴定等方法，培育出多个耐盐碱水稻品种。1984 年以来先后育成耐盐水稻品系盐 81-210、抗盐 100 号、盐粳 29、盐丰 47、盐粳 228 等耐盐品种（组合）。辽宁省水稻研究所利用生产上大面积推广的粳稻品种辽粳 9 号、辽星 1 号、盐丰 47 等为轮回亲本，用已推广的耐盐品种长白 10 号和耐盐品系 Y17 为供体亲本，育成 5 个耐盐品系。江苏沿海地区农业科学研究所从 20 世纪 70 年代从事耐盐水稻育种研究，1987 年育成的耐盐中籼稻盐城 156 通过江苏审定，此后又育成盐稻 10 号、盐稻 12 号等耐盐中粳稻品种。其中，中籼稻品种盐城 156 在土壤盐度 0.3%～0.4% 的沿海滩涂种植具有良好的丰产性，已在江苏沿海稻区累计推广种植 600 多万亩。广东省农业科学院水稻研究所通过引进长白 9 号、盐丰 188、吉黏 15、辽盐-9、盐粳 10 号、抗盐 100、盐丰 47、辽盐 2 号、抗盐 1 号等耐盐种质，与本地耐盐材料玉香油占杂交，创制耐盐新种质十余份。其中，新品种广盐 1 号通过广东省品种审定，还创制了全生育期耐盐的长芒 1 号。海南大学通过外源基因组 DNA 导入和耐盐作物筛选的技术，获得了耐盐性强的豇豆、辣椒、番茄和茄子 4 种蔬菜作物。并与湖南省水稻研究所合作，采用高耐盐野生植物芦苇 DNA 作为基因供体，通过花粉管通道导入普通水稻，培育出具有强耐盐特性的水稻新种质。2012 年进一步与江苏省农业科学院和江苏沿海地区农业科学研究所合作，在江苏盐城沿海滩涂试种海湘 030、海湘 016、海湘 121 等多个水稻品系，在 0.3% 盐度的盐碱地种植，海湘 030 的亩产达 400 kg，受到广泛关注。

由于大多数耐盐碱 QTL 尚未被精细定位，缺乏紧密连锁的分子标记，很难被应用于分子标记辅助选择（MAS）育种实践。目前在 MAS 育种中被广泛应用的主要是耐盐 QTLSaltol 和耐盐基因 SKC1，位于第 8 染色体上的 2 个耐盐 QTL，正逐渐受到关注。MAS 与传统育种相比，至少可以将种质改良时间缩短 4～7 年，随着耐盐基因的陆续定位和克隆，MAS 在水稻耐盐碱新品种培育方面将具有越来越大的应用前景。近年来，借助分子生物学的方法和技术，耐盐水稻转基因研究取得了较大的进展。

在国家科技支撑计划的资助下，江苏省农业科学院等单位通过分子标记辅助选择与常规育种技术相结合，建立耐盐、优质、抗病、高产多基因聚合育种技术体系，将优质、抗病、高产、耐盐基因聚合到优良水稻品种中，育成适宜沿海滩涂种植的耐盐水稻品种南粳 9108、盐稻 12 号、固广油占、辽粳 1305、京宁 29 号等，并进行大面积推广。在江苏顺泰农场、宁夏暖泉农场、辽宁盘锦大洼营口等地试种耐盐新品种（组合）62 个，核心区和示范区平均亩产均超过 500 kg。2017 年江苏、宁夏、广东、山东、辽宁等地辐射种植盐稻 12 号、南粳 9108 等近 20 万亩，取得了显著的社会和经济效益。

近年来，由袁隆平院士领衔的青岛海水稻研究发展中心致力于海水稻研发工作。中心通过基因测序技术，筛选出天然抗盐、抗碱、抗病基因，通过杂交与分子育种技术，计划在 3 年内选育出可供产业化推广、亩产 300 kg 以上的水稻品种。据报道，目前已经取得阶段性成果，2016 年试验种植材料亩产突破 500 kg，2017 年小面积测产最高亩产达到 621 kg。2018 年筛选出 176 份优良材料，在全国五大典型盐碱地试种。2017 年起，海水稻研究中心组织开展国家耐盐水稻联合体试验，分北方中早粳晚熟组、黄淮粳稻组和南方沿海籼稻组 3 组，在全国沿海滩涂及盐碱地不同生态区设置 18 个试点，对首批 25 个参试品种进行了试验鉴定。筛选出 16 个耐盐碱水稻品种，进入 2018 年试验，其中 9 个进入生产试验，新增 23 个品种进入 2018 年区域试验。

5. 耐盐水稻配套栽培技术研究

绝大部分盐碱地直接利用种植水稻都比较困难，需要经过盐土改良。国外盐碱地种植水稻主要集中在西班牙、意大利、法国等国家的地中海沿岸稻田，盐碱含量较高。水稻种植主要采用水直播，在选用耐盐水稻品种的基础上，保持稻田一定深度的水层并实施动态流水灌溉，达到洗盐碱、压盐碱的效果。但是，水稻种子萌发期低氧会造成出苗率低的情况。欧洲盐碱地水稻种植量大且耗费大量淡水资源，对于我国缺乏淡水资源的盐碱地区并不适用。

20 世纪 80 年代以来，国内研究学者一直寻求生物治理、农艺耕作和土壤管理的可持续改良盐碱地的措施，先后进行了盐碱地土壤改良、水分管理、耐盐水稻品种高产形成特性与生育规律的研究。在国家科技支撑计划的支撑下，扬州大学等单位针对沿海滩涂盐碱地水稻高产栽培中，土壤肥力低、盐分变化大，易返盐，水稻前期盐害难活棵、易僵苗，中期盐害慢长、不长、易死株，后期盐害易早衰、早枯死的技术难题，重点研究盐碱地稻田降盐、控盐、脱盐与地力培育提升技术，耐盐水稻高产优质形成定量化诊断指标与方法，水稻壮秧培育与栽后高成活率立苗早发壮株技术，定量化降盐控盐灌排技术，水肥耦合控盐的精确施肥技术。成功构建“耐盐大麦（小麦、绿肥）-水稻”种植制度，建立新垦盐碱地降盐、控盐和地力培育技术配套关键技术，开发 2 个盐碱改良、壮秧培育的物化产品。开展示范，0.2%~0.3% 盐度盐碱地亩产 550 kg 以上，0.3%~0.6% 盐度盐碱地亩产 400 kg，比现有盐土水稻生产技术增产 15%~20%，在盐碱地综合利用方面具有极大的应用价值。

二、耐盐碱水稻育种问题及建议

1. 存在的问题

（1）水稻耐盐机制尚不清楚。尽管研究者已对水稻耐盐碱机制开展了大量研究，但许多重要问题仍有待探索。今后还要继续探明水稻盐碱胁迫机制，以指导农业生产。

（2）耐盐性水稻鉴定标准不统一。

1）鉴定时间不统一。研究表明，水稻的耐盐性在不同生长发育时期有所不同。其中，幼苗期和生殖生长期是两个盐敏感时期，而种子萌发期和营养生长期植株耐盐性相对较强。因此，大多数是在水稻幼苗期进行耐盐性鉴定。但幼苗期耐盐不等于生殖生长期耐盐，许多材料苗期耐盐性很强，但不能抽穗或抽穗很迟；有的即使能抽穗，但结实率不高，产量很低，缺乏生产利用价值。为此，我们制定了以提高产量为目标的全生育期耐盐性鉴定标准。

2）评价指标不统一。水稻耐盐性是一个复杂的综合性状，评价指标多种多样，不同生长发育时期耐盐性的评价指标也有所不同。采用不同时期、不同指标鉴定的耐盐材料，耐盐性无法相互比较。从生产利用角度考虑，有必要建立以提高产量为目标的相关性状耐盐性评价指标。

（3）可供育种利用的耐盐基因不多。迄今已检测到的近 1 000 个耐盐相关 QTL 中，绝大部分 QTL 的表型贡献率较小，表型贡献率在 20% 以上的 QTL 有 167 个，占总 QTL 数目的 22%，所以精细定位和克隆难度较大，相关研究一直进展较慢。这些基因 /QTL 难以为育种所利用，目前育种利用的耐盐 QTL 主要是位于水稻第 1 染色体上的 qSKC-1 和 Salto1 两个位点。

（4）育种方法有待进一步突破。由于水稻耐盐性是多种耐盐生理生化反应的综合表现，是由多个基因控制的数量性状，遗传基础复杂，采用传统育种方法改良水稻耐盐性的难度较大，进展缓慢。利用分子标记辅助选择和基因工程技术可以加快水稻耐盐品种培育的进程，但单个基因或相关的几个基因的导入，很难获得能够在大田生产中利用的耐盐品种。因此，要培育有应用价值的耐盐水稻品种，可能需要同时导入多个关键基因，对耐盐调控网络中的多条途径进行遗传改良，这就需要在育种方法上有所突破。

2. 建议

目前，适合我国沿海滩涂种植的耐盐水稻品种尤其是粳稻品种不多，而且产量水平较低，在一定程度上限制了我国沿海滩涂的开发利用，迫切需要开发选育水稻新品种。

（1）深入开展耐盐机制研究。植物耐盐机制的研究已开展了数十年，并取得了许多有价值的成果。虽然有学者认为，水稻的耐盐能力受渗透调节和无机离子的吸收调节，但具体调节遗传机制还不清楚。如在盐胁迫下，参与渗透调节物质积累的调节因子有哪些？最初的信号感受和传递过程是怎样的？多个耐盐基因之间是如何互作和调控网络的？这些问题都需要进一步研究。

（2）加强耐盐种质资源的鉴定筛选与耐盐基因的发掘。国内外研究者已鉴定出一批耐盐碱水稻种质，但由于鉴定时期不同、标准不统一，大多数耐盐种质难以在育种中利用。不仅要选择强耐盐水稻品种来进行耐盐 QTL 定位，还要通过多次或多年多点试验，筛选鉴定出遗传效应较大且能够稳定表达的耐盐 QTL。

目前的水稻耐盐基因定位和克隆工作中，大多数研究仅针对某一个生长发育时期进行评价，而将多个生长阶段结合起来比较分析的研究相对较少，有必要对水稻不同生长发育时期，尤其是较敏感的幼苗期和生殖生长期的耐盐碱性进行分析，以鉴定同时控制多个生长阶段耐盐性的优异基因，用于水稻耐盐品种培育。

利用突变体来分离耐盐基因已成为水稻耐盐新基因挖掘的有效途径之一，有必要加强水稻耐盐 / 盐敏感突变体的筛选鉴定和基因克隆工作，建立水稻耐盐 / 盐敏感突变体库。此外，随着关联分析，特别是 GWAS 技术被越来越广泛地应用于植物复杂性状的解析，在水稻耐盐基因挖掘工作中也应加强该方面的研究。

（3）加强耐盐碱水稻种质创新和新品种选育。现如今，我国的耐盐水稻新品种选育研究已取得了一定进展，但由于水稻品种尤其是粳稻品种具有特殊多样化的生态条件，适应性相对较窄。外地或国外的耐盐水稻品种在江苏省沿海滩涂的适应性均不强，主要表现为生育期过短或过长、产量偏低等。同样，江苏选育的耐盐水稻品种亦不适宜在辽宁等北方沿海滩涂及盐碱地种植。因此，迫切需要选育适合我国不同生态区域的沿海滩涂种植的耐盐高产优质多抗水稻新品种，包括适应于辽宁等内陆盐碱地种植的北方粳稻，适应于山东等黄河三角洲盐碱地种植的早熟中粳稻，适应于江苏连云港、盐城等沿海滩涂种植的中熟中粳稻，适应于江苏南通等沿海滩涂种植的迟熟中粳稻，适应于海南、广东等沿海滩涂种植的常规籼稻和杂交籼稻新组合。

（4）加强耐碱性水稻研究。现有研究大多关注的是水稻耐盐性资源的鉴定、基因定位与克隆研究，对水稻耐碱性方面的研究还较少。我国有近 1 亿 hm^2 内陆盐碱地，这些地区淡水资源严重缺乏，因此，耐碱性水稻是今后重点研究方向。

第八章

精准施肥技术

第一节　发展精准农业的必要性

一、国外精准农业的实践与研究

随着欧美一些发达国家对环境认识程度和农业生产市场化程度的不断提高，为了解决高投入、高产出集约农业所引起的环境污染问题，满足农业生产中降低成本，提高产出率，发展优质高效农业，以及环境保护、资源利用、农业可持续发展等方面的要求，迫切需要一种经济效益、社会效益、生态效益同步增长的新型农业形式。基于这种理念，美国在 20 世纪 80 年代率先提出了精准农业构想，它是以微电子技术、现代信息技术和智能化监控技术的发展为基础，辅以作物生长模拟、栽培管理、测土配方施肥等农业专家系统，构成了早期的精准农业技术。

精准农业的含义是按照田间每一操作单元（区域、部位）的具体条件，精细准确地调整各项土壤和作物管理措施，最大限度地优化使用各项农业投入，以获取单位面积上的最高产量和最大经济效益，同时保护农业生态环境，保护土地等农业自然资源。精准农业发展的理论源自田间不同部位的土壤生产潜力和实现最大生产潜力需要的投入存在着较大的差异，其核心技术是信息技术和计算机自动变量控制技术。1990 年以后，美国将全球定位系统（GPS）技术应用到农业生产领域，促进了精准农业技术的快速发展。它以 3S（GPS、GIS、RS）信息技术为纽带，将现代生物技术、均衡施肥技术、节约灌溉技术、自动监测技术、智能机械技术等组合而成现代化农业生产技术。带有 GPS 接收器的农业机械能够精确地“感知”在田间的空间位置，结合地理信息系统（GIS），根据产量在农田空间分布的不均匀性和影响作物生长因素的差异性，采集相应位置的环境信息，经过对这些信息分析处理，制定出经济合理的作业方案。1993—1994 年美国明尼苏达大学在明尼苏达州率先进行了精准农业试验，取得巨大成功。1993 年在明尼苏达的扎卡比森甜菜农场，传统上的施肥方案推荐量是施纯氮 191.25 kg/hm^2，而精准农业方式的变量施肥技术将施肥量变动幅度控制在 34.88～167.62 kg/hm^2，大大减少了氮肥用量，肥料投入费用平均减少了 15.7 美元 /hm^2。变量施肥技术的甜菜产量（46 750 kg/hm^2）比传统施肥稍有增加（45 000 kg/hm^2），含糖量从 16.85% 增加到 17.89%，产糖量从 13 537.5 kg/hm^2 增加到 15 427.5 kg/hm^2，收入从 599.51 美元增加到 744.51 美元。

二、国内精准农业的实践与研究

我国一些地区已将精准农业技术引入农业生产实践，并取得了初步的经济效益。以新疆生产建设兵团为例，他们 1999 年 4 月提出了精准灌溉技术、精准施肥技术、精准播种技术、精准收获技术、田间作物生产及环境动态监测等 6 项精准农业核心技术，经过 4 年的发展，到 2003 年已基本形成具有精准农业核心技术体系、精准农业技术指标体系、精准农业技术规程体系和精准农业技术装备体系等 4 个子系统构成的，比较完善的精准农业技术体系。在棉花生产的大面积应用中获得了极大的经济、社会及生态效益：棉花平均单产 122 kg/ 亩，增产 17%；实施半精量播种的棉田，播种量由原来的 6 kg/ 亩降为 4 kg/ 亩，实施精量播种的棉田播种量降为 2 kg/ 亩；氮肥的利用率提高 7%～8%，磷肥的利用率提高 3%～5%；实施滴灌的棉田每亩用水量降至 240～260 m^3，比沟灌节水 140～160 m^3；单个职工管理棉花的面积从 20～25 亩达到 100～150 亩，劳动生产率是原来的 5～7 倍。

2000 年，国家发展和改革委员会与北京市人民政府共同投资在北京进行精准农业示范区建设，这是我国实施的第一个精准农业项目，为技术设备的引进、消化、吸收和在国内进行示范、推广做前期的准备。同年，中国科学院把精准农业列入知识创新工程计划，并启动了知识创新工程重要方向项目——精准种植研究，开发研究拥有我国自主知识产权的精准农业关键技术与设备，制定了具体研究目标、研究内容和中长期发展战略规划。

2000 年开始执行的“973 计划”——地球表面时空多变要素的定量遥感理论及应用。科研人员于 2000 年 10 月至 2001 年 5 月小麦生长期间，在北京顺义地区开展了大型“星、机、地”一体化定量遥感综合试验。

2000 年 10 月 11 日至 13 日，农业信息技术及精准农业国际会议在北京召开，标志着我国精准农业的研究已经取得了初步进展。

2002 年中华人民共和国科学技术部批准在北京农业科学院成立了“国家农业信息化工程技术研究中心”。与国外同行进行广泛的合作联系，跟踪国外技术进步开展研究工作，促进信息技术向农业领域应用转移的集成技术开发研究。

2003 年在北京昌平区建成了北京小汤山国家精准农业示范基地。

第二节　精准施肥技术的实践与研究

一、精准变量施肥的关键技术

1. 变量投入技术

变量投入技术（Variable Rate Technology，VRT）是指装有计算机、DGPS 等先进设备的农机具，根据所处的耕地位置自动调节物料箱里农业物料投入速率。变量投入控制主要有 2 种方式，即基于处方图数据变量分类和基于传感器数据变量分类。基于处方图数据变量分类是将相关的地图信息提前存储到车载计算机上，通过 GPS 系统对施肥机具位置进行定位后，调用并解析该区块位置的地图信息，包括地域作物的土壤养分分布、土壤墒情、土质历史产量分布等信息，再结合专家系统模型生成变量施肥处方图。变量施肥机在行进过程中可实时进行定位和速度检测，根据处方图可实现变量施肥作业。根据土壤中各类养分光谱反射特性不同的特点，寻找土壤各养分含量的光谱反射波段，建立土壤养分光谱分析模型。但是土壤中的磷和钾难以用特定光谱波段的特征来描述，因此，光谱技术无法完全承担处方图的生成工作。在遥感数据中提取有用的信息，主要是从土壤光谱和植被光谱中间接提取土壤养分含量特征，但土壤多被植被覆盖，且遥感技术的应用也易受到天气的影响。使用近红外分光光度计可以高精度地测定土壤中的养分含量和土壤特性，但这种技术大多用于土壤样品的测试分析。虽然测定时间较短，但是仍需要人工采样测定，采样密度难以达到精准农业的要求。

基于传感器数据变量分类，是指将农田的基本数据信息通过传感器进行实时监测，将数据信息传送至控制系统解析，再进行变量实时作业，但目前传感器只能检测出少量的土壤养分含量。由此可见，目前虽然有多种土壤养分的检测技术，但仍找不到一种比较成熟的处方图的生成方法。因此，处方图的生成是精准变量施肥的“瓶颈”之一。

2. 变量施肥控制系统

变量施肥机控制系统是整个变量施肥机的核心。施肥机在行进过程中采用 GPS 定位并实时测速，结合变量施肥的处方图，由控制系统发布指令，驱动变量施肥机进行施肥作业。对于固体肥料，多采用液压马达、步进电机和伺服电机驱动排肥机构施用，主要通过多种驱动机构的转速来控制排肥量；液态肥多通过电磁比例阀来施用。

3. 变量施肥、排肥机构

变量施肥、排肥机构主要有外槽轮式、转盘式、离心式、螺旋式等类型。由于国外的耕地面积大，所以多采用离心式圆盘撒肥机，这并不适合我国中小型的农业经营模式，我国多采用外槽轮排肥机构。

二、土壤肥力分析研究

土壤肥力是土壤特性的综合反映，然而“土壤—作物—养分”间的关系十分复杂，不同作物需求养分的程度不同。即使是同一种作物，不同生长期对各种养分的需求程度也有很大差别。一方面，由于土壤肥力的变化规律受时空变异性制约，构成了土壤肥力本身与相应环境间复杂的时空对象关系，阻碍了人们对土壤肥力时空变化规律全面、系统的分析和直观、准确的掌握；另一方面，土壤肥力变化规律能全面体现自然因素及人类活动对土壤的影响，并对农作物的生长起着重要作用。各个领域的科学家都对土壤养分进行综合分析，研究土壤养分变异规律、科学划分农田管理区、评价地力等级等。

1. 土壤养分空间变异规律研究

土壤养分空间变异规律呈渐变的特征，目前，国外已有大量学者对土壤养分的空间变异性进行了研究，并运用于精准农业中指导施肥。近年来，随着科学技术的普及与发展，越来越多的学者从不同角度去考虑、研究土壤问题。许多学者利用 GPS、GIS 等相关技术来研究土壤养分空间分布与管理，并利用聚类、决策树等数据挖掘方法分析土壤变异规律，这方面已取得了一定的成果。

2. 管理分区划分研究

研究土壤养分空间变异规律是实现精准施肥的基础，主要目的是确定管理分区。定义管理分区对土壤和农作物实施变量投入管理是近年来精准农业的研究热点，是一个经济有效的手段。目前定义管理分区方法多样，主要有经验法、GIS 软件提供的分类方法、统计学方法、K 均值聚类算法、模糊 C 均值聚类算法、加权模糊聚类算法、粒子群优化算法，以及改进的蚁群聚类算法。

3. 地力评价研究

耕地地力是由耕地土壤的地形、地貌条件、成土母质特征、农田基础设施及培肥水平、土壤理化性状等综合构成的。耕地地力评价主要包括以下步骤：采用模糊评价法计算单因素评价评语，采用层次分析法计算单因素的权重，采用累加法计算地力综合指数。从数据挖掘角度看，地力等级评价属于分类预测问题，数据挖掘技术已应用到地力评价当中。近年来，耕地地力的评价方法不断创新，如基于粗糙集与决策树相结合的地力评价方法，基于贝叶斯网络的地力评价方法，基于模糊聚类的地力评价方法，充分利用计算机软硬件技术来提高耕地地力等级划分的精度，力求使评价结果更加客观、准确。

三、施肥模型研究

1. 常用的施肥模型

在农作物推荐施肥研究和实践中，有多达 60 余种施肥模型，分属肥料效应函数法、测土施肥法和营养诊断法三大系统。

（1）养分平衡法：

$$F=(Y\times C-S)/(N\times E)$$

式中，F 为施肥量（kg/hm^2），Y 为目标产量（kg/hm^2），C 为单位产量的养分吸收量（kg），S 为土壤供应养分量（kg/hm^2），N 为所施肥料中的养分含量（%），E 为肥料当季利用率（%）。其中，S= 土壤养分测定值 × 土壤有效养分校正系数。

（2）肥料效应函数模型：所谓肥料效应函数法，就是设计一元肥料的施肥量或二元、多元肥料的施肥量及其配比方案，进行田间试验，利用试验结果的产量数据与相应的施肥量建立肥料效应函数方程（亦称肥料效应回归方程）。然后依据此方程计算出各种肥料的最高施肥量、最佳施肥量和最大利润率施肥量。二元、多元肥料试验还可计算出肥料间的最佳配比组合。

对于某一土测值 SNi=sni，SPi=spi，SKi=ski，进行“3414”试验（3 是指氮、磷、钾 3 个因素，4 是指设置 4 个水平的施肥量，14 是指 14 个不同施肥量组合处理），有 Yi=fi（FNi，FPi，FKi），对该函数求极值，即可得该点的最大产量施肥量：FNi=fni，FPi=fpi，FKi=fki。

（3）养分丰缺指标法：养分丰缺指标法是指利用土壤速效养分含量与植物产量之间的相关性，针对具体植物种类，在各种不同速效养分含量的土壤上进行田间试验。依据植物产量将土壤速效养分含量划分为若干丰缺等级，并确定各丰缺等级的适宜施肥量，建立丰缺等级与适宜施肥量检索表，然后取得土壤速效养分含量测定值，就可对照检索表确定适宜施肥量。

确定养分丰缺指标有 4 个步骤：第 1 步，对施用氮、磷、钾肥的全肥区与不施氮、磷、钾肥中某一种养分缺素区的植物产量进行对比试验。第 2 步，分别计算各对比试验中缺素区植物产量占全肥区植物产量的百分率（此值亦被称为缺素区相对产量）。第 3 步，利用缺素区相对产量建立养分丰缺分组标准。通常采用的分组标准为相对产量<55%为极低，55%~75%为低，75%~95%为中，95%~100%为高，>100%为极高。第4步，将各试验点的基础土样速效养分含量测定值依据上述标准分组，确定速效养分含量丰缺指标。

2. 改进的施肥模型

传统的施肥量确定主要采用养分平衡法和肥料效应函数法，由于养分平衡法所需参数太多，计算结果常常不准确，仍需结合专家经验得出。肥料效应函数法需要大量的试验数据，并通过三元二次方程进行拟合，但三元二次方程拟合成功率不高，拟合失败的数据通常被废弃，造成了人力、物力和财力的浪费。基于神经网络的施肥模型和组合预测模型，很好地解决了该类问题。

（1）神经网络的施肥模型：建模方法有正向建模和反向建模两种。以土壤养分（不可控因素，内因）和作物产量作为输入，以施肥量（可控因素，外因）作为输出，称为反向建模；以土壤养分（不可控因素，内因）和施肥量（可控因素，外因）作为输入，以作物产量作为输出，称为正向建模。对应于2种建模方法，有2种施肥模型：基于反向建模的4-x-3模型，输入土壤氮、磷、钾养分含量和目标产量，输出氮、磷、钾肥料施用量，因此输入层神经元数目为4个，输出层神经元数目为3个；基于正向建模的6-x-1模型，输入土壤氮、磷、钾养分含量和氮、磷、钾肥料施用量，输出实际产量，因此，输入层神经元数目为6个，输出层神经元数目为1个。

作物最优施肥量与土壤养分含量、产量之间存在复杂的非线性关系。为更加准确地模拟这种关系，提出一种改进的BP神经网络集成方法。该方法采用K-均值类优选神经网络个体，采用拉格朗日乘数法计算待集成的神经网络个体的权值。然后，基于农田肥料效应试验数据，以土壤养分含量和施肥量作为神经网络的输入，以产量作为神经网络的输出，建立了作物精准施肥模型。该模型通过求解一个非线性规划问题，能同时获得最大产量和最优施肥量。试验结果表明，在施肥模型的拟合精度方面，改进的神经网络集成方法（其均方根误差为64.54）明显优于单个神经网络方法（其均方根误差为169.74）。而且，作为一种定量模型，基于改进的神经网络集成的施肥模型优于传统施肥模型，能有效地指导精准施肥。

（2）基于组合预测的施肥模型。采用单一的预测方法有时往往不能得到令人满意的精度和稳定性，而组合预测模型通常能解决这类问题。组合预测就是设法把不同的预测模型组合起来，综合利用各种单一预测方法所提供的信息，以适当的加权平均形式得出组合预测模型。组合预测最关心的问题就是如何求出加权平均系数，使得组合预测模型更加有效地提高预测精度。组合预测在国外称为Combination Forecasting或Combined Forecasting，在国内也称为综合预测等。

四、水稻精准定量栽培施肥技术

1. 适宜氮肥总量的确定

用斯坦福（Standford）的差值法公式，氮肥的施用总量（N）应为：

N（kg/ 亩）=［目标产量吸氮量（kg/ 亩）- 土壤供氮量（kg/ 亩）］/ 氮肥当季利用率（%）

（1）目标产量的需氮量可用高产水稻每百千克产量的需氮量求得。各地高产田每百千克产量需氮量是不同的，因此，应对当地的高产田实际吸氮量进行测定。

（2）土壤的供氮量，可用不施氮的稻谷产量（基础产量）及其百千克稻谷的需氮量求得。各地测土配方施肥试验可以为确定土壤供氮量提供参考。

（3）氮肥当季利用率的影响因素很多。在同一个地点，只要注意施用氮肥不要过多，采用科学施肥方法，合理调整基蘖肥和穗肥的比例，实行合理的“前氮后移”，完全有把握把氮肥当季利用率提高到 40%～45%，达到节肥高效高产的目的。

2.“前氮后移”的增产原理

实施化肥前氮后移，基蘖肥和穗肥的施用比例由以往的 10：0～8：2 调整为 5.5：4.5（6：4～5：5）和 6.5：3.5（7：3～6：4），是精确定量施氮的一个极为重要的定量指标，是由以迟效的农家肥为主转变为以速效化肥为主的重大施肥改革。

（1）基蘖肥主要为有效分蘖发生提供养分需要。在有效分蘖临界叶龄期够苗后，土壤供氮应减弱，促使群体叶色“落黄”，有效控制无效分蘖；有效控制叶片伸长，推迟封行；改善拔节期至抽穗期群体中下部叶片的受光条件，提高成穗率；地下地上部均衡发育，为长穗期攻取大穗创造良好条件。如果基蘖肥的氮肥比例过大，到了无效分蘖期叶色不能正常“落黄”，造成中期的旺长，封行大为提前，中、下部叶片严重阴蔽，高产群体被破坏，将导致成穗率骤降，根、茎发育不良，病害严重等一系列不良后果。基蘖肥氮素吸收利用率低，一般只有 20% 左右，施用越多利用率越低。适当减少基蘖肥施用比例，可以提高氮肥当季利用率。

主茎伸长节间（n）5 个以上、总叶龄（N）14 片以上的品种有效分蘖临界叶龄期：中小苗移栽时为 $N-n$ 叶龄期，8 叶龄以上大苗移栽时为 $N-n+1$ 叶龄期。以 17 叶 6 个伸长节间的品种为例，中小苗移栽时有效分蘖临界叶龄期为 $N-n=17-6=11$，即 11 叶龄期；大苗移栽时为 $N-n+1=17-6+1=12$，即 12 叶龄期。

到了无效分蘖期至拔节期，群体叶色必须“落黄”，顶 4 叶叶色要淡于顶 3 叶。顶 3 叶是指从顶部伸出叶起往下数第 3 叶，顶 4 叶即往下数第 4 叶。

（2）穗肥的作用。在中期“落黄”时施用穗肥，不仅能显著促进大穗的形成，而且可促进分蘖成穗，保证足穗；穗肥的单位生产效率是最高的，是水稻一生中最高效的施肥期，适当提高穗肥施用比例，是夺取高产的关键增产措施。

（3）前氮后移必须有合理的比例。5 个伸长节间的品种，拔节以前的吸氮量只占一生的 30% 左右，长穗期占 50% 左右，因而穗肥的比例可以提高到 45% 左右（40%~50%）。4 个伸长节间的品种，拔节前吸氮量已达一生的 50%，故穗肥的比例只能提高到 35% 左右（30%~40%）。

（4）前氮后移可促进增产。各地设置的前氮后移与当地习惯施肥对比试验，在相同施氮水平下，均可取得穗数稳定、成穗率高、穗型明显增大的显著增产效果。2006 年贵州在 4 个地区，设置 6：4 与 8：2 对比试验 34 对（施 *N*12~14 kg/ 亩），均以前氮后移的产量高，增产 13%~23.17%。2005—2006 年在江西赣州双季稻上试验，前氮后移（7：3）比“一炮轰”（10：0）在早、晚季稻上分别增产 14.05% 和 16.62%。

（5）施有机肥时，氮肥前后比例的调整。扬州大学农学院定位试验结果显示，在麦秸秆全量还田时，应将氮化肥 5.5：4.5 的比例调整为 7：3，以增加基肥速效氮，弥补分蘖期秸秆腐烂和稻苗争氮的情况。秸秆分解后释放氮，主要供穗肥之用。

3. 合理施氮技术

（1）基蘖肥的施用：基肥一般应占基蘖肥总量的 70%~80%，分蘖肥占 20%~30%，以减少氮素损失。机栽小苗移栽后吸肥能力低，基肥占基蘖肥总量的 20%~30% 为宜，70%~80% 集中在新根发生后作分蘖肥用。

基肥在整地时施入，部分用作面肥。分蘖肥在秧苗长出新根后及早施用，一般在移栽后 1 叶龄施用，小苗机插的在移栽后长出第 2、第 3 叶龄时分 1~2 次集中施用。分蘖肥一般只施用 1 次，切忌在分蘖中后期施肥，以免导致无效分蘖期旺长，群体不能正常“落黄”。如遇分蘖后期群体不足，宁可通过穗肥补救，也不能在分蘖后期补肥。

（2）穗肥精确施用与调节：

1）群体苗情正常。有效分蘖临界叶龄期（N-n 或 N-n+1）够苗后叶色开始褪淡落黄，顶 4 叶叶色淡于顶 3 叶，可按原设计的穗肥总量，分促花肥（倒 4 叶露尖）、保花肥（倒 2 叶露尖）两次施用。促花肥占穗肥总量的 60%~70%，保花肥占 30%~40%。4 个伸长节间的品种，穗肥以倒 3 叶露尖时一次施用为宜。施用穗肥，田间不宜保持水层，以湿润或浅水为好，第 2 d 肥料即被土壤吸收，再灌浅水层，有利于提高肥效。

2）群体不足，或叶色“落黄”较早。在 N-n（4 个节间品种 N-n+1）叶龄期不够苗或群体“落黄”早，出现在 N-n 叶龄期（或 N-n+1 叶龄期）。在此情况下，5 个伸长节间的品种应提早在倒 5 叶露尖时开始施穗肥，并于倒 4 叶、倒 2 叶露尖时分 3 次施用，氮肥数量比原计划增加 10% 左右，3 次施穗肥的比例为 3∶4∶3。4 个伸长节间的品种遇此情况，可提前在倒 4 叶露尖时施用穗肥，倒 2 叶露尖时施保花肥；施穗肥总量可增加 5%～10%，促花肥、保花肥的比例以 7∶3 为宜。

3）群体过大，叶色过深。如 $N-n$ 叶龄期以后顶 4 叶叶色浓于顶 3 叶，穗肥一定要推迟到群体叶色“落黄”后才能施用一次肥，但施肥量要减少。

五、水稻精准灌溉技术

1. 活棵分蘖阶段

（1）中大苗移栽的，移入大田后需要水层护理、浅水勤灌。

（2）小苗移栽的，移栽后的水分管理应以通氧促根为主。在南方稻区，机插稻一般不宜建立水层，宜采用湿润灌溉方式，待长出第 1 片叶、发根活棵后，再断水露田，进一步促进发根。待长出第 2 片叶时，才采用浅水层结合断水露田的方式。穴盘育苗抛秧的发根力强，移栽后阴天可不上水，晴天上薄水。2～3 d 后断水落干促进扎根，活棵后浅水勤灌。

2. 控制无效分蘖的搁田技术

（1）精确确定搁田时间：控制无效分蘖的发生，必须在 2 叶龄时提早搁田。例如，欲控制 $N-n+1$ 叶位无效分蘖的发生，必须提前在 $N-n-1$ 叶龄期当群体苗数达到预期穗数的 80% 左右时断水搁田。土壤产生水分亏缺的搁田效应控制在 $N-n$ 叶龄期，对够苗没有影响，在 $N-n+1$ 叶龄期控制对水分最敏感的分蘖芽。搁田效应持续两个叶龄，使 $N-n+2$ 叶龄无效分蘖也被抑制。

（2）搁田的标准：搁田以土壤板实、有裂缝、行走不陷脚为度，稻株叶色“落黄”。在基蘖肥用量合理时，往往搁田 1～2 次即可。在多雨地区搁田常需排水，在少雨地区，计划灌水。灌一次水，待进入 $N-n-1$ 叶龄时，田间恰好断水。

3. 长穗期浅湿交替灌水技术

水稻长穗期（枝梗分化期到抽穗期）既是地上部生长最旺盛、生理需水最旺盛的时期，又是水稻根系生长的高峰期。浅湿交替灌溉技术，一方面满足了水稻生理需水的要求，同时又促进了根系的生长和代谢活力，从而促进了大穗的形成。

长穗期田间处于无水层状态，灌 2～3 cm 深的水，待水落干后数日（3～5 d）再灌 2～3 cm，如此周而复始，形成浅水层与湿润交替的灌溉方式。这种灌溉方式能使土壤板实而不软浮，有利于防止水稻倒伏。在水稻结实期采用浅湿交替灌溉方式，能显著促进稻株根系生长和提高光合功能，提高结实率和粒重（与长期灌水的比较）。

第九章

稻作区病虫害综合防治

第一节　水稻生长期的病虫害种类

一、水稻害虫

1. 二化螟

二化螟分布于欧亚大陆和东南亚各国；国内分布很广，北起黑龙江，南到海南岛，但主要发生于华东和华中地区。在湖南、湖北、四川、浙江、福建、江苏（苏北）、安徽（皖北）、陕西、河南、贵州及云南高原发生较为严重。二化螟的寄主范围广泛，除水稻之外，还危害茭白、甘蔗、小麦、玉米等作物，以及稗草、李氏禾等杂草。

（1）生活习性：由于越冬环境复杂，二化螟越冬幼虫化蛹、羽化时间参差不齐，常持续 2 个月左右，从而影响其他各代发生期，造成世代重叠现象，给测报和防治工作都带来了困难。

春季当土温达 7 ℃以上时，在稻桩中越冬的未成熟幼虫（4～5 龄）还会爬出，转移蛀入麦类、蚕豆、油菜的茎秆内危害，并在其中化蛹。幼虫第 1 代多为 6 龄，第 2、第 3 代多为 7 龄。幼虫期在 25 ℃以上为 30～45 d，蛹期在 20 ℃以上为 7～14 d，成虫期在 22 ℃以上为 3～5 d，卵期在 18 ℃以上为 5～15 d。

二化螟成虫多在 15 时开始羽化，20—21 时羽化最盛。成虫羽化后，在当天或第 2 天晚上交尾，交配后 1～2 d 产卵。每只雌蛾产 2～3 个卵块，每块有卵 40～80 粒，每只雌蛾可产卵 100～200 粒。成虫产卵位置，因水稻生育期和水层深浅而不同。秧苗或分蘖期，卵块主要产在叶正面离叶尖 3～7 cm 处；在分蘖后期和圆秆、孕穗、抽穗期，多产在离水面 7 cm 以上的叶鞘上。卵多在上午孵化。

成虫白天潜伏于稻丛基部及杂草中，夜间活动，趋光性强。灯诱雌蛾数多于雄蛾，且雌蛾多是未产卵的个体。雌蛾喜在叶色浓绿和粗壮高大的稻株上产卵。杂交水稻由于生长旺盛，叶宽而青绿，茎秆粗壮，生育期较长，易导致二化螟产卵，受害程度重于常规品种。以水稻分蘖期和孕穗期着卵较多；刚移栽的稻苗，拔节期和抽穗灌浆期的稻株落卵量少。

从稻田类型来看，高秆、茎粗、叶片宽大、叶色浓绿的稻田易诱蛾产卵。这是由于生长嫩绿的稻株叶片中，能分泌较多的引诱螟蛾产卵的物质——稻酮所致。蚁螟孵出后，一般沿稻叶向下爬行或吐丝下垂，从叶鞘缝隙侵入。如遇叶鞘合缝较紧，被叶舌附近的茸毛所阻不易侵入时，则在叶鞘外面选择某一部位蛀孔侵入。

水稻从秧苗期至成熟期，都可遭受二化螟的危害，被害症状随水稻生育阶段不同而异。幼虫 3 龄以后食量增大，开始分散转移。在天气干旱、田间缺水、水稻发育受到影响时，幼虫转移更为频繁。

老熟幼虫在稻株上化蛹部位的高低与田间水位深浅有关，积水深化蛹部位高，反之则低。老熟幼虫化蛹前，在寄主组织内壁咬一个羽化孔，仅留一层表皮膜，羽化时破膜而出。化蛹场所随寄主环境不同而异。在水稻上，越冬幼虫化蛹于稻桩和稻草中，其他各代幼虫在稻茎内或叶鞘与茎秆之间化蛹。

（2）形态特征：

1）成虫：雌蛾体长 12～15 mm，翅展 23～26 mm，前翅近长方形，灰黄至淡褐色，外缘有 7 个小黑点，后翅白色，有绢丝光泽；雄蛾体长 10～12 mm，翅展 21～23 mm，前翅黄褐色或灰褐色，前翅翅面散布褐色小点，中央有紫黑色斑点 1 个，下方有斜行排列的同色斑点 3 个，外缘有 7 个小黑点，后翅白色，近外缘为淡黄褐色（图 9-1）。

图 9-1　二化螟成虫

2）卵：扁椭圆形，长 1.2 mm，宽 0.7 mm，数粒至数百粒卵排列成鱼鳞状卵块，初产为乳白色，渐变为乳黄色、黑褐色、灰黑色。

3）幼虫：淡褐色，末龄幼虫体长 20 ~ 30 mm。2 龄幼虫后背部有 5 条灰色纵线，末龄幼虫条纹呈褐色（图 9-2）。

图 9-2　二化螟幼虫

4）蛹：长 10 ~ 17 mm，初为米黄色，后变淡黄褐色、褐色，羽化前金黄褐色。

（3）危害症状：幼虫钻蛀稻株，危害部位因水稻生育期的不同而异。孵出的幼虫先群集叶鞘内取食内壁组织，造成枯鞘。若正值孕穗期，幼虫可集中在穗苞中危害，造成花穗。2 龄幼虫蛀入稻茎危害，分蘖期造成枯心，孕穗期造成枯穗，抽穗期造成白穗，成熟期造成伤株。幼虫转株危害，常在田间造成枯心团、白穗团。幼虫常群集危害，钻蛀孔圆形，孔外常有少量虫粪；一根稻秆中常有多头幼虫，多者可达上百头，受害秆内虫粪较多。水稻前期受害与条纹叶枯病症状相像，要注意区别。

2. 三化螟

（1）生活习性：越冬幼虫常选择粗壮的主穗茎作为越冬场所。短光周期对幼虫发育不利，感应虫期为 3 龄幼虫。在南京的临界光周期是 13 h　45 min，在广州为 13 h　18 min。

翌年春天气温回升到 16 ℃以上时开始化蛹，是当地三化螟的繁育危害期。幼虫在越冬期间对不良环境的抵抗力较强，冬季灌水浸田 1 个月以上才能全部死亡。如果翌年春天化蛹期灌水浸田，由于其生理活动旺盛、耗氧量大，同时稻桩组织疏松易渗水，短期浸没稻桩，就可使幼虫和蛹全部死亡。

一般越冬蛹历期 10 ~ 20 d 开始羽化，多在 20—22 时。雄蛾比雌蛾先羽化，性比接近 1∶1。羽化当夜雌蛾多静伏、少活动，但雄蛾很活跃，交配多在羽化后的第 1 ~ 3 天夜里进行。气温高有抑制交配的作用，28 ℃以上雌雄蛾极少交配，因此，在夏季往往午夜以后才交配。雌雄蛾交配后 2～3 d 产下大部分卵。每只雌蛾每晚产卵 1 块，一生可产 1～7 块，每个卵块含卵粒数因世代而不同，一般为 40～120 粒。

成虫对产卵场所的选择性与二化螟相似。卵块多产于叶片上，其次为叶鞘上。蚁螟孵化多在黎明和上午，但整个白天都能孵化。从同一卵块孵出的幼虫，都在附近稻株侵害而形成田间枯心团（群）或白穗群。卵块密度大时，则各群连接成片。幼虫取食叶鞘白嫩组织、穗苞内花粉、柱头及茎秆内壁，基本不吃含叶绿素部分；幼虫蛀入后，先在叶鞘和茎节间适当部位做“环状切断”，把大部分维管束咬断，切口整齐，称为“断环”。断环形成不久，由于植株水分和养分不能流通，几天内就表现青枯或白穗等被害状。断环形成后，幼虫长期在断环上方取食组织。各龄幼虫每次侵入新稻株，必造成断环。

幼虫共 5 龄，食料适宜时多数只有 4 龄，食料不适龄期增加到 6 龄。幼虫 2 龄后，一般可转株危害 1～3 次。转株为 2～3 龄，多以“裸体”在株外活动；3～4 龄则多负有叶囊或茎囊，幼虫藏于其中，或伸出头胸爬行或浮游于水面，找到新株后，于距水面 2～3 cm 处吐丝，将囊固定于叶鞘上，进而蛀入稻茎。幼虫老熟后，移至稻株基部化蛹。

（2）形态特征：

1）成虫：雌蛾体长 10～13 mm，翅展 23～28 mm，体淡黄色或黄白色。前翅黄白色，中室下角有一个明显的黑斑，后翅灰白色，腹部较肥大，腹末端长有棕褐色茸毛。雄蛾体长 8～9 mm，翅展 18～23 mm，头、胸部背面和前翅淡灰褐色，前翅中室下角有一个不明显的黑斑，自顶角有 1 条褐色斜纹走向后缘，外缘有 7～9 个小黑点。后翅灰白色，腹部细瘦，末端尖，无茸毛（图 9-3）。

图 9-3　三化螟成虫

2）卵：扁椭圆形，由 100 多粒卵分层叠加而成，中央 3 层，边缘 1 ~ 2 层，表面覆盖有黄褐色绒毛。卵块多产于稻叶上，初产时乳白色，后转为黄白色、黄褐色，孵化前变为灰黑色。

3）幼虫：一般为 4 ~ 5 龄，个别 6 龄，老熟幼虫体长为 12 ~ 24 mm。初孵幼虫灰黑色，为 1 龄，也叫蚁螟。2 龄幼虫头黄褐色，体暗黄白色，头壳后部至中胸间可见一对纺锤形、灰白色斑纹。3 龄幼虫黄白色或黄绿色，体背中央有一条半透明的纵线，前胸背面后半部有一对淡褐色扇形斑。4 龄幼虫前胸背板后缘有一对新月形斑，头壳宽 1 mm。5 龄幼虫，新月形斑与 4 龄幼虫相似。幼虫体表看起来较干燥，不像二化螟和大螟那样的湿滑（图 9-4）。

图 9-4　三化螟幼虫

4）蛹：初为灰白色，后转黄绿色，外包白薄茧。近羽化时，雌性为金黄色，雄性为银白色。雄蛹较细瘦，腹部末端较尖，体长 10 ~ 15 mm，后足伸达第 7 ~ 8 腹节，接近腹末。雌蛹较粗大，腹部末端圆钝，体长 13 ~ 17 mm，后足仅达第 5 ~ 6 腹节。

（3）危害症状：幼虫钻蛀稻茎，造成枯心、白穗、虫伤株，以及枯心团、白穗群，没有二化螟那样的枯鞘。枯心苗和白穗是幼虫危害后的主要症状。3 龄以上幼虫转株后，常留叶囊或茎囊于蛀口外边或下方泥土上。

3. 大螟

（1）生活习性：云贵高原大螟一年生 2 ~ 3 代，江苏、浙江一年生 3 ~ 4 代，江西、湖南、湖北、四川一年生 4 代，福建、广西及云南开远一年生 4 ~ 5 代，广东南部一年生 6 ~ 8 代。在温带以幼虫在茭白、水稻等作物的茎秆或根茬内越冬。翌春老熟幼虫在气温高于 10 ℃时开始化蛹，15 ℃时羽化。越冬代成虫把卵产在春玉米或田边看麦娘、李氏禾等杂草叶鞘内侧。幼虫孵化后，再转移到邻近边行水稻上蛀入叶鞘取食，可见红褐色锈斑块。3 龄前常十几头群集在一起，把叶鞘内层吃光，后钻进心部造成枯心。3 龄后分散，危害田边 2～3 墩稻苗，蛀孔距水面 10～30 cm，老熟时化蛹在叶鞘处。成虫飞翔力强，常栖息在株间，每雌可产卵 240 粒。卵期 1 代为 12 d，2、3 代 5～6 d；幼虫期 1 代 30 d，2 代 28 d，3 代 32 d；蛹期为 10～15 d。苏南越冬代发生在 4 月中旬至 6 月上旬，1 代发生在 6 月下旬至 7 月下旬，2 代发生在 7 月下旬至 10 月中旬；宁波一带越冬代发生在 4 月上旬至 5 月下旬，1 代发生在 6 月中旬至 7 月下旬，2 代发生在 8 月上旬至下旬，3 代发生在 9 月中旬至 10 月中旬；长沙、武汉越冬代发生在 4 月上旬至 5 月中旬；江浙一带 1 代幼虫于 5 月中下旬盛发，主要危害茭白，7 月中下旬 2 代幼虫和 8 月下旬 3 代幼虫主要危害水稻，对茭白危害轻。茭白与水稻插花种植地区，大螟在两寄主间转移危害。浙北、苏南单季稻茭白区，越冬代羽化后尚未栽植水稻，则集中危害茭白，尤其是田边受害重。

（1）形态特征：

1）成虫：体长 12～15 cm，翅展 27 mm，雌蛾身体较大；头部、胸部浅黄褐色，腹部浅黄色至灰白色；前翅长方形，浅灰褐色；翅中部从翅基至外缘有明显的暗褐色纵纹，该线上下各有 2 个小黑点；雌蛾触角丝状，雄蛾触角栉齿状（图 9-5）。

2）卵：扁球形，顶部稍凹，高约 0.3 mm，表面有放射状细隆线。初产卵为白色，后变为淡黄色，再变为淡红色，孵化前变为灰褐色。卵粒在叶鞘内侧，呈带状排成 2～3 行或散生。

3）幼虫：5～7 龄，头红褐色，胸腹部淡黄色，背面带紫红色。趾钩单序在内侧排成半环（图 9-6）。

图 9-5　大螟成虫

图 9-6　大螟幼虫

4）蛹：雄蛹体长 13～14 mm，雌蛹 15 mm。初为淡黄色，后为黄褐色，头、胸部有白粉状分泌物。臀基明显黑色，腹部末端有 4 个短齿，腹面 2 个相距较近，背面 2 个相距较宽。

（3）危害症状：与二化螟不同的是，大螟危害造成的枯心苗蛀孔大，且为长圆形或长条形，边沿不整齐，秆内外均有大量虫粪，受害稻茎的叶片、叶鞘部变为黄色。

4. 稻纵卷叶螟

该螟主要分布于亚洲、大洋洲、太平洋岛屿及非洲等地。在我国分布广泛，尤以长江以南稻区危害严重。随着耕作制度的改革、品种的变更和水肥条件改善，从 1965 年起该螟在全国的危害程度明显上升，已成为水稻生产上重要的迁飞性害虫。

稻纵卷叶螟的寄主植物以水稻为主，也危害小麦、大麦、粟、甘蔗等作物，稗、雀稗、游草、马唐、芦苇、狗尾草等禾本科杂草。幼虫吐丝纵卷叶尖，藏匿其中，取食上表皮和绿色叶肉组织，留下表皮，形成白色条斑。该螟大暴发时，田间虫苞累累，白叶连片，影响株高和抽穗，使千粒重降低，空秕率增高，导致严重减产。

（1）生活习性：成虫白天潜伏在稻丛和田边杂草等处，夜间进行交尾、产卵活动，且多在羽化后次夜开始交尾。产卵前期 1～2 d，一般产卵期为 3～4 d，以前 1～2 d 产卵最多，占总卵量的 60% 以上。每雌蛾一生可产卵 40～210 粒。成虫寿命多为 4～7 d，趋光性强，尤其对金属卤素灯有很强的趋性，扑灯以 21—22 时最盛。雌蛾趋光性强于雄蛾。成虫有趋阴蔽性，喜栖息于生长茂密、湿度大的稻田里。若稻田阴蔽性不好，则集中在田边或附近茂密的作物地里，夜晚又飞回稻田产卵。成虫需吮吸花蜜补充营养，喜选择生长旺盛、茂密的稻田产卵，卵产于稻叶正面或背面。

幼虫孵化后，先爬入心叶或叶鞘内取食，受害处出现针孔大小的白斑点；2 龄后则爬至离叶尖 3 cm 左右处吐丝结苞危害；在穗期初孵幼虫先在嫩叶鞘内或老虫苞内取食，稍大后爬至叶片结苞。从结苞到初见虫苞发白，一般需要 6～7 d。随虫龄增大，虫苞逐渐伸长。

3 龄前食量小，5 龄幼虫食量占总食量的 40%～50%。幼虫有转叶结新虫苞的习性，每条幼虫一生可卷害稻叶 5～6 片，多的达 10 余片。虫苞多为纵卷叶面的单叶，少数为横卷叶尖或缀数叶成苞，虫粪排于苞内。化蛹部位在分蘖期多于稻丛基部黄叶和无效分蘖苞内，水稻孕穗后多在枯叶鞘内侧，或基部稻株间。

（2）形态特征：

1）成虫：体长 7～9 mm，翅展 12～18 mm，翅面黄褐色，前翅前缘暗黑色，外缘有 1 条暗褐色宽带，翅面有 3 条黑褐色条纹，中间 1 条较短，不达翅中部，雄翅前翅中、内横线间有一条黑毛组成的眼状斑，微凹略带闪光，前足胫节末端略膨大；雌蛾前足胫节正常（图 9-7）。

2）卵：扁平，椭圆形，长约 1 mm，宽 0.5 mm。初产时乳白色，卵壳表面有隆起微细网纹。近孵化时淡黄色，眼点黑色。被寄生的卵赭红色至紫黑色。

3）幼虫：5～6 龄，体黄绿至绿色，老熟时呈橘红色。前胸背板有 4 个黑点，中、后胸背板各可见 2 个黑点。腹足趾钩为双序缺环。预蛹时体橙黄色，体节膨胀（图 9-8）。

图 9-7　稻纵卷叶螟成虫

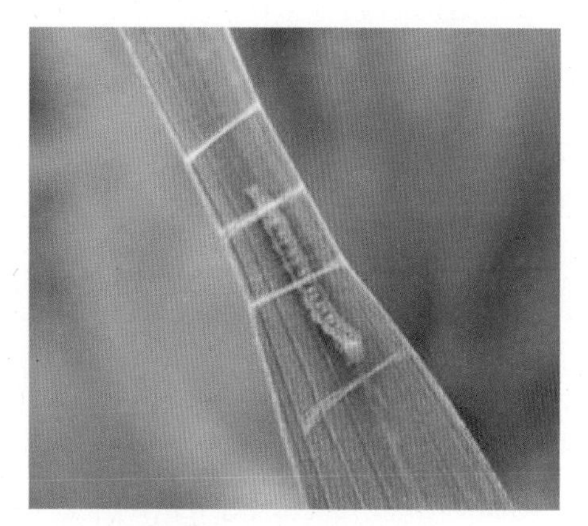
图 9-8　稻纵卷叶螟幼虫

4）蛹：体长 7～10 mm，长圆筒形，尾部尖削，有 8 根臀棘，初蛹淡黄色，后转红色至褐色。5～7 腹节近前缘处各有一条黑褐色横隆线，雄蛹腹端较尖细，雌蛹腹末钝圆。

（3）危害症状：幼虫吐丝缀合叶片两边叶缘，将整段叶片向正面纵卷成苞，藏匿其中，取食叶上表皮和叶肉，仅留白色下表皮及叶脉。虫苞上显现白斑，严重时整田一片枯白。

5. 褐飞虱

褐飞虱主要分布于亚洲、大洋洲和太平洋岛屿的产稻国，为偏南方种类，在我国长江流域及其以南地区危害严重。褐飞虱食性单一，在自然情况下只取食水稻和普通野生稻。

（1）生活习性：成虫可分为短翅型和长翅型，短翅型为居留型，繁殖能力较强；长翅型为迁移型，羽化后不久，雌虫体内脂肪含量高，含水量低，翅负荷小，飞行能力最强。成虫起飞升空后，随高空水平气流而迁移。空气湿度高，有利于成虫迁移飞行，常群集于云雾中。成虫在迁移途中，如遇到风、降雨、下沉气流等，就被迫降落地面。

成虫对生长嫩绿的水稻有明显趋性，长翅成虫有明显趋光性。但雌虫在卵巢发育成熟和交配后即转入定居繁殖阶段，趋光性减弱。成虫、若虫喜阴湿环境，往往栖息在离水面 10 mm 以内的稻株上，在孕穗期植株上吸食量最大。正常条件下每只雌虫平均产卵 200～700 粒。在生长季节繁殖一代需 20 d 以上。水稻分蘖和拔节期，稻株中含糖量低，水溶性蛋白质含量高，短翅型成虫的比例较高。水稻生长后期植株营养状况的恶化和虫口密度上升，加速了长翅成虫的成长。因此，长翅成虫的大量迁出，都发生在水稻生长后期。1～3 龄是翅型分化的关键虫期，其中 1 龄若虫的营养状况与翅型的分化关系尤为密切。

（2）形态特征：

1）成虫：长翅型体长（连翅）4～5 mm；短翅型雌虫 3.5～4 mm，雄虫 2.2～2.5 mm，翅长不达腹末。体色分为深色型和浅色型，前者头与前胸背板、中胸背板均为褐色或黑褐色，前翅半透明带有褐色光泽，翅斑明显；后者全体黄褐色，仅胸部腹面和腹部背面较深暗（图 9-9）。

图 9-9　褐飞虱

2）卵：长约 1 mm，香蕉形，初产时乳白色，后期变淡黄色，并出现红色眼点。卵粒在植物组织内成行排列，微露于水稻组织表面，卵帽与产卵痕表面等平。

3）若虫：共 5 龄。初孵若虫体黄白色，2 龄初期体色同 1 龄，后期体黄褐至暗褐色，3～5 龄黄褐色至暗褐色，腹部第 3～4 节有一对较大的浅色斑纹。

（3）危害症状：成虫、若虫均能危害，一般群集于稻丛下部刺吸汁液，在茎秆上留下褐色伤痕、斑点，分泌蜜露，引起煤烟病及其他腐生性病害。严重时，稻茎基部变黑腐烂，甚至整丛倒伏枯死。被害稻株由点、片开始，远望比正常稻株黄矮，俗称“冒穿”“黄塘”或“塌圈”等，重发生年造成严重减产或颗粒无收。褐飞虱能传播水稻丛矮缩病和锯齿叶矮缩病。

6. 灰飞虱

灰飞虱主要分布于东亚、东南亚、欧洲、北非等地，为广跨偏北种类。灰飞虱取食水稻、小麦、大麦、玉米、高粱、甘蔗等作物，看麦娘、稗草、李氏禾、双穗雀稗等禾本科植物。

（1）生活习性：成虫越冬代以短翅型占多数，其余各代以长翅型居多。雄虫除越冬代外，其余各代几乎均为长翅型。灰飞虱不耐高温，喜通透性良好的环境。若虫栖息于稻丛基部离水面（或田面）3~6 mm 处，在抽穗以后，也有不少若虫移到稻株的上、中部和穗上危害。若虫的迁移性较弱，拔秧或收割后能暂栖田埂边杂草上，然后就近迁入作物田危害，越冬若虫有较强的耐饥力。

（2）形态特征：

1）成虫：长翅型雌虫体长（连翅）4 mm，雄虫体长 3.5 mm；短翅型雌虫体长 2.5 mm，雄虫体长 2.3 mm。与褐飞虱相比，均较小。成虫额、颊黑色，雌虫中胸背板中部淡黄色，两侧暗褐色，雄虫仅头顶、前胸背板黄色，中胸背板深黑色（图 9-10）。

图 9-10　灰飞虱

2）卵：长椭圆形，前端细于后端，稍弯曲。卵双行排列成块，卵帽微露于产卵痕外。卵粒初产时为乳白色、半透明，后期为淡黄色。

3）若虫：共 5 龄，3~5 龄若虫腹背斑纹较清晰，第 3、第 4 腹节背面各有一淡色“八”字纹，第 6~8 腹节背面的淡色纹呈“一”字形。腹部背面两侧色稍深，中央色浅淡。成虫落水后后足伸展，呈“八”字形。

（3）危害症状：成虫若虫都以口器刺吸水稻汁液危害，一般群集于稻丛中上部叶片，部分稻区水稻穗部受害亦较严重。虫口密度大时稻株汁液大量丧失而枯黄，同时因大量蜜露洒落附近叶片或穗子上而滋生霉菌，但较少出现类似褐飞虱和白背飞虱的“虱烧”“冒穿”等症状。灰飞虱能传播稻、麦条纹枯病，稻、麦、玉米黑条矮缩病等病毒病。

7. 白背飞虱

白背飞虱主要分布于东亚、东南亚、南亚、北非、大洋洲及太平洋诸岛，为广跨偏南方的种类，危害性仅次于褐飞虱。白背飞虱主要危害水稻，兼食大麦、小麦、粟、玉米、甘蔗、高粱、野生稻、稗草和早熟禾等。

（1）生活习性：白背飞虱习性和褐飞虱相似，主要区别是白背飞虱雌虫有长、短翅型分化，但雄虫为长翅型。飞翔能力强，一次迁飞范围广。雌虫繁殖能力较褐飞虱低，平均每雌产卵 85 粒。成虫、若虫栖息部位稍高，不耐拥挤，田间虫口密度稍高即迁飞转移，因此，分布比较均匀，水稻受害较一致，几乎不出现“黄塘”。

（2）形态特征：

1）成虫：有长、短两种翅型，雌虫长翅型体长（连翅）4.0~4.6 mm，短翅型体长 2.5~3.5 mm。雄虫一般为长翅型，体长 3.2~3.6 mm；短翅型罕见，长

图 9-11　白背飞虱

2.7～3.0 mm。雄虫淡黄色，具黑褐斑，雌虫大多黄白色。雄虫头顶、前胸和中胸背板中央黄白色，仅头顶端部脊间黑褐色，前胸背板侧脊外方、复眼后方有一暗褐色新月形斑，中胸背板侧区黑褐色，前翅半透明，有黑褐色翅斑，面部额、颊、唇基黑色，脊黄白色，胸部腹面及整个腹部亦为黑色。雌虫中胸背板侧区黄褐色或橙红色，整个面部、胸、腹部腹面为黄褐色（图 9-11）。

2）卵：长椭圆形，稍弯曲，数粒至数十粒成单行排列成卵条，位于叶鞘和中脉组织内，卵帽不外露，外表仅见褐色条状产卵痕。卵初产时为乳白色，后变为淡黄色，具红色眼点。

3）若虫：共 5 龄，深灰褐色，腹背斑纹和翅芽是区分各龄的主要特征。1 龄虫各节间和中线淡色，呈较清晰的“丰”字形斑纹。2 龄后胸两侧略向后延伸，虫腹背灰褐色，第 2、第 3 腹节淡褐色，各节间和中线淡色、较清晰，以后各龄该特性保持不变。3 龄虫翅芽明显出现，第 3、第 4 腹节背面各嵌有 1 对乳白色、近三角形斑纹。4 龄前后翅芽长度相等，乳白色、近三角形斑纹清楚。5 龄虫前翅芽尖端超过后翅芽尖端，斑纹同 4 龄。

（3）危害症状：与褐飞虱相似，但成虫、若虫在稻株上的分布位置较褐飞虱高。

8. 直纹稻弄蝶（稻苞虫）

直纹稻弄蝶分布于印度、斯里兰卡、日本、朝鲜、马来西亚、俄罗斯西伯利亚等水稻产区。国内除新疆和宁夏无报道外，各地均有分布，主要危害水稻，亦能危害玉米、谷子、高粱、麦类、茭白、竹子等，还取食游草、狗尾草、李氏禾、蟋蟀草、稗草、双穗雀稗、芦苇及白茅等杂草。幼虫结叶成苞，在苞内取食稻叶，影响光合作用和妨碍抽穗。大暴发时，叶片被食光，稻株枯死，颗粒无收，常在局部地区成灾。以新垦稻区、水旱混作稻区、山区、半山区和滨湖稻区发生较多，山区盆地边缘的稻区受害最重。

（1）生活习性：直纹稻弄蝶一般在第 2 代或第 2、第 3 代大暴发，多在 7—9 月。北方稻区第 1 代发生于芦苇等杂草上；第 2 代开始转入稻田危害水稻。如河南和陕西的大部分地区，7 月中、下旬发生第 2 代幼虫和 8 月中、下旬至 9 月上旬发生第 3 代幼虫，危害中、晚稻最为严重；山东和河北均以 7 月下旬至 8 月中旬发生的第 2 代幼虫危害严重。

成虫昼出夜伏，飞翔力强。多在清晨羽化，晴天上午和傍晚活动最盛，大风和盛夏中午则隐伏草丛中。喜吸食芝麻、棉花、菜花、瓜类、紫云英及千日红等蜜源植物的花蜜。利用此习性可设置花圃诱集成虫，用以预测幼虫发生期。卵散产于稻叶背面近中脉处，每叶着卵 1～2

粒。每头成虫可产卵 60～200 粒。雌虫喜选择生长旺盛、叶色浓绿的稻田产卵，水稻分蘖期的稻田着卵量远大于其他生育期的稻田。成虫寿命 8～12 d。卵的发育期随温度而变化，发育起点温度为 12.6 ℃，在 20.7 ℃时需 10 d，24.8 ℃时为 5 d，29.4 ℃时为 3.8 d。

初孵幼虫先取食卵壳，然后爬至稻叶端部吐丝缀叶结苞。幼虫多为 5 龄，有的达 6 龄。虫龄越大，缀叶结苞越多。幼虫白天躲在苞内取食，傍晚或阴雨天则爬出苞外食害，有转移结苞习性。每头幼虫一生食害 10 余片叶片。3 龄前食量不大，4 龄后激增，5 龄进入暴食期，食量占幼虫总食量的 86%。幼虫发育起点温度为 9.3 ℃，历期 19～27 d。幼虫老熟时分泌白色蜡粉，在结薄茧时蜡粉遍布全苞，尔后蜕皮化蛹。化蛹部位多在稻茎间或苞叶内。蛹的发育起点温度为 14.9 ℃，蛹期在 17.6 ℃时为 16 d，29.5 ℃～30.5 ℃时为 5 d。

（2）形态特征：

1）成虫：体长 17～19 mm，体和翅均为黑褐色，有黄绿色光泽，前翅有 7～8 个近四边形、半透明白斑，呈半环形排列。后翅有 4 个半透明的白斑，排成一直线，故名“直纹稻弄蝶”（图 9-12）。

图 9-12　直纹稻弄蝶（稻苞虫）成虫

2）卵：半圆球形，直径约 0.9 mm，顶端略凹陷，初灰绿色，后具玫瑰红斑，顶花冠具 8～12 瓣。

3）幼虫：幼虫共 5 龄，两头小、中间大，呈纺锤形。末龄幼虫体长 27～28 mm，头浅棕黄色，头部正面中央有“山”字形褐纹，体黄绿色，背线深绿色，臀板褐色（图 9-13）。

图 9-13　直纹稻弄蝶（稻苞虫）幼虫

4）蛹：淡黄色至黄褐色，长 22～25 mm，近圆筒形，体表被白粉，外裹白色薄茧。

（3）危害症状：幼虫吐丝缀叶成苞，蚕食稻叶。1～2 龄幼虫在叶片边缘或叶尖结 2～4 cm 小苞；3 龄幼虫苞长 10 cm，亦常单叶横折成苞；4 龄幼虫缀合多片叶成苞。虫龄越大缀合的叶片越多，虫苞越大。成虫还能直接咬断稻穗，造成严重减产。

9. 稻蝗

危害水稻的蝗虫种类很多，在我国常见的有中华稻蝗、日本稻蝗、小稻蝗、长翅稻蝗等，以中华稻蝗为优势种，占稻蝗总数的 85% 以上。中华稻蝗分布于朝鲜、日本、马来西亚、斯里兰卡等国家。国内稻区几乎均有发生，而以长江流域及华南稻区危害较重。自 1984 年以来，我国北方稻区由于生态条件的变化，蝗害发生逐年加重，某些地区危害成灾。

稻蝗寄主植物有水稻、玉米、高粱、麦类、甘蔗、甘薯、棉花、豆类、茭白及芦苇、蒿草等。以成虫、若虫咬食叶片，轻则成缺刻，重则叶片被吃光。在水稻抽穗及乳熟期，喜咬食稻茎，咬断、咬伤穗茎，形成白穗；在乳熟期还喜咬坏乳熟的谷粒。

（1）生活习性：成虫羽化以早晨为多，羽化后经 15～41 d 才能交尾，一生可多次交尾，交尾后 10～41 d（一般 27 d 后）开始产卵。产卵多选择潮湿、有草、向阳和土质松软的荒地、田埂、堤岸等处。每头雌虫能产卵 1～3 块，每块平均有卵 33 粒。一般雌虫寿命为 3 个月左右，雄虫寿命较短。成虫多以每天 8—10 时和 16—19 时活动最盛，阴天活动减少，雨天和夜间基本停止活动。稻蝗具趋光性，取食具趋嫩绿性，以上部叶片受害最重。低龄若虫多取食禾本科杂草，3 龄后迁入稻田边缘，4～5 龄可扩至全田危害。

（2）形态特征：

1）成虫：雌虫体长 36～44 mm，雄虫体长 30～33 mm，体黄绿色或黄褐色，复眼后方两侧各有 1 条深褐色纵纹，直达前胸背板后缘及翅基部，前胸腹板具锥形瘤状突起。前翅长超过后足腿节末端，雄虫尤为显著（图 9-14）。

图 9-14　稻蝗

2）卵与卵囊：卵长约 3.6 mm，长圆筒形，略弯曲，深黄色。卵囊内含卵 10～100 粒，多为 30 粒左右，斜列两纵行，卵粒间有坚韧的胶质物相隔。

3）蝗蝻：共 6 龄，体色同成虫，蝗蝻头呈三角形，复眼长椭圆形、绛赤色。前胸背板略呈覆瓦状，在中部有 3 条横沟。各龄蝗蝻体长、触角节数、翅芽长短不同。

（3）危害特征：成虫、若虫多从叶边缘开始取食，轻则叶片出现缺刻，重则全叶被吃光，仅残留稻秆。在水稻抽穗及乳熟期，喜咬食稻茎，咬断、咬伤穗茎，形成白穗，在乳熟期还喜咬坏乳熟的谷粒。

10. 福寿螺

（1）生活习性：福寿螺喜欢生活在水质清新、饵料充足的淡水中，多集群栖息于池边浅水区，或吸附在水生植物茎叶上，或浮于水面，能离开水体短暂生活，最适宜生长水温为25 ℃～32 ℃，超过35 ℃生长速度明显下降，生存最高临界水温为45 ℃，最低临界水温为5 ℃。福寿螺食性广，是以植物性饵料为主的杂食性螺类，主食浮萍、蔬菜、瓜果等，尤其喜欢吃带甜味的食物，也爱吃水中的动物腐肉。当没有更多食物时，福寿螺会食用漂在水面的微小物质，身体倒过来用足运动，黏物取食。

虽然是水生种类，但在干旱季节埋藏于湿泥中可度过6～8个月。一旦暴发洪水或灌溉时，它们又能再次活跃起来。成年螺的呼吸器可伸长至5～10 cm。人工饲养条件下，喜食玉米、麸皮等精饲料，幼螺以浮萍、腐殖质、精饲料为主。饥饿状态下，成螺也会残食幼螺和螺卵。喜食农作物，严重影响农作物产量。

（2）形态特征：成虫的螺壳外观形似田螺，贝壳的缝合线处下陷呈浅沟，具一螺旋状的螺壳，颜色随环境和螺龄不同而异，有光泽和若干条细纵纹，爬行时头部和腹足伸出。头部具触角2对，前触角短，后触角长，后触角的基部外侧各有一只眼睛。螺体左边具1条粗大的肺吸管（图9-15）。贝雌雄同体，异体交配。

图9-15　福寿螺

（3）危害特征：刚孵化不久的小螺就能啃食水稻等水生植物，尤喜幼嫩的秧苗。福寿螺是新的有害生物，水稻插秧后至晒田前是主要受害期。它咬食水稻主蘖和有效分蘖，致使有效穗减少而减产。

二、水稻病害

1. 稻瘟病

（1）病害识别：引起稻瘟病的病原菌，为半知菌亚门、梨孢霉属真菌。

1）苗瘟：发生在3叶期以前。初期在芽和芽鞘上出现水渍状斑点，随后病苗基部变黑色，上部呈黄褐色或淡红色，严重时病苗枯死。

2）叶瘟：发生在 3 叶期以后。白点型：病斑白色，多为圆形，不产生分生孢子。在感病品种的幼嫩叶片上发病时，遇温度、湿度适宜能迅速转变为急性型病斑。急性型：病斑暗绿色，多数近圆形，逐渐发展为纺锤形。正、反两面密生灰绿色霉层（分生孢子梗和分生孢子）。急性型病斑的大量出现，常是叶瘟流行的先兆。遇干燥天气或经药剂防治后，急性型病斑可转化为慢性型。慢性型：呈纺锤形，两端常有沿叶脉延伸的褐色坏死线。病斑最外圈为黄色的中毒部，内圈为褐色的坏死部，中央为灰白色的崩溃部。褐点型：病斑为褐色小点，多局限于叶脉间，有时病斑边缘呈黄色晕圈，无霉层，常发生在抗病品种或稻株下部老叶上。

3）叶枕瘟和节瘟：叶耳易感病，初为污绿色病斑，向叶环、叶舌、叶鞘及叶片不规则扩展，最后病斑灰白色至灰褐色。节瘟主要发生在穗颈下第 1、第 2 节上，初为褐色或黑褐色小点，以后环状扩大至整个节部，易折断。节瘟可影响水分和养料的输送，导致谷粒不饱满，甚至白穗。

4）穗颈瘟和枝梗瘟：发生于穗颈、穗轴和枝梗上。病斑初呈浅褐色小点，逐渐围绕穗颈、穗轴和枝梗并向上下扩展。病部因品种不同呈黄白色、褐色或黑色。穗颈发病早的多形成全白穗，发病迟的则谷粒不充实，危害轻重与发病迟早密切相关。

5）谷粒瘟：发生在谷壳和护颖上，形成近椭圆形、黑褐色病斑，并可延及整个谷粒。

稻瘟病诊断要点是病斑具明显褐色边缘，中央灰白色，遇潮湿条件病部产生灰绿色霉状物。

（2）病原：菌丝体发育温度 8 ℃～37 ℃，适温 26 ℃～28 ℃。分生孢子形成温度 10 ℃～35 ℃，适温 25 ℃～28 ℃。孢子萌发温度与孢子形成相同，附着胞形成适温 24 ℃，28 ℃以上不能形成。病菌侵入适温 24 ℃～30 ℃。适温下，孢子附着在植株表面 16～20 h 便可完成侵入。

分生孢子在适宜的温度、湿度下，经 6～8 h 就可以形成。光暗交替有利于分生孢子形成。分生孢子常于夜间形成且有两个高峰，第 1 次高峰在 18—19 时，第 2 次在 4—5 时。孢子萌发需要相对湿度 96% 以上，有水膜存在。直射阳光或紫外光可抑制孢子萌发及芽管和菌丝生长。孢子萌发侵入寄主需有 6～7 h 水膜存在。

稻瘟病菌组成极其复杂，不同菌株对不同水稻品种的致病力差异非常明显，用一套鉴别品种可将稻瘟病菌菌株划分为许多生理小种。生理小种的构成常因水稻品种的更换而发生变化。稻瘟病菌的致病力很容易发生变异，主要有突变、菌丝融合、准性重组、有性重组，突变是病菌变异的主要途径。

来源于水稻上的稻瘟病菌除侵染水稻外，还可侵染小麦、大麦、玉米、狗尾草、稗、早熟禾、珍珠粟、李氏禾和雀稗等23属的38种植物；来源于21种禾本科植物上的病菌，亦可侵染水稻。

2. 纹枯病

（1）病害识别：又名云纹病、花脚秆，分蘖期开始发病，主要危害叶鞘、叶片，严重时可侵入茎秆并蔓延至穗部。病斑逐渐扩大后呈椭圆形或云纹状，常导致叶鞘叶片枯死，稻株不能正常抽穗，瘪谷增加，千粒重下降，造成倒伏或整株枯死，有时“串顶”。感病品种、湿度大有利于病害发生。菌丝可扭结成菌核，初为浅（乳）白色，后期变为黄褐色或暗褐色、扁球形或不规则形。

（2）病原：菌丝生长温度为10 ℃～38 ℃，适温30 ℃左右，致死温度为53 ℃、5 min。病菌侵入寄主的温度为23 ℃～35 ℃，适温28 ℃～32 ℃。在适温和有水条件下，病菌经18～24 h即可完成侵入。菌核在12 ℃～15 ℃时开始形成，以30 ℃～32 ℃为最多，超过40 ℃就不能形成。在各种不同冬作物的稻田中，土表或土层的越冬菌核存活率达96%以上，在土表下1～3 cm的菌核存活率也在87.8%以上。在室内干燥条件下保存8～20个月的菌核，萌发率达80%。菌核萌发与温度密切相关，20 ℃、25 ℃、30 ℃、35 ℃时的萌发率分别为44%、47%、52%、63%。菌核在55 ℃下经8 min死亡。病菌在pH 2.5～9.8均能生长，最适pH 5.6～6.7。日光能抑制菌丝生长，但可促进菌核的形成。

3. 恶苗病

病害识别：从秧苗到抽穗均可发病，苗期发病与种子带菌有直接关系。病苗一般高出健苗1/3左右，颜色淡黄，明显较正常苗颜色淡。上部叶片张开角度大，地上部茎节上长出倒生根，后期病株茎秆出现白色或粉红色粉末，为病原菌分生孢子。病株虽可抽穗，但穗小或不抽穗，甚至死亡。

4. 稻曲病

（1）病害识别：主要在水稻孕穗后期、抽穗扬花期感病，危害穗上部分谷粒，少则每穗1～2粒，多则几十粒。受害病粒菌丝在谷粒内形成块状，逐渐膨大，形成比正常谷粒大3～4倍的菌块，初为乳白色、黄色，逐渐变为墨绿色，最后孢子座表面龟裂，散出有毒的墨绿色粉状物。孢子座表面可产生黑色、扁平、硬质的菌核。

（2）病原：病原菌属半知菌亚门、绿核苗属真菌。厚垣孢子在3 ℃～4 ℃干燥条件下可存活8～14个月，但在28 ℃以上高温、高湿条件下，2个月便丧失萌发力。黄色的厚垣孢子能萌发，黑色的不能萌发。厚垣孢子萌发温度为12 ℃～36 ℃，适温25 ℃～28 ℃，30 ℃虽也可部分萌发，但产生分生孢子数很少，40 ℃时不能萌发，50 ℃时可致死；

pH 2.8～9.1 都能萌发，最适 pH 5.0～7.0。此外，厚垣孢子萌发需要水分。1%～2% 的葡萄糖、蔗糖、果糖、甘露糖、麦芽糖、棉籽糖及淘米水也有利于厚垣孢子萌发，并可促进分生孢子的产生。大米粒、大米煎汁、马铃薯煎汁和燕麦培养基及米饭培养基，有利于菌丝生长和厚垣孢子的产生。菌丝体在 pH 3.5～8.5 时能生长，最适 pH 6.5～7.5。病菌能产生毒素，即稻曲菌素 A、B、C、D、E、F，它们对水稻胚芽生长有明显抑制作用，能抑制水稻的有丝分裂。

5. 黑条矮缩病

稻黑条矮缩病毒简称 RBSDV，属植物呼肠孤病毒组病毒。

病害识别：俗称“矮稻”，症状为分蘖增加，叶片短阔、僵直，叶色深绿，叶背的叶脉和茎秆上初现蜡白色、后变褐色的短条瘤状隆起，不抽穗或穗小，结实不良。病株叶背及茎秆表面出现沿叶脉的蜡白色、短条状突起，后变黑褐色，秧龄越小感病越厉害。该病由灰飞虱、白背飞虱和白带飞虱传毒。

6. 干尖线虫病

（1）病害识别：种子带菌（线虫），浸种时种子内线虫复苏，游离于水中，遇幼芽从芽鞘缝钻入，附着于生长点、叶芽及新生嫩叶尖端，以吻针刺入细胞吸食汁液，致使被害叶失去营养，逐渐形成干尖。水稻整个生育期都会受害，发病部位主要是叶和穗部。一般幼苗期不常表现症状。仅有少数在 4～5 片真叶时出现干尖，即叶尖 2～4 cm 处逐渐卷缩变色，叶尖枯死，呈浅灰褐色。病健界限明显，继而病部捻曲、歪扭。这种干尖常在移栽或连续风雨时脱落。

病株多在孕穗期症状表现最为明显。剑叶或上部第 2、第 3 叶片尖端 1～8 cm 处逐渐枯死，变成黄褐色、半透明状，捻曲而成干尖，渐成灰白色。在病健交界处有一条弯曲且明显的褐色锯齿状界纹。成株病叶的干尖不易脱落，收获时都能见到。清晨露水多时，干尖因露水浸透，伸开平直，呈半透明水浸状，露水干后又卷曲成捻纸状。受害严重时，病株剑叶比健株剑叶显著短小、狭窄，呈浓绿色。除少数因剑叶捻转或卷缩造成抽穗困难外，大多数能抽穗，但穗短粒少，瘪谷多，千粒重降低。

诊断水稻干尖线虫病，主要看叶尖是否扭曲和病健交界处有无锯齿状纹。此外，幼穗分化前可在病叶的病健交界处分离到线虫，幼穗分化后则在穗上能分离到线虫。

（2）病原：稻干尖线虫幼虫和成虫在干燥条件下存活力较强。在干燥稻种内可存活 3 年左右。线虫耐寒冷，但不耐高温，活动适温为 20 ℃～26 ℃，临界温度为 13 ℃和 42 ℃。致死温度为 54 ℃、5 min，44 ℃、4 h，42 ℃、16 h。线虫正常发育需要 70% 相对湿度。线虫在水中甚为活跃，能存活 30 d 左右，在土壤中不能营腐生生活。线虫对汞和氰的抵抗力较强，在 0.2% 升汞和氰酸钾溶液中浸种 8 h，还不能杀灭内部线虫；线虫对硝酸银很敏感，在 0.05% 溶液中浸种 3 h 就死亡。除危害水稻外，尚能危害粟、狗尾草等 35 个属的高等植物。

7. 白叶枯病

（1）病害识别：又称“白叶瘟”“茅草瘟”“地火烧”，属细菌病害。主要危害水稻叶片和叶鞘，病斑常从叶尖和叶缘开始，后沿叶缘两侧或中脉发展成波纹状长条斑。病斑黄白色，病健部分界限明显，后病斑转为灰白色，向内卷曲，远望一片枯槁色，故有白叶枯病一称。该病为细菌性系统性病害，一旦发生较难控制。主要危害水稻上面 3 片叶，使其枯死，影响光合作用，而造成秕谷、减产。

1）普通型：即典型的叶枯型症状。苗期很少出现，一般在分蘖期后才较明显，发病多从叶尖或叶缘开始，初为暗绿色、水渍状，具短侵染线；沿叶脉从叶缘或中脉迅速向下加长加宽，而扩展成黄褐色；最后呈枯白色病斑，可达叶片基部和整个叶片。病健组织交界明显，呈波纹状（粳稻品种）或直线状（籼稻品种）。有时病斑前端还有鲜嫩的、黄绿色断续条状晕斑。湿度大时，病部易见蜜黄色珠状菌脓。此病的诊断要点是病斑沿叶缘坏死，呈倒“V”字形斑，病部有黄色菌脓溢出，干燥时形成菌胶。

2）急性型：病叶暗绿色，迅速扩展，几天内全叶呈青灰色或灰绿色，随即迅速失水纵卷青枯。病部也有蜜黄色珠状菌脓，标志着病害急剧发展。

3）凋萎型：一般不常见，多在秧田后期至拔节期发生，病株心叶或心叶下 1～2 叶先失水、青枯，随后其他叶片相继青枯。病轻时仅 1～2 个分蘖青枯死亡，病重时整株整丛枯死。如折断病株茎基部并用手挤压，有大量黄色菌脓溢出；剥开枯心叶，可见黄色菌脓。根据这些特点和病株基部无虫蛀孔，可与螟虫引起的枯心病相区别。

4）中脉型：在剑叶下 1～3 叶中脉呈淡黄色，沿中脉逐渐向上下延伸，并向全株扩展，成为发病中心。该病型多在抽穗前便枯死。

（2）寄主范围：病菌主要侵染水稻，自然条件下还可侵染旱稻、野生稻及茭白、李氏禾、莎草等杂草，但发病不普遍。人工接种时，还能侵染雀稗、马唐、狗尾草、芦苇等禾本科杂草。

8. 条纹叶枯病

（1）病害识别：苗期发病，先在心叶基部出现黄白斑，后向上扩展，形成黄绿相间、与叶脉平行的条纹。心叶细弱扭曲，呈纸捻状，弯曲下垂。一般分蘖期发病在心叶下一叶基部出现褪绿黄斑，后扩大成不规则黄条斑；拔节后发病，仅在上部叶片或心叶基部出现褪绿黄白斑，后扩大成不规则条斑，最后植株黄化死亡。稻田植株后期部分干枯，不抽穗或半抽穗，瘪谷多。病毒主要由灰飞虱传播，白背飞虱也可传毒。

（2）病原：水稻条纹叶枯病由纤细病毒属（Tenuivirus）的水稻条纹病毒（*Rice stripe virus*，RSV）引起。RSV 粒体长细丝状，500 nm × 8 nm 至 2 000 nm × 8 nm，有时表现为分支状和多形性。RSV 的粒体易断裂和展开。分支状粒体是由 3 nm 宽的螺旋结构进一步卷曲后，形成 8 nm 宽的超螺旋结构。展开的多形性粒体在高盐条件下，可以形成一种 8 nm 宽的刚直棒状体。

RSV 具有广泛的寄主范围，自然条件下可侵染水稻、玉米、小麦、燕麦、狐尾草、黍、狗牙根、升马唐、紫马唐、多秆画眉草、狗尾草等 37 种禾本科植物，以及阿穆尔莎草等非禾本科植物。

尽管有报道称把病株粗汁液和带毒昆虫提取液注射进植物后，有非常低的侵染性。但自然条件下，RSV 主要依靠昆虫介体传播，其中灰飞虱（*Laodelphax striatellus*）是主要的传播介体，90% 的灰飞虱可以经卵将 RSV 传给后代。但灰飞虱的传毒能力随着年龄增长而急剧下降。虽然雌雄成虫和若虫均可传毒，但雌虫的传毒效率远远高于雄虫。灰飞虱的最短获毒时间为 10 ~ 30 min。灰飞虱获毒后不能马上传毒，需要经过一段循回期才能传毒。RSV 在介体内的循回期为 3 ~ 30 d。通过循回期后，带毒灰飞虱可连续传毒 30 ~ 40 d，也有间歇传毒现象。除灰飞虱外，白脊飞虱、白带飞虱和背条飞虱等也能够传播 RSV。

9. 细菌性条斑病

（1）病害识别：简称细条病，属细菌性、系统性病害。主要危害叶片，病斑初为沿叶脉扩展的暗绿色或黄褐色纤细条纹，宽 0.5 ~ 1.0 mm，长 3.0 ~ 5.0 mm，后病斑增多并愈合成不规则形或长条状、枯白色条斑。对光观察，病斑由许多半透明的小条斑合成。

（2）病原：病原为稻黄单胞菌稻生致病变种，属薄壁菌门、黄单胞菌属细菌。菌体杆状，1.2 μm × （0.3 ~ 0.5）μm，单生，少数成对，但不呈链状，不形成芽孢和荚膜，单极鞭毛。革兰染色反应阴性，在 NA 培养基上菌落呈蜜黄色，圆形，边缘整齐，光滑发亮，黏稠，好气。生长最适温度 25 ℃ ~ 28 ℃，生理生化反应与白叶枯病菌基本相似。细条病菌液化明胶和石蕊牛乳胨化能力稍强于水稻白叶枯病菌。它可产生 3- 羧基丁酮，以 L- 丙氨酸为唯一碳源，在 0.2% 无维生素酪蛋白水解物上生长，以及对 0.001% $Cu(NO_3)_2$ 有抗性等特点，可与白叶枯病菌相区别。病菌主要侵染水稻、陆稻、野生稻，也可侵染李氏禾等禾本科植物。

病菌有明显的致病力分化。根据病菌在 IR26、南粳 15、Tetep、南京 11 等 4 个鉴别品种上的致病力差异，可将来自广东、江西、福建、海南、浙江等省约 150 个菌株分为强、中、弱 3 个毒力型。其中强毒力型菌株占 58%，且致病力与蛋白酶活性呈正相关，而与淀粉酶活性呈负相关。还有人根据菌株在 15 个已知基因品种上的反应特性，将 20 个菌株分为 12 个致病型，经聚类分析可归入 6 个组。水稻细菌性条斑病菌株与品种间的反应表现为弱互作关系，但部分菌株与个别品种间存在一定的特异互作关系，可以认为存在不同的小种。

第二节　稻作区防治虫害

一、二化螟

1. 影响种群动态的主要因素

（1）气候因素：二化螟幼虫越冬前，随温度和稻株上部湿度的降低逐渐转向根部，故收割越迟，稻桩中幼虫就越多。割高些稻株中的幼虫也多；齐泥割稻，则大多数幼虫留在稻草中。秋季雨量多，稻株湿度大，幼虫向根部迁移慢，在稻草中越冬的虫数多。越冬幼虫抗逆力较强，冬季低温对其影响不大，即使在黑龙江省也能安全过冬。早春降雨量大、田间湿度高，二化螟自然死亡率低，同时幼虫遇恶劣环境有逃逸现象。春季温度正常，二化螟幼虫死亡率低、数量多、危害重；春季低温、高湿，则延迟其发生期，夏季 30 ℃以上的高温、干旱天气对二化螟幼虫发育不利，在 35 ℃以上成虫不能正常羽化，卵亦不能正常孵化（幼虫死于卵壳内）。稻田水温持续几天在 35 ℃以上，幼虫死亡率可达 80%～90%，但水温对已抽穗稻株内的幼虫影响较小。因此，二化螟主要在气温较低的丘陵山区发生严重。

（2）栽培管理措施：栽培制度不同，二化螟幼虫侵入期不同，发育情况不一致，对水稻的危害程度也有差别。双季连作稻区，由于水稻生育期比较整齐，蚁螟盛孵期与有利于蚁螟侵入的水稻生育期吻合程度低，二化螟发生较轻。这一类型的稻区，因其播种和插秧时间均较早，春耕灌水早，越冬幼虫在化蛹期大量死亡，越冬代蛾量不多，致使第 1 代螟害较轻。由于第 1 代发蛾和产卵主要在早稻本田期，有利于其侵入和存活，形成 2 代多发型。早稻收割时，第 2 代幼虫或蛹经过灌水、翻耕及暴晒大量死亡，加上夏季高温、干燥，不利于二化螟生长发育，所以第 3 代数量显著下降，晚稻螟害轻。

单、双季稻混栽区，田间有利于二化螟侵入。水稻生育期，二化螟发生较为严重。这类稻区通常早稻移栽期长，有利于越冬代螟产卵繁殖，其他各代也都有适宜生存的环境条件，数量逐代增多，形成 3 代多发型。有的地区由于受夏季高温、干旱的影响，第 2 代幼虫死亡率较高，第 3 代发生量不大。

纯单季稻区，由于播种、插栽期晚，春耕时间迟，有利于越冬幼虫化蛹羽化，且虫源较广。第 1 代发生量多，形成 1 代多发型。第 2 代发生时，由于受夏季高温、干旱影响和稻株老化，对蚁螟侵入存活不利，螟害较轻。

近年来，在一些地区小麦栽培面积有所扩大，为二化螟提供了越冬场所。水稻改制后，水稻品种、栽培措施、前后茬作物的改变，导致二化螟种群数量回升、危害加重。在水稻改制过程中，随着旱育直播，抛秧稻和传统的育秧移栽稻混栽程度增加，螟害一度有加重的趋势。

（3）食料条件：不同寄主的营养状况不同，会影响二化螟的发生期和发生量。如以茭白或野茭白为食料，二化螟发育速度快，发生期比以水稻为食料的群体早，甚至可增加一代；雌蛾寿命长，产卵量也比食水稻者多 1～2 倍。稻苗生长旺盛、叶宽而青绿、茎秆粗壮、生育期较长的品种，二化螟易产卵，受害程度重于常规品种。杂交稻营养丰富，淀粉和糖含量都超过常规水稻品种，所以，二化螟生长发育快且繁殖力强。

（4）天敌：二化螟和三化螟的天敌有 50 多种。卵期寄生蜂主要是赤眼蜂，如稻螟赤眼蜂、拟澳洲赤眼蜂等。幼虫期寄生蜂有姬蜂和茧蜂，如大螟瘦姬蜂、中华茧蜂、螟黑纹茧蜂等。蛹期寄生蜂有螟蛉瘤姬蜂、松毛虫黑点瘤姬蜂等。卵期寄生蜂最为重要，寄生率高的可达 80%～90%。有些地区白僵菌和黄僵菌也相当活跃，对降低越冬幼虫密度起一定作用。此外，还有线虫、寄蝇等寄生性天敌。

2. 农业防治

（1）处理田间稻桩、稻根和其他寄主残株，清除田边杂草，破坏其越冬场所，压低螟虫越冬基数。

（2）在第 1 代化蛹初期，采用烤田、搁田或灌浅水，降低二化螟化蛹位置。进入化蛹高峰期时，灌水 10 cm 以上，保持 3～4 d，可使大部分老熟幼虫和蛹窒息死亡。

（3）合理布局，尽量减少混栽程度，可减少水稻螟虫转移增殖危害的机会。

（4）因地制宜地调整水稻栽培期，可使水稻的易受害期有效避开二化螟越冬代成虫产卵高峰期，降低危害程度。

（5）合理灌水、施肥，促进水稻健康生长，避免水稻生长过旺、贪青晚熟。

（6）选用抗虫品种。

3. 物理防治

安装频振式杀虫灯诱杀成虫，可有效减少下代虫源；使用性诱剂（条、棒），防治二化螟有很好的效果。

4. 生物防治

（1）繁殖和释放赤眼蜂，减少使用对天敌不安全的化学农药，找准对天敌伤害最小的时期用药，结合采卵块设置寄生蜂保护器，有效保护天敌资源，提高生物防治的效果。

（2）在养鸭地区，可以在稻田中放鸭除虫。

（3）使用无公害的生物农药和植物源农药，也可将生物农药与化学农药混合使用，提高防治效果。

5. 化学防治

丛枯鞘率 5%～8%，或早稻每公顷有中心危害株 1 500 株，或丛害率 1.0%～1.5%，或晚稻危害团高于 1 500 个时用药。为充分利用卵期天敌，尽量避开卵孵盛期用药，一般在早、晚稻分蘖期或晚稻孕穗、抽穗期螟卵孵化高峰后 5～7 d 用药。选用 80% 杀虫单粉剂 525～600 g/hm^2，或 25% 杀虫双水剂 3 000～3 750 mL/hm^2，或 20% 三唑磷乳油 1 500 mL/hm^2，兑水 750～1 125 L 喷雾或兑水 3 000～3 750 L 泼浇；选用 25% 杀虫双水剂 3 000～3 750 mL/hm^2 或 5% 杀虫双颗粒剂 15.0～22.5 kg，拌湿润细干土 300 kg，制成药土撒施。杀虫双防治二化螟，还可兼治大螟、三化螟、稻纵卷叶螟等，对大龄幼虫杀伤力高，施药适期弹性大。

二、三化螟

1. 影响种群动态的主要因素

（1）气候因素：气候条件对三化螟越冬有效虫源基数的影响最为显著，春季气温对越冬幼虫存活有显著影响。越冬螟虫临近化蛹至羽化，即生理转换期，死亡率急剧上升。此时幼虫体内代谢作用旺盛，脂肪大量消耗，呼吸耗氧量大增，如环境温度过高，极易引起幼虫和蛹死亡。春季雨量对三化螟数量的影响极显著，若春季干燥，化蛹和羽化会延迟，发生量少。另外，气候条件对三化螟卵的孵化和蚁螟的侵入亦有影响。温暖、多湿条件对蚁螟孵化和侵入稻株均有利。卵在高温 42 ℃和低温 17 ℃下，超过 3 h 均不能孵化。相对湿度在 60% 以下即不孵化；气温超过 40 ℃，蚁螟侵入率降低，侵入后环境温度高，枯心苗内幼虫死亡率高。

（2）栽培管理：近年来，推行的超稀播育秧技术（每公顷播种量 150 kg）有利于三化螟的发生。在相同栽培制度下，栽植期不同，三化螟危害率不同。

（3）食料条件：水稻是三化螟的唯一食料和栖息场所。水稻的栽培状况是影响三化螟发生数量、危害程度，甚至发生时期、发生代数的重要环境因素。例如，吸引螟蛾产卵的能力，蚁螟侵入所需时间和侵入率，株内幼虫死亡率及最终的存活数量，幼虫的发育速度，幼虫营养状况所决定的螟蛾繁殖力等。水稻的分蘖期和孕穗期对三化螟有利，不利的是秧田期、移栽至返青期及乳熟以后。三化螟一般对糯稻的危害程度高于粳稻，粳稻高于籼稻。由于杂交品种和特种稻米的推广，再加上品种生育期长短对螟虫营养状况和对吸引螟蛾相对效力的差异性，致使螟虫田间食料条件改变。试验表明，幼虫取食杂交稻比取食常规稻更有利于发育。稻茎坚韧，出穗迅速、整齐，成熟早的稻种比较抗螟害。此外，稻种混杂、生长参差不齐，螟害也会加重。

（4）天敌：早春三化螟越冬幼虫死亡的重要原因是病原微生物寄生，线虫寄生对个别地区幼虫能够起到很大的抑制作用。捕食性天敌对水稻螟虫也有明显的抑制作用，如青蛙、步行虫、隐翅虫、蜘蛛和鸟类等。

2. 农业防治、物理防治

参照二化螟。

3. 化学防治

卵孵化始盛期，当枯心团大于 60 个 / 亩时立即用药，在 30～60 个 / 亩时可推迟到孵化高峰时用药；到孵化高峰仍未达 30 个 / 亩可只挑治枯心团；或在卵孵盛期，对孕穗 10% 到抽穗 80% 的田块用药防治。除卵孵盛期与水稻孕穗末期至破口期而必须用药之外，其余与二化螟相似，均应避开卵孵高峰，在卵孵盛期后至幼虫造成枯心或白穗之前用药。药剂种类与施药方法同二化螟。

三、大螟

1. 农业防治

早春前处理稻茬及其他寄主越冬残株，压低或消灭越冬虫源；卵盛孵前或在大螟转移危害水稻之前，及时清除稗草和田边杂草，可有效降低第 1 代虫量。

2. 物理防治

安装频振式杀虫灯诱杀成虫的效果较好，可有效减少下一代虫源。

3. 化学防治

当枯鞘率达 5% 或始见枯心苗危害状时，大部分幼虫处在 1～2 龄阶段，以挑治田边 6～7 行水稻为主，掌握在 1～2 龄幼虫阶段及时用药。一般可二化螟、三化螟兼治，若发生量较大，需单独防治。每公顷用 18% 杀虫双水剂 3 750 mL，或每公顷 80% 杀虫单粉剂 525～600 g，或每公顷用 90% 敌百虫晶体 750～1 125 g，或每公顷用 50% 杀螟松乳油 1 500 mL，或每公顷用 50% 杀螟丹乳油 1 500 mL 喷雾，或每公顷用 90% 晶体敌百虫

1 500 g 加 40% 乐果乳油 750 mL 兑水喷雾。一般喷雾用水量为每公顷 750～1 125 L。

四、稻纵卷叶螟

1. 影响种群动态的主要因素

（1）气候：稻纵卷叶螟生长发育和繁殖的适宜温度为 22 ℃～28 ℃，相对湿度 80% 以上。阴雨多湿有利于该螟发生，高温、干旱或低温不利。凡迁入虫量大，成虫产卵至孵化期下雨 10 d 以上，雨量接近或超过 150 mm，虫害可能大发生。

（2）食料：水稻品种之间的抗虫性存在明显差异。叶片浓绿、肥厚、叶宽的水稻品种能吸引成虫产卵。分蘖期和孕穗期与成虫发生期相遇，水稻生长旺盛，着卵量大。一般矮秆品种比高秆品种、晚粳比晚籼、杂交稻比常规稻发生重。同一水稻品种幼虫取食，分蘖期至抽穗期的成活率高。

（3）耕作制度与栽培技术：偏施氮肥或施肥迟，造成秧苗徒长和披叶，植株含氮量高，易诱蛾产卵，并有利于幼虫结苞危害。

（4）天敌：稻纵卷叶螟的天敌已知有 80 余种。卵期主要有稻螟赤眼蜂、拟澳洲赤眼蜂等；幼虫期和蛹期的天敌较多，有稻纵卷叶螟绒茧蜂、螟蛉瘤姬蜂等；捕食性天敌有布甲、隐翅甲、青蛙和蜘蛛等，对该螟发生均有明显的抑制作用。

2. 农业防治

选择抗（耐）虫品种，稻叶色淡、质硬、窄薄，叶片的叶脉间和表皮硅沉积多，且硅链排列较紧密的水稻品种抗虫性能强；叶片中含较多谷氨酸，缺少酪氨酸的水稻品种较抗虫。加强水肥管理，适时排灌，适度烤田，促使水稻生长健壮，减轻危害。

3. 生物防治

选择松毛虫赤眼蜂或澳洲赤眼蜂等，在成虫产卵始盛期开始放蜂，至产卵高峰后结束，效果好。

4. 物理防治

根据成虫趋光性强的特点，在田间设置黑光灯或金属卤素灯诱杀。

5. 化学防治

一般掌握在孵化高峰至 1～2 龄高峰期，兼治后一个卵高峰和孵化盛期。选用 30% 联苯・噻虫嗪叶面喷雾，或 10% 吡虫啉可湿性粉剂 2 500 倍液，或 40% 丙溴磷乳油 80～100 g/ 亩喷雾（此药能有效防治稻纵卷叶螟和稻飞虱，同时可兼治二化螟等其他水稻害虫）。

五、褐飞虱

1. 影响种群动态的主要因素

（1）气候：温度是影响褐飞虱和白背飞虱越冬和迁入的重要因素。在最适温度条件下，若虫成活率高，成虫寿命长，产卵量高。其生长发育适温为 20 ℃ ~ 30 ℃，最适温度为 26 ℃左右，温度高于 30 ℃或低于 20 ℃对成虫繁殖、若虫孵化和生存都不利。在褐飞虱迁入季节，如雨日频繁、雨量大有利于其降落迁入。虫害大发生的重要条件：田间环境阴暗、潮湿，有利于种群数量的增长。密植和长期灌深水，对种群增长十分有利。灰飞虱的发育温度稍低，适宜温度为 15 ℃ ~ 28 ℃，最适温度为 25 ℃左右，冬暖、夏凉有利于虫害大发生；耐寒性强，3 龄时在 0 ~ 4 ℃下 20 h，仅部分个体临时冻僵，但以后能全部复苏。

（2）食料：分蘖和拔节期对繁殖数量的增加最为有利，其次为孕穗期；成熟期和秧苗期不适于成虫繁殖。生长嫩绿、密植的稻田对虫口增殖有利。20 世纪 60 年代以来，我国各稻区由于耕作制度的改变，造成水稻品种极其复杂，生育期交错衔接，为其发生提供了充裕而适宜的食料，有利于其生长、发育和繁殖。抗性品种对飞虱的繁殖、生长发育有明显的抑制作用。

（3）天敌：天敌对飞虱的种群数量有很强的控制作用。卵寄生性天敌有稻虱缨小蜂、褐腰赤眼蜂等，成虫、若虫期的寄生性天敌有稻虱黑螯蜂、黑腹螯蜂，捕食性天敌有黑肩绿盲蝽、草间小黑蛛、食虫沟瘤蛛、拟环纹豹蛛、印度长颈布甲、稻红瓢虫等。此外，天敌还有尖钩宽黾蝽、青蛙、蜘蛛等，均能捕食大量飞虱的若虫和成虫，其中蜘蛛对控制飞虱作用显著。

2. 农业防治

连片种植，进行合理布局，防止褐飞虱迁回转移危害；科学管理肥水，施肥要做到控氮、增钾、补磷；灌水要浅水勤灌，适时烤田，增加田间通风透光度，降低湿度，防止稻苗贪青徒长；选用抗虫品种，目前，我国已经选育了一批抗飞虱、兼抗多种病害的品种。

3. 生物防治

保护和利用天敌，褐飞虱的天敌种类很多，可选用选择性农药（如扑虱灵），调整用药时间，合理用药，减少对天敌的伤害。另外，采用草把助迁蜘蛛等措施，可有效防治褐飞虱。稻田放鸭啄食褐飞虱有较好效果，0.24 ~ 0.40 kg 重的小鸭吃虫不伤苗，放鸭时田中要有水。

4. 化学防治

灌浆期平均每丛虫口 10 只以上，乳熟期虫口 10 ~ 15 只以上，蜡熟期 15 ~ 20 只以上时，需喷药防治。采用“突出重点、压前控后”的防治策略。选用 25% 扑虱灵（噻嗪酮）30 ~ 50 g/亩，在低龄若虫盛期喷雾，对天敌安全，或用 10% 吡虫啉可湿性粉剂 10 ~ 20 g/ 亩，或用 10%

异丙威（叶蝉散）200～250 g/ 亩。施药时须保持田间水层深 3～5 cm 3 d 以上。

六、灰飞虱

化学防治：以防虫治病为目标，采取狠抓第 1 代，控制第 2 代的防治策略。选用 25% 吡蚜酮 300 g/hm^2，或 14.5% 吡虫 · 杀虫单微乳剂 500 倍液，或 25% 噻嗪酮可湿性粉剂 1 000 倍液加 40% 毒死蜱乳油 500 倍液。施药时须保持田间水层深 3～5 cm 3 d 以上。

七、白背飞虱

农业防治、物理防治参照水稻褐飞虱。

化学防治：选用 0.36% 苦参碱水剂 1 000 倍液，或 25% 噻嗪 · 异丙威可湿性粉剂 500 倍液，或 20% 噻嗪酮乳油 1 000 倍液。

八、直纹稻弄蝶（稻苞虫）

1. 影响种群动态的主要因素

直纹稻弄蝶喜温暖、高湿条件。第 1、第 2 代幼虫发生期气温达 24 ℃～28 ℃、相对湿度在 80% 以上、降水量超过 200 mm 的年份，往往发生严重。蜜源植物丰富，成虫生存期长，产卵量较多。直纹稻弄蝶的天敌很多，我国已知寄生蜂 20 余种，寄生蝇 10 多种。在卵期有稻螟赤眼蜂、拟澳洲赤眼蜂、黑卵蜂；幼虫和蛹的寄生蜂有弄蝶绒茧蜂、稻苞虫寄生蜂、弄蝶凹眼姬蜂等。捕食性天敌有布甲、猎蝽、蜘蛛及蛙等，对抑制稻苞虫发生有较大作用。

2. 农业防治

冬春季节及时铲除田边、沟边、塘边杂草及茭白残株，消灭越冬幼虫；种植蜜源植物集中诱杀。

3. 生物防治

释放赤眼蜂；养鸭地区，可以放鸭啄食。

4. 物理防治

安装频振式杀虫灯诱杀成虫，可有效减少下一代虫源。

5. 化学防治

一般该类害虫的虫口数量较低，无需专门用药，可以兼治。若虫口密度较大时，选用杀螟杆菌（含菌 100 亿个 /g）600～700 倍液（另加 1/4 的洗衣粉），或 50% 杀螟松 1 000 倍液，或溴氰菊酯乳油 2 000 倍液。

九、稻蝗

1. 影响种群动态的主要因素

冬季干燥、气温偏高，有利于越冬卵存活；春季持续干旱，有利于越冬卵孵化、幼蝻成活和生长发育；秋季少雨，荒草地面积大，有利于成虫产卵。当土壤含水量 $<10\%$ 或 $>60\%$ 时，卵因干瘪或水渍不能孵化。另外，长势茂密的稻田受害重，老稻区比新稻区受害重。稻蝗的天敌，卵期有芫菁和步行虫，若虫和成虫期有蜻蜓、螳螂、芫菁、青蛙、蜘蛛、鸟及寄生菌等。

2. 农业防治

稻蝗喜在田埂、地头、渠旁产卵，可结合积肥培修田埂，将田埂上的草皮铲除或开垦荒地，破坏越冬场所，以消灭蝗卵。

3. 物理防治

安装频振式杀虫灯诱杀成虫，可有效减少下一代虫源。

4. 生物防治

利用青蛙、蟾蜍等灭蝗，也可在稻田放鸭灭蝗。

5. 化学防治

稻蝗防治适期为孵化至 3 龄盛期，低龄若虫（1～3 龄）群集在田边或杂草上时，是防治最佳时机，可突击防治。在稻田中防治时，当百株有虫 10 头以上时，及时喷药。选用 25% 杀虫双 200～400 倍液，或 25% 杀虫脒水剂 200～300 倍液，或 90% 晶体敌百虫 1 500～2 250 g/hm^2。

十、福寿螺

1981 年福寿螺作为高蛋白质食物引入广东，1984 年前后在广东作为特种经济作物广为养殖，后又被引入到其他省份养殖。由于福寿螺养殖过度，口味不佳，市场并不好，而被大量遗弃或逃逸，并很快从农田扩散到天然湿地。福寿螺食量极大，并可啃食很粗糙的植物，还能刮食藻类，排泄物能污染水体。福寿螺除威胁入侵地的水生贝类、水生植物和破坏食物链构成外，也是卷棘口吸虫、广州管圆线虫的中间宿主。

1. 农业防治

人工捡成螺和幼螺，摘除卵块，然后集中深埋、打碎或烧毁。有计划地组织养鸭，在螺卵孵化时，放鸭子捕食幼螺。

2. 化学防治

宜在成螺产卵前用药，当稻田每平方米平均有螺 2～3 头时，马上进行化学防治。选用

50% 杀螺胺乙醇胺盐可湿性粉剂，每亩 60～80 g，兑水 50 kg 喷雾防治；或每公顷用 50% 螺敌可湿性粉剂 975 g；或每公顷用 8% 灭蜗灵颗粒剂 22.5～30.0 kg。

第三节　稻作区防治病害

一、稻瘟病

1. 病菌传播途径

病菌以菌丝和分生孢子在病稻草、病稻谷上越冬，因此，病稻草和病稻谷是翌年病害的主要初侵染源。未腐熟的粪肥，散落在地上的病稻草、病稻谷，也可成为初侵染源。病菌在干燥病组织中的存活时间比潮湿病组织中长，稻草堆中部的菌丝可存活 1 年，而浸入水中稻草上的菌丝存活不到 1 个月。当翌年气温回升到 20 ℃左右时，越冬病菌遇水可不断产生分生孢子，借风雨传播到秧苗或本田稻株，首先侵染发病，之后在病组织上产生大量分生孢子释放扩散，引起再侵染，造成病害蔓延。在双季稻区，早稻病残体上的病菌产生分生孢子，传播到晚稻秧苗或本田稻株上侵染，引起晚稻发病。双季稻和单季稻混栽区可增加病菌侵染的机会。

孢子接触稻株后，萌发形成附着胞，由附着胞产生的侵染丝侵入寄主表皮。病菌以表皮上的机动细胞为主要侵染点，也可从伤口侵入，但不从气孔侵入。

长期以来，人们一直认为稻瘟病菌只能从水稻地上部叶片等组织侵入而引起发病。最近英国的 Sesma 等发现，在实验室条件下，病菌还可从植株根系表面侵入，引起稻株根部发病，具有根系入侵病菌的特征。不仅如此，侵入根部的病菌还可沿着根部维管组织向上扩展蔓延到植株地上部分，形成茎叶病斑，具有系统侵染的特征。从根部侵染的病菌孢子萌发不形成附着胞。

2. 发病条件

此病是一种气流传播，可多次再侵染，与环境和品种关系密切。不同水稻品种对稻瘟病菌的抗性差异极大，尽管抗病性有明显的地域性和特异性，但有些品种能在较广的稻区或较长时间种植而不染病，如谷梅 2 号、谷梅 3 号、谷梅 4 号、红脚占、三黄占 1 号、赤块矮选、湘资 3150、魔王谷、青谷矮 3 号、毫乃焕、砦糖、中国 31、奥羽 244、IR4547-5-3-6、Tetep、IR64 等，是较好的抗源。

水稻的抗病性因生育期而异，一般成株期抗性高于苗期，有的抗病基因可全生育期抗病，但也有的仅在苗期和成株期抗病。一般籼稻较粳稻抗病，耐肥力强的品种抗病性也强。籼稻多具抗扩展的能力，而粳稻多具抗侵入能力。中国和印度籼稻品种的抗性最好，其次为日本粳稻品种，而中国粳稻品种的抗病力最弱。同一生育期叶片抗病性亦逐渐增强。水稻分蘖末期出新叶最多，因此，也是叶瘟出现的高峰期。稻穗瘟以始穗期最易感病，抽穗 6 d 后抗病性逐渐增强。

一般株型紧凑，叶片水滴易滚落，可相对降低病菌的附着量，减少侵染机会。寄主表皮细胞的硅质化和细胞的膨压程度与抗侵入、抗扩展的能力呈正相关。另外，过敏性坏死反应是抗扩展的一种机制。

多数抗病品种在大田推广后 3～5 年便失去抗性，主要是因为田间病原群体致病力变化造成的。品种对病原菌有定向选择作用。

3. 气候条件

温度、湿度、降水、雾、露、光照等气候条件，对稻瘟病菌的繁殖和稻株的抗病性都有很大影响。当气温在 20 ℃～30 ℃、相对湿度达 90% 以上时，有利于稻瘟病发生。在气温 24 ℃～28 ℃，湿度越大发病越重。越冬病菌在 5 d 平均气温上升到 20 ℃左右，遇降雨后或湿度高达 90% 以上时，可不断产生分生孢子，危害植株。温度对潜育期的影响较大，9 ℃～10 ℃时潜育期为 13～18 d；17 ℃～18 ℃时为 8 d；24 ℃～25 ℃时为 5～6 d；26 ℃～28 ℃时为 4～5 d。北方地区，6 月下旬平均气温达 20 ℃以上，稻瘟病的流行就取决于降雨迟早和降雨量。天气时晴时雨，或早晚常有雾、露时，最有利于病菌的生长繁殖，不但孢子数量大、发芽快、侵入率高、潜育期短，而且稻株同化作用慢，碳水化合物含量低，组织柔软，抗病力弱，病害容易流行。低温和干旱也有利于发病，尤其抽穗期忽遇低温，水稻的生活力削弱，抽穗期延长，感病机会增加，穗颈瘟较重。日光不足时，植株生长柔软，抗病性下降，有利于病害的发生和蔓延。

4. 栽培管理措施

栽培管理措施可影响水稻的抗病性和田间小气候，从而影响病害的发生。

（1）施肥：偏施氮肥会造成稻株体内碳氮比降低，游离态氮和酰胺态氮含量增加，硅化程度减弱，增加外渗物中铵含量，引起植株徒长、组织柔软、叶片披垂、含水量增加、色浓绿、无效分蘖增多，使株间郁闭、湿度增加，有利于病菌的生长、繁殖和侵入。追肥过迟，后期氮素过多，会引起水稻贪青，抽穗不整齐，往往诱发穗颈瘟。

（2）灌溉：长期深灌的稻田、冷浸田，以及地下水位高、土质黏重的黄黏土田，土壤氧化还原电位高，土中兼气微生物产生大量硫化氢、二氧化碳及有机酸等有毒物质，使根系生长不良，影响根系吸收养分，致使水稻代谢失调、抗病力降低。田间水分不足（如旱秧田、漏水田）会导致水分生理失调，也造成植株抗病性下降，而加重发病。

5. 病害防治

（1）药剂浸种：选用 70% 抗生素 402 液剂 2 000 倍液，每 50 kg 药剂浸种 30～35 kg 稻种，浸 48 h，捞出并洗净药液，催芽、播种；或用 45% 扑霉灵 3 000 倍液浸种 48 h，捞出洗净药液后催芽、播种。

（2）防治苗叶瘟：在发病初期用药，本田从分蘖期开始，如发现发病中心或叶片上有急性病斑，即应施药防治。早、晚稻秧床作“面药”，每公顷用 40% 三环唑可湿性粉剂 600 g，先用少量水将药粉调成浓浆，兑水 600 kg，均匀浇泼在秧床上；或兑水 450 kg，喷雾在床面上。再耥平床面，使药液和泥浆匀和，然后播种。防治苗瘟，在秧苗 3～4 叶期或移栽前 3～5 d，每公顷用 20% 三环唑可湿性粉剂 1 125 g，兑水 750 kg，均匀喷雾。

（3）防治穗颈瘟：穗颈瘟要着重在抽穗期预防，孕穗后期至齐穗期是防治适期。感病品种、稻苗嫩绿、施氮过多，往年发病较重的田块用药 2～3 次，间隔期为 7～10 d。选用 20% 三环唑可湿性粉剂 1 500 g/hm^2，兑水 750 kg，均匀喷雾。如果病情严重，同时气候又有利于病害发展，在齐穗时再喷一次药，药量同第一次，效果更好。或每公顷用 40% 稻瘟灵乳油（粉剂）1 500 mL，兑水 750 L，在水稻破口期和齐穗期各喷雾一次。

二、纹枯病

1. 病菌传播途径

越冬时，病菌主要以菌核在土壤中越冬，也能以菌丝和菌核在病稻草、其他禾本科作物和杂草上越冬。水稻收割时大量菌核落入田间，成为翌年或下一季的主要初侵染源。在南部稻区，一般每公顷发病田存留土中的菌核数达 75 万～150 万粒，重病田可达 900 万～1 200 万粒，甚至 1 500 万粒以上。

春耕灌水后，越冬菌核漂浮于水面，栽秧后随水漂流，附着在稻株基部叶鞘上。在适温、高湿条件下，萌发长出菌丝，在叶鞘上延伸，并从叶鞘缝隙处进入叶鞘内侧，先形成附着胞，通过气孔直接穿破表皮侵入，潜育期少则 1～3 d，多则 3～5 d。病菌侵入后，在稻株组织中不断扩展，并向外长出气生菌丝，蔓延至附近叶鞘、叶片或邻近的稻株，进行再侵染。据观察，病菌在感病品种上接种后 6 h，先在接种处叶鞘外表面上纵向或横向生长，并不断产生分支，分支顶端形成新菌丝。接种后 12～18 h，一些菌丝分支顶端膨大形成足状附着胞，且许多菌丝体纠集在一起形成侵入垫。接种后 24 h 左右，可观察到菌丝从表皮细胞间缝隙或穿透细胞壁侵入到寄主内部，或直接通过气孔侵入到寄主内部。接种 36 h 后，菌丝在薄壁细胞与气腔内生长蔓延，此时用肉眼可观察到叶鞘表面出现水渍状病斑。接种 48 h 后，随着病斑的进一步扩大，菌丝体逐渐扩展，维管束细胞中出现大量菌丝，一些薄壁细胞及导管细胞出现解体。接种 72 h 后，在病菌上下扩展的同时向纵深发展，侵入深层叶鞘，并在组织内大量扩展。一般在分蘖盛期至孕穗初期，此病菌在株间或丛间不断地横向扩展（称水平扩展），以孕穗期最快，导致病株率或病丛率增加。其后病部由下位叶鞘向上位叶鞘蔓延扩展（称垂直扩展），以抽穗期至乳熟期最快。条件适宜时，在高秆品种上每上升一个叶位需 3～5 d，在矮秆品种上只需 2～3 d。到抽穗前后 10 d 左右达发病高峰期，危害性最大。除气生菌丝外，病部形成的菌核脱落后，可随水漂附在稻株基部，萌发产生菌丝，也能引起再侵染。在南方稻区，早稻上的菌核可作为晚稻的初侵染源。灌溉水是田间菌核传播的媒介，密植稻丛是菌丝体再侵染的必要条件。

用病菌单孢子在培养基上长出的菌丝进行接种，可以引起发病，但在自然情况下的作用尚不清楚。国内研究认为，单孢子往往在病害暴发后才出现率高，不足以影响病害的消长。

2. 发病条件

纹枯病的发生和危害受菌核基数、气候条件、稻田生态条件和水肥管理、品种抗病性等多种因素的影响。

（1）菌核基数：田间越冬菌核残留量的多少与稻田初期发病轻重有密切关系。上一季或上一年的轻病田、消除菌核彻底的田块和新垦田发病轻，历年或上一季的重病田发病较重。据估计，水稻田在收获后整地前，菌核可达 237 万～263 万粒 /hm^2，整地后下降至 202 万～226 万粒 /hm^2。江西省农业科学院调查结果显示，病情指数与菌核量呈正相关。

（2）气候条件：纹枯病属高温、高湿型病害。我国稻区广阔，地理、气候差异很大。此病的始病期和田间病害消长与当地天气密切相关。一般平均气温稳定在 22 ℃以上，水稻处于秧苗期或分蘖期即可发病。珠江三角洲在早稻苗期发病，长江流域在早稻分蘖期发病，华北稻区在分蘖盛期发病，黑龙江省则在孕穗期前后发病。决定水稻纹枯病流行的气候因素是降雨（降雨量、雨日）和湿度（雾、露）。雨日多，相对湿度大，发病重；反之，发病轻。在适宜侵染发病的温度范围内，湿度越大，发病越重。田间相对湿度为 80% 时病害受到抑制，71% 以下时病害停止发展。当稻田封闭时，株间湿度常比大气湿度高，有利于发病。这些因素加上适逢孕穗期至抽穗期，病害流行程度就更严重。华南及长江中、下游稻区，常年雨量多集中在夏季，早稻纹枯病发病较重。晚稻如遇秋雨多、寒露风较不明显的年份，发病亦重。不论南、北稻区，发病高峰期总在抽穗前后，北方流行期稍晚而短，南方流行期早而长，发病较重。

（3）水肥管理：长期深水灌溉，稻丛间湿度加大，有利于病害的发展。当稻田相对湿度在95%～100%时，病害发展迅速；相对湿度86%以下时，病害发展缓慢。水分管理是控制无效分蘖的一项措施，可增加田间通透性，降低湿度，提高光合作用，增强抗病力。施肥对纹枯病的影响与稻瘟病相似。施氮肥过多、过迟，使稻株内部纤维素、木质素减少，节间伸长，茎秆变细，组织软弱，不仅有利于病菌侵入，而且易引起倒伏，致使病害发生更重。氮素过多也使稻株茎叶茂盛，田间湿度加大，有利于发病。

（4）种植方式和密度：一般插植苗数多、密度高时，株间湿度高，适于菌丝生长蔓延，而且光照差、光合效能低，不利于稻株积累足够的碳水化合物，抗病能力差。因此，在保证有效穗的基础上，应调整密度和改进插植方式。

（5）品种抗病性及生育期：现有的水稻品种多为感病或中感，但感病程度有差异，少数中抗，未发现免疫和高抗品种。一般矮秆阔叶型比高秆窄叶型易感病，粳稻比籼稻易感病，糯稻最易感病。在相同条件下，杂交稻比常规品种发病重，生育期较短的品种比生育期长而迟熟的品种发病重，植株矮、分蘖能力强的品种发病重。蜡质层厚的品种因可阻断菌丝接触，抑制菌丝体的生长，而发病较轻。另外，水稻品种体内细胞硅化程度高、纤维素和木质素含量多，过氧化物酶活性和多酚氧化酶活性高的品种，抗病性也相应增强。

水稻生育期和组织老嫩与发病程度有一定关系。一般2～3周龄的叶鞘和叶片耐病，抽穗以前上部叶鞘叶片较下部叶鞘叶片抗病；水稻孕穗期、抽穗期较幼苗及分蘖期感病。稻株本身在孕穗抽穗期，新根数量少，根系活力降低，上部叶鞘叶片中的有机化合物主要运向籽粒部分，抗病力弱；乳熟期后，下部老叶逐渐枯死，上部叶片逐渐衰老，病情发展缓慢，至黄熟期基本停止。稻株在孕穗抽穗期后，叶片面积最大，田间湿度也大，加上叶鞘与茎秆空间相对松散，有利于菌丝生长和病菌从内侧侵入；后期因老叶枯死，丛间湿度下降，病情发展速度减慢。

3. 病害防治

（1）防治适期：纹枯病防治适宜在分蘖末期至抽穗期，以孕穗至始穗期防治为最好。要加强田间调查，根据发病时期防治。一般分蘖末期丛发病率达5%～10%、孕穗期达10%～15%时，用药防治。遇高温高湿天气要连续防治2次，间隔期7～10 d。

（2）防治方法：打捞菌核，减少菌源。每季犁耙田后大面积打捞漂浮在水面的菌核，并带出田外深埋和烧毁。每公顷用5%井冈霉素水剂（粉剂）2 250～3 000 mL（g），兑水750 L喷雾；或每公顷用5%井冈霉素水剂2 250 mL，兑水30 L，加干细土300 kg拌和，制成毒土，撒施在稻株基部。在水稻分蘖后期至孕穗期用药1～2次，不但能有效防治水稻纹枯病，而且能促进水稻生长，增加产量。

三、恶苗病

1. 病菌传播途径

带菌种子和病稻草是该病发生的初侵染源。浸种时，带菌种子上的分生孢子污染无病种子而传染。严重的引起苗枯，死苗上产生分生孢子，传播到健苗，侵入花器和颖片、胚乳内，造成秕谷或畸形，在颖片合缝处产生淡红色粉霉。病菌侵入晚，谷粒虽不显症状，但菌丝已侵入内部，使种子带菌。脱粒时病健种子混收而传染。

2. 发病条件

土壤 30 ℃ ~ 50 ℃时易发病，植株有伤口易于病菌侵入。增施氮肥刺激病害发展，施用未腐熟有机肥使发病加重。旱育秧较水育秧发病重；籼稻较粳稻发病重，糯稻发病轻；晚稻较早稻发病重。

3. 病害防治

（1）选用抗病品种和无病种子，或稻种前期消毒浸种处理。选用 20% 净种灵可湿性粉剂 200 ~ 400 倍液，浸种 24 h；或 25% 施保克乳油 3 000 倍液，浸种 72 h；或 80% 强氯精 300 倍液浸种，早稻浸 24 h，晚稻浸种 12 h；或 35% 恶霉灵 400 倍液，浸种 48 h；或 40% 线菌清 600 倍液，浸种 24 ~ 36 h。浸种后捞出，用清水冲洗净，催芽，播种。

（2）发现病株及时拔除，并集中烧毁或深埋。田间发现病株后，用 25% 咪鲜胺乳油 1 200 倍液喷雾。

四、稻曲病

1. 病菌传播途径

此病以菌核在地面越冬，翌年 7—8 月产生大量子囊孢子。厚垣孢子也可在谷粒内和健谷颖壳上越冬。随时可萌发产生分生孢子，且可维持 6 个月的萌发力。子囊孢子和分生孢子都可借气流传播，侵害花器和幼颖。在北方稻区一年只发生 1 次，在南方稻区则以早稻上的厚垣孢子侵染晚稻，有人认为，马唐属杂草（*Digitaria marginita* L.）是稻曲病菌的中间寄主。病菌在孕穗期侵害子房、花柱及柱头；后期则侵入幼颖的外表和果皮，蔓延到胚乳中，然后大量增殖并形成孢子座。病粒则在水稻扬花末期至灌浆初期出现。人工接种表明，厚垣孢子萌发后能直接侵染水稻幼芽、幼根，引起发病，性质与幼苗侵染的麦类黑穗病类似。

不同水稻品种的抗性存在较明显差异。矮秆、叶片宽、角度小、枝梗多的密穗型品种较易感病；反之，则较抗病。如水晶稻、汕窄 8 号、原丰早、桂武糯、菲一、珍汕 97，威优

29 较抗病，桂朝 2 号、金优 431、协优 57、Ⅱ优 162、Ⅱ优 58、Ⅱ优 63、Ⅱ优多系 1 号、国香优 1 号、D 优 527、黔优 88、冈优 725、冈优 151、中香优 85 等较易感病，秀水 48、桂朝 2 号、2159 糯、粤优 938、红优 2009、冈优 725、金优 725、金优 117、红莲优 6 号等高度易感病。

抗病性表现为，早熟 > 中熟 > 晚熟，糯稻 > 籼稻 > 粳稻。花期、穗期追肥过多的田块发病较重。高密度和多栽苗的田块，发病重于低密度和少栽苗的田块。水稻抽穗、扬花期遇低温、多雨、寡日照天气，有利于稻曲病发生。水稻孕穗至抽穗期连续 4 d 以上雨日，田间相对湿度在 88% 以上，有利于发病。山区、丘陵稻田，由于山高雾多、日照少、湿度大，发病明显重于平原稻田。

2. 病害防治

（1）消毒浸种，选用 50% 多菌灵可湿性粉剂 500 倍液，浸种 48 h；或 12% 水稻力量乳油 70 mL，兑水 50 L，浸种 24 h；或 40% 多·福粉 500 倍液浸种 48 h。浸种后捞出，再用清水浸泡，催芽，播种。

（2）第 1 次施药在破口前 8 d 至破口抽穗 20% 时，选用 15% 三唑酮可湿性粉剂 500 倍液，或 20% 瘟曲克星可湿性粉剂 500 倍液，或 50% 多菌灵可湿性粉剂 500 倍液。第 2 次施药在始穗期，选用 40% 多·酮可湿性粉剂 500 倍液，或 25% 咪鲜胺乳油 600 倍液。

五、黑条矮缩病

1. 病菌传播途径

水稻黑条矮缩病毒危害水稻、大麦、小麦、玉米、高粱、粟、稗草、看麦娘和狗尾草等禾本植物。该病毒靠灰飞虱、白背飞虱、白带飞虱等传播，主要以灰飞虱传毒为主。飞虱一经染毒，终身带毒，但不经卵传毒。病毒主要在大麦、小麦病株上越冬，有部分也在灰飞虱体内越冬。第一代灰飞虱在病麦上接毒后，传毒到早稻、单季稻、晚稻和春玉米上。稻田中繁殖的第 2、第 3 代灰飞虱，在水稻病株上吸毒后，迁入晚稻和秋玉米传毒。晚稻上繁殖的灰飞虱成虫和越冬代若虫，又传毒给大麦、小麦。由于灰飞虱不能在玉米上繁殖，故玉米对该病毒再侵染的作用不大。田间病毒通过麦—早稻—晚稻的途径完成侵染循环。灰飞虱最短获毒时间 30 min，1 ~ 2 d 即可充分获毒，病毒在灰飞虱体内循回期为 8 ~ 35 d。接毒时间仅 1 min。稻株接毒后潜伏期 14 ~ 24 d。晚稻早播比迟播发病重，稻苗幼嫩发病重。大麦、小麦发病轻重、毒源多少，取决于水稻发病程度。

2. 病害防治

（1）农业防治：合理布局，连片种植，并能同时移栽。清除田边杂草，压低虫源、毒源。疫区应该特别重视施用酸性肥料和增施锌肥，而且将锌肥作底肥。病区水稻制种田除在播种育秧期要严格防治病虫外，在分蘖期、孕穗期也要随时观察田间病害情况，及时拔除销毁病株，尤其是母本病株更要彻底拔除。

（2）化学防治：虽然水稻黑条矮缩病是由种子带病，但田间传播主要依靠灰飞虱，而且水稻苗期最容易发病，因此，田间防治病虫是关键。选用 25% 噻嗪酮可湿性粉剂 375～450 g/hm^2 兑水 750 L，或 10% 叶蝉散可湿性粉剂 3 750 g/hm^2 兑水 750 L，进行喷雾。

六、干尖线虫病

1. 线虫传播途径

稻干尖线虫以成虫和幼虫潜伏在谷粒的颖壳和米粒间越冬，因而带虫种子是本病主要初侵染源。线虫在水中和土壤中不能长期生存，灌溉水和土壤传播较少。当浸种催芽时，种子内线虫开始活动，播种带病种子后，线虫多游离于水中及土壤中，但大部分线虫死亡，少数线虫遇到幼芽、幼苗，从芽鞘、叶鞘缝隙处侵入，潜存于叶鞘内，以口针刺吸组织汁液，营外寄生生活。随着水稻的生长，线虫逐渐向上部移动，数量增多。在孕穗初期前，在植株上部儿节叶鞘内，线虫数量多。到幼穗形成时，线虫侵入穗部，大量集中于幼穗颖壳内外部。病谷内的线虫，大多集中于饱满的谷粒内，占总带虫数的 83%～88%，秕谷中仅占 12%～17%。雌虫在水稻生育期间可繁殖 1～2 代，在田间线虫可从病株传到健株，引起发病。线虫的远距离传播，主要靠稻种调运或稻壳作为商品包装运输的填充物，而把干尖线虫传到其他地区。水稻品种间抗性差异明显。播种后半个月内低温多雨，有利于发病。不要串灌、漫灌，可减少线虫随水近距离传播危害。

2. 病虫防治

在播种前用温水或药剂处理种子，是防治干尖线虫病简单有效的方法。选用温水浸种（稻种先用冷水预浸 24 h），然后移入 45 ℃～47 ℃温水中浸 5 min，再移入 52 ℃～54 ℃温水中浸 10 min，立即冷却催芽、播种；或用线菌灵 600 倍液，浸种 48 h，捞出冲洗净，催芽、播种；或用 10% 浸种灵乳油针剂 5 000 倍液（每瓶 2 mL 药液兑水 10 L，可浸稻种 6～8 kg），浸种 12 h，捞出催芽、播种，可兼治干尖线虫病和恶苗病。

七、白叶枯病

1. 病菌传播途径

越冬病菌主要潜伏于稻种表面、胚和胚乳表面，随病稻种越冬或随病稻草、稻桩越冬，成为翌年发病的初侵染源。病菌也能在马唐等多种杂草和茭白及紫云英上越冬。此外，我国海南及东南亚，病田长出的再生稻和落粒自生稻病株，也可成为初侵染源。带菌稻种调运是远距离传播的主要途径，也是新病区的主要初侵染源。老病区则以病稻草为主要侵染源。播种病稻种和用病稻草覆盖催芽均能使秧苗发病。但稻株、杂草、茭白和紫云英等作为初侵染源在病害循环中的作用，尚需进一步研究。

病菌从叶片的水孔和伤口、茎基和根部的伤口，以及芽鞘或叶鞘基部的变态气孔侵入。病菌从叶片的水孔或叶片伤口进入维管束后，在导管内大量增殖，引起典型症状。当环境条件特别适宜且品种高度感病时，则可引起急性型症状。从变态气孔侵入的病菌只停留在附近的细胞间隙内，不能进入维管束，在适宜条件下再释放于稻体外，然后从伤口或水孔侵入，才能到达维管束而引起病变。病菌从茎基或根部的伤口侵入后，通过在维管束中增殖，再扩展到其他部位，引起系统性侵染，使稻株呈现凋萎型症状。有时秧苗虽被感染但不显症，成为带菌秧苗，移栽后条件适宜时即可成为大田的病源。

病菌主要通过灌溉水和雨水传播。遗留在田间、沟旁病稻草上的病菌，随雨水冲到秧田和本田，侵染秧苗而引起发病。病菌在病株的维管束中大量繁殖后，从叶面或水孔大量溢出菌脓，遇水溶散，借风雨、露滴或流水传播，进行再次侵染。一个水稻生长季节中，只要环境条件适宜，再次侵染就不断发生，致使病害流行。

2. 病害防治

（1）因地制宜选用抗病品种，采取旱育苗技术培育壮秧，提高秧苗抗性，对种子浸泡消毒处理。选用 50 倍福尔马林溶液浸种 3 h，再闷种 12 h；或浸种灵乳油 2 mL，兑水 10～12 L，充分搅匀后浸种 6～8 kg，浸泡 36 h；或 10% 叶枯净 2 000 倍液浸种 24～48 h；或 2 000 倍液 70% 抗生素 402，浸种 48 h，捞出催芽、播种。在水稻三叶期和移栽前 5 d 各喷施一次 10% 三氯异氰脲酸 500 倍液，预防本田发病。

（2）大田施药应掌握在零星发病阶段，以消灭病源为主，防止扩大蔓延。选用 35% 克壮・叶唑可湿性粉剂 1 500 倍液，或 20% 叶青双可湿性粉剂，或 25% 叶枯灵可湿性粉剂，或 45% 代森铵水剂，均在初见病株或病源时喷药防治。视病情发展情况，隔 7 d 左右喷雾一次，共喷 2～3 次。

八、条纹叶枯病

1. 病菌传播途径

水稻条纹病毒（RSV）主要在越冬的灰飞虱若虫体内越冬，部分在大麦、小麦及杂草病株内越冬。因此，带毒越冬的灰飞虱是水稻条纹叶枯病的初侵染源，病害的发生流行与灰飞虱在田间的消长规律有密切关系。灰飞虱主要以9—10月孵化的若虫在小麦、大麦及禾本科杂草上越冬，3月羽化后仍然留在越冬场所繁殖。第1代若虫在3月底、4月初出现，这一代若虫羽化的带毒成虫在5—6月迁入秧田，成为初侵染源。如果水稻移栽期与昆虫迁入期一致，病害将大量发生；如果两个时期不吻合，发病率就低。因此，越冬后的第1代带毒虫量是病害发生的主要因子。6—7月田间虫口密度最高，进入发病高峰。7月以后，因高温和早稻收割，虫量大大减少。在双季稻种植区，8月上旬灰飞虱先后大量迁入晚稻秧田，传病危害；10月后虫口密度回升，造成晚稻严重发病。晚稻收割前后灰飞虱迁到麦田及田边杂草上越冬。

2. 发病因素

水稻条纹叶枯病的发生与流行，受耕作制度、品种抗病性、灰飞虱带毒虫量，以及气候条件的影响。

（1）耕作制度：以麦类为前茬作物的单季晚粳稻发病重，而油菜—稻或蚕豆—稻套种模式对病害有明显的抑制效应。耕作制度的改变和感病水稻品种的单一化大面积种植，是水稻条纹叶枯病暴发流行的主要原因。如我国江苏广泛的稻—麦套种，为灰飞虱提供了极好的越冬场所和食物来源，极大增加了带毒灰飞虱种群数量。

（2）品种抗病性：一般糯稻较晚粳稻发病重，晚粳稻较中粳稻发病重，籼稻发病最轻。籼稻中，一般矮秆品种较高秆品种发病重，迟熟品种较早熟品种发病重。同一品种在不同生育期中，幼苗期最感病，拔节后基本上不感病。

（3）灰飞虱带毒虫量：发病株率与灰飞虱发生量无显著相关性，与灰飞虱的带毒率有显著相关性。由于灰飞虱发生量年度间变化很大，灰飞虱带毒率逐渐递减，因而发病率与带毒虫量间有极显著的相关性，即带毒虫量大，发病率高。

（4）气温：早春气温高，灰飞虱发育快，成虫迁入秧田危害时间早，传毒天数延长，发病较重；早春气温低则发病较轻。气温高于30 ℃时对灰飞虱的生长发育不利，故在热带和亚热带高温区病害很少流行。

此外，该病发生严重程度还与水稻播期和秧苗移栽期有关，一般早栽田发病均较重。

3. 病害防治

灰飞虱对水稻直接危害不重，主要以传播水稻条纹叶枯病病毒造成危害。在病害流行区，以防治病虫为目标。早稻秧田平均每平方米有成虫 18 头，晚稻秧田有成虫 5 头，本田前期平均每丛有成虫 1 头以上，就应施药防治。选用 25% 噻嗪酮可湿性粉剂 375～450 g/hm^2，兑水 750 L；或 10% 叶蝉散可湿性粉剂 3 750 g/hm^2，或 25% 速灭威可湿性粉剂 2 250 g/hm^2，兑水 750 L 喷雾。

九、细菌性条斑病

1. 病菌传播途径

病菌的越冬场所和存活力与白叶枯病菌较为相似。主要在病稻谷和病稻草上越冬，成为翌年的初侵染源。病菌侵染种子，借种子调运远距离传播。病菌主要通过灌溉水、雨水接触秧苗，从气孔和伤口侵入，在气孔下繁殖，扩展到薄壁组织细胞间隙，并纵向扩展，形成条斑。田间病株病斑上溢出的菌脓，通过风雨和水再侵染，引起病害扩展蔓延。此外，农事操作也可传播病害。

此病的发生流行程度，主要取决于水稻品种的抗病性、气候条件和栽培措施等。尽管目前尚未发现免疫品种，但水稻品种间对病菌的抗性有明显差异。一般常规稻较杂交稻抗病，粳、糯稻比籼稻抗病。叶片气孔密度和大小，与品种的抗性具有一定的相关性。一般叶片气孔密度较小和气孔开展度较低的品种抗性较强，最近研究表明，同一水稻品种对细条病和白叶枯病的抗病性存在差异，且水稻品种对这两种细菌病害的抗病基因型不同。水稻品种对细条病和白叶枯病，存在双抗、抗细条病感白叶枯、抗白叶枯病感细条病和双感 4 种反应型。

在具有足够菌量和一定面积的感病品种时，发病程度主要取决于温度和雨水因素。发病适温为 30 ℃，暴风雨尤其是夏季台风的侵袭，造成叶片大量伤口，有利于病菌的侵入和传播，易引起病害流行。水稻细条病在国内的发生流行可分为 3 个区域：华南流行区，即浙江、江西、湖南以南的籼稻区；江淮流域适生偶发区，即江苏、安徽、湖北等沿江与淮河之间的单季籼稻区，尚未普发，只是在个别县零星发生；北方未见病区，主要指黄河以北的单季粳稻区，至今未见有病害发生的报道。长江下游地区 6 月中旬至 9 月的单季粳稻区，至今未见有病害发生的报道。长江下游地区 6 月中旬至 9 月中旬最易流行。不同年份发病流行程度的差异，主要取决于雨水和温度因素。

细菌性条斑病的发生与栽培管理，与灌溉、施肥有密切关系。一般深灌、串灌、偏施和迟施氮肥，均有利于此病的发生与危害。

2. 病害防治

同水稻白叶枯病防治方法。

第四节　水稻主要病虫害防治指标

一、水稻虫害防治指标

1. 二化螟

在早、晚稻分蘖期或晚稻孕穗、抽穗期卵孵高峰后 5～7 d，当枯鞘丛率 5%～8%，或早稻每亩有中心受害株 100 株或丛害率 1.0%～1.5%，或晚稻受害团大于 100 个时，及时防治；未达到防治指标的地块，可挑治枯鞘团。二化螟暴发时，水稻处于孕穗抽穗期，防治白穗和伤株，以卵盛孵期后 15～20 d 成熟的稻田作为重点防治对象；采用"狠治一代压基数，普治穗期保丰收"的防治策略；用药时机，防治第 1 代，在蛾主峰后 1、2 龄幼虫盛发高峰期，防治第 2 代，早稻在卵孵始盛期，中稻在卵孵高峰期，防治第 3 代，在第一蛾峰后 1、2 龄幼虫盛发高峰期，防治第 4 代，在卵孵始盛期，主要掌握苗期在卵孵高峰期，穗期在卵孵盛期内破口抽穗 5%～10%。

2. 稻纵卷叶螟

防治稻纵卷叶螟适期是最关键的因素。用药时机，小发生世代在 2 龄幼虫高峰期，大发生世代在 2 龄幼虫始盛期，若蛾峰过长、蛾量大，7 d 后用第 2 次药；具体防治：分蘖期 15 头 / 百丛，或 2～3 龄幼虫高峰期；穗期 10 头 / 百丛，亩卵量 1 万粒；乳熟期 20～30 头 / 百丛；要求在 3 龄幼虫前即 1～2 龄高峰期用药。

3. 稻飞虱

稻飞虱属迁飞性水稻害虫，始终掌握在 2、3 龄若虫高峰期以前防治。

（1）分蘖期至圆秆期百丛有虫 300～500 只，穗期百丛有虫 1 000 只定为防治对象田，当查到 2～3 龄若虫占总虫量 40%～50% 时，即为防治适期。

（2）孕穗抽穗期百蔸有短翅 5 只以上，预测下一代将会大量发生。

二、水稻病害防治指标

1. 纹枯病

一般在水稻封行前、孕穗至抽穗期各用药一次，以后视发病情况再决定是否施第 3 次药；防治指标：分蘖期病丛率达 5%，分蘖末期病丛率达 10%～15%，拔节到孕穗期病丛率达 20%（但对历年发生早而重的田拔节到孕穗期病丛率 10%～15% 应用药），对发病较重田 7 d 后再防治一次，也可在穗期再施药一次。

2. 稻瘟病

防治苗瘟和叶瘟一般在发病初期，要求在抽穗始期、齐穗期各用药一次。

（1）苗瘟：抓住秧苗期，发现病斑，特别是急性型病斑，要马上用药，防止蔓延。

（2）叶瘟：本田分蘖期，注意消火急性病斑或发病中心。对老病区、重病田要连续使用 1～2 次药，未发现有急性病斑或发病中心在稻株上部 3 片叶病叶率 3% 左右开始喷药。

（3）穗颈瘟：根据孕穗期叶瘟发生普遍或上升，剑叶上有急性型病斑增加，叶枕被害率达 10% 或更高，掌握破口 10% 或抽穗 2% 时，抽穗碰上阴雨天，则在孕穗末期、齐穗期各喷一次药。如乳熟期遇阴雨天气，则喷第 2、第 3 次药。

第十章

稻作区水稻收获

第一节　水稻收获时间和收割方式

一、收获时间

1. 水稻成熟期

水稻成熟要经历乳熟期、蜡熟期、完熟期和枯熟期 4 个时期。乳熟期是在水稻开花后的 3～5 d 开始灌浆，持续 7～10 d。到乳熟期末期，稻穗鲜重达到最大，用手压稻穗中部籽粒有硬物的感觉。蜡熟期经历 7～9 d，稻穗籽粒内容物浓黏，无乳状物出现，干重量接近最大。在这个时期，米粒的背部绿色开始逐渐消失，谷壳略微变黄。完熟期是最佳收获期，在水稻抽穗后 45～50 d，黄化完熟率 95% 以上。这个时期稻谷的谷壳完全变黄，米粒的水分减少，干物重量达到定值，籽粒变硬，不容易破碎，即农谚所说的“九黄十收”。

收获后的稻谷含水量往往偏高，为防止发热、霉变，产生黄曲霉，应及时将稻谷摊于晒场上或水泥地上，晾晒 2～4 d，含水量达 14% 后再入仓。

2. 收获时间对水稻产量的影响

水稻收割必须等到完全成熟。一般中晚熟品种在抽穗后 50～60 d，有效积温达到 1 200～1 300 ℃，日照达到 400～500 h，才能完全成熟。从稻穗外表看，谷粒全部变硬，穗轴上下干黄，2/3 的枝梗已经干枯。达到这 3 个标准，说明谷粒已经充实饱满，植株已停止向谷粒运输养分，达到完熟的程度，应及时收割。

水稻收割的早晚直接影响产量高低，如果收割过早，稻穗尚未达到充分完熟，千粒重下降，米质变差，产量降低。有研究表明，如果水稻抽穗后 55 d 收割的产量用 100% 表示，则抽穗后 50 d 收割产量为 94.2%，抽穗后 45 d 收割产量则为 89%，抽穗后 40 d 收割产量为 85.7%，每早割 1 d 减产 1%。相反，如果收割过晚，枝梗过干，在水稻的割、捆、运的过程中，容易造成断枝落粒。如遇大风，产量损失更为严重，并且碾米时碎米增多。

3. 收获时间对米质的影响

水稻收割时间对米质也存在重要影响。最好是根据品种生育期和成熟度适时活秆收割，提前或延后收割都会影响米质。水稻在秋天收获后，气温 10 ℃～20 ℃时自然干燥效果优于晾晒和机械烘干。气温在 25 ℃～30 ℃以上对米质的影响较大，不宜在 30 ℃以上烘干水稻和晾晒水稻。收割时间越晚，糙米率和精米率越高，但整精米率则在抽穗后 50 d 收割最高。收割时间晚，直链淀粉含量没有差异，但垩白率、垩白度、蛋白质含量都有不同程度增加。

4. 收获时间对稻种发芽率的影响

种子发芽率是衡量种子质量好坏的标准之一，种子发芽率受水稻品种特性、加工过程、贮藏条件等多种因素影响，同时种子收获时期也是重要的影响因子。通过测定 3 个水稻品种在不同收获时期的种子发芽率，结果表明，水稻抽穗后 30～60 d 收获并加工，种子发芽率可以达到 95%，随着不同水稻生育期缩短，发芽率降低。收获过早，种子尚未完全成熟，种胚活力不足，胚乳没有积累足够营养，种子产量降低，发芽率下降。收获过晚，可能遇到田间高温使稻穗发芽，或遭遇霜降等低温天气使种子发芽率降低。

二、收获方式

收获方式是影响稻米、稻种产量及米质的重要因素，且直接影响销售价格。

1. 人工割捆机脱

水稻成熟至稻谷水分降到 16%～17% 时，为收获适期。此收获方式用工量大、劳动强度大，常因自然条件使脱谷期延后，导致稻谷上市晚，价格受到制约，加之鸟食鼠盗，自然损失大。此外，北方地区易受雨雪影响，造成裂纹粒、霉变粒、红变粒、谷外糙，从而影响稻谷品质。但采用此方式有利于清理田间，进行割后整地工作。

2. 半喂入式直收

此方式的收获时间与人工收割同步，对水稻秸秆水分要求不严格，可进行活秆收获，所以稻谷上市早，价格好。该方式的机型脱粒性能好，无破碎，损失小，最适于种子收获。收获后有利于清理田间，能及时进行秋整地。但对水稻的株高要求严格，株高低于 60 cm 的水稻无法脱穗，所以要求水稻晚生分蘖少，穗层结构要齐，株高一致。枯霜期后不宜用此方式收获，因为枯霜期后稻穗勾头，植株缩短，秸秆、枝梗干脆，造成脱谷部分杂余多，清选分离效果差，易跑粮。此外，收获的稻谷含水量大，必须晾晒。

3. 机割机拾

机割与人工收割和半喂入直收同步进行，对割晒放铺要求严格。北方种植区的收获时间一般为枯霜期前，割后晾晒 3～5 d，待水分降到 16%～18% 时进行机械拾禾。此方式成本最低，能够充分利用秸秆熟度，稻谷整精米率高，品质好；自然落粒少，损失小；收获期短，收获提前，稻谷上市早。经晒铺后，秸秆干，地表水分少，有利于清理田间，进行秋整地。

4. 全喂入式直收

此方式的收获期是在完熟后，北方种植区在下枯霜 3～5 d 后开始，7 d 内收获效果最佳。如果延长收获期，将会出现自然落粒、落穗，木翻轮在拨禾时掉粒、掉穗，损失大。枯霜期后秸秆完全脱水造成杂余多，不易分离裹粮；过熟，糙米率高，经雨水骤冷骤热，惊纹率高，整精米率低，品质差；稻谷上市比机割机拾、半喂入直收晚，价格受到制约；立秆收获，茬高，田间水分蒸发慢，秸秆潮湿，清理田间困难，不利于秋整地工作。

第二节　稻草处理方式

水稻收割脱粒后的稻草，简单燃烧或堆积处理，容易污染环境，破坏生态环境。稻草的营养元素含量丰富，可进行科学利用。

一、稻草秸秆还田

稻草秸秆中含有氮、磷、钾、微量元素等，“秸秆还田”是一种有效利用有机肥的方法，具有省工、改良土壤、肥效持久、增产显著的特点。直接还田既可以减少运输，节省劳动力，又可以促进土壤的养分平衡，起到改良土壤的作用。有研究证明，若 80% 的秸秆还田，加上人畜粪尿等农家肥料，就可以保持土壤有机质的稳定，并且有显著增产的效果。在南方地区，如果将一半的早稻还田作晚稻的基肥，一般可增产 5%～10%。

二、造纸原料

稻草是制造宣纸的主要原料之一，可变废为宝。

三、制作纤维板

稻草秸秆经化学处理，再用机械法分离成木浆，经过成型、预压、热压可制成纤维板。纤维板在构造上比天然木材均匀，完全避免了节疤、腐朽、虫眼等缺陷，而且胀缩小、不翘曲、不开裂。根据密度不同，分为高密度纤维板、中密度纤维板和低密度纤维板。高密度纤维板质地细密、平滑，广泛用于制作地板、墙板、家具等。中密度纤维板具有强度高、质量好的特点，广泛应用于建筑工程、音响设备、内部装饰和制作家具等方面，是代替木材的良好材料。低密度纤维板具有保温、隔热、吸音等特点，常用于电影院、播音室等公共场所。

四、稻壳水泥混凝土

稻壳水泥混凝土以稻壳为骨料，以 107 建筑胶为稻壳的裹覆剂和水泥的增强剂。水泥具有黏着和内聚性质，能使稻壳黏结成密实的整体。稻壳的空隙度大，表面有一层致密的纤维素，能充分地吸附 107 建筑胶，从而大大改善混合料的和易性，加之稻壳湿润后易于压实，干燥后体积不膨胀，因而该混凝土能够替代用砂石做骨料的混凝土。又由于该混凝土与金属具有较好的黏接能力，因而可以加入铁丝网或钢筋，做成预制块，以大大提高整体强度。

混合料所选用的材料均呈弱碱性，因此，化学性能较稳定、抗腐蚀能力强。稻壳从生产加工到运输整个过程均没有什么污染，而且粒度均匀，大小适中。用它做骨料不需要进行任何预处理，即可现场拌和施工。

五、高强度轻质稻壳灰保温砖

一种由 10%～70% 稻壳灰、20%～40% 黏合剂和 10%～50% 增强剂组成的高强度轻质保温砖，以稻壳为燃料烧制，又利用稻壳灰作为制作保温砖的原料。由于保温砖配料中加入空心微珠增强剂，采用优选的烧成工艺，兼有硅藻土保温砖保温隔热性良好的优点，又有轻质黏土砖强度高、耐火度高的优点。

六、农用秸秆气化炉燃料

生物质秸秆作为燃料，在缺氧的状态下进行不完全燃烧，使其转化为一氧化碳、氢、甲烷等可燃气体。气化过程包括干燥与干馏、氧化、还原 3 个阶段。

直接燃烧主要化学反应式如下：

生物质 + 氧气→二氧化碳 + 水（氧化反应）

碳 + 二氧化碳→一氧化碳（还原反应）

水 + 碳→一氧化碳 + 氢气（还原反应）

1. 秸秆气化技术指标

（1）原料玉米秸秆、玉心芯、薪柴、木材加工废弃物等。原料含水量要求小于 20%。

（2）产气率每千克秸秆可产 2 m^3 燃气。

（3）燃气包括一氧化碳 11%～20%、氢气 10%～16%、甲烷 0.5%～5%、二氧化碳 1%～14%、氧气小于 1%，硫化氢小于 20 mg/m^3，焦油及灰尘小于 10 mg/m^3，燃气热值 4 000～5 000 kJ/m^3。

2. 工艺流程

燃料在气化炉内经缺氧燃烧，生成含有一氧化碳、氢气、甲烷等的可燃气体，靠小型风机可将可燃气体由气化炉上方压出，经集水过滤、除尘、除焦油装置，通过输气管道与灶具相连。

七、化学秸秆固体燃料

生物质固体成型燃料（简称生物质燃料，即秸秆煤），是利用新技术及专业设备将农作物秸秆、木屑、锯末、花生壳、玉米芯、稻草、稻壳、麦秆麦糠、树枝叶、干草等压缩碳化成型的现代化清洁燃料。生物质燃料来源广泛，属于生物新型能源的一种。这种压块燃料可代替传统燃煤燃料，具有无烟、清洁、环保、节省资源和废物利用等优点，是一种取之不尽、用之不竭的再生能源，生物质燃尽率达 96%，剩余 4% 灰分可以回收钾肥，实现了“秸秆—燃料—肥料”的有效循环。

八、秸秆高效全价生物饲料

秸秆高效全价生物饲料是从美国引进的，采用化学、生物工程结合的方法，将秸秆纤维分解、优化并产生大量的真蛋白和多种氨基酸营养物质，可取代 30%～50% 的精粮。再加入微量的添加剂、辅助料粮，经熟化制粒、制饼而成，是饲喂畜禽和水产动物的低成本全价高效生物饲料。

九、秸秆立体栽培草腐类食用菌基料

秸秆要粉碎或切成 1 cm 长的小段，按科学配方进行拌料、装袋、灭菌、接种、管理，制成立体栽培草腐类食用菌基料。

十、秸秆碎丝水泥中空隔墙条板

这是一种水泥夹心轻质墙板，把秸秆粉碎加工成丝，加压成密度板填充于其中，上下两层为水泥，三层挤压为一体。四周的两个断面是凹槽结构和凸槽结构。该墙板造价低廉，安装方便，强度高，隔音保温效果好。

十一、活性炭

稻壳经适当燃烧，可获得稻壳灰。利用碱与稻壳灰中所含二氧化硅反应，将大部分二氧化硅溶出，生成多孔性稻壳灰，进而可制成活性炭。

十二、空心稻草板

空心稻草板是以水泥、稻草、氟硅酸钠、硅酸钠脲醛树脂、乳白胶等配制成水泥黏合剂混合物，再与稻草混合成料浆，浇注而成空心板。其荷载可与现有的普通空心水泥板相媲美，故可完全代替普通空心水泥板，作为楼板及其他建筑板材，是一种最新的建筑板材。

十三、秸秆生物柴油

作物秸秆是木质纤维素，首先将它水解为碳水化合物，然后放入产油微生物。产油微生物分为酵母类、霉菌类、细菌类和产油微藻。产油微生物吃掉碳水化合物，代谢转化产物是微生物油脂，油脂经进一步提炼就成为生物柴油。

另外，稻草是非常优秀的能源物质，可以用来制造沼气；通过氨化处理后生产动物饲料，但这种方式成本高用量小；成为食用菌的培养基；通过高压制成一次性的餐饮具，可节约能源，减少环境污染。

第三节　稻谷收获后地表管理

一、工程维护

经过一季的种植，稻田各项工程设施应及时维护检修，以保证下一季种植的顺利进行，同时减少成本损耗。

1. 排水沟清淤

种植结束，稻田处于比较干的状态，应及时对排水沟清淤，去除堵塞物。尤其对于北方地区收割后一般为冬季，可以避免暖季清楚时地下水上涌的问题，降低劳动强度，提高工效。

2. 检修给水、排水系统

水稻收割后，应对给水、排水系统进行彻底检修，清除淤塞，修复裂痕，避免管道泄漏，节约用水。

3. 检查井泵站房

为了生产及用电安全，对井站、泵站在冬季闲置期间，应经常检查，确保不发生损坏或组件丢失。

4. 稻田检测

水稻收割后，对稻作改良的土地进行理化性质检测，为评估改良效果提供数据支撑。另外，还可以对稻田进行水准测量、大比例尺的地形，及时将测量结果进行内业绘制，并在现场做标识，为下一季开工种植提供良好基础。

二、稻田耕晒

水稻收割后，应该对闲置的稻田进行耕晒，以保证土壤的物理状态和化学性质的稳定。尤其是有些稻田是盐碱地改良而成，不及时进行稻田耕晒，土地容易板结或返碱返盐，不利于水稻的生长及稻作改良效果。耕晒对稻田具有多种益处：

1. 改善土壤理化性质

通过耕晒，土壤变疏松、多孔，破除土壤板结，改良土壤结构，促进团粒结构的形成，有利于水稻的生长发育。

2. 增加土壤肥力

耕晒使土壤中的速效养分含量增加，土壤的氧气含量提高，土壤中的有害物质转化为有益于作物生长的营养元素。另外，可使一些难溶性的迟效性肥料氧化分解，转化为容易被水稻吸收的速效性肥料。

3. 降低发病率

由于生长期长期淹水，水稻的根系极易成为各种病菌虫卵的寄主，耕晒可以使根茬翻身，病菌虫卵暴露在地面而死亡，减轻翌年病虫害的发生程度。

4. 减轻草害

通过耕地，杂草根系被翻到地表，经过冷冻、干晒，抑制其再生。同时，杂草种子被翻到土壤中下层后，处于低氧环境而失去活力，从而减轻翌年草害。

References

参考文献

[1] 阿吉艾克拜尔，邵孝侯，常婷婷，等. 我国盐碱地改良技术和方法综述[J]. 安徽农业科学，2013，41(16)：7269-7271.

[2] 白和平，胡喜巧，朱俊涛，等. 玉米秸秆还田对麦田土壤养分的影响[J]. 科技信息，2011(11)：37-38.

[3] 白伟，逄焕成，牛世伟，等. 秸秆还田与施氮量对春玉米产量及土壤理化性状的影响[J]. 玉米科学，2015，23(03)：99-106.

[4] 白晔，张钰，辛慧斌，等. 油用牡丹天津地区盐碱地改良试验[J]. 天津农业科学，2016，22(08)：51-54.

[5] 白由路，李保国. 黄淮海平原盐渍化土壤的分区与管理[J]. 中国农业资源与区划，2002，23(2)：44-47.

[6] 包灵丰，林纲，赵德明，等. 不同播期与收获期对水稻灌浆期、产量及米质的影响[J]. 华南农业大学学报，2017，38(2)：32-37.

[7] 鲍士旦. 土壤农化分析：第三版[M]. 北京：中国农业出版社，2000.

[8] 毕经伟，张佳宝，陈效民，等. 农田土壤中土壤水渗漏与硝态氮淋失的模拟研究[J]. 灌溉排水学报，2003，22(6)：23-26.

[9] 毕于运，高春雨，王亚静，等. 中国秸秆资源数量估算[J]. 农业工程学报，2009(12)：211-217.

[10] 蔡雨付. 盐碱地综合治理开发利用技术研究[J]. 北方水稻，2006(06)：131-137.

[11] 产祝龙，丁克坚，檀根甲，等. 水稻恶苗病的研究进展[J]. 安徽农业科学，2002，30(6)：880-883.

[12] 常红军，秦毓茜. 植物的盐胁迫生理[J]. 安阳师范学院学报，2006(5)：149-152.

[13] 陈丛斌，张海楼，隋世江，等. 施用浓硫酸对苏打盐碱地种植水稻农艺性状及产量的影响[J]. 辽宁农业科学，2018(03)：39-41.

[14] 陈华癸. 土壤微生物学[M]. 上海：上海科学技术出版社，1981.

[15] 陈惠祥，胡加如，冯新民，等. 水稻三化螟防治研究进展与现状[J]. 湖北农学院学报，2002，22(3)：274-277.

[16] 陈镭，侯东升，郭玲玲，等. 新疆盐碱地形成特点及改良措施[J]. 新疆农垦科技，2009，32(5)：56-57.

[17] 陈小琼. 浅谈新疆盐碱地改良利用与综合治理[J]. 内蒙古水利，2011(3)：143-144.

[18] 单英杰，汪玉磊. 浙江沿海盐碱地资源利用现状及对策[J]. 中国农技推广，2012，28(7)：42-43.

[19] 董丽洁，陆兆华，贾琼，等. 造纸废水灌溉对黄河三角洲盐碱地土壤酶活性的影响[J]. 生态学报，2010，30(24)：6821-6827.

[20] 窦超银，康跃虎，万书勤，等. 覆膜滴灌对地下水浅埋区重度盐碱地土壤酶活性的影响[J]. 农业工程学报，2010，26(1)：44-51.

[21] 窦超银，康跃虎，万书勤，等. 地下水浅埋区重度盐碱地覆膜咸水滴灌水盐动态试验研究[J]. 土壤学报，2011，48(3)：524-532.

[22] 樊自立，乔木，徐海量，等. 合理开发利用地下水是新疆盐渍化耕地改良的重要途径[J]. 干旱区研究，2011，28(5)：737-743.

[23] 范富，白云山，张庆国，等. 通辽市碱土景观生态划分及治理对策 [J]. 内蒙古民族大学学报，2013，28(1)：54-58.

[24] 范富，徐寿军，宋桂云，等. 玉米秸秆造夹层处理对西辽河地区碱土改良效应研究 [J]. 土壤通报，2012，43(3)：696-701.

[25] 范富，张庆国，侯迷红，等. 玉米秸秆隔离层对西辽河流域盐碱土碱化特征及养分状况的影响 [J]. 水土工程学报，2013，27(3)：131-137.

[26] 范富，张庆国，邰继承，等. 通辽市盐碱地形成及类型划分 [J]. 内蒙古民族大学学报（自然汉文版），2009，24(4)：409-413.

[27] 范富，张庆国，邰继承，等. 玉米秸秆夹层改善盐碱地土壤生物形状 [J]. 农业工程学报，2015，31(8)：133-139.

[28] 范富，张永亮，朱占林，等. 通辽市天然草地土壤性状特征及整治对策 [J]. 内蒙古民族大学学报（自然科学版），2002，17(2)：130-135.

[29] 付甲东，邹德堂. 不同收获时期和收获方式对水稻产量的影响 [J]. 种子世界，2012(9)：25-26.

[30] 葛强，耿晓君，姚志文，等. 抗盐碱水稻新品种松辽6号的选育及高产栽培技术 [J]. 农业科技通讯，2012(12)：166-168.

[31] 龚洪柱，张建锋. 山东省盐碱地区发展高产优质高效林业的意义及其设想 [J]. 山东林业科技（专辑），1994，2(1)：36-39.

[32] 龚菊娣，薛渊博，曲延超，等. 启东沿海盐碱地生态景观林体系建设之探讨 [J]. 华东森林经理，2012(2)：39-43.

[33] 关法春，梁正伟，黄立华，等. 松嫩平原西部盐碱地农业生物治理原理与开发对策 [J]. 农业现代化研究，2009，30(1)：85-89.

[34] 郭靖，章家恩. 福寿螺的生物防治现状、问题与对策 [J]. 生态学杂志，2015，34(10)：2943-2950.

[35] 郭凯，巨兆强，封晓辉，等. 咸水结冰灌溉改良盐碱地的研究进展及展望 [J]. 中国生态农业学报，2016，24(08)：1016-1024.

[36] 郭泌汐. 辽河三角洲的红色明珠：盘锦红海滩 [J]. 大自然，2014(4)：60-61.

[37] 郭世乾，崔增团，傅亲民，等. 甘肃省盐碱地现状及治理思路与建议 [J]. 中国农业资源与区划，2013，34(4)：75-79.

[38] 郭世荣. 水肥一体化将成为未来蔬菜发展驱动力 [J]. 中国农资，2015(27)：22-22.

[39] 郭望模，傅亚萍，孙宗修，等. 水稻芽期和苗期耐盐指标的选择研究 [J]. 浙江农业科学，2004(1)：30-33.

[40] 郭望模，应存山，李金珠，等. 水稻耐盐品种在新垦海涂上的适应性评价 [J]. 作物品种资源，1993(2)：19-20.

[41] 郭新送，宋付朋，鞠正山，等. 不同土水比土壤浸提液与饱和泥浆电导率的比较研究 [J]. 土壤，2015，47(4)：812-818.

[42] 何书金，李秀彬，刘盛和，等. 环渤海地区滩涂资源特点与开发利用模式 [J]. 地理科学进展，2002，21(1)：25-34.

[43] 贺琳，付立东. 滨海稻区稻作技术的发展与展望 [J]. 北方水稻，2015，45(2)：67-69.

[44] 宏军. 水稻抛秧栽培技术 [J]. 农村天地，1996(5)：17.

[45] 洪立洲，刘兴华，王茂文，等. 江苏沿海特色盐土农业技术 [M]. 南京：南京大学出版社，2015：1-17.

[46] 侯东升，郭玲玲. 新疆盐碱地形成特点及改良措施 [J]. 新疆农垦科技，2009，32(5)：56-57.

[47] 侯文平，王成瑷，赵磊，等. 贮存环境对水稻种子芽率及水分的影响 [J]. 种子科技，2014(8)：27-30.

[48] 侯振安，李品芳，龚江，等.不同滴灌施肥策略对棉花氮素吸收和氮肥利用率的影响[J].土壤学报，2007，44(4)：702-708.

[49] 胡明芳，田长彦，赵振勇，等.新疆盐碱地成因及改良措施研究进展[J].西北农林科技大学学报(自然科学版)，2012，40(10)：111-117.

[50] 胡时开，陶红剑，钱前，等.水稻耐盐性的遗传和分子育种的研究进展[J].分子植物育种，2010，8(4)：629-640.

[51] 胡婷婷，刘超，王健康，等.水稻耐盐基因遗传及耐盐育种研究[J].分子植物育种，2009，7(1)：110-116.

[52] 胡一，韩霁昌，张扬，等.盐碱地改良技术研究综述[J].陕西农业科学，2015，61(02)：67-71.

[53] 胡育骄，王小彬，赵全胜，等.海冰水灌溉对不同施肥方式下土壤盐分运移及棉花的影响[J].农业工程学报，2010，26(9)：20-27.

[54] 黄安银.越南清化省十个水稻品种耐盐碱性比较分析[D].成都：四川农业大学，2016.

[55] 黄明勇，杨剑芳，王怀锋，等.天津滨海盐碱土地区城市绿地土壤微生物特性研究[J].土壤通报，2007，38(6)：1131-1135.

[56] 黄伟，毛小报，陈灵敏，等.浙江省盐碱地开发利用概况及政策建议[J].浙江农业科学，2012(1)：1-3.

[57] 季方，樊自立，李和平，等.新疆1∶100万土地资源图总说明书[C]//中国科学院新疆生物土壤沙漠研究所.新疆土壤与土地资源研究文集.北京：科学出版社，1991.

[58] 嘉博文.盐碱地改良技术产业扶贫获好评[J].腐殖酸，2018(2)：87.

[59] 蒋德明，寇振武，曹成有，等.科尔沁沙地盐碱土上造林对土壤改良作用的研究[J].内蒙古林学院学报(自然科学版)，1997，19(4)：1-6.

[60] 荆培培，崔敏，秦涛，等.土培条件下不同盐分梯度对水稻产量及其生理特性的影响[J].中国稻米，2017，23(4)：26-33.

[61] 井文，章文华.水稻耐盐基因定位与克隆及品种耐盐性分子标记辅助选择改良研究进展[J].中国水稻科学，2017，31(2)：111-123.

[62] 景峰，朱金兆，张学培，等.滨海泥质盐碱地台田水盐动态对比研究[J].水土保持研究，2009，16(5)：104-109.

[63] 孔涛，张德胜，徐慧，等.盐碱地及其改良过程中土壤微生物生态特征研究进展[J].土壤，2014(4)：581-588.

[64] 雷江转，刘望来.鸟的习性及鸟害防护的研究[J].广东输电与变电技术，2007(3)：46-48.

[65] 黎大爵.甜高粱利用途径[J].农业知识，2004(12)：31.

[66] 李必忠，王兴龙，张永进，等.不同水稻收获期对稻谷和后茬小麦产量的影响[J].现代农业科技，2013(2)：9.

[67] 李彬，王志春，马红媛，等.吉林省盐碱地资源与可持续利用对策[J].吉林农业科学，2005，30(5)：46-50.

[68] 李彬，王志春，孙志高，等.中国盐碱地资源与可持续利用研究[J].干旱地区农业研究，2005，23(2)：154-158.

[69] 李凤霞，郭永忠，王学琴，等.不同改良措施对宁夏盐碱地土壤微生物及苜蓿生物量的影响[J].中国农学通报，2012，28(30)：49-55.

[70] 李贵桐，赵紫娟，黄元仿，等.秸秆还田对土壤氮素转化的影响[J].植物营养与肥料学报，2002，8(2)：162-167.

[71] 李和平，田长彦，乔木，等.新疆耕地盐渍土遥感信息解译标志及指标探讨[J].干旱地区农业研究，2009，27(2)：218-223.

[72] 李虎，王立刚，邱建军，等. 农田土壤 N_2O 排放和减排措施的研究进展 [J]. 中国土壤与肥料，2007(5)：1-5.

[73] 李娟，赵秉强，李秀英，等. 长期有机无机肥料配施对土壤微生物学特性及土壤肥力的影响 [J]. 中国农业科学，2008，41(1)：144-152.

[74] 李娟，赵秉强. 长期不同施肥条件下土壤微生物量及土壤酶活性的季节变化特征 [J]. 植物营养与肥料学报，2009(5)：1093-1099.

[75] 李宽意，刘正文. 低洼盐碱地生态开发区可持续发展研究：以禹城市低洼盐碱地为例 [J]. 农业环境科学学报，2002，21(6)：546-548.

[76] 李兰晓，王海鹰，杨涛，等. 土壤微生物菌肥在盐碱地造林中的作用 [J]. 西北林学院学报，2005，20(4)：60-63.

[77] 李良玉，孙连波. 缓解土壤板结程度的途径 [J]. 吉林农业，2003(4)：21.

[78] 李仟，关小康，杨明达，等. 不同秸秆还田处理对麦玉两熟制作物产量及氮素利用的影响 [J]. 河南农业大学学报，2015，49(2)：171-176.

[79] 李取生，李秀军，李晓军，等. 松嫩平原苏打盐碱地治理与利用 [J]. 资源科学，2003，25(1)：15-20.

[80] 李涛，路雪君，廖晓兰，等. 水稻纹枯病的发生及其防治策略 [J]. 江西农业学报，2010，22(9)：95-97.

[81] 李霞，张海忠. 浅谈盐碱地改良林营造技术 [J]. 内蒙古林业，2014(9)：22-23.

[82] 李延茂，胡江春，汪思龙，等. 森林生态系统中土壤微生物的作用与应用 [J]. 应用生态学报，2004，15(10)：1943-1946.

[83] 李艳，史舟，吴次芳，等. 基于多源数据的碱土精确农作管理分区研究 [J]. 农业工程学报，2007，23(8)：84-89.

[84] 李颖，陶军，钞锦龙，等. 滨海盐碱地“台田—浅池”改良措施的研究进展 [J]. 干旱地区农业研究，2014，32(5)：154-167.

[85] 林天，何园球，李成亮，等. 红壤旱地中土壤酶对长期施肥的响应 [J]. 土壤学报，2005，42(4)：682-686.

[86] 凌申. 江苏沿海地区新能源产业经济增长极的培育 [J]. 科技管理研究，2010，30(3)：77-79.

[87] 刘宏，刘剑钊，闫孝贡，等. 盐碱土改良与利用技术研究进展 [J]. 东北农业科学，2012，37(2)：20-23.

[88] 刘健，李俊，葛诚，等. 微生物肥料作用机理的研究新进展 [J]. 微生物学杂志，2001，21(1)：33-36.

[89] 刘京，常庆瑞，李岗，等. 连续不同施肥对土壤团聚性影响的研究 [J]. 水土保持通报，2000，20(4)：24-26.

[90] 刘丽丽. 微生物肥料的生物学及生产技术 [M]. 北京：科学出版社，2008.

[91] 刘世平，庄恒扬，陆建飞，等. 免耕法对土壤结构影响的研究 [J]. 土壤学报，1998(1)：33-37.

[92] 刘薇，杨超，邹剑锋，等. 水稻纹枯病生物防治研究进展 [J]. 南方农业学报，2009，40(5)：512-516.

[93] 刘文政，王遵亲，熊毅，等. 我国盐渍土改良利用分区 [J]. 土壤学报，1978，15(2)：101-112.

[94] 刘艳，李波，隽英华，等. 生物有机肥对盐碱地玉米渗透调节物质及土壤微生物的影响 [J]. 西南农业学报，2018，31(5)：1013-1018.

[95] 刘阳春，何文寿，何进智，等. 盐碱地改良利用研究进展 [J]. 农业科学研究，2007，28(2)：68-71.

[96] 龙波. 直纹稻弄蝶形态特征及其防治技术 [J]. 农村实用技术，2008(5)：35.

[97] 吕凤山，吴云霞. 农田施用粉煤灰增产效应分析[J]. 北方农业学报，1998(6)：17-18.

[98] 吕晓，徐慧，李丽，等. 盐碱地农业可持续利用及其评价[J]. 土壤，2012，44(2)：203-207.

[99] 罗守进. 稻飞虱的研究[J]. 农业灾害研究，2011，1(1)：1-13.

[100] 罗廷彬，任崴，谢春虹，等. 新疆盐碱地生物改良的必要性与可行性[J]. 干旱区研究，2001，18(1)：46-48.

[101] 罗以筛. 碱土改良利用技术研究[J]. 农业灾害研究，2011，1(2)：89-91.

[102] 雒鹏飞，高勇，宋凤斌，等. 吉林省西部盐碱土资源开发利用中的若干问题[J]. 吉林农业大学学报，2004，26(6)：659-663.

[103] 马晨，马履一，刘太祥，等. 盐碱地改良利用技术研究进展[J]. 世界林业研究，2010，23(2)：28-32.

[104] 马恭博，刘文全，于洪军，等. 莱州湾南岸不同土地利用和土地覆被下土壤盐分含量特征[J]. 海岸工程，2014，33(2)：58-65.

[105] 马军. 低洼盐碱地水稻高产栽培技术[J]. 宁夏农林科技，2010(5)：84-85.

[106] 马启林. 耐盐芦苇 DNA 导入水稻后代的耐盐性鉴定[C]. 中国作物学会 2015 年学术年会论文摘要集. 北京：中国作物学会，2015.

[107] 马巍，侯立刚，齐春艳，等. 吉林省盐碱稻区不同栽培模式对土壤性质及水稻生长的影响[J]. 吉林农业科学，2014，39(4)：17-21.

[108] 马文军，程琴娟，李良涛，等. 微咸水灌溉下土壤水盐动态及对作物产量的影响[J]. 农业工程学报，2010，26(1)：73-80.

[109] 马玉露，范富，萨如拉，等. 氧化钙与混合肥配施对西辽河平原盐碱地土壤理化性质的影响[J]. 内蒙古民族大学学报(自然科学版)，2018，33(3)：219-224.

[110] 马子林，马玉兰. 盐碱地的形成原因及改良措施[J]. 青海农牧业，2007(2)：18-28.

[111] 玛玉杰，张巍，陈桥，等. 松嫩平原盐碱化草原土壤理化特性及微生物结构分析[J]. 土壤，2007，39(2)：301-305.

[112] 苗得雨，魏玉光，贺海生，等. 不同收获时期和收获方式对水稻碾米品质和产量的影响[J]. 北方水稻，2007(4)：25-27.

[113] 牟洪臣，虎胆·吐马尔白，苏里坦，等. 不同耕种年限下土壤盐分变化规律试验研究[J]. 节水灌溉，2011(8)：29-31.

[114] 乔木，田长彦，王新平，等. 新疆灌区土壤盐渍化及改良治理模式[M]. 乌鲁木齐：新疆科学技术出版社，2008.

[115] 乔永利，张媛媛，安永平，等. 粳稻芽期耐冷性鉴定方法研究[J]. 植物遗传资源学报，2004，5(3)：295-298.

[116] 乔正良，来航线，强郁荣，等. 陕西主要盐碱土中微生物生态初步研究[J]. 西北农业学报，2006，15(3)：60-64.

[117] 全国土壤普查办公室. 中国土壤[M]. 北京：中国农业出版社，1998.

[118] 仁培. 对盐渍土资源开发利用的思考[J]. 土壤通报，2001，32(6)：138-140.

[119] 任加国，武倩倩. 新疆叶尔羌河盐碱化灌区水盐动态规律研究[J]. 山东科技大学学报(自然科学版)，2009，28(3)：8-12.

[120] 邵华伟，孙九胜，胡伟，等. 新疆盐碱地分布特点和成因及改良利用技术研究进展[J]. 黑龙江农业科学，2014(11)：160-164.

[121] 邵玺文，冉成，金峰，等. 松嫩平原苏打盐

碱地水稻栽培技术研究进展与展望[J]. 吉林农业大学学报, 2018(4): 379-382.

[122] 沈江涛，段学辉，郑希帆，等. 稻草生物质的预处理及其发酵产酶与酶解效果研究[J]. 生物加工过程, 2015(5): 61-66.

[123] 石玉龙，刘杏认，高佩玲，等. 生物炭和有机肥对华北农田盐碱土 N_2O 排放的影响[J]. 环境科学, 2017, 38(12): 5333-5343.

[124] 史为良，杜瑜. 地下卤水、盐水和地表咸水在水产养殖中的应用问题[J]. 淡水渔业, 2006(3): 53-55.

[125] 世平，赵兰坡. 围栏草原与放牧草原对苏打盐碱土理化性状的影响[J]. 安徽农业科学, 2010, 38(26): 14403-14405.

[126] 宋长春，邓伟. 吉林西部地下水特征及其与土壤盐渍化的关系[J]. 地理科学, 2000, 20(3): 246-250.

[127] 宋德成，洪影，于大永，等. 松嫩平原盐碱地开发利用状况分析[J]. 东北水利水电, 2014, 32(9): 21-22.

[128] 宋虎彪，单文忠，张鹏里，等. 水稻干尖线虫病的发生与防治措施[J]. 北方水稻, 2006(4): 47-48.

[129] 宋静茹，杨江，王艳明，等. 黄河三角洲盐碱地形成的原因及改良措施探讨[J]. 安徽农业科学, 2017, 45(27): 95-97.

[130] 苏杨. 不同收获时期和收获方式对水稻产量的影响[J]. 农民致富之友, 2017(9): 119.

[131] 孙波，赵其国. 土壤质量与持续环境[J]. 土壤, 1997, 29(4): 169-175.

[132] 孙枫，徐秋芳，程兆榜，等. 中国水稻黑条矮缩病研究进展[J]. 江苏农业学报, 2013, 29(1): 195-201.

[133] 孙宏勇，刘小京，张喜英，等. 盐碱地治理与水盐调控研究[J]. 中国生态农业学报, 2018, 5(2): 1-9.

[134] 孙佳杰，尹建道，解玉红，等. 天津滨海盐碱土壤微生物生态特性研究[J]. 南京林业大学学报(自然科学版), 2010, 34(3): 57-61.

[135] 孙明法，严国红，唐红生，等. 江苏沿海滩涂盐碱地水稻种植技术要点[J]. 大麦与谷类科学, 2012, 1(1): 6-7.

[136] 孙明法，严国红，王爱民，等. 水稻耐盐育种研究进展[J]. 大麦与谷类科学, 2017, 34(4): 1-9.

[137] 汤章城. 逆境条件下植物脯氨酸的累积及其可能的意义[J]. 植物生理学报, 1984(1): 17-23.

[138] 唐涛，符伟，王培，等. 不同类型杀虫剂对水稻二化螟及稻纵卷叶螟的田间防治效果评价[J]. 植物保护, 2016, 42(3): 222-228.

[139] 唐相亭，金研铭. 耐盐碱植物研究进展[J]. 北方园艺, 2012(22): 181-184.

[140] 田长彦，买文选，赵振勇，等. 新疆干旱区盐碱地生态治理关键技术研究[J]. 生态学报, 2016, 36(22): 7064-7068.

[141] 田玉福，窦森，张玉广，等. 暗管不同埋管间距对苏打草甸碱土的改良效果[J]. 农业工程学报, 2013, 29(12): 145-153.

[142] 仝彩霞. 江苏省沿海滩涂资源开发模式探讨[J]. 连云港职业技术学院学报, 2004, 17(3): 31-34.

[143] 汪远品，何腾兵. 贵州主要耕作土壤的脲酶活性盐碱[J]. 热带亚热带土壤学, 1994, 3(4): 226-232.

[144] 王斌，马兴旺，单娜娜，等. 新疆盐碱地土壤改良剂的选择与应用[J]. 干旱区资源与环境, 2014, 28(7): 111-115.

[145] 王灿，王建德，孙瑞娟，等. 长期不同施肥

方式下土壤酶活性与肥力因素的相关性[J]. 生态环境, 2008, 17(2): 688-692.

[146] 王德超, 姜军祥. 东营市河口区盐渍土的改良治理方法及效果分析[J]. 山东国土资源, 2005, 21(5): 36-38.

[147] 王芳. 滨海旅游可持续发展研究: 以江苏省滨海旅游实证研究为例[D]. 南京: 南京大学, 2011.

[148] 王峰, 李文明. 浅谈大庆地区盐碱地的治理方法[J]. 黑龙江国土资源, 2007(8): 53.

[149] 王刚狮, 冯康安, 高振叶, 等. 四翅滨藜对不同类型盐碱化土壤的吸盐效果比较[J]. 西北农林科技大学学报(自然科学版), 2010, 38(1): 139-144.

[150] 王浩民, 吴明官. 黑龙江省松嫩平原盐碱地治理方略[J]. 黑龙江水利科技, 2015, 43(10): 1-6.

[151] 王佳丽, 黄贤金, 钟太洋, 等. 盐碱地可持续利用研究综述[J]. 地理学报, 2011, 66(5): 673-684.

[152] 王金才, 尹莉. 碱土改良技术措施[J]. 现代农业科技, 2011(12): 281-284.

[153] 王菊萍. 高台县盐碱地成因分析及改良措施[J]. 甘肃水利水电技术, 2013, 49(5): 51-54.

[154] 王军, 顿耀龙, 郭义强, 等. 松嫩平原西部土地整理对盐渍化土壤的改良效果[J]. 农业工程学报, 2014, 30(18): 266-275.

[155] 王俊华, 尹睿, 张华勇, 等. 长期定位施肥对农田土壤酶活性及其相关因素的影响[J]. 生态环境, 2007, 16(1): 191-196.

[156] 王立洪, 万英, 孔星云, 等. 阿拉尔垦区盐碱土改良及防止次生盐渍化对策之初探[J]. 塔里木大学学报, 1994(2): 72-76.

[157] 王锐萍, 刘强, 彭少麟, 等. 尖峰岭不同树种枯落物分解过程中生物动态[J]. 浙江林学院学报, 2006, 23(3): 255-258.

[158] 王若水, 康跃虎, 万书勤, 等. 水分调控对盐碱地土壤盐分与养分含量及分布的影响[J]. 农业工程学报, 2014, 30(14): 96-104.

[159] 王善仙, 刘宛, 李培军, 等. 盐碱土植物改良研究进展[J]. 中国农学通报, 2011, 27(24): 1-7.

[160] 王升, 王全九, 周蓓蓓, 等. 膜下滴灌棉田间作盐生植物改良盐碱地效果[J]. 草业学报, 2014, 23(3): 362-367.

[161] 王水献, 杨鹏年, 董新光, 等. 内陆河流域绿洲灌区盐碱地改良分区及治理模式探究: 以新疆焉耆县平原灌区为例[J]. 节水灌溉, 2008(3): 5-8.

[162] 王素霞. 关于盐碱地治理的探讨[J]. 内蒙古水利, 2012(2): 63-64.

[163] 王婷婷. 盐碱地区园林绿化养护及管理[J]. 农民致富之友, 2018(10): 110.

[164] 王文杰, 许慧男, 王莹, 等. 盐碱地土壤改良对银中杨叶片、树枝和树皮绿色组织色素和C-4光合酶的影响[J]. 植物研究, 2010, 30(03): 299-304.

[165] 王艳玲, 韩秀英, 刘元生, 等. 焓煤灰改良盐碱土植树法[J]. 防护林科技, 1999(3): 48.

[166] 王永忠, 冉尧, 陈蓉, 等. 不同预处理方法对稻草秸秆固态酶解特性的影响[J]. 农业工程学报, 2013, 29(1): 225-231.

[167] 王志春. 松嫩平原盐碱地区发展水稻问题[J]. 国土与自然资源研究, 1999(2): 51-52.

[168] 王志春. 植物耐盐研究概况与展望[J]. 生态环境学报, 2003, 12(1): 106-109.

[169] 王遵亲, 祝寿泉, 俞仁培, 等. 中国盐渍土[M]. 北京: 科学出版社, 1993.

[170] 温利强. 我国盐渍土的成因及分布特征[D]. 合肥: 合肥工业大学, 2010.

[171] 温小红, 谢明杰, 姜健, 等. 水稻稻瘟病防

治方法研究进展[J]. 中国农学通报，2013，29(3)：190-195.

[172] 吴立全. 盐碱地改良模式现状与探索[J]. 吉林省教育学院学报（学科版），2008(2)：51-52.

[173] 吴其褒，胡国成，柯登寿，等. 俄罗斯水稻种质资源的苗期耐盐鉴定[J]. 植物遗传资源学报，2008，9(1)：32-35.

[174] 吴荣生，王志霞，蒋荷，等. 太湖流域稻种资源耐盐性筛选鉴定[J]. 江苏农业科学，1989(1)：8-9.

[175] 吴玉秋，安利，付立东，等. 滨海盐碱稻区机插水稻超高产栽培技术规程[J]. 北方水稻，2016，46(1)：51-54.

[176] 伍玉鹏，吕丽媛，毕艳孟，等. 接种蚯蚓对盐碱土养分、土壤生物及植被的影响[J]. 中国农业大学学报，2013，18(4)：45-51.

[177] 夏增禄，张学询，孙汉中，等. 土壤环境容量及其应用[J].1989，35(25)：7895-7896.

[178] 贤妮. 湿地红毯：盘锦红海滩[J]. 国土绿化，2014(1)：48-49.

[179] 熊英. 稀土农用研究概况及滨海稻作区施用前景展望[J]. 北方水稻，2001(3)：25-27.

[180] 许志坤. 新疆种植水稻改良盐渍土的经验[J]. 土壤通报，1966(1)：23-26.

[181] 薛印革，鲁民芳，宋福泉，等. 静海县盐碱地资源情况及开发治理的主要措施[J]. 天津农林科技，2015(6)：27-28.

[182] 闫庆伟，包守君，李玉平，等. 滨海盐碱地铺装工程泛碱现象立体防护措施[J]. 天津科技，2018，45(5)：65-66.

[183] 闫治斌，秦嘉海，王爱勤，等. 盐碱土改良材料对草甸盐土理化性质与玉米生产效益的影响[J]. 水土保持通报，2011，31(2)：122-127.

[184] 严昶升，周礼恺，张德生，等. 土壤肥力研究法[M]. 北京：农业出版社，1988.

[185] 杨帆，王志春，马红媛，等. 东北苏打盐碱地生态治理关键技术研发与集成示范[J]. 生态学报，2016，36(22)：7054-7058.

[186] 杨福，李景鹏，左静红，等. 对吉林省新增盐碱地水田种稻技术的几点新认识[J]. 吉林农业科学，2012，37(05)：12-14.

[187] 杨福，梁正伟，王志春，等. 水稻耐盐碱鉴定标准评价及建议与展望[J]. 植物遗传资源学报，2011，12(4)：625-628.

[188] 杨富亿，李秀军，王志春，等. 吉林省西部苏打盐碱地养鱼稻田微生物研究[J]. 吉林农业大学学报，2003，25(6)：606-610.

[189] 杨凯，刘红梅，肖正午，等. 土壤改良剂及其在各种土壤改良应用的研究进展[J]. 安徽农业科学，2018(21)：39-41.

[190] 杨少辉，季静，王罡，等. 盐胁迫对植物影响的研究进展[J]. 分子植物育种，2006，4(1)：139-142.

[191] 杨仕华，廖琴，谷铁城，等. 我国水稻品种审定回顾与分析[J]. 中国稻米，2010，16(2)：1-4.

[192] 叶尔肯·加尔木哈买提. 新疆绿洲农区盐碱地开发利用技术[J]. 农村科技，2011(1)：18.

[193] 殷炳政，张怀东，周彬，等. 农业综合开发治理盐碱地措施和方法初探[J]. 山东省农业管理干部学院学报.2013，30(4)：38-39.

[194] 尹建道，姜志林，李兴明，等. 黄河三角洲盐碱地综合开发构想[J]. 南京林业大学学报（自然科学版），2000，24(5)：61-63.

[195] 尹建道，生愿喜久雄，龚洪柱，等. 山东滨海地区盐碱地土壤分析研究[J]. 林业科技通讯，1998(6)：13-16.

[196] 尹志荣，黄建成，桂林国，等. 稻作条件下不同施肥模式对原土盐碱地的改良培肥效应[J]. 土

壤通报，2016，47(2)：414-418.

[197] 于昌江，宋秀英，颜廷芳，等. 山东省咸水资源开发利用与治理措施研究[J]. 水利发展研究，2007，4：46-48.

[198] 于淑会，刘金铜，李志祥，等. 暗管排水排盐改良盐碱地机理与农田生态系统响应研究进展[J]. 中国生态农业学报，2012，20(12)：1664-1672.

[199] 于兴洋，王文杰，杨逢建，等. 重度盐碱地改良措施对土壤特性和不同植物光合、生长的影响[J]. 植物研究，2010，30(4)：473-478.

[200] 余春祥. 可持续发展的环境容量和资源承载力分析[J]. 中国软科学，2004(2)：130-133.

[201] 曾希柏，黄雪夏，刘子刚，等. 种植年限对三江平原农田土壤剖面性质及碳、氮含量的影响[J]. 中国农业科学，2006(6)：1186-1195.

[202] 曾宪楠. 秸秆还田模式对玉米生长发育及土壤理化性状的影响[J]. 农业工程学报，2012，220(10)：34-38.

[203] 翟胜祥. 不同灌溉施肥方式对马铃薯产量及土壤盐分迁移的影响[J]. 安徽农业科学，2016，44(16)：144.

[204] 张保华，刘子亭，周长辉，等. 川中紫色丘陵区人工林表层土壤侵蚀率与土壤结构性关系[J]. 林业资源管理，2005(5)：51-54.

[205] 张保华，徐佩，廖朝林，等. 川中丘陵区人工林土壤结构性及对土壤侵蚀的影响[J]. 水土保持通报，2005，25(3)：25-28.

[206] 张福耀，赵威军，平俊爱，等. 高能作物：甜高粱[J]. 中国农业科技导报，2006，8(1)：14-17.

[207] 张海艳，万连步，李宗新，等. 东营盐碱地适宜玉米品种的苗期筛选研究[J]. 种子，2018，37(4)：99-101.

[208] 张宏利，卜书海，韩崇选，等. 鼠害及其防治方法研究进展[J]. 西北农林科技大学学报（自然科学版），2003(31)：167-172.

[209] 张华，佟文嘉，王南，等. 基于退耕还草背景的科尔沁沙地土地利用景观格局分析[J]. 干旱区资源与环境，2012，26(6)：96-101.

[210] 张辉. 新疆农二师盐碱地形成原因与治理措施[J]. 甘肃水利水电技术，2010，46(2)：42-44.

[211] 张建锋，宋玉民，邢尚军，等. 盐碱地改良利用与造林技术[J]. 东北林业大学学报，2002，30(6)：124-129.

[212] 张建锋. 盐碱地改良利用研究进展[J]. 山东林业科技，1997(3)：23-25.

[213] 张江辉，邱胜彬，刘诚明，等. 干旱区盐碱地排水标准初探[J]. 中国农业大学学报，1996(1)：26-31.

[214] 张俊华，马天成，贾科利，等. 典型龟裂碱土土壤光谱特征影响因素研究[J]. 农业工程学报，2014，30(23)：158-165.

[215] 张俊伟. 盐碱地的改良利用及发展方向. 农业科技与信息[J].2011(4)：63-64.

[216] 张俊喜，成晓松，宋益民，等. 中国水稻稻曲病研究进展[J]. 江苏农业学报，2016，32(1)：234-240.

[217] 张龙德. 新疆地区盐碱地的成因及治理措施[J]. 黑龙江水利科技，2012(8)：193-194.

[218] 张璐，孙向阳，尚成海，等. 天津滨海地区盐碱地改良现状及展望[J]. 中国农学通报，2010，26(18)：180-185.

[219] 张鹏锐，李旭霖，崔德杰，等. 滨海重盐碱地不同土地利用方式的水盐特征[J]. 水土保持学报，2015，29(2)：117-121.

[220] 张荣胜，陈志谊，刘永锋，等. 水稻细菌性条斑病研究进展[J]. 江苏农业学报，2014(4)：901-908.

[221] 张所兵，张云辉，林静，等. 水稻全生育期耐盐资源的初步筛选 [J]. 中国农学通报，2013，29(36)：63-68.

[222] 张万宽，刘嘉. 基于网络治理与利益相关分析的盐碱地改良产业化协同创新研究 [J]. 科学管理研究，2013，31(5)：58-62.

[223] 张巍，冯玉杰. 松嫩平原不同盐渍土条件下蓝藻群落的生态分布 [J]. 生态学杂志，2008，27(5)：718-722.

[224] 张文银，贺奇，来长凯，等. 宁夏耐盐碱水稻新品种培育研究 [J]. 宁夏农林科技，2015，1(12)：53-54.

[225] 张枭. 协调人与自然关系合理开发利用盐碱地 [J]. 土壤肥料，2016，6：104.

[226] 张晓成. 试述高海拔盐碱地土壤改良造林 [J]. 防护林科技，2018(7)：80-82.

[227] 张晓梅，王柠. 论黑龙江省盐碱地的开发与经营 [J]. 知与行，2016(3)：106-110.

[228] 张新宇，王月海，盖文杰，等. 黄河三角洲盐碱地低效防护林补植改造效应分析 [J]. 水土保持应用技术，2018(4)：1-6.

[229] 张学志，杨喜军. 松嫩平原盐碱地开发利用状况分析 [J]. 吉林水利，2013，32(12)：29-31.

[230] 张义凯，向镜，朱德峰，等. 盐碱地耕作及洗盐对水稻根系生长和形态特性的影响 [J]. 中国稻米，2017，23(3)：67-70.

[231] 张振飞，黄炳超，肖汉祥，等.4 种农业措施对三化螟种群动态的控制作用 [J]. 生态学报，2013，33(22)：7173-7180.

[232] 章忠欣，石光. 不同收获时间及方式对水稻产量及品质的影响 [J]. 农民致富之友，2011(18)：44.

[233] 赵昌晓，陈玉洋，李金营，等. 滨海盐碱地整治生态工程技术：以重度盐碱地整治生态工程技术方案为例 [J]. 农技服务，2016，33(13)：145-149.

[234] 赵记伍，雷传松，刘永权，等. 海稻 86 萌发期耐盐碱性特征初探 [J]. 中国稻米，2018，24(3)：8-92.

[235] 赵俭波. 土壤板结的成因与解决途径 [J]. 现代农业科技，2014，13：261.

[236] 赵建华. 设施农业水肥一体化技术应用调查与思考 [J]. 现代农业，2015，1：35.

[237] 赵萌，方晰，田大伦. 第 2 代杉木人工林地土壤微生物数量与土壤因子的关系 [J]. 林业科学，2007，43(6)：7-12.

[238] 赵永敢，逄焕成，李玉义，等. 秸秆隔层对盐碱土水盐运移及食葵光合特性的影响 [J]. 生态学报，2013，33(17)：5153-5161.

[239] 郑爱民，乔玲. 台兰河灌区碱土成因分析及规划治理对策 [J]. 水利规划与设计，2011(2)：21-25.

[240] 郑春荣，陈怀满. 重金属的土壤负载容量 [J]. 土壤学进展，1995，23(6)：21-28.

[241] 郑普山，郝保平，冯悦晨，等. 不同盐碱地改良剂对土壤理化性质、紫花苜蓿生长及产量的影响 [J]. 中国生态农业学报，2012，20(09)：1216-1221.

[242] 郑伟，裘善文，梁正伟，等. 中国大安碱地生态试验站区域生态环境背景 [M]. 北京：科学出版社，2006.

[243] 周根友，翟彩娇，邓先亮，等. 盐逆境对水稻产量、光合特性及品质的影响 [J]. 中国水稻科学，2018，32(2)：146-154.

[244] 周和平，张立新，禹锋，等. 我国盐碱地改良技术综述及展望 [J]. 现代农业科技，2007(11)：159-161.

[245] 周益军，李硕，程兆榜，等. 中国水稻条纹叶枯病研究进展 [J]. 江苏农业学报，2012，28(5)：

1007–1015.

[246] 朱兆良. 中国土壤氮素[M]. 南京：江苏科学技术出版社，1992.

[247] CHONG S K, COWSERT P T.Infiltration in reclaimed mined land ameliorated with deep tillage treatments [J].Soil Tillage Res., 1997, 44(3): 255–264.

[248] DAI X L, ZHOU X H, JIA D Y, et al.Managing the seeding rate toimprove nitrogen-use effciency of winter wheat [J].Field Crops Res., 2013, 154: 100–109.

[249] DALAL R C, CHAN K Y.Soil organic matter in rainfed cropping systems of the Australian cerealbelt [J]. Aus.J.Soil Res., 2001, 39: 435–464.

[250] DUAN Y H, XU M G, GAO S D.Nitrogen useefficiency in a wheat-corn cropping system from 15 years of manure and fertilizerapplications [J].Field Crops Res., 2014, 157: 47–56.

[251] EAGLE A J, BIRD J A, HORWATH W R, et al.Rice yield and nitrogen utilization efficiencyunder alternative straw management practices [J].Agronomy Journal, 2000, 92: 1096–1103.

[252] FRANZLUEBBERS A J, STUEDEMANN J A.Soil physical responses to cattle grazing cover crops under conventional and no tillage in the Southern Piedmont USA [J].Soil Till Res., 2008, 100(1/2): 141–153.

[253] GLASER B, LEHMANN J, ZECH W, et al.Ameliorating physical and chemical properties of highly weathered soils in the tropics with charcoal-a review [J]. Biology and Fertility of Soils, 2002, 35: 219–230.

[254] HE JIN, LI HONGWEN, RABI G, et al.Rasaily, Wang Qingjie, Cai Guohua, Su Yanbo, Qiao Xiaodong, Liu Lijin, Soil properties and crop yields after 11 years of no tillage farming in wheat-maize cropping system in North China Plain[J].Soil Till Res., 2011, 11(3): 48–54.

[255] HEENAN D P, LEWIN L G, MCCAFFERY D W. Salinity tolerance in rice varieties at different growth stages [J].Australian Journal of Experimental Agriculture, 1998, 28(3): 343–349.

[256] KHATUN S, RIZZI C A, FLOWERS T J.Genotypic variation in the effect of salinity on fertility in rice [J].Plant & Soil, 1995, 173(2): 239–250.

[257] MENDOZA I, RUBIO F, RODRIGUEZNAVARRO A, et al.The protein phosphatase calcineurin is essential for NaCl tolerance of Saccharomyces cerevisiae [J].Journal of Biological Chemistry, 1994, 269(12): 8792–8796.

[258] MOELJOPAWIRO S, IKEHASHI H.Inheritance of salt tolerance in rice [J].Euphytica, 1981, 30(2): 291–300.

[259] REN Z, GAO J, LI L, et al.A rice quantitative trait locus for salt tolerance encodes a sodium transporter [J].Nature Genetics, 2005, 37(10): 1141–1146.

[260] SINGH R K, GREGORIO G B.CSR23: a new salt-tolerance rice variety for India [J].International Rice Research Institute Repository, 2006, 31(1): 16–18.

[261] YANG Z, WANG B S.Progress in Techniques of Improvement and Utilization of Saline-Alkali Land in China and Its Future Trend [J].Open Journal of Soil & swater Conservation, 2014, 2(1): 1–11.

[262] YEO A R, FLOWERS T J.Salinity resistance in rice (Oryza sativa L.) and a pyramiding approach to breeding varieties for saline soils [J].Australian journal of plant physiology, 1986, 13(1): 161–173.

图书在版编目（CIP）数据

袁隆平全集 / 柏连阳主编. -- 长沙 : 湖南科学技术出版社, 2024. 5.
ISBN 978-7-5710-2995-1

Ⅰ. S511.035.1-53

中国国家版本馆 CIP 数据核字第 2024RK9743 号

YUAN LONGPING QUANJI DI-SAN JUAN

袁隆平全集 第三卷

主　　编：柏连阳
执行主编：袁定阳　辛业芸
出 版 人：潘晓山
总 策 划：胡艳红
责任编辑：任　妮　欧阳建文　张蓓羽　胡艳红
特约编辑：孙雅臻　于　军　李志坚　孙　博　王　涛
责任校对：赵远梅　王　贝
责任印制：陈有娥
出版发行：湖南科学技术出版社
社　　址：长沙市芙蓉中路一段 416 号泊富国际金融中心
网　　址：http://www.hnstp.com
湖南科学技术出版社天猫旗舰店网址：
　　　　　http://hnkjcbs.tmall.com
邮购联系：本社直销科 0731-84375808
印　　刷：湖南省众鑫印务有限公司
　　　　　（印装质量问题请直接与本厂联系）
厂　　址：长沙县榔梨街道梨江大道 20 号
邮　　编：410100
版　　次：2024 年 5 月第 1 版
印　　次：2024 年 5 月第 1 次印刷
开　　本：889mm×1194mm　1/16
印　　张：31.5
字　　数：613 千字
书　　号：ISBN 978-7-5710-2995-1
定　　价：3800.00 元（全 12 卷）

后环衬图片：袁隆平拉小提琴